西安交通大学本科“十三五”规划教材

普通高等教育化学类专业“十三五”规划教材

现代仪器分析

主　编　李银环

副主编　李　菲　杜建修　李骁勇

参　编　刘　梅　高瑞霞　李健军

徐四龙　许　昭

图书在版编目(CIP)数据

现代仪器分析/李银环主编.—西安:西安交通大学出版社,2016.11(2022.1重印)

ISBN 978-7-5605-9153-7

Ⅰ.①现… Ⅱ.①李… Ⅲ.①仪器分析-高等学校-教材 Ⅳ.①O657

中国版本图书馆CIP数据核字(2016)第268674号

书　　名 现代仪器分析
主　　编 李银环
副 主 编 李　菲　杜建修　李骁勇
参　　编 刘　梅　高瑞霞　李健军　徐四龙　许　昭
责任编辑 王　欣　陈　昕

出版发行 西安交通大学出版社
(西安市兴庆南路1号　邮政编码710048)
网　　址 http://www.xjtupress.com
电　　话 (029)82668357　82667874(发行中心)
(029)82668315(总编办)
传　　真 (029)82668280
印　　刷 西安日报社印务中心

开　　本 787mm×1092mm　1/16　**印张** 24.25　**字数** 588千字
版次印次 2016年11月第1版　2022年1月第5次印刷
书　　号 ISBN 978-7-5605-9153-7
定　　价 49.80元

读者购书、书店添货如发现印装质量问题,请与本社发行中心联系、调换。

订购热线:(029)82665248　(029)82665249

投稿热线:(029)82664954

读者信箱:jdlgy@yahoo.cn

前言

现代仪器分析是建立在化学、物理学、数学、生物学、电子学和计算机科学上的一门边缘和交叉学科，是人们获得有关物质在空间和时间方面组成和性质信息的一门学科。这些信息对于化学、化工、医学、药学、生命科学、材料科学、环境科学和能源科学等相关学科都是至关重要的。现代仪器分析课程是西安交通大学面向化学、化工、生命科学、医学等专业开设的一门重要的基础课程。

《现代仪器分析》教材是西安交通大学“十三五”规划系列教材之一。教材按照内容特点分为光谱与波谱分析、电分析化学、分离分析、表面分析和其它分析五篇共 19 章。在教材编写中，注重归纳各类分析方法原理和仪器组成结构的共性和异性，突出内在联系，利于学生较全面地理解和掌握仪器分析的基础知识和基本内容；通过介绍仪器分析方法的新进展，使学生对仪器分析方法的发展前沿有所了解。在每章知识内容的设计上，采用问题和代表性的事例为导入点，以激发学生的学习兴趣；章首页的学习基本要求以及章尾的学习小结有利于学生预习和自我检查；同时，难易适中的思考题和习题加深了学生对所学知识的巩固和进一步理解。《现代仪器分析》教材主要适用于高等院校应用化学、材料化学、化工、生命科学、临床、法医等相关专业本科生和研究生，亦可供药学、卫生化学等相关专业学生选用。

本书第 1 章、第 2 章、第 15 章由西安交通大学李银环编写；第 3 章由西安交通大学高瑞霞编写；第 4 章由西安交通大学许昭编写；第 5 章、第 18 章、第 19 章由陕西师范大学杜建修编写；第 6 章由西安交通大学徐四龙编写；第 7 章、第 11 章、第 14 章由西安交通大学李骁勇编写；第 8 章、第 9 章、第 10 章由西安交通大学李菲编写；第 12 章、第 13 章由西安交通大学李健军编写；第 16 章、第 17 章由陕西师范大学刘梅编写。李银环对全书进行了编排和统稿。

在本书编写过程中，参考了国内外出版的相关教材和专著，引用了其中的一些数据和图表，在此向有关作者表示衷心感谢。

由于编者水平有限，要编写出一本既符合化学化工类、医学类等专业教学需求，又能反映仪器分析学科的新进展的教材实属不易，书中疏漏之处在所难免，敬请专家读者批评指正。

编　者

2016 年 9 月

目 录

第一篇　光谱与波谱分析

第二篇 电分析化学

第三篇 分离分析

第四篇 表面分析

第五篇　其它分析简介

第1章　绪　论

“人类有科技就有化学，而化学是从分析化学开始。”

——中国科学院院士汪尔康

“考质求数之学，乃格物之大端，而为化学之极致也。”

——中国近代化学启蒙者徐寿(1818—1884)

1.1　分析化学概述

分析化学(analytical chemistry)是研究物质的组成、含量、结构和形态等化学信息的分析方法及理论的一门科学，是化学的一个重要分支。

分析化学研究的对象是从单质到复杂的混合物和大分子化合物、从无机物到有机物、从低分子质量到高分子质量；样品可以是气态、液态和固态；称样重量可由 100 g 以上至 1 mg 以下。分析化学具有极高的实用价值，是科学技术的“眼睛”，它主要解决以下问题：

①物质中有哪些元素和(或)基团？(定性分析)

②每种成分的数量或物质纯度如何？(定量分析)

③物质中原子间如何联结形成分子？在空间如何排列？(结构和立体分析)

分析化学在人类生产生活中起着不可替代的作用。人类面临的“五大危机”(资源、能源、粮食、人口、环境)问题，当代科学领域的四大理论(天体、地球、生命、人类起源和演化)，环境中的五大全球性问题(温室效应、酸雨、臭氧层破坏、水质污染、森林减少)，工农业生产、国防建设，等等，都离不开分析化学。

分析化学分为化学分析(chemical analysis)和仪器分析(instrument analysis)。以物质的化学反应为基础的分析，称为化学分析，包括定性分析、重量分析和容量分析；仪器分析是以物质的物理和物理化学性质为基础建立起来的一类分析方法，利用较特殊的仪器，对物质进行定性分析、定量分析和形态分析。目前，仪器分析应用更加广泛，它包括的分析方法有几十种之多，每一种分析方法所依据的原理不同，所测量的物理量不同，操作过程及应用情况也不同。仪器分析具有以下特点：

①灵敏度高。大多数仪器分析法适用于微量、痕量分析。例如，原子吸收光谱法测定某些元素的绝对灵敏度可达 10^{-14} g，电子光谱甚至可达 10^{-18} g。

②取样量少。化学分析法需用 $10^{-1}\sim10^{-4}$ g；仪器分析试样一般取样量为 $10^{-2}\sim10^{-8}$ g。

③专一性强。例如，用离子选择性电极可测指定离子的浓度。

④速度快。例如，发射光谱分析法在 1 min 内可同时测定水中 48 个元素。

⑤便于遥测、遥控、自动化。可实时、在线分析控制生产过程、实现环境自动监测与控制。

⑥操作较简便。省去了繁琐的化学操作过程。随着自动化、程序化程度的提高，仪器分析

方法的操作将更趋于简化。但由于仪器设备较复杂，所以仪器分析的价格较昂贵。

1.2 仪器分析的发展

自 20 世纪 30 年代后期以来，不断丰富的分析化学内涵使仪器分析发生了一系列根本性的变化。随着科技的发展和社会的进步，分析化学将面临更深刻、更广泛和更激烈的变革。现代分析仪器的更新换代和仪器分析方法、技术的不断创新与应用，是这些变革的重要内容。

分析化学的发展经历了三次巨大变革：

第一次变革发生在 20 世纪 30 年代，随着分析化学基础理论，特别是物理化学的基本概念(如溶液中的四大平衡理论)的发展，分析化学从一种技术演变成为一门科学；

第二次变革发生于 20 世纪 40～60 年代，物理学与电子学的发展改变了经典的以化学分析为主的局面，使仪器分析进入蓬勃发展阶段；

第三次变革从 20 世纪 70 年代末至今，为了满足生命科学、环境科学、新材料科学的发展要求，引入了生物学、信息科学、计算机等技术，使分析化学进入了一个崭新的阶段，具体表现为：

①综合了光、电、热、声和磁等现象，进一步采用数学、计算机科学及生物学等学科新成就对物质进行纵深分析。

②对于各种物质尽可能给出全面的信息。不局限于测定物质的组成及含量，而是对物质的形态、结构、微区、薄层及化学和生物活性等作出实时追踪、无损和在线监测等分析。

③新的仪器分析方法的不断涌现、分析仪器数据处理能力的不断提高，正在使仪器分析向智能化、测试速度超高速化、分析试样超微量化、仪器分析超小型化的方向发展。

1.3 仪器分析的分类

现代仪器分析涉及的范围很广，其中常用的有光学分析法、电分析化学法和色谱分析法(见图1－1)。

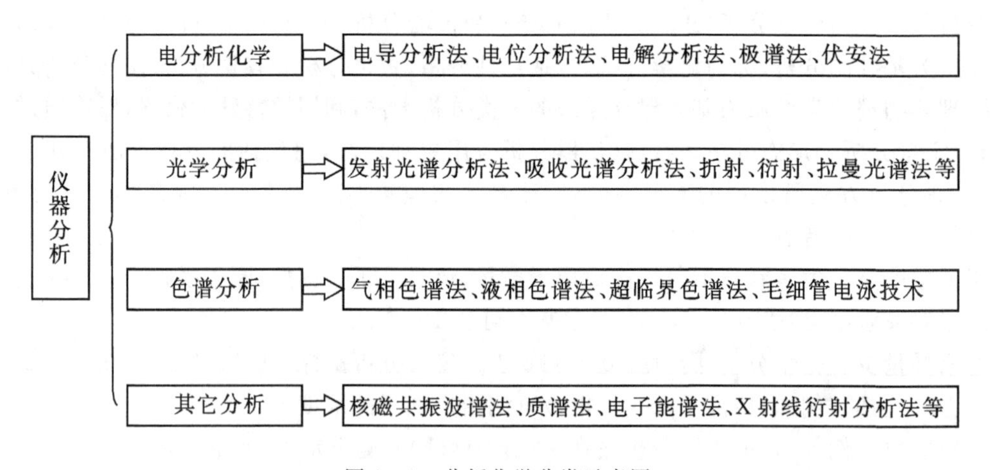

图 1－1　分析化学分类示意图

1.4 仪器的主要性能指标

定量分析是仪器分析的主要任务之一。对于一般的定量分析方法，采用精密度、准确度、检出限、灵敏度、校准曲线的线性及线性范围等指标进行评价。

1. 精密度(precision)

精密度是指使用同一方法，对同一试样进行多次测量所得结果的一致程度。同一分析人员在同一条件下平行测定结果的精密度又称重复性；不同实验室所得测定结果的精密度又称再现性。精密度常用测定结果的标准偏差 s 或相对标准偏差 RSD 量度，如下：

$$s=\sqrt{\frac{\sum_{i=1}^{n}(x_i-\overline{x})^2}{n-1}} \tag{1-1}$$

$$\mathrm{RSD}=\frac{s}{\overline{x}}\times 100\% \tag{1-2}$$

式中：n 为测量次数；x_i 为第 i 次测量值；$\overline{x}$ 为 n 次测量值的平均值。

2. 准确度(accuracy)

试样含量的测定值与试样含量的真实值(或标准值)相符合的程度称为准确度，常用相对误差量度。准确度是分析过程中系统误差和偶然误差的综合反映，它决定了分析结果的可靠程度。只有保证较好的精密度后，方法较高的准确度才有意义。

3. 检出限(detection limit)

物质单位浓度或单位质量的变化引起响应信号值变化的程度，称为方法的灵敏度(sensitivity)，用 S 表示。某一方法在给定的置信水平上可以检出被测物质的最小浓度(相对检出限)或最小质量(绝对检出限)，称为这种方法对该物质的检出限。

对于光学分析方法，可以与空白信号 X_b 区别的最小信号 X_L，能产生响应信号为 $X_\mathrm{L}-X_\mathrm{b}$ 的被测物质的浓度或量就是方法对该物质的检出限，用 DL 表示如下：

$$\mathrm{DL}=\frac{X_\mathrm{L}-\overline{X_\mathrm{b}}}{S}=\frac{3s_\mathrm{b}}{S} \tag{1-3}$$

式中：s_b 为空白信号的标准偏差。

检出限是一个定性概念，只表明此浓度或量的响应信号可以与空白信号相区别。在检出限附近不能进行定量分析。方法的灵敏度越高、精密度越好，检出限就越低。检出限是方法灵敏度和精密度的综合指标。

4. 校准曲线(calibration curve)

校准曲线是指被测物质的浓度或含量 x 与仪器响应信号 y 的关系曲线，用标准溶液绘制。线性范围是指定量测定的最低浓度到校准曲线偏离线性的浓度范围。线性的好坏用相关系数 R 表示。R 值在 $+1.0000$ 与 -1.0000 之间，R 越接近 $+1$ 或 -1，则 y 与 x 之间的线性关系越好。一般来说，好的分析方法应有较宽的线性范围。

1.5 常用分析化学网站和分析化学期刊

1. 分析化学网站

www. pubs. acs. org 美国化学会网站

www. rsc. org 英国化学会网站

www. sciencedirect. com 爱思维尔电子期刊全文数据库

www. springerlink. com 斯普林格全文数据库

www. wiley. com 威利数据库

www. cnki. net 中国知网

www. nstl. gov. cn 国家科技图书文献中心

2. 分析化学期刊

《分析化学》

《分析试验室》

《分析科学学报》

《Analytical Chemistry》

《The Analyst》

《Analytica Chimica Acta》

《Talanta》

《Analytical and Bioanalytical Chemistry》

第一篇　光谱与波谱分析

第2章　紫外-可见吸收光谱法

基本要求

1. 了解紫外-可见吸收光谱法的特点和应用；

2. 掌握吸收光谱的基本概念及其用途；

3. 掌握紫外-可见吸收光谱法所涉及的电子跃迁类型和特点；

4. 了解吸收带的类型和影响因素；

5. 掌握紫外-可见吸收光谱法的定量依据(朗伯-比尔(Lamber-Beer)定律)、方法(等吸收双波长法)及其相关计算；

6. 掌握分光光度计各部件的功能。

东波希米亚科学家Johannes Marcus Marci对彩虹现象很感兴趣，于是他通过实验对彩虹现象发生的原因及其本质进行了研究，并于1648出版了《为什么天上的彩虹会出现不同颜色?》一书。书中他说明了彩虹产生的条件、解释了彩虹现象是因为光的衍射造成的。同时他还描述了一束光通过棱镜可以产生光谱。这是人类最初对于光谱的认识，自此人类开启了对于物质光谱的研究和应用。光谱分为原子光谱和分子光谱，对应地，人们建立了原子光谱法和分子光谱法。紫外-可见吸收光谱法是分子光谱法中比较重要的一种。

紫外-可见吸收光谱法(Ultraviolet-Visible Absorption Spectrometry, UV - Vis)是利用某些物质的分子吸收10～780 nm光谱区的辐射来进行分析测定的方法，这种分子吸收光谱产生于分子轨道上的电子在电子能级间的跃迁，该方法已广泛应用于有机和无机物质的定性和定量测定。目前，在定性分析方面，紫外-可见吸收光谱法不仅可以鉴别具有不同官能团和化学结构的不同化合物，而且可以鉴别结构相似的不同化合物；在定量分析方面，紫外-可见吸收光谱法不仅可以实现对单一组分的测定，而且可以对多种混合组分不经分离进行同时测定。该方法灵敏度高、准确度高、选择性好、操作简便、分析速度快并且应用广泛。例如，医院的常规化验中，95%的定量分析都使用紫外-可见吸收光谱法。在科学研究中，平衡常数的测定、求算主-客体结合常数等都离不开紫外-可见吸收光谱法。

2.1 光学分析法概论

光学分析法(optical analysis)是基于物质发射的电磁辐射或物质与电磁辐射相互作用后产生的辐射信号或发生的信号变化来确定物质的性质、含量和结构的一类分析方法。它是仪器分析的重要分支,应用范围广泛。任何光学分析法均包含三个主要过程:a. 能源提供能量;b. 能量与被测物质相互作用;c. 产生被检测信号。

2.1.1 电磁辐射和电磁波谱

电磁辐射(electromagnetic emission)是一种以极大的速度通过空间传播能量的电磁波。电磁波包括无线电波、微波、红外光、可见光、紫外光、X 射线和 γ 射线等。光的本质是电磁辐射,光的基本特性是具有波粒二象性(wave-corpuscle duality)。光的波动性是指光可以用互相垂直的、以正弦波振荡的电场和磁场表示(见图 2-1)。

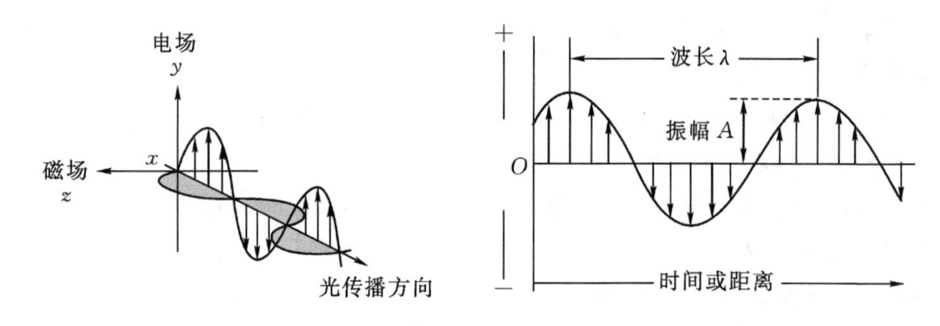

图 2-1 光的波动性

电磁波的波动性用波长 λ、波数 σ 和频率 ν 等波参数来表征。波长 λ 是指在波的传播路线上具有相同振动相位的相邻两点之间的线性距离,常用 nm 作为单位。波数 σ 是每厘米长度中波的数目,单位为 cm^{-1}。频率 ν 是每秒内电磁波的振动次数,单位为 Hz(赫兹)。在真空中,波长、波数和频率的关系为

$$\nu = c/\lambda \tag{2-1}$$

$$\sigma = 1/\lambda = \nu/c \tag{2-2}$$

式中:c 是光在真空中的传播速度,$c = 2.9979 \times 10^{10}\ cm \cdot s^{-1}$。所有电磁辐射在真空中的传播速度均相同。在其它透明介质中,由于电磁辐射与介质分子的相互作用,使其传播速度减小。电磁辐射在空气中的传播速度与光速差别很小,故式(2-1)也适用于空气介质。

电磁波的微粒性用每个光子具有的能量 E 来表征。光子的能量与频率成正比,与波长成反比,它与频率、波长和波数的关系为

$$E = h\nu = hc/\lambda = hc\sigma \tag{2-3}$$

式中:h 是普朗克常数(Planck constant),其值等于 $6.626 \times 10^{-34}\ J \cdot s$;能量 E 单位常用电子伏特(eV)和焦耳(J)表示。从式(2-3)中可以看出:波长越短,频率越大,能量越高。

将电磁辐射按照波长(或频率、波数、能量)大小顺序排列就得到电磁波谱(electromagnetic spectrum)。不同的波长区域对应着物质不同类型能级的跃迁。表 2-1 表示电磁波谱的分区、所激发跃迁类型及对应的光谱分析法。

表 2-1　电磁波谱分区示意表

电磁辐射区域	波数区域/cm^{-1}	跃迁类型	方法类别
0.005～1.4Å	—	核能级	γ射线分析法
0.1～100Å	—	内层电子	X射线分析法、发射光谱法、荧光光谱法、衍射分析法
10～180 nm	$1\times10^6\sim5\times10^4$	价电子	真空紫外吸收光谱法
180～780 nm	$5\times10^4\sim1.3\times10^4$	价电子	紫外-可见吸收光谱法、荧光光谱法
0.78～500 μm	$1.3\times10^4\sim2.0\times10^1$	分子振动/转动	红外吸收光谱法、拉曼散射光谱法
0.75～3.75 mm	13～27	分子转动	微波法
3 cm	0.33	电子在磁场中的自旋	电子自旋共振光谱法
0.6～10 m	$1.7\times10^{-2}\sim1\times10^{-3}$	核在磁场中的自旋	核磁共振波谱法

2.1.2　电磁辐射与物质的相互作用

不同波长对应的光的颜色是不同的(见表 2-2)，当某种颜色的光被一种溶液吸收时，我们看到的颜色是透过色(互补色)。因此，当我们用发红光(660 nm)的二极管照射染料亚甲蓝时，由于亚甲蓝对该波长的光有强烈的吸收，所以我们看到的是透过色(蓝绿色)。

表 2-2　不同波长范围的颜色及其互补色

吸收波长/nm	吸收颜色	透过色(互补色)
380～450	紫色	黄绿色
450～495	蓝色	黄色
495～570	绿色	紫色
570～590	黄色	蓝色
590～620	橙色	绿蓝色
620～750	红色	蓝绿色

电磁辐射与物质的相互作用是普遍存在的复杂的物理现象，根据是否涉及内能的变化分为两类：一类为涉及物质内能变化的，比如吸收、发射和拉曼散射等；另一类为不涉及物质内能变化的，如透射、折射、非拉曼散射、衍射和旋光等。

当电磁辐射通过固体、液体或气体等介质时，电磁辐射的交变电场导致分子(或原子)外层电子相对其核的振荡，造成这些分子(或原子)周期性极化。如果入射的电磁辐射能量恰好与介质分子(或原子)基态与激发态之间的能量差相等，则介质分子(或原子)就会吸收该电磁辐射，从基态跃迁至激发态。处于激发态的分子(或原子)是不稳定的，它会很快释放出多余的能量而回到基态。释放能量的方式通常有三种：以热的形式释放；以荧光(或磷光)的形式释放；在某些情况下，处于激发态的分子(或原子)也可能发生化学变化(光化学反应)从而消耗掉多余的能量。如果入射的电磁辐射能量与介质分子(或原子)基态与激发态之间的能量差不相等，则介质分子(或原子)不吸收电磁辐射，分子(或原子)极化所需的能量仅被介质分子(或原子)瞬间保留，然后被再次发射，从而产生光的透射、反射、折射、非拉曼散射、衍射和旋光等物理现象。

2.1.3 光学分析法分类

由于电磁波谱中各分区电磁辐射的能量不同，与物质相互作用的机制不同，故所产生的物理现象亦不同，据此可建立各种不同的光学分析方法(见表2-3)。

表2-3 常用的光学分析方法

原理	分析方法	原理	分析方法
辐射的吸收	1. 比色法 2. 分光光度法(可见、紫外、红外、X射线等) 3. 原子吸收法 4. 核磁共振波谱法 5. 电子自旋共振法	辐射的散射	1. 拉曼光谱法 2. 散射浊度法
		辐射的折射	1. 折射法 2. 干涉法
		辐射的衍射	1. X射线衍射法 2. 电子衍射法
辐射的发射	1. 发射光谱法 2. 荧光光谱法 3. 火焰光度法 4. 放射化学法	辐射的旋转	1. 偏振法 2. 旋光法 3. 圆二色光谱法

1. 光谱法和非光谱法

光谱法(spectroscopy)是依据物质对电磁辐射的吸收、发射或拉曼散射等作用建立的光学分析法。包括原子发射光谱法、原子吸收光谱法、原子荧光光谱法、X射线荧光法、紫外-可见吸收光谱法、红外光谱法、荧光法、磷光法、化学发光法、拉曼光谱法、核磁共振波谱法和电子能谱法等。光谱法应用广泛，是组成现代仪器分析的重要部分。

非光谱法(non-spectroscopy)是依据电磁辐射和物质作用之后的反射、折射、干涉或偏振等基本性质的变化建立的光学分析法。包括折射法、干涉法、浊度法、旋光法、X射线衍射法及电子衍射法等。

2. 原子光谱法和分子光谱法

原子光谱法(atomic spectroscopy)是以气相基态原子对共振线产生吸收、使外层电子发生跃迁所产生的原子光谱为基础的分析方法。原子光谱是由一条条彼此分立的谱线组成的线状光谱。每一条谱线对应一定的波长(这种线状光谱和原子的结构一一对应)，所以利用原子光谱可以测定试样中物质的元素种类、组成和含量，但不能给出物质分子结构的信息。原子光谱法包括原子发射光谱法、原子吸收光谱法、原子荧光光谱法以及X射线荧光光谱法等。

分子光谱(molecular spectroscopy)是由分子中电子能级(E)、振动能级(V)和转动能级(R)的变化产生的，表示分子在吸收过程中发生电子能级跃迁的同时伴随振动能级和转动能级的能量变化。因为分子的吸收光谱是由成千上万条彼此靠得很近的谱线组成，所以看起来是一条连续的吸收带，称为带状光谱。分子能级比较复杂，因而分子光谱也比较复杂。分子中不但存在电子能级，每个电子能级中还存在着多个可能的振动能级，每个振动能级中又存在着若干个可能的转动能级(见图2-2)。这些能级都是量子化的，电子能级之间的能量差别最大，ΔE一般为1～20 eV；振动能级的能量差一般为0.05～1 eV；转动能级的能量差最小，ΔE一般为0.005～0.05 eV。分子光谱法是以测量分子转动能级、振动能级(包括转动能级)和电子能级(包括振-转能级跃迁)所产生的分子光谱为基础的定性、定量和结构分析方法。分子光谱法有红外吸收光谱法、紫外-可见吸收光谱法、分子荧光和磷光光谱法等。

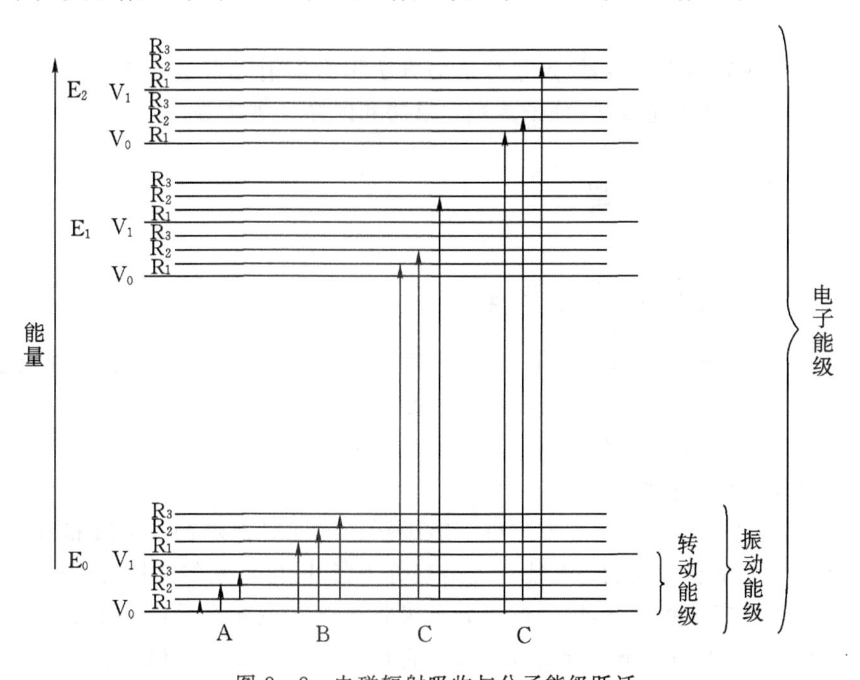

图 2－2　电磁辐射吸收与分子能级跃迁

A—转动能级跃迁；B—转动/振动能级跃迁；C—转动/振动/电子能级跃迁

3. 吸收光谱法与发射光谱法

吸收光谱法(absorption spectroscopy)是利用物质吸收相应的电磁辐射而产生光谱(其光谱产生的必要条件是所提供的电磁辐射能量恰好等于物质基态和所要跃迁到的激发态之间的能量差)，即吸收光谱，进行定性、定量及结构解析的方法。根据物质对不同波长的辐射能的吸收，可以建立不同的吸收光谱法，常见的吸收光谱法见表 2－4。

表 2－4　常见的吸收光谱法

方法	电磁辐射	作用对象	检测信号
穆斯堡尔谱(γ射线)	γ射线	原子核	吸收后的γ射线
X射线吸收光谱法	X射线	$Z>10$的重金属原子的内层电子	吸收后透过的X射线
原子吸收光谱法	紫外光/可见光	气态原子外层电子	吸收后透过的紫外-可见光
紫外-可见吸收光谱法	紫外光/可见光	具有共轭结构的有机分子外层电子和有色无机物价电子	吸收后透过的紫外-可见光
红外吸收光谱法	红外光	分子基团	吸收后透过的红外光
电子自旋共振波谱法	微波	未成对电子	吸收
核磁共振波谱法	无线电波	磁性原子核	共振吸收

发射光谱法(emission spectroscopy)是指构成物质微粒受到辐射能、热能、电能或化学能的激发跃迁到激发态,再从激发态回到基态时以辐射的形式释放掉多余能量而产生的光谱。物质发射的光谱可能为线状光谱,也可能是带状光谱和连续光谱。线状光谱是由原子被激发后发射的光谱;带状光谱是由分子被激发后发射的光谱;连续光谱是由炽热的固体或液体所发射的光谱。

利用物质的发射光谱进行定性、定量分析的方法称为发射光谱法。常见的发射光谱法有原子发射光谱法、原子荧光光谱法、分子荧光光谱法和磷光光谱法等。

2.2 紫外-可见吸收光谱

2.2.1 分子吸收光谱的产生

紫外-可见吸收光谱是分子吸收光谱。分子对电磁辐射的吸收是分子总能量变化之和,即:

$$\Delta E = \Delta E_E + \Delta E_V + \Delta E_R \qquad (2-4)$$

式中:ΔE 代表分子的总能量变化;ΔE_E、ΔE_V、ΔE_R 分别为电子能级的能量变化、振动能级的能量变化以及转动能级的能量变化。

图 2-2 表示分子在吸收过程中发生电子能级跃迁的同时伴随振动能级和转动能级的能量变化。如果分子的基态和激发态的能量差恰好等于紫外-可见光的能量,分子就会吸收该紫外-可见光,从基态跃迁至激发态,同时形成分子吸收光谱。该光谱是由成千上万条彼此靠得很紧的谱线组成,看起来是一条连续的吸收带。它是以波长 λ(nm)为横坐标,以吸光度 A(或透光率 $T\%$)为纵坐标所绘制的曲线,如图 2-3 所示。分子吸收光谱是建立分析方法的基础。

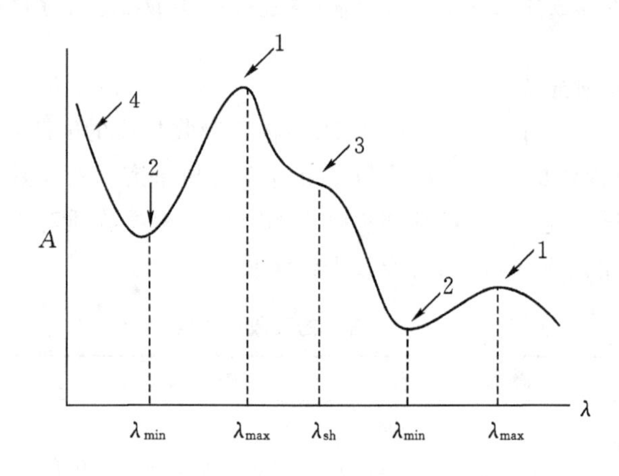

图 2-3 吸收光谱示意图

1—吸收峰;2—谷;3—肩峰;4—末端吸收

2.2.2 电子跃迁的类型

紫外-可见吸收光谱是分子中的价电子在不同的轨道之间跃迁而产生的。从化学键性质考虑,与有机物分子紫外-可见吸收光谱有关的电子分为三种:形成单键的 σ 电子、双键中的 π

电子和非键的 n 电子。根据分子轨道理论，分子中的电子轨道包括 σ 成键轨道、σ^* 反键轨道、π 成键轨道、π^* 反键轨道和 n 未成键轨道（或非键轨道）。我们知道轨道代表能级，轨道不同，轨道所代表的能量也不同。通常分子轨道能量高低的顺序为

$$E_\sigma < E_\pi < E_n < E_{\pi^*} < E_{\sigma^*}$$

在基态分子中，成键电子占据成键轨道，未成键的孤对电子占据非键轨道。分子吸收紫外或可见辐射后，电子就从基态的成键轨道或非键轨道跃迁至激发态的反键轨道（见图 2－4）。

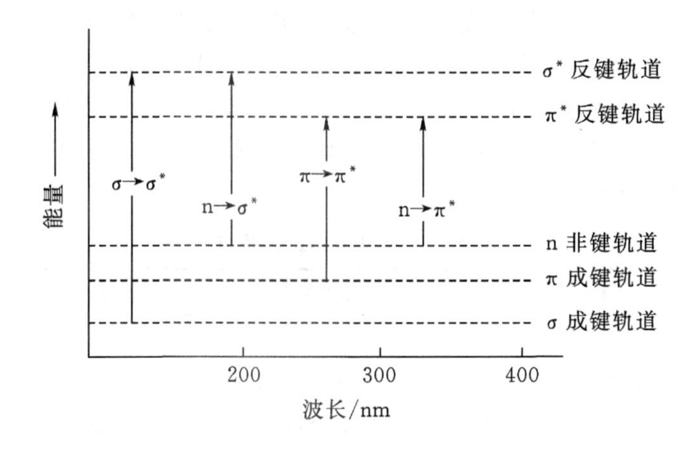

图 2－4　分子中价电子能级及跃迁示意图

在紫外和可见光区范围内，有机化合物所涉及的电子跃迁类型主要有 $\sigma\rightarrow\sigma^*$、$\pi\rightarrow\pi^*$、$n\rightarrow\sigma^*$、$n\rightarrow\pi^*$ 四种类型；无机化合物所涉及的电子跃迁类型主要有电荷迁移跃迁和配位场跃迁两种类型。下面我们一一介绍。

1. $\sigma\rightarrow\sigma^*$ 跃迁

$\sigma\rightarrow\sigma^*$ 跃迁是指处于 σ 成键轨道上的电子吸收辐射能后跃迁到 σ^* 反键轨道。由于分子中 σ 键较为牢固，故此类跃迁所需能量较高，相当于真空紫外区的辐射能。例如饱和烃类通常发生 $\sigma\rightarrow\sigma^*$ 跃迁；甲烷的最大吸收波长为 125 nm。一般紫外-可见分光光度计不能用来研究远紫外吸收光谱。

2. $n\rightarrow\sigma^*$ 跃迁

分子中原子含有孤对电子（即 n 电子）的饱和化合物，如含—OH、—NH_2、—X、—S 等基团化合物都可发生 $n\rightarrow\sigma^*$ 跃迁。其杂原子中孤对电子吸收能量后向 σ^* 反键轨道跃迁。$n\rightarrow\sigma^*$ 跃迁所需能量小于 $\sigma\rightarrow\sigma^*$ 跃迁，相当于 150～250 nm 区域的辐射能。其中大多数吸收峰出现在低于 200 nm 的真空紫外区。但跃迁所需能量与 n 电子所属原子的性质有很大关系。杂原子的电负性越小，电子越易被激发，激发波长越长。有时吸收峰也落在近紫外区，如甲胺的最大吸收波长为 213 nm。

3. $\pi\rightarrow\pi^*$ 跃迁

处于 π 成键轨道上的电子跃迁至 π^* 反键轨道称为 $\pi\rightarrow\pi^*$ 跃迁。$\pi\rightarrow\pi^*$ 跃迁产生于具有不饱和键的有机化合物中，需要的能量低于 $\sigma\rightarrow\sigma^*$ 跃迁，吸收峰一般处在近紫外区（200 nm 左右）。其特征是摩尔吸光系数较大（$\varepsilon > 10^4 L\cdot cm^{-1}\cdot mol^{-1}$），为强吸收带。随双键共轭程度

增加，$\pi \to \pi^*$ 跃迁所需能量降低。若两个以上的双键被单键隔开，则所呈现的吸收是所有双键吸收的叠加；若双键共轭，则吸收大大增强，波长红移，如乙烯（蒸气）的最大吸收波长为162 nm，丁二烯为217 nm，已三烯为258 nm。

4. $n \to \pi^*$ 跃迁

含有杂原子不饱和基团（如含C═O、C═S、—N═N—等基团）的化合物，其非键轨道中孤对电子吸收能量后向 π^* 反键轨道跃迁，这种跃迁称为 $n \to \pi^*$ 跃迁，它产生的吸收峰一般在近紫外区（200～400 nm）。其特点是谱线强度弱，摩尔吸光系数小（10～100 $L \cdot cm^{-1} \cdot mol^{-1}$）。例如丙酮的最大吸收波长为279 nm，$\varepsilon$ 为10～100 $L \cdot cm^{-1} \cdot mol^{-1}$。许多化合物既有 π 电子又有 n 电子，在外来辐射作用下，既有 $\pi \to \pi^*$ 又有 $n \to \pi^*$ 跃迁。如—COOR 基团，$\pi \to \pi^*$ 跃迁最大吸收波长为165 nm，而 $n \to \pi^*$ 跃迁最大吸收波长为205 nm。

各种跃迁类型及其特点见表2-5。

表2-5　跃迁类型及其特点

跃迁类型	基　团	吸收峰波长	强度 ε	吸收区域
$\sigma \to \sigma^*$	饱和烃（C—H、C—C）	<150 nm		远紫外区
$n \to \sigma^*$	杂原子单键（—OH、—NH）	约200 nm	150	末端吸收
$\pi \to \pi^*$	不饱和（孤立）双键	约200 nm	$>10^4$	近紫外区
$n \to \pi^*$	杂原子双键（C═N）	200～400 nm	10～100	近紫外区

5. 电荷迁移跃迁

电荷迁移跃迁是指化合物被电磁辐射照射时，化合物中的电子从给予体向接受体的轨道上跃迁，从而产生一个内氧化还原过程，相应的吸收光谱称为电荷迁移吸收光谱。有机化合物中的取代芳烃可产生这种分子内电荷迁移吸收。许多无机配合物和水合无机离子均可产生电荷迁移跃迁。电荷迁移吸收光谱最大的特点是摩尔吸光系数较大，一般 $\varepsilon_{max} > 10^4\ L \cdot cm^{-1} \cdot mol^{-1}$。

6. 配位场跃迁

配位场跃迁包括d-d跃迁和f-f跃迁。在配位场理论中，5个能量相等的d轨道和7个能量相等的f轨道分别分裂成几组能量不等的d轨道及f轨道，当它们吸收辐射能后，低能态的d电子或f电子可以分别跃迁到高能态的d或f轨道上，由于这类跃迁必须在配位场作用下才有可能产生，因此称为配位场跃迁。与电荷迁移跃迁相比，由于选择规则的限制，配位场跃迁吸收的摩尔吸光系数较小，一般 $\varepsilon_{max} < 10^2\ L \cdot cm^{-1} \cdot mol^{-1}$，位于可见光区。

不同跃迁类型的吸收带在光谱区中的位置和大致强度见图2-5。

2.2.3　紫外-可见吸收光谱中的基本概念

吸收峰（absorption peak）：为吸收光谱（见图2-3）上吸光度最大处，对应的波长称为最大吸收波长（λ_{max}）。

谷：为吸收光谱上相邻两个吸收峰之间吸光度最小的部位，对应的波长称为最小吸收波长（λ_{min}）。

肩峰（shoulder peak）：吸收光谱上某个吸收峰旁边产生的一个曲折。

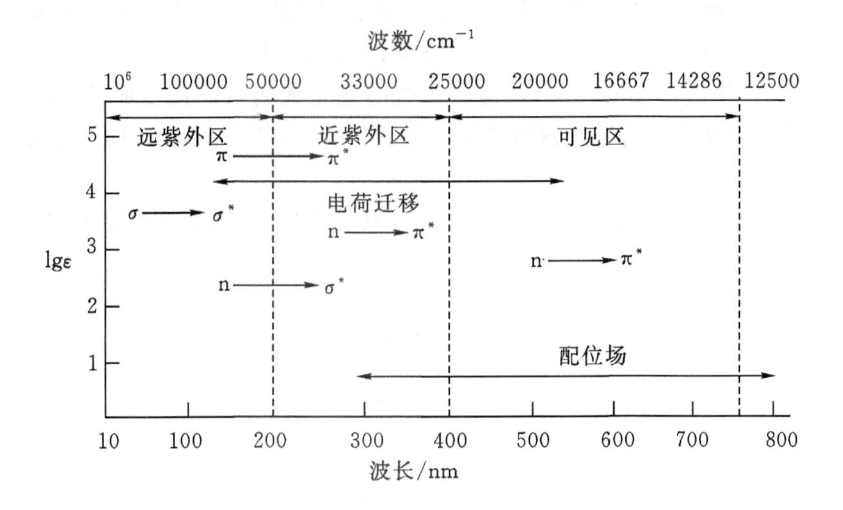

图 2-5　6 种跃迁类型的吸收带位置和强度

末端吸收(end absorption):在吸收光谱短波端呈强吸收而不成峰的部分。

生色团(chromophore):能够产生紫外(或可见)吸收的不饱和基团,一般为带有 π 电子的基团,能够发生 $\pi\to\pi^*$ 和 $n\to\pi^*$ 跃迁,如 C═C、C═O、—N═N—、—C═S 等基团。如果一个化合物的分子中含有若干个生色团并形成共轭体系,则原来各自的吸收带将消失,形成新的吸收带,其波长增长,吸收强度也会明显增强。表 2-6 列出了某些生色团及相应化合物的吸收特征。

表 2-6　某些生色团及相应化合物的吸收特性

生色团	化合物	溶剂	λ_{max}/nm	ε_{max}	跃迁类型
R—CH═CH—R′(烯)	乙烯	气体	165	15000	$\pi\to\pi^*$
			193	10000	$\pi\to\pi^*$
R—C≡C—R′(炔)	2-辛炔	庚烷	195	21000	$\pi\to\pi^*$
			223	160	—
R—CO—R′(酮)	丙酮	正己烷	189	900	$n\to\sigma^*$
			279	15	$n\to\pi^*$
R—CHO(醛)	乙醛	正己烷	180	10000	$n\to\sigma^*$
			290	17	$n\to\pi^*$
R—COOH(羧酸)	乙酸	95%乙醇	208	32	$n\to\pi^*$
R—$CONH_2$(酰胺)	乙酰胺	水	220	63	$n\to\pi^*$
R—NO_2(硝基化合物)	硝基甲烷	甲醇	201	5000	$n\to\pi^*$
R—CN(腈)	乙腈	四氯乙烷	338	126	$n\to\pi^*$
R—ONO_2(硝酸酯)	硝酸乙烷	二氧六环	270	12	$n\to\pi^*$

助色团(auxochrome):助色团是指本身不会产生紫外吸收,但是与生色团相连时能够使

后者吸收波长变长或吸收强度增加的含有杂原子的饱和基团。助色团一般为带有孤电子对的原子或原子团。如—OH、—NH_2、—OR、—SH、—Cl、—Br等。

红移(red shift)和蓝移(blue shift):因取代基的变化或溶液的改变而使吸收带的最大吸收波长移动的现象。吸收峰向长波方向移动称为红移,亦称长移;吸收峰向短波方向移动称为蓝移,亦称短移。

增色效应和减色效应:由于化合物结构改变或其它原因,使吸收强度增加称增色效应;使吸收强度减弱称减色效应。

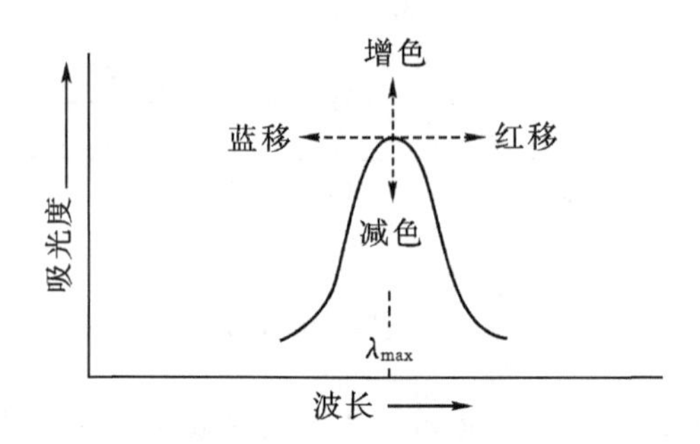

图 2-6 增色、减色、红移和蓝移效应示意图

强带和弱带(strong band and weak band):化合物的紫外-可见吸收光谱中,凡摩尔吸光系数ε_{max}值大于10^4的吸收峰称为强带,凡ε_{max}值小于10^2的吸收峰称为弱带。

2.2.4 吸收带及其与分子结构的关系

吸收带(absorption band)说明了吸收峰在紫外-可见吸光谱中的位置。根据电子和轨道种类,可把吸收带分为六种类型。

1. R带

R带是由$n\rightarrow\pi^*$跃迁引起的吸收带,是杂原子的不饱和基团,如 >C=O、—NO、—NO_2、—N=N—等类型生色团产生的吸收。它的波长约为300 nm,弱吸收,摩尔吸光系数值一般在100 $L\cdot cm^{-1}\cdot mol^{-1}$以内。溶剂极性增加,R带发生蓝移。另外,当有强吸收峰在其附近时,R带有时出现红移,有时会被掩盖。

2. K带

K带是由共轭双键(如(—CH=CH—)n,—CH=C—CO—等生色团的双键)中$\pi\rightarrow\pi^*$跃迁所产生的吸收峰,其摩尔吸光系数值一般大于10^4 $L\cdot cm^{-1}\cdot mol^{-1}$,为强吸收带。随着共轭体系的增长,K带向长波方向移动明显,吸收强度也随之增强。

3. B带和E带

B带和E带为芳香族化合物的特征吸收带,均是由$\pi\rightarrow\pi^*$跃迁引起的。在气态或非极性溶液中,苯及其许多同系物的B带在230～270 nm处具有精细结构(见图2-7),因此,B带又称苯的多重吸收带。在极性溶剂中,这些精细结构消失。当苯环上引入—NO_2、—CHO等基团时，苯的 B 带显著红移，并且吸收强度增大。E 带分为 E_1 带和 E_2 带，E_1 带的吸收峰约在 180 nm，ε 为 4.7×10^4 L・cm^{-1}・mol^{-1}，E_2 带的吸收峰约在 200 nm，ε 为 7000 L・cm^{-1}・mol^{-1} 左右，都属于强吸收带。

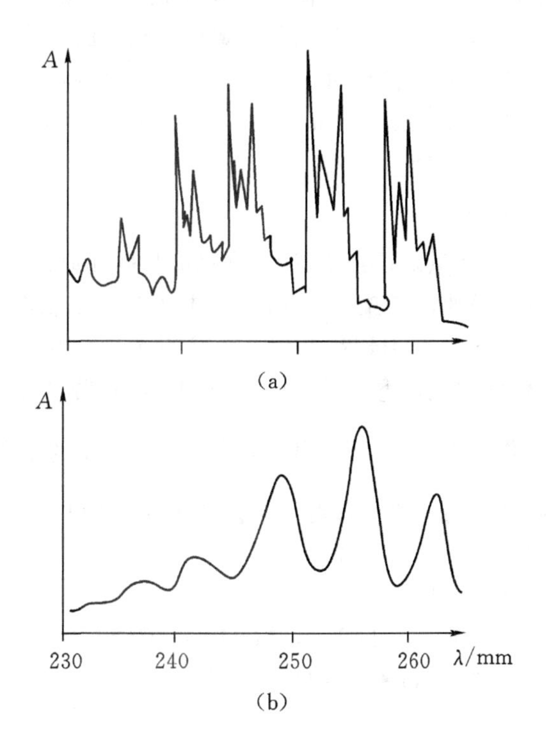

图 2-7　苯的紫外吸收光谱

(a) 苯蒸气；(b) 在乙醇中

4. 电荷迁移吸收带

电荷迁移吸收带指外来辐射照射到某些有机化合物和无机化合物混合而得到的分子配合物时，可能发生电子从体系的电子给予体部分转移到该体系的另一部分，即电子接受体时，所产生的吸收带。电荷转移吸收带的特点是吸收强度大，$\varepsilon_{max}>10^4$ L・cm^{-1}・mol^{-1}。通常，配合物的中心离子是电子接受体，配位体是电子给予体。如邻二氮菲和铁(Ⅱ)的配合物，铁(Ⅱ)是电子接受体，邻二氮菲是电子给予体。中心离子的氧化能力(或配位体的还原能力)越强，产生电荷迁移跃迁需要的能量就越小，吸收波长发生红移。

5. 配位场吸收带

配位场吸收带指的是过渡金属和水形成的配离子与显色剂(通常是有机化合物)所形成的配合物，吸收紫外-可见光后获得的吸收带。例如，$Ti(H_2O)_6^{3+}$ 配离子的吸收峰在 490 nm 处。

2.2.5　影响吸收带的因素

分子结构、溶剂的极性等各种因素都会影响吸收带，使吸收带红移或蓝移，强度增强或减弱，精细结构出现或消失。

1. 共轭效应对吸收带的影响

π 电子共轭体系增大时，由于共轭效应，电子离域到多个原子之间，导致 π→π* 跃迁能量降低，同时跃迁几率增大，ε_{max}增大。空间位阻使共轭体系破坏，λ_{max}蓝移，ε_{max}减小。取代基越大，分子共面性越差，λ_{max}蓝移，ε_{max}减小。如二苯乙烯反式结构的 K 带 λ_{max}比顺式明显红移，且ε_{max}也明显增加(顺式二苯乙烯的 λ_{max}为 280 nm，ε_{max}为 10500 L·cm^{-1}·mol^{-1}；反式二苯乙烯的 λ_{max}为 296 nm，ε_{max}为 29000 L·cm^{-1}·mol^{-1})。这是因为顺式结构有立体阻碍，苯环不能与乙烯双键在同一平面上，不易产生共轭。

2. 取代基对吸收带的影响

在光的作用下，电子获得能量跃迁至激发态(满足能量匹配原则)，使得有机化合物发生极化。当共轭双键两端连接容易使电子流动的基团(给电子基团或吸电子基团)时，极化现象显著增加。给电子基团如—NH_2、—OH 等，共用电子对的流动性很大，能够和共轭体系中的 π 电子相互作用，引起永久性的电荷转移，形成 p-π 共轭，能量降低，λ_{max}红移。吸电子基团如 >C=O、—NO_2 等，共轭体系中引入电子基团，同样产生 π 电子的永久性转移，λ_{max}红移，π 电子流动性增加，光的吸收分数增加，吸收强度增强。给电子基团与吸电子基团同时存在时，产生分子内电荷转移吸收，λ_{max}红移，ε_{max}增加。

给电子基团的给电子能力顺序为：

$—N(C_2H_5)_2 > —N(CH_3)_2 > —NH_2 > —OH > —OCH_3 > —NHCOCH_3 >$
$—OCOCH_3 > —CH_2CH_2COOH > —H$

吸电子基团的作用强度顺序是：

$—N^+(CH_3)_3 > —NO_2 > —SO_3H > —COH > —COO^- > —COOH > —COOCH_3 >$
$—Cl > —Br > —I$

3. 溶剂对吸收带的影响

一般溶剂极性增大 π→π* 跃迁需要的能量变小，吸收带红移。n→π* 跃迁则相反，吸收带蓝移。后者的移动一般比前者大。如图 2-8 所示，分子吸收光辐射后，成键轨道上的电子会跃迁至反键轨道形成激发态。一般情况下分子的激发态极性大于基态。溶剂极性越大，分子与溶剂的静电作用越强，激发态越稳定，能量降低，即 π* 轨道能量降低大于 π 轨道能量降低，

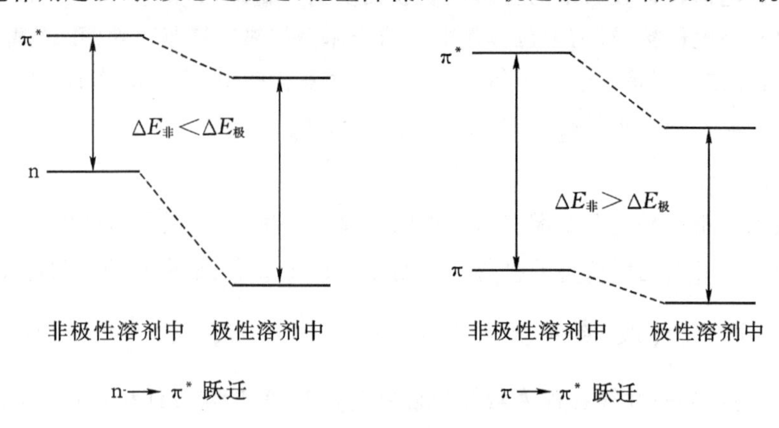

图 2-8 溶剂极性对两种迁能级差的影响

因此波长红移。而由于产生 $n \to \pi^*$ 跃迁的 n 电子与极性溶剂易形成氢键，基态 n 轨道能量降低大，$n \to \pi^*$ 跃迁能量增大，吸收带蓝移。极性溶剂往往使吸收峰的振动精细结构消失，如图 2-9对称四嗪在不同溶剂中的吸收光谱。

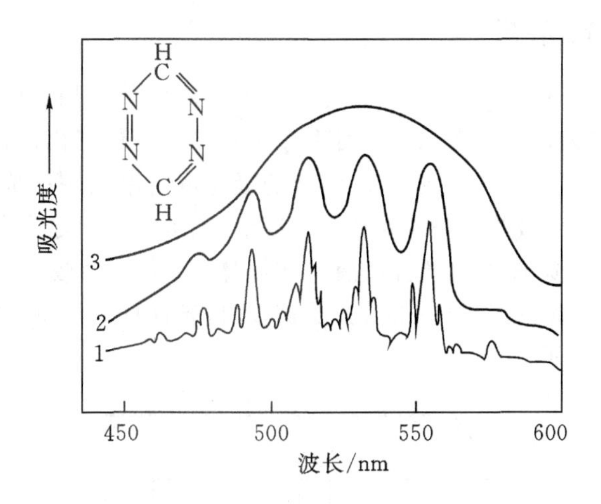

图 2-9　对称四嗪的吸收光谱

曲线 1—对称四嗪蒸气；曲线 2—在环己烷中；曲线 3—在水中

显然，用于制备样品的溶剂在被检测区域波长范围内不能有明显吸收。这一限制通常在可见光区不是问题。但在紫外光区测定的许多物质都是有机化合物，不溶于水，因此需要使用有机溶剂。表 2-7 列出了一些用于紫外光区的溶剂。截止波长是最小波长，大于这个波长可以用于分析。

表 2-7　紫外区最低波长使用限制

溶剂	截止波长/nm	溶剂	截止波长/nm
水	200	二氯甲烷	233
乙醇(95%)	205	丁基醚	235
乙腈	210	氯仿	245
环己烷	210	四氯化碳	265
环戊烷	210	N,N-二甲基甲酰胺	270
庚烷	210	苯	280
正己烷	210	甲苯	285
甲醇	210	二甲苯	290
乙醚	220	吡啶	305
甘油	220	丙酮	330

2.3 光吸收的基本定律

2.3.1 朗伯-比尔定律

朗伯-比尔定律(Lambert-Beer′s law)是光吸收的基本定律,是描述物质对单色光吸收的强弱、吸光物质的浓度和液层厚度间关系的定律。1760 年,朗伯指出溶液的吸光度与液层厚度成正比(即朗伯定律)。1852 年,比尔指出溶液的吸光度与溶液浓度成正比(即比尔定律)。这两个定律合并起来就是光吸收的基本定律——朗伯-比尔定律。定律推导如下。

假设一个含有吸光物质的物体(气体、液体或固体)中有 n 个吸光质点(原子、离子或分子),一束平行单色光通过此物体后,一部分光子被吸收,光强从 I_0 降低到 I。物体的截面积为 S,厚度为 l,如图 2-10 所示。

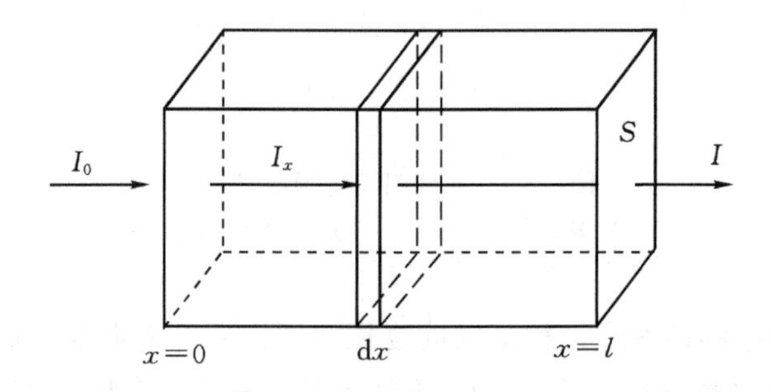

图 2-10 光通过截面积 S 厚度 l 的吸光介质

取物体中一个极薄的断层来讨论,设此断层中所含吸光质点数为 $\mathrm{d}n$,而且吸光质点之间没有相互作用,能捕获光子的质点可以看作截面 S 上被占去一部分不让光子通过的面积 $\mathrm{d}S$,即:

$$\mathrm{d}S = k\mathrm{d}n \tag{2-5}$$

式中:k 为一个吸光质点对单色光的吸收截面积。

则光子通过断层时,被吸收的几率是

$$\frac{\mathrm{d}S}{S} = \frac{k\mathrm{d}n}{S}$$

使投射于此断层的光强 I_x 被减弱了 $\mathrm{d}I_x$,有

$$-\frac{\mathrm{d}I_x}{I_x} = \frac{k\mathrm{d}n}{S}$$

由此可得,光通过厚度为 l 的物体时有

$$-\int_{I_0}^{I} \frac{\mathrm{d}I_x}{I_x} = \int_0^n \frac{k\mathrm{d}n}{S} \Rightarrow \ln\frac{I}{I_0} = \frac{kn}{S}$$

$$-\lg\frac{I}{I_0} = \lg e \cdot k \cdot \frac{n}{S} = \varepsilon \cdot \frac{n}{S} \quad (\varepsilon = \lg e \cdot k) \tag{2-6}$$

其中:ε 是吸光系数(absorptivity)。又因截面积 S 与体积 V、质点总数 n 与浓度 c 等有以下关系

因为

$$S = \frac{V}{l}, \quad n = V \cdot c$$

所以

$$\frac{n}{S} = l \cdot c \tag{2-7}$$

结合式(2－6)与式(2－7)得

$$-\lg \frac{I}{I_0} = \varepsilon cl \tag{2-8}$$

式(2－8)即为 Lambert-Beer 定律的数学表达式。其中 I/I_0 是透光率(transmittance，记为 T)，常用百分数表示。A 定义为 $-\lg T$，称为吸光度(absorbance)，所以

$$A = -\lg T = \varepsilon cl \quad \text{或} \quad T = 10^{-A} = 10^{-\varepsilon cl} \tag{2-9}$$

式(2－9)说明当一束平行单色光垂直通过某一均匀非散射的吸光物质时，其吸光度 A 与吸光物质的浓度 c 以及吸收层厚度 l 成正比。

2.3.2　吸光系数

根据 Lambert-Beer 定律，吸光系数是吸光物质在单位浓度及单位厚度时的吸光度。在给定单色光、溶剂和温度等条件下，吸光系数是物质的特征常数，表明物质对某一特定波长光的吸收能力。吸光系数愈大，表明该物质的吸光能力愈强，测定的灵敏度愈高。所以，吸光系数是物质定性和定量的依据。吸光系数有两种表示方式：

①摩尔吸光系数(ε)是指在一定实验条件下，溶液物质的量浓度为 1 $mol \cdot L^{-1}$，厚度为 1 cm时的吸光度，单位为 $L \cdot cm^{-1} \cdot mol^{-1}$。

②百分吸光系数或称比吸光系数(E) 是指在一定实验条件下，溶液浓度为 1%(即 100 mL 溶液中所含溶质的质量 1 g，单位 g/100 mL)，厚度为 1 cm 的吸光度，单位为 100 $mL \cdot g^{-1} \cdot cm^{-1}$。

不难算出，对于同一吸光物质，两种吸光系数之间的关系是

$$\varepsilon = \frac{M}{10} \cdot E \tag{2-10}$$

式中：M 是吸光物质的摩尔质量。通常，ε 在 $10^4 \sim 10^5$ $L \cdot cm^{-1} \cdot mol^{-1}$之间为强吸收，小于 10^2 $L \cdot cm^{-1} \cdot mol^{-1}$为弱吸收，介于两者之间为中强吸收。某物质在一定条件下的吸光系数可以通过测量已知准确浓度稀溶液的吸光度换算而得。

已知氯霉素(M=323.15)的水溶液在 278 nm 处有吸收峰。准确称取纯品 3.5 mg 配制成 250 mL 溶液，在 278 nm 处用 1.00 cm 的吸收池测得透光率为 37.2%，则

$$E = \frac{-\lg T}{c \cdot l} = \frac{0.4294}{0.0014} = 307 \ (100 \ mL \cdot g^{-1} \cdot cm^{-1})$$

$$\varepsilon = \frac{323.15}{10} \times E = 9921 \ (L \cdot cm^{-1} \cdot mol^{-1})$$

2.3.3　吸光度的加和性

当溶液中同时存在两种或两种以上吸光物质(a、b、c、…)时，只要共存物质互相不影响吸光性质，即不因共存物而改变本身的吸光系数，则总吸光度是各共存物吸光度的加和，即

$A_{总}=A_a+A_b+A_c+\cdots$，而各组分的吸光度由各自的浓度与吸光系数决定。吸光度的加和性是进行混合组分分光光度法测定的依据。

2.3.4 比尔定律的使用范围及偏离因素

吸收定律即比尔定律，其成立条件是待测物为均匀的稀溶液、气体等，无溶质、溶剂及悬浊物引起的散射；入射光为单色平行光。实验中如果满足不了这些条件，就会导致偏离比尔定律。偏离比尔定律的因素很多，但基本上可分为仪器因素和化学因素两个方面。仪器方面主要是入射光的单色性不纯所造成的；化学方面主要是由于溶液本身发生化学变化造成的。

1. 仪器因素

仪器因素主要包括非单色光、杂散光、反射光和非平行光引起的偏离。非单色光是引起偏离比尔定律的主要因素。

严格来说，比尔定律只适用于单色光。理论上的单色光是不存在的，我们所做的只能是让入射光的光谱带宽尽可能小，要尽可能地接近单色光。但由于分光光度计分光系统中的色散元件分光能力有限，即在工作波长附近或多或少含有其它杂色光，这些杂色光将导致对比尔定律的偏离。单色光单色性越不好，引起的偏离越严重。非单色光主要影响物质的吸光系数和吸收光谱的形状。

2. 化学因素

化学因素主要是指溶液为非均匀、散射性质的溶液，包括溶液浓度大于 0.01 $mol \cdot L^{-1}$，胶体溶液、乳浊液或悬浮液，溶质的解离、缔合、生成络合物或溶剂化等。比尔定律在有化学因素影响时不成立，会对朗伯-比尔定律产生偏离。

解离、缔合是偏离朗伯-比尔定律的主要化学因素。溶液浓度改变，解离程度、缔合程度也会发生变化，吸光度与浓度的比例关系便发生变化，导致偏离朗伯-比尔定律。例如亚甲蓝水溶液的吸收光谱，单体的吸收峰在 660 nm 处，而二聚体的吸收峰在 610 nm 处，浓度增大时，610 nm 吸收峰增强，吸收光谱形状发生改变，吸光度和浓度关系发生偏离。

减小化学偏离比尔定律最好的办法是使用合适 pH 值的缓冲溶液，补充大量的络合剂，调整离子强度，等等。在测量范围之内使用校准曲线法可以校正偏差。

如果化学平衡中的两种型体（它们的比例与溶液的 pH 值有关）对光都有吸收，如何避免因 pH 值不同而引起的偏差呢？

如果它们的吸收曲线在某一点有交叉，对应的波长称为等吸收点，此时两种型体的摩尔吸光系数是相同的。图 2－11 所示是在不同的 pH 值下绘制的溴百里酚蓝的吸收光谱，溴百里酚蓝酸式体和碱式体在 400～700 nm 范围内都有吸收，但两种型体在相同波长处对光的吸收是不同的（等吸收点除外）。只有波长在 500 nm 时两种型体的吸收是相同的，波长 500 nm 就是等吸收点。即在 500 nm 时，溴百里酚蓝总浓度一定的情况下，当 pH 值变化时，溴百里酚蓝酸式体浓度和碱式体浓度也在发生变化，但其混合物的吸光度是不变的。因此，不同 pH 值对测量的影响可以通过在等吸收点测量而消除。但因为等吸收点并不是最大吸收波长，所以测量灵敏度降低了。

由化学因素引起的偏离可以通过控制实验条件来减免。

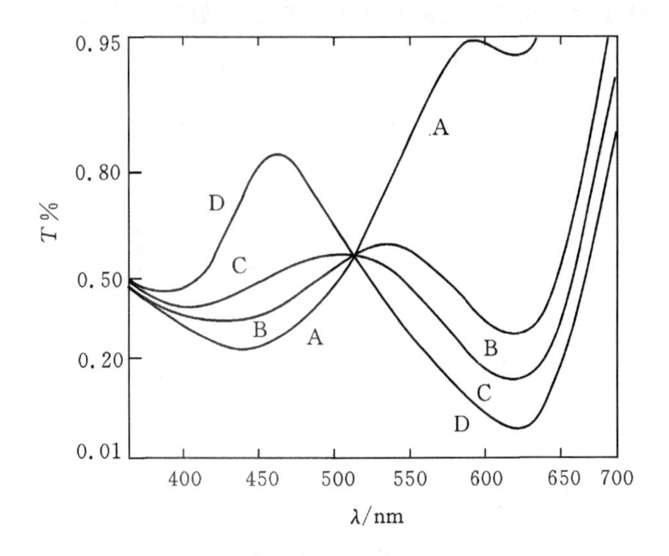

图 2-11　溴百里酚蓝等吸收图(500 nm)

A—pH 值为 5.45;B—pH 值为 6.95;C—pH 值为 7.50;D—pH 值为 11.60;A—溴百里酚蓝酸式体吸收光谱;D—溴百里酚蓝碱式体吸收光谱;B、C—两种型体达到平衡时不同 pH 值的吸收光谱的总和

2.3.5　光谱测量误差

在读取吸光度或透光率的时候总会出现一定量的误差或出现不可再现性。读数中的不确定性取决于仪器因素、读数范围和浓度。

因为透光率和吸光度之间的对数关系,在测定低透光率或者高透光率的溶液时,将使读取的吸光度产生较大的相对误差。如果样品只吸收极少量的光,测得相对误差可能导致读取的透光率降低得少。另一个极端是,如果样品吸收几乎所有的光,将需要非常稳定的仪器、精确地读取透过样品的非常少量的光。因此,最佳的透光率或吸光度使得在读数中的相对误差是最小的。

透光率的最小相对误差可以通过比尔定律计算

$$A = -\lg T = -0.434\ln T = \varepsilon cl$$

上式中对 $-0.434\ln T = \varepsilon cl$ 微分后两边分别再除以上式整理得

$$\frac{\mathrm{d}c}{c} = \frac{-0.434}{T\lg T}\mathrm{d}T \qquad (2-11)$$

以有限值表示,可写作

$$\frac{\Delta c}{c} = \frac{-0.434}{T\lg T}\Delta T \qquad (2-12)$$

式中:$\frac{\Delta c}{c}$ 为相对误差;ΔT 为透光率的绝对误差。

要使相对误差最小,对 T 求导数可得一个最小值 36.8%T(0.434A)。或者假设 $\Delta T = 0.01$,以$\frac{\Delta c}{c}$ 对 T% 或 A 作图(见图 2-12),从图中可以明显看出,几乎恒定的最小误差出现在 20% ~ 65%T 的范围内,此时对应的吸光度的最佳范围为 0.7 ~ 0.2A。最小值出现在36.8%T(0.434A) 处。

如果 $\Delta T<0.01$，则最佳范围变宽。为防止分光光度法读数出现较大误差，配制溶液时应尽量控制溶液浓度，使其吸光度处在最佳范围内。

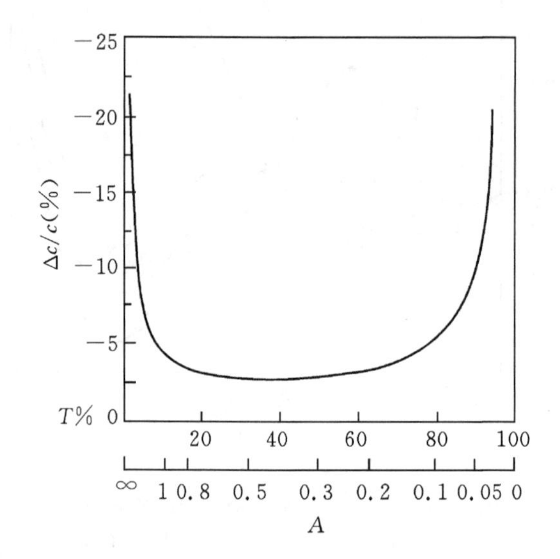

图 2-12　相对误差与透光率、吸光度的关系（$\Delta T=0.01$）

2.4　紫外-可见分光光度计

2.4.1　紫外-可见分光光度计的基本部件

紫外-可见分光光度计由光源、单色器、吸收池、检测器和读出装置等部分组成。

1. 光源

光源的作用是提供辐射能。光源应能够提供强的连续光谱，有良好的稳定性和较长的使用寿命，且辐射能量随波长无明显变化。通常，紫外区和可见区分别用氢灯和钨灯两种光源。

①钨灯和卤钨灯：是热辐射光源的一种，是利用钨丝材料高温放热产生的辐射作为光源的，又称白炽灯。发射光主要位于可见区，所以通常用作可见光源。卤钨灯的发光强度比钨灯高，灯泡内含碘和溴的低压蒸气，以延长钨丝的寿命。

②氢灯或氘灯：它是气体放电光源的一种，是在低压直流电条件下，氢或氘放电所产生的连续辐射。这种光源虽然能发射 150～360 nm 的连续光谱。但玻璃对紫外光会产生吸收，所以灯泡必须具有石英窗或用石英灯管制成。氘灯比氢灯昂贵，但发光强度和灯的寿命比氢灯增加 2～3 倍。

2. 单色器

单色器是从来自光源的连续光谱中获得所需单色光的装置。常用的单色器有棱镜和光栅两种。

棱镜和光栅单色器通常由入射狭缝、准光镜、色散元件、物镜和出口狭缝构成，结构原理如图 2-13 所示，其中入射狭缝用于限制杂散光进入单色器；准光镜使入射光束变为平行光束；

色散元件将不同波长的入射光色散开来；聚焦镜使不同波长的光聚焦在焦面的不同位置；出口狭缝用于限制通带宽度。

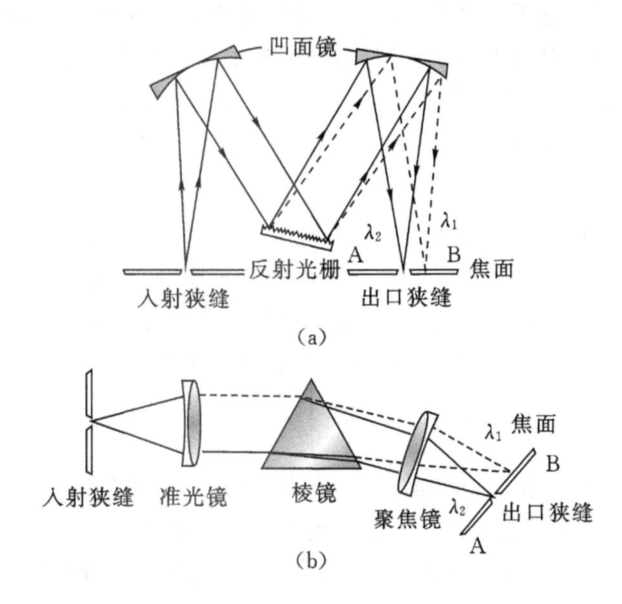

图 2-13　单色器结构原理图

3. 吸收池

吸收池是用于盛放溶液并提供一定吸光厚度的器皿。它由透明的光学玻璃或石英材料制成。用光学玻璃制成的吸收池，只能用于可见光区。用熔融石英（氧化硅）制成的吸收池在紫外光区和可见光区均可使用。最常用的吸收池吸光厚度为 1 cm。

4. 检测器

检测器的作用是检测光信号，通常用光电转换器作为检测器。对检测器的基本要求是灵敏度高，对光辐射的响应快，响应信号与辐射强度有良好的线性关系，以及较低的噪音和较好的稳定性等。最常用的检测器有光电管和光电倍增管。

①光电管：也称真空光电二极管。其阳极为镍环或镍片，阴极表面涂有碱金属氧化物及其它物质组成的光敏物质，电极处在一个透明真空管中。当光敏物质被有足够能量的光照射时，能够发射电子，并被加在两极间的电压加速流向阳极，从而产生电流，经放大后测量。光电管的光谱响应特性决定于光阴极上的涂层材料。不同的光阴极材料有着不同光谱适用范围。常用的阴极材料如下：

Sb-Cs：一种广泛使用的光阴极材料，从紫外到可见范围都有响应。

GaAs(Cs)：铯激发的砷化镓响应范围广泛，在 300～930 nm 范围有响应，在 300～850 nm 范围响应相对稳定。

双碱（Sb-Rb-Cs，Sb-K-Cs）：光谱响应范围与 Sb-Cs 光阴极类似，但它的灵敏度较高、噪音较低。

②光电倍增管：光电倍增管的原理和光电管类似，但比光电管更灵敏，广泛用于可见光和紫外光的检测。它由一个光电发射的阴极和几个倍增级（一般是九个）组成。阴极遇光发射电

子，此电子被高于阴极 90 V 的第一倍增极加速，当电子撞击倍增极时，每个电子使倍增极发射出几个额外电子。然后电子再被电压高于第一倍增极 90 V 的第二倍增极加速，每个电子又使此倍增极发射出多个新的电子。这个过程一直持续到第九个倍增极。从第九个倍增极发射出的电子已比第一倍增极发射出的电子数增加数倍，电子最终被阳极收集。光电倍增管最终输出的电子依次被进一步放大，从而大大提高了仪器测量的灵敏度。不同的光电倍增管使用不同的光阴极材料，有不同的波长响应特性。

5. 读出装置

读出装置由信号处理和显示器组成。经检测器将光信号转化成电信号后，需要以某种方式将测量结果显示出来。信号处理过程包含一些数学运算，如对数函数、微分、积分等处理，结果可由电表指示、数字显示、荧光屏显示、结果打印及曲线扫描等方式显示。显示内容一般包括透光率与吸光度，有的还可转换成浓度、吸光系数等。

2.4.2 紫外-可见分光光度计

紫外-可见分光光度计，按其光学系统可分为单波长与双波长分光光度计、单光束与双光束分光光度计，以及多道分光光度计。目前绝大多数仪器属于单波长双光束分光光度计。下面简单介绍双波长紫外-可见分光光度计和双光束紫外-可见分光光度计。

1. 双波长紫外-可见分光光度计

双波长紫外-可见分光光度计由两个单色器分出不同波长（λ_1 和 λ_2）的两束光，由切光器并束，使其在同一光路交替通过吸收池，由光电倍增管检测信号，得到两波长处的吸光度差值 $\Delta A = A_{\lambda 1} - A_{\lambda 2}$（见图 2-14）。双波长仪器的主要特点是可以降低杂散光，而且光谱精确度高。双波长仪器不仅能测量高浓度试样、多组分混合试样，而且能测定一般分光光度计不易测定的浑浊试样。

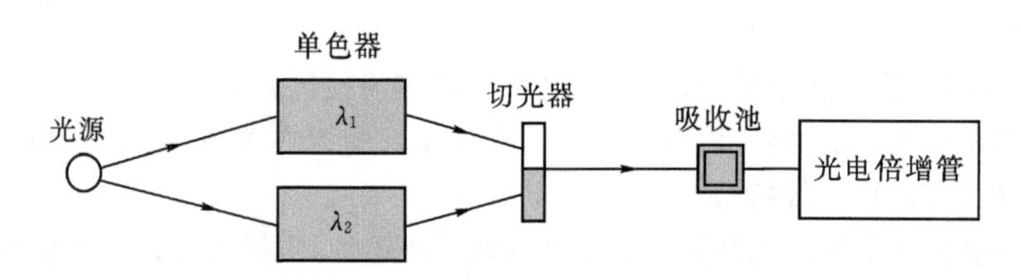

图 2-14 双波长分光光度计原理图

2. 双光束紫外-可见分光光度计

单光束紫外-可见分光光度计中，分光后的单色光直接透过吸收池，交互测定待测池和参比池，测得待测池和参比池吸光度之差。这种仪器结构简单，适用于测定特定波长的吸收进行定量。双光束紫外-可见分光光度计分为单波长双光束和双波长双光束两类，以单波长双光束仪器为例：从单色器射出的单色光被切光器分裂为强度各占 50%的两束光，其中一束光为样品道用，另一束光为参比道用。双光束仪器首先克服了光源不稳定、放大器增益变化，以及光学和电子学器件对两条光路不平衡的影响；其次，可以自动扣除空白背景，从而提高了仪器的稳定性，使漂移减小，基线平直度提高；提高了分析准确度。

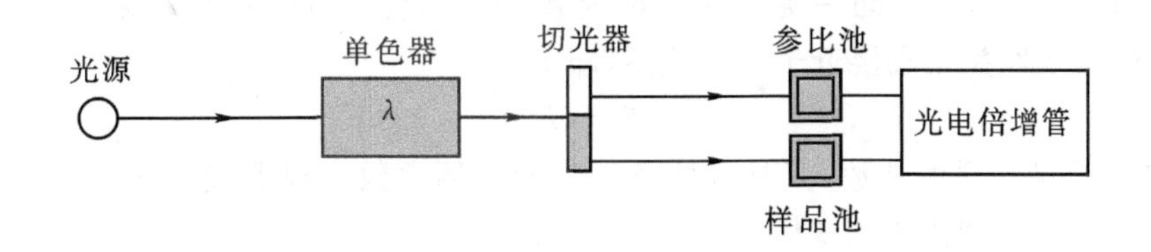

图 2-15　双光束分光光度计原理图

2.5　紫外-可见吸收光谱法的应用

紫外-可见吸收光谱法即可对物质进行定性分析、结构分析和定量分析，也可测定某些化合物的物理化学参数，如弱酸碱的解离常数、配合物的稳定常数以及配合物组成。

2.5.1　定性分析

利用紫外-可见分光光度法对有机化合物进行定性鉴别的主要依据是多数有机化合物具有吸收光谱特征，例如吸收光谱形状，包括吸收峰数目、位置、强度和相应的吸光系数等。结构完全相同的化合物应有完全相同的吸收光谱；但吸收光谱相同的化合物却不一定是同一个化合物。所以，用紫外吸收光谱数据或曲线进行定性分析有一定的局限性。利用紫外-可见分光光度法进行化合物的定性鉴别，一般采用对比法。将试样的吸收光谱特征与标准化合物的吸收光谱特征进行对照；也可以利用文献所载的紫外-可见标准图谱进行核对。如果两者完全相同，则可能是同一种化合物；如两者有明显差别，则肯定不是同一种化合物。

在药物分析中，通常利用紫外-可见吸收光谱法进行纯度检查。如果化合物在紫外-可见区没有明显吸收，而所含杂质有较强的吸收，那么含有少量杂质可通过光谱检查出来，例如，乙醇和环己烷中若含少量杂质苯，苯在 256 nm 处有吸收峰，而乙醇和环己烷在此波长处无吸收，乙醇中含苯量低达 0.001％也能从光谱中检查出来。若化合物有较强的吸收峰，而所含杂质在此波长处无吸收峰或吸收较弱，则杂质的存在将使化合物的吸光系数值降低；若杂质在此吸收峰处有比化合物更强的吸收，则将使吸光系数值增大；有吸收的杂质也将使化合物的吸收光谱变形。这些都可作为检查杂质是否存在的方法。也可根据吸收光谱的变化进行杂质含量测定，在此不再赘述。

2.5.2　定量分析

1. 单组分的定量分析方法

通过紫外-可见吸收光谱法进行定量分析时，先要确定分析条件，包括溶剂的选择、配制溶液浓度的确定和测定波长的选择等。通常所选择的溶剂应易于溶解样品，并不与样品作用，且在测定波长区间内吸收小，不易挥发。配制溶液吸光度值在 0.2～0.7 范围内时误差较小($A=0.434$时误差最小)，因此可根据样品的摩尔吸光系数确定最佳浓度。一般选择最大吸收波长以获得较高的灵敏度。但在所选择的测定波长下其它组分不应有吸收，否则需选择其它吸收峰。一般不选光谱中靠近短波末端的吸收峰。

对试样中某组分的测定常采用校准曲线法。

根据朗伯-比尔定律，在同一实验条件下，待测物质浓度 c 与吸光度 A 之间的关系在大多数情况下仍然是线性关系或接近于线性关系，即

$$A = kc \tag{2-13}$$

此时，k 值已不再是物质的常数，只是具体条件下的比例常数。根据式(2－13)的关系进行定量分析是紫外-可分光光度法中较简便易行的方法。

先配制一系列浓度不同的标准溶液，在测定条件相同的情况下，分别测量其吸光度，然后以标准溶液的浓度为横坐标，以相应的吸光度为纵坐标，绘制 $A-c$ 关系图，如果符合朗伯-比尔定律，可获得一条通过原点的直线，即校准曲线。但多数情况下校准曲线并不通过原点。在相同条件下测出试样溶液的吸光度，就可以从校准曲线上查出待测物质溶液的浓度。

2. 多组分定量分析方法

有两种或多种组分共存时，可根据各组分吸收光谱相互重叠的程度分别考虑测定方法。最简单的情况是各组分的吸收峰所在波长处，其它组分没有吸收，如图 2－16(a)所示，则可按单组分的测定方法分别在 λ_1 处测定 a 组分，在 λ_2 处测定 b 组分的浓度。

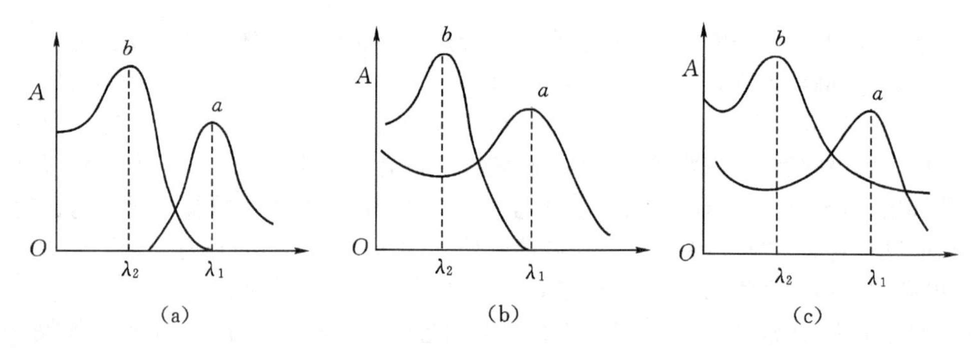

图 2－16　混合组分吸收光谱

如果 a、b 两组分的吸收光谱有部分重叠，如图 2－16(b) 所示，在 a 组分的吸收峰 λ_1 处 b 组分没有吸收，而在 b 的吸收峰 λ_2 处 a 组分有吸收，则可先在 λ_1 处按单组分测定测得混合物溶液中 a 组分的浓度 c_a，再在 λ_2 处测得混合物溶液总的吸光度 A_2^{a+b}，即可根据吸光度的加合性计算出 b 组分的浓度 c_b 。

$$A_2^{a+b} = A_2^a + A_2^b = \varepsilon_2^a c_a l + \varepsilon_2^b c_b l$$

$$c_b = \frac{1}{\varepsilon_2^b l}(A_2^{a+b} - \varepsilon_2^a c_a l) \tag{2-14}$$

式中：a、b 两组分在 λ_2 处的吸光系数 ε_2^a 与 ε_2^b 需已知。

在混合物测定中也可能遇到的情况是各组分的吸收光谱相互都有干扰，如图 2－16(c)所示。若测得 λ_1 与 λ_2 处两组分各自的吸光系数 ε 值，并在两波长处测得混合溶液吸光度 A^{a+b}，当 $l=$ 1 cm时，则有

$$\lambda_1: A_1^{a+b} = A_1^a + A_1^b = \varepsilon_1^a c_a + \varepsilon_1^b c_b$$

$$\lambda_2: A_2^{a+b} = A_2^a + A_2^b = \varepsilon_2^a c_a + \varepsilon_2^b c_b$$

解此二元一次方程，可求出混合溶液中两组分的浓度。

等吸收双波长法。

当 a、b 两组分混合物的吸收光谱发生重叠，也可采用等吸收双波长法。若要消除 b 干扰

从而测定 a,可从 b 的吸收光谱上选择两个吸光度相等的波长 λ_1 和 λ_2,测定混合物的吸光度差值,然后根据 ΔA 值来计算 a 的含量,这就是等吸收双波长法。选择吸收波长的原则是:

①干扰组分 b 在这两个波长应具有相同有吸光度,即 $\Delta A^b = A^b_{\lambda_1} - A^b_{\lambda_2} = 0$;

②待测组分在这两个波长处的吸光度差值 ΔA^a 应足够大。

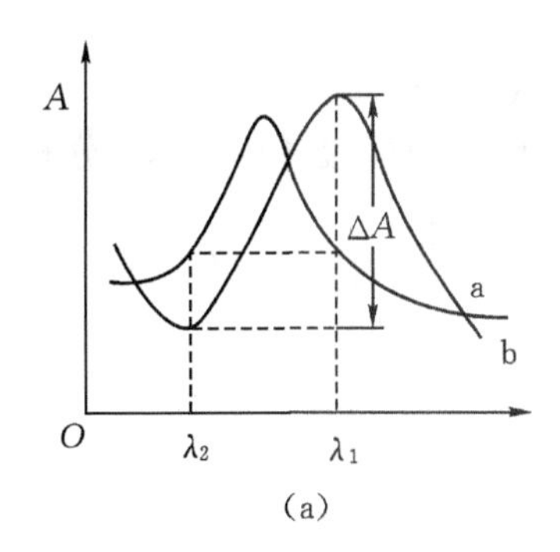

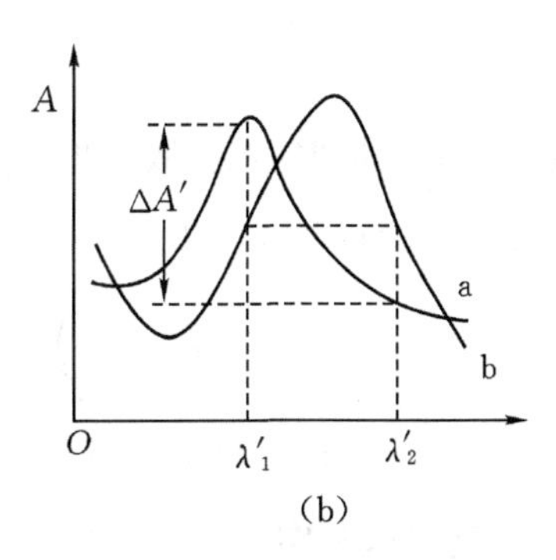

图 2-17　等吸收双波长测定法示意图

(a)消去 b,测定 a;(b)消去 a,测定 b

现用作图法说明波长组合的选定方法。如图 2-17(a)所示,a 为待测组分,可以选择组分 a 的吸收峰波长作为测定波长 λ_1,在这一波长位置作 x 轴的垂线,此直线与干扰组分 b 的吸收光谱相交于某一点,再从这点作一条平行于 x 轴的直线,此直线又与 b 的吸收光谱相交于另一点或数点,则选择与这些交点相对应的波长作为参比波长 λ_2。当 λ_2 有几个波长可供选择时,应当选择使待测组分的 ΔA 尽可能大的波长。若待测组分的吸收峰不适合作为测定波长,也可以选择吸收光谱上其它波长,只要能满足上述两个条件即可。图 2-17(a)的数学运用如下:

$$
\begin{aligned}
A_{\lambda_2} &= A^a_{\lambda_2} + A^b_{\lambda_2} \\
A_{\lambda_1} &= A^a_{\lambda_1} + A^b_{\lambda_1} \\
A^b_{\lambda_2} &= A^b_{\lambda_1} \\
\Delta A &= A_{\lambda_1} - A_{\lambda_2} \\
&= A^a_{\lambda_1} - A^a_{\lambda_2} \\
&= (\varepsilon^a_1 - \varepsilon^a_2)c_a l
\end{aligned}
\qquad (2-15)
$$

被测组分 a 在两波长处的 ΔA 值愈大,愈有利于测定。同样方法可消去组分 a 的干扰,测定 b 组分的含量,如图 2-17(b)所示。

2.5.3　平衡常数测定

紫外-可见吸收光谱法不仅可以测定试样中组分的含量,而且还可以测定物质的平衡常数,比如弱酸(碱)的解离常数和配合物的稳定常数及配合物组成。下面介绍一元弱酸 HA 的解离常数的测定和配合物的稳定常数的测定。

1. 弱酸的解离常数的测定

用紫外-可见吸收光谱法可测定弱酸(碱)解离常数,特别适合于溶解度小的弱酸弱碱。配制分析浓度为 c 的弱酸溶液,分别调节溶液 pH。在测定波长处测量溶液吸光度,若在此波长处 HA 和 A^- 均有吸收,则在高酸(碱)度时,该酸几乎以 HA(或 A^-)形式存在,此时溶液的吸光度分别为

$$A_{HA} = \varepsilon_{HA} c \text{ 或 } A_{A^-} = \varepsilon_{A^-} c$$

当溶液酸度在二者之间时,根据吸光度的加和性以及弱酸各种型体的分布系数,有

$$A = \varepsilon_{HA}[HA] + \varepsilon_{A^-}[A^-] = \varepsilon_{HA} \frac{c[H^+]}{K_a^\ominus + [H^+]} + \varepsilon_{A^-} \frac{cK_a^\ominus}{K_a^\ominus + [H^+]} \tag{2-16}$$

$$K_a^\ominus = \left(\frac{A_{HA} - A}{A - A_{A^-}}\right) \cdot [H^+] \tag{2-17}$$

只要测得 A_{HA}、A_{A^-}、A 和 pH,就可求得 $K_a^\ominus$。

2. 配合物的稳定常数测定

对于配位反应 $M + nR = MR_n$,固定一种组分(如 M)的浓度不变,改变另一组分(如 R)的浓度,求得一系列 c_R/c_M 比,在配合物 MR_n 的最大吸收波长处测定吸光度的变化。开始时,随 c_R/c_M 的增加,溶液吸光度线性增加,到达络合物的组成比后,继续增加 c_R/c_M,会有三种不同情况:

①吸光度达到饱和,不再增加。说明试剂 R 无吸收,吸光度的增加只是络合物的单独贡献。如 Fe(Ⅲ)-钛铁试剂络合物。

②吸光度出现一转折点后继续增加。说明试剂 R 在络合物的 λ_{max} 处稍有吸收。如 Zn - PAN 络合物。(PAN:1 -(2 -吡啶基偶氮)- 2 -萘酚)

③吸光度出现一转折点后呈直线下降。说明分步生成了摩尔吸光系数小于络合物的高次络合物。如铋-二甲酚橙络合物。

图 2 - 18 代表了第一种情况。曲线转折点对应的物质的量浓度比 $c_R/c_M = n$,即为该配合物的组成比。

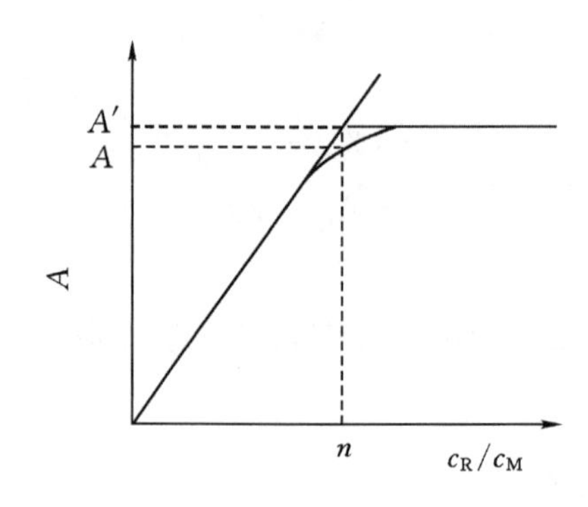

图 2 - 18 摩尔比法示意图

下面介绍如何求配合物的稳定常数 $K_{稳}^\ominus$。设 MR_n 电离度为 α,则

$$K_{稳}^\ominus = \frac{[MR_n]}{[M][R]^n} = \frac{1-\alpha}{(\alpha c)(\alpha n c)^n}$$

其中

$$\alpha = (A' - A)/A'$$

$$K^{\ominus}_{稳} = \frac{1 - (\frac{A' - A}{A'})}{n^n (\frac{A' - A}{A'})^{n+1} c^{n+1}} \quad (2-18)$$

根据式(2-18)即可求得配合物 MR_n 的稳定常数 $K^{\ominus}_{稳}$。

参考文献

[1] 武汉大学化学系. 仪器分析[M]. 北京:高等教育出版社,2001.

[2] 屠一峰,严吉林,龙玉梅,等. 现代仪器分析[M]. 北京:科学出版社,2011.

[3] 李克安. 分析化学教程[M]. 北京:北京大学出版社,2011.

[4] 何锡文. 近代分析化学教程[M]. 北京:高等教育出版社,2008.

[5] Markus Herderich, Peter Schreier. Analytical chemistry [M]. edited by R kellner, J M Mermet, Motto, H M Widmer. Wiley-VCH, Weinheim, Germany, 1998.

[6] Gary D. Christian, Purnendu H Dasgupta, Hevin A Schug. Analytical Chemistry[M]. WILEY, 2014.

小结

1. 基本概念

①电磁辐射:是一种以极大速度通过空间而不需要任何物质作为传播媒介的电磁波。

②电磁波谱:所有的电磁辐射在本质上完全相同,它们之间的区别仅在于波长或频率不同。若把电磁辐射按波长长短顺序排列起来,即为电磁波谱。

③光谱和光谱法:当物质与辐射能相互作用时,物质内部发生能级跃迁。记录由能级跃迁所产生的辐射强度随波长(或相应单位)的变化,所得图谱称为光谱。利用物质的光谱进行定性、定量和结构分析的方法称为光谱法。

④透光率(T):透过光与入射光强度之比($T = I/I_0$)。

⑤吸光度(A):透光率的负对数[$A = -\lg T = -\lg(I/I_0)$]。

⑥吸光系数(ε 或 E):吸光物质在单位浓度及单位厚度时的吸光度。

⑦电子跃迁类型:

a. $\sigma \rightarrow \sigma^*$ 跃迁:处于 σ 成键轨道上的电子吸收光能后跃迁到 σ^* 反键轨道上。

b. $\pi \rightarrow \pi^*$ 跃迁:处于 π 成键轨道上的电子吸收光能后跃迁到 π^* 反键轨道上。

c. $n \rightarrow \pi^*$ 跃迁:含有杂原子的不饱和基团,其非键轨道中的孤对电子吸收能量后向 π^* 反键轨道跃迁。

d. $n \rightarrow \sigma^*$ 跃迁:含孤对电子的取代基,其杂原子中孤对电子吸收能量后向 σ^* 反键轨道跃迁。

⑧生色团:有机化合物分子结构中含有 $\pi \rightarrow \pi^*$ 或 $n \rightarrow \pi^*$ 跃迁的基团,能在紫外-可见光范围内产生吸收的官能团。

⑨助色团:含有非键电子的杂原子饱和基团,与生色团或饱和烃连接时,能使该生色团或饱和烃的吸收峰向长波方向移动,并使吸收强度增加的基团。

⑩红移(长移):由于化合物的结构改变,如发生共轭作用、引入助色团以及溶剂改变等,使吸收峰向长波方向移动。

⑪蓝移(短移):化合物的结构改变或受溶剂影响使吸收峰向短波方向移动。

2. 基本理论

朗伯-比尔定律:当一束平行单色光通过均匀的非散射试样时,试样对光的吸光度与试样的浓度及厚度成正比

$$A = \varepsilon c l$$

思考题与习题

1. 光学分析法有哪些类型?

2. 电子跃迁有哪几种类型?跃迁所需的能量大小顺序如何?具有什么结构的化合物产生紫外吸收光谱?紫外吸收光谱有何特征?

3. 朗伯-比尔定律的物理意义是什么?为什么说朗伯-比尔定律只适用于单色光?浓度 c 与吸光度 A 线性关系发生偏离的主要因素有哪些?

4. 简述紫外-可见分光光度计的主要部件。

5. 为什么最好在 ε_{max} 处测定化合物的含量?

6. 说明双波长消去法的原理和优点。怎样选择 λ_1 和 λ_2?

7. 某试液用 2.0 cm 的吸收池测量时 $T_2=60\%$,若用 1.0 cm、3.0 cm 和 4.0 cm 吸收池测定时,透光率各是多少?

($T_1=77.46\%$,$T_3=46.48\%$,$T_4=36.00\%$)

8. 维生素 B_{12} 的水溶液在 361 nm 处的 E 值是 207 100 mL·g^{-1}·cm^{-1},盛于 1 cm 吸收池中,测得溶液的吸光度为 0.423,求溶液中维生素 B_{12} 浓度。

(0.02043 g/100mL)

9. 有一标准 Fe^{2+} 溶液,浓度为 6.000 μg·mL^{-1},其吸光度为 0.304,而试样溶液在同一条件下测得吸光度为 0.510,求试样溶液中 Fe^{3+} 的浓度。

(10.07 μg·mL^{-1})

10. K_2CrO_4 的碱性溶液在 372 nm 有最大吸收。已知物质的量浓度为 3.00×10^5 mol·mL^{-1} 的 K_2CrO_4 碱性溶液,于 1 cm 吸收池中,在 372 nm 处测得 $T=71.6\%$。求 K_2CrO_4 溶液在 372 nm 的 ε_{max} 及当吸收池为 3 cm 时该溶液的 $T\%$。

($\varepsilon_{max}=4833$ L·cm^{-1}·mol^{-1},$T=36.73\%$)

11. 钯(Pd)与硫代米蚩酮反应生成 1∶4 的有色配位化合物,用 1.00 cm 吸收池在 520 nm 处测得浓度为 0.200×10^{-6} g·mL^{-1} 的 Pd 溶液的吸光度值为 0.390,试求钯-硫代米蚩酮配合物的 E 及 ε 值。(钯-硫代米蚩酮配合物的相对分子质量为 106.4)

($E=1.95\times10^4$ 100mL·g^{-1}·cm^{-1},$\varepsilon=2.07\times10^5$ L·cm^{-1}·mol^{-1})

12. 精密称取某药物试样 50.00 mg,加水溶解后转移至 250 mL 容量瓶中,稀释至刻度

后，吸取 2.5 mL 置于 25 mL 容量瓶中，加水至刻度。取此溶液于 1 cm 的比色皿中，在 298 nm 处测得 $T=24.3\%$，求此药物试样的质量分数（E(298 nm)=310）。

（99.0%）

13. 有一浓度为 2.000×10^{-5} mol·L^{-1}的有色溶液，在一定吸收波长处，于 0.5 cm 的吸收池中测得其吸光度为 0.400，如在同一波长处，于同样的吸收池中测得该物质的另一溶液的百分透光率为 25.0%，则此溶液的物质的量浓度为多少？

（3.010×10^{-5} mol·L^{-1}）

14. 有 A(其相对分子质量 $M=254$)与 B 两种化合物的混合溶液，已知 A 在波长 256 nm 和 230 nm 处的比吸光系数分别为 720 与 270；B 在上述两波长处吸光度相等。现用 1 cm 的吸收池在波长256 nm和 230 nm 处测得混合溶液的吸光度分别为 0.442 和 0.278，求 A 化合物的物质的量浓度。

（1.433×10^{-5} mol·L^{-1}）

第3章　红外吸收光谱法

基本要求

1. 了解红外光区的划分和红外吸收光谱的表示方法；
2. 掌握红外吸收光谱法的基本原理和红外吸收光谱的产生条件；
3. 掌握常见官能团的特征吸收频率，以及影响吸收峰位置、峰数和强度的因素；
4. 掌握常见化合物的红外光谱特征；
5. 了解红外光谱仪的构成和红外吸收光谱法的实验技术；
6. 能够利用红外吸收光谱解析简单化合物的结构；
7. 了解拉曼光谱的原理及应用。

可擦中性笔的墨水采用特殊工艺制作而成，不仅具备传统中性笔便于携带、书写流畅等特点，还可以用普通橡皮修改，为学生的学习生活带来了不少便利。但也存在一些不法分子利用可擦中性笔篡改遗嘱和合同中的关键部分，进而牟取暴利，损害他人利益的事件。目前在法庭上遇到此类事件通常要对原文件或是残留物进行无损检验，而现有的检测方法如溶剂萃取、气相色谱、拉曼光谱均会对样品造成不同程度的损坏，且有时还会受到检测浓度的限制从而影响检验结果。红外吸收光谱法可以对各种样品的特定微区进行分析，以获得相关化学组成的微观信息，具有操作简便、检测速度快，无需特殊制备各种样品且为无损检验，定性结果准确可靠等优点，在微量物证分析中起着重要作用[1]。此外，红外吸收光谱法在医药、化工、地矿、石油、煤炭、环保、海关、宝石鉴定等领域也被广泛使用。

3.1　概述

红外吸收光谱法(Infrared Absorption Spectroscopy, IR)是利用物质的红外吸收光谱进行分子结构解析的方法。红外吸收光谱是由分子振动能级及转动能级的跃迁引起的，故又称振-转光谱。

3.1.1　红外光区的划分

红外吸收光谱波长范围约为 0.78～1000 μm。通常情况下，根据仪器技术以及使用的范围可以将红外光区分为三个区域，如表 3-1 所述。

表 3-1　红外光区的划分

区域	波长/μm	波数/cm^{-1}	能级跃迁类型
近红外区(泛频区)	0.76～2.5	13158～4000	OH、NH 及 CH 键的倍频吸收区
中红外区(基本振动区)	2.5～25	4000～400	振动,伴随转动
远红外区(转动区)	25～1000	400～10	转动

其中,中红外区是研究得最多、数据资料最丰富的区域,一般所说的红外光谱就是指中红外区的红外吸收光谱。

3.1.2　红外吸收光谱的表示方法

目前,红外吸收光谱多用透光率-波数($T\%-\sigma$)曲线描述。纵坐标为透光率($T\%$),横坐标为波数(σ/cm^{-1})。苯酚的红外吸收光谱如图 3-1 所示。

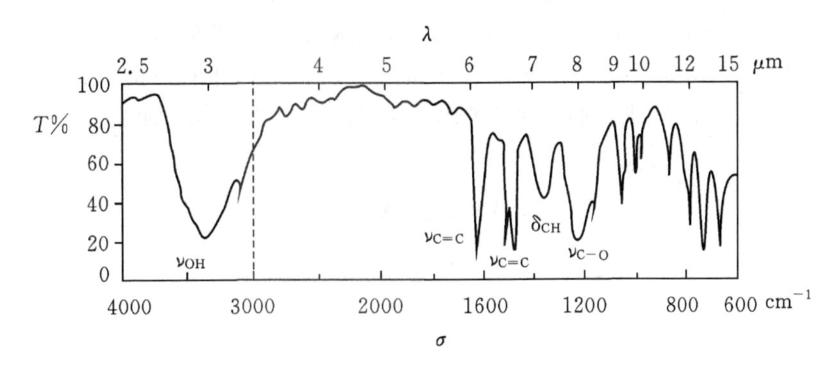

图 3-1　苯酚的红外吸收光谱图

波数为波长的倒数,常用 σ 表示,单位是 cm^{-1},它表示每厘米光波中波的数目。若波长 λ 以 μm 为单位,则波数与波长的关系如式(3-1)所示,即

$$\sigma = \frac{10^4}{\lambda} \tag{3-1}$$

3.1.3　红外吸收光谱的特点

①不破坏样品的完整性,且对于固、液、气态样品均适用,制样简单、测量方便。

②分析速度快。采用傅里叶变换红外光谱仪可在一秒内完成对样品的扫描,为样品的快速分析提供了可能。

③特征性高。由于红外光谱所提供的信息较多,通过吸收峰的波数及强度可以精确地判断化合物的异同。

④样品用量少。一般取 1～5 mg 样品即可进行精确的检测,而且所用试样在实验结束后可以进行回收再利用。

⑤和色谱等分离技术联用具有强大的定性功能。

3.2 基本原理

任何物质的分子都是由原子通过化学键联结起来而组成的。分子中的原子与化学键都处于不断的运动中。它们的运动,除了原子外层价电子跃迁以外,还有分子中原子的振动和分子本身的转动。当一束具有连续波长的红外光通过物质,物质分子中某个基团的振动或转动频率和红外光的频率相同时,分子就吸收能量,由原来的基态振(转)动能级跃迁到能量较高的振(转)动能级。因此,红外光谱法实质上是一种根据分子内部原子间的相对振动和分子转动等信息来确定物质分子结构和鉴别化合物的分析方法。

3.2.1 双原子分子的振动

1. 振动能级

红外吸收光谱是由于分子的振动能级跃迁产生的,而分子的振动能级大于转动能级,在分子发生振动能级跃迁时会伴随着转动能级的跃迁。为便于讨论,以双原子分子为例来说明分子振动(见图 3-2)。双原子分子只有一种振动形式,即伸缩振动,可以近似地将其看作用弹簧连接着的两个小球的运动。把两原子间的化学键看作质量可以忽略不计的弹簧,把两个质量分别为 m_1、m_2 的原子看作两个小球,则它们之间的伸缩振动可以近似地看作沿轴线方向的简谐振动。

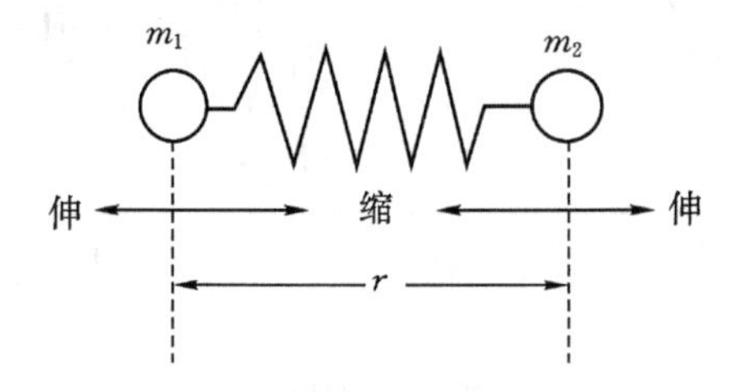

图 3-2 双原子分子振动示意图[2]

振动过程中的位能 E_p 与某瞬间两原子之间的距离 r、平衡时两原子之间的距离 r_e 及化学键力常数 K(N/cm) 之间的关系如式(3-2)所示

$$E_p = \frac{1}{2}K(r - r_e)^2 \tag{3-2}$$

分子振动过程中总能量 $E_v = E_p + E_k$,E_k 为动能。当 $r = r_e$ 时,$E_p = 0$、$E_v = E_k$;当 $r \neq r_e$ 时,$E_p > 0$。在两原子距平衡位置最远时,$E_k = 0$,$E_v = E_p$。

根据量子力学可推导出分子振动过程中的总能量(见式 3-3):

$$E_v = (V + \frac{1}{2})h\nu \tag{3-3}$$

式中:ν 是分子的振动频率;V 是振动量子数,$V = 0,1,2,3,\cdots$;h 为普朗克(Plank)常量。分子处于基态时,$V = 0$,则 $E_0 = \frac{1}{2}h\nu$。当分子受到红外辐射照射时,若红外辐射的光子所具有的能量等于分子振动能级差,则分子将吸收红外辐射由基态跃迁到激发态。由于振动能级是量子化的,所以吸收的光子的能量 E_L 必须恰好等于分子振动的能级差 ΔE_v,即

$$\Delta E_v = E_{激发} - E_{基态} = (V_{激发} - V_{基态})h\nu = \Delta V h\nu = E_L = h\nu_L$$

所以，$\nu_L = \Delta V \nu$。

当分子由振动基态（$V=0$）跃迁到第一振动激发态（$V=1$）时，$\Delta V=1$，则 $\nu_L=\nu$，此时所产生的吸收峰称为基频峰。因分子振动能级从基态较易跃迁到第一激发态，所以基频峰是红外光谱上最主要的一类吸收峰，且强度一般都比较大。当分子由振动基态跃迁到第二激发态（$V=2$）、第三激发态（$V=3$）时，所产生的吸收峰称为倍频峰。由 $V=0$ 跃迁到 $V=2$ 时，$\nu_L=2\nu$，即所吸收的红外线频率（ν_L）是基团基本振动频率（ν）的 2 倍，所产生的吸收峰称为二倍频峰。由 $V=0$ 跃迁到 $V=3$ 时，所产生的吸收峰称为三倍频峰。其它类推。倍频峰中，二倍频峰还可经常观察到，三倍及以上倍频峰常观测不到。

除倍频峰外，还有合频峰（$\nu_1+\nu_2$，$2\nu_1+\nu_2$，…）、差频峰（$\nu_1-\nu_2$，$2\nu_1-\nu_2$，…），这些峰一般都很弱，不易辨认。倍频峰、合频峰及差频峰统称为泛频峰。这些弱峰使红外光谱变得复杂，但同时也增加了光谱的特征性。

2. 红外吸收光谱产生的条件

红外吸收光谱的产生必须满足两个条件：

①辐射光子具有的能量与发生振动跃迁所需的跃迁能量相等。

因为 $\nu_L=\Delta V\nu$，所以只有当红外辐射频率（ν_L）等于振动量子数的差值（ΔV）与分子振动频率（ν）的乘积时，分子才能吸收红外辐射，产生红外吸收光谱。

②在振动过程中分子必须有偶极矩的变化，即 $\Delta\mu\neq 0$。

当一定频率的红外光照射分子时，如果分子中某个基团的振动频率与其频率一致，二者就会产生共振，此时光的能量通过分子偶极矩的变化而传递给分子，这个基团就吸收一定频率的红外光，产生振动跃迁。

因此，并非所有的分子振动都会产生红外吸收，只有发生偶极矩变化（$\Delta\mu\neq 0$）的振动才能引起可观测的红外吸收光谱，该分子为红外活性分子；$\Delta\mu=0$ 的分子振动不能产生红外振动吸收，该分子为非红外活性分子，如：N_2、O_2、Cl_2 等对称分子。

3.2.2　多原子分子的振动

双原子分子只有一种振动形式，多原子分子的振动形式虽较多，但基本上包括两大类，即伸缩振动和弯曲振动。下面以亚甲基及甲基为例说明不同的振动形式，见图 3-3。

（1）伸缩振动（stretching vibration）

伸缩振动是指原子沿着键轴方向伸缩，键角不变，使键长发生周期性变化的振动。可分为对称伸缩振动（symmetrical stretching vibration，ν_s）和不对称伸缩振动（asymmetrical stretching vibration，ν_{as}）。

亚甲基的对称伸缩振动表现为两个碳氢键向一个方向伸长或缩短。亚甲基的不对称伸缩振动表现为两个碳氢键一个伸长，另一个缩短；一个缩短，另一个伸长。

（2）弯曲振动（bending vibration）

弯曲振动是指基团键角发生规律性变化的振动，具体分为以下几种。

①面内（in-place）弯曲振动（β）：在由几个原子所构成的平面内进行的弯曲振动。可分为：A. 剪式（scissoring）振动（δ）：振动过程中，键角规律性地变化。亚甲基的剪式振动表现为两个碳氢键同时并拢或打开甲基的剪式振动可分为：a. 对称剪式振动（δ_s）：振动过程中，分子中三个化学键与分子轴线组成的夹角 θ 对称地缩小或增大，形如花瓣的开、闭。如甲基的三个碳

氢键同时向轴线作同角度的变化。b. 不对称剪式振动(δ_{as}):振动过程中,分子中三个化学键与分子轴线组成的夹角θ交替变小与变大。如甲基的三个碳氢键同时交替向轴线做不同角度的变化。B. 面内摇摆(rocking)振动(ρ):振动过程中,两键间键角无变化,但相对于分子的其余部分作面内摇摆。亚甲基的面内摇摆振动表现为两个碳氢键向同一方向侧倒、复位,又侧倒、复位。

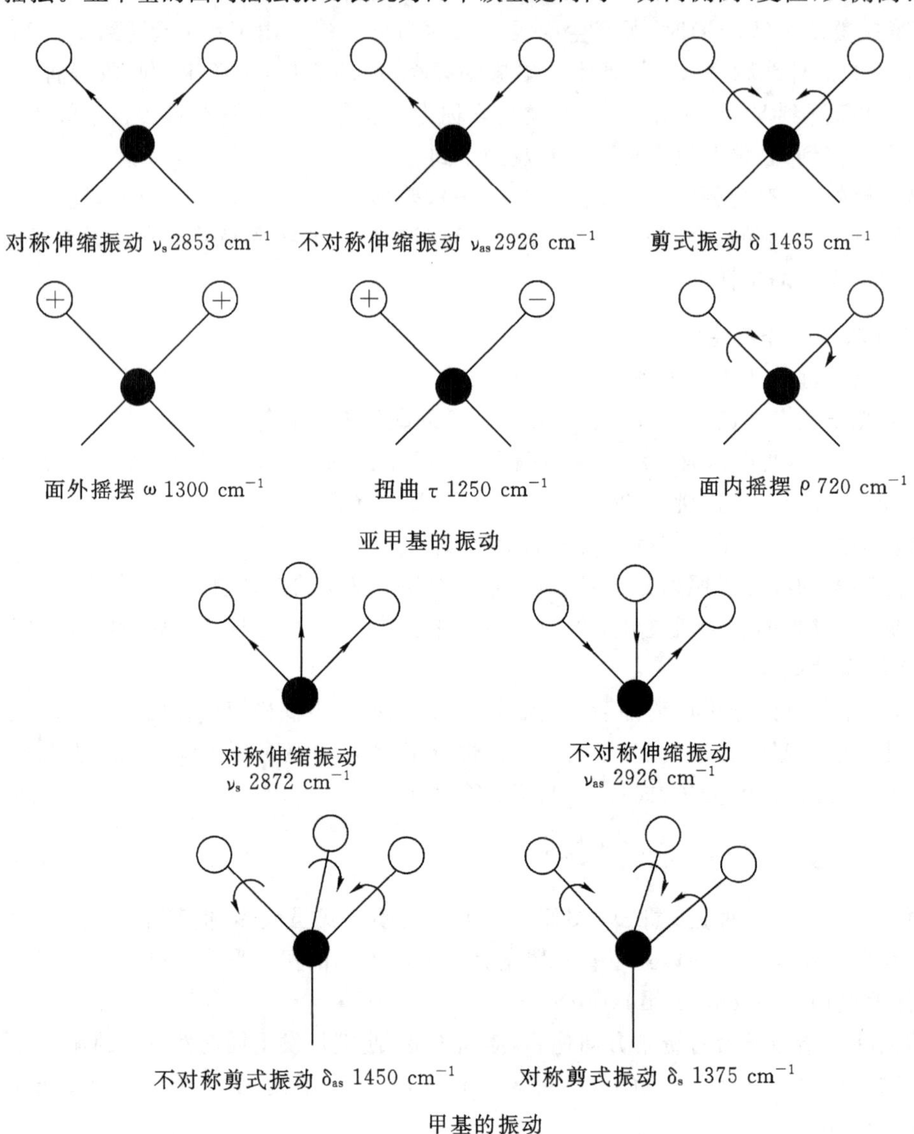

图 3-3　甲基、亚甲基不同的振动形式示意图

(+、-分别表示运动方向垂直纸面向里和向外)

②面外(out-of-place)弯曲振动(γ):在垂直于由几个原子所构成的平面方向上进行的弯曲振动。可分为:a. 面外摇摆(wagging)振动(ω):振动过程中,分子中两个化学键端的原子同时做同向垂直于平面方向上的运动。亚甲基的面外摇摆振动表现为两个氢原子同时向所示平面外侧和内侧运动。b. 扭曲振动(τ):振动过程中,分子中两个化学键端的原子同时做反向垂

直于平面方向上的运动。亚甲基的扭曲振动表现为两个氢原子一个向所示平面外侧运动，另一个向内运动；一个向内运动，另一个向外运动。

3.2.3　振动自由度

确定一个原子在三维空间的位置需要三个坐标（x、y、z），即每个原子有三个运动自由度。因此，含有 N 个原子的分子有 $3N$ 个自由度。这 $3N$ 个自由度包括平动自由度、振动自由度和转动自由度。

分子是由化学键将原子连接成的一个整体，分子的重心向任何方向的移动都可以分解为沿三个坐标方向的移动。因此，分子有三个平动自由度。

转动自由度是由原子围绕着一个通过其质心的轴转动引起的。非线型分子可以绕三个坐标轴转动，因而有三个转动自由度。线型分子以键轴为转动轴转动时，其转动惯量为0，因而线型分子只有两个转动自由度。

分子的振动自由度＝$3N$－转动自由度－平动自由度。

①对于非线型分子，振动自由度＝$3N-6$。

例如，H_2O 分子，其振动自由度为 $3\times3-6=3$，说明水分子有3种基本振动形式。

②对于线型分子，振动自由度＝$3N-5$。

例如，CO_2 分子，其振动自由度为 $3\times3-5=4$，说明 CO_2 分子有4种基本振动形式。

振动自由度是分子的基本振动数目。了解分子振动自由度有助于了解物质分子红外吸收光谱可能产生的吸收峰的个数。

3.2.4　基团频率和特征吸收峰

1. 基团频率区的划分

对大量标准样品的红外光谱的研究发现，处于不同有机物分子的同一种官能团的振动频率变化不大，即具有明显的特征性。这是因为连接原子的主要为价键力，处于不同分子中的价键力受外界因素的影响有限，即各基团有自己的特征吸收谱带。

（1）基团频率区

通常，基团频率区位于4000～1300 cm^{-1}之间，也称为官能团区或特征区，可分为三个区：

①4000～2500 cm^{-1}：X—H伸缩振动区，如O—H，N—H，C—H，S—H等；

②2500～1900 cm^{-1}：叁键和累积双键区，C≡C，C≡N，C═C═C，C═C═O等；

③1900～1300 cm^{-1}：双键伸缩振动区，C═C，C═O，C═N，N═O等。

（2）指纹区

指纹区位于1300～650 cm^{-1}，可分为两个区：

①1300～900 cm^{-1}：单双键伸缩振动区，如C—X（X＝O，N，F，P，S），P—O，Si—O，C═S，S═O，P═O等；

②900～650 cm^{-1}：面内弯曲振动区，用于顺反式结构、取代类型的确定。

2. 常见官能团的特征吸收频率

①—O—H的伸缩振动，3650～3200 cm^{-1}，用于确定醇、酚、酸。在非极性溶剂中，浓度较小（稀溶液）时，峰形尖锐，强吸收；当浓度较大时，发生缔合作用，峰形较宽。

②饱和碳原子上的—C—H伸缩振动，3000 cm^{-1}以下：—CH_3（2960 cm^{-1}，反对称伸缩振动；2870 cm^{-1}，对称伸缩振动），—CH_2（2930 cm^{-1}，反对称伸缩振动；2850 cm^{-1}，对称伸缩振动），—CH（2890 cm^{-1}，弱吸收）。

③不饱和碳原子上的═C—H、≡C—H伸缩振动，3000 cm^{-1}以上：苯环上的C—H（3030 cm^{-1}，比饱和C—H峰弱，但峰形却更尖锐），═C—H（3040～3010 cm^{-1}，末端的═CH在3085 cm^{-1}），≡C—H（3300 cm^{-1}，强吸收）。

④—C≡C—的伸缩振动，RC≡CH（2140～2100 cm^{-1}），RC≡CR′（2260～2196 cm^{-1}，R═R′则无红外吸收），—C≡N（非共轭 2260～2240 cm^{-1}，共轭 2220～2230 cm^{-1}。分子中有N、H、C，峰强且锐；有O则弱，离基团越近则越弱）。

⑤ RC═CR′的伸缩振动，1680～1620 cm^{-1}，弱吸收，R═R′则无红外吸收。

⑥单核芳烃的C═C键伸缩振动，1600 cm^{-1}和1500 cm^{-1}附近，有2～4个吸收峰，用于识别分子中有无芳环。

⑦ C═O伸缩振动，1900～1650 cm^{-1}，碳氧双键的特征峰，强度大，峰尖锐。用于判断醛类、酸类、酯类、酮类及酸酐等有机化合物。酸酐的羰基吸收带由于振动耦合而呈现双峰。

⑧苯的衍生物的泛频谱带，2000～1650 cm^{-1}，是C—H的面外和C═C面内变形振动的泛频吸收，虽然强度很弱，但可用于芳环取代类型的表征。

⑨—CH对称弯曲振动，1375 cm^{-1}，用于识别甲基。

⑩ C—O伸缩振动，1300～1000 cm^{-1}，是指纹区最强的峰。

在红外分析中，通常一个基团有多个振动形式，同时产生多个谱峰，各类峰之间相互依存、相互佐证。通过一系列的峰才能准确确定一个基团的存在。

3. 影响基频峰的因素

(1)峰数及其影响因素

理论上，多原子分子的振动自由度应与谱峰数相同，但实际上，谱峰数常常少于理论计算出的振动自由度，这是因为：

①偶极矩的变化 $\Delta\mu=0$ 的振动，不产生红外吸收。

②谱线简并(振动形式不同，但其频率相同，只能观察到一个吸收峰)。

③仪器分辨率或灵敏度不够，有些谱峰观察不到。

(2)峰位及其影响因素

红外光谱中，吸收峰的位置简称峰位，即振动能级跃迁时所吸收的红外线的波数。基频峰的波数可由式(3-4)来计算：

$$\sigma = 1302\sqrt{\frac{K}{u'}} \tag{3-4}$$

式中：K为化学键力常数，即化学键的力常数(常将化学键看成一种谐振子，不同的化学键，力常数不同)；u'为原子折合质量，也称作约化质量，是一个量纲为质量的物理量。它能够使二体问题变换为一体问题。假设有两个原子，质量分别为m_1与m_2，环绕着两个原子的质心运行于各自的轨道。那么，等价的一体问题中，原子的质量为$u'=m_1\times m_2/(m_1+m_2)$。

由式(3-4)可知，化学键力常数越大、原子折合质量越小，吸收峰出现的波数越高；反之，出现的波数越低。

各种化合物中相同基团的特征吸收峰并不总在一个固定波数上，因为化学键的振动频率不仅与其本身的结构性质有关，还受整个分子的内部结构和外部因素影响。

影响吸收峰位置的因素主要分为内部因素和外部因素两种。

①内部因素。

a. 诱导效应。吸电子基团常使吸收峰向高波数方向移动。例如，吸电子基团的引入，使羰基上的孤电子对向双键转移，羰基的双键性增强，化学键力常数增大，而使振动吸收峰向高波数方向移动。

R—C(=O)—R′	R—C(=O)→Cl	Cl←C(=O)→Cl
$\nu_{C=C}$ 1715 cm^{-1}	$\nu_{C=C}$ 1800 cm^{-1}	$\nu_{C=C}$ 1828 cm^{-1}

b. 共轭效应。共轭效应的存在常使吸收峰向低频方向移动。例如，共轭使羰基及双键的 π 电子离域，羧基的双键性减弱，化学键力常数减小，振动频率降低。所以，脂肪酮的吸收峰的波数高于芳香酮。

R—C(=O)—R′	R—C(=O)—C₆H₅
$\nu_{C=O}$ 1715 cm^{-1}	$\nu_{C=O}$ 1685 cm^{-1}

c. 氢键。氢键的形成常使伸缩振动频率降低。分子内氢键不受浓度的影响。例如 2 -羧基- 4 -甲氧基苯乙酮，因为氢键的存在而形成六元环的螯合体系，结果使羧基和羟基的伸缩振动的基频峰大幅度地向低频方向移动。

H—O
O
C　—OCH_3
CH_3

其中 ν_{OH} 为 2835 cm^{-1}，而通常酚羟基的 ν_{OH} 为 3705～3125 cm^{-1}。该分子中的 $\nu_{C=O}$ 为 1623 cm^{-1}，通常芳酮中的 $\nu_{C=O}$ 却为 1700～1670 cm^{-1}。

分子间氢键受浓度的影响较大，随着浓度的稀释，其吸收峰位置将发生改变。因此，可利用稀释方法判断分子间氢键的形成。

醇与酚的羟基在极稀的溶液中呈游离状态，随浓度的增加而形成第二聚集体、多聚体，其 ν_{OH} 则依次降低。以乙醇为例：

Et—O—H ⟶	[----O(Et)—H----]₂ ⟶	[----O(Et)—H----]ₙ
ν_{OH} 3630 cm^{-1}	ν_{OH} 3515 cm^{-1}	ν_{OH} 3350 cm^{-1}

d. 杂化影响。碳原子的杂化轨道中 s 成分增加，键能增加，键长变短，则 C—H 伸缩振动频率增大，饱和碳原子为 sp^3 杂化轨道，其 s 成分比不饱和碳的 sp^2 或 sp 轨道少，所以 $\nu_{CH}>$ 3000 cm^{-1} 为不饱和碳氢伸缩振动；$\nu_{CH}<$3000 cm^{-1} 为饱和碳氢伸缩振动。碳氢伸缩振动频率是判断饱和碳氢与不饱和碳氢的重要依据。

除上述因素外，环张力、立体位阻、互变异构、费米共振、样品物态等因素，也对峰位有影响。

②外部因素。主要是溶剂及仪器色散原件的影响。

极性基团的伸缩振动频率随溶剂极性的增大而向低波数方向位移。这是因为极性基团和极性溶剂分子之间形成了氢键，形成氢键的能力越强，向低波数移动越多。如丙酮的羰基伸缩振动在非极性烃类溶剂中为 1727 cm^{-1}，在 CCl_4 中为 1720 cm^{-1}，在 $CHCl_3$、$CHBr_3$ 或 CH_3CN 中为 1705 cm^{-1}。

消除溶剂效应的方法：采用非极性溶剂，如 CCl_4，CS_2 等，并以稀溶液来获得红外吸收光谱。

(3)峰强及其影响因素

吸收峰的强度简称峰强，是指红外光谱上吸收峰的相对强度，不是讨论浓度与吸收峰之间的关系。

通常红外吸收光谱图上吸收峰的高与低，即指相对强度。吸收峰的绝对强度，需用摩尔吸光系数 ε 来描述。用 ε 将红外吸收光谱的谱带强度划分为五级：$\varepsilon>100$ 为非常强谱带(vs)，ε 在 20～100 之间为强谱带(s)，ε 在 10～20 之间为中等谱带(m)，ε 在 1～10 为弱谱带(w)，$\varepsilon<1$ 为非常弱谱带(vw)。

影响峰强的因素有：

①跃迁几率：激发态分子占总分子的百分数称为跃迁几率。跃迁几率越大，其吸收峰的强度也越大。例如，分子吸收红外线的一定能量，能级从基态($V=0$)跃迁至第一激发态($V=1$)后形成的基频峰较强，而倍频峰因跃迁几率小，一般峰强较弱。

②偶极矩的变化($\Delta\mu$)：$\Delta\mu$ 越大，吸收峰强度越大。

③化学键两端连接的原子电负性差异越大，此基团的极性越大，伸缩振动时的 $\Delta\mu$ 就越大，其吸收峰强度也就越强。

④振动形式：振动形式不同对分子的电荷分布影响不同，$\Delta\mu$ 不同，所以吸收峰的强度也不同。通常峰强与振动形式之间有如下规律：$\varepsilon_{\nu_{as}}>\varepsilon_{\nu_s}$；$\varepsilon_{\nu}>\varepsilon_{\delta}$。

⑤分子结构的对称性：对称性越强，偶极矩越小，峰强越弱。对比三氯乙烯与四氯乙烯的结构可以说明：前者结构不对称，双键的偶极矩不等于零，有 $\nu_{C=C}$ 1585 cm^{-1} 峰。后者结构完全对称，则 $\nu_{C=C}$ 1585 cm^{-1} 峰消失。

4. 特征峰与相关峰

(1)特征峰

凡是可以鉴别官能团存在的吸收峰，称为特征吸收峰，简称特征峰。

比较图 3-4 中的正辛烷与正辛腈谱图，明显看出两者的峰位、峰形及峰强基本相同，只是后者在 2247 cm^{-1} 处多一个吸收峰。由于两者的分子结构仅差一个氰基，因此，可以认为该峰是氰基峰，可记为 $\nu_{C\equiv N}$ 峰。$\nu_{C\equiv N}$ 2247 cm^{-1} 就是特征峰。

(2)相关峰

在多原子分子中，一个官能团可能有数个振动形式，而每一种红外活性振动一般均能相应产生一个吸收峰。如 1-辛烯的红外光谱中，由于有 $-CH=CH_2$ 基的存在，能明显地观测到 $\nu_{as\,CH}$ 3087 cm^{-1}、$\nu_{C=C}$ 1650 cm^{-1}、γ_{CH} 997 cm^{-1}、$\gamma_{=CH}$ 914 cm^{-1} 四个特征吸收峰。一组具有相互依存关系的特征峰，可称为相关吸收峰，简称相关峰，以区别于非依存的其它特征峰。用一组相关吸收峰确定一个官能团的存在，是光谱解析应该遵循的一条原则。

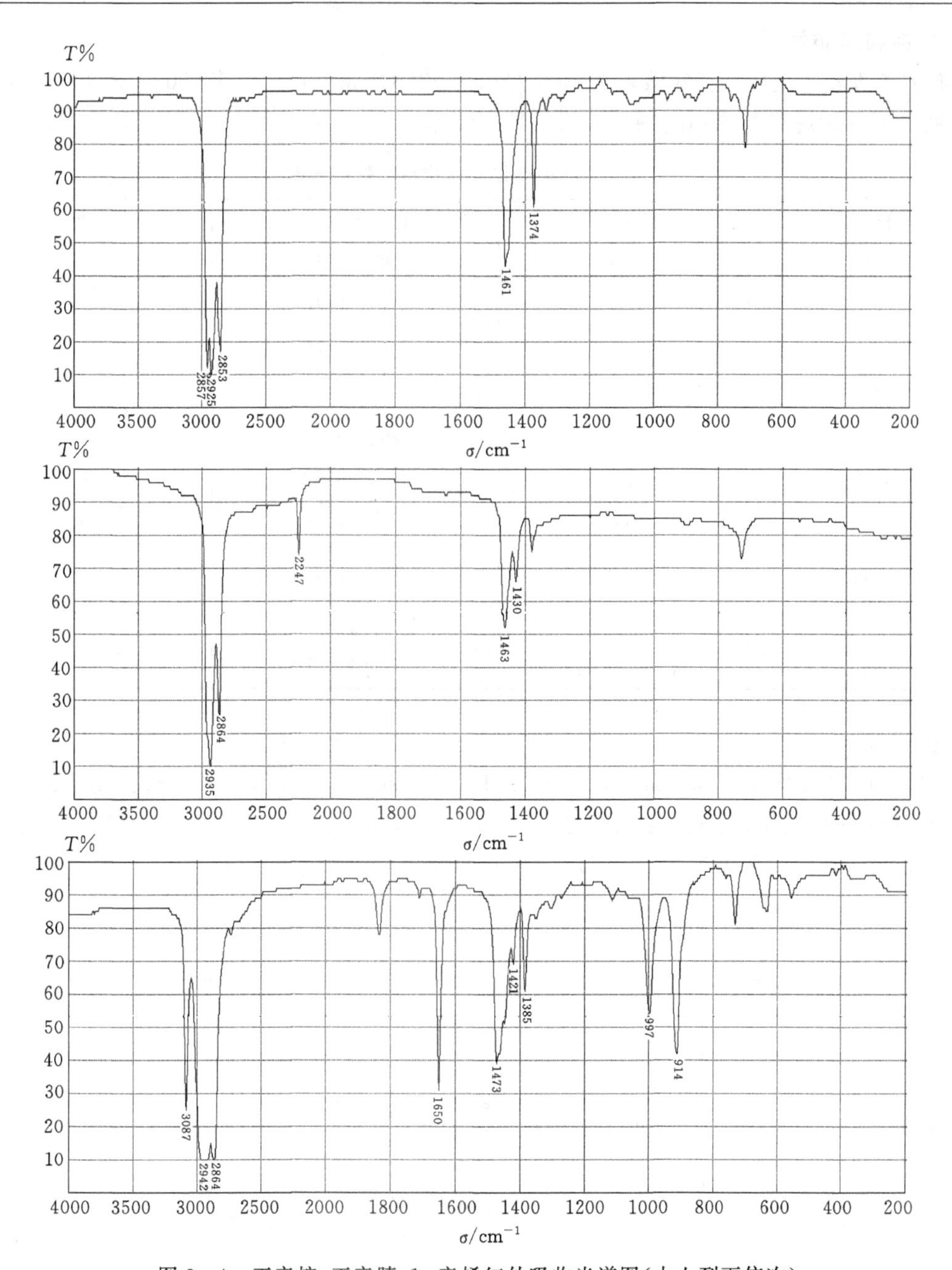

图 3-4　正辛烷、正辛腈、1-辛烯红外吸收光谱图(由上到下依次)

3.3　各类化合物的红外光谱特征

3.3.1　烃类化合物

1. 脂肪烃

脂肪烃的结构简单,它包括饱和脂肪烃和不饱和脂肪烃两大类。

(1)饱和脂肪烃

饱和脂肪烃的主要特征吸收峰为 ν_{C-H}(3000～2850 cm^{-1})、δ_{C-H}(1480～1350 cm^{-1})。表3－2列出了各种烷烃基团不同振动方式的特征频率。

表3－2 烷烃类化合物的特征基团频率

C—H键类型	振动形式	吸收峰位/cm^{-1}	强度
—CH_3	$\nu_{as\ CH}$	2962 ± 10	s
	$\nu_{s\ CH}$	2872 ± 10	s
	$\delta_{as\ CH}$	1450 ± 10	m
	$\delta_{s\ CH}$	1380～1370	s
—CH_2—	$\nu_{as\ CH}$	2926 ± 5	s
	$\nu_{s\ CH}$	2853 ± 10	s
	δ_{CH}	1465 ± 20	m
—CH— |	ν_{CH}	2890 ± 10	w
	δ_{CH}	约1340	w
—$(CH_2)_n$—	CH_2 的 δ_{CH}	约720	w

几点说明：

①饱和脂肪烃均属于 sp^3 杂化，s成分少于sp及 sp^2 杂化，所以键长较长，化学键力常数较不饱和烃C—H键小，故伸缩振动峰均在3000 cm^{-1}以下。饱和脂肪烃中只有环丙基例外(见图3－5)。由于环丙烷张力很大，—CH_2—基团的伸缩振动吸收峰可出现在2990～3100 cm^{-1}之间。

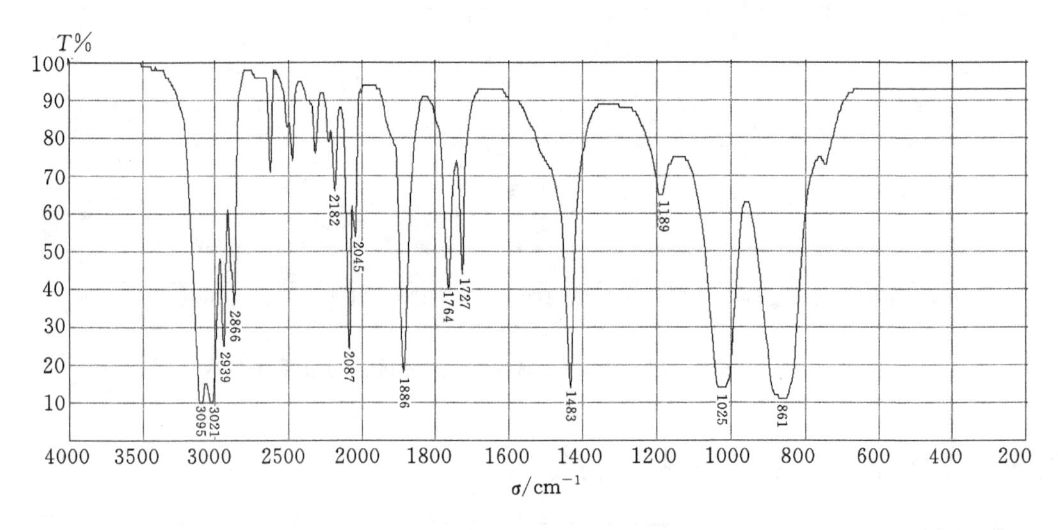

图3－5 环丙烷的红外吸收光谱图

②当分子中有异丙基和叔丁基时，振动耦合作用会使1380 cm^{-1}峰发生分裂，在1375 cm^{-1}和1385 cm^{-1}左右出现两个峰(见图3－6)。其中异丙基的两个分裂峰强度接近，而叔丁基的两个

分裂峰强度不等，处于低波数的峰强度约为高波数的两倍。

③当—$(CH_2)_n$—中的 $n \geqslant 4$ 时，其 δ_{CH} 峰出现在 720 cm^{-1} 左右，随着相连 CH_2 个数的增加，其吸收峰位置向低波数方向移动，峰强度随之增加。

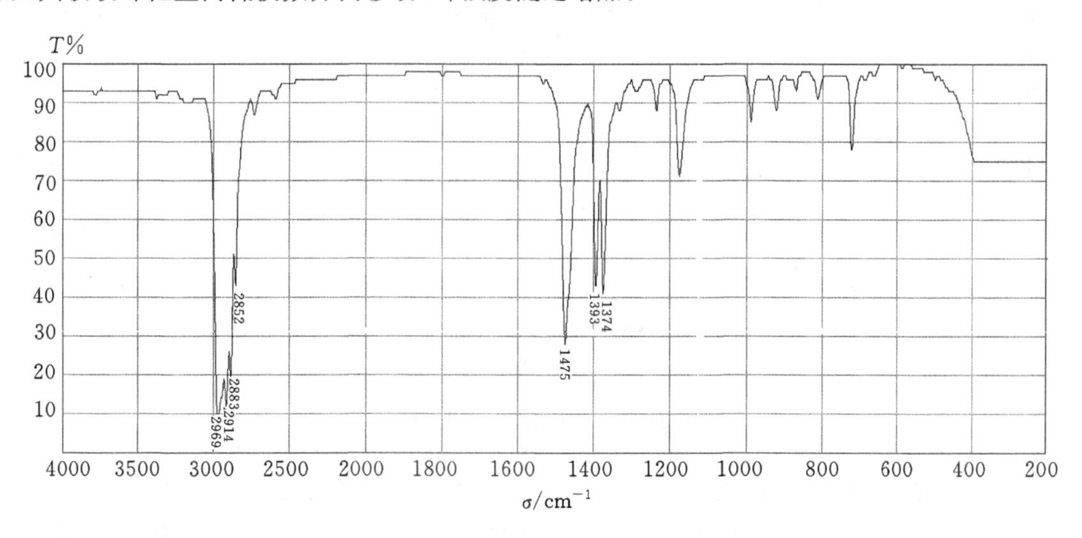

图 3-6　2,4-二甲基戊烷的红外吸收光谱图

(2)不饱和脂肪烃

烯烃的主要特征吸收峰为 $\nu_{=C-H}$（3100～3000 cm^{-1}）、$\nu_{C=C}$（1680～1600 cm^{-1}）、$\gamma_{=C-H}$（1000～650 cm^{-1}）。表 3-3 列出了不同类型烯烃类化合物的特征基团频率。

表 3-3　烯烃类化合物的特征基团频率

烯烃类型	$\nu_{=C-H}$ /cm^{-1}（强度）	$\nu_{C=C}$ /cm^{-1}（强度）	$\gamma_{面外=C-H}$ /cm^{-1}（强度）
R—CH═CH_2	3080(m),2975(m)	1645(m)	990(s),910(s)
R_2C═CH_2	3080(m),2975(m)	1655(m)	890(s)
RCH═CHR′（顺式）	3020(m)	1660(m)	760～730(m)
RCH═CHR′（反式）	3020(m)	1675(w)	1000～950(m)
R_2C═CHR′（三取代）	3020(m)	1670(m)	840～790(m)
R_2C═CR'_2（四取代）	3020(m)	1670(m)	无

几点说明：

① 烯烃碳原子上的 C—H 伸缩振动位于 3100～3000 cm^{-1}，比饱和脂肪烃的 C—H 伸缩振动频率稍高（见图 3-7）。一般以 3000 cm^{-1} 为界限来区分饱和 C—H 和不饱和 C—H 。

② 不同类型烯烃的 $\nu_{C=C}$ 稍有差别，其中共轭的 C═C 振动频率较低，靠近 1600 cm^{-1}。C═C 伸缩振动的强度受分子对称性的影响，在完全对称的结构中，由于 C═C 伸缩振动时没有偶极矩的变化，是红外非活性的，因而在这个区域不出现 $\nu_{C=C}$ 吸收峰。

③$\gamma_{面外=C-H}$ 吸收峰是鉴别烯烃类型的重要特征吸收峰，其位置主要取决于双键上的取代类型。

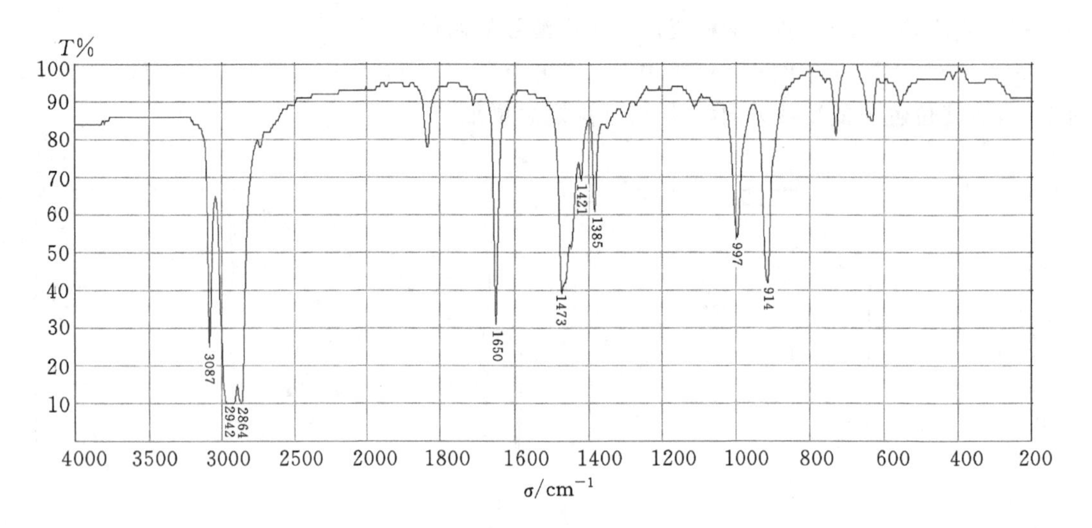

图 3-7　1-辛烯的红外光谱图

炔烃的红外光谱图比较简单(见图 3-8)。端基炔烃有两个主要特征吸收峰:$\nu_{\equiv C-H}$(约 3300 cm^{-1})和 $\nu_{C\equiv C}$(2260～2100 cm^{-1})。其中,炔烃的 $\nu_{\equiv C-H}$ 一般为中强的尖锐峰,比缔合的 ν_{O-H} 和 ν_{N-H} 的峰窄,故易于与 ν_{O-H} 和 ν_{N-H} 区分。若 C≡C 位于碳链中间,则只有 $\nu_{C\equiv C}$ 在 2200 cm^{-1} 左右一个尖峰,强度较弱,在对称结构中该峰不出现。

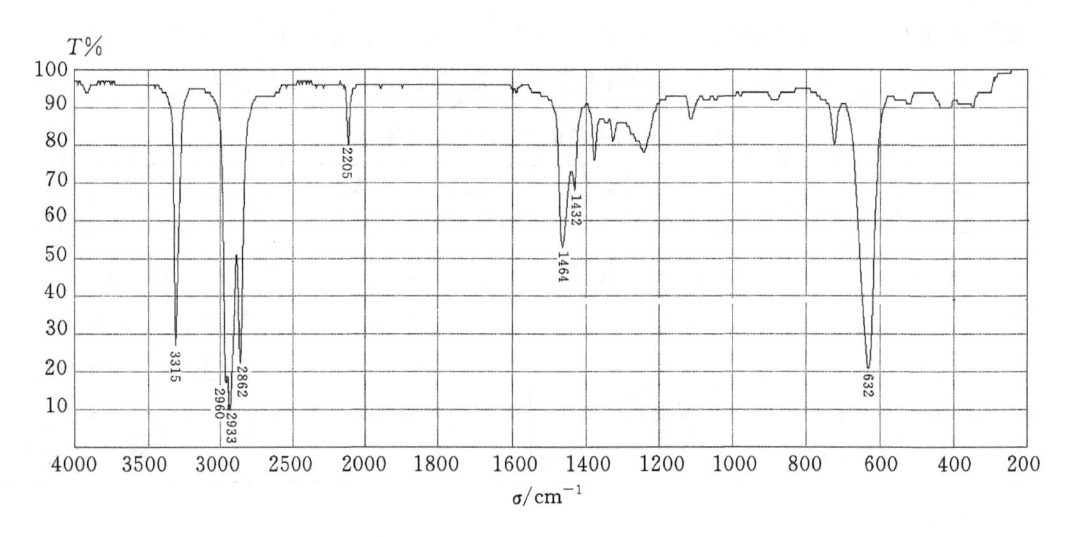

图 3-8　1-辛炔的红外光谱图

2. 芳香烃

芳香烃的特征吸收峰与烯烃类似,主要有以下特征吸收峰(见图 3-9):

①芳环上的 C—H 伸缩振动($\nu_{=C-H}$)位于 3100～3000 cm^{-1},通常有多个吸收峰。

②芳环上的 C═C 骨架振动($\nu_{C=C}$)在 1650～1450 cm^{-1},一般出现 2～4 个吸收峰。

③芳环上 C—H 的面外弯曲振动($\gamma_{面外=C-H}$)在 900～650 cm^{-1} 有强的吸收峰,用于确定芳环的单取代类型,具体见表 3-4。该区域的吸收峰位置与芳环上取代基性质无关,而与取代

个数有关，取代基个数越多，振动频率越高。

④芳环上 $\gamma_{面外=C-H}$ 的倍频吸收在 2000～1600 cm^{-1} 出现一组弱峰(见图 3－9)，不同取代苯在该区域的倍频峰具有不同的个数和形状(见图 3－10)，可作为判断芳环取代类型的辅助依据。

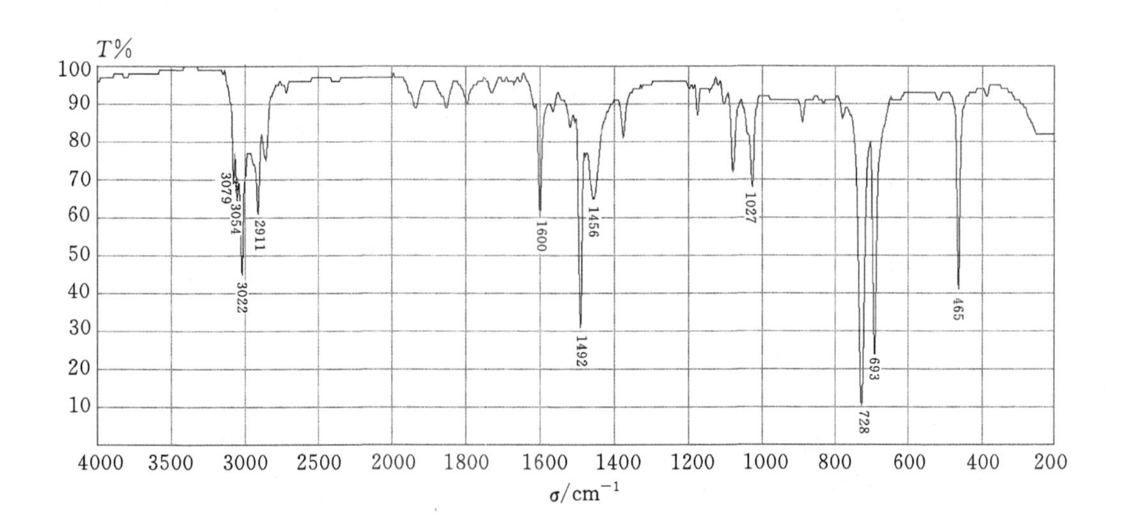

图 3－9　甲苯的红外光谱图

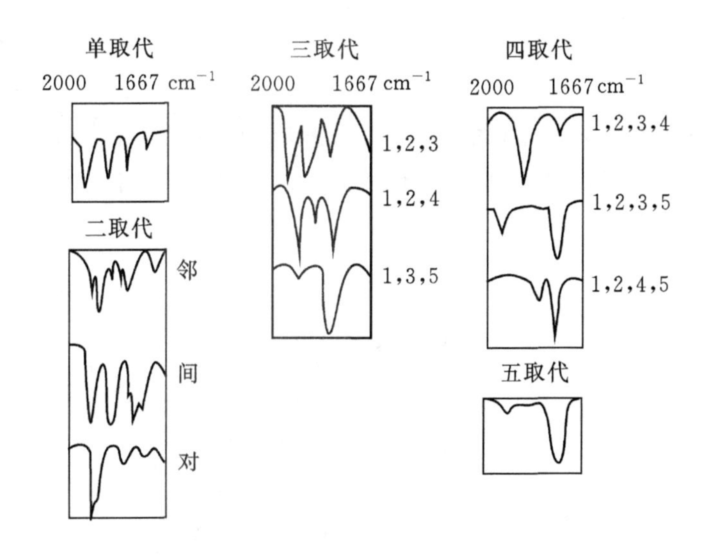

图 3－10　不同取代类型的芳香烃的泛频峰图示

表 3-4　苯环不同取代类型的 $\gamma_{面外—C—H}$

苯环上的取代情况	相邻氢的数目	$\gamma_{面外—C—H}$ /cm^{-1}
零取代	6	690
一取代	5	770～720 710～690
邻位二取代	4	770～735
间位二取代	1+3	900～860 810～750 720～680
1,2,3-三取代	3	800～700 720～685
1,2,4-三取代	1+2	900～860 860～800
对位二取代 1,2,3,4-四取代	2	860～780
1,3,5-三取代	1	850～800,730～690
1,2,3,5-四取代	1	900～840
1,2,4,5-四取代	1	900～840
五取代	1	900～840
六取代	0	无峰

3.3.2　醇、酚和醚

1. 醇和酚

醇和酚都有特征吸收峰 $\nu_{O—H}$（约 3600 cm^{-1}，约 3300 cm^{-1}）、$\nu_{C—O}$（1250～1000 cm^{-1}）和 $\delta_{面内O—H}$（1500～1300 cm^{-1}）。酚还具有芳香结构的一组相关峰，用于区别其与脂肪醇（见图 3-11，图 3-12）。

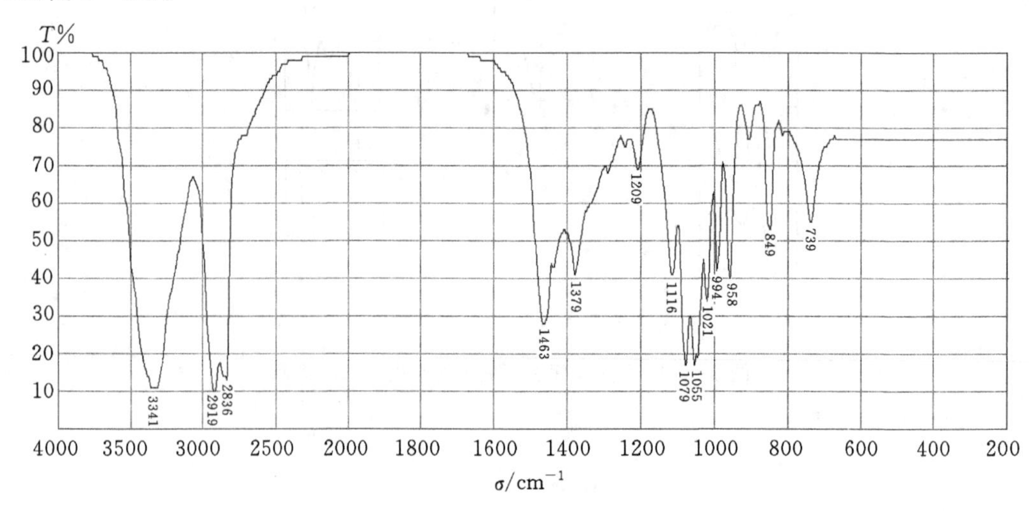

图 3-11　正丁醇的红外光谱图

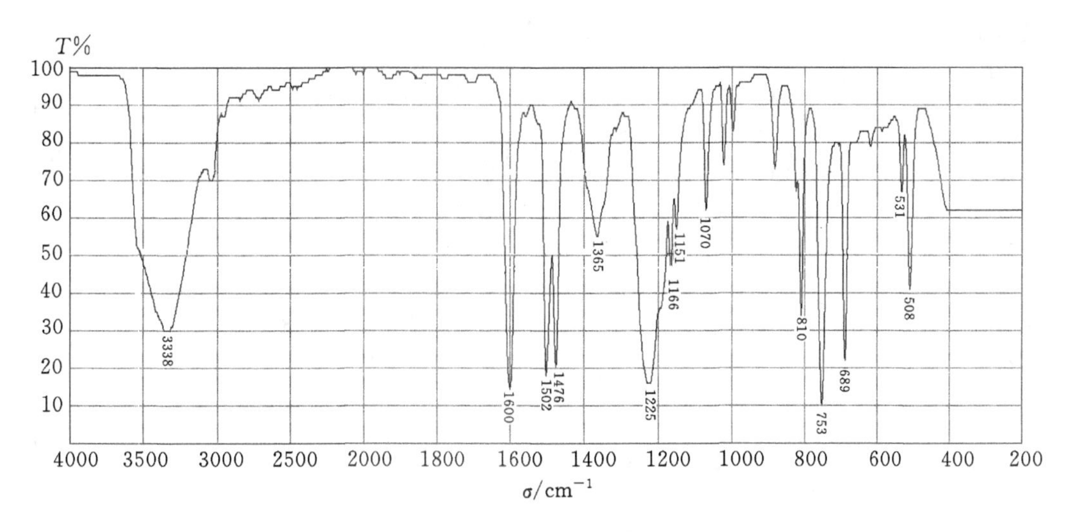

图 3-12　苯酚的红外光谱图

ν_{O-H}（约 3600 cm^{-1}，约 3300 cm^{-1}）：游离的—OH 伸缩振动出现在 3640～3610 cm^{-1}，是很强的一尖峰；形成缔合氢键的—OH 则在 3300 cm^{-1}附近出现一个宽而强的吸收峰。

ν_{C-O}（1250～1000 cm^{-1}）：伯、仲、叔醇、酚的 ν_{C-O} 频率有差别，具体见表 3-5。

表 3-5　羟基化合物的特征基团频率

基团	振动形式	吸收峰位置/cm^{-1}	强度	峰形
C—OH（伯醇）	ν_{C-O}	1085～1050	s	较宽
C—OH（仲醇）	ν_{C-O}	1124～1087	s	较宽
C—OH（叔醇）	ν_{C-O}	1205～1124	s	较宽
C—OH（酚）	ν_{C-O}	1260～1170	s	较宽

2. 醚

醚的主要特征峰为 $\nu_{as\,C-O-C}$（1300～1050 cm^{-1}），其中脂肪醚的 $\nu_{as\,C-O-C}$ 吸收峰位于 1210～1050 cm^{-1}之间，芳香醚的 $\nu_{as\,C-O-C}$ 吸收峰位于 1300～1200 cm^{-1}之间；$\nu_{s\,C-O-C}$（1055～1000 cm^{-1}），其中对称结构的醚，该处的吸收峰一般消失或减弱。醇与醚类的主要区别是醚没有 ν_{O-H} 吸收峰（见图 3-13）。

3.3.3　羰基化合物

羰基化合物的共同特征峰是在 1700 cm^{-1}附近有强的 $\nu_{C=O}$ 吸收峰，该处吸收峰易于识别，因而以红外光谱鉴别羰基化合物是较为容易的。由于C═O 所处的化学环境不同，受邻近原子或基团的电子效应、空间效应或氢键的影响，羰基化合物的 $\nu_{C=O}$ 频率大体顺序如下：酸酐（ν_{as} 约 1810 cm^{-1}），酰氯（约 1800 cm^{-1}），酸酐（ν_s 约 1760 cm^{-1}），酯（约 1735 cm^{-1}），醛（约 1725 cm^{-1}），酮（约 1715 cm^{-1}），羧酸（约 1710 cm^{-1}），酰胺（约 1680 cm^{-1}）。

1. 酮

酮的 $\nu_{C=O}$ 吸收峰通常是光谱中最强的特征吸收峰（见图 3-14），饱和脂肪酮的 $\nu_{C=O}$ 一般

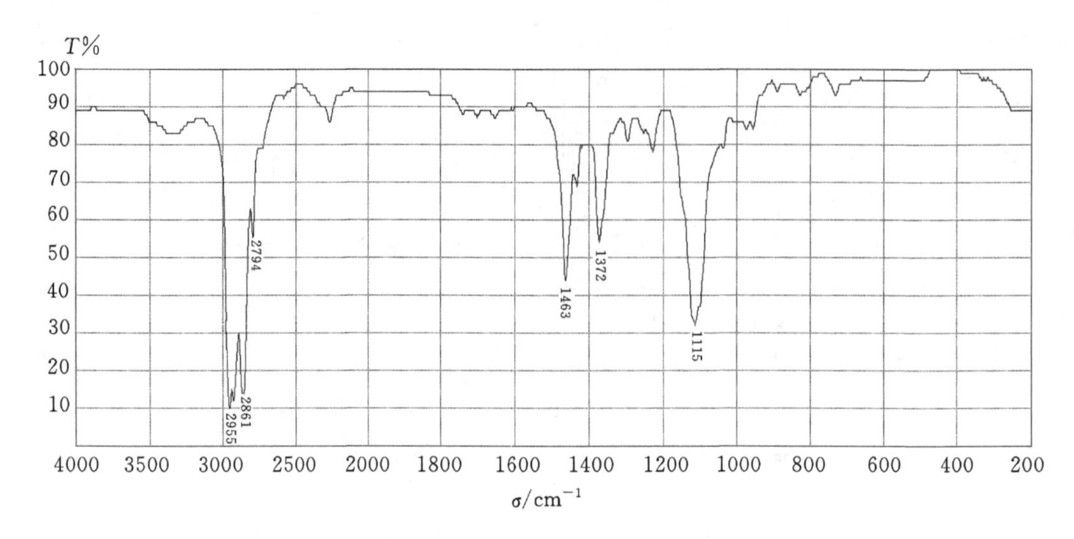

图 3-13　正丁醚的红外光谱图

位于 1715 cm^{-1}附近。羰基周围环境的不同可使峰位发生变化，α，β-不饱和酮和芳酮由于共轭效应，$\nu_{C=O}$吸收峰向低波数方向移动(20～40) cm^{-1}。环酮随张力增大，$\nu_{C=O}$峰向高波数方向移动。

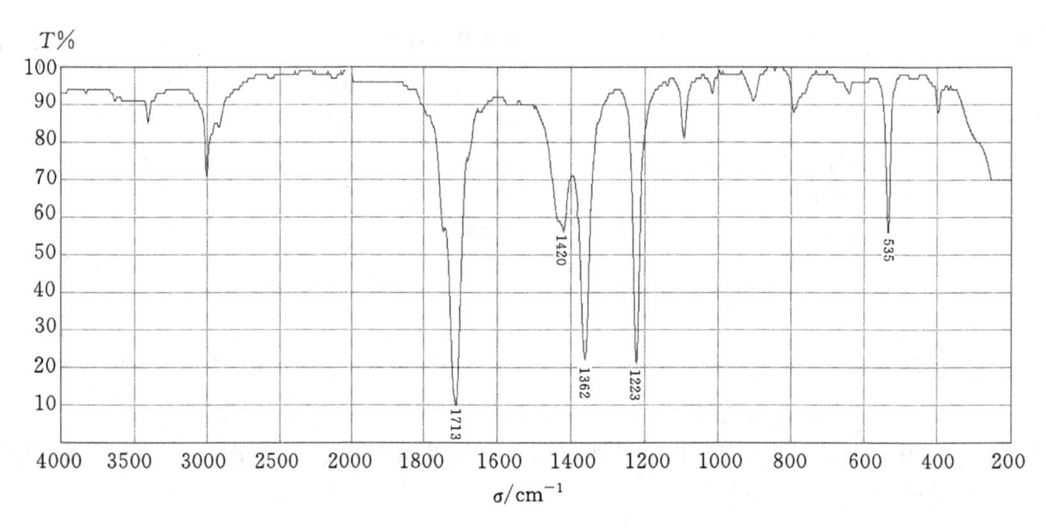

图 3-14　丙酮的红外光谱图

2. 醛

醛的特征吸收峰为$\nu_{C=O}$(1740～1685 cm^{-1})，ν_{C-H}(2835～2695 cm^{-1}，双峰)。大多数醛类在 2835～2695 cm^{-1}区间出现两个中等强度的吸收峰，是醛基碳氢的伸缩振动ν_{C-H}与其弯曲振动δ_{C-H}(1390 cm^{-1})的第一倍频峰发生费米共振而引起的，该双峰在醛类化合物的鉴定上有很大的价值(见图 3-15)。饱和脂肪醛的$\nu_{C=O}$位于 1740～1720 cm^{-1}；α，β-不饱和醛和芳醛由于共轭效应，$\nu_{C=O}$吸收峰向低波数方向移动，位于 1710～1685 cm^{-1}。

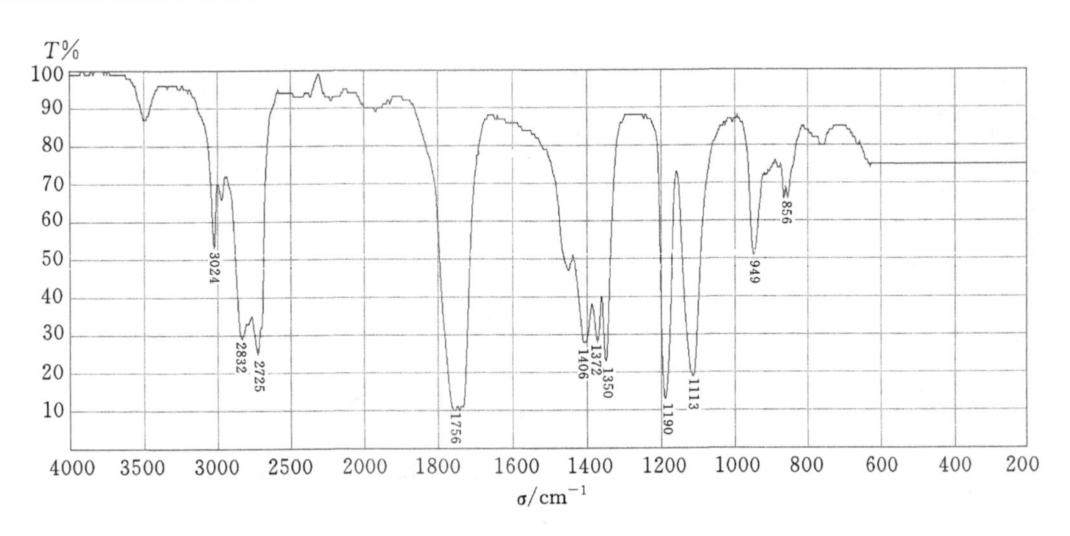

图 3 - 15　乙醛的红外光谱图

3. 羧酸和羧酸盐

羧酸(见图 3 - 16)的主要特征吸收峰 ν_{O-H}(3400～2500 cm^{-1}),$\nu_{C=O}$(1760～1650 cm^{-1}),ν_{C-O}(1400～1200 cm^{-1}),$\delta_{面内O-H}$(约 1420 cm^{-1}),$\gamma_{面外O-H}$(955～915 cm^{-1})。游离羧酸的 $\nu_{C=O}$ 位于 1760 cm^{-1},固、液态羧酸以二聚体形式存在,由于分子间氢键的作用,$\nu_{C=O}$ 移至 1700 cm^{-1}左右,ν_{O-H} 移至 3200～2500 cm^{-1},形成一个很宽的峰,此峰与 ν_{C-H} 重叠。分子碳链较短时,ν_{C-H} 完全被掩盖,随着碳链的增长,可显露 ν_{C-H} 吸收峰。缔合的 O—H 的 ν_{O-H} 产生的宽峰可用于区别羧酸与其它羰基类化合物。此外,$\gamma_{面外O-H}$ 特征性也较强,可用于辅助鉴别羧酸。

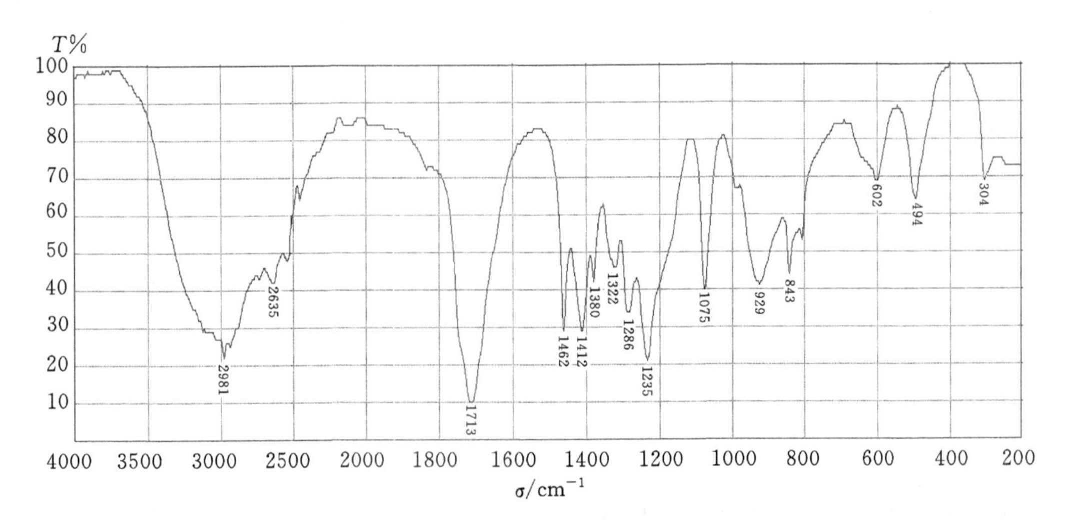

图 3 - 16　丙酸的红外光谱图

羧酸成盐后,红外光谱中羧酸原有的 $\nu_{C=O}$、ν_{O-H} 和 $\gamma_{面外O-H}$ 产生的三个特征峰消失,新出现的 —COO^- 的对称与反对称伸缩振动峰分别位于 1440～1350 cm^{-1}和 1650～1550 cm^{-1}(见图 3 - 17)。

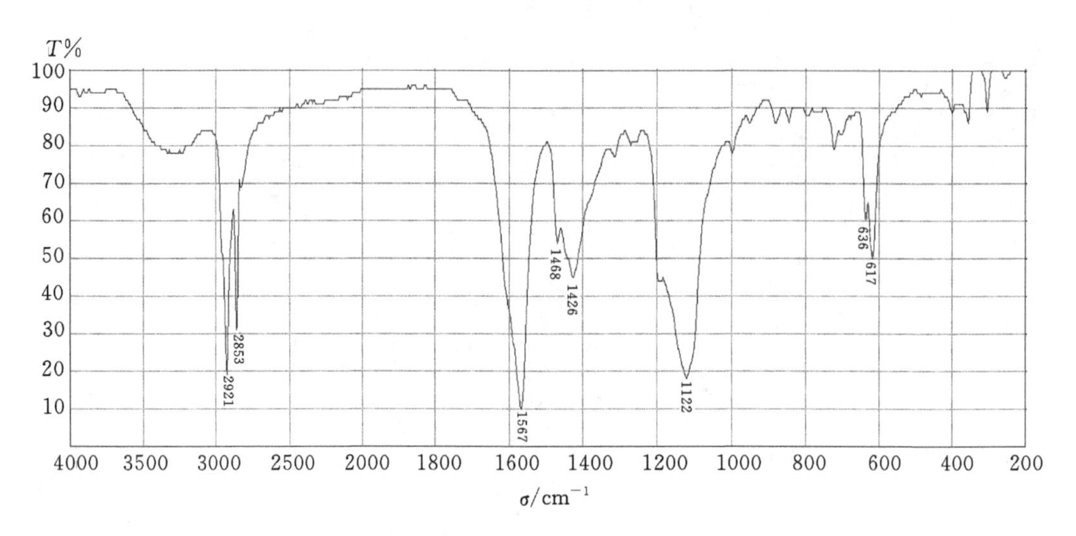

图 3-17　丙酸钠的红外光谱图

4. 酯

酯的特征吸收峰为 $\nu_{C=O}$（约 1735 cm^{-1}），ν_{C-O-C}（1300～1000 cm^{-1}）。酯在 1300～1000 cm^{-1} 区间有两个吸收峰，其中 $\nu_{as\,C-O-C}$ 峰位于 1300～1150 cm^{-1}，强度大且宽；$\nu_{s\,C-O-C}$ 峰位于 1150～1000 cm^{-1}，强度一般较弱。此两峰是判断酯类结构的重要依据(见图 3-18)。

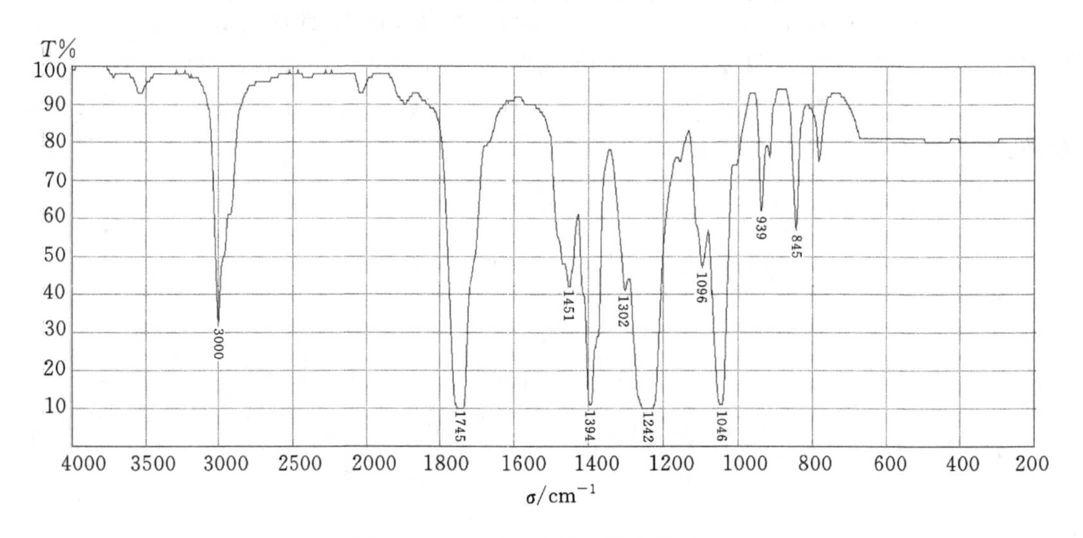

图 3-18　乙酸乙酯的红外光谱图

5. 酸酐

酸酐最主要特征吸收峰为 $\nu_{s\,C=O}$（1780～1740 cm^{-1}）和 $\nu_{as\,C=O}$（1850～1800 cm^{-1}），两峰相距约 60 cm^{-1}，这是酸酐的两个羰基伸缩振动耦合的结果，是酸酐类化合物最具特征的吸收峰(见图 3-19)。线型酸酐的两峰强度相近，高波数峰强略高，环状酸酐低波数的峰强高于高波数峰强，这是由于环状酸酐两个羰基不共面所导致的结果。线型和环状酸酐的 ν_{C-O-C} 吸收峰位也有差异，分别位于 1170～1050 cm^{-1} 和 950～890 cm^{-1}。酸酐与酸相比，不含羟基特征峰。

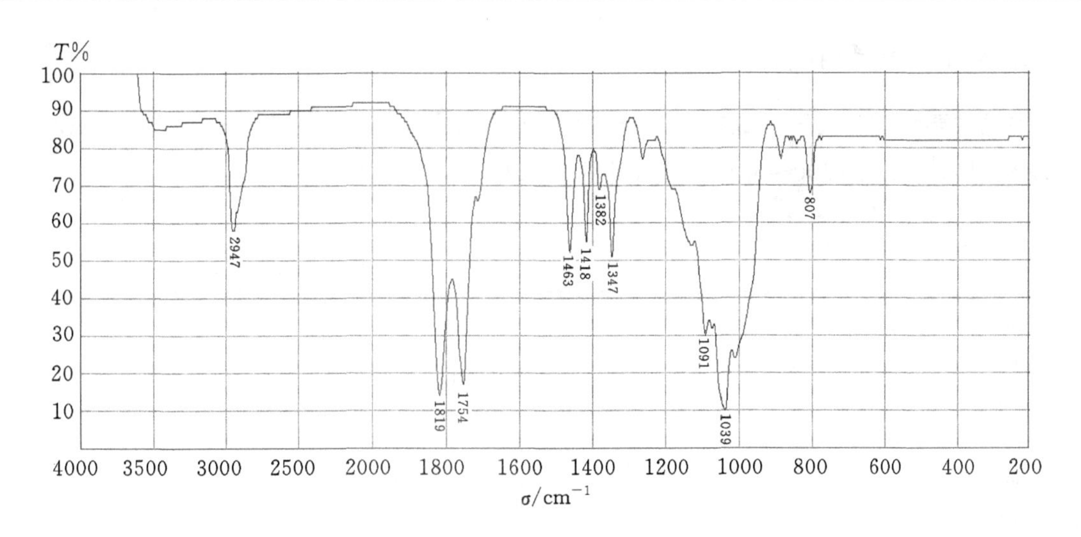

图 3-19　丙酸酐的红外光谱图

6. 酰胺

酰胺的主要特征吸收峰 $\nu_{C=O}$(1685～1630 cm^{-1}), ν_{N-H}(3500～3050 cm^{-1}), $\delta_{面内N-H}$(1665～1510 cm^{-1}), ν_{C-N}(1400～1250 cm^{-1})(见图 3-20)。其中 $\nu_{C=O}$ 的吸收峰常被称为"酰胺Ⅰ带",其峰的波数低于相应的酮,这是由于 N 和C═O的 p-π 共轭使C═O的化学键力常数减小造成的。$\delta_{面内N-H}$ 的吸收峰因酰胺的种类不同而存在差别,伯酰胺在此区域有 N—H 不对称和对称伸缩振动两个吸收峰;仲酰胺在此区域出现多重谱带;叔酰胺在此区域没有吸收峰。$\delta_{面内N-H}$ 的吸收峰常被称为"酰胺Ⅱ带",游离的伯酰胺在 1600 cm^{-1}附近,缔合时向高波数移动到 1640 cm^{-1},常被酰胺Ⅰ带掩盖,而仲酰胺的吸收峰都在 1600 cm^{-1}以下,因而酰胺Ⅰ带和酰胺Ⅱ带可区分开,故常以此区别伯酰胺和仲酰胺。ν_{C-N} 的吸收峰称为"酰胺Ⅲ带",伯酰胺有较强的吸收峰,仲、叔酰胺 ν_{C-N} 的吸收峰无实际使用价值。

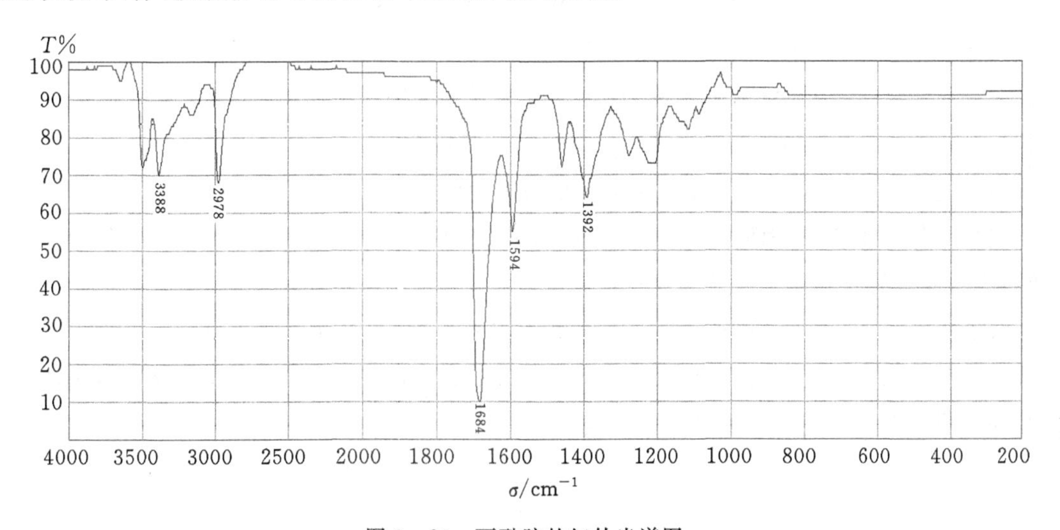

图 3-20　丙酰胺的红外光谱图

3.3.4 胺和铵盐

胺的主要特征吸收峰为 $\nu_{N—H}$（3500～3300 cm^{-1}），$\delta_{N—H}$（1650～1510 cm^{-1}），$\nu_{C—N}$（1360～1020 cm^{-1}），$\gamma_{面外N—H}$（900～650 cm^{-1}）（见图 3－21）。

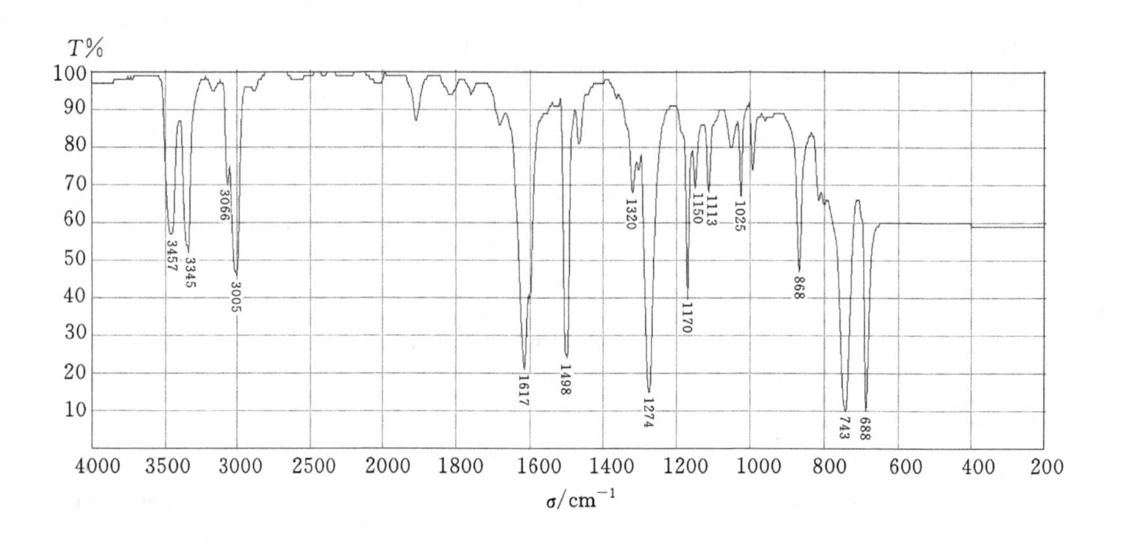

图 3－21　苯胺的红外光谱图

$\nu_{N—H}$（3500～3300 cm^{-1}）：伯胺的 N—H 伸缩振动有对称和反对称两种，一般在此区域产生双峰，仲胺在 3400 cm^{-1} 附近出现单峰，叔胺在此区域无吸收峰。通常脂肪胺的峰强较芳香胺的弱。

$\delta_{N—H}$（1650～1510 cm^{-1}）：伯胺的 $\delta_{N—H}$ 位于 1650～1570 cm^{-1}，脂肪族仲胺在此区域的峰很少出现，芳香族仲胺在 1500 cm^{-1} 附近出现一个弱峰。

$\nu_{C—N}$（1360～1020 cm^{-1}）：脂肪族胺类 $\nu_{C—N}$ 位于 1250～1020 cm^{-1}，芳香族胺类 $\nu_{C—N}$ 位于 1380～1250 cm^{-1}，该区域的吸收峰与 $\nu_{C—C}$ 重叠，常难以辨认。

$\gamma_{面外N—H}$（900～650 cm^{-1}）：该区域只有伯胺有吸收峰。

叔胺无 N—H 基团，因而无 N—H 吸收峰，且 C—N 键的极性较小，不能产生 C—N—C 吸收峰，所以叔胺的红外光谱没有明显特征。

胺成盐后，伯胺和仲胺的 $\nu_{N—H}$ 均向低波数方向移动，$\delta_{N—H}$ 也有变化（见表 3－6 和图3－22）。叔胺盐因有了 N—H 基团而在氢键区 2700～2250 cm^{-1} 出现吸收峰。通过比较胺类成盐前后的红外谱图有助于不同胺类的区别和鉴定。

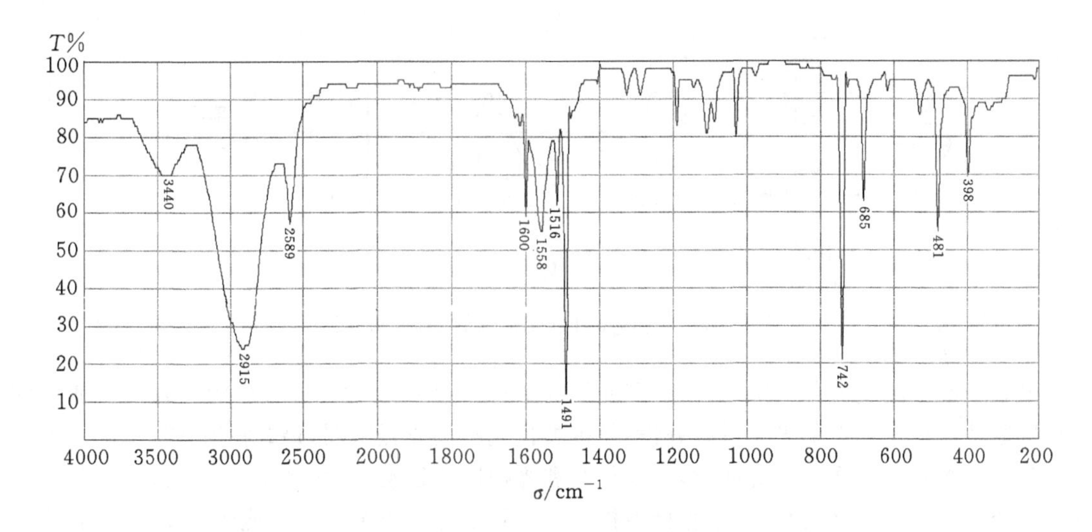

图 3-22　苯胺盐酸盐的红外光谱图

表 3-6　胺及铵盐的主要特征基团频率

基团	振动形式	吸收峰位置/cm^{-1}	强度
伯胺	ν_{N-H}	3500～3300	w
	$\delta_{剪N-H}$	1640～1560	m～s
	$\gamma_{面外N-H}$	900～650	m
伯铵盐	ν_{N-H}	约 3000	m
	$\delta_{as N-H}$	1600～1570	s
	$\delta_{s N-H}$	约 1500	m
仲胺	ν_{N-H}	3350～3310	w
	δ_{N-H}	1580～1490	w
仲铵盐	ν_{N-H}	2700～2250	s
	δ_{N-H}	1600～1570	m
叔铵盐	ν_{N-H}	2700～2250	s

3.4　红外光谱仪及样品制备

3.4.1　红外光谱仪

目前的红外光谱仪可分为色散型红外光谱仪和傅里叶变换红外光谱仪两大类型。

1. 色散型红外光谱仪

色散型红外光谱仪主要由光源、吸收池、单色器、检测器、记录仪五个基本部件组成。色散型红外光谱仪的原理示意图如图 3-23 所示。

从光源发射出的连续的红外光被分成两束，分别透过样品池和参比池进入单色器。在单色器中，先通过以一定频率转动的斩波器，斩波器周期地切割两光束，使得试样光束和参比光束分别透过单色器中的色散元件，最终交替地进入检测器中。由于红外光源的强度较低，导致

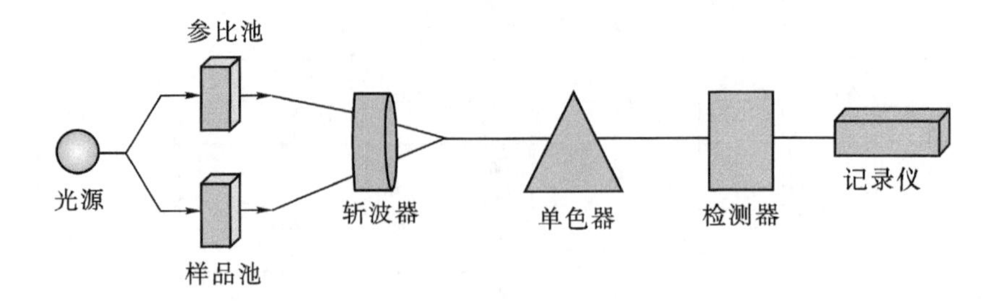

图 3-23　色散型红外光谱仪的原理示意图

交替光束所产生的交流信号电压较低，因此需要对信号进行放大。放大后的信号即可通过伺服系统驱动参比光路上的光楔进行补偿，使得参比光路的光强减弱，最终投射在检测器上的光强即为试样光路的光强。与此同时，记录仪会和光楔同步运动，因而光楔部位的改变就相当于试样的透光率 $T\%$，它作为纵坐标直接被描绘在记录纸上。单色器内棱镜或光栅的转动，使单色光的波数连续地发生改变，并与记录纸的移动同步，这就是横坐标。这样，在记录纸上就描绘出透光率 $T\%$ 对波数的红外光谱的吸收曲线。

色散型红外光谱仪为双光束仪器，无论何时，始终保持两个输出光路的光束强度相同，光强差为 0。空气中的 H_2O、CO_2 不干扰测定。

2. 傅里叶变换红外光谱仪

傅里叶变换红外光谱仪(Fourier Transform Infrared Spectrophotometer，FT-IR)(见图 3-24)不同于色散型红外分光的原理，是基于对干涉后的红外光进行傅里叶变换的原理而开发的红外光谱仪，可以对样品进行定性和定量分析，主要由光源、干涉仪、检测器、计算机和记录系统组成，与色散型红外光谱仪主要的不同在于单色器和检测部件上。

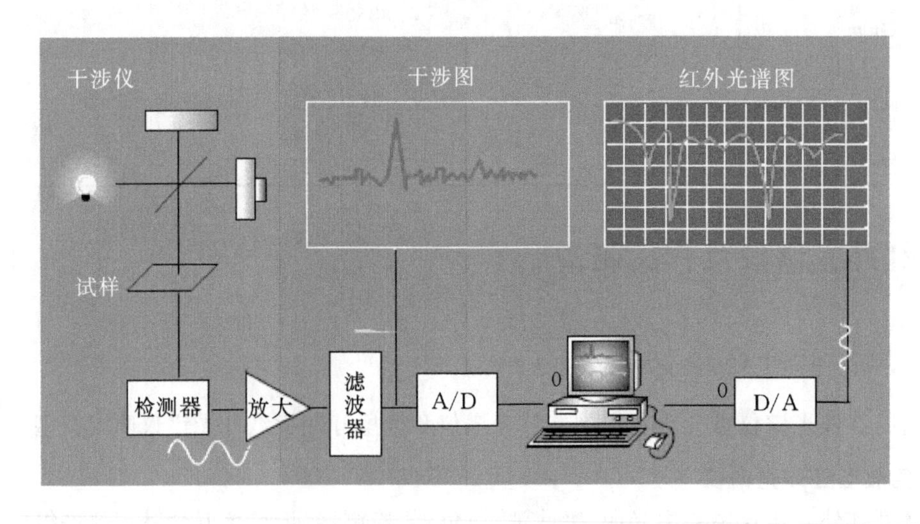

图 3-24　傅里叶变换红外光谱仪

由光源发射的红外光经过准直系统变为一束平行光后进入干涉仪，经干涉仪调制得到一束干涉光，干涉光通过样品后成为带有光谱信息的干涉光，通过检测器将这种干涉信号变成电信号。但是这种电信号无法进行光谱解析，因此通过模-数转换器送入计算机，由计算机对干涉图进行快速傅里叶变换计算，将光谱信息转化成以波数为横坐标的光谱图。

FT－IR 具有以下特点：

①扫描速度极快，一般只需要 1 s 左右即可，可用于测定不稳定物质的红外光谱，也可用于快速化学反应的追踪、研究瞬间的变化。

②分辨率高，波数准确度高达 0.01 cm^{-1}。

③灵敏度高，样品量可少至 10^{-11} g，可用于痕量分析。

④光谱范围宽，可以研究 1000～10 cm^{-1}范围的红外光谱。

⑤测量精度高，重复性可达 0.1％。

3.4.2　样品的制备

气、液及固态样品均可测定其红外光谱，但以固态样品最为方便。

1. 对试样的要求

①通常要求样品的纯度大于 98％，便于其与纯化合物光谱进行对照。混合物需进行分离提纯，否则会使各组分光谱相互重叠难以分析。

②应适当选择试样的浓度及制样的厚度，以使红外光谱图的大多数吸收峰的透光率在 10％～80％之间。

③样品中不能含有水分(结晶水、游离水均不可)。因为水分子本身有红外吸收，对羟基峰有干扰，且水会侵蚀吸收池的盐窗。若制成溶液，需用符合光谱波段要求的溶剂配制。

2. 制样方法

(1)固体试样

①压片法。此方法适用于可以研细且较稳定的化合物。取试样 1～3 mg，加入 100～300 mg处理过的 KBr 研细，使粒度小于 2.5 μm，压制成一个外观透明的薄片。由于 KBr 易吸水，制样过程要尽量避免水分的影响。

②薄膜法。对于高分子薄膜可以直接进行测定，而其余样品需先溶于挥发性溶剂中，在空白盐片上点样，待溶剂完全挥干后即在盐片上形成一层薄膜。

③糊状法。将试样研细后，滴加几滴出峰少且不干扰样品吸收谱带的液体，如石蜡油或全氟代烃，研成糊状。将所制成的糊状物夹于两片空白 KBr 盐片之间进行测定。

(2)液体和溶液试样

①液体池法。此方法适用于挥发性液体样品。将液态样品注入液体池直接进行测定，若需要将样品配成溶液则需选择在测定波段内无干扰的溶剂。

②液膜法。此方法适用于高沸点液体化合物。将 1～2 滴液体试样滴加在两片 KBr 盐片之间，形成一层薄的液膜用于测定。

③涂片法。此方法适用于黏度较大的液体。直接将样品涂在 KBr 盐片上即可进行测定。

(3)气体试样

气体试样通常用气体池进行测定。

3.5 红外吸收光谱分析

3.5.1 定性分析

红外吸收光谱是物质定性分析的重要方法之一，它能够提供许多关于官能团的信息，有助于确定部分乃至全部分子的类型及结构。目前，红外吸收光谱法的定性分析主要分为对已知物的鉴定和对未知物结构的测定。

1. 对已知物的鉴定

①当有标准试样时，可将已知试样与标准试样的红外吸收光谱图进行对照。如果样品的红外光谱图比对标准物质的红外光谱图，各吸收峰的位置与形状完全相同，且峰的相对强度也相同，便可认为样品就是该种物质。

②在没有纯净的标准物质时，可用标准谱图比较。将已知试样的谱图与标准的谱图进行对照，或者与文献上的谱图进行对照。如果两张谱图各吸收峰的位置和形状完全相同，峰的相对强度一样，就可以认为样品是该种标准物。如果两张谱图不一样，或峰位不一致，则说明两者不是同一化合物，或样品有杂质。如用计算机谱图检索，则采用相似度来判别。在使用文献上的标准谱图时应当注意，试样的物态、结晶状态、溶剂、测定条件以及所用仪器类型均应与标准谱图相同。

2. 未知物结构的测定

①如果未知物不是新化合物，可以通过两种方式利用标准谱图进行查对：

a. 查阅标准谱图的谱带索引，寻找与试样光谱吸收带相同的标准谱图；

b. 进行光谱解析，判断试样的可能结构，然后再由化学分类索引查找标准谱图对照核实。

②如果未知物是新化合物，在获得清晰可靠的图谱的基础上，要对谱图作出正确的解析。一般步骤如下：

在进行未知物光谱解析之前，必须对样品有透彻的了解：根据样品存在的形态，选择适当的制样方法；样品的颜色、气味等往往是判断未知物结构的佐证；样品的纯度及相对分子质量、沸点、熔点、折光率、旋光率等物理常数的测定，可作光谱解析的旁证，并有助于缩小化合物的范围。

a. 确定未知物不饱和度。由元素分析的结果可求出化合物的经验式，由相对分子质量可求出其化学式，并求出不饱和度。从不饱和度可推出化合物可能的范围。

不饱和度表示有机分子中碳原子的不饱和程度。计算不饱和度的经验公式为：

$$\Omega = 1 + n_4 + (n_3 - n_1)/2$$

式中：n_4、n_3、n_1 分别为分子中所含的四价、三价和一价元素原子的数目。二价原子如S、O等不参加计算。

当计算得：$\Omega = 0$，表示分子是饱和的，应为链状烃及其不含双键的衍生物；

$\Omega = 1$，可能有一个双键或脂环；

$\Omega = 2$，可能有两个双键，也可能有一个叁键；

$\Omega = 4$，可能有一个苯环。

b. 图谱解析。图谱的解析主要是靠长期的实践、经验的积累，至今仍没有一个特定的办法。一般程序是：先官能团区，后指纹区；先强峰后弱峰；先否定后肯定。首先，在官能团区($4000\sim1300\ cm^{-1}$)搜寻官能团的特征伸缩振动，解析第一强吸收峰属于何种基团的特征吸收峰。如，羰基(C═O)在 $1820\sim1600\ cm^{-1}$ 有强吸收峰。其次，找出该基团的全部或主要相关峰，包括该基团在指纹区的吸收峰，进一步确认该基团的存在。然后，解析第二强峰及其相关峰。再根据指纹区的吸收情况，进一步确认该基团与其它基团的结合方式。确定分子中各个基团或化学键所连接的原子或原子团，以及与其它基团的结合方式，并结合相对分子质量、不饱和度以及其它仪器分析结果等有关资料，推测分子的结构。最后，用已知样品或标准图谱对照，核对判断的结果是否正确。如果样品为新化合物，则需要再结合紫外分光光度法、质谱法、核磁共振等方法得到的信息，才能决定所提的结构是否正确。

随着计算机技术的不断进步和解谱思路的不断完善，计算机辅助红外解谱必将对教学、科研的工作效率产生更加积极的影响。

下面举两个简单的例子。

例 1　有一种液态化合物，相对分子质量为 58，只含有 C、H、O 三种元素，其红外光谱如图 3-25 所示，试推测其结构。

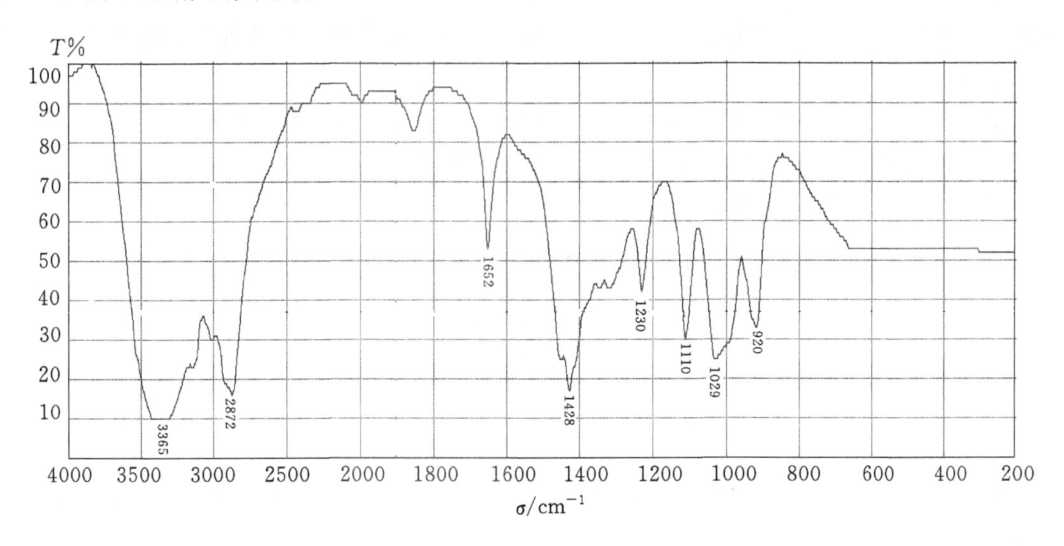

图 3-25　某化合物的红外吸收光谱图

图谱解析：

$3365\ cm^{-1}$ 的宽峰是羟基的伸缩振动吸收产生的；

$2872\ cm^{-1}$ 处的吸收峰说明该化合物存在不饱和 C—H 伸缩振动；

$1652\ cm^{-1}$ 处的吸收峰是 C═C 的伸缩振动产生的，极性较弱，是个弱峰；

$920\ cm^{-1}$ 处的吸收峰是 $C{=}CH_2$ 类型 C—H 面外弯曲振动产生的，进一步证明存在乙烯基。

乙烯基与醇基的式量是 56，化合物的相对分子质量总共是 58，还剩下 2，说明是伯醇。因此，该化合物是丙烯醇，即 $CH_2{=}CHCH_2{-}OH$ 。

例 2　有一无色挥发性液体，化学式为 C_9H_{12}，红外光谱如图 3-26 所示，推测其结构。

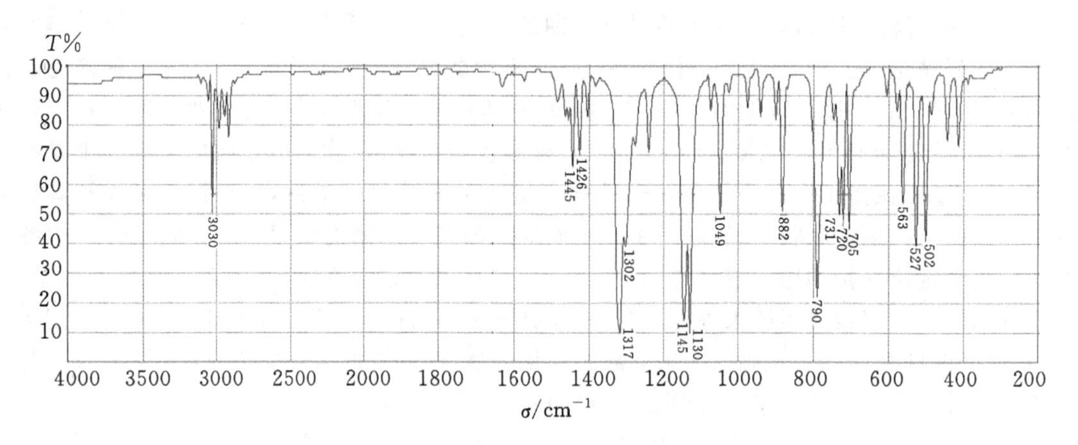

图 3-26　某化合物的红外吸收光谱图

图谱解析：

根据分子式计算不饱和度：$\Omega=1+9-12/2=4$。

不饱和度为 4，说明可能存在苯环。在 1445 cm^{-1} 存在吸收峰，加之 882 cm^{-1}、705 cm^{-1} 处的苯环的 C—H 面外弯曲振动，进一步证明苯环的存在；后两个峰还能说明是 1,3,5-三取代衍生物。

化学式 C_9H_{12} 中去掉三取代苯环 C_6H_3，还剩下 C_3H_9。1317 cm^{-1} 处的特征吸收峰是甲基的对称弯曲振动产生的，所以 C_3H_9 是由三个甲基组成的。

综上所述，化合物结构如下所示：

H_3C　　CH_3

CH_3

3. 几种标准的图谱集

最常用的标准红外谱图集有：萨特勒(Sadtler)标准红外光谱图库、Aldrich 红外谱图库、Sigma Fourier 红外光谱图库。

其中，以萨特勒(Sadtler)标准红外光谱图库最为权威，多达 259000 张光谱图，包括聚合物、纯有机化合物、工业化合物、染料颜料、药物与违禁毒品、纤维与纺织品、香料与香精、食品添加剂、杀虫剂与农品、单体、重要污染物、多醇类和有机硅等。

3.5.2　定量分析

红外吸收光谱定量分析是通过特征吸收峰的强度来求出组分含量的，其理论依据是朗伯-比尔定律：

$$A=\lg\frac{I_0}{I}=\varepsilon cl \tag{3-5}$$

式中：I_0 和 I 分别为入射光和透过样品后的透射光的强度；A 为吸光度，与物质的浓度 c、厚度 l 成正比；ε 为吸光系数，与基团的结构、所处的环境有关，取决于基团振动时偶极矩的变化率。

在红外吸收光谱定量分析中，可以用峰位吸光度（图谱中的峰高）和吸收峰面积积分两种方法表示。

红外吸收光谱的谱带较多，选择余地较大，所以能较方便地对单组分或多组分进行定量分析。但定量分析中干扰因素较多，分析结果的误差也较大。因此，红外吸收光谱用得最多的还是定性分析。

3.6 红外吸收光谱法的应用实例与研究进展

3.6.1 应用实例

红外光谱分析技术是近年来发展最快、最引人注目的分析技术之一，广泛应用于如前所述的各领域。值得一提的是，该技术在临床检测领域的应用得到了越来越多的关注，下面我们就此具体介绍一些相关应用实例[3]。

1. 冠心病、动脉硬化的检测

脂质和胆固醇过高，是诱发冠心病死亡的主要原因。Dharma RK 等[4]通过应用红外微量技术测定经胆固醇喂养的家畜动脉壁上胆固醇及脂质的红外光谱，结果显示，动脉壁不同部位的红外吸收强度有所不同。在外层介质区的红外光谱中，1651 cm^{-1}和 1528 cm^{-1}处（酰胺Ⅰ和酰胺Ⅱ）的吸收带强，而 2928 cm^{-1}处的吸收带很弱，说明介质区主要含胆固醇。在内膜区的红外光谱中，1732 cm^{-1}和 2924 cm^{-1}吸收带增强，而酰胺Ⅰ和酰胺Ⅱ的吸收带减弱，说明脂质主要集中在内膜层。通过监测动脉壁上不同部位胆固醇及脂质的红外吸收强度的变化，对于探索动脉硬化过程及其机理、防治冠心病有重要的实际意义。

2. 糖尿病的检测

糖尿病以高血糖、糖尿为主要特征，糖蛋白、脂肪、水、电解质等代谢紊乱，易引起并发症，是一种内分泌代谢疾病。Huang L 等[5]报道，用红外光谱法可以准确无误地诊断糖尿病。因为健康人尿中主要含有尿素、磷酸盐和硫酸盐等，而糖尿病患者尿中主要含葡萄糖（1366 cm^{-1}、1037 cm^{-1}和 995 cm^{-1}），二者在红外光谱上有显著差别。

3. 结肠癌的诊断

目前结肠癌的诊断主要靠肠镜，疾病的确诊最终是靠病理切片。而用红外光谱检测，则可提高到分子结构层次的诊断水平。Wong PPT 等[6]指出，正常组织和结肠癌组织在 1000～1350 cm^{-1}范围内的红外吸收明显不同。结果显示，各种核酸、蛋白质、脂类和细胞膜内都有不同程度的变化。而在 1148～1184 cm^{-1}范围内，随着病变组织的扩大，吸收峰向高频率位移，根据红外吸收峰的变化可对结肠癌及其病变过程进行诊断。

4. 宫颈癌的诊断

Wong PPT 等[6]发现正常宫颈组织在 1025 cm^{-1}和 1155 cm^{-1}处的吸收为糖原分子中 C—O 对称和非对称振动的红外吸收。而宫颈癌组织在 1155 cm^{-1}处的吸收强度明显减弱，在 1082 cm^{-1}处的核酸的吸收强度增强，核酸分子内的磷酸二酯基团的非对称振动 1244 cm^{-1}处的吸收强度明显增加，说明宫颈癌组织中糖原含量下降，而核酸含量有所增加。

此外,红外光谱技术在定量检测血氧、脂肪、蛋白质、三酰甘油、总胆固醇[7,8]及尿中代谢物如葡萄糖、丙酮、尿素、肌酐[9,10]等方面的研究,也取得了一定的成果。随着现代电子学、光学技术、化学计量学、计算机科学的不断发展,以及光谱仪器与信号处理等技术的突破,红外光谱分析技术将更加完善,在各领域将具有更广阔的应用前景。

3.6.2 发展概况

1. 近红外光谱

近红外光谱(Near Infrared Spectroscopy,NIRS)是光谱测量技术与化学计量学的有机结合,被誉为分析的巨人。测量信号的数字化和分析过程的绿色化使该技术具有典型的时代特征。NIRS 的波长范围是 780～2500 nm,是人们认识最早的非可见光区域。习惯上又将近红外光区划分为近红外短波区(780～1100 nm,又称 Herschel 光谱区)和近红外长波区(1100～2500 nm)。NIRS 是近红外光照射时,含氢基团如 C—H，O—H，N—H，S—H 等产生振动能级跃迁,吸收部分光能,产生振动倍频和合频的吸收形成的谱带,其强度往往只有基频的 1‰～10％,但不同基团在该区域光谱的峰位、峰强和峰形不同。几乎所有有机物的一些主要结构和组成成分都能够在 NIRS 中找到特征峰,使得 NIRS 成为获取物质组成和结构信息的有效途径。

NIRS 分析技术具有分析速度快,对样品无化学污染,仪器操作和维护简单,测量精度高和分析成本极低等优点,可谓是一种绿色分析技术。

2. 远红外光谱

一般将 25～1000 μm 的红外波段划为远红外区,该波段光的能量低,测量困难。此波段的吸收谱带主要是气体分子中的纯转动跃迁、振动-转动跃迁和液体与固体中重原子的伸缩振动、某些变角振动、骨架振动,以及晶体中的晶格振动所引起的。因此,远红外光谱(Far Infrared Spectroscopy,FIRS)能灵敏地反应物质结构的变化,对芳香族化合物的异构体、杂环化合物和脂肪族烃类的定性十分有用,适用于鉴别分子结构的微小差异,还能显示分子内部的骨架振动特性和晶体的晶格振动。

3. 衰减全反射技术

当光从光密介质进入光疏介质,部分光束会从光疏介质反射回来,透入光疏介质的光束的强度随透入深度的增加按指数规律衰减。在衰减全反射(Attenuated Total Reflection,ATR)测量技术中,光疏介质一般为有机化合物,对红外线有一定的吸收,使透入样品的光束在发生吸收的波长处减弱,这就是引起衰减全反射的原因。可以通过改变内反射晶体的材料和光线的入射角而改变透射深度,来研究织物、皮革、纤维、橡胶、高聚物薄膜、催化剂表面、表面涂层等不同深度表面的结构情况。

3.6.3 前沿进展

通常,将两种或两种以上的分析技术结合起来,汇集各自的优点,弥补各自的不足,可以更好地完成试样的分析任务。因此,联用分析技术已成为当前仪器分析的重要发展方向。

1. 气相色谱-红外光谱联用(GC - FTIR)

GC - FTIR 技术利用色谱保留时间和红外光谱特征吸收峰两方面的信息,可联合对微量复杂混合物进行分离和结构鉴定。张润生等[11]采用 GC－FTIR 技术，建立了 9 种苯丙胺类毒品及其衍生物的分析鉴别方法，将该法用于涉毒案件中可疑物证的毒品成分定性检验，取得了理想的结果。应松等[12]将 GC－FTIR 技术应用于液化石油气(LPG)监督抽查任务中，大大节省了检测时间，显著提高了检测效率。该检测技术有望在今后的液化石油气质量监督和监管中大力推广应用。

2. 高效液相色谱-红外光谱联用(HPLC－FTIR)

对于不易气化的物质，可以采用 HPLC－FTIR 技术。刘桦等[13]采用 NIR 技术研究人参叶提取物皂苷类成分的大孔树脂分离纯化工艺过程，结合 HPLC 检测方法，建立了代表性药效成分人参皂苷 Rg_1，Re 及 Rb_1 的定量分析模型，为实现人参叶总皂苷分离纯化过程的全程实时质量监控提供了科学依据。张茁等[14]通过 HPLC－FTIR 技术，建立了测定欧盟限用的 6 种邻苯二甲酸酯类增塑剂的方法，检测准、时间短，为纺织品生产中快速有效检测增塑剂成分及含量提供了一定的基础和依据。

3. 红外光谱-拉曼光谱联用(FTIR－Raman)

红外光谱与拉曼光谱结合使用，可提供完整的分子振动光谱信息。刘晖[15]采用 FTIR-Raman 技术提出了一种有效的鉴别银杏内酯 B 的方法。

4. 热分析-红外光谱联用(TG－FTIR)

TG－FTIR 的原理是将样品放在 TG 分析仪中进行测量，样品因加热而产生的分解产物不需要任何处理，可直接进行 FTIR 测定。根据样品的 TG 曲线和分解产物的红外光谱图，可以对样品的热分解过程进行定量的评价。TG－FTIR 技术可以直接准确地测定样品在受热过程中所发生的各种物理化学变化，以及在各个失重过程中的分解或降解产物的化学成分。陈戈萍等[16]探索了一套基于 TG－FTIR 技术的森林火灾烟气测试方法，实现了对燃烧过程诸因素的跟踪分析。赵玉双等[17]使用 TG－FTIR 技术，实时追踪碱木素的热解产物的种类及生成情况，并与其失重过程相互验证，推断出了其反应机理。

5. 同步热分析-红外光谱-气相色谱-质谱联用(STA－FTIR－GC－MS)

STA－FTIR－GC－MS 系统能够对化合物热解行为进行全面的分析。王昆淼等[18]利用在线分析的方法研究了咖啡酸在不同氛围下的热解行为，同时利用 FTIR 和 GC－MS 对各热解产物进行了比较，在氮气和氮氧混合气氛围下共检测到 12 种物质，为其在食品、烟草等方面的应用研究提供科学参考。刘春波等[19]采用 STA－FTIR－GC－MS 同步检测系统，分析了不同氛围中果胶的热解产物，为降低果胶对吸食烟草的影响提供了有用数据。

随着现代科学技术的发展，联用分析技术作为一个新领域，将会显示出极大的生命力。

3.7　激光拉曼光谱法简介

拉曼光谱(Raman spectrum)是分子的散射光谱，但由于拉曼效应太弱(大约为入射光强的 10^{-6})，在测定时要求样品体积足够大、无色、无尘埃、无荧光等。这些缺点在很大程度上制约了拉曼光谱的进一步研究及实际应用。直到 1960 年，激光技术的兴起才使得拉曼光谱成为激光分析中最活跃的研究领域之一。由于激光器的单色性好、方向性强、功率密度高，用其作为激发光源,大大提高了激发效率。激光技术使拉曼散射信号明显增强,灵敏度变高,对被测样品的要求降低,目前在化学、物理、医药、生命科学等领域得到了广泛应用。

拉曼光谱法具有以下特点:

①分辨率高,重现性好,简单快速,一次可同时覆盖 50~4000 cm^{-1} 波数的区间;

②可直接通过光纤探头或通过玻璃、石英、蓝宝石窗和光纤进行测量;

③所需试样量少,微克级即可;

④可以进行无损、原位测定以及时间分辨测定;

⑤灵敏度高,检出限可到 10^{-8} mol·L^{-1},适合定量研究;

⑥可用于研究发色基团的局部结构特征;

⑦适合水体系的研究,尤其是对生物试样和无机物的研究。

3.7.1 拉曼光谱基本原理

1. 拉曼散射与拉曼位移

当频率为 ν_0 的位于可见光区或近红外光区的强激光照射样品时,有 0.1%的入射光子与样品分子发生弹性碰撞,此时,光子以相同的频率向四面八方散射。这种散射光频率与入射光频率相同而方向发生改变的散射,称为瑞利(Rayleigh)散射。

与此同时,入射光与样品分子之间还存在着概率更小的非弹性碰撞(仅为总碰撞数的十万分之一),光子与分子间发生能量交换,使光子的方向和频率均发生变化。这种散射光频率与入射光频率不同,且方向改变的散射为拉曼散射,对应的谱线称为拉曼散射线(拉曼线)。

与入射光频率 ν_0 相比,频率降低的为斯托克斯(Stokes)线,频率升高的则为反斯托克斯线(如图 3-27 所示)。斯托克斯线或反斯托克斯线与入射光的频率差为拉曼位移。

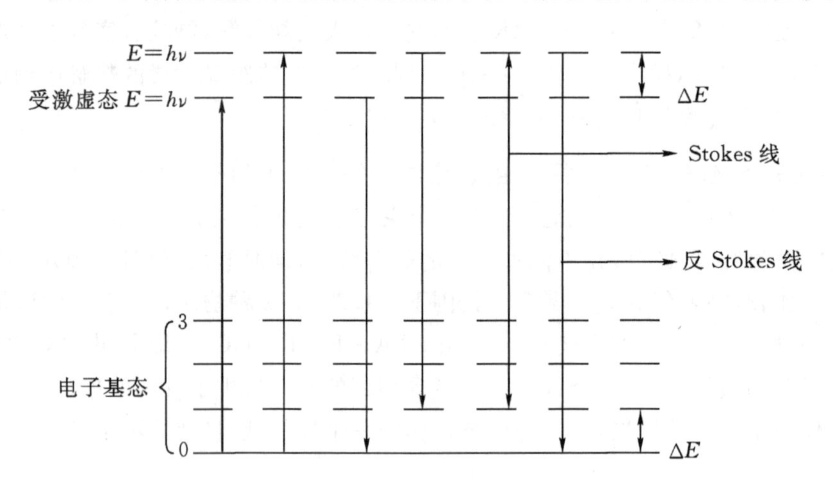

图 3-27 瑞利散射(左)与拉曼散射(右)

2. 拉曼光谱与红外光谱比较

红外光谱是红外光子与分子振动、转动的量子化能级共振产生吸收而产生的特征吸收光谱。要产生这一效应,需要分子内部有一定的极性,即存在分子内的电偶极矩。在光子与分子相互作用时,通过电偶极矩跃迁发生了相互作用。因此,那些没有极性的分子或者对称性的分子，因为不存在电偶极矩，基本上是没有红外吸收光谱效应的。

拉曼光谱一般发生在红外区，它不是吸收光谱，而是在入射光子与分子振动、转动量子化能级共振后以另外一个频率出射光子。入射和出射光子的能量差等于参与相互作用的分子振动、转动跃迁能级。与红外吸收光谱不同，拉曼光谱是一种阶数更高的光子-分子相互作用，比红外吸收光谱的强度弱很多。但是由于它产生的机理是电四极矩或者磁偶极矩跃迁，并不需要分子本身带有极性，因此，特别适合没有极性的对称分子的检测。

拉曼光谱与红外光谱的相同点：对于一个给定的化学键，其红外吸收频率与拉曼位移相等，均代表第一振动能级的能量。因此，对某一给定的化合物，某些峰的红外吸收波数和拉曼位移完全相同，红外吸收波数与拉曼位移均在红外光区，两者都反映分子的结构信息。拉曼光谱和红外光谱一样，也是用来检测物质分子的振动和转动能级的。

拉曼光谱与红外光谱的主要区别：

①红外光谱是吸收光谱，拉曼光谱是散射光谱；

②光谱的选择性法则是不一样的，红外光谱要求分子的偶极矩发生变化才能测到，而拉曼光谱要求分子的极化性发生变化才能测到；

③红外光谱很容易测量，而且信号很好，而拉曼光谱的信号很弱；

④使用的波长范围不一样，红外光谱使用的是红外光，尤其是中红外光，而拉曼光谱可选择的波长很多，从可见光到近红外光，都可以使用；

⑤拉曼光谱和红外光谱大多数时候都是互相补充的，即：红外光谱强，则拉曼光谱弱，反之也是如此；

⑥在鉴定有机化合物方面，红外光谱具有较大的优势，而无机化合物的拉曼光谱信息量比红外光谱的大；

⑦理论基础和检测方法存在明显的不同：红外光谱法直接用红外光检测处于红外区的分子的振动和转动能量；而拉曼光谱法是用可见激光来检测处于红外区的分子的振动和转动能量，是一种间接的检测方法。

⑧拉曼光谱可用普通的玻璃毛细管做样品池，而红外光谱的样品池需要由特殊材料做成。

3.7.2　激光拉曼光谱仪

激光拉曼光谱仪（见图3-28）的基本组成包括激光光源、样品池、单色器和检测记录系统四部分，并配有计算机控制仪器操作和数据处理。激光光源：多用连续式气体激发器，有主要波长为632.8 nm的He-Ne激光器和主要波长为514.5 nm和488.0 nm的Ar离子激光器。样品池：常用微量毛细管以及常量的液体池、气体池和压片样品架等。单色器：是激光拉曼光谱仪的心脏，可以最大限度地降低杂散光且色散性能好，常用光栅分光，并采用双单色器以增强效果。检测系统：对于可见光谱区内的拉曼散射光，可用光电倍增管作为检测器。

傅里叶-拉曼光谱仪（FT-Raman）的基本结构跟普通可见激光拉曼光谱仪相似，所不同的是它以1.064 μm波长的Nd-YAG（钇铝石榴石）激光器代替了可见激光作光源，并由干涉FT系统代替分光扫描系统对散射光进行检测。检测器用高灵敏度的铟镓砷探头，并在液氮冷却下工作，从而大大降低了检测器的噪声。与可见激光拉曼光谱仪相比，FT-Raman技术有以下新的特点：

①可避免荧光干扰，从而大大拓宽了拉曼光谱的应用范围；

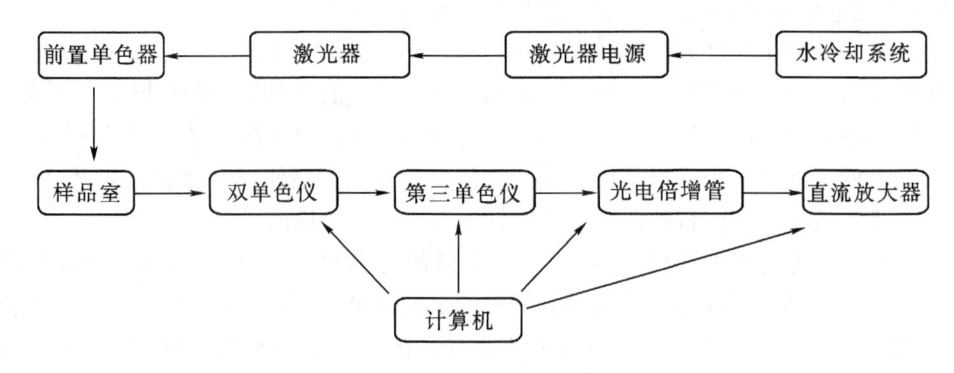

图 3-28 激光拉曼光谱仪

②可提高光谱仪的测量精度；

③消除 Rayleigh 谱线的干扰；

④操作较以前的光谱仪更为方便，且测量速度更快；

⑤能跟电脑联机，进行光谱数据的处理。

一般，FT-拉曼光谱仪与 FT-IR 光谱仪类似，所以我们通常将红外光谱仪与拉曼光谱仪联用，只需在 FT-IR 光谱仪上增加一个激光拉曼散射室的附件，就可以满足对两种光谱进行研究的需要。

3.7.3 拉曼光谱的应用

1. 拉曼光谱在有机化学方面的应用

某些有机化合物的基团的特征峰在红外光谱图中非常微弱，单一地用红外光谱图来分析无法确定该有机化合物的基团。相反，该基团可能在拉曼光谱图上呈现出锐利的强峰。所以，可用拉曼光谱与红外光谱结合来分析和表征有机化合物。

(1)饱和基团

饱和烃的 CH_3 及 CH_2 的碳氢伸缩振动频率在拉曼光谱中较强，而其弯曲振动频率很弱；硫氢及双硫伸缩振动频率在拉曼光谱上比红外光谱上强得多；碳碳单键伸缩振动频率在拉曼光谱上很强，而在红外光谱上则较弱；极性的氮氢及氧氢伸缩振动频率在红外光谱中很强，而在拉曼光谱中很弱，氮氢及氧氢的弯曲频率也是如此。含有一个或几个重原子(如卤素、重金属)的谱峰在拉曼谱图上比红外谱图上更强。

(2)不饱和基团

碳碳双键及碳碳叁键展示出特别强的拉曼谱峰，而红外谱峰很弱，它们附近的碳氢伸缩振动频率在拉曼光谱中也很强；碳氧双键的振动频率在拉曼光谱上也是很强的。芳香环有特别明显的对称伸缩振动，在红外光谱上很弱，而在拉曼光谱上是主要的特征峰。芳香环的不饱和双键与一般双键相同，它的面外弯曲振动很强。然而，芳香环的变形振动在拉曼光谱上比在红外光谱上要弱。多核(指稠环)芳香烃在红外光谱上谱峰很多，谱形复杂，而在拉曼光谱图上谱峰强而陡。

2. 拉曼光谱在生物大分子方面的应用

生物大分子的正常结构是维系生物体正常生命活动的关键，拉曼光谱反映了分子中原子所处的位置、电子的分布以及分子内作用力的相互影响，被公认为研究分子结构和功能的有效方法之一。特别是激光拉曼光谱具有灵敏度高、所需样品浓度低（$10^{-3}\sim10^{-5}$ mol·L^{-1}）、反映结构信息量大等特点，可以针对复杂分子的不同色团选择性地激发，而相互间不受影响，尤其适用于生理水溶液状态，因此受到广泛关注。生物大分子的振动频率非常复杂，振动频率与分子中固定的分子群体的几何排布和键的配置有密切的关系，而这种排布和配置也反映了分子间的相互作用，生物分子的这些特性影响着它们的谱线。所以，通过生物分子的拉曼光谱我们就可以找出相应的振动频率，从而可以知道分子的结构，还可以通过光谱的变化来了解分子结构的变化。因此，拉曼光谱非常适合研究生物大分子的结构及变化。

3. 拉曼光谱在纳米材料上的应用

拉曼光谱是分子对可见单色光的散射所产生的光谱。它是一种研究晶体或物质分子结构的重要方法，特别是在低维纳米材料研究领域，它已经成为首选方法之一，具有灵敏度高、不破坏样品、方便快速等优点。拉曼光谱产生的条件是某一简谐振动对应于分子的感生极化率变化不为零。拉曼频移与物质分子的转动和振动能级有关，不同物质有不同的振动和转动能级，可以产生不同的拉曼频移。因此，利用拉曼光谱可以对纳米材料进行分子结构分析、键态特征分析、结构相变和定性鉴定等。

4. 拉曼光谱在催化研究中的应用

催化科学与技术的发展与催化研究方法的发展是密不可分的。特别是在催化新材料和新反应的不断探索过程中，催化新表征技术起着很重要的作用。拉曼光谱是一项重要的现代分子光谱技术，被广泛应用于化学、物理和生物科学等诸多学科领域，是研究物质分子结构的有力工具。20 世纪 70 年代，拉曼光谱被应用于催化领域的研究，使担载型金属氧化物、分子筛、原位反应和吸附等方面的研究取得了丰富的成果。

拉曼光谱之所以在催化应用中发展迅速，有以下几个方面的原因：拉曼光谱能够提供催化剂本身以及表面上物种的结构信息，是认识催化剂和催化反应最为重要的信息；拉曼光谱较容易实现原位条件下（高温、高压，复杂体系）的催化研究；拉曼光谱可以用于催化剂制备的研究，特别是可以对催化剂制备过程从液相到固相进行实时研究，这是使用许多其它光谱技术难以进行的；近年来，随着探测器灵敏度的大幅度提高和光谱仪的改进，拉曼光谱仪的信噪比大大提高。

5. 拉曼光谱在定量分析研究上的应用

目前，利用拉曼光谱进行混合成分的定量分析是分析工作者关注的问题之一。在混合成分的定量分析中，主要采用以下两种方法：一是内标法，在被测样品中不加其它基准物质而以样品溶液中一种稳定的波峰作为标准；二是外标法，在样品中加入一定的基准物，以基准物的特征峰作为标准进行定量分析。目前拉曼光谱的定量分析多见于液体和气体样品，因为对于固体样品的定量分析，会受粉末颗粒的大小、密度和混合物的均质性的影响。

3.7.4　其它类型的拉曼光谱法

20 世纪 70 年代以来，随着可调谐激光技术的发展，出现了几种新的拉曼光谱法，如表面增强拉曼光谱法（Surface-Enhanced Raman Spectrometry，SERS），共振拉曼光谱法（Resonance Raman Spectrometry，RRS），非线性拉曼光谱法（Nonlinear Raman Spectrometry，NRS）等。

1. 表面增强拉曼光谱法

将试样吸附在金、银、铜等金属的粗糙表面或胶粒上可大大增强其拉曼光谱信号，基于这种具有表面选择性的增强效应而建立的方法为表面增强拉曼光谱法。该法可使某些拉曼线的增强因子达 10^4～10^7，灵敏度高。近些年，随着激光技术、纳米科技和计算机技术的迅猛发展，SERS 已经在界面和表面科学、材料分析、生物、医学、食品安全、环境监测和国家安全等领域得到了广泛应用。SERS 不但具有拉曼光谱的大部分优点，还能够提供更丰富的化学分子的结构信息，实现实时、原位探测，而且灵敏度高，数据处理简单，准确率高，是非常强有力的痕量检测工具。

2. 共振拉曼光谱法

当选取的入射激光波长非常接近或处于散射分子的电子吸收峰范围内时，拉曼跃迁的几率大大增加，使得分子的某些振动模式的拉曼散射截面增强高达 10^6 倍，这种现象称为共振拉曼效应。共振拉曼光谱利用这一效应，可使某一分子的某个或几个特征拉曼谱带强度达到正常拉曼谱带强度的 10^4～10^6 倍。与正常拉曼光谱相比，共振拉曼光谱灵敏度高，可用于低浓度和微量样品检测，特别适用于生物大分子样品检测，可不加处理得到人体体液的拉曼谱图。用共振拉曼偏振测量技术，还可得到有关分子对称性的信息。RRS 在低浓度样品的检测和络合物结构表征中，发挥着重要作用。结合表面增强技术，灵敏度已达到单分子检测水平。

3. 非线性拉曼光谱法

非线性拉曼光谱法是以二级和高场强诱导极化为基础的拉曼光谱法，其中应用最广的是相干反斯托克斯拉曼光谱。NRS 表现出的高灵敏度、高选择性和高抗荧光干扰能力，在微量化学和生物样品检测与结构表征中已见报道。

参考文献

[1] 张金庄. 基于红外光谱无损区分可擦中性笔墨水色痕的研究[J]. 辽宁警专学报，2014(1):62－65.

[2] 叶宪曾，张新祥. 仪器分析教程[M]. 2 版. 北京:北京大学出版社，2009.

[3] 裴卫平，季忠，杨星. 近红外光谱技术在临床检测中的应用[J]. 北京生物医学工程，2012，31(1):103－108.

[4] Dharma K R, Donald S M, Jay P, et. al. Detection of coronary heart disease by infrared spectrometry[J]. Applied Spectroscopy, 1991, 45(8):1310－1317.

[5] Huang L, Ding H S. Lan H, Shu D H. The Preliminary Study on Noninvasive Detection Using NIR Diffusion Reflectance Spectrum for Monitoring Blood Glucose[J]. Spectroscopy and Spectral Analysis 2002, 22(3):387－391.

[6] Wong P T T, Papavassiliou ED, Rigas B. Diagnosis colon cancer by infrared spectrometry [J]. Applied Spectroscopy, 1991, 45(9):1563－1567.

[7] Kilpatrick-Liverman L T, Kazmi P, Wolff E, et al. The use of near-infrared spectroscopy in skin care applications[J]. Skin Research & Technology, 2006, 12(3):162－169.

[8] Chen W G, Lu G, Lichty W. Localizing the focus of ischemic stroke with near infrared spectroscopy[J]. 中华医学杂志(英文版), 2002, 115(1):84-8.
[9] Shaw R A, Kotowich S, Mantsch H H, et al. Quantitation of protein, creatinine, and urea in urine by near-infrared spectroscopy [J]. Clinical Biochemistry, 1996, 29(1):11-19.
[10] Pezzaniti J L, Jeng T W, Mcdowell L, et al. Preliminary investigation of near-infrared spectroscopic measurements of urea, creatinine, glucose, protein, and ketone in urine [J]. Clinical Biochemistry, 2001, 34(3):239-46.
[11] 张润生, 王跨陡, 龚飞君, 等. 苯丙胺类毒品及其衍生物的气相色谱-红外光谱分析[J]. 分析化学, 2012, 40(6):915-919.
[12] 应松. FTIR-GC 联用技术在液化石油气监督抽查任务中的应用[J]. 质量技术监督研究, 2012(6):51-53.
[13] 刘桦, 赵鑫, 齐天, 等. 人参叶总皂苷大孔树脂分离纯化工艺的近红外光谱在线监测模型及其含量测定[J]. 光谱学与光谱分析, 2013(12):3226-3230.
[14] 张茁, 钱俊磊. 基于色谱光谱联用的增塑剂快速检测[J]. 中国科技信息, 2013(9):104-104.
[15] 刘晖. 银杏内酯 B 的傅里叶变换红外光谱-拉曼光谱分析[J]. 中国实验方剂学杂志, 2013, 19(16):139-142.
[16] 陈戈萍, 张思玉, 王红干. 热红联用技术在森林火灾烟气测试中的应用[J]. 光谱实验室, 2013, 30(5):2615-2620.
[17] 赵玉双, 武书彬, 郭大亮. 桉木化学机械浆碱木素热解特性初步研究[J]. 中国造纸, 2012, 31(10):32-36.
[18] 王昆森, 刘春波, 何沛, 等. STA-FT-IR-GC-MS 对咖啡酸的热分解研究[J]. 食品研究与开发, 2012, 33(8):160-163.
[19] 刘春波, 曾晓鹰, 王昆森, 等. 热分析-傅里叶红外光谱-气相色谱-质谱联用技术分析果胶的热分解产物[J]. 应用化学, 2012, 29(10):1218-1220.

注:本章红外谱图来自中国科学院上海有机化学研究所。

小结

1. 基本概念

①红外吸收光谱法:利用物质的红外吸收光谱进行分子结构解析的方法。

②基频峰:当分子由振动基态跃迁到第一振动激发态时,所产生的吸收峰。

③倍频峰:当分子由振动基态跃迁到第二激发态、第三激发态时,所产生的吸收峰。

④合频峰:$\nu_1+\nu_2$, $2\nu_1+\nu_2$,… 等处的吸收峰。

⑤ 差频峰:$\nu_1-\nu_2$, $2\nu_1-\nu_2$,… 等处的吸收峰。

⑥泛频峰:倍频峰、合频峰及差频峰的统称。

⑦伸缩振动:原子沿着键轴方向伸缩、键角不变、使键长发生周期性变化的振动。

⑧弯曲振动:基团键角发生规律性变化的振动。

⑨基团频率区:位于 4000～1300 cm^{-1}之间的频率区。

⑩指纹区:位于 1300～650 cm^{-1}之间的频率区。

⑪峰位:吸收峰的位置。

⑫峰强:吸收峰的强度。

⑬特征峰:可以鉴别官能团存在的吸收峰。

⑭相关峰:一组具有相互依存关系的特征峰。

⑮不饱和度:有机分子中碳原子的不饱和程度。

⑯拉曼光谱法:对与入射光频率不同的散射光谱进行分析以解析分子结构的方法。

⑰瑞利散射:散射光频率与入射光频率相同,而方向发生改变的散射。

⑱拉曼散射:散射光频率与入射光频率不同,且方向发生改变的散射。

⑲拉曼线:拉曼散射对应的谱线。

⑳斯托克斯线:与入射光频率 ν_0 相比,频率降低的拉曼线。

㉑反斯托克斯线:与入射光频率 ν_0 相比,频率升高的拉曼线。

㉒拉曼位移:斯托克斯线或反斯托克斯线与入射光的频率差。

2. 基本计算

①波数与波长的关系:$\sigma(\text{cm}^{-1}) = \dfrac{10^4}{\lambda(\mu\text{m})}$。

②基频峰的波数:$\sigma = 1302\sqrt{\dfrac{K}{u'}}$。

③不饱和度:$\Omega = 1 + n_4 + (n_3 - n_1)/2$。

3. 基本理论

①红外光谱法实质上是一种根据分子内部原子间的相对振动和分子转动等信息来确定物质分子结构和鉴别化合物的分析方法。

②红外吸收光谱的产生必须满足两个条件:辐射光子具有的能量与发生振动跃迁所需的跃迁能量相等;在振动过程中分子必须有偶极矩的变化。

③理论上,多原子分子的振动自由度应与谱峰数相同,但实际上,谱峰数常常少于理论计算出的振动自由度,这是因为:a. 偶极矩的变化 $\Delta\mu = 0$ 的振动,不产生红外吸收。b. 谱线简并。c. 仪器分辨率或灵敏度不够。

④影响峰位的因素:诱导效应、共轭效应、氢键、杂化影响、溶剂及仪器色散原件的影响等。

⑤影响峰强的因素:跃迁几率、偶极矩的变化、原子电负性的差异、振动形式、分子结构的对称性等。

⑥饱和脂肪烃的主要特征吸收峰为 $\nu_{C—H}$(3000～2850 cm^{-1})、$\delta_{C—H}$(1480～1350 cm^{-1})。

烯烃的主要特征吸收峰为 $\nu_{=C—H}$(3100～3000 cm^{-1})、$\nu_{C=C}$(1680～1600 cm^{-1})、$\gamma_{=C—H}$(1000～650 cm^{-1})。

端基炔烃有两个主要特征吸收峰:$\nu_{\equiv C—H}$(约 3300 cm^{-1})和 $\nu_{C\equiv C}$(2260～2100 cm^{-1})。

芳香烃的主要特征吸收峰:a. 芳环上的C—H伸缩振动($\nu_{=C—H}$)位于 3100～3000 cm^{-1},通常有多个吸收峰。b. 芳环上的C=C骨架振动($\nu_{C=C}$)在 1650～1450 cm^{-1},一般出现 2～4 个吸收峰。c. 芳环上C—H 的面外弯曲振动($\gamma_{面外=C—H}$)在 900～650 cm^{-1}有强的吸收峰,用于确定芳环的单取代类型。d. 芳环上 $\gamma_{面外=C—H}$ 的倍频吸收在 2000～1600 cm^{-1}出现一组弱峰。

醇和酚都有特征吸收峰 ν_{O-H}（约 3600 cm^{-1}，～3300 cm^{-1}）、ν_{C-O}（1250～1000 cm^{-1}）和 $\delta_{面内O-H}$（1500～1300 cm^{-1}）。酚还具有芳香结构的一组相关峰，用于区别其与脂肪醇。

醚的主要特征峰为 $\nu_{as\,C-O-C}$（1300～1050 cm^{-1}）。醇与醚类的主要区别是醚没有 ν_{O-H} 吸收峰。

羰基化合物的共同特征峰是在 1700 cm^{-1} 附近强的 $\nu_{C=O}$ 吸收峰。酮的 $\nu_{C=O}$ 吸收峰通常是光谱中最强的特征吸收峰。

醛的特征吸收峰为 $\nu_{C=O}$（1740～1685 cm^{-1}），ν_{C-H}（2835～2695 cm^{-1}，双峰）。

羧酸的主要特征吸收峰为 ν_{O-H}（3400～2500 cm^{-1}），$\nu_{C=O}$（1760～1650 cm^{-1}），ν_{C-O}（1400～1200 cm^{-1}），$\delta_{面内O-H}$（约 1420 cm^{-1}），$\gamma_{面外O-H}$（955～915 cm^{-1}）。

酯的特征吸收峰为 $\nu_{C=O}$（约 1735 cm^{-1}），ν_{C-O-C}（1300～1000 cm^{-1}）。

酸酐最主要特征吸收峰为 $\nu_{s\,C-O}$（1780～1740 cm^{-1}）和 $\nu_{as\,C-O}$（1850～1800 cm^{-1}），两峰相距约 60 cm^{-1}。

酰胺的主要特征吸收峰为 $\nu_{C=O}$（1685～1630 cm^{-1}），ν_{N-H}（3500～3050 cm^{-1}），$\delta_{面内N-H}$（1665～1510 cm^{-1}），ν_{C-N}（1400～1250 cm^{-1}）。

胺的主要特征吸收峰为 ν_{N-H}（3500～3300 cm^{-1}），δ_{N-H}（1650～1510 cm^{-1}），ν_{C-N}（1360～1020 cm^{-1}），$\gamma_{面外N-H}$（900～650 cm^{-1}）。

⑦红外吸收光谱法的定性分析主要分为对已知物的鉴定和对未知物结构的测定。

A. 对已知物的鉴定：a. 当有标准试样时，可将已知试样与标准试样的红外吸收光谱图进行对照。b. 在没有纯净的标准物质时，可与标准谱图进行比较。

B. 对未知物结构的测定：a. 如果未知物不是新化合物，利用标准谱图进行查对。b. 如果未知物是新化合物，在获得清晰可靠的图谱的基础上，要对图谱作出正确的解析。图谱解析的一般程序是先官能团区后指纹区；先强峰后弱峰；先否定后肯定。

⑧红外光谱是吸收光谱，拉曼光谱是散射光谱；拉曼光谱与红外光谱两种技术包含的信息通常是互补的。

思考题与习题

1. 产生红外吸收的条件是什么？

2. 计算 CO_2 分子振动自由度，它有几种振动形式？在红外吸收光谱中能看到几个吸收谱带？数目是否相符？为什么？

3. 在红外光谱中，影响基团频率的因素有哪些？

4. 下列化合物在红外光谱中哪一段有吸收？各由什么类型振动引起？

(A) HO—⟨苯环⟩—CH=O　　　(B) $CH_3CO_2CH_2C\equiv CH$

5. 如何用红外光谱区别苯酚和环己醇？

6. 一个含氧化合物的红外光谱图在 3600～3200 cm^{-1} 有吸收峰，最可能是 CH_3—CHO、CH_3—CO—CH_3、CH_3—CHOH—CH_3 和 CH_3—O—CH_2—CH_3 中的哪一个？

（CH_3—CHOH—CH_3）

7. 某化合物在紫外光区 204 nm 处有一弱吸收，在红外光谱如下位置有如下吸收峰：3300～

2500 cm^{-1}（宽峰），1710 cm^{-1}，则该化合物可能是醛、酮、羧酸和烯烃中的哪一种？

8. 羰基化合物 R—CO—R′，R—CO—Cl，R—CO—H，R—CO—F 中，C═O 伸缩振动频率出现最高者是什么化合物？（R—CO—F）

9. 在相同实验条件下，在酸、醛、酯、酰卤和酰胺类化合物中，出现 C═O 伸缩振动频率由低到高的顺序应该是怎样？

10. 一种氯甲苯 C_7H_7Cl，在 806 cm^{-1} 处有一个单吸收带，它的正确结构是什么？

（对一氯甲苯）

11. 何谓指纹区？它有什么特点和用途？

12. 红外光谱图的定性参数有哪些？

13. 乙醇在 CCl_4 中，随着乙醇浓度的增加，—OH 伸缩振动在红外吸收光谱图上有何变化？为什么？

14. 红外光谱定性分析的依据是什么？简要叙述红外光谱定性分析的过程。

15. 有一无色液体，其分子式为 C_8H_8O，红外光谱如图 3-29 所示，试推测其结构。

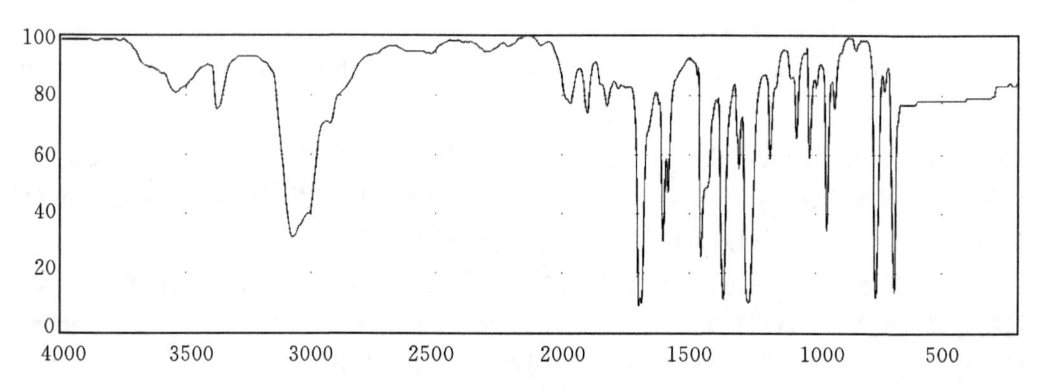

图 3-29 某化合物的红外吸收光谱图

（C_6H_5—C(=O)—CH_3）

16. 有一化合物，其分子式为 C_7H_{12}，红外光谱如图 3-30 所示，试推测其结构。

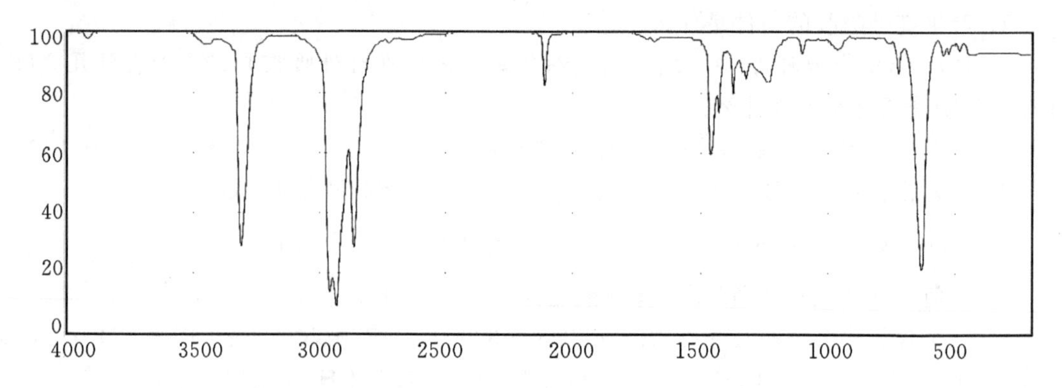

图 3-30 某化合物的红外吸收光谱图

（$CH_3(CH_2)_3CH_2C\equiv CH$）

17. 有一化合物，其分子式为 C_7H_9N，红外光谱如图 3－31 所示，试推测其结构。

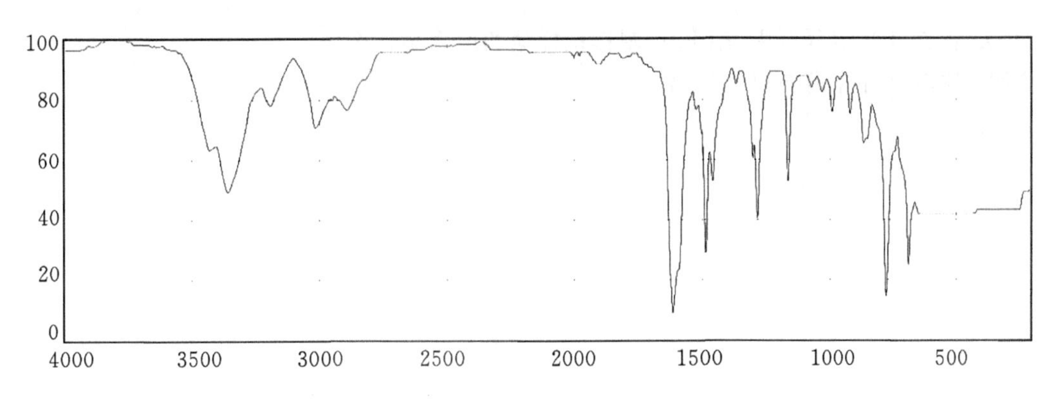

图 3－31　某化合物的红外吸收光谱图

（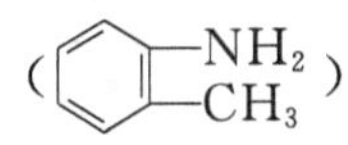）

18. 有一化合物，其分子式为 $C_8H_8O_2$，红外光谱如图 3－32 所示，试推测其结构。

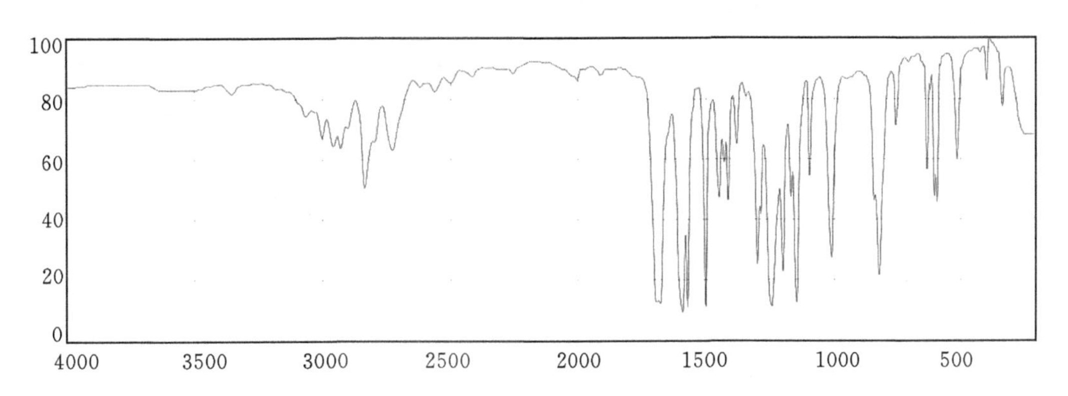

图 3－32　某化合物的红外吸收光谱图

（OHC—⟨苯环⟩—CHO）

19. 有一化合物，其分子式为 $C_{11}H_{16}O$，红外光谱如图 3－33 所示，试推测其结构。

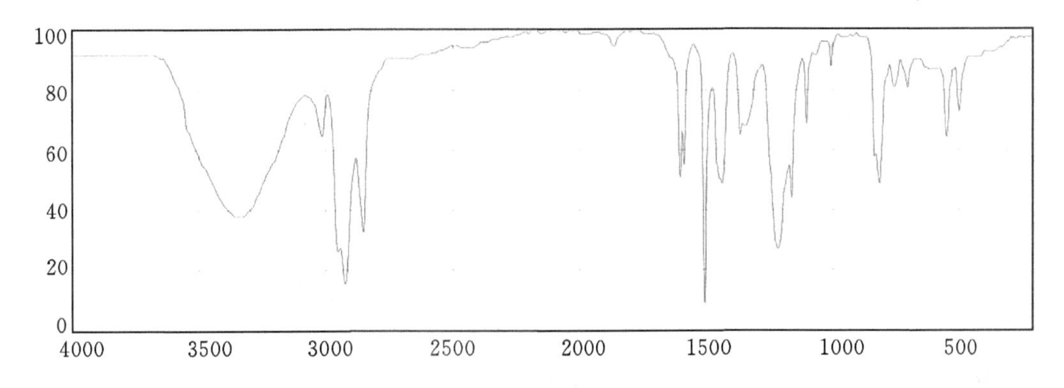

图 3－33　某化合物的红外吸收光谱图

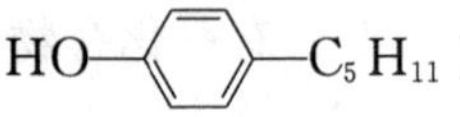

（$HO-C_6H_4-C_5H_{11}$）

20. 在红外光谱分析中，用 KBr 制作试样池的原因是什么？
21. 比较红外光谱与拉曼光谱。

第4章　原子吸收光谱法

基本要求

1. 掌握原子吸收光谱法的基本原理和定量分析方法。
2. 熟悉实验条件的选择及消除干扰的方法。
3. 了解原子吸收光谱法的特点及吸收线变宽的主要原因。

原子吸收光谱法(Atomic Absorption Spectrometry, AAS)是在20世纪50年代中期出现并逐渐发展起来的一种新型仪器分析方法,是基于蒸气相中被测元素的基态原子对其原子共振辐射的吸收强度来测定试样中被测元素含量的一种方法。

原子吸收光谱法作为一种实用的分析方法出现于20世纪50年代中期,1953年,由澳大利亚的Walsh博士发明锐线光源(空心阴极灯);1954年第一台原子吸收仪诞生;20世纪50年代末期先后推出商品化的原子吸收光谱仪器;20世纪60年代中期,原子吸收光谱进入迅速发展时期。

原子吸收光谱法具有许多优点:

① 检出限低,火焰原子吸收可达 $ng \cdot cm^{-3}$ 级,石墨炉原子吸收法可达到 $10^{-10} \sim 10^{-14}$ g;

② 准确度高,结果的相对误差为3%～5%(石墨炉原子吸收法),甚至可达1%以下(火焰原子吸收法);

③ 选择性好,大多数情况下共存元素对被测元素不产生干扰;

④分析速度快,应用范围广,能够测定的元素多达70多个。

4.1　原子光谱法概述

20世纪初的光谱分析仅限于原子发射光谱分析,在随后的几十年中光谱分析方法快速发展,形成了原子吸收光谱和原子荧光光谱分析方法。现在,原子光谱法包括原子发射光谱法、原子吸收光谱法和原子荧光光谱法三个分支。

原子发射光谱法(Atomic Emission Spectrometry,AES)是根据处于激发态的待测元素原子回到基态时发射的特征谱线对元素进行定性与定量分析的方法,是光谱学各个分支中最古老的一种,也被称为光学发射光谱法(Optical Emission Spectrometry,OES)。早在1826年,英国物理学家Talbot就指出,某些元素的特征可以用该元素发射的特定波长的谱线来表征。直至1860年德国学者Kirchhoff和Bunsen利用分光镜研究盐和盐溶液在火焰中加热时所产生的特征光辐射,从而发现了Rb和Cs两元素后,原子发射光谱才受到众多研究者的关注。AES分析方法将样品引入光源(也称激发光源),在光谱分析区,被分析物元素形成自由原子及离子，其中一小部分原子及离子被激发为激发态。由激发态粒子所辐射出来的光，经照明系统进入光谱仪而被分解为光谱，仪器结构如图 4－1 所示。根据光谱中分析线的波长和强度，可作组分元素的定性分析和定量分析。该方法具有分析速度快、选择性好、检出限低、样品用量少等特点。利用该方法可以进行多元素同时检测，且检出能力强。AES 用于非金属元素测定时的局限性在于难以得到灵敏的光谱线，所以在非金属元素测定时没有显著的优势。

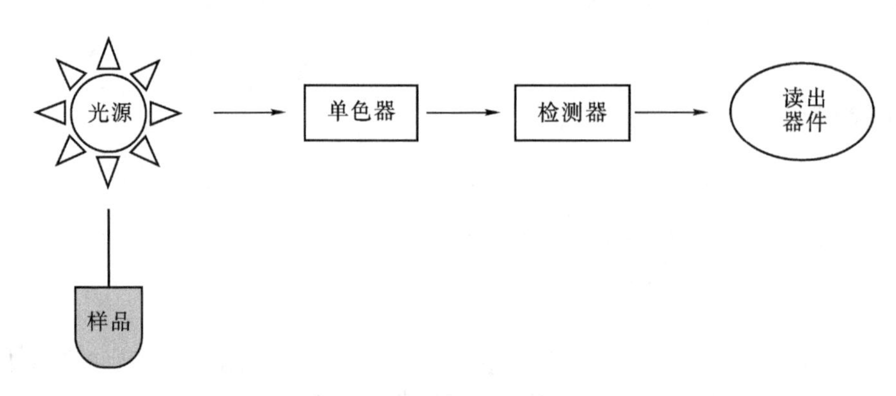

图 4－1　AES 仪结构示意图

原子吸收光谱法，也被称为原子吸收分光光度法。AAS 方法的建立基于对原子吸收现象的发现及解释。从 1802 年开始，Wollaston 和 Fraunhofer 在研究太阳连续光谱时，相继发现了太阳连续光谱中出现的暗线。由于当时尚不了解产生这些暗线的原因，于是将这些暗线称为夫琅和费线。1859 年，Kirchhoff 与 Bunsen 在研究碱金属和碱土金属的火焰光谱时，发现钠蒸气发出的光通过温度较低的钠蒸气时，会引起钠光的吸收，并且根据钠发射线与暗线在光谱中位置相同这一事实，解释了太阳连续光谱中的暗线，正是太阳外围大气圈中的钠原子对太阳光谱中的钠辐射吸收的结果。Hilger，Varian Techtron 及 Perkin Elmer 等公司在 20 世纪 60 年代先后推出了原子吸收光谱商品仪器，使原子吸收光谱开始进入迅速发展的时期。塞曼效应和自吸效应扣除背景技术的发展，在很高的背景下亦可顺利实现原子吸收测定。石墨炉技术(Stabilized Temperature Platform Furnace，STPF)的应用，实现了复杂多组分试样的分析测定。目前，随着相关学科的不断发展、原子吸收技术和原子吸收仪器的不断更新，原子吸收光谱法也发生了重大的变化。仪器的自动化程度和测定的准确度不断提高。色谱-原子吸收、流动注射-原子吸收等联用技术，不仅在元素的化学形态分析方面，而且在复杂有机混合物的测定方面，都有着重要的用途。

原子吸收光谱法是基于物质所产生的原子蒸气对特定谱线(通常是待测元素的特征谱线)的吸收作用来进行定量分析的一种方法。该方法中试样溶液经雾化送入火焰中被原子化(火焰原子化)，或者在石墨炉中被原子化(石墨炉原子化)，使被测元素转变为基态原子。被测元素空心阴极灯发出的共振线通过基态原子时，发生选择性共振吸收而使光强减弱，吸收遵守朗伯-比尔定律。AAS 仪器结构如图 4－2 所示。以测定试液中镁离子的含量为例：先将试液喷射成雾状进入燃烧火焰中，含镁盐的雾滴在火焰温度下挥发并解离成镁原子蒸气；再用镁空心阴极灯作为光源，该光源能辐射出波长为 185.2 nm 的镁特征谱线光，当它通过一定厚度的镁原子蒸气时，部分光被蒸气中基态镁原子吸收而减弱；通过单色器和检测器测得镁特征谱线光被减弱的程度，求得试样中镁的含量。所以，原子吸收光谱分析利用的是原子吸收现象，与发射光谱分析不同，二者过程相反，测定所用仪器和测定方法不同。AAS 广泛用于冶金、地质、环保、材料、临床、医药、食品、法医、交通和能源等多个领域，可对近 70 种元素进行定量测定。

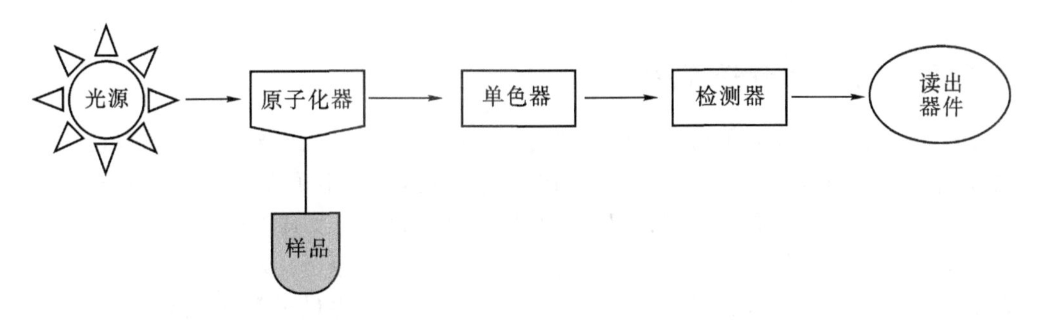

图 4－2　AAS 仪器结构示意图

原子荧光光谱法（Atomic Fluorescence Spectrometry，AFS）是被测元素在原子化器中转变为基态原子，它共振吸收了激发光源中的光子而被激发为激发态，再辐射为原子荧光。该方法是 20 世纪 60 年代中期提出并发展起来的光谱分析技术，它具有原子吸收和原子发射光谱两种技术的优势，并克服了它们某些方面的缺点，是一种优秀的痕量分析技术。AFS 仪器结构示意图如图 4－3 所示。1974 年，Tsujii 和 Kuga 将氢化物进样技术与非色散原子荧光分析技术相结合，实现了氢化物发生-原子荧光光谱分析（HG－AFS）。改进后的方法，利用氢化物发生法进样而后测定氢化元素，提高了检测的灵敏度，在环境分析、人体与生物试样（如毛发、血浆、尿样等）的痕量元素测定中有重要的应用。

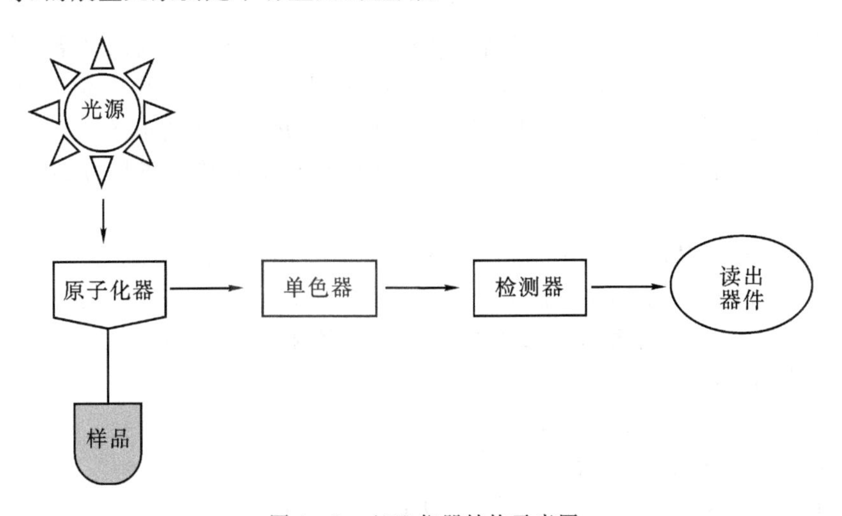

图 4－3　AFS 仪器结构示意图

以上三种原子光谱分析法有以下相似点：

① 光谱的激发和吸收都是原子外层电子能级间的跃迁过程；

② 试样中被测元素都必须经过原子化过程转变为自由原子（或离子化的原子）；

③ 光谱仪器有相似或相同的分光系统和检测系统；

④ 试样引入分析区的进样过程及实验方法相似。

本章将重点介绍原子吸收光谱法。

4.2 原子吸收光谱法的基本原理

4.2.1 原子的量子能级

原子由原子核及核外电子组成。原子核的外层电子按一定规律分布在各能级上,每个电子的能量由其所处的能级决定。不同能级间能量差不同,外层电子在能级间的跃迁产生原子光谱。下面我们以单电子原子为例介绍原子的外层电子的能级及其跃迁产生的光谱。

外层只有一个电子的单电子原子主要是氢原子和碱金属原子。对于单电子原子,在没有外电场和外磁场时,其外层电子的能量由三个量子数来决定:主量子数 n、角量子数 L 和自旋量子数 S。主量子数表示核外电子分布的层次,它决定体系的主要能量,和电子离原子核之间的距离有关,其值可以是 1,2,3,…等任意正整数。n 值越大,离核越远,能量也就越高。习惯上也用 K,L,M,…层表示不同的层次,离核最近的是 K 层。角量子数 L 表征电子的轨道形状,它决定体系的轨道运动角动量,也就是电子云的形状,取值为 0,1,2,3,4,…,相应的符号为 s,p,d,f,g,…。在 n 相同的同一电子层中,L 不同时,电子能量也不同,其相应的能量高低顺序一般为:$E_s<E_p<E_d<E_f<\cdots$。自旋量子数 S 表示价电子自旋量子数的矢量和,它决定电子自旋角动量,取值为 0,$\pm$ 1/2,$\pm$1,$\pm$ 3/2,…。如果考虑轨道角动量和自旋角动量之间的相互耦合作用,还必须引进内量子数 J,它表示价电子组合得到的 L 与 S 的矢量和,决定原子的总轨道角动量和总自旋角动量相互耦合作用的总角动量,取值为 $L+S, L+S-1, \cdots, |L-S|$。

原子的能级通常用光谱项表示。光谱项符号为 $n^{(2S+1)}L_J$,每组不同的光谱项值代表一个不同的能级。例如,钠原子的基态光谱项为 $3^2s_{1/2}$。因为钠原子核外电子构型为$(1s)^2(2s)^2(2p)^6(3s)^1$,它只有一个价电子,其主量子数 $n=3$,由 n 可知钠原子价电子共有 3 个能级(3s、3p、3d),其中 3s 为基态,3p 为第一激发态,总角量子数为 0,总自旋量子数为 1/2,总内量子数的取值数目为 1,取值为 1/2。

当钠原子的价电子从基态 3s 向第一激发态 3p 跃迁后,钠原子的激发态光谱项分别为 $3^2p_{3/2}$,$3^2p_{1/2}$。这说明钠原子的基态价电子受到激发时有两种跃迁。谱线是由两能级之间跃迁产生的,但根据量子力学原理,电子的跃迁不能在任意两个能级间进行,必须遵循一定的“选择定则”,这些定则是:

①主量子数的变化,Δn 为整数,包括 0;

②总角量子数的变化,$\Delta L=\pm1$;

③内量子数的变化,$\Delta J=0,\pm1$,但当 $J=0$ 时,$\Delta J=0$ 的跃迁是不允许的;

④总自旋量子数的变化,$\Delta S=0$,即不同多重性状态之间的跃迁是禁阻的。

知道了能级结构和跃迁选择定则就可得某原子的光谱。原子的光谱线常用能级图来表示。图 4-4 为钠的能级图。能级图的纵坐标表示原子能量 E,单位为电子伏特 eV。实际存在的能级用横线表示,能级之间的距离从下至上逐渐减小。理论上,当 $n\to\infty$时,距离趋于零。接近顶端是无数条密集的横线,表示各激发态。最下面一条横线表示基态,基态原子的能量规定为 $E=0$。原子的价电子在不同能级间跃迁就产生了原子谱线(图中斜线部分)。原子从各种不同的高能级跃迁到同一低能级时,发射的一系列谱线称之为线系。图 4-4 中钠原子在基态和第一激发态之间跃迁，产生 589.0 nm 和 589.6 nm 两条谱线。

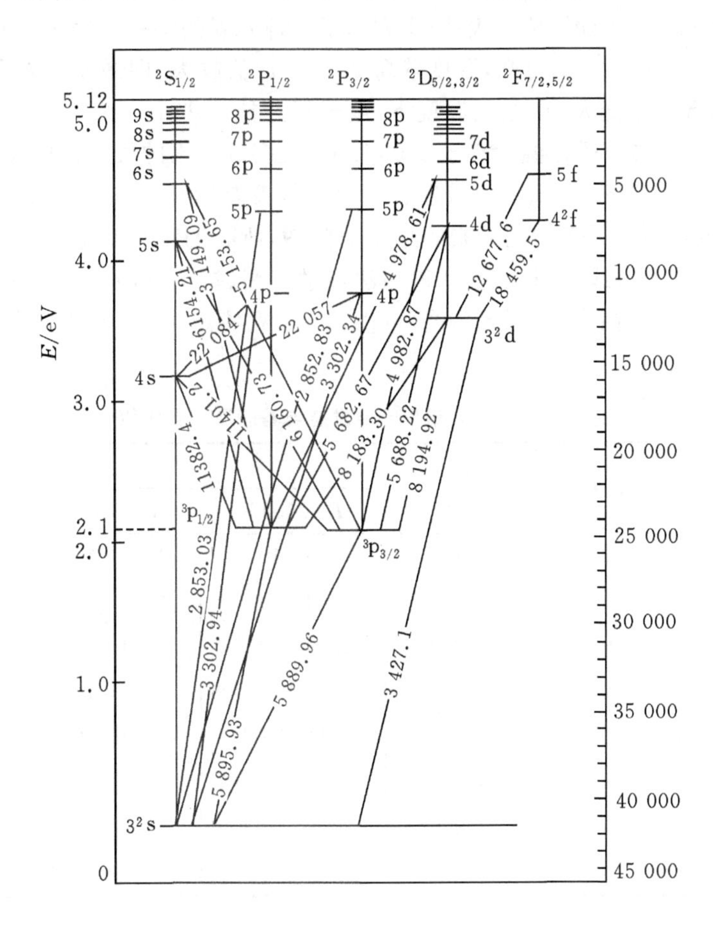

图 4-4　钠原子部分电子能级图

4.2.2　原子在各能级的分布

原子吸收光谱法的测量对象是呈原子状态的元素。由于每一种元素的原子不仅可以发射一系列特征谱线，也可以吸收与发射线波长相同的特征谱线，所以当待测元素灯发出的特征谱线通过供试品原子蒸气时，会被蒸气中待测元素的基态原子吸收。通过测定辐射光强度减弱的程度，测定供试品中待测元素的含量。因此，经过原子化过程使供试品中被测元素产生一定浓度的基态原子，是原子吸收法的关键。

原子化过程使被测元素转变为原子状态，其中既包含了基态原子也包含了激发态原子。在一定温度下，基态原子和激发态原子处于热力学平衡状态，激发态原子数 N_j 与基态原子数 N_0 的关系可用玻尔兹曼(Boltzmann)方程表示为

$$\frac{N_j}{N_0}=\frac{g_j}{g_0}\exp\left(-\frac{E_j}{kT}\right) \tag{4-1}$$

式中：g_j 和 g_0 分别为激发态和基态的统计权重(statistical weight)，表示能级的简并度；E_j 为激发能；T 为绝对温度(激发温度)；k 为玻尔兹曼常数，其值为 $1.38\times10^{-23}\ J\cdot K^{-1}$。

在原子光谱中，根据元素谱线的波长，就可以知道对应的 g_j/g_0、E_j-E_0，因此用式(4-1)可以计算一定温度下的 N_j/N_0 值。表 4-1 列出了几种元素的第一激发态与基态原子数之比 N_j/N_0。从式(4-1)和表 4-1 可知，温度越高 N_j/N_0 比值越大，即激发态原子数随温度升高而增加，而且按指数关系变大；在相同温度下，电子跃迁能级差 E_j-E_0 越小，吸收波长越长，N_j/N_0值越大。同时，当原子化温度小于 3000 K 时，大多数元素的最强共振线都低于 600 nm，N_j/N_0 值一般在 10^{-3} 以下，也就是说激发态的原子数没有达到基态原子数的 0.1%，甚至更少。即基态原子数近似的等于被测元素的总原子数 N，所有的吸收都是在基态进行。原子吸收法利用元素的最强共振线进行测定，所以该法灵敏度高、抗干扰能力强。通常情况下，每种元素有 3～4 个较强的共振线(特征光谱线)可供选择。在测定时，需要根据样品的具体元素组成，选择干扰较小的波长。

表 4-1　部分元素第一激发态与基态原子数比值

元素	共振线/nm	g_j/g_0	ΔE_j/eV	N_j/N_0		
				T=2000 K	T=2500 K	T=3000 K
Na	589.0	2	2.104	0.99×10^{-5}	1.14×10^{-4}	5.83×10^{-3}
Ca	422.7	3	2.932	1.22×10^{-7}	3.67×10^{-6}	3.55×10^{-4}
Fe	372.0	—	3.332	2.29×10^{-9}	1.04×10^{-7}	1.31×10^{-5}
Ag	328.1	2	3.778	6.03×10^{-10}	4.84×10^{-8}	8.99×10^{-6}
Cu	324.7	2	3.817	4.82×10^{-10}	4.04×10^{-8}	6.65×10^{-6}
Mg	285.2	3	4.346	3.35×10^{-11}	5.20×10^{-9}	1.50×10^{-7}
Pb	283.3	3	4.375	2.83×10^{-11}	4.55×10^{-9}	1.34×10^{-7}
Zn	213.9	3	5.795	7.45×10^{-15}	6.22×10^{-12}	5.50×10^{-9}

4.2.3　共振吸收线和谱线轮廓

通常原子处于基态，当通过基态原子的某辐射线所具有的能量恰好符合该原子从基态跃迁到激发态所需的能量时，该基态原子就会从入射辐射中吸收能量、产生原子吸收光谱。当原子的外层电子从基态跃迁到能量最低的第一电子激发态时，要吸收一定频率的光，产生的吸收谱线，称为第一共振吸收线。不同元素的原子结构和外层电子排布不同，从基态到第一激发态吸收的能量不同，因而各种元素的共振吸收线不同，所以，共振吸收线是元素的特征谱线。从基态到第一激发态间的直接跃迁最容易发生。对大多数元素来说，共振吸收线是元素的灵敏线。原子吸收光谱法就是利用处于基态的待测原子蒸气对共振线的吸收来进行分析的。

原子的吸收线并不是一条严格意义上的几何线，它是具有一定宽度和轮廓(形状)、占据一定频率范围的光谱线，由于宽度很窄，一般难以看清其形状，习惯上称之为谱线。原子吸收线的谱线轮廓由吸收线的特征频率 ν_0、半宽度和强度来表征。图 4-5 为原子吸收线的谱线轮廓。其中特征频率 ν_0 是指峰值吸收系数 K_0 所对应的频率，其能量等于产生吸收或辐射两量子能级间真实的能量差。吸收线的半宽度是指峰值吸收系数一半 $K_0/2$ 处吸收线轮廓间的频率差，常以 $\Delta\nu$ 表示，用以描述谱线轮廓变宽的程度。吸收线的强度由两能级间的跃迁几率决定。

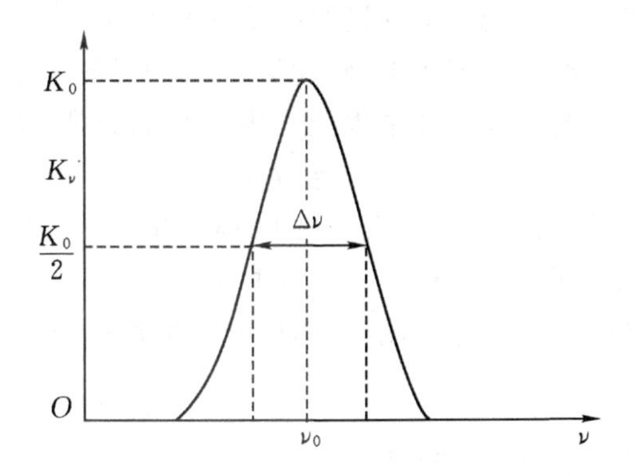

图 4-5　原子吸收线的谱线轮廓

原子吸收线的宽度在原子光谱分析中非常重要。谱线宽度越窄，信息的品质越好，谱线重叠的干扰被降低，分析结果更加准确可靠。但是在实际的测定中，多种因素的影响会使谱线变宽。归纳起来有：自然宽度、热变宽、压力变宽、场变宽和自吸变宽等。

(1)自然变宽

在没有外界因素影响的情况下，谱线的固有宽度称为自然宽度。它与原子发生能级间跃迁的激发态原子的平均寿命有关。激发态原子的寿命越长，宽度越窄，一般约为 10^{-5} nm。与谱线的其它变宽的宽度相比，自然宽度可以忽略不计。

(2)热变宽

热变宽是由原子不规则的热运动引起的，也称多普勒(Doppler)变宽。在原子蒸气中，原子处于杂乱无章的热运动状态，当趋向光源方向运动时，被检测到的频率较静止原子发出的频率低，称为波长“红移”；当背离光源方向运动时，被检测到的频率较静止原子发出的频率高，称为波长“紫移”。测定的温度越高、被测元素原子质量越小，原子的相对热运动越剧烈，热变宽越大，通常为 10^{-3} nm 数量级，是谱线变宽的主要因素。

(3)压力变宽

压力变宽是由于吸光原子与蒸气原子相互碰撞而引起能级的微小变化，使发射或吸收的光量子频率改变而导致的变宽。压力升高，粒子间相互碰撞越频繁，激发态寿命越短，变宽越严重。压力变宽包括赫鲁兹马克(Holtsmark)变宽和洛伦兹(Lorentz)变宽两种。前者又称共振变宽，是同种原子间碰撞引起的谱线变宽，它随试样原子蒸气浓度增加而增加，只有在待测元素浓度很高时才会出现，在通常条件下可忽略不计；后者是吸光原子与蒸气中其它粒子相互碰撞而产生的变宽，其大小随原子区内气体压力的增加和温度升高而增大，也随其它元素性质的不同而不同，并可引起谱线频率移动和不对称性变化。

(4)自吸变宽

由自吸现象引起的谱线变宽称为自吸变宽。光源(空心阴极灯)发射的共振线被灯内同种基态原子所吸收，从而导致与发射光谱线类似的自吸现象，使谱线的半宽度变大。灯电流愈大，产生热量愈大，则较易受热挥发的阴极元素被溅射出的原子也愈多，而有的原子没被激发，所以阴极周围的基态原子也愈多，自吸变宽就愈严重。

(5)场致变宽

场致变宽主要是指在磁场或电场存在下谱线变宽的现象。若将光源置于磁场中，则原来表现为一条的谱线，会分裂为两条或以上的谱线（$2J+1$ 条，J 为光谱项符号中的内量子数），这种现象称为塞曼(Zeeman)效应，当磁场影响不很大、分裂线的频率差较小、仪器的分辨率有限时，表现为一条宽的谱线。光源在电场中也能产生谱线的分裂，当电场不是十分强时，也表现为谱线的变宽，这种变宽称为斯塔克(Stark)变宽。

在通常的原子吸收实验条件下，当原子浓度很小时，吸收线变宽主要受 Doppler 和 Lorentz 变宽影响。对火焰原子吸收，压力变宽为主要变宽，而对石墨炉原子吸收，热变宽为主要变宽，两者具有相同数量级。在分析测定中，谱线变宽往往会导致原子吸收分析的灵敏度下降。

4.2.4 原子吸收定量分析基础

1. 锐线光源

锐线光源能发射出谱线半宽度很窄的共振线，是原子吸收光谱法进行定量检测的物质基础。

2. 积分吸收

积分吸收与待测原子总数呈简单的线性关系。积分吸收是原子蒸气层中的基态原子吸收共振线的总能量，也是图 4-5 吸收线轮廓下面所包含的整个面积，其数学表达式为

$$\int K_\nu \mathrm{d}\nu = \frac{\pi e^2}{mc} N_0 f \tag{4-2}$$

式中：K_ν 是吸收系数，与入射光的频率、基态原子浓度及原子化温度等有关；c 是光速；m、e 分别为电子的质量和电荷；f 是振子强度，被定义为被入射光激发的每个原子的平均电子数；N_0 是单位体积内能够吸收频率为 $\nu_0 \pm \Delta\nu$ 范围内辐射的基态原子数目。在一定条件下，对于给定的元素，f 为定值，式中 π、e、m、c 为常数，用 k 表示，得

$$\int K_\nu \mathrm{d}\nu = k \cdot N_0 \tag{4-3}$$

可以看出，积分吸收与待测原子的数目呈线性关系。

3. 峰值吸收

由于原子吸收线很窄，半宽度仅为 10^{-3} nm，测定如此窄的积分吸收要求单色器的分辨率达 50 万 lpi 以上。这是一般光谱仪所不能达到的。因此，1995 年 Walsh 提出以峰值吸收测量法代替积分吸收法进行定量分析，解决了原子吸收光谱法的实际测量问题。

Walsh 提出用峰值吸收代替积分吸收进行定量分析的必要条件是：a. 锐线光源的发射线与原子吸收线的中心频率完全一致；b. 锐线光源发射线的半宽度比吸收线的半宽度更窄。峰值吸收测量是在中心频率 ν_0 两旁很窄范围内的积分吸收测量，此时 $K_\nu = K_0$，峰值吸收系数 K_0 与吸收线的半宽度 $\Delta\nu$ 和积分系数的函数关系如下：

$$K_0 = \frac{2}{\Delta\nu}\sqrt{\frac{\ln 2}{\pi}} \cdot \int K_\nu \mathrm{d}\nu \tag{4-4}$$

联系(4-3)与(4-4)两式，得到

$$K_0 = \frac{2}{\Delta\nu}\sqrt{\frac{\ln 2}{\pi}} k N_0 \tag{4-5}$$

当测定条件一定时，$\Delta\nu$ 为常数，与其它常数合并到 k 中，可表示为

$$K_0 = k' \cdot N_0 \tag{4-6}$$

所以，峰值吸收与待测原子总数呈线性关系。

4. 原子吸收值与浓度的关系

实际工作中，通常不是测定峰值吸收系数 K_0 的大小得出物质的浓度，而是通过测定基态原子吸光度的大小并根据朗伯-比尔定律来进行定量分析的。在一定实验条件下，吸光度 A 与待测元素在试样中的浓度 c 的关系可表示为

$$A = K'c \tag{4-7}$$

式中：K' 是与实验条件有关的常数。这样，测量的吸光度与试样中被测组分的浓度呈线性关系。这就是原子吸收光谱法定量分析的理论基础。

4.3　原子吸收分光光度计

原子吸收分光光度计由光源、原子化器、单色器和检测系统四部分组成。按照测量光束的不同，原子吸收分光光度计又可分为单光束和双光束两种。单光束原子吸收分光光度计结构简单，价格低廉，仪器光强大，灵敏度高，但同时也因为仅有测量光束，无参比光束，所以在测定时不能消除光源辐射不稳定引起的误差。双光束原子吸收分光光度计，在设计时用旋转扇形板将光源辐射分为参比光束和测量光束，交替进入检测系统，光源强度变化，但其强度比不变，即使在光源不预热的情况下，仍可得到较好的稳定性。双光束的设计消除了光源不稳定引起的误差，但仍不能消除原子化系统的不稳定和背景吸收，同时仪器结构复杂、价格较贵。原子吸收分光光度计示意图如图 4－6 所示。

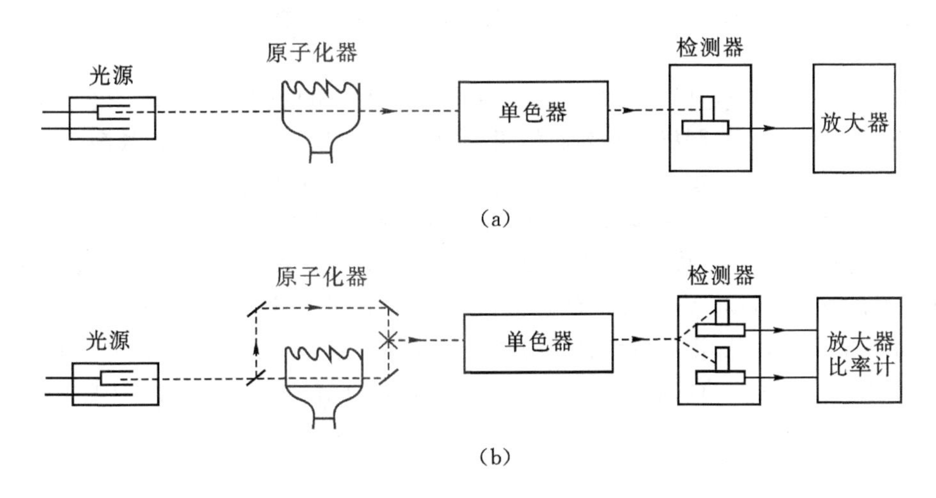

图 4－6　原子吸收分光光度计示意图
(a)单光束仪器；(b)双光束仪器

原子吸收分光光度计与普通紫外可见分光光度计的结构基本相同，主要的不同在于：

①光源不同。原子吸收分光光度计的光源是空心阴极灯产生的锐线光源；而紫外可见分光光度计为连续光源。

② 样品池不同。用原子吸收分光光度计测定时，待测元素在原子化器中转化成原子；而用紫外可见分光光度计测定时，样品放入样品池，不需处理。可以说，原子吸收分光度计的原子化器代替了紫外分光光度计的样品池。

4.3.1 光源

原子吸收分光光度计的光源是由空心阴极灯产生的锐线光源，其功能是发射被测元素基态原子所吸收的特征共振辐射。对光源的基本要求是：发射辐射的波长半宽度要明显小于吸收线的半宽度、辐射强度足够大、稳定性好且使用寿命长。

空心阴极灯(Hollow Cathode Lamp，HCL)是一种特殊的辉光放电装置。如图 4－7 所示，空心阴极灯由阴极、阳极、管座支架和光窗组成。阴极材料为待分析元素，如测定铜的灯以纯铜为阴极，测定锌的灯用金属锌作阴极。阳极为金属镍或钨、钛等材料。阴极内径约 2 mm，放电集中在阴极较小的空间内，得到高的辐射强度。阴极和阳极密封在带有光学窗口的玻璃管内，内充惰性气体氖或氩。根据透过波长，光学窗口可用石英或普通光学玻璃制作。

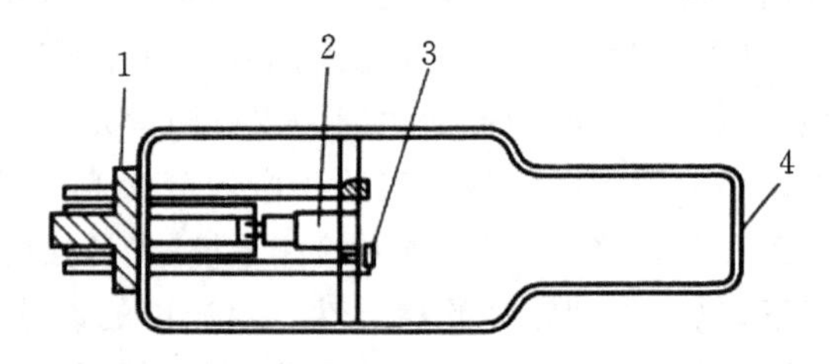

图 4－7 空心阴极灯结构

1—管座支架；2—阴极；3—阳极；4—光窗

当工作电压施加于空心阴极灯时，氖或氩被电离，带正电的惰性气体离子 Ne^{+} 或 Ar^{+} 在电场作用下轰击阴极表面，阴极材料表面的原子被溅射出来，并在阴极附近被激发，发出被测元素特征的共振线，通过光窗射出。由于阴极溅射的金属蒸气密度很低，灯的工作电流小，阴极温度和气体放电温度不高，谱线不易变宽，所以空心阴极灯发出的是锐线光源。

除了常规使用的空心阴极灯外，其它锐线光源还有蒸气放电灯，如冷原子吸收测汞仪中的低压汞灯、无极放电灯(Electrodeless Discharge Lamp，EDL)，主要用于分析线在短波紫外区的易挥发元素的测定；在阴极放电区有辅助激发的高强度空心阴极灯及波长可调的染料激光器等。但原子吸收光谱分析法除测汞使用低压汞灯外，都以普通空心阴极灯为锐线光源。

4.3.2 原子化系统

原子化系统是实现样品原子化的装置，主要是指原子化器(atomizer)。原子化器的功能是提供能量，使试样干燥、蒸发、原子化并产生原子蒸气，以便对光源发射的特征光进行吸收。原子化器的性能将直接影响测定的灵敏度和测定的重现性，应具备原子化效率高、噪声低、记忆效应小等特性。

原子化器分为火焰原子化器和非火焰原子化器两大类。火焰原子化器和石墨炉原子化器是目前主要使用的原子化器。另外，也有专用于测汞仪中的化学原子化器，以及氢化物发生的电热石英管原子化器。

1. 火焰原子化器(flame atomizer)

火焰原子化器有全消耗型和预混型两种。全消耗型原子化器将试样直接喷入火焰，虽然原子化过程简单，但是由于火焰不稳定，影响了测定的灵敏度。预混型原子化器由雾化器、预混合室、燃烧器和供气系统四部分组成，如图 4-8 所示。

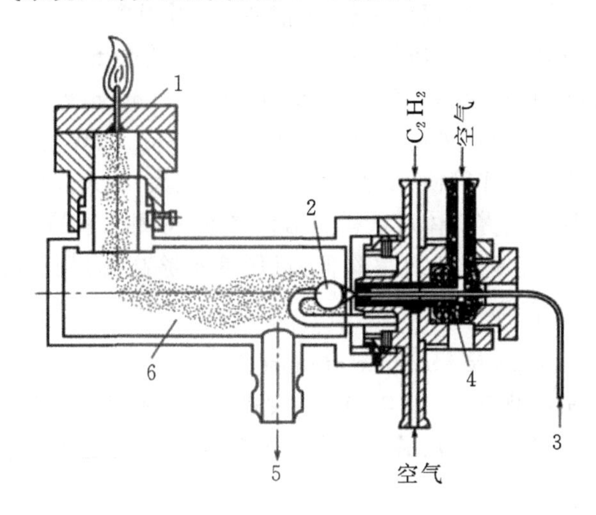

图 4-8　预混合型火焰原子化器

1—燃烧器；2—撞击球；3—样品液；4—雾化器；5—废液管；6—预混合室

①雾化器。雾化器的作用是将试样溶液雾化，提供细小的雾滴。喷雾的雾滴直径愈小，在火焰中生成的基态原子就愈多，原子化效率就愈高。好的雾化器喷出的雾滴小、均匀、稳定并具有高雾化率(10%～30%)和耐腐蚀性。

②预混合室。预混合室也称雾化室。在预混合室中更为细微、均匀的雾粒与燃气、助燃气混合均匀后进入燃烧器。预混合室中的撞击球可将雾滴撞碎，使雾粒更小；扰流器可以阻挡大的雾滴进入燃烧器，使其沿室壁流入废液管排出。雾化室存在记忆效应，记忆效应也称残留效应。记忆效应小时，测定的精密度、准确度好。为了降低记忆效应，雾化室内壁的水浸润性要好，雾化器本身要稍微倾斜，以利于废液的排出。废液管应水封，否则会引起火焰不稳定，甚至发生回火现象。

③燃烧器。燃烧器的作用是产生火焰，使进入火焰的雾粒蒸发和原子化。燃烧器有单缝和三缝两种，多用不锈钢制成，常用的是单缝燃烧器。燃烧器一般应满足使火焰稳定、原子化效率高、吸收光程长、噪声小、背景低的要求。燃烧器应能旋转一定的角度，高度也能上下调节，以便选择合适的火焰部位进行测量。

④供气系统。供气系统包括燃气、助燃气和雾化气三条气路。目前最常用的化学火焰是空气乙炔焰，即燃气是乙炔，助燃气是空气，空气兼作雾化气。

火焰原子化器使试样经雾化器形成雾滴，较大的雾滴在预混合室内经撞击球撞击成为较小的雾粒，未撞击到的大雾滴经冷凝后沿废液管流出，较小的雾粒在预混合室内与燃气、助燃气混匀后，一起进入燃烧器燃烧，形成层流火焰。

预混合型原子化器试样利用率较低(雾化率为 10%～15%)，但火焰稳定、干扰少，应用较普遍。

元素的原子化效率决定测定的准确度和灵敏度。元素在火焰中的原子化效率与火焰种类、燃气与助燃气比例、温度及元素在火焰高温中双原子氧化物分子或其它分子的解离能或解离常数等因素有关。火焰温度是影响原子化程度的重要因素。温度过高,会使试样原子激发或电离,基态原子数减少,吸光度下降;温度过低,不能使试样中盐类解离或解离率太低,测定的灵敏度将会受到影响,如果试液中存在未解离分子的吸收,干扰将会更大。必须根据实际情况选择合适的火焰温度。一般,易挥发、易电离的化合物,如 Pb、Cd、Zn、Sn、碱金属、碱土金属等宜选用低温火焰,而难挥发、易生成难解离氧化物的元素,如 Al、V、Mo、Ti、W 等宜选用高温火焰。

火焰原子化器的优点是操作简便,重现性好,有效光程大,对大多数元素有较高灵敏度,因此应用广泛。但不足之处是喷雾气体对试样的稀释严重,待测元素易受燃气和火焰周围空气的氧化,生成难溶氧化物,使原子化效率降低,灵敏度不够高,而且一般不能直接分析固体样品。

2. 石墨炉原子化器(graphite furnance atomizer)

石墨炉原子化器最早出现于 1959 年,1967 改进为商品仪器,从而获得广泛应用。本质上,它是一个电加热器,利用电能加热盛放试样的石墨容器,使之达到高温,实现试样的蒸发和原子化。

管式石墨炉原子化器由加热电源、保护气系统和石墨管状炉组成,如图 4-9 所示。

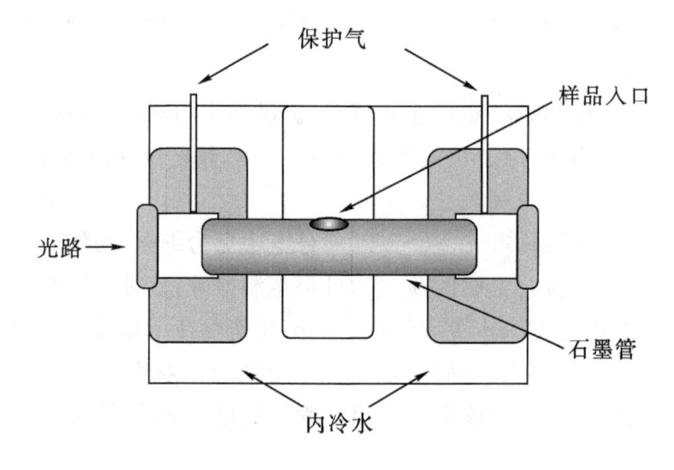

图 4-9　石墨炉原子化器

电源是能够提供低电压(10～25 V)、大电流(可达 500 A)的供电设备。它能使石墨管迅速加热升温,而且通过控制可以进行程序梯度升温,最高温度可达 3000 K。石墨管长约 50 mm,外径约 9 mm,内径约 6 mm,管中央有一个小孔,用以加入试样。光源发出的辐射线从石墨管的中间通过,管的两端与电源连接,并通过绝缘材料与保护气系统结合为完整的炉体。保护气通常使用惰性气体 Ar。实际操作时,保护气 Ar 流通,空烧完毕后,切断保护气 Ar。进样后,外气路中的 Ar 气从石墨管两端流向管中心,由管中心孔流出,所以能有效地除去在干燥和挥发过程中的溶剂和基体蒸气,同时也可保护已原子化了的原子不再被氧化。在原子化阶段停止通气,以延长原子在吸收区内的平均停留时间,避免对原子蒸气的稀释。石墨炉炉体四周通有内冷水,以保护炉体。

石墨炉原子化器一般采用程序升温的方式使试样原子化。其过程分为四个阶段，即干燥、灰化、原子化和高温除残。干燥的主要目的是除去溶剂，以避免溶剂存在时导致灰化和原子化过程飞溅。灰化的目的是尽可能除去易挥发的基体和有机物，此过程相当于化学处理，不仅减少了可能发生干扰的物质，而且对被测物质也起到富集的作用。原子化是使试样解离为中性原子；原子化的温度和时间是原子吸收光谱分析的重要条件之一，随被测元素的不同而异，应该通过实验选择最佳的原子化温度和时间。高温除残是在一个样品测定结束后，把温度提高，并保持一段时间，以除去石墨管中的残留物，净化石墨管，减少因样品残留所产生的记忆效应。

石墨炉原子化器的优点：a. 灵敏度高，检测限低。这是由于温度较高，原子化效率高；管内原子蒸气不被载气稀释，原子在吸收区域中平均停留时间长；经干燥、灰化过程，起到了分离、富集的作用。b. 原子化温度高。可用于那些较难挥发和原子化的元素的分析。在惰性气体气氛下原子化，对于分析那些易形成难解离氧化物的元素更为有利。c. 进样量少。溶液试样量仅为 1～50 μL，固体试样量仅为几毫克。

石墨炉原子化器的缺点：a. 精密度较差。进样量、进样位置的变化会使管内原子浓度的不均匀、管内温度分布不均匀，校准曲线易于变动。b. 背景高。基体蒸发时可能造成较大的分子吸收，炉管本身的氧化也产生分子吸收，使背景吸收较大；一些固体微粒引起光散射造成假吸收；记忆效应也使背景增强。c. 仪器装置较复杂，价格较贵；需要水冷；石墨炉管质量不稳定；使用寿命有限。

3. 低温原子化技术

低温原子化技术中原子化温度为室温至几百摄氏度，包括氢化物发生法和冷原子化法。

(1)氢化物发生法

在一定酸度下，将被测元素还原成极易挥发和分解的氢化物，如 AsH、SnH、BiH 等。这些氢化物被惰性气体导入 T 形电热石英管原子化器中，在低于 1000 ℃的温度下进行原子化及吸光度的测量。氢化物发生法可将被测元素从大量的溶剂中分离出来，其检测限比火焰法低 1～3 个数量级，且选择性好，干扰少。氢化物发生法只限于 As、Se、Sb、Te、Ge、Sn、Pb、Bi 等元素的分析。

(2)冷原子化法

冷原子化法只限于汞的分析。其原理是：在常温下用 $SnCl_2$ 等还原剂将酸性试液中的无机汞化合物直接还原为气态汞原子，再由惰性气体导入石英管中测定，不必加热。此种方法的灵敏度和准确度都很高，是测定痕量汞的好方法。其工作流程如图 4－10 所示。

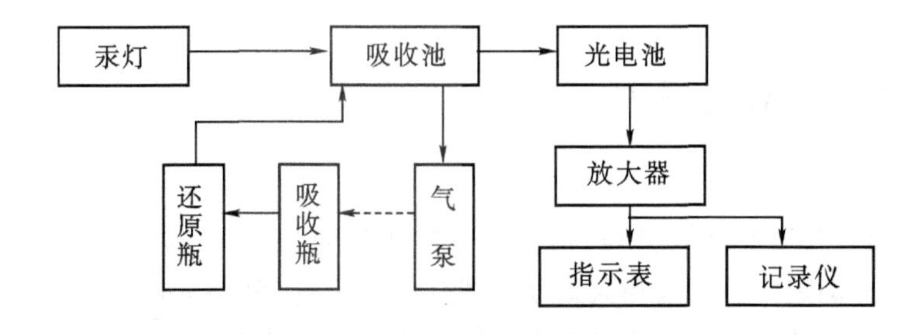

图 4－10　冷原子吸收测汞仪工作流程图

4.3.3 分光系统

由于空心阴极灯发射的待测元素特征谱线不只一条，而测定时只选其中一条作为分析线，所以分光系统的作用就是将待测元素的分析线与干扰线分开，使检测系统只接受分析线。

原子吸收分光光度计的分光系统主要由入射狭缝、反射镜、色散元件（光栅）和出射狭缝等组成。光源发出的特征光经第一透镜聚集在待测原子的蒸气中时，部分被基态原子吸收，透过部分经第二透镜聚集在单色器的入射狭缝，经反射镜反射到单色器上进行色散，然后再经出射狭缝反射到检测器上。

分光系统的分辨能力取决于色散元件的色散率和狭缝宽度。单色器分出谱线的宽度用光谱带宽(spectral band width)来表示，其表示式为

$$W = DS \tag{4-8}$$

式中：W 为光谱带宽，nm；D 为光栅的倒数线色散，$nm \cdot mm^{-1}$；S 为狭缝宽度，mm。

对具体仪器来说，色散元件的色散率即光栅的倒数线色散已固定，此时的分辨能力仅与仪器的狭缝宽度有关。狭缝宽度越小，分辨能力越高，越有利于消除干扰谱线。但狭缝宽度太小，会导致透过光强度减弱，使分析灵敏度下降。一般狭缝宽度调节在 0.1～2 mm 之间。对干扰谱线较少的元素，可适当采用较宽的狭缝；而对多谱线元素如 Fe、Ni 以及稀土元素等复杂谱线的元素或存在连续背景时，宜采用较窄狭缝。

4.3.4 检测系统

原子吸收分光光度计检测系统主要由检测器、放大器和显示器组成。其作用是把单色器分出的光信号转换为电信号，经放大器放大后以吸光度的形式显示出来。检测器多由光电倍增管和稳定度达 0.01%的负高压电源组成，工作波段大都在 190～900 nm 之间。有时光源发出的特征光经原子化器和单色器后已经很弱，虽然通过光电倍增管放大，但往往不能满足测量要求，需要进一步放大才能在显示器上显示出来。原子吸收分光光度计常用同步解调放大器。它既有放大的作用，又能滤掉火焰发射以及光电倍增管暗电流产生的无用直流信号，从而有效地提高信噪比。目前最新型的检测器件是电荷耦合器件(CCD)和电荷注入器件(CID)，它们具有量子效率高、灵敏度高、读出噪声低、线性响应范围宽、暗电流小等优点，特别适用于弱光的检测。

4.4 原子吸收光谱定量分析方法

4.4.1 测定条件的选择

1. 分析线

每一种元素都有若干条吸收谱线，选择哪条谱线作为分析线，应根据试样特征从灵敏度高、干扰少两方面来确定。一般选择共振吸收线作为分析线，因为共振吸收线往往是最灵敏的吸收线。但是，并非在任何情况下都必须选择共振吸收线作为分析线。许多过渡元素的共振线并不比其非共振线灵敏度高，还有些元素的共振线在远紫外区，受火焰气体和大气的强烈干扰，测定时只能选择合适的非共振线作为分析线。例如，Hg、As、Se 等。

2. 狭缝宽度

在原子吸收分析中，谱线重叠的概率较小，因此，可以使用较宽的狭缝，以增加灵敏度，提高信噪比。合适的狭缝可通过实验方法来确定。选择的狭缝宽度要能使吸收线与邻近干扰线分开。当有干扰线进入光谱通带内时，吸光度值将立即减小。不引起吸光度减小的最大狭缝宽度为应选择的合适的狭缝宽度。对于谱线简单的元素（如碱金属、碱土金属）通常可选用较大的狭缝宽度；对于多谱线的元素（如过渡金属、稀土金属）要选择较小的狭缝，以减少干扰，改善线性范围。

3. 灯电流

空心阴极灯的发射特性取决于它的工作曲线。一般情况下，灯电流值越小，测定的灵敏度越高，灯的寿命就越长。但灯电流过小，放电不稳定，将造成光谱输出不稳定，且光强变小。在实际工作中，通过绘制吸光度-灯电流曲线选择最佳灯电流。选择灯电流的一般原则是，在保证有足够强且稳定的光强输出条件下，尽量使用较低的工作电流。具体做法如下：

①选择适当浓度的待测元素的标准溶液，使其吸光度在0.1～0.4之间；

②空心阴极灯预热稳定后（需10～30 min），以0.2～1 mA的步幅改变灯电流，测定吸光度；

③绘制吸光度-灯电流曲线，选取吸光度高的电流作为工作电流。

4. 原子化条件

在火焰原子化法中，火焰中自由原子浓度的分布与混合气体的种类、火焰的性质、溶液的物理性质及元素的种类等有关。对于分析线在200 nm以下的短波区的元素，如Se、P等，由于烃类火焰有明显吸收，不宜使用乙炔火焰，宜用氢火焰；对于易电离元素，如碱金属和碱土金属，不宜采用高温火焰；反之，对于易形成难离解氧化物的元素如B、Be、Al、Zr、稀土等，则应采用高温火焰，最好使用富燃火焰。火焰的氧化还原特性显著影响原子化效率和基态原子在火焰中的空间分布，因此，调节燃气与助燃气的流量以及燃烧器的高度，使来自光源的光通过基态原子浓度最大的火焰区，从而获得最高的测定灵敏度。

在石墨炉原子化法中，合理选择干燥、灰化和原子化温度十分重要。各阶段的温度和加热时间依不同试样而不同，需要通过实验选择，以达到较高的灵敏度。

4.4.2 特征浓度和检出限

1. 特征浓度

特征浓度用于表示原子吸收光谱法在特定条件下对某元素分析的灵敏度。特征浓度的定义是：产生1%吸收时，水溶液中某元素的浓度（$\mu g \cdot mL^{-1}$），计算式表示为

$$S_c = 0.0044c_x/A \ ((\mu g \cdot mL^{-1})1\%) \quad (4-9)$$

在石墨炉原子吸收法中，用特征质量表示灵敏度。特征质量是元素在一定实验条件下产生1%吸收时的质量，计算式为：

$$S_m = 0.0044\ c_x \cdot V/A \ ((g\text{或}\mu g)1\%) \quad (4-10)$$

在(4-9)和(4-10)式中：A为试样吸光度的平均值；c_x为待测元素在试液中的含量；V为试液的体积。

特征浓度的求法是在作出标准曲线后，从吸光度为0.1的地方查得对应的质量浓度值

$\rho(\mathrm{mg\cdot L^{-1}})$,则 S_c 值即为该浓度值 ρ 和 0.044 的乘积。在石墨炉法中常用特征质量,还要乘其进样体积(V)。显然,在原子吸收光谱法分析中特征浓度或特征质量越小,则灵敏度越高。但是,由于特征浓度中没有考虑测定时的仪器噪声,因此不同的仪器其 S_c 值相差并不是很大,所以特征浓度还不能用来表征某仪器对某元素能被检出所需要的最小浓度,但它可以用于估算较适宜的浓度测量范围及取样量。

例 4-1 某水样中 As 和 Se 的质量浓度约为 0.23 $\mathrm{mg\cdot L^{-1}}$ 和 21 $\mathrm{mg\cdot L^{-1}}$,在用原子吸收光谱法分析时,上述含量是否在合适的测量范围内?(已知 $S_c(\mathrm{As})=0.05\ \mathrm{mg\cdot L^{-1}}$,$S_c(\mathrm{Se})=0.06\ \mathrm{mg\cdot L^{-1}}$)

解:由于原子吸收分析的吸光度一般在 0.15~0.6 范围内测量误差较小,故 As 和 Se 的较合适测量浓度范围是

$$c_1=(S_c\times 0.15)/0.004=S_c\times 34$$
$$c_2=(S_c\times 0.6)/0.004=S_c\times 136$$

将 As 和 Se 的 S_c 分别代入上两式,得 As 的较宜测量范围在 1.7~6.8 $\mathrm{mg\cdot L^{-1}}$。上述溶液中 As 的含量低于此范围,若要用火焰法进行测定,最好将溶液浓缩 7.4~29.6 倍。Se 的较适宜测量范围是 2.04~8.16 $\mathrm{mg\cdot L^{-1}}$。上述溶液中 Se 的含量已超出范围,用火焰法测定时需将溶液稀释 2.57~10.3 倍。

2. 检出限

检出限(D)是指以特定的分析方法,以适当的置信水平被检出的最低浓度或最小量。只有存在量达到或高于检出限,才能可靠地将有效分析信号与噪声信号区分开,确定试样中被测元素具有统计意义的存在。"未检出"就是被测元素的量低于检出限。

检出限通常以给出信号为空白溶液信号标准偏差(σ)的 3 倍所对应的待测元素浓度或质量来表示,计算公式为

$$D=c_x\cdot 3\sigma/A\ (\mu\mathrm{g/mL}) \tag{4-11}$$

4.4.3 干扰及消除

虽然原子吸收光谱法采用独特的锐线光源,准确性好,但是该方法在测定中也会受到各种因素的干扰,需要消除干扰。原子吸收光谱法的干扰按其性质主要分物理干扰、化学干扰、电离干扰和光谱干扰四类。

1. 物理干扰及消除

物理干扰是指试样在转移、蒸发和原子化过程中,由于溶质或溶剂的物理化学性质改变而引起的干扰。

在火焰原子吸收光谱中,试样黏度和雾化气体压力的变化直接影响试样的提升量和基态原子的浓度;表面张力影响气溶胶雾滴的大小;溶剂的蒸汽压影响溶剂的挥发和冷凝;吸样毛细管的直径、长度及浸入试液的深度影响进样速率;高盐试样对燃烧狭缝产生影响;大量基体元素对待测元素蒸发产生影响等。这些干扰的消除办法是配制与待测溶液组成相似的标准溶液或采用标准加入法,使试液与标准溶液的物理干扰相一致,从而达到消除误差的目的。

石墨炉原子吸收法中基体干扰是主要的干扰之一,在灰化过程中必须加入适当的基体改进剂予以消除。

2. 化学干扰及消除

某些化学物质在原子化前的雾化室内相互混合时，由于小环境的变化，发生了化学反应，生成新的难溶解物质而使其原子化效率降低；还有许多元素在一定的燃气、助燃气形成的火焰中易生成难熔氧化物，使其解离度下降，原子化效率降低。化学干扰是原子吸收光谱法的主要干扰。

化学干扰的消除要根据具体情况采取相应的措施。最常用的是加入释放剂、保护剂。释放剂通常可以与干扰离子生成更稳定的物质，抑制待测元素与干扰离子的反应。保护剂是能与待测元素形成稳定的但在原子化条件下又易于解离的化合物的试剂。例如，在测定钙时加EDTA，可有效地防止磷酸根对钙测定的干扰。因为Ca与EDTA形成更稳定的Ca-EDTA配合物，而Ca-EDTA在火焰中很容易被原子化，既达到了消除干扰的目的，又实现了钙的测定。配位剂特别是有机配位剂对消除化学干扰很有效，主要是因为有机物在火焰中更易被破坏，从而使与配位剂结合的金属元素迅速释放并原子化。

3. 电离干扰及消除

在火焰温度高、待测元素电离电位低的情况下最易发生的干扰。为了消除电离干扰，常常加入一定量的比待测元素更易电离的其它元素，以抑制待测元素电离。

4. 光谱干扰及消除

光谱干扰是指与光谱发射和吸收有关的干扰效应。原子吸收光谱分析要求光源发射的共振线应落在原子化器中待测元素的吸收线内，两者的极大频率应完全一致，但吸收线应比发射线宽得多。这些都是为了最大限度地减少非吸收线的干扰，保证基态原子对特征辐射极大值的吸收。尽管如此，仍然存在光谱干扰。

原子吸收光谱法通常选用最灵敏的共振线作为分析线，但分析线附近不能被单色器有效分离的待测元素的其它特征谱线将会对测量产生干扰。过渡元素通常会因为谱线多产生干扰，改善和消除这种干扰的有效办法是减小狭缝宽度。

分子吸收和光散射引起的背景吸收也是常见的光谱干扰。分子吸收是指试样在原子化过程中，生成某些气体分子、难解离的盐类、难熔氧化物、氢氧化物等对待测元素的特征谱线产生的吸收。光散射是指原子化过程中产生的固体微粒在光路通过时对光产生散射，使被散射的光偏离光路，不为检测器所检测，从而使测得的吸光度偏高。

在石墨炉原子吸收中，由于原子化过程形成固体微粒和产生难解离分子的可能性比火焰原子化法大，所以，光的散射更为严重。

背景吸收的消除常用空白校正、氘灯校正和塞曼效应校正等几种方法。空白校正是配制一个与待测试样组成浓度相近的空白溶液，则这两种溶液的背景吸收大致相同，测得待测溶液的吸光度减去空白溶液的吸光度即为待测试液的真实吸光度。氘灯校正法的基本原理是：同时使用空心阴极灯和氘灯两个光源，让两灯发出的光辐射交替通过原子化器。空心阴极灯特征辐射通过原子化器时，产生的吸收为待测原子和背景总的吸收 $A_{总}$，氘灯发出的连续光源通过原子化器时，产生的吸收仅为背景吸收 $A_{背}$，两者之差（$A_{总}-A_{背}$）即为待测元素的真实吸收。这种背景扣除在现代仪器中可自动进行。塞曼效应校正法是把产生光谱的光源置于强磁场内，在磁场的作用下，光源辐射的每条线分裂成几条偏振化的分线，利用基态原子和背景对分线的不同吸收得到真实吸收值。塞曼效应校正法是目前最为理想的背景校正法。

4.4.4 定量分析方法

1. 校准曲线

标准曲线法是最常用的定量分析方法。根据原子吸收光谱法中被测元素浓度与吸光度之间的定量关系，建立吸光度（A）和浓度（c）的标准曲线。配制一系列含有不同浓度被测元素的标准溶液，在与试样测定完全相同的条件下，依浓度由低到高的顺序测定吸光度，用线性回归分析来建立 $A-c$ 标准曲线。然后在相同的条件下加入试样溶液，测其吸光度，从标准曲线上求得被测元素的含量。

标准曲线法的优点是对大批量样品测定非常方便。但不足之处是对个别样品测定仍需配制标准系列，步骤比较繁琐，特别是对组成复杂的样品的测定，标准样的组成难以与其相似，测定的准确度降低。因此，为了测定结果准确且重现性好，要求标准试样的组成应尽可能接近实际试样的组成。

2. 标准加入法

当配制与试样组成一致的标准样品遇到困难时，可采用标准加入法。分取几份相同量的被测试液，分别加入不同量被测元素的标准溶液，其中一份不加入被测元素标准溶液，最后稀释至相同的体积，使加入的标准溶液浓度为 $0, c, 2c, 3c, \cdots$ 然后分别测定它们的吸光度值。以加入的标准溶液浓度与吸光度值绘制标准曲线，再将该曲线外推至与浓度轴相交，交点即为待测元素含量。如果样品不含被测元素，则曲线通过原点。

4.5 应用实例

原子吸收光谱法由于本身所具有的一系列优点，广泛应用于冶金、地质、环保、材料、临床、医药、食品、法医、交通和能源等多个领域，可对 70 多种元素进行测量。用该方法可测定动植物、食品、药品、饲料、肥料、大气、水、土壤等样品中金属元素和部分非金属元素的含量。

原子吸收光谱法分析生物试样时，对含量较高的 K、Na、Ca、Mg、Fe、Cu、Zn 等元素，可通过稀释直接用火焰法测定；在试样量较少而元素的分析灵敏度较高时，可用火焰脉冲雾化技术进行分析，如血清中 Cu、Zn 的测定；对试样量少，含量又低的元素，用无火焰原子化法加以分析，如血样中 Ni、Cr、Cd 等的测定。

例 4-2 血清中砷的测定。

抽取患者血样，离心分离后将血清置于聚乙烯管中，储存于－20°C 冰箱中备用。检测时，取 200 μL 血清于 1 mL 玻璃试样杯中，加入钯基体改进剂和 Triton X-100 稀释至 450 μL 备用。用石墨炉原子吸收法测定，塞曼效应扣除背景吸收。其测量条件为：波长 193.7 nm，灯电流 7.5 mA，狭缝宽度 2.6 nm，载气流量 200 mL·min^{-1}。

例 4-3 石墨炉原子吸收法测定药用辅料明胶中的铬。

取样品 0.5 g 置聚四氟乙烯消解罐中，加硝酸 5～10 mL，混匀，浸泡过夜，盖上内盖，旋紧外套，置适宜的微波消解炉内，进行消解。消解完全后，取消解罐至电热板上缓慢加热至红棕色蒸汽挥尽并近干，用 2%硝酸转移至 50 mL 量瓶中，并用 2%硝酸稀释至刻度，摇匀，作为供试品溶液；同法制备空白溶液。另取铬单元素标准溶液，用 2%硝酸稀释，制成每 1 mL 含铬

1.0 μg的标准贮备液。使用时，精密量取铬标准贮备液适量，用2%硝酸溶液稀释制成每1 mL含铬0～80 ng的对照品溶液。取供试品溶液以石墨炉为原子化器，照原子吸收光谱法在357.9 nm波长处测定，计算铬含量。

4.6 原子吸收光谱法最新研究进展

4.6.1 原子吸收光谱法的原子化器

介质阻挡放电（Dielectric Barrier Discharge，DBD）作为原子化器是Kratzer等人对原子吸收光谱法中原子化器研究的新进展，他们利用二甲基二氯硅烷对DBD装置中的介质内表面进行甲硅烷基化，大大提高了分析信号的强度，使检出限低至1 μg/L。这种DBD装置的准确度和精密度可与石英管原子化器媲美，但灵敏度较差，可能是因为DBD原子化效率只有石英管原子化器的65%左右。因此，DBD作为原子化器时，其原子化效率有待进一步提高。

4.6.2 仪器联用方面进展

对于样品中存在的痕量元素，仅仅使用原子吸收分光光度计是很难甚至无法检测出来的。近年来，越来越多的研究者提出原子吸收光谱法与多种仪器联用测定痕量元素。如流动注射-火焰原子吸收光谱法联用，样品通过流动注射进样，在流动注射的管路上进行富集，用洗脱剂洗脱后，再经过火焰原子吸收光谱仪进行检测。该方法摒弃了费时的传统手工进样操作，且由于进样洗脱等操作全都在密闭管路内自动进行，避免了痕量分析操作中样品被污染。张宏康等将流动注射-火焰原子吸收联用测定皮蛋中的铅，仪器联用后操作简化，结果可信。近期，也有磁性固相萃取与石墨炉原子吸收光谱法或火焰原子吸收光谱法联用分析水样中痕量镍、铜、铬等元素的研究。通过仪器联用使样品中痕量元素富集，再用原子吸收法进行测定，检测限明显降低，测定结果的准确性也得到了提高。

目前，原子吸收光谱法已成为一种比较成熟的仪器分析方法。尽管现阶段还不能进行多元素的同时分析，但是由于具有灵敏度高、选择性强和操作简便等优点，该方法已被广泛应用于食品安全检测、环境检测、中药材质量控制、生物样品检测等领域，检测方法也在不断完善更新。我们相信，在不久的将来原子吸收光谱法必将取得更迅速的发展和更广泛的应用。

参考文献

[1] 杨根元. 实用仪器分析[M]. 北京：北京大学出版社，2010.
[2] 郭旭明，韩建国. 仪器分析[M]. 北京：化学工业出版社，2014.
[3] 郭明，胡润淮，吴荣晖，等. 实用仪器分析教程[M]. 杭州：浙江大学出版社，2013.
[4] 严衍禄. 现代仪器分析[M]. 3版. 北京：中国农业大学出版社，2010.
[5] 张晓敏，罗明可. 仪器分析[M]. 杭州：浙江大学出版社，2012.
[6] Kratzer J，Boušek J，Sturgeon R E，et al. Determination of bismuth by dielectric barrier discharge atomic absorption spectrometry coupled with hydride generation: method optimization and evaluation of analytical performance [J]. Analytical Chemistry, 2014,

86(19)：9620－9625.
[7] 张宏康，王中瑗，方宏达，等. 流动注射与火焰原子吸收联用测定皮蛋中的铅[J]. 食品科学，2012，3(16)：233－236.
[8] 杭学宇，王芹，王露，等. 磁性固相萃取-石墨炉原子吸收光谱法联用分析水样中痕量镍[J]. 分析实验室，2015，34(7)：807－810.

小结

1. 基本概念

①共振吸收线：原子从基态激发到能量最低的激发态(第一激发态)产生的谱线。

②半宽度：原子吸收线中心频率的吸收系数一半处谱线轮廓上两点之间的频率差。

③积分吸收：吸收线轮廓所包围的面积，即气态原子吸收共振线的总能量。

④峰值吸收：通过测量中心频率处的吸收系数来测定吸收度和原子总数。

2. 基本公式

$$A=K'c$$

3. 基本理论

①原子的外层电子从基态跃迁到能量最低的第一电子激发态时，吸收一定频率的光，所产生共振吸收线是元素的特征谱线。

②原子吸收线的谱线轮廓由吸收线的特征频率 ν_0、半宽度和强度来表征。

③积分吸收与待测原子总数呈线性关系。

④峰值吸收与待测原子总数呈线性关系。

思考题与习题

1. 何谓共振线？在原子吸收光谱分析法中为什么常选择共振线作为分析线？

2. 何谓锐线光源？为什么原子吸收光谱法要使用锐线光源？

3. 原子吸收光谱分析的主要干扰有哪几类？通常采用什么方法抑制干扰？

4. 什么是积分吸收？什么是峰值吸收？在原子吸收光谱法中，利用峰值吸收进行定量测定的必要条件是什么？

5. 原子吸收分光光度计由哪几部分组成？各部分的作用是什么？

6. 用石墨炉原子化器进行测定时，为何通惰性气体？

7. 影响原子吸收谱线宽度的因素有哪些？其中最主要的因素是什么？

8. 用原子吸收光谱法测定啤酒中铅含量，获得数据如下：

$\rho_{标}/(\mu g \cdot mL^{-1})$	2.00	4.00	6.00	8.00	10.00
$T/\%$	62.0	48.6	38.1	30.3	22.5

同时，样品试液在相同条件下测得 $T=33.1\%$，求该试液中铅的质量浓度。

$(7.2\ \mu g \cdot mL^{-1})$

第 5 章　分子发光分析法

基本要求

1. 掌握荧光分析法的基本原理：荧光的产生、荧光光谱的特征、分子结构与荧光强度的关系以及荧光定量分析方法。

2. 熟悉激发态分子的去活化过程、影响荧光强度的因素以及荧光分析法的应用范围。

3. 熟悉荧光光谱仪的组成及各部件功能。

4. 了解磷光分析法的基本原理。

5. 了解化学发光分析法的基本原理及应用。

早在 1575 年，有人观察到在阳光下菲律宾紫檀木切片的黄色水溶液呈现极为可爱的天蓝色。1852 年，斯托克斯用分光计观察奎宁和叶绿素溶液时，发现它们所发出光的波长比入射光的波长稍长，由此证明了这种现象是由于这些物质吸收了光的能量并重新发出不同波长的光，而不是由于光的反射、透射等作用引起的。斯托克斯称这种光为荧光。这一名词由产生荧光的矿物萤石(fluorite)衍生而来。

分子通常情况下处于基态。当基态分子吸收一定的能量后，从基态跃迁至激发态。处于激发态的分子不稳定，以辐射跃迁的形式将能量释放并返回基态时，便产生分子发光(molecular luminescence)。根据激发能类型的不同，分子发光可分为光致发光、热致发光、场致发光以及化学发光和生物发光等。

光致发光(photoluminescence)的激发能为光辐射。物质分子吸收光子能量被激发跃迁至激发态，激发态分子首先以无辐射的方式弛豫到第一电子激发单重态的最低振动能级，再以辐射跃迁的方式返回到基态的各个振动能级。当激发态分子直接从第一电子激发单重态的最低振动能级返回到基态的各个振动能级时所发出的光辐射称为荧光(fluorescence)。当激发态分子从第一电子激发单重态的最低振动能级经过系间窜跃到达第一电子激发三重态的最低振动能级，再以辐射方式返回到基态的各个振动能级时所发出的光辐射称为磷光(phosphorescence)。依据物质的荧光光谱及其强度对物质进行定性和含量测定的分析方法称为荧光分析法(fluorometry)。

化学发光(chemiluminescence)所需要的激发能来源于化学反应过程中所释放的化学能。当化学发光发生于生物体时，则称为生物发光(bioluminescence)。利用某些化学反应所产生的光辐射现象而建立的分析方法称为化学发光分析或是生物发光分析。

分子荧光、分子磷光和化学发光分析统称为分子发光分析。分子发光分析法具有如下特点：

①灵敏度高。检测限比吸收光谱法低1～3个数量级，通常在$\mu g \cdot L^{-1}$级。

②选择性好。能产生紫外-可见吸收的分子不一定发射荧光或磷光。

③分析线性范围比吸收光谱法宽。

④发光参数多，所提供的信息量大。

由于能进行发光分析的体系有限，故其应用范围不及吸收光谱法广泛。但采用探针技术可大大拓宽分子发光分析的应用范围。分子发光分析法在药物、临床、环境、食品的微量、痕量分析以及生命科学研究等领域中有着特殊的重要性。

本章主要讨论荧光分析法，同时介绍磷光分析法、化学发光和生物发光分析法。

5.1 荧光分析法的基本原理

5.1.1 荧光的产生

1. 分子能级

每种物质分子中都具有一系列紧密排布的能级，称为电子能级。每个电子能级又包含一系列的振动能级和转动能级。三个能级能量大小顺序依次为：电子能级＞振动能级＞转动能级。室温时，大多数分子通常处在基态的最低振动能级上；当分子吸收一定的能量后，就会发生电子从能量较低能级向能量较高能级的跃迁。所吸收的能量等于跃迁所涉及的两个能级间的能量差。

基态时，分子中的两个电子成对地填充在能量最低的各个轨道中。根据泡利不相容原理，填充在同一给定轨道中的两个电子，具有相反的自旋方向，其自旋量子数分别为1/2和−1/2，总自旋量子数s等于0。如果两个电子具有相同的自旋方向，它们不能成对，其自旋量子数同为1/2，总自旋量子数s则等于1。

电子能级的多重性通常用$M=2s+1$表示。当总自旋量子数$s=0$时，分子的多重性$M=1$，此时分子所处的电子能态称为单重态(singlet state)，用符号S表示。当总自旋量子数$s=1$时，分子的多重性$M=3$，此时分子所处的电子能态被称为三重态(triplet state)，用符号T表示。

当基态的一个电子吸收光辐射跃迁至激发态时，其自旋方向通常情况下不会发生改变，两个电子的自旋方向仍相反，其总自旋量子数s仍等于0，分子处于激发单重态。但某些情况下，电子在跃迁过程中有可能伴随着自旋方向的改变。此时，两个电子的自旋方向相同，总自旋量子数s等于1，分子处于激发三重态。分子的基态、激发单重态和激发三重态的电子分布示意图如图5-1所示。激发单重态和与其对应的激发三重态的区别主要有两点：a. 电子自旋方向不同；b. 能量不同，激发单重态的能量要比对应的激发三重态的能量稍高一些。

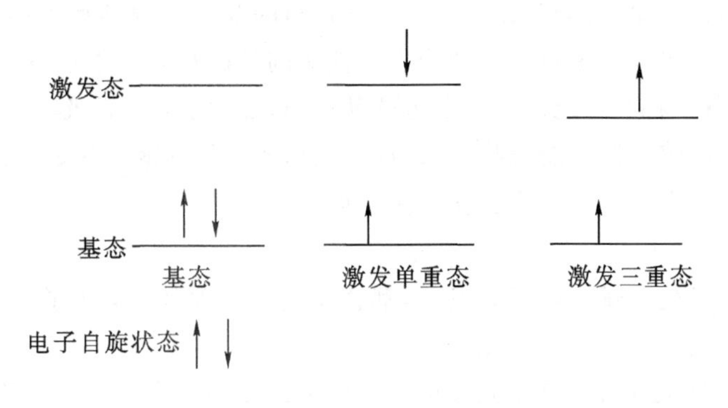

图5-1　基态、激发单重态和激发三重态的电子分布示意图

2. 分子发光的产生

分子荧光、磷光光谱产生过程示意图如图5-2所示。图中S_0、S_1和S_2分别表示基态、第一和第二电子激发单重态；T_1和T_2表示第一和第二电子激发三重态。室温时，分子处于基态的最低振动能级。当基态分子吸收能量后，将从基态能级跃迁至激发单重态的不同能级上。处于激发态能级上的分子不稳定，将以去活化过程释放多余的能量并返回基态。去活化过程有辐射跃迁和非辐射跃迁两种类型。辐射跃迁过程中发射出光子，伴随着荧光或磷光的发射。非辐射跃迁过程中电子激发能转化为振动能或转动能。非辐射跃迁包括振动弛豫、内转换、外转换及体系间窜跃。

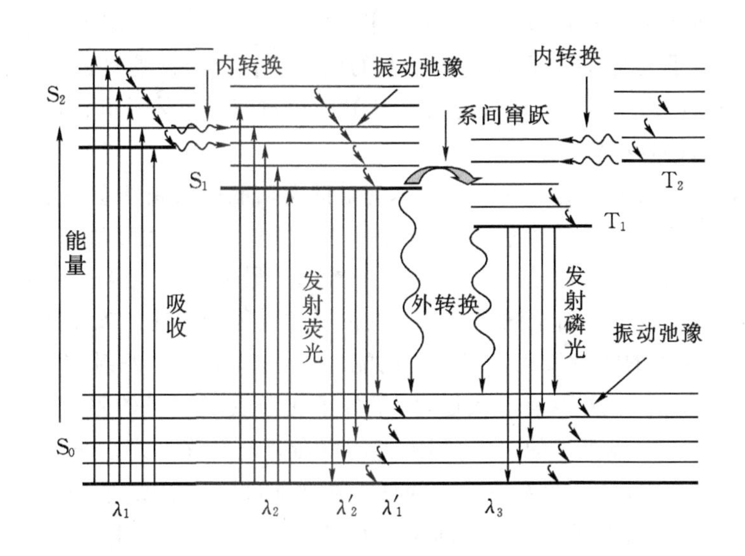

图5-2　分子荧光、磷光光谱产生过程示意图

①振动弛豫(vibrational relaxation)发生在同一电子能级的不同振动能级之间。振动弛豫是指溶液中的激发态分子通过与溶剂分子间的碰撞，将一部分能量以热的形式迅速传递给周围的溶剂分子(或环境)，自身返回到同一电子能级的最低振动能级的过程。振动弛豫极为迅速，发生振动弛豫的时间约为10^{-12} s。

②内转换是内部能量转换(internal conversion)的简称。内转换发生于相同多重态间的不同电子能级之间。当同一多重态的两个电子能级间的能量相差很小以至于其振动能级有部分重叠时,激发态分子将有可能以无辐射方式从能量较高的电子能级转移到能量较低的电子能级上,如图中 S_2 的较低振动能级与 S_1 的较高振动能级间的能量相近,将有可能发生内转换过程($S_2 \rightarrow S_1$)。内转换过程也有可能发生在三重态之间,如 $T_2 \rightarrow T_1$。内转换过程发生速度很快,在 $10^{-13} \sim 10^{-11}$ s 内。

无论激发态分子处于哪个电子激发态,都会通过振动弛豫和内转换过程很快回到第一电子激发单重态或激发三重态的最低振动能级上。

荧光是激发态分子从第一电子激发单重态的最低振动能级回到基态各个振动能级时所伴随的光辐射。回到基态任一振动能级上的电子会很快以振动弛豫的方式回到基态的最低振动能级上。荧光发射的过程为 $10^{-9} \sim 10^{-7}$ s。由于振动弛豫和内转换过程中损失了部分能量,故发射荧光的能量比分子最初所吸收的能量要小,也即荧光的发射波长要比激发光波长要长。

③外转换是外部能量转换(external conversion)的简称。外转换发生在第一激发单重态或激发三重态的最低振动能级向基态转换的过程中,是处于第一激发单重态或激发三重态最低振动能级上的激发态分子通过与溶剂分子或共它溶质分子之间相互碰撞,以热能的形式释放能量的过程。外转换会使荧光或磷光的强度减弱甚至消失,这一现象被称为荧光熄灭或荧光猝灭(quenching)。利用荧光猝灭这一现象可实现对一些本身不发射荧光的物质的间接荧光测定。

④体系间窜跃(intersystem crossing)发生于不同激发多重态之间,是激发态分子的电子发生自旋反转而使分子的多重性发生变化的过程,如 $S_1 \rightarrow T_1$。在体系间串跃中,激发态分子的电子自旋状态发生了改变,原先两个自旋配对的电子不再配对。这种跃迁方式属于禁阻跃迁。体系间窜跃一般约需 10^{-6} s。激发态分子从激发单重态通过体系间窜跃到达激发三重态后,其荧光强度将会减弱或消失。

磷光是激发态分子从第一电子激发三重态的最低振动能级回到基态各个振动能级时所伴随的光辐射。当激发态分子通过体系间窜跃从第一激发单重态过渡到第一电子激发三重态后,会很快以振动弛豫的方式回到第一电子激发三重态的最低振动能级上,再以辐射跃迁的方式回到基态各个振动能级上。由于激发三重态的最低振动能级要比激发单重态的最低振动能级能量低,所以发射磷光的能量要比发射荧光的能量小,亦即磷光的发射波长比荧光的发射波长要长。另外,由于 $T_1 \rightarrow S_1$ 属于禁阻跃迁,所以分子在激发三重态的停留时间较长,磷光发射的过程需要 $10^{-4} \sim 10$ s 或更长的时间,即磷光的寿命要比荧光的寿命长。由于与溶剂分子间相互碰撞等因素的存在,处于激发三重态的分子常常通过无辐射跃迁过程回到基态。因此,在室温下很少发射磷光,只有通过冷冻或固定化而减少外转换才能发射磷光,因而磷光分析法不如荧光分析法普遍。

5.1.2 荧光的激发光谱和发射光谱及其特征

1. 荧光的激发光谱和发射光谱

任何荧光化合物都有两个特征光谱:荧光激发光谱(fluorescence excitation spectrum)和荧光发射光谱(fluorescence emission spectrum)。

荧光激发光谱，简称激发光谱，反映了不同激发波长下物质发射荧光的相对效率。绘制荧光激发光谱时，将发射波长固定在某一波长，测定该发射波长下荧光强度随激发波长的变化。以激发波长为横坐标，以测得的荧光强度为纵坐标作图，便得到荧光激发光谱。

理论上，某种荧光化合物激发光谱的形状应当与它的吸收光谱的形状相同。然而事实并非如此。由于测量仪器的差异，如光源的能量分布、单色器的光学性质以及检测器的响应特性，都会对测量的波长产生影响，所以一般情况下测量得到的激发光谱被称为“表观激发光谱”。同一种荧光化合物在不同荧光光谱仪上所绘制的“表观激发光谱”也会有所不同。只有对上述仪器因素进行校正后，得到的激发光谱（通常被称为“校正的激发光谱”）才会与吸收光谱的形状极为相似。当荧光化合物的浓度足够小，不同激发波长下的吸收正比于其吸光系数，且荧光的量子产率与激发光波长无关时，荧光化合物“校正的激发光谱”才与吸收光谱相同。

荧光发射光谱，也称荧光光谱，反映了所发射的荧光中各种波长组分的相对强度。绘制荧光光谱时，固定激发波长不变，测量不同发射波长下的荧光强度。以发射波长为横坐标，以测得的荧光强度为纵坐标作图，便得到荧光发射光谱。

与激发光谱情况类似，测量得到的发射光谱为“表观发射光谱”。只有对光源、单色器以及检测器等仪器校正后才可获得“校正的发射光谱”。

荧光激发光谱和荧光光谱是进行荧光测量时选择激发波长和发射波长的依据，同时也可以用来鉴别荧光化合物。

2. 发射光谱的特征

荧光光谱具有如下 3 个特征。

(1)斯托克斯位移

在溶液中，所观察到的荧光波长总是大于激发光的波长。这种波长移动的现象是斯托克斯于 1852 年首次观察到的，因而称为斯托克斯位移(Stokes shift)。斯托克斯位移说明了在激发与发射之间存在着一定的能量损失。产生斯托克斯位移的主要原因是存在着振动弛豫和内转换等非辐射跃迁过程。激发态分子返回到基态后，在基态各个不同振动能级间的振动弛豫也会造成斯托克斯位移。

(2)荧光光谱的形状与激发波长无关

虽然荧光化合物的吸收光谱可能不止一个吸收带，但其荧光光谱只有一个发射带。分子吸收能量后跃迁至第一电子激发态的较高振动能级或更高能级的电子激发态（如 S_2、S_3）上，但都要通过振动弛豫和内转换等非辐射跃迁过程回到第一电子激发态的最低振动能级上，再以辐射跃迁的方式回到基态的各个振动能级产生荧光发射。因而，荧光光谱的形状与激发波长无关。

(3)荧光光谱与激发光谱呈镜像对称关系

一般而言，荧光化合物的荧光光谱与其激发光谱之间存在着镜像对称关系。大多数分子吸收光能后跃迁至第一电子激发态的各个振动能级上，经碰撞失去多余能量回到第一电子激发态的最低振动能级；而荧光是从第一电子激发态的最低振动能级返回到基态的各个振动能级时的光辐射。如图 5－3 所示，激发光谱的各个谱带间隔与激发态的能级的能量差相对应，荧光的发射谱带间隔与基态的振动能级的能量差相对应。一般情况下，基态与第一电子激发单重态中振动能级的分布情况是相似的，即基态与第一电子激发单重态有着类似的振动能级间隔。加之，电子跃迁的速率极快，跃迁过程中原子核的位置几乎不变，电子的跃迁可以用垂直线表示。因而，激发光谱与荧光光谱呈镜像对称关系。图 5－4 是蒽的激发光谱和荧光光谱。

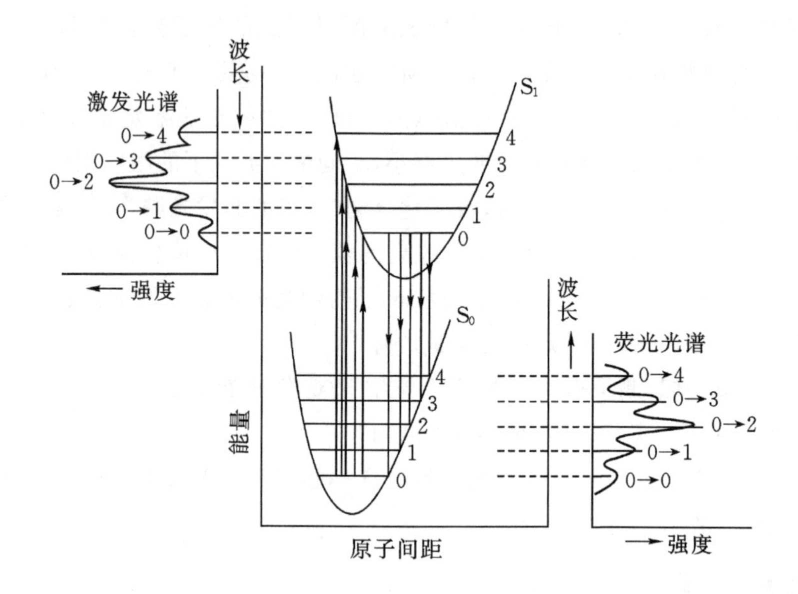

图 5－3　激发光谱与荧光光谱能带的关系

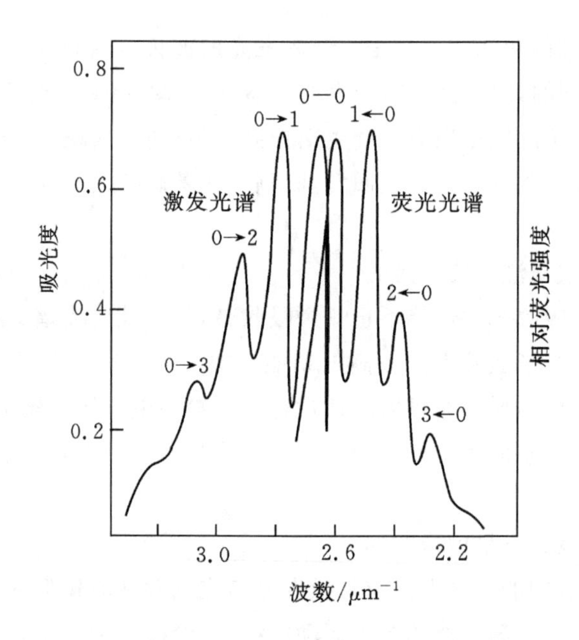

图 5－4　蒽的乙醇溶液的激发光谱和荧光光谱

5.1.3　荧光寿命和荧光量子产率

荧光寿命和荧光量子产率是荧光化合物的重要参数，在实际中，经常需要加以测定。

1. 荧光寿命

荧光寿命(fluorescence time)是指当激发光源停止照射后，处于激发态的分子数目衰减到原来数目的 1/e 所经历的时间，常用 τ_f 表示。

荧光化合物从激发态回到基态的变化可用指数衰减定律表示

$$F_t = F_0 e^{-kt} \tag{5-1}$$

式中：F_0 和 F_t 分别表示 $t=0$ 和 $t=t$ 时的荧光强度；k 为衰减常数。假定在时间 $t=\tau_f$ 时测得的 F_t 为 F_0 的 1/e，则有

$$\frac{F_0}{e} = F_0 e^{-k\tau_f} \tag{5-2}$$

由式(5-2) 可得

$$k = \frac{1}{\tau_f} \tag{5-3}$$

式(5-1)可变形为

$$\frac{F_t}{F_0} = e^{-kt} \tag{5-4}$$

对式(5-4)两边取自然对数并将式(5-3)代入则可得

$$\ln F_0 - \ln F_t = \frac{t}{\tau_f} \tag{5-5}$$

通过测量不同时刻 t 所对应的荧光强度 F_t 值，并以 $\ln F_t$ 对 t 作图，将会得到一条直线，直线的斜率即为 $1/\tau_f$，由此可计算得到荧光化合物的荧光寿命。

利用不同荧光化合物荧光寿命的差异，可进行不同荧光化合物的时间分辨荧光测定。

2. 荧光量子产率

激发态分子是以辐射跃迁还是以非辐射跃迁回到基态，决定物质是否发荧光。辐射跃迁概率的大小通常以荧光量子产率(fluorescence quantum yield)，又称荧光效率(fluorescence efficiency)来描述。荧光量子产率定义为荧光物质吸收光辐射后所发射的光子数与所吸收的激发光的光子总数的比值，常用 φ_f 表示：

$$\varphi_f = \frac{\text{发射的光子数}}{\text{吸收的光子总数}} \tag{5-6}$$

由于激发态分子的去活化过程包括辐射跃迁和非辐射跃迁两种方式，因而荧光量子产率也可表示为

$$\varphi_f = \frac{K_f}{K_f + \sum K} \tag{5-7}$$

式中：K_f 为辐射跃迁的速率常数；$\sum K$ 为非辐射跃迁速率常数的总和。

辐射跃迁速率常数越大，荧光量子产率越高，物质发射的荧光也就越强。若激发态分子在回到基态的过程中没有其它非辐射跃迁过程与发射荧光过程相竞争，那么所有的激发态分子都将以发射荧光的方式回到基态，则这一体系的荧光效率等于 1。一般物质的荧光效率在 0～

1之间。例如，荧光素钠在水中的 $\varphi_f=0.92$，荧光素在水中 $\varphi_f=0.65$，蒽在乙醇中 $\varphi_f=0.30$，菲在乙醇中 $\varphi_f=0.10$。

荧光化合物的荧光量子产率通常采用参比法加以测定。在相同的激发条件下，分别测定待测荧光化合物与参比荧光化合物稀溶液的积分荧光强度（即校正的荧光光谱所包含的面积）。同时对该激发波长下两个溶液的吸光度进行测定。然后按下式计算待测荧光化合物的荧光量子产率。

$$\varphi_{f(U)}=\varphi_{f(S)}\times\frac{F_U}{F_S}\times\frac{A_S}{A_U} \tag{5-8}$$

式中：$\varphi_{f(U)}$ 和 $\varphi_{f(S)}$ 分别表示待测荧光化合物和参比荧光化合物的荧光量子产率；F_U 和 F_S 分别表示待测荧光化合物和参比荧光化合物的积分荧光强度；A_S/A_U 分别表示待测荧光化合物和参比荧光化合物在该激发波长下的吸光度。

硫酸奎宁在0.05 mol/L硫酸溶液中的荧光量子产率为0.55，是测量荧光量子产率时最常用的参比荧光化合物之一。

5.1.4 影响荧光强度的因素

荧光化合物的分子结构和所处的化学环境影响了它的荧光强度。如前所述，荧光量子产率由辐射跃迁的速率常数 K_f 和非辐射跃迁速率常数的总和 $\sum K$ 的相对大小决定。一般而言，K_f 主要取决于荧光化合物的分子结构，而 $\sum K$ 主要取决于化学环境。

1. 分子结构

下面将讨论荧光化合物的分子结构对荧光强度的影响，以便在实际应用时把非荧光化合物转变为荧光化合物，将弱荧光化合物转变为强荧光化合物，从而更有效地运用荧光分析技术。一般而言，强荧光化合物的分子结构普遍具备3个共同特征：具有大的共轭 π 键结构、具有刚性平面结构、具有供电子取代基。

发射强荧光的化合物，其分子都含有共轭 π 键结构。π 电子共轭程度越大，荧光强度越大，发射的荧光波长红移。绝大多数荧光化合物都含有芳香环或杂环，这是因为芳香环和杂环分子都具有共轭 π 键结构的 $\pi\to\pi$ 跃迁。如图5-5所示，由苯、萘到蒽，其芳环数目依次增多，共轭体系依次增大，发射的荧光波长依次向长波方向移动，且荧光效率依次增大。

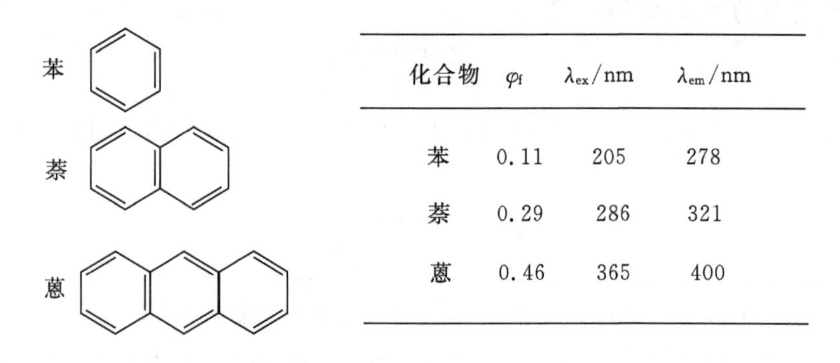

化合物	φ_f	λ_{ex}/nm	λ_{em}/nm
苯	0.11	205	278
萘	0.29	286	321
蒽	0.46	365	400

图5-5 几种线性多环芳烃的分子结构及其荧光特性

除芳香烃外,含有共轭 π 键结构的脂肪烃也可能有荧光,但为数不多。维生素 A 是能发射荧光的脂肪烃之一。

发射强荧光的化合物,其分子多是平面结构且具有一定的刚性。分子的刚性平面越强,荧光效率越大,发射的荧光波长越长。如荧光素的分子结构是平面构型,在 0.1 mol・L^{-1}NaOH 溶液中,其荧光量子产率高达 0.92。而与其分子结构非常相似的酚酞,由于分子中没有氧桥,分子无法保持平面刚性结构,因而无荧光发射。又如,联苯和芴的荧光效率 φ_f 分别为 0.18 和 1.0,二者的结构差别在于芴的分子中加入亚甲基成桥,使两个苯环不能自由旋转,成为刚性平面分子,结果使得共轭 π 电子的共平面性增加,荧光效率大大增加。

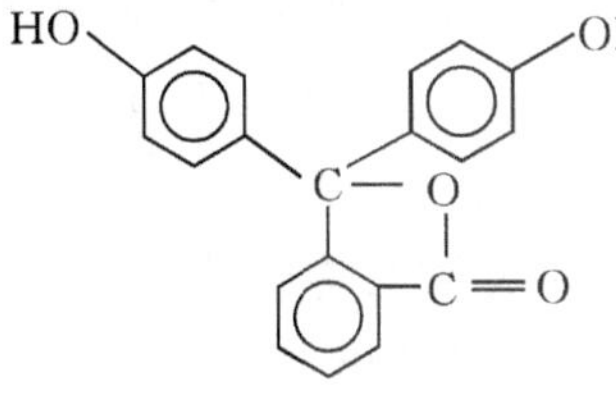

酚酞 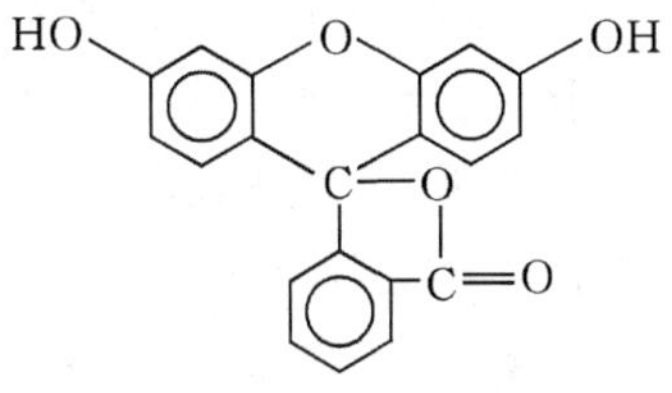　　荧光素

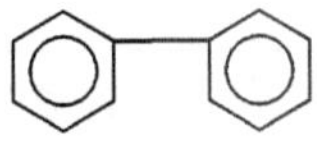

联苯　φ_f=0.18 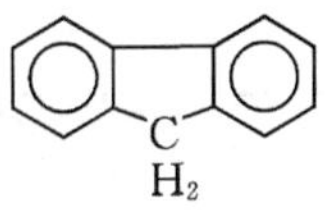　　芴　φ_f=1

有些有机化合物本身不具有刚性平面结构,但它与金属离子形成配合物后变成了刚性平面结构,其荧光强度大大加强。如滂铬 BBR 本身不发荧光,但它在 pH=4.5 时与 Al^{3+} 形成的配合物发红色荧光。

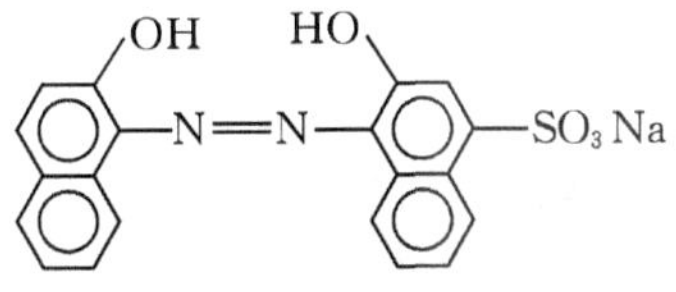

滂铬 BBR 不发荧光 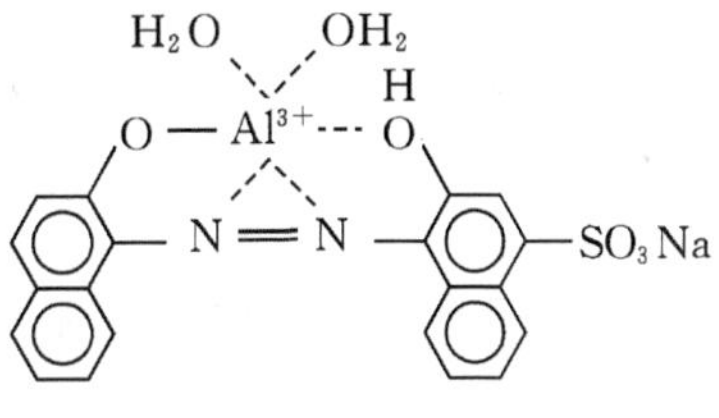　　Al^{3+}-滂铬 BBR 配合物会发荧光

取代基的性质对荧光化合物的荧光特性和荧光强度均有影响。苯环上的取代基会引起最大发射波长的移动及荧光强度的改变。取代基对荧光的影响通常可分为三种情况。

第一种情况:取代基增加了分子的 π 电子共轭程度,提高了荧光效率,使发射的荧光波长红移,如—NH_2、—OH、—OCH_3、—NHR、—NR_2、—CN 等给电子取代基。

第二种情况:取代基减弱了分子的 π 电子共轭程度,降低了荧光效率,使荧光减弱甚至熄灭,如—COOH、—NO_2、—C═O、—NO、—SH、—$NHCOCH_3$、—F、—Cl、—Br、—I 等吸电子取代基。

第三种情况:取代基对 π 电子共轭体系作用较小,如:—R、—SO_3H、—NH_3^+ 等。这类取代基对荧光的影响也不明显。

2. 化学环境

荧光化合物所处的化学环境，如温度、溶剂、酸度、荧光熄灭剂等，对其荧光发射有着直接的影响。在实际分析测定时应加以注意，以便提高荧光分析的灵敏度和选择性。

一般情况下，随着温度的升高，溶液中荧光化合物的荧光量子产率和荧光强度会降低；而当温度降低时，溶液中荧光化合物的荧光量子产率和荧光强度将增大。这是因为当温度升高时，分子运动速度加快，分子间碰撞几率增加，增加了无辐射跃迁的几率；而当温度降低时，介质的黏度增大，溶剂的弛豫效应减弱，降低了无辐射跃迁的几率。例如荧光素钠的乙醇溶液，在 0℃以下，温度每降低 10℃，φ_f 增加 3%，在 −80℃时 φ_f 为 1。

溶剂对荧光的影响是普遍存在的。溶剂对荧光的影响主要来源于溶液的介电常数和折射率等因素。此外，荧光化合物分子也可以与溶剂分子形成分子间氢键，从而影响荧光发射。一般而言，随着溶剂极性的增强，荧光波长向长波方向移动，荧光强度亦增强。这是由于在极性溶剂中，$\pi \rightarrow \pi^*$ 跃迁的能量差减小，使得吸收波长和荧光波长均向长波方向移动。图 5－6 为四种不同溶剂中 2－苯胺基－6－萘磺酸的荧光光谱。可以看出，随着溶剂极性的增强，荧光发射波长发生红移。

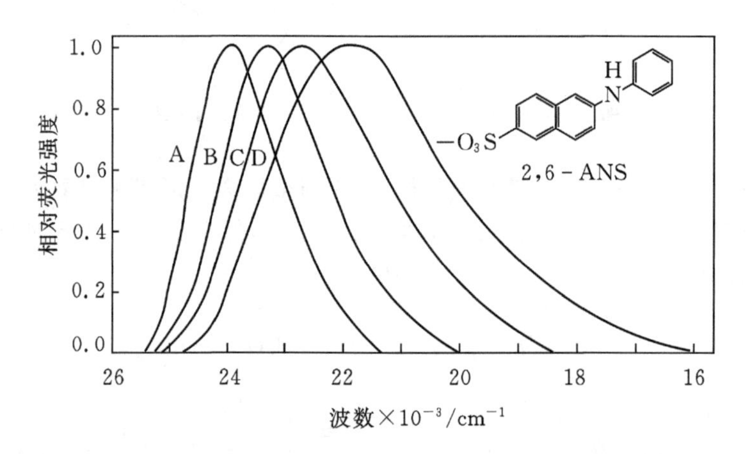

图 5－6　四种不同溶剂中 2－苯胺基－6－萘磺酸的荧光光谱

A—乙腈；B—乙二醇；C—30%乙醇＋70%水；D—水

此外，溶剂黏度较低时，分子间碰撞几率增加，无辐射跃迁几率增加，荧光减弱。即荧光强度随溶剂黏度的降低而减弱。

对于含有酸性或碱性基团的荧光化合物而言，溶液的酸度对其荧光强度有着较大的影响。这主要是因为溶液的酸度影响了这类荧光化合物分子和离子间的平衡，从而影响它们的存在型体的相对大小。例如苯胺在 pH＝7～12 的溶液中主要以分子形式存在，由于—NH_2 是给电子取代基，提高了荧光量子产率，故苯胺分子会发射蓝色荧光；但在 pH＜7 时以苯胺阳离子形式存在，在 pH＞13 时以苯胺阴离子形式存在，两者均不能发射荧光。对这类荧光化合物，在进行荧光测定时应注意控制溶液的酸碱度。

荧光化合物分子与溶剂分子或其它溶质分子相互作用引起荧光强度降低的现象称为荧光

熄灭或荧光猝灭(quenching)。能引起荧光熄灭的物质称为荧光熄灭剂(quencher)。常见的荧光熄灭剂有卤素离子、重金属离子、氧分子以及硝基化合物、重氮化合物、羰基和羧基化合物等。荧光熄灭的原因很多,主要包括以下类型:荧光化合物分子和熄灭剂分子碰撞而损失能量;荧光化合物分子与熄灭剂分子作用生成了本身不发光的配位化合物;溶解氧的存在,使荧光化合物氧化,或是由于氧分子的顺磁性,促进了体系间窜跃,使激发单重态的荧光分子转变至三重态。此外,当荧光化合物浓度过高时,激发态的荧光化合物分子会与基态的荧光化合物分子发生碰撞使其失活,从而导致荧光猝灭。这种现象称为自猝灭。

5.2 荧光光谱仪

荧光光谱仪主要由激发光源、激发单色器(置于样品池前)和发射单色器(置于样品池后)、样品池及检测系统组成,其结构示意图如图 5-7 所示。激发光源发出的光辐射通过入射狭缝,经激发单色器分光后照射到被测物质上,发射的荧光再经发射单色器分光后被检测系统接收,并经信号放大系统放大后记录。

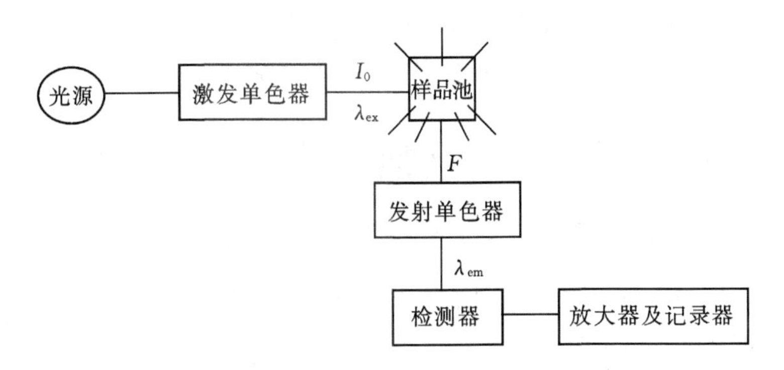

图 5-7 荧光光谱仪结构示意图

荧光光谱仪与紫外-可见分光光度计的差别主要有两点。第一,荧光光谱仪采用垂直方式测量,即在与激发光相垂直的方向测量荧光,以消除透射光的影响。第二,荧光光谱仪有两个单色器,一个是激发单色器,置于样品池前,用于获得单色性较好的激发光;另一个是发射单色器,置于样品池和检测器之间,用于分出某一波长的荧光,以消除其它杂散光的干扰。

荧光光谱仪一般采用氙灯作为激发光源。氙灯发射的谱线强度大,在 200～1000 nm 波长范围内有连续分布。常用氙灯的功率一般在 100～500 W 之间。此外,激光器也可以用作激发光源。由于激光器具有更大的强度和更好的单色性,可以用来提高荧光检测的灵敏度和选择性。

荧光光谱仪有两个单色器:激发单色器和发射单色器。激发单色器用于荧光激发光谱的扫描及激发波长的选择。发射单色器用于荧光发射光谱的扫描及发射波长的选择。

荧光测量用的样品池通常为四面透光的方形石英池。样品池有常量样品池和微量样品池两种。

荧光光谱仪一般采用光电倍增管作为检测器,也有用电荷耦合元件检测器的,后者可以获得荧光二维光谱。

5.3 荧光定量分析方法及应用

5.3.1 荧光强度与溶液浓度间的关系

由于荧光是物质吸收光能被激发后才发射的，因此，溶液的荧光强度(F)与该溶液中荧光物质所吸收光的强度(I_a)和荧光量子效率(φ_f)有关。按照前面荧光量子效率的定义有

$$F = I_a \times \varphi_f \tag{5-9}$$

而荧光物质吸收的光强度(I_a)等于入射光的强度(I_0)与透射光的强度(I_t)之差，于是上式可变换为

$$F = I_a \times \varphi_f = (I_0 - I_t) \times \varphi_f = (1 - \frac{I_t}{I_0}) \times I_0 \times \varphi_f \tag{5-10}$$

根据朗伯-比尔定律可知

$$\frac{I_t}{I_0} = 10^{-\varepsilon lc} \tag{5-11}$$

将式(5－11)代入式(5－10)得到

$$F = (1 - 10^{-\varepsilon lc}) \times I_0 \times \varphi_f \tag{5-12}$$

即

$$F = \left[1 - \left(1 + \frac{(-2.3\varepsilon lc)}{1!} + \frac{(-2.3\varepsilon lc)^2}{2!} + \frac{(-2.3\varepsilon lc)^3}{3!} + \cdots\right)\right] \times I_0 \times \varphi_f$$

$$= \left[2.3\varepsilon lc - \frac{(-2.3\varepsilon lc)^2}{2!} - \frac{(-2.3\varepsilon lc)^3}{3!} - \cdots\right] \times I_0 \times \varphi_f \tag{5-13}$$

若浓度 c 足够小，此时 εlc 值也足够小。当 $\varepsilon lc \leqslant 0.05$，即吸光度 $A \leqslant 0.05$ 时，式(5－13)括号中第二项以后的各项可以忽略，有

$$F = 2.3\varepsilon lc I_0 \varphi_f \tag{5-14}$$

由式(5－14)可知，对于稀溶液，在一定激发光强度和波长下，溶液的荧光强度与溶液中荧光物质的浓度呈正比，式(5－14)是荧光定量分析的依据。但是当 $\varepsilon lc > 0.05$ 时，式(5－13)括号中第二项以后的各项就不能忽略，此时荧光强度与溶液浓度之间不呈线性关系。

荧光分析法是在很弱的背景上测量荧光强度，只要提高检测器的灵敏度，就可以检测到极微弱的荧光信号。因此，荧光分析法的灵敏度很高。此外，荧光强度正比于激发光的强度。增大激发光的强度也可以增大荧光强度，从而提高荧光分析法检测的灵敏度。在荧光分析仪器中常使用高强度的氙灯或激光作为光源。而分光光度法测定的是透过光的强度和入射光的强度的比值，即 I_t/I_0。当浓度很低时，检测器难以区分 I_0 和 I_t 之间的微小差别。即使使用高强度的光源或高灵敏的检测器，透过光的强度和入射光的强度的比值仍然不会改变，对提高分光光度法的检测灵敏度不会起作用。所以分光光度法的检测灵敏度不如荧光分析法高。

5.3.2 荧光定量分析方法

1. 工作曲线法

以标准溶液的浓度为横坐标，以测得的荧光强度为纵坐标，绘制荧光强度-浓度曲线。然

后在相同的条件下测量试样溶液的荧光强度，由工作曲线求出试样溶液中荧光物质的浓度。

2. 比例法

如果工作曲线通过原点，则可采用比例法进行测定。配制一已知浓度的对照品溶液，使其浓度（c_S）在线性范围之内，测定其荧光强度（F_S）。然后在同样条件下测定试样溶液的荧光强度（F_X），按比例关系计算试样中荧光物质的含量（c_X）。如果空白溶液的荧光强度不为 0，则需从 F_S 及 F_X 值中扣除空白溶液的荧光强度（F_0）后，再按下式进行计算

$$\frac{F_S - F_0}{F_X - F_0} = \frac{c_S}{c_X} \quad c_X = \frac{F_X - F_0}{F_S - F_0} \times c_S \tag{5-15}$$

5.3.3 荧光分析法的应用

1. 无机化合物分析

大多数无机离子与溶剂之间的相互作用很强，其激发态多以非辐射跃迁方式返回基态，发荧光者甚少。然而很多无机离子可以与一些有机化合物形成有荧光的络合物，利用这一性质可对其进行荧光测定。可利用这一性质测定的无机离子已近 70 种。

能够同无机离子形成荧光络合物的有机试剂绝大多数是芳香族化合物。它们通常含有两个或两个以上的官能团，能与金属离子形成五元环或六元环的螯合物。由于螯合物的生成，分子的刚性平面结构增大，使原来不发荧光或荧光较弱的化合物转变为强荧光化合物。例如，荧光镓在 pH＝5.0 时与 Al^{3+} 形成发射黄绿色荧光的络合物，pH＝3.0 时与 Ca^{2+} 形成发射黄色荧光的络合物。安息香在碱性介质中与硼酸盐形成发射蓝绿色荧光的络合物，与 Zn^{2+} 形成发射绿色荧光的络合物。桑色素在碱性溶液中与 Be^{2+} 形成发射黄绿色荧光的络合物等。

荧光分析中常用的另一类络合物是三元离子缔合物。例如 Au^{3+}、Ga^{3+}、TI^{3+} 等阳离子首先与 Cl^-、Br^- 等卤素离子形成二元络阴离子，再与阳离子荧光染料罗丹明 B 缔合形成三元离子缔合物。又如 Ag^+ 首先与邻菲咯啉形成的二元络阳离子，与阴离子荧光染料曙红缔合后可使其荧光猝灭，根据荧光降低的程度可对 Ag^+ 进行分析。

荧光猝灭法也是荧光分析中经常采用的方法。除了上述 Ag^+ 外，可采用荧光猝灭法间接测定的离子还有 F^-、S^{2-}、Fe^{3+}、Co^{2+}、Ni^{2+}、Cu^{2+} 等。

2. 有机化合物分析

脂肪族有机化合物的分子结构较为简单，本身能发生荧光的很少，一般需要与其它试剂反应后才能进行荧光分析。如丙三醇与苯胺在浓硫酸介质中反应生成发射蓝色荧光的喹啉，据此可以测定 0.1～2 $\mu g \cdot mL^{-1}$ 丙三醇。

芳香族化合物因具有共轭的不饱和体系，多数能发生荧光，可以直接采用荧光法进行测定。如在弱碱性条件下，可测定 0.001 $\mu g \cdot mL^{-1}$ 以上对氯基萘碘酸及 0～5 $\mu g \cdot mL^{-1}$ 蒽。对于具有致癌活性的多环芳烃，荧光分析法已成为最主要的测定方法。为了提高测定的灵敏度，有时也将芳香族化合物与适当试剂反应之后再进行测定。例如，水杨酸与铽形成络合物后，荧光增强，测定灵敏度提高。再如，糖尿病研究中的重要物质阿脲（四氧嘧啶）与苯二胺反应后，荧光强度增强，可用于测定血液中低至 10^{-20} $mol \cdot L^{-1}$ 阿脲。

在生物化学分析、生理医学研究和临床、药物分析领域，许多重要的分析对象，如维生素、氨基酸和蛋白质、胺类和甾族化合物、酶和辅酶等，均可采用荧光法进行分析。由于荧光法的

灵敏度高，它还用于生理过程中生物活性物质之间的相互作用、生化物质的变化以及反应动力学过程的研究和监测之中。

5.4 荧光分析新技术简介

随着仪器分析的发展，分子荧光分析法的新技术发展亦很迅速，下面简单介绍。

5.4.1 同步荧光分析法

在对一些复杂混合物进行分析时，荧光分析法常常会遇到光谱重叠、不易分辨等问题。同步荧光分析法(synchronous fluorometry)能很好地解决这一问题。与常规荧光分析法相比，同步荧光分析法具有简化光谱、提高选择性、减少光散射干扰等特点，非常适合多组分混合物的分析。同步荧光分析法同时扫描激发波长和发射波长，由测得的荧光强度信号与对应的激发波长或发射波长构成同步荧光光谱图。具体做法是：在荧光物质的激发光谱和荧光光谱中选择一适宜的波长差值 $\Delta\lambda$(通常选用 λ_{ex}^{max} 与 λ_{em}^{max} 之差)，同时扫描激发波长和发射波长，得到同步荧光光谱。若 $\Delta\lambda$ 值相当或大于斯托克斯位移，就能获得尖而窄的同步荧光峰。同步荧光峰的信号强度 I_{sf} 与荧光物质浓度 c 具有如下关系

$$I_{sf}(\lambda_{ex},\lambda_{em}) = klcEx(\lambda_{ex})Em(\lambda_{em}) \tag{5-16}$$

式中：l 为待测溶液厚度；$Ex(\lambda_{ex})$ 和 $Em(\lambda_{em})$ 分别表示激发光谱和发射光谱；k 为实验的条件常数。当实验条件一定时，同步荧光峰的信号强度与荧光物质浓度成正比。

5.4.2 三维荧光光谱法

普通荧光光谱所测得的激发光谱和荧光光谱是二维谱图。而荧光强度实际上应是激发波长和发射波长这两个变量的函数。三维荧光光谱(three-dimensional fluorometry)就是描述荧光强度随激发波长和发射波长同时变化的谱图。三维荧光光谱有等角三维投影图和等高线光谱图两种表示形式。在等角三维投影图中，空间坐标 X、Y、Z 轴分别表示发射波长、激发波长和荧光强度。作图时，若 Y 轴的激发波长从小到大，可得到正面观察的投影图。等角三维投影图表示形式比较直观，能从图上观察到荧光峰的位置和高度，以及荧光光谱的某些特性，但不能提供有关激发-发射波长所对应的荧光强度信息。在等高线光谱图中，平面坐标的横轴表示发射波长，纵轴表示激发波长，将荧光强度相等的各个点连接起来，便在发射波长-激发波长的平面图上构成了由一系列等强度线组成的等高线光谱图。等高线光谱图表示形式、步骤稍显繁琐，但能够从中获得普通激发光谱、发射光谱及同步光谱的关系信息。

5.4.3 时间分辨荧光分析法

时间分辨荧光分析法(time-resolved fluorometry)是利用不同物质的荧光寿命之间的差异，在激发和检测之间延缓的时间不同，实现分别检测的目的。时间分辨荧光分析法采用脉冲激光作为光源，激光照射试样后所发射的荧光是一混合光，它包括待测组分的荧光、其它组分或杂质的荧光和仪器的噪声。如果选择合适的延缓时间，可测定被测组分的荧光而不受其它组分、杂质的荧光及噪声的干扰。目前时间分辨荧光法已应用于免疫分析，发展成为时间分辨荧光免疫分析法(time-resolved fluoroimmunoassay)。

5.4.4　空间分辨荧光分析法

传统荧光分析法缺乏空间的分辨能力，不能反映空间上某一位点的信息。空间分辨荧光分析法(space-resolved fluorometry)的出现突破了传统荧光分析法的局限性，为获得空间定位信息提供了技术保障。空间分辨荧光分析法包括共聚焦荧光法、多光子荧光法、全内反射荧光法以及近场荧光法等。共聚焦荧光法利用“针孔”效应，可对样品进行纵深剖析。多光子激发荧光法根据非线性光学原理，提高了空间分辨率。全内反射荧光法可有效地排除本体干扰，获取界面层信息。近场荧光法借用扫描隧道显微镜原理，突破传统光学衍射的限制。空间分辨荧光分析技术具有独特的空间分辨能力，可实现单分子水平的检测，在材料科学、生物科学和医学等领域显现出巨大的作用。

5.4.5　激光荧光分析技术

激光荧光分析法以激光作为激发光源。相对于氙灯光源，激光光源具有更强的能量和极好的单色性，因而激光荧光分析法比常规荧光分析法具有更高的灵敏度和更好的选择性。常规荧光分光光度计一般有激发和发射两个单色器，而以激光为光源的荧光分光光度计只有一个发射单色器。此外，可调谐激光器用于分子荧光具有很突出的优点。目前，激光荧光分析法已成为分析超低浓度物质灵敏而有效的方法之一。

5.4.6　胶束增敏荧光分析

胶束溶液即浓度在临界浓度以上的表面活性剂溶液。表面活性剂的化学结构中都包含一个极性的亲水基和一个非极性的疏水基。在极性溶剂(如水)中，几十个表面活性剂分子聚合成团，将非极性的疏水基尾部靠在一起，形成亲水基向外、疏水基向内的胶束。胶束溶液对荧光物质具有增溶、增敏和增稳的作用。例如，室温时芘在水中的溶解度极低，约为 $5.2\times10^{-7}\sim8.5\times10^{-7}$ $mol\cdot L^{-1}$，而在十二烷基硫酸钠的胶束水溶液中溶解度可达 0.043 $mol\cdot L^{-1}$。胶束溶液对荧光物质的增敏作用是因非极性的有机物与胶束的非极性尾部有亲和作用，减弱了荧光质点之间的碰撞，减少了分子的无辐射跃迁，增加了荧光效率，从而增加了荧光强度。此外，荧光物质被分散和定域于胶束中，降低由于荧光熄灭剂的存在而产生的熄灭作用，也降低了荧光物质的自熄灭，从而延长了荧光寿命，对荧光起到增稳作用。胶束溶液的增溶、增稳和增敏的作用，可大大地提高荧光分析法的灵敏度和稳定性。

5.5　磷光分析法

5.5.1　基本原理

磷光是由处于第一电子激发三重态最低振动能级上的分子跃迁返回到基态时所产生的光辐射。由于这种跃迁属于自旋禁阻跃迁，其发光速率慢得多。与荧光比较，磷光具有 3 个显著的特征：a. 磷光的发射波长比荧光长；b. 磷光的寿命比荧光长；c. 磷光的寿命和辐射强度对于重原子和顺磁性离子非常敏感。

由于分子在第一激发三重态停留时间较长，增大了激发态分子与周围溶剂分子间碰撞和能量转移的几率，这些过程都会使激发态分子失活，使磷光减弱甚至消失。为了减少这些去活化过程，通常在低温下测量磷光。

液氮是低温磷光测量时最常用的冷却剂。同时，测量时溶剂的选择至关重要。要求溶剂应有足够的黏度，并能形成明净的刚性玻璃体，对分析物具有良好的溶解性，并且在测量的光谱范围内没有强的吸收和发射。最常用的溶剂是 EPA，它是由乙醇、异戊烷和二乙醚按体积比 2∶5∶5 混合而成。溶剂在使用前应提纯，以除去其中的芳香族和杂环化合物等杂质。

在分子中引入重原子取代基，或者使用含有重原子的溶剂，常会导致磷光量子产率的增大，这种作用称为重原子效应。前者称为内部重原子效应，而后者为外部重原子效应。重原子的高核电荷使磷光分子的电子能级交错，容易引起或增强磷光分子的自旋轨道耦合作用，从而使 $S_1 \rightarrow T_1$ 的体系间窜跃几率增大，有利于增大磷光效率。

当磷光物质浓度很小时，磷光强度 P 与磷光物质浓度 c 之间的关系为

$$P = 2.3\varphi_p I_0 \varepsilon l c \tag{5-17}$$

式中：φ_p 为磷光量子产率；I_0 为激发光的强度；ε 为磷光物质的摩尔吸收系数；l 为样品池的厚度。在实验条件一定的情况下，上式可写成

$$P = Kc \tag{5-18}$$

式(5-18)是磷光分析法定量的依据。

5.5.2 室温磷光

在低温下测量磷光需要低温实验装置，且在溶剂使用上具有一定的限制。而在室温下测量磷光可以避免这些不足。在室温测量磷光时，可将试样固定在固体基质上，也可溶解在胶束溶液或环糊精溶液中。

在室温下以固体基质吸附磷光物质，增加了分子刚性、减少了三重态猝灭等非辐射跃迁，从而提高了磷光量子效率。常用的固体基质可分为无机载体和有机载体。无机载体有硅胶、氧化铝；有机载体有滤纸、纤维素、淀粉等。

利用表面活性剂在临界浓度所形成具多相性的胶束，改变了磷光物质的微环境、增加了定向约束力，从而减小了内转换和碰撞等去活化的几率，提高了三重态的稳定性。

也可使用环糊精溶液进行室温磷光测量。

5.5.3 磷光分析仪器

磷光光谱仪与荧光光谱仪相似，都是由激发光源、样品池、单色器和检测器等组成，不同之处在于磷光光谱仪需要有装液氮的石英杜瓦瓶以及可斩光的磷光镜。

为了能在低温下测量磷光，盛试液的石英样品池需放置在盛液氮的石英杜瓦瓶内。

通常发射磷光的物质也能发射荧光。为了将发射的磷光和荧光区分开来，需要一个机械斩光装置，这种斩光装置称为磷光镜。磷光镜有转筒式和转盘式两种，如图 5-8 所示。利用磷光镜不仅可分别测出荧光和磷光强度，还可以测出不同寿命的磷光。

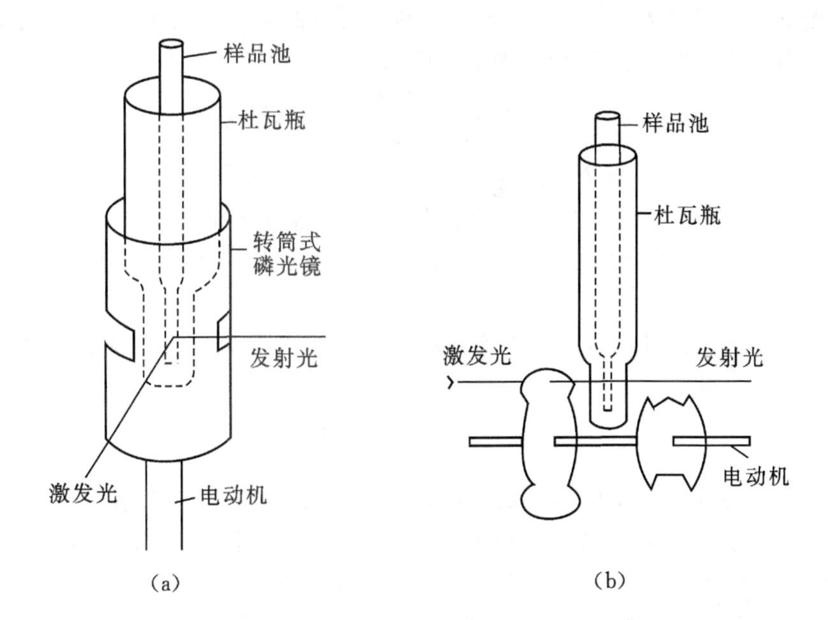

图 5-8　磷光镜
(a)转筒式磷光镜;(b)转盘式磷光镜

5.6　化学发光分析

5.6.1　基本原理

化学发光(chemiluminescence)是指某些化学反应发出光辐射的现象。利用化学发光现象建立起的分析方法称为化学发光分析法。若化学发光发生于生命体系,则称为生物发光(bioluminescence)。化学发光反应的激发能来源于化学反应所产生的化学能。在化学反应中,某一反应产物、反应中间体或反应物吸收了化学反应所产生的化学能而成为激发态分子,当它们从激发态返回基态时,以光辐射的形式将吸收能量释放出来便产生化学发光。这一过程可表示为:

$$A + B \longrightarrow C^{*} + D \qquad C^{*} \longrightarrow C + h\nu$$

一个化学反应要能够产生化学发光,必须具备如下 3 个条件:

①能够快速地释放出足够的能量。要使化学发光反应发射的波长在可见区,约需 170～1300 kJ/mol 激发能。只有放热反应才可以产生足够的能量。几乎所有的化学发光反应都是氧化还原反应,需要氧、过氧化氢或其它强氧化剂的参与。

②反应途径要有利于激发态产物的形成。

③激发态分子能够以辐射跃迁的形式返回基态,或能够将能量转移给可以产生辐射跃迁的其它分子。

一个化学发光反应包含一个化学反应过程和一个发光过程。因而,对于一个化学发光反应,发光强度是由化学反应的速率和化学发光量子产率共同决定的。

化学发光量子产率定义为发射的光子数与参加反应的分子数之比，等于生成激发态分子的效率和激发态分子的发光效率之积，如下式所示：

$$\varphi_{CL} = \frac{发射的光子数}{参加反应的分子数} = \varphi_r \times \varphi_f \tag{5-18}$$

$$\varphi_r = 激发态分子数 / 参加反应的分子数$$

$$\varphi_f = 发射的光子数 / 激发态的分子数$$

式中：化学效率 φ_r 取决于化学发光反应本身；而发光效率 φ_f 取决于激发态分子的结构和性质，亦受环境因素的影响。

化学发光强度以单位时间内发射的光子数表示，等于单位时间内被测物浓度的变化与化学发光效率 φ_{CL} 的乘积

$$I_{CL}(t) = \varphi_{CL} \times \frac{dc}{dt} \tag{5-19}$$

通常，在化学发光反应中，被测物浓度远远小于发光试剂浓度。因此，对于被测物来说，发光试剂浓度可认为是一常数，发光反应可视为一级反应。t 时刻的化学发光强度 $I_{CL}(t)$ 与该时刻的被测物浓度 c 成正比，故可以通过某一时刻的化学发光强度来对被测物浓度进行定量，通常采用化学发光峰值强度对被分析物进行定量。在化学发光分析中，也可采用化学发光总强度来进行定量分析，即在一定的时间间隔里对化学发光强度进行积分。对式(5-19)进行积分，可得：

$$\int I_{CL} dt = \varphi_{CL} \int \frac{dc}{dt} \times dt = \varphi_{CL} \times c \tag{5-20}$$

由式(5-20)可知，化学发光总强度与被测物浓度成正比。

5.6.2 化学发光反应的类型及应用

化学发光反应既可以在溶液中进行，也可以在气相或固相中进行。

1. 气相化学发光

可进行分析应用的气相化学发光体系较少，O_3 化学发光体系是其中的代表。在气相中，O_3 能氧化 NO、乙烯等，产生化学发光。原子氧也能氧化 SO_2、NO、CO 等，产生化学发光。例如

$$NO + O_3 \longrightarrow NO_2^* + O_2 \qquad NO_2^* \longrightarrow NO_2 + h\nu(\lambda \geqslant 600\ nm)$$

$$CO + O \longrightarrow CO_2^* \qquad CO_2^* \longrightarrow CO_2 + h\nu(\lambda = 300 \sim 500\ nm)$$

O_3 气相化学发光体系可用来检测 O_3、NO、NO_2、H_2S、SO_2 和 CO 等。

2. 液相化学发光

液相化学发光体系很多，最常用的液相化学发光体系有鲁米诺、光泽精、过氧化草酸酯、高锰酸钾和四价铈等。

鲁米诺(luminol)是最常用的液相化学发光反应试剂。在碱性水溶液中，鲁米诺被氧化剂氧化生成3-氨基苯二甲酸盐而发出最大波长为425 nm的蓝色光。许多氧化剂都可以用来氧化鲁米诺，如高锰酸盐、次氯酸盐以及碘等，最常用的是过氧化氢。鲁米诺-过氧化氢化学发光反应的速度较慢，发光信号较弱，通常需要催化剂的存在。常用的催化剂有过氧化物酶、氯化高铁血红素、过渡金属和铁氰酸盐等。利用这一化学发光体系可测定催化剂或催化剂标记的

物质、过氧化物或可以转化成过氧化物的物质，以及鲁米诺或者鲁米诺标记的物质。此外，利用某些金属离子或非金属离子对该化学发光反应的抑制作用，可实现对这些物质的间接化学发光分析。

光泽精(lucigenin)在碱性溶液中被过氧化氢氧化生成N-甲基吖啶酮，发出绿色的光。光泽精的氧化产物水溶性较差，常需加入表面活性剂增加溶解性。利用过渡金属离子对这一体系的催化作用可实现对过渡金属离子的测定。此外，在溶解氧的存在下，光泽精还可以与还原剂发生化学发光反应，该反应可用来测定具有重要临床意义的还原性物质。

过氧化草酸酯(peroxyoxalates)化学发光反应体系是非生物化学发光反应中发光效率最高的，其发光效率为20%～30%。过氧化草酸酯与过氧化氢反应生成四元环的高能中间体，高能中间体将能量转移给荧光团而产生光辐射。过氧化草酸酯化学发光反应的发射光谱由荧光团决定。该类化学发光反应可被用来测定过氧化氢、稠环芳烃以及丹磺酰基或荧光素标记的化合物。最常用的过氧化草酸酯试剂是双(2,4,6-三氯苯基)草酸酯和双(2,4二硝基苯)草酸酯。此外，过氧化草酸酯是荧光棒中的发光试剂。

在酸性介质中，高锰酸钾和四价铈可氧化还原性物质，产生弱的化学发光信号。利用这一性质可测定上百种还原性无机物和有机物。

5.6.3　化学发光分析仪器

按照进样方式不同，化学发光分析仪器分为静态式和流动注射式。

静态式化学发光仪适用于反应动力学研究。但由于进样重复性差，测量的精密度不高，且难于实现自动化，分析效率也较低，应用不及流动注射式化学发光仪普遍。

流动注射式化学发光分析仪主要由蠕动泵、进样阀、反应盘管和检测器组成。蠕动泵推动载流在管道中连续稳定地流动。进样阀以高度重现的方式把一定体积的试液注射到载流中，在流动过程中，试液逐渐分散并与载流中的试剂在反应盘管中发生反应并被检测器检测。由于检测的光信号只是整个发光动力学曲线的一部分，必须根据反应速率调整进样阀至检测器之间的管道长度或流速，以控制留存时间，使发光信号的峰值恰好被检测，以获得最高的灵敏度。

参考文献

[1] 许金钩，王尊本. 荧光分析法[M]. 3版. 北京：科学出版社，2006.
[2] 林金明. 化学发光基础理论与应用[M]. 北京：化学工业出版社，2004.

小结

1. 基本概念

①荧光：物质分子接受光子能量而被激发，随后从第一激发单重态的最低振动能级返回基态时发射出的光。

②振动弛豫：激发态各振动能级的分子通过与溶剂分子的碰撞而将部分能量传递给溶剂分子，返回到同一电子能级的最低振动能级的过程。

③内转换：当两个电子激发态之间的能量相关较小以致其振动能级有重叠时，受激分子可

能由较高电子能级以无辐射方式转移至较低电子能级的过程。

④外转换：在溶液中激发态分子与溶剂分子及其它溶质分子之间相互碰撞而以热能的形式放出能量的过程。

⑤体系间窜跃：处于激发态分子的电子发生自旋反转而使分子的多重性发生变化，分子由激发单重态窜跃到激发三重态的过程。

⑥磷光：经过体系间窜跃的激发态分子再通过振动弛豫回到激发三重态的最低振动能级，分子在此三重态的最低振动能级停留一段时间后返回至基态的各个振动能级而发出的光辐射。

⑦激发光谱：荧光强度与激发波长间的关系曲线，它表示不同激发波长的辐射引起物质发射某一波长荧光的相对效率。

⑧发射光谱：荧光强度与发射波长间的关系曲线，它表示当激发光的波长和强度保持不变时，在所发射的荧光中各种波长组分的相对强度。

⑨瑞利散射和拉曼散射、激光荧光分析、时间分辨荧光和同步荧光分析。

⑩化学发光是由化学反应提供激发能，激发产物或其它共存物而产生光辐射。

2. 基本理论

①能够发射荧光的物质应同时具备两个条件：a. 大的共轭 π 键结构；b. 刚性平面结构。

②荧光光谱的特征：荧光波长总是大于激发光波长，荧光光谱的形状与激发波长无关，荧光光谱与吸收光谱存在“镜像对称”关系。

③荧光分析法定量的依据：当 $\varepsilon lc \leqslant 0.05$ 时，$F = 2.3\varepsilon lcI_0\varphi_f$

④荧光定量分析方法：a. 校正曲线法；b. 比例法。

⑤磷光的发射波长比荧光长；磷光的寿命比荧光长。

⑥化学发光反应必须具备三个条件。化学发光反应有液相化学发光和气相化学发光两种。常用的化学发光分析仪器有静态式和流动注射式两类。

思考题与习题

1. 解释名词：单重态，三重态，荧光，磷光，荧光猝灭，系间窜跃，振动弛豫，重原子效应。

2. 为什么荧光发射光谱的形状与激发波长无关？

3. 何谓荧光量子产率？具有哪些分子结构的物质具有较高的荧光量子产率？

4. 溶液的极性、pH 值及温度对荧光强度有什么样的影响？

5. 试从原理和仪器两方面比较吸光光度法和荧光分析法的异同，并说明为什么荧光分析法的检出能力优于吸光光度法。

6. 请设计两种方法测定溶液中 Al^{3+} 的含量。（一种化学分析方法，一种仪器分析方法）

7. 试指出萘在 1 -氯丙烷、1 -溴丙烷和 1 -碘丙烷哪一种溶剂中具有更强的荧光。

8. 将等量的蒽溶解于苯和氯仿中，在哪种溶剂中能产生更强的磷光？

9. 在实际测量中，如何将荧光和磷光区分开来？

10. 化学发光反应应满足哪些条件？

11. 什么是化学发光效率？化学发光效率越大，化学发光强度也就越大。这个说法是否正确？

12. 试从原理和仪器两方面比较荧光分析法和化学发光分析法。

13. 用荧光法测定复方炔诺酮片中炔雌醇的含量时，取供试品 20 片(每片含炔诺酮应为 0.54～0.66 mg，含炔雌醇应为 31.5～38.5 μg)，研细溶于无水乙醇中，稀释至 250 mL，滤过，取滤液 5 mL，稀释至 10 mL，在激发波长 285 nm 和发射波长 307 nm 处测定荧光强度。如炔雌醇对照品的乙醇溶液($1.4\ \mu g \cdot mL^{-1}$)在同样测定条件下荧光强度为 65，则合格片的荧光读数应在什么范围内？　(58.5～71.5)

14. 1.00 g 谷物制品试样，用酸处理后分离出维生素 B_2 及少量无关杂质，加入少量 $KMnO_4$，将维生素 B_2 氧化，过量的 $KMnO_4$ 用 H_2O_2 除去。将此溶液移入 50 mL 量瓶，稀释至刻度。吸取 25 mL 放入样品池中测定荧光强度(维生素 B_2 中常含有发生荧光的杂质叫光化黄)。事先将荧光计用硫酸奎宁调至刻度 100 处。测得氧化液的读数为 60。加入少量连二亚硫酸钠($Na_2S_2O_4$)，使氧化态维生素 B_2(无荧光)重新转化为维生素 B_2，这时荧光计读数为 55。在另一样品池中重新加入 24 mL 被氧化的维生素 B_2 溶液，以及 1 mL 维生素 B_2 标准溶液($0.5\ \mu g \cdot mL^{-1}$)，这一溶液的读数为 92，计算试样中维生素 B_2 的质量分数。

($0.5698\ \mu g \cdot g^{-1}$)

第 6 章　核磁共振波谱法

基本要求

1. 掌握核磁共振现象的基本原理；
2. 熟悉核磁共振波谱仪；
3. 掌握核磁共振波谱解析方法和步骤。

核磁共振波谱(Nuclear Magnetic Resonance spectroscopy, NMR)是利用磁场中原子核对射频辐射的吸收现象进行定性、定量分析的仪器分析方法。早在 1924 年 Pauli 就预言了核磁共振的基本理论，直到 1946 年，斯坦福大学的 Bloch 教授和哈佛大学的 Purcell 教授才在各自的实验中观察到核磁共振现象，由此他们共同获得了 1952 年诺贝尔物理学奖。1956 年 Varian 公司制造了第一台高分辨核磁共振商品仪器，此后，核磁共振波谱法得到了普及和广泛的应用。核磁共振波谱法是鉴定有机化合物结构的重要工具。不同于红外和紫外-可见光谱分析，核磁共振波谱法主要用于分析有机物的碳氢骨架，快速准确鉴定官能团类型、碳原子的连接方式和分子立体结构等。例如，利用核磁共振波谱法可以快速区分下列异构体：

H_3C—CH₂CH₂CH₂—OH　与　H_3C—CH(CH_3)—CH₂—OH　　　H_3C—CH=CH—Ph　与　CH_3—CH=CH—Ph

近年来，伴随性能优异的新仪器及新技术的出现，核磁共振的应用范围大大扩展，从有机物结构分析逐步拓展到化学反应动力学、高分子化学、医学、药学和生物学等领域。

6.1　核磁共振基本原理

6.1.1　核磁共振现象

将自旋的原子核放入磁场后，用适宜频率的电磁波照射，可以发生原子核能级的跃迁并产生共振吸收信号，这种磁场中的原子核对电磁波的共振吸收称为核磁共振。

1. 原子核自旋现象

原子核大都围绕着某个轴作自旋运动，自旋原子核具有自旋角动量 $\boldsymbol{P}$，$\boldsymbol{P}$ 是量子化的，可用自旋量子数 I 表示。$\boldsymbol{P}$ 的数值与 I 的关系如式(6－1)

$$P = \sqrt{I(I+1)} \cdot \frac{h}{2\pi} \tag{6-1}$$

式中：h 为普朗克常量；I 可为 0，1/2，1，3/2，…。$I=0$ 时，$P=0$，即原子核不发生自旋；当 $I\neq 0$ 时，原子核才具有自旋现象。

实验证明，自旋量子数 I 与原子质量数 A 及原子序数 Z 有关（见表 6－1）。A 和 Z 均为偶数的原子核，$I=0$，没有自旋现象；而 A 和 Z 之一为奇数或均为奇数时，$I\neq 0$，原子核具有自旋现象。$I=1/2$ 时，原子核的电荷呈球形分布，核磁共振现象较为简单，是目前研究的主要对象。属于这一类的核有 ^{1}H、^{13}C、^{15}N、^{19}F、^{31}P 等。其中研究最多、应用最广的是 ^{1}H 和 ^{13}C 核。

表 6－1　自旋量子数 I 与原子质量数 A 及原子序数 Z 的关系

A	Z	I	核电荷分布	NMR	原子核
偶数	偶数	0	/	无	^{12}C、^{16}O、^{32}S
奇数	奇数	1/2	球形	有	^{1}H、^{13}C、^{15}N、^{19}F、^{31}P
奇数	偶数	3/2，5/2，…	扁平椭圆形	有	^{17}O
偶数	奇数	1，2，3，…	伸长椭圆形	有	^{2}H、^{14}N

2. 自旋核在磁场中的行为

原子核是带正电粒子，可视为电荷分布均匀的球体，当原子核自旋时，将会产生磁矩，磁矩的方向可用右手螺旋定则确定（见图 6－1）。

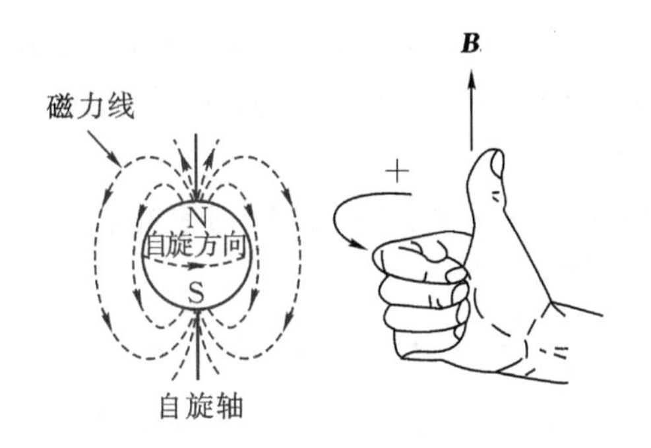

图 6－1　核自旋时产生的磁矩可用右手螺旋定则判断

在没有外加磁场下，核磁矩的指向是无规则的；若将自旋核放入磁场中，由于磁矩与磁场相互作用，核磁矩相对外加磁场有不同的取向。

按照量子力学理论，核磁矩在外磁场中的投影是量子化的，可用磁量子数 m 描述，m 可取数值与自旋量子数 I 有关：$m=I, I-1, I-2, \cdots, -I$。因此，自旋核在外磁场中有 $(2I+1)$ 种取向，每种取向对应一定的能量。

对于 ^{1}H 核，自旋量子数 $I=1/2$，故有 $m=+1/2$ 和 $m=-1/2$ 两种取向（见图 6－2）。其中 $m=+1/2$ 的能量较低，为低能自旋态，磁矩方向与外磁场同向；$m=-1/2$ 的能量较高，为高能自旋态，磁矩与外磁场方向相反，两种自旋态的能级差为

$$\Delta E = h\frac{\gamma}{2\pi}B_0 \tag{6-2}$$

式中：h 为普朗克常量；B_0 为外磁场强度；γ 为旋磁比，为常数，大小取决于核的类型，对于 ^{1}H，$\gamma=2.675\times10^{8}\ T^{-1}\cdot s^{-1}$。

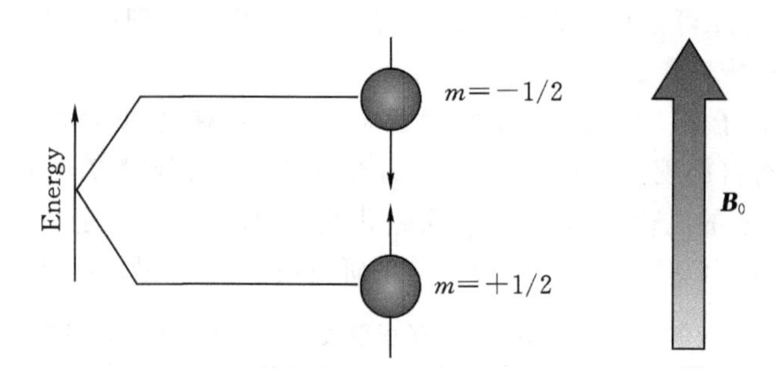

图 6-2　磁场下^{1}H核的高能态与低能态

3. 核磁共振过程

以一定频率的射频照射处于磁场$\boldsymbol{B}_0$中的自旋核，当射频的能量与核跃迁所需能量正好相等时，低能态的核将吸收射频能量跃迁至高能态，即发生核磁共振现象，即

$$E_{射频} = \Delta E \tag{6-3}$$

$$h\nu = h\frac{\gamma}{2\pi}B_0 \tag{6-4}$$

$$\nu = \frac{\gamma}{2\pi}B_0 \tag{6-5}$$

式(6-5)为核磁共振时射电频率ν与磁场强度B_0之间的关系。此式还说明下述两点：a. 对于不同的原子核，由于磁旋比γ不同，核磁共振的条件亦不同；b. 对于同一核，γ值为常数，此时外加磁场B_0与共振频率ν成正比。

由此，可以计算特定核在磁场中发生共振所需射频的频率大小。例如，^{1}H核在强度为7.046 T的磁场中发生核磁共振所需照射频率为

$$\nu = \frac{\gamma}{2\pi}B_0 = \frac{2.675\times10^8}{2\times3.1416}\ \mathrm{T^{-1}\cdot s^{-1}}\times7.046\ \mathrm{T} = 3\times10^8\ \mathrm{Hz} = 300\ \mathrm{MHz}$$

由上可知，核磁共振的发生须具备三个条件：a. 原子核具有自旋特征；b. 存在外加磁场$\boldsymbol{B}_0$，使其产生较大的能级分裂；c. 需要一定频率的电磁波照射，使核完成能级跃迁。

不同能级分布的核的数目可由玻尔兹曼分布定律计算，然而，计算表明磁场中处于低能态的核($m=+1/2$)仅比高能态的核($m=-1/2$)多一点。如室温下(300 K)于1.409 T磁场中，低能态的氢核数仅比高能态的多十万分之一。因此，在射频照射下(尤其是强照射)，氢核吸收能量跃迁后很容易使试样达到“饱和”而不能进一步观察到共振信号。由于核磁共振吸收的能量很小，很难通过辐射途径发射谱线的方式回到低能态。为了保持持续的核磁共振信号，激发到高能态的核需通过非辐射途径将能量释放到周围环境中去，即所谓的弛豫过程(relaxation)。核磁共振中的弛豫过程分为自旋-晶格弛豫和自旋-自旋弛豫。自旋-晶格弛豫，又称纵向弛豫，指自旋核与周围环境(如固体的晶格、液体分子或溶剂分子)发生能量交换后返回到低能态。自旋-自旋弛豫，又称为横向弛豫，是自旋核与能量相当的核进行能量交换，一般是两个进动频率相同而进动取向不同(即能级不同)的磁性核，在一定距离内发生能量的相互交换，从而改变各自的进动取向。弛豫过程是核磁共振现象发生后得以保持的必要条件。

6.1.2　化学位移

1. 化学位移的产生

根据核磁共振条件式(6－5)，对于特定核，其共振频率 ν 取决于外磁场强度 $\boldsymbol{B}_0$ 。在低分辨核磁共振波谱仪中，每种原子核只出现一个共振峰。然而在高分辨核磁共振仪中(100 MHz 以上)，有机分子中各类 ^{1}H 核的核磁共振频率各不相同，而且存在许多精细结构。图 6－3 为乙醇(CH_3CH_2OH)的核磁共振氢谱，这些谱线及其精细结构与氢核所处的化学环境密切相关。

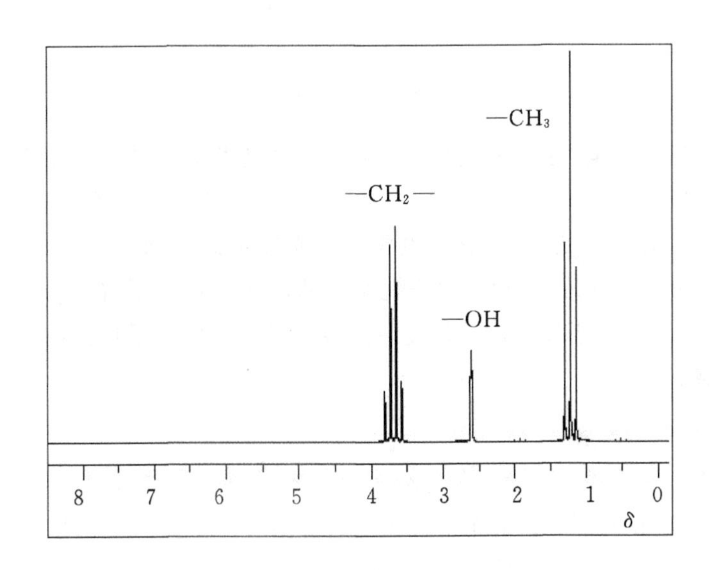

图 6－3　高分辨核磁共振中乙醇(CH_3CH_2OH)的 ^{1}H NMR 谱图

虽然核磁共振的频率 ν 取决于外磁场强度 $\boldsymbol{B}_0$ ，但这考虑的仅仅是“裸露”的原子核，即理想状态的原子核。事实上，原子核通常都有核外电子，并连接其它原子，这些周边的因素即所谓的化学环境将会对核磁共振产生影响，这种影响表现为屏蔽作用。

由于原子核处于核外电子的包围之中，核外电子的运动将产生电子环流，在磁场中，这种电子环流将形成感应磁场，其方向正好与外加磁场相反，如图 6－4 所示。由于感应磁场的产生，将屏蔽一部分外加磁场，使真正作用于原子核的磁场强度有所降低，这种对抗外磁场的作用称为屏蔽作用(shielding effect)。

由于屏蔽作用，实际作用于核的磁场强度 $\boldsymbol{B}$ 等于外加磁场 $\boldsymbol{B}_0$ 减去其外围电子产生的感应磁场 $\boldsymbol{B}'$，即 $\boldsymbol{B} = \boldsymbol{B}_0 - \boldsymbol{B}'$。由于感应磁场 $\boldsymbol{B}'$ 的大小正比于外磁场强度 $\boldsymbol{B}_0$ ，故可写成

$$\boldsymbol{B} = \boldsymbol{B}_0 - \sigma\boldsymbol{B}_0 = \boldsymbol{B}_0(1-\sigma) \qquad (6-6)$$

式中：σ 为屏蔽常数，与原子核外的电子云密度及所处的化学环境有关。电子云密度越大，屏蔽常数 σ 值越大，共振所需的磁场强度 $\boldsymbol{B}_0$ 愈强，即核的共振出现在相对高磁场处，简称高场。反之，σ 较小的核的共振出现在相对低场。

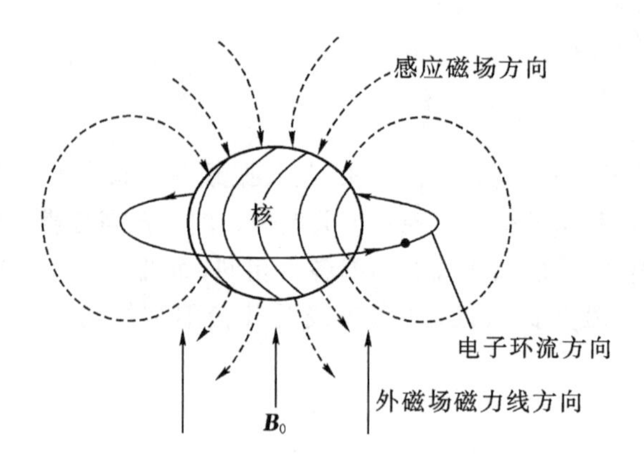

图 6-4 磁场中核外电子的运动产生感应磁场

由于屏蔽作用程度不同，导致核磁共振所需磁场强度发生不同程度的移动的现象，称为化学位移(chemical shift)。

分子中不同化学环境中的氢核，核外电子云的密度不同，受到的屏蔽作用的程度存在差异，从而产生不同的化学位移。因此，根据化学位移的大小可以了解原子核的电子云密度大小，而电子云密度反映原子所处的化学环境、所连基团类型(供电子或拉电子)，这些信息将有助于分子结构的解析。

2. 化学位移的表示方法

由于不可能采用一个没有电子云的赤裸的氢核来进行核磁共振测定，因此化学位移没有绝对标准。IUPAC 建议，把具有 12 个等性质子且屏蔽效应非常大的四甲基硅烷($(CH_3)_4Si$, tetramethyl silane, TMS)作为参照物，令 TMS 的氢核共振位置为原点“零”，将其它氢核共振的位置相对于原点的距离表示为化学位移 δ。

共振频率与外部磁场呈正比。例如，若用 100 MHz 仪器测定氯仿($CHCl_3$)核磁共振时，其质子的吸收峰与 TMS 吸收峰相隔 726 Hz；若用 400 MHz 仪器测定时，则相隔 2904 Hz。为了消除磁场强度变化所产生的影响，通常用试样和标样 TMS 共振频率之差与所用仪器频率的比值来表示化学位移 δ。由于得到的数值很小，通常乘以 10^6，如式(6-7)所示。这样，δ 就为一相对值，是无因次的量

$$\delta=\frac{\nu_{试样}-\nu_{TMS}}{\nu_0}\times 10^6=\frac{\Delta\nu}{\nu_0}\times 10^6 \tag{6-7}$$

式(6-7)中：δ 为试样氢核的化学位移；$\nu_{试样}$ 为试样中氢核的共振频率；ν_{TMS} 是标准样品 TMS 的共振频率；ν_0 是操作仪器选用的照射频率；$\Delta\nu$ 是试样与 TMS 的共振频率差值。

不难看出，上式表示的化学位移，可以使不同磁场强度的核磁共振仪测得的数据统一起来。例如，100 MHz 和 400 MHz 仪器上测得的氯仿中氢核的化学位移均为 7.26。

对有机化合物而言，大多数氢核的化学位移 δ 为正值，一般在 0～15 之间。在 ^{1}H NMR 谱图中，横坐标用 δ 表示，按照左正右负的规定，$\delta_{TMS}=0$ 在谱图的右端。

3. 影响化学位移的因素

化学位移是由核外电子运动形成的感应磁场所引起的。因此，凡是使核外电子云密度改变的因素，都能影响化学位移的大小。影响化学位移的主要因素有：诱导效应、共轭效应、各向异性、氢键和溶剂效应等。

(1)诱导效应

一些电负性强的基团，如卤素、硝基、氰基等，具有强的拉电子能力，它们通过诱导作用使与之邻接的核外围电子云密度降低，从而减少电子云对核的屏蔽，核的共振频率向低场移动，化学位移 δ 增大。如：

	$CH_3 \rightarrow F$	$CH_3 \rightarrow Cl$	$CH_3 \rightarrow Br$	$CH_3 \rightarrow CH_2Br$
δ	4.26	3.05	2.68	1.65

	$CH_3-CH_2-CH_2 \rightarrow Cl$	$(CH_3)_2-CH \rightarrow Cl$
δ	1.05　1.77　3.45	1.51　4.11

(2)共轭效应

共轭效应同诱导效应一样，可使电子云的密度发生变化。拉电子共轭效应使化学位移 δ 增大，而供电子共轭效应使化学位移 δ 减小，例如：

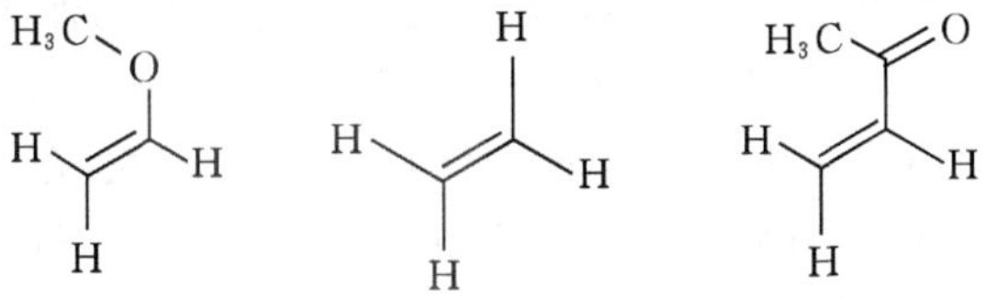

δ 4.00　　　　δ 5.40　　　　δ 5.91

不难看出，相比乙烯(δ=5.40)，乙烯基醚中存在 p－π 共轭，导致氧原子上的 p 电子对向双键方向推移，使 β－H 的电子云密度增加，造成 β－H 的化学位移移至高场(δ=4.00)。另一方面，在 α,β-不饱和酮中，由于存在 π－π 共轭，电负性强的氧原子把电子拉向自己一边，使 β－H的电子云密度降低，化学位移移向低场(δ=5.91)。

(3)磁各向异性

对于芳烃、烯烃和炔烃化合物，人们发现诱导效应并不能合理解释它们的氢核在核磁谱图上的峰位。例如：叁键的电负性大于双键，根据诱导效应，炔基氢的核磁共振峰应出现在烯基氢的低场方向，化学位移应当较大。但实际情况恰好相反，烯基氢的化学位移为 4.5～7.5，炔基氢则为 1.8～3.0。

上述反常现象可用磁各向异性(anisotropic effect)加以解释。所谓磁各向异性，就是在外磁场中，化合物中的电子环流对邻近的^{1}H 附加了一个不对称(各向异性)的磁场，从而对外磁场起着增强或减弱的作用。

乙炔分子是线形的，其 C≡C 键的 π 电子云呈圆柱状分布，在外磁场的诱导下形成了绕键轴的电子环流，产生的感应磁场 $\boldsymbol{B}'$ 如图 6－5(a)所示。从图中感应磁力线的方向可以看出，炔基氢正好处于屏蔽区(用⊕表示的区域)，因而炔基氢出现在相对高场(δ=2.8)。与乙炔不同，乙烯分子中 π 电子位于双键平面的上下方，如图 6－5(b)所示。在外磁场作用下，π 电子环流

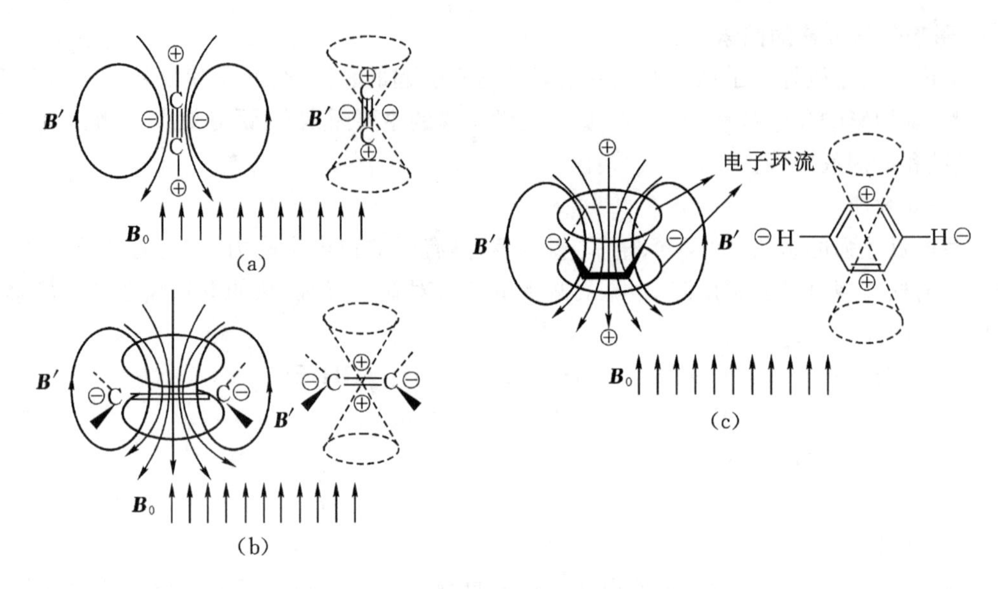

图 6-5　不同化合物中的磁各向异性

(a)叁键；(b)双键；(c)苯环

产生的感应磁场垂直于双键平面，此时，烯基氢核处在 π 电子流的外侧，正好位于感应磁场与外加磁场方向相同的位置上(用㊀表示的区域)。此时，感应磁力线对其产生去屏蔽作用(减弱屏蔽作用)，因此烯基氢核出现在相对低场($\delta=5.4$)。对于醛基氢，存在类似的磁各向异性，且由于氧原子的拉电子诱导效应，导致醛基氢处于更低场，其化学位移值一般为 8～10。

同理可以解释苯环氢核的化学位移出现在较低场的原因。苯环上的大 π 电子在外磁场作用下形成电子环流，产生的感应磁场如图 6-5(c)所示。在苯环的中心及环平面的上下方为屏蔽区，而苯环平面的周围则处于去屏蔽区，故苯环氢核的共振信号移向较低场($\delta=7.2$)。

一个有趣的例子是芳香化合物 18-轮烯。在 18-轮烯的核磁共振氢谱中，中心氢核化学位移为-2.9，而周围的氢核化学位移为 9.28。这种显著的差别是由于 18-轮烯具有类似于苯环的 π 电子，电子环流产生的感应磁场使得 18-轮烯中心为强屏蔽区，而环的周围为去屏蔽区。

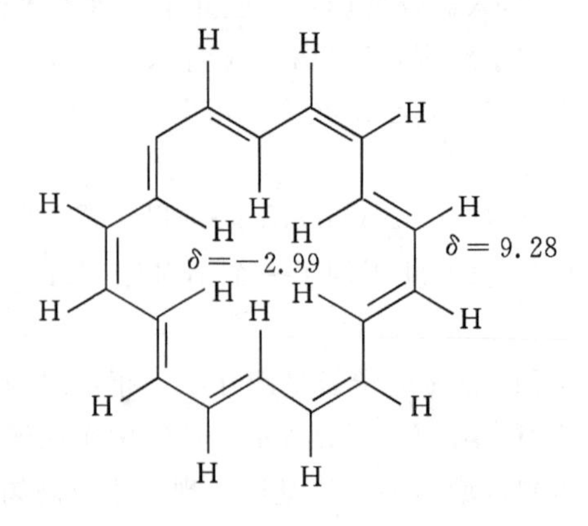

18-轮烯中氢核化学位移

(4)氢键、溶剂的影响

与杂原子相连的活泼氢核，其化学位移的变化范围一般较大，如羟基、氨基等。如醇羟基的 δ 值为 0.5～4.5；酚羟基的 δ 值为 4.5～10；羧基氢的 δ 值则处于 9～13 之间。这一特点与它们形成的分子间氢键有关，当分子形成氢键时，受静电场作用，氢核周围电子云密度降低，产生去屏蔽作用，化学位移 δ 变大。

氢键的形成又受样品的浓度、溶剂性质、温度等因素的影响。因此，相同氢核在不同的溶剂中所测得的 δ 值往往不同，尤其是含有 —OH 、$—NH_2$ 、—SH 、—COOH 等活泼氢核的样品，溶剂的影响更为明显。

分子间形成的氢键随着浓度的增加而增强，化学位移增大。例如，苯酚的质量分数从 1% 增至 20%时，羟基的化学位移从 4.5 增至 6.8。对于分子内氢键，其化学位移与溶液浓度关系较小，只取决于自身的结构。

4. 化学位移与分子结构的关系

化学位移反应分子中氢核的化学环境，在鉴定有机化合物的结构方面具有重要作用。关于化学位移与分子结构的关系，前人做了大量的实验，已有总结。图 6－6 列出了一些典型基团的化学位移。熟悉各种氢核的化学位移，对推测化合物的结构至关重要。

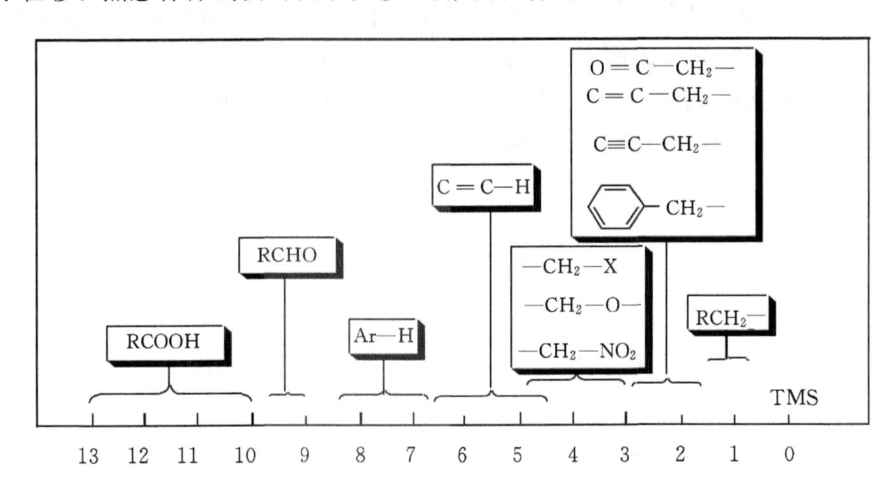

图 6－6　常见氢核的化学位移(δ 值)

6.1.3　自旋偶合及自旋裂分

1. 自旋偶合原理

观察高分辨[1]H NMR 谱就会发现，等性氢核往往出现的不是单峰(singlet，s)，而可能是二重峰(doublet，d)，三重峰(triplet，t)，四重峰(quartet，q)，甚至更为复杂的多重峰(multiplet，m)等。这种信号裂分的现象，是由于邻近不等性氢核相互干扰造成的。

1，1，2－三溴乙烷($CHBr_2—CH_2Br$)的核磁共振谱中出现两组峰(见图 6－7)，它们分别代表—CH—和$—CH_2—$。可以看到，—CH—分裂为三重峰，面积之比为 1∶2∶1，而$—CH_2—$则分裂为二重峰，面积之比为 1∶1。—CH—和$—CH_2—$出现这种有规律的裂分现象，是由于受到分子内部邻近的氢核干扰，发生自旋偶合导致的自旋裂分。

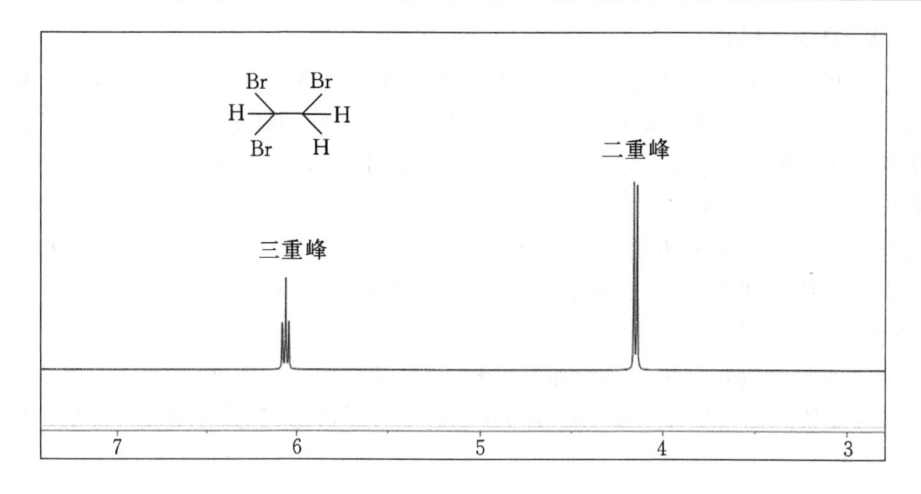

图 6-7 1,1,2-三溴乙烷的[1]H NMR图谱

如前所述,氢核在磁场中有两种自旋取向,用↑表示氢核与磁场方向一致的状态,用↓表示与磁场方向相反的状态。如图 6-8 所示,1,1,2-三溴乙烷 ($CHBr_2—CH_2Br$) 中由于—CH—氢核具有↑及↓两种自旋取向,导致了邻近的—CH_2—氢核实际处于两种磁场强度中:自旋↑增加了外磁场 $\boldsymbol{B}_0$,因而实际扫描时在略低于 $\boldsymbol{B}_0$ 时即可引起—CH_2—氢核能级跃迁;自旋↓削弱了外磁场 $\boldsymbol{B}_0$,—CH_2—在略高于 $\boldsymbol{B}_0$ 时方能发生能级跃迁。由于两种情况概率相等,故—CH_2—氢核共振吸收峰裂分成强度比为 1∶1 的二重峰,对称地位于无干扰时 $\boldsymbol{B}_0$ 处共振峰的左右侧。

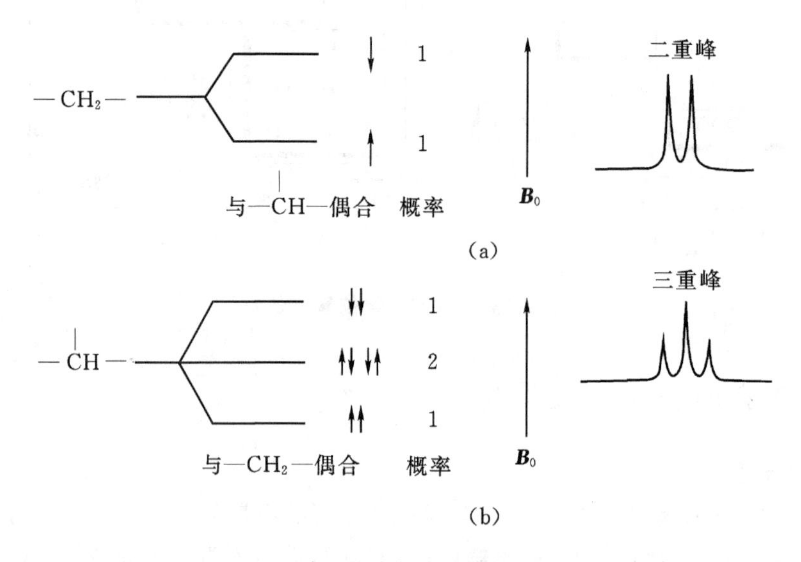

图 6-8 1,1,2-三溴乙烷中氢核自旋偶合引起的吸收峰裂分情况

对于—CH_2—中氢核,它们的自旋组合一共有四种(↑↑,↑↓,↓↑,↓↓),但只产生三种局部磁场,其中↑↓和↓↑两种状态都不产生净磁场,不影响邻近氢核的共振峰。这样,—CH_2—所产生的三种不同的局部磁场,使邻近的—CH—氢核分裂为三重峰。上述四种自旋组合的概率相等,因此三重峰的相对面积比为 1∶2∶1。

这种由邻近不等性氢核的自旋所引起的相互干扰，叫自旋-自旋偶合（spin-spin coupling），简称自旋偶合。由自旋偶合所引起的共振吸收峰裂分的现象，称为自旋-自旋裂分（spin-spin splitting），简称自旋裂分。应该指出，这种核与核之间的偶合，是通过成键电子传递的，不是通过自由空间产生的。

例 1　试分析氯乙烷（$CH_3—CH_2—Cl$）在高分辨^1H NMR 谱中$—CH_2—$和$—CH_3$ 的分裂情况。

解：$—CH_2—$中的两个氢的自旋组合一共有四种（↑↑，↑↓，↓↑，↓↓），产生三种局部磁场，使邻近的 $CH_3—$氢核分裂为三重峰。四种自旋组合的概率相等，因此三重峰的相对面积比为 1∶2∶1。同理，$CH_3—$上的三个氢自旋组合一共有八种（↑↑↑，↑↑↓，↑↓↑，↓↑↑，↑↓↓，↓↑↓，↓↓↑，↓↓↓），可产生四种不同的局部磁场，从而使邻近的$—CH_2—$分裂为四重峰，根据概率关系，可知其面积比为 1∶3∶3∶1。

2. 偶合常数

自旋偶合现象导致了峰的分裂，两峰间的间距称为偶合常数（coupling constant），用 J 表示，单位是 Hz。J 的大小，反映了偶合作用的强弱。J 值的大小只与分子结构有关，与外磁场强度无关，受外界条件如溶剂、温度、浓度变化等的影响也很小。随着核间所连键数的增加，偶合作用减弱，J 值逐渐变小。

对于^1H 核而言，根据相互偶合的氢核间所连的键数分为同碳偶合（通过两根键相连），邻碳偶合（三根键相连）及远程偶合，以 ^2J，^3J，…表示，单位为 Hz。同碳偶合常数（^2J）变化范围非常大，其值与结构密切相关，如乙烯中^1H 核同碳偶合常数$^2J=2.3$ Hz，而甲醛中高达 42.4 Hz。邻碳偶合（^3J）是相邻碳上^1H 核产生的偶合。邻碳偶合常数大小范围为 0～16 Hz，是分析分子结构及研究立体化学最有效的信息之一。

如图 6-9 所示，烷烃中，邻碳偶合常数一般在 7 Hz 左右；烯烃中双键氢核间邻碳偶合常数，一般反式为 10～21 Hz，而顺式为 2～12 Hz；苯环上邻位氢的邻碳偶合常数在 6～10 Hz 之间，间位氢核偶合较弱；邻碳偶合常数大小与键之间的二面角大小有关，通常夹角为 90°时 J 最小，180°时 J 最大。例如，环己烷椅式构象中，位于直立键的两个相邻氢核间的偶合常数为 8～14 Hz，而直立键上的氢与平伏键上的氢，以及两个平伏键上的氢的偶合常数都相对较小（0～7 Hz）。间隔 4 个单键及以上的核之间偶合称为远程偶合，此时 J 趋近于零，偶合可以忽

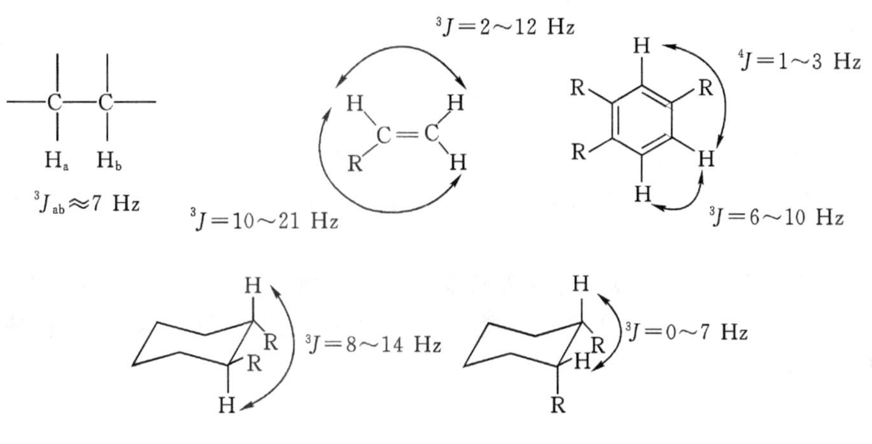

图 6-9　常见化合物中氢核间的偶合常数

略不计。

从偶合常数的成因可以得知，相互偶合的两组信号具有相同的偶合常数。故通过研究 J 值，可找出各组氢核之间相互偶合的关系，判断键的连接方式，有助于分子的结构解析。

3. 偶合作用的一般规律

(1)核的等价性质

核磁共振谱中，化学环境相同的核具有相同的化学位移，这种核称为化学等价的核。例如，CH_3Cl 中三个 H 的化学环境相同，化学位移相同，它们是化学等价的。又如，苯环上六个氢的化学位移相同，它们是化学等价的。氢核化学环境是否相同，可以根据单键快速旋转及对称性操作判断。

如果分子中的一组核化学位移相同，且对组外任何一个核的偶合常数也相同，这组核称为磁等价的核。如下图，二氟甲烷(CH_2F_2)中 H^1 和 H^2 的化学环境相同，为化学等价，并且它们对 F^1 或 F^2 的偶合常数也相同，即 $J_{H^1F^1} = J_{H^2F^1}$ 且 $J_{H^2F^2} = J_{H^1F^2}$，因此，H^1 和 H^2 也为磁等价核。

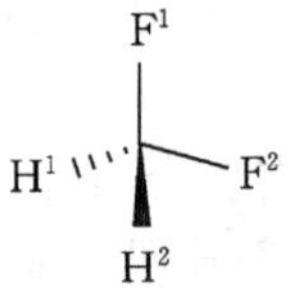

化学等价 磁等价　　化学等价 磁不等价　　化学不等价 磁不等价

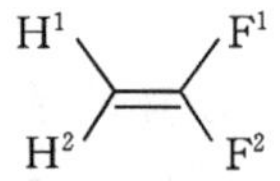

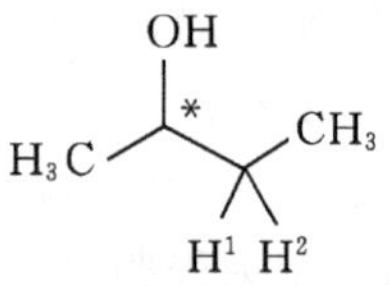

磁等价的核一定是化学等价的，但化学等价的核不一定是磁等价的。二氟乙烯($CH_2{=}CF_2$)中，两个 H 虽然化学环境相同，是化学等价的，但 H^1 和 H^2 是磁不等价，这是由于 H^1 与 F^1 是顺式偶合，而 H^2 和 F^1 是反式偶合，偶合常数不同。同理，H^1 和 H^2 分别与 F^2 的偶合亦不相同。

在同一碳上的氢核，不一定都是化学等价。事实上，与手性碳原子相连的—CH_2—中的氢核是化学不等价的。如化合物 2-丁醇中，H^1 和 H^2 是不等价的。

应该指出，磁等价的核之间虽有自旋干扰，但并不产生峰的分裂；只有磁不等价的核之间发生偶合时，才会产生峰的分裂。在解析图谱时，须清楚某组氢核是化学等价还是磁等价，这样才能正确分析谱图。

(2)偶合相互作用的一般规则

在分析简单有机化合物的 ^1H NMR 谱线裂分情况时，若不等价氢核的化学位移差 $\Delta\nu$(频率，Hz 表示，即 $\Delta\delta\times$仪器频率)与偶合常数之比($\Delta\nu/J$)大于 6，称之为一级谱图，通常遵循以下规则。

①裂分主要发生在同碳或邻碳上不等价氢核之间。如下述化合物中不等价 H_a 与 H_b 之间有自旋偶合作用，各自的信号都会发生裂分。当氢核间距四个及以上共价键时，基本上无自旋偶合，不发生裂分。

Cl　　H_a
C=C
Br　　H_b

$\overset{a}{C}H_3—\overset{b}{C}H_2—$

② $n+1$ 规律：一个峰被分裂时，峰的数目将由相偶合的磁等价的核数 n 来确定，其计算式为 $(2nI+1)$。对于氢核来说，自旋量子数 $I=1/2$，其计算式可写成 $(n+1)$。如在 $CH_3^aCH^bClCH_3^a$ 中，H_b 核被 6 个磁等价甲基氢核 a 裂分成七 $(6+1=7)$ 重峰，甲基氢核 H_a 则裂分成二 $(1+1=2)$ 重峰。若邻接的是磁不等价氢核，如 $CH_3^aCH_2^bCH_2^cCl$ 分子，氢核 H_b 信号则首先被氢核 H_a 裂分，然后再被氢核 H_c 裂分，最终裂分为 $(n+1)(n'+1)=(3+1)\times(2+1)=12$ 重峰，实际上，由于仪器难以分辨，往往表现为一复杂的多重峰。

③裂分峰的面积之比为 $(x+1)^n$ 展开式中各项系数之比。多重峰通过其中点作对称分布，其中心位置即为化学位移。例如：

$n=0$，单峰；

$n=1$，$x+1$，二重峰，$1:1$；

$n=2$，$(x+1)^2=x^2+2x+1$，三重峰，$1:2:1$；

$n=3$，$(x+1)^3=x^3+3x^2+3x+1$，四重峰，$1:3:3:1$；

$n=4$，$(x+1)^4=x^4+4x^3+6x^2+4x+1$，五重峰，$1:4:6:4:1$；

⋮

④在偶合的两组氢核之间，不但其偶合常数相等，并且实际看到的互相偶合的两组峰常呈现出“屋脊”效应(roof effect)，即内侧峰略高，外侧峰略低。偶合常数及此现象可帮助我们判别互相偶合的氢核。

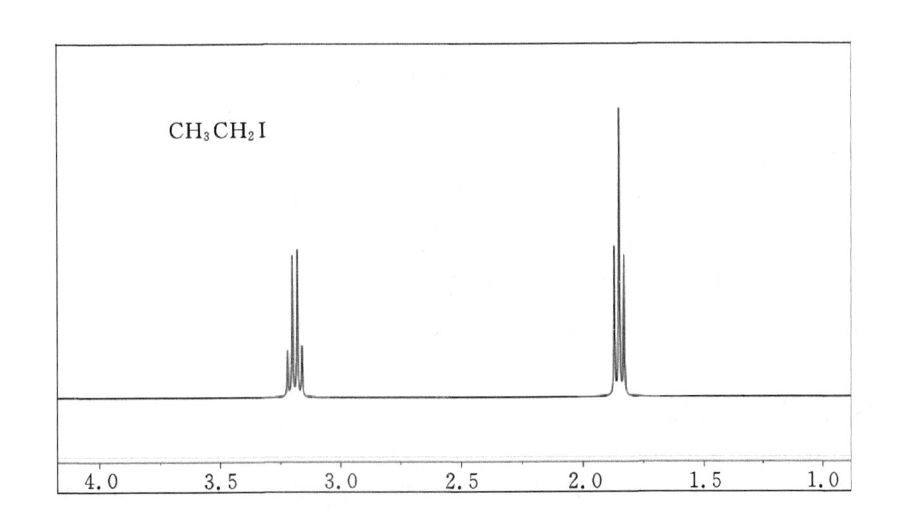

图 6-10　碘乙烷 ^1H NMR 谱图中峰形呈现“屋脊”效应

⑤活泼的羟基氢(如 CH_3CH_2OH 中的羟基质子)信号往往是一个较宽的单峰。这是因为活泼的羟基之间通过氢键快速交换质子，使得 CH_2 对 OH 氢核的自旋偶合作用平均化。

6.1.4 核磁共振谱图

图 6-11 为甲基丙基醚的核磁共振氢谱图。谱图中横坐标是化学位移 δ。图谱的左边为低磁场,简称低场,右边为高磁场,简称高场。谱图中的吸收峰表示各组氢核的共振信号,具有各自的形状、裂分情况及偶合常数。$\delta=0$ 的吸收峰是标准试样 TMS 的吸收峰,通常还有一个溶剂残留峰(如图,采用氘代氯仿为溶剂,残留氯仿的共振信号 $\delta=7.26$)。谱图上面的阶梯式曲线是积分线,它所包含的面积与分子中所有氢核数目呈正比。

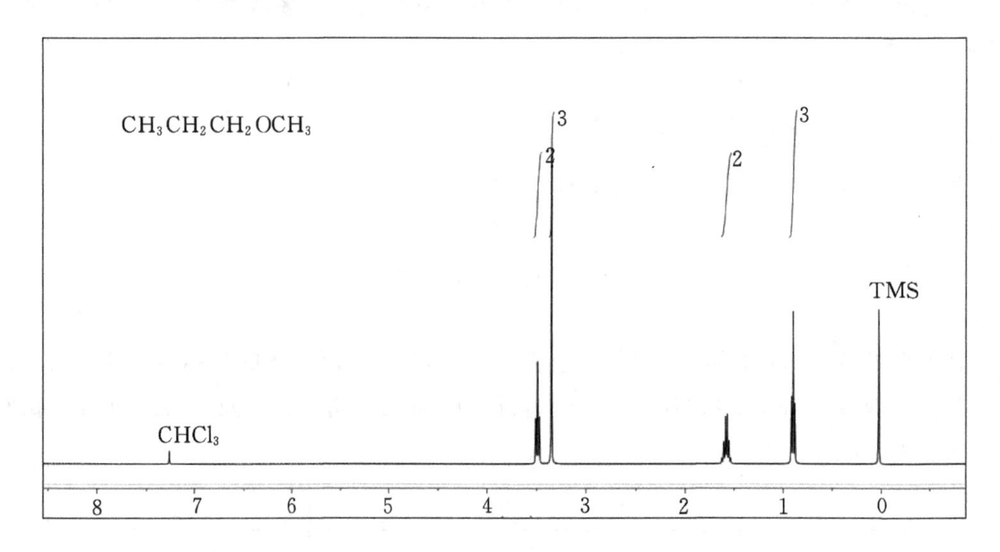

图 6-11 甲基丙基醚的 ^{1}H NMR 谱图

从 ^{1}H NMR 谱图上可以得到如下信息:

①吸收峰的组数,说明分子中化学环境不同的氢核有几组。

②氢核吸收峰出现的频率,即化学位移,说明分子中的基团情况。

③峰的分裂个数及偶合常数,说明基团间的连接关系。

④阶梯式积分曲线高度,说明各基团的氢核比。

6.2 核磁共振波谱仪

按工作方式,可将高分辨率核磁共振波谱仪分为两种类型:连续波核磁共振波谱仪和脉冲傅里叶变换核磁共振波谱仪。

6.2.1 连续波核磁共振波谱仪

连续波核磁共振波谱仪主要由磁铁、扫描线圈、射频振荡器、射频接收器等组成,基本结构如图 6-12 所示。

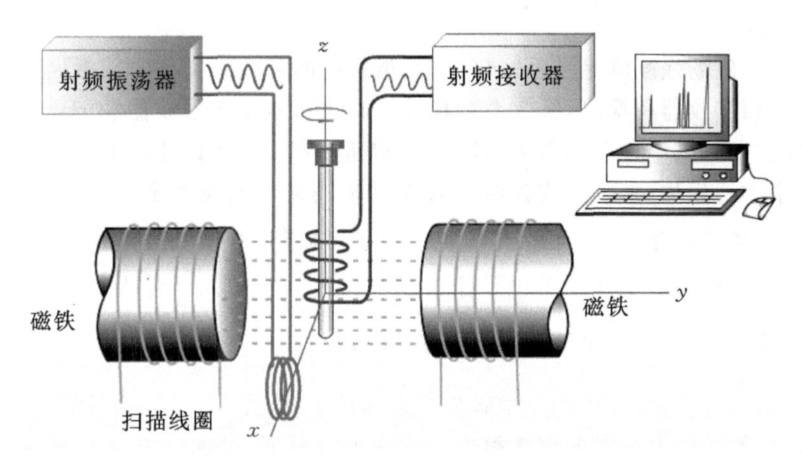

图 6 - 12 连续波核磁共振谱仪示意图

1. 磁铁

磁铁是核磁共振波谱仪最重要的组成部件。NMR 的灵敏度和分辨率主要取决于磁铁的质量和强度。目前,NMR 常用对应的氢核共振频率来描述场强。例如,强度为 2.4 T 的磁场对应的氢核共振频率为 100 MHz,则把磁场强度为 2.4 T 的核磁共振波谱仪称为 100 MHz 核磁共振波谱仪。

核磁共振波谱仪使用的磁铁分三种:永久磁铁、电磁铁和超导磁铁。永久磁铁和电磁铁获得的磁场一般不超过 2.4 T,而超导磁体可使磁场高达 10 T 以上,并且磁场稳定、均匀。目前超导核磁共振波谱仪一般在 300～500 MHz,最高可达 900 MHz。但超导核磁共振波谱仪价格高昂,需要维持低温,日常维护费用较高。

核磁共振过程中要求磁铁能提供强而稳定、均匀的磁场。如当磁场强度为 1.4 T 时,其不均匀性应小于 1.6×10^{-8} T,这个要求磁铁本身很难达到。因此,磁铁上常备有特殊的绕组以及频率锁定系统,以保证磁场的均匀性,将磁场漂移控制在 $10^{-9}\sim10^{-10}$ T 数量级。为了使磁场的不均匀性产生的影响平均化,试样探头还装有一个气动涡轮机,带动试样管沿其纵轴以每分钟几百转的速度旋转,以此提高灵敏度和分辨率。

2. 扫描线圈

获得核磁共振波谱可采用两种手段:一种是固定外磁场的强度 $\boldsymbol{B}_0$,不断改变电磁场的发射频率以达到共振条件,称之为扫频法(frequency sweep);另一种是固定电磁场的发射频率 ν ,不断改变外磁场的磁场强度以实现共振,称之为扫场法(field sweep)。因后者较简便,目前最为常用。扫场法中,磁铁上通常绕有扫描线圈,通过加一定电流,可以连续改变磁场强度(百万分之十几),进行磁场扫描。

3. 射频振荡器

高分辨核磁共振波谱仪要求发射稳定的射频频率。为此仪器通常采用恒温下的石英晶体振荡器产生基频,再经过倍频、调频和功能放大得到所需要的射频信号并馈入与磁场成 90°的线圈中。为获得高分辨率,频率波动须小于 10^{-8},输出功率小于 1 W。

4. 射频接收器

当射频频率和磁场强度满足关系式(6－5),试样中的氢核发生核磁共振而吸收能量,此能量吸收情况为射频接收器所检测,经一系列检波、放大后,显示在示波器和记录仪上,得到核磁共振波谱。接收线圈、磁场方向和射频线圈三者相互垂直。若将试样重复扫描数次,并使各点信号在计算机中进行累加,则可提高连续波核磁共振波谱仪的灵敏度。信号强度正比于扫描次数 N,而噪音强度正比于 $\sqrt{N}$,因此,信噪比扩大了 $\sqrt{N}$ 倍。考虑仪器难以在过长的扫描时间内稳定,一般 $N = 100$ 左右为宜。

6.2.2 脉冲傅里叶核磁共振波谱仪

连续波核磁共振波谱仪采用的是单频发射和接收方式,在某一时刻,只能记录谱图中的很窄一部分信号,单位时间内获得的信息很少。在这种情况下,对那些核磁共振信号很弱的核,如 ^{13}C、^{15}N 等,即使采用累加技术,也得不到良好的效果。为此,20 世纪 70 年代发展了新一代核磁谱仪——傅里叶变换核磁共振波谱仪,解决了这一难题。

傅里叶变换核磁共振波谱仪,亦称脉冲傅里叶变换核磁共振波谱仪(Pulsed Fourier Transform NMR, PFT－NMR)。PFT－NMR 中,不是通过扫描频率(或磁场)的方法找到共振条件,而是采用恒定磁场中,在整体频率范围内施加具有一定能量的强而短的脉冲,这样在给定的谱宽范围内所有的氢核都被同时激发而跃迁,从低能态跃迁到高能态,然后弛豫逐步恢复玻尔兹曼平衡。弛豫过程中,在感应线圈中可接收到一个随时间衰减的信号,称为自由感应衰减(Free Induction Decay, FID)。FID 信号经快速傅里叶变换后,得到各条谱线在频率中的位置及其强度,即可获得频域上的波谱图,即常见的 NMR 谱图。

PFT－NMR 谱仪工作框图如图 6－13 所示。其中脉冲射频通过一个线圈照射到样品上,随之该线圈作为接收线圈收集 FID 信号,这一过程通常在数秒内完成,与连续波谱仪相比大

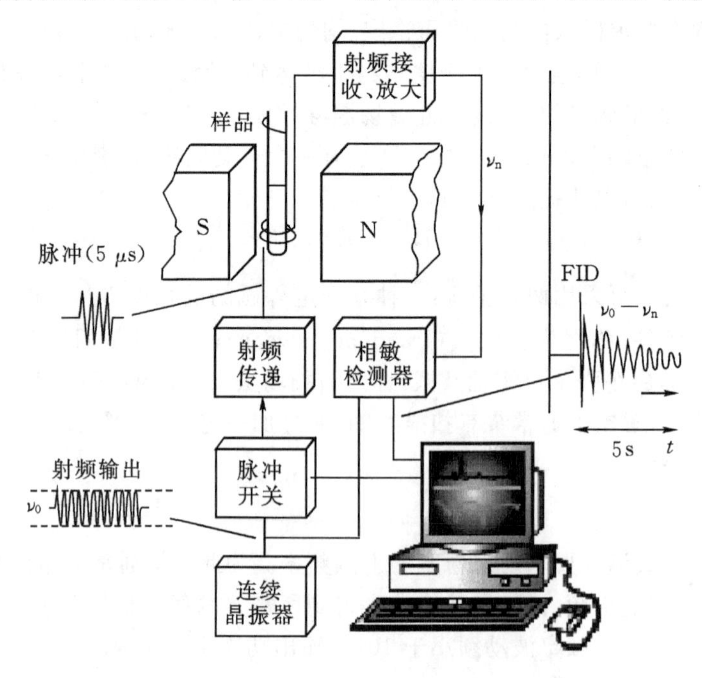

图 6－13 傅里叶变换核磁共振谱仪示意图

大提高了分析速度。在连续波 NMR 一次扫描的时间内，PFT－NMR 谱仪可以进行约 100 次扫描，易于实现累加技术，大大提高了 NMR 灵敏度。对氢谱而言，试样可由几十毫克降低至 1 毫克，甚至更低。PFT－NMR 谱仪速度快的特点还可以应用于核的动态过程、瞬变过程、反应动力学等方面的研究，并可胜任共振信号弱的^{13}C、^{15}N 等核的测定。PFT－NMR 谱仪已成为当前主要的 NMR 波谱仪器。

6.3　核磁共振波谱解析

6.3.1　试样的制备

核磁共振测试时，通常将样品溶于合适的氘代溶剂中，加入内标后封装入试样管，然后放入核磁仪探头中进行测试。对于傅里叶核磁共振波谱仪，一般需要纯样 1～3 mg，而连续波核磁共振波谱仪需 15～30 mg。

为了避免溶剂分子中^{1}H 信号的干扰，核磁测试溶剂通常都使用氘代溶剂，常用的氘代溶剂包括氘代氯仿（$CDCl_3$），氘代丙酮（CD_3COCD_3），氘代二甲亚砜（CD_3SOCD_3），氘代苯（C_6D_6），氘代甲醇（CD_3OD），以及重水（D_2O）等。溶剂用量一般为 0.5 mL。应当注意的是，氘代溶剂中常常残留未完全氘代的溶剂分子，因此在 NMR 谱图上会出现相应的共振吸收峰，此外，溶剂中微量的水也有相应的吸收信号。如氘代氯仿（$CDCl_3$）中残留的 $CHCl_3$ 分子的 ^{1}H NMR信号出现在 7.26，溶剂中 H_2O 的信号出现在 1.5 左右。

核磁共振测试常添加四甲基硅烷（TMS）为内标，令其化学位移 δ 为 0。采用 TMS 为内标的原因是：TMS 具有 12 个化学环境相同的氢核，信号较强且为一个尖峰；TMS 屏蔽作用强，在高场区，通常不会干扰其它化合物的信号；TMS 是化学惰性的，沸点较低（26.5℃），容易除去。若需要在高温条件下进行核磁共振测试，一般采用六甲基二硅醚（HMDS）为内标。

核磁共振测试的试样管为不同外径（$\Phi=5,8,10$ mm）的玻璃试样管，微量操作还可使用微量试样管。为保证旋转均匀及良好的分辨率，管壁应均匀而平直。

6.3.2　简化谱图的方法

核磁共振中，自旋偶合和自旋裂分使核磁共振图谱形成许多精细结构，这对于有机化合物结构鉴定提供了重要信息。但对于复杂分子，常常因附加裂分形成较为复杂的高级图谱。高级谱图不再符合一级谱图的相关规律，如谱线裂分数目不符合 $n+1$ 规律；吸收峰强度（面积）比不符合二项式展开式系数比；峰间距不一定等于偶合常数等。为此，往往要求对复杂的高级谱图进行简化。

对于高级图谱，通常采用加大仪器的磁场强度、同位素取代、去偶法、加入位移试剂等实验手段进行简化。

1. 加大磁场强度

偶合常数 J 不随外磁场强度的改变而变化，但是，共振频率的差值 $\Delta\nu$ 却随外磁场强度的增大而增加。因此，加大外磁场强度，可以增加 $\Delta\nu/J$ 值，将复杂的高级谱图转化为易于解析的一级图谱（$\Delta\nu/J>6$）。

2. 同位素取代

用氘(^2H)取代分子中的部分质子,可以去掉部分信号,^2H 与^1H 之间的较小的偶合作用可使谱图进一步简化。若分子中具有酸性的氢,如—OH,通常加入重水(D_2O)振摇数分钟即可将这类质子取代为氘,其在核磁谱图上信号随之消失。

3. 去偶法

去偶法实质上是采用一个辅助振荡器进行双照射。若化学位移不同的 H_a 与 H_b 核之间存在偶合,在正常扫描使 H_a 发生共振的同时,采用另一辅助振荡器发射强的射频照射 H_b 核,此时,可以发现 H_a 与 H_b 偶合所产生的多重谱线消失,只剩下一个单一的尖峰,即发生去偶现象。发生去偶的原因,是由于 H_b 核受到强的辐射,便在 $m=-1/2$ 和 $m=+1/2$ 两个自旋态间迅速往返,从而使 H_b 核如同一非磁性核,不再对 H_a 产生偶合作用。利用双照射法去偶不但可使图谱简化易于解释,还可以测得哪些氢核之间是相互偶合的,从而获得有关结构的信息,有助于确定分子结构。

另一种常用的去偶法为 NOE 效应(Nuclear Overhauser Effect)。与常规去偶法不同,当照射第一个核时第二个核的信号强度也得到增加。NOE 效应中照射的两个核无需直接偶合,而是要求在空间中位置十分靠近,NOE 效应的大小与氢核间距离的六次方成反比。当氢核间距离在 0.3 nm 以上时,就观察不到这一现象。NOE 效应对于判断有机物分子的空间构型十分有用,如在确定下列化合物中双键构型时,通过双照射观察到相距五个键的 H_a 和 H_b 存在 NOE 效应,反映了它们在空间上十分靠近,从而判断双键为 E 构型。

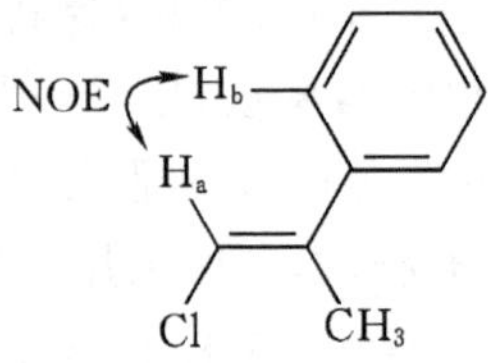

NOE H_b H_a Cl CH_3

4. 位移试剂

实验发现,若待测物质分子中有可用于配位的孤对电子(含氧、氮原子),向其溶液中加入镧系元素的顺式 β-二酮配合物,可使待测分子的^1H NMR 信号发生位移,这样原来重叠的共振信号有可能展开,从而简化图谱。镧系金属铕(Eu)和镨(Pr)的配合物 $Eu(DPM)_3$ 及 $Pr(DPM)_3$ 是目前最常用的位移试剂,(DPM=2,2,6,6-四甲基-3,5-庚二酮)。

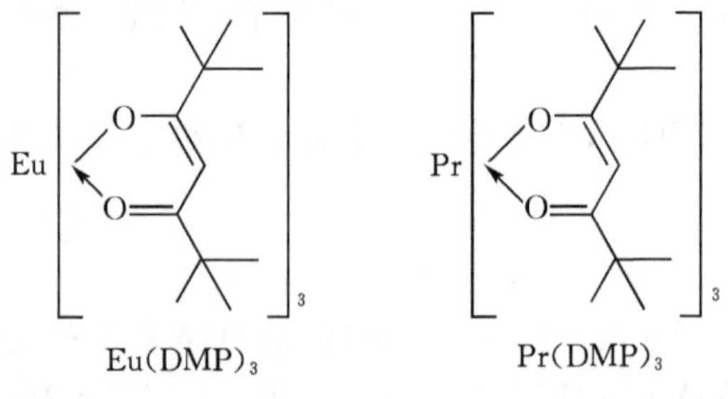

$Eu(DMP)_3$　　$Pr(DMP)_3$

上述位移作用主要是由于镧系元素的顺磁性质在其周围产生了一个较大的局部磁场。这种局部磁场强烈地改变了与其配位的待测化合物氢核的化学位移。离顺磁中心越近的氢核改变越大，最高可引起高达 20 化学位移，从而大大增加 ^{1}H NMR 谱线的分布范围而简化图谱。

6.3.3　核磁共振氢谱解析及化合物结构鉴定

核磁共振氢谱 ^{1}H NMR 能提供的参数主要有化学位移、峰的积分面积、峰的裂分情况、偶合常数等。这些参数与有机化合物的结构有着密切的关系。对于结构简单的化合物，有时仅根据核磁共振氢谱即可鉴定。对于复杂的未知物，可以配合红外光谱、紫外光谱、质谱、元素分析等推定其结构。下面举例说明解析 ^{1}H NMR 的一般方法。

解析 ^{1}H NMR 谱图的一般顺序为：

①根据元素分析、质谱等信息确定样品的分子式，计算不饱和度。

②凭借核磁共振氢谱中积分线高度和氢核总数，得出各组氢核的数目。

③从化学位移 δ 值，识别各组信号可能归属的氢的类型。

④根据峰的裂分情况和偶合常数 J 值找出相互偶合的信号，进而一一确定邻接碳原子上的氢核数和结构片段。

⑤对于较复杂的谱图，可以采取前述的简化谱图的方法加以分析，然后进行综合判断，推断可能的结构。

例 1　一无色液体的分子式为 C_9H_{12}，其核磁共振谱如图 6－14 所示，试推断其结构。

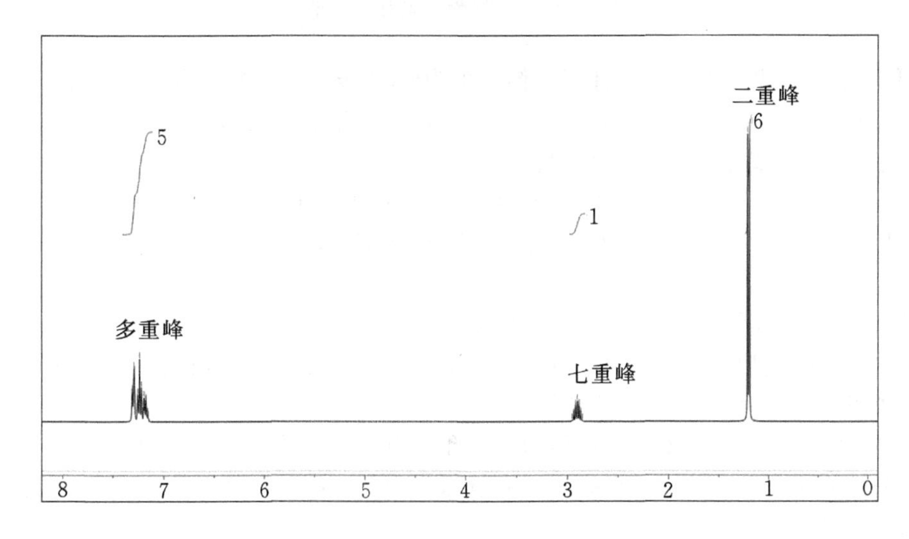

图 6－14　未知物核磁共振图谱

解：①根据化合物分子式 C_9H_{12} 计算得不饱和度为 4，可能存在苯环。

②从核磁共振谱图上可得到三组峰的数据如下：

δ	重峰数	氢原子数
7.2	多重	5
2.9	7	1
1.2	2	6

③化学位移 $\delta=7.2$ 处多重峰也表明有苯环存在，其氢原子数 5，故为单取代苯衍生物。化学位移 $\delta=1.2$ 处为二重峰，氢原子数为 6，说明有两个化学环境相同的—CH_3。化学位移 $\delta=2.9$ 峰，1 个 H，为七重峰，故有六个磁等价氢与其偶合，因而推断存在异丙基(—$CH(CH_3)_2$)。

综上推断，该化合物为异丙基苯。

例 2　已知化合物 A 的分子式为 $C_8H_{10}O$，其 ^1H NMR 谱图如图 6-15 所示。图中 4.6 处的单峰在加入重水后信号消失，试推断其结构。

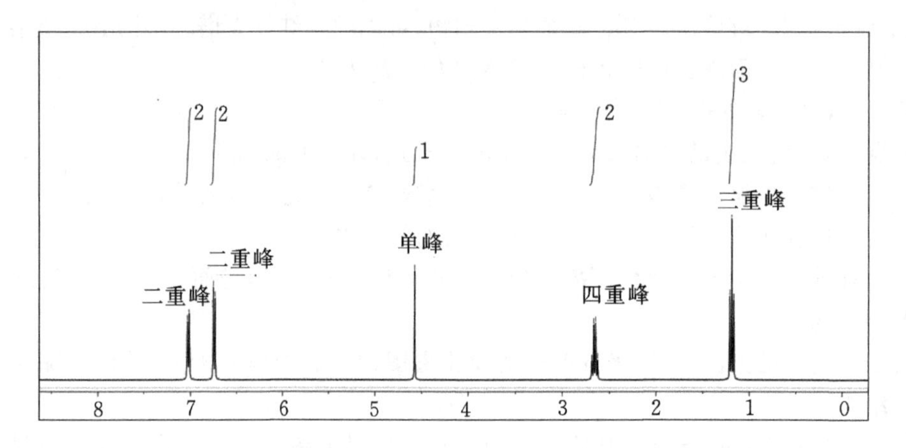

图 6-15　未知物核磁共振图谱

解：①根据分子式 $C_8H_{10}O$，可计算不饱和度为 4，初步判断可能含有一个苯环。

②根据官能团特征化学位移，$\delta=6.8$、7.1 处应为苯环上的氢信号，从其峰型(二重峰)可推测此苯环应是对位取代，且为不同的基团。

③$\delta=4.6$ 处峰加入 D_2O 后消失，为酸性质子峰，推断为 OH；$\delta=2.7$ 处四重峰(2H)表明应与—CH_3 相连；$\delta=1.2$(3H)处的三重峰，提示其邻接—CH_2—基，可知存在片段—CH_2—CH_3。

④综合上述分析，化合物 A 为对乙基苯酚。

例 3　有一未知液体，分子式为 $C_8H_{14}O_4$，红外图谱指出有 C═O 存在，无芳环结构，核磁共振谱图如图 6-16 所示，试推断其结构。

解：①根据分子式 $C_8H_{14}O_4$，化合物的不饱和度为 2，可能含有两个双键。

②根据积分面积可以计算各组峰对应的氢原子数目：四重峰、单峰、三重峰中氢的数目分别为 4H、4H、6H。

③化学位移 $\delta=1.3$ 的三重峰对应为 6H，说明有两个化学环境相同的—CH_3，三重峰表明与其相连的是—CH_2—。化学位移 $\delta=4.1$(四重峰，4H)说明有两个—CH_2—基团，且应与氧原子相连。从上述分析可知，分子中存在两个化学等价的—O—CH_2—CH_3 基团。

④化学位移 $\delta=2.5$ 的单峰对应 4H，说明应有两个化学等价的—CH_2—，加之红外光谱指出存在 C═O 基，因此该亚甲基应与羰基相连。

综合上述分析，化合物 $C_8H_{14}O_4$ 为丁二酸二乙酯，结构如下。

O　　O　CH_3
H_3C　O　　O

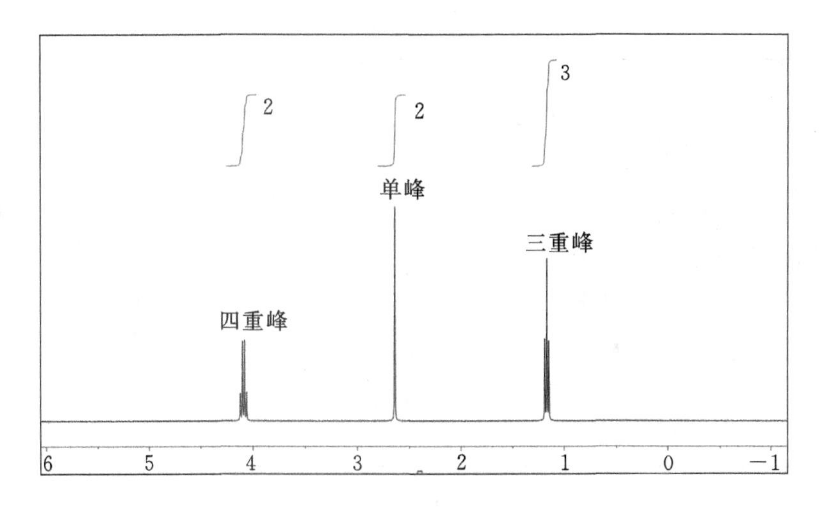

图6-16　未知物核磁共振图谱

6.4　核磁共振波谱研究新进展

6.4.1　其它核磁共振波谱

虽然自然界中具有磁矩的同位素有100多种，但迄今为止，只有较少核的核磁共振行为得到系统研究和应用。除^{1}H NMR外，目前研究和应用最多的是^{13}C NMR，其次是^{31}P NMR、^{19}F NMR等。

1. ^{13}C NMR

碳原子构成有机化合物的骨架，核磁共振碳谱可提供分子骨架最直接的信息，对有机化合物结构鉴定具有重要意义。然而，^{12}C没有NMR信号，而^{13}C的天然丰度很低，仅为^{12}C的1.1%，且^{13}C的磁旋比γ较小，仅是^{1}H的1/4。由于核磁共振的灵敏度与γ^3成正比，所以^{13}C NMR的灵敏度非常低，仅是^{1}H NMR的1/5600，并且谱线易于饱和，所以测定^{13}C NMR是十分困难的。^{13}C NMR的发展相比其它核而言较为缓慢，直到20世纪70年代傅里叶变换核磁共振波谱仪的出现及发展，^{13}C核磁共振技术才得到发展，通过双照射、氢核去偶等技术，大大提高了灵敏度，使之逐步成为常规的测试手段。

相比于^{1}H NMR，^{13}C NMR在有机化合物结构鉴定中具有一些优势。例如，^{1}H NMR通常只能提供分子"外围"结构信息，而^{13}C NMR直接获得分子骨架信息，得到不含氢原子的基团，如羰基(C═O)，腈基(C≡N)和季碳原子等信息。另外，^{1}H NMR的化学位移范围约为20，而^{13}C NMR化学位移范围达200以上。这意味着^{13}C NMR对核所处的化学环境敏感，结构上的微小变化可在碳谱上得到反映，此外峰相互重叠的可能性较小，不同类型的碳原子都能得出各自的特征谱线。图6-17为胆固醇的^{1}H NMR和^{13}C NMR谱图。

(1)氢核去偶

与氢谱类似，^{13}C NMR谱图中也存在^{13}C-^{13}C自旋偶合，但由于^{13}C的天然丰度很低，^{13}C-^{13}C自旋偶合通常可以忽略。相反，^{13}C与相连的^{1}H(丰度99.99%)之间的偶合作用很大，

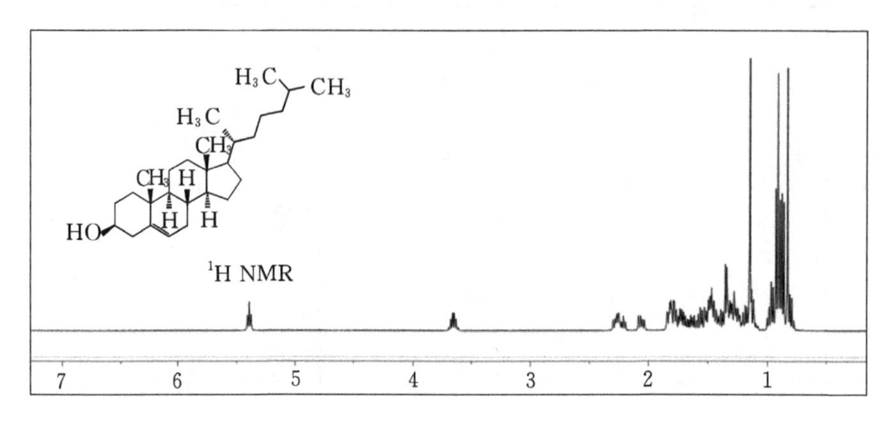

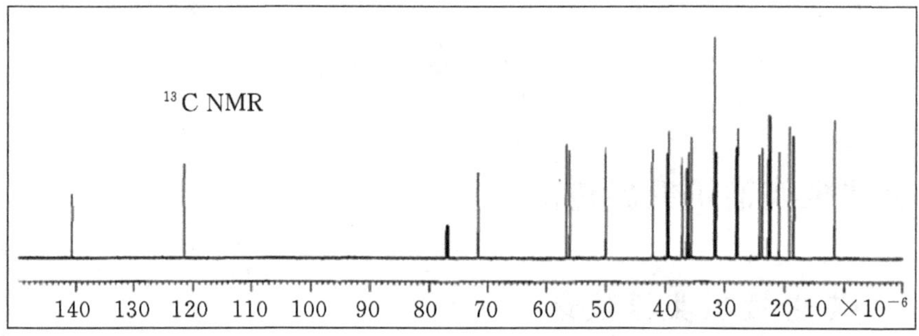

图 6－17　胆固醇的^{1}H NMR 和^{13}C NMR 谱图

为 100～250 Hz。$^{1}H-^{13}C$ 的偶合作用使^{13}C 谱线裂分为多重峰，谱线相互交叉重叠，并使信噪比降低，导致图谱复杂难以解析。为了克服这一缺点，最大限度地得到^{13}C NMR 信号，常采用氢核噪声去偶(proton noise decoupling)，又称宽带去偶(broadband decoupling)，以简化谱图。

氢核宽带去偶法是在测定^{13}C 核的同时，使用一相当宽的频带(它包括试样中所有氢核的共振频率)照射试样，使氢核饱和，从而消除全部氢核与^{13}C 的偶合，各个碳原子在谱图上表现为单峰，使^{13}C NMR 图谱大为简化。同时，去偶伴随核的 NOE 效应，使吸收峰强度增大，增加了灵敏度。应该注意的是，由于各类碳原子弛豫时间不同，NOE 增强因子也不同，所以常规^{13}C谱(去偶谱)中峰的积分面积与碳原子的数量无对应关系，不能直接用作定量分析。

氢核宽带去偶法的缺点是完全除去了^{13}C 核与相连的^{1}H 的偶合信息，也失去了对结构解析有用的裂分信息。为此，又发展了偏共振去偶法(off-resonance decoupling method)，使^{13}C与相连的^{1}H 之间保留部分自旋偶合作用，使其发生可观察到的裂分。根据峰的裂分情况，可以得到碳原子直接相连的质子数目，从而确定碳原子类型。偏共振去偶中碳原子裂分情况也符合 $n+1$ 规律(n 为所连氢原子数目)。

图 6－18 为邻苯二甲酸二乙酯的核磁共振碳谱。可以看到，经过^{1}H 宽带去偶后，各个化学等价的碳原子都表现为单峰，谱图较为简单。而经过偏共振去偶获得的^{13}C NMR 中，不同类型的碳核共振峰有不同的裂分情况：季碳无裂分，—CH—为二重峰，—CH_2—为三重峰，CH_3—则裂分为四重峰。

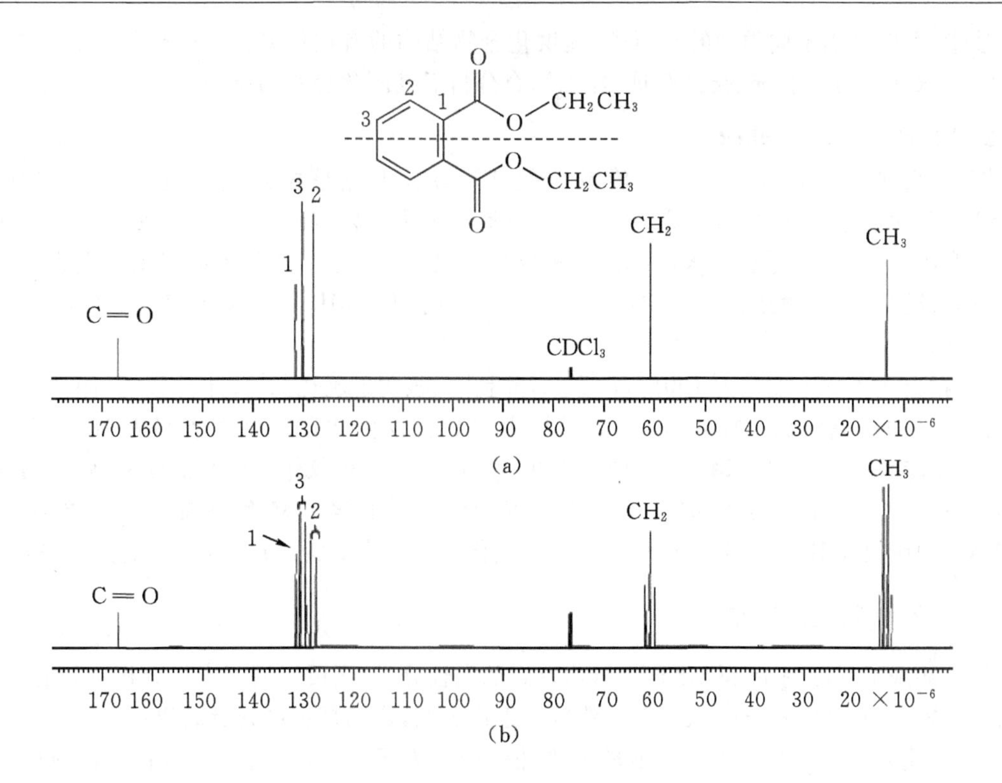

图 6-18　邻苯二甲酸二乙酯的^{13}C NMR

(a)宽带去偶谱；(b)偏共振去偶谱

除上述去偶方法，还有其它一些去偶技术以满足不同的分析需求，如门控去偶可用于测定偶合常数，选择性去偶用于识别谱线归属等。

(2)^{13}C NMR 化学位移

碳谱的化学位移 δ 与氢谱化学位移存在许多相似之处，但是范围较大(0～250)。从高场到低场，碳谱共振位置的顺序为饱和碳原子、炔碳原子、烯碳原子、羰基碳原子等。连有电负性强的原子时，诱导效应使碳原子化学位移往低场移动。^{13}C NMR 也采用 TMS 作为^{13}C 化学位移的零点，绝大多数有机物的碳核化学位移都出现在 TMS 低场，为正值。图 6-19 列出了不同类型碳原子的化学位移范围。

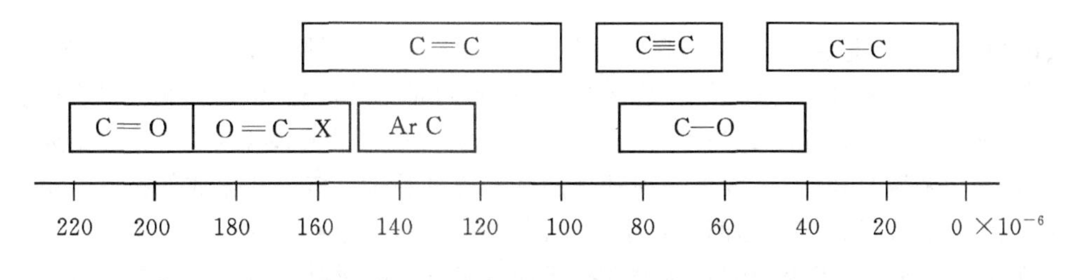

图 6-19　^{13}C NMR 中碳原子的化学位移范围

(3)^{13}C NMR 在结构测定中的应用

与^{1}H NMR 相同，^{13}CNMR 也是确定有机化合物结构的重要工具。根据化学位移，结合去偶技术，可以判别不同类型的碳原子，提供化合物结构的有用信息。实际分析中，^{13}C NMR与^{1}H NMR常常互为补充、交叉验证，加以综合分析后推断化合物的结构。

2. ^{31}P NMR和^{19}F NMR

^{31}P在自然界丰度为100%，自旋量子数$I=1/2$，因此是核磁共振良好的研究对象。^{31}P NMR化学位移值范围较宽，达700。^{31}P NMR通常以85%磷酸为内标，设其化学位移为0。研究表明，^{31}P NMR化学位移大小与磷元素的价态紧密相关。^{31}P NMR常应用于生物化学领域中，如通过观察三磷酸腺苷(ATP)在Mg^{2+}存在下的^{31}P NMR，可有效研究ATP与Mg^{2+}的作用过程。

^{19}F在自然界中丰度也为100%，$I=1/2$，并且^{19}F核的磁旋比与^{1}H十分接近，因此也是核磁共振良好的研究对象。在4.69 T的磁场中，^{19}F核发生共振需要的频率为188 MHz，只比^{1}H核相应共振频率(200 MHz)略低。因此，将^{1}H核磁共振仪作一些小的改动，就可用来研究^{19}F NMR。^{19}F核的化学位移范围可达300，溶剂对化学位移有显著影响。之前关于^{19}F NMR的研究相对较少，但近年来随着有机氟化学的迅速发展，^{19}F NMR的研究日益增多。

6.4.2 定量分析

核磁共振不仅可用于有机化合物结构鉴定的定性分析，还可以用于定量分析。如前所述，核磁共振氢谱中，峰的积分面积与氢核数目呈正比关系，这就是定量分析的依据。

NMR定量分析的最大优点是不需引进任何校正因子或绘制工作曲线，且不需纯样品就可直接测出其浓度。在核磁共振波谱法中常用内标法进行定量分析。对内标化合物的基本要求是不与试样的峰重叠，通常选取氢核峰出现在高磁场区(如有机硅化合物)或者在低场区的内标化合物。

采用内标法进行定量分析时，一般是准确称取内标化合物加入所测样品中，混合均匀后测定其核磁共振氢谱。根据样品中某一共振峰面积与内标化合物某峰面积的比值，可求算样品中所测化合物的含量。值得注意的是，常规的^{13}C NMR谱不能用作定量分析，这是因为^{13}C NMR中峰的积分面积与碳原子的数量无对应关系。

6.5 应用实例

核磁共振成像技术

人体的三分之二是由水组成的，医学家们利用水分子中的氢原子的核磁共振现象，可以获取人体内水分子分布的信息，从而精确绘制人体内部结构，这就是核磁共振成像技术(Magnetic Resonance Imaging，MRI)。自20世纪70年代开始发展至今，核磁共振成像技术日趋成熟，应用范围日益广泛，成为一项常规的医学检测手段。核磁共振成像技术广泛应用于帕金森氏症、多发性硬化症等脑部与脊椎病变，以及癌症的治疗和诊断。2003年，保罗·劳特伯尔和彼得·曼斯菲尔因为他们在核磁共振成像技术方面的贡献获得了当年的诺贝尔生理学和医学奖。

核磁共振成像基本过程是将人体置于磁场中，用无线电射频脉冲激发人体内氢原子核，引起氢原子核共振，并吸收能量。在停止射频脉冲后，氢原子核以特定频率发出射电信号释放能量，能量被体外的接收器收录，经电子计算机处理后获得人体三维图像。人体内各器官和组织中的水分含量并不相同，很多疾病的病理过程会导致水分形态的变化，导致^1H NMR 信号强度存在差异，这种差异由磁共振图像反映出来，就可用于临床诊断。MRI 所获得的图像非常清晰精细，可对人体各部位进行多角度、多平面成像，其分辨率高，能客观具体地显示人体内的解剖组织及相邻关系，大大提高了诊断效率，并可避免探查诊断手术。同时，MRI 不需注射造影剂，无电离辐射，对机体没有不良影响。

MRI 除了在医学领域的应用，也广泛应用其它领域。在高分子化学领域，可用于固态反应的空间有向性研究、聚合物中溶剂扩散的研究、聚合物硫化及弹性体的均匀性研究等；在金属陶瓷方面，利用 MRI 对多孔结构进行研究，来检测陶瓷制品中存在的砂眼；在火箭燃料方面，MRI 用于探测固体燃料中的缺陷，以及填充物、增塑剂和推进剂的分布情况；在石油化学方面，MRI 侧重于研究流体在岩石中的分布状态和流通性，以及对油藏描述与强化采油机理的研究。

参考文献

[1] 宁永成. 有机化合物结构鉴定与有机波谱学[M]. 2 版. 北京：科学出版社，2000.

[2] 王乃兴. 核磁共振谱学：在有机化学中的应用[M]. 3 版. 北京：化学工业版社，2015.

[3] Sanders, Jeremy K M. Modern NMR Spectroscopy[M]. 2nd. Oxford University Press, 1993.

[4] 朱明华. 仪器分析[M]. 4 版. 北京：高等教育出版社，2008.

[5] 徐秉玖. 仪器分析[M]. 北京：北京大学医学出版社，2007.

[6] 叶宪曾. 仪器分析教程[M]. 2 版. 北京：北京大学出版社，2007.

小结

1. 基本概念

①屏蔽作用：由于电子环流产生的感应磁场，屏蔽了一部分外加磁场，使作用于原子核的真实磁场强度有所降低，这种对抗外磁场的作用称为屏蔽作用。

②化学位移：由于核在不同化合物中所处的环境不同，所受到的屏蔽作用也不同，导致核磁共振所需磁场强度发生不同程度的移动，这种移动的现象，称为化学位移。

③磁各向异性：在外磁场中，化合物中的电子环流对邻近的氢核附加了一个不对称（各向异性）的磁场，从而对外磁场起着增强或减弱作用的效应。

④自旋偶合：核磁共振过程中，由邻近不等性氢核的自旋所引起的相互干扰为自旋-自旋偶合，简称自旋偶合。

2. 基本计算

①共振频率 $\nu = \dfrac{\gamma}{2\pi}B_0$

②化学位移 $\delta = \dfrac{\nu_{试样} - \nu_{TMS}}{\nu_0} \times 10^6 = \dfrac{\Delta\nu}{\nu_0} \times 10^6$

3. 基本理论

①核磁共振过程：以一定频率的射频照射处于磁场 $\boldsymbol{B}_0$ 中的自旋核，当射频的能量与核跃迁所需能量正好相等时，低能态的核将吸收射频能量而跃迁至高能态，即发生核磁共振现象。核磁共振发生应具备三个条件：a. 原子核具有自旋特征；b. 存在外加磁场 $\boldsymbol{B}_0$，使其产生较大的能级分裂；c. 需要一定频率的电磁波照射，使核完成能级跃迁。

②去偶技术：去偶实质上是采用一个辅助振荡器进行双照射。以核磁氢谱为例，若化学位移不同的 H_a 与 H_b 核之间存在偶合，在正常扫描使 H_a 发生共振的同时，采用另一辅助振荡器发射强照射激发 H_b 核，如此可使 H_a 与 H_b 偶合所产生的多重谱线消失，只剩下一个单一的尖峰，即发生去偶现象。发生去偶的原因是 H_b 核受到强的辐射，在 $m=-1/2$ 和 $m=+1/2$ 两个自旋态间迅速往返，从而使 H_b 核如同一非磁性核，不再对 H_a 产生偶合作用。

思考题与习题

1. 请问下列哪些原子核不能产生核磁共振信号，说明原因。

$${}^{2}_{1}H、{}^{14}_{7}N、{}^{19}_{9}F、{}^{12}_{6}C、{}^{1}_{1}H、{}^{16}_{8}O$$

2. 请解释核磁共振中的屏蔽效应的含义。

3. 在外磁场强度 $B_0=2.3487$ T 下，^{19}F 及 ^{31}P 发生核磁共振需要射频的频率为多少？（已知它们的磁旋比分别为 $2.5181\times10^8\ T^{-1}\cdot s^{-1}$ 及 $1.0841\times10^8\ T^{-1}\cdot s^{-1}$）

4. 请解释核磁共振中的化学位移及其含义。

5. 何谓自旋偶合和自旋裂分？它有什么重要性？

6. 在 HF 的 ^1H NMR 谱中，质子产生两个强度相等的峰，请解释原因。

7. ^1H NMR 与 ^{13}C NMR 各能提供哪些信息？为什么 ^{13}C NMR 的灵敏度远小于 ^1H NMR？

8. 试画出乙酸乙酯的核磁共振氢谱图。

9. 某化合物的分子式为 $C_{10}H_{10}Br_2O$，核磁共振谱如下图所示，试推测其结构。

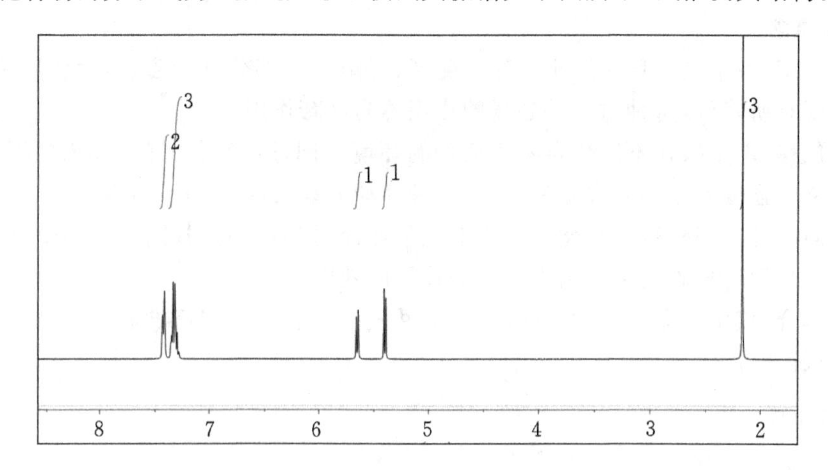

（C_6H_5—CH(Br)—CH(Br)—C(=O)—CH_3）

10. 某一含有 C、H、N 和 O 的化合物，其相对分子质量为 147，元素分析表明 C 为73.5%，H 为 6%，N 为 9.5%，O 为 11%，核磁共振谱如下图所示。试推测该化合物的结构。

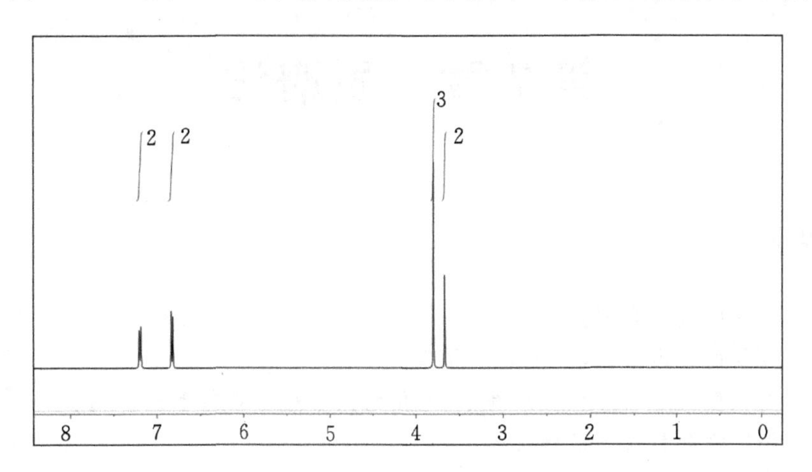

（H_3C—O—⟨苯环，对位⟩—CH_2—CN）

第7章　质谱法

基本要求

1. 了解质谱法的基本原理；
2. 了解质谱仪的基本结构，掌握离子源工作原理；
3. 掌握相对丰度、分子离子、碎片离子、同位素离子等基本概念；
4. 掌握质谱定性分析及图谱解析；
5. 了解质谱分析的应用。

质谱法(Mass Spectrometry，MS)是通过将样品转化为运动的气态离子，并按质荷比(m/z)大小进行分离测定，来进行成分和结构分析的一种分析方法，所得结果即为质谱图(亦称质谱，mass spectrum)。根据质谱图提供的信息，可以进行多种有机物及无机物的定性和定量分析、复杂化合物的结构分析、样品中各种同位素比的测定及固体表面结构和组成分析等。

早期质谱法最重要的工作是发现非放射性同位素。1913年，Thomson J. J. 报道了氖气是由^{20}Ne和^{22}Ne两种同位素组成。到20世纪30年代中叶，质谱法已经鉴定了大多数稳定同位素，精确地测定了质量，建立了相对原子质量不是整数的概念，大大促进了核化学的发展。从20世纪60年代开始，质谱法更加普遍地应用到有机化学和生物化学领域。化学家们认识到，由于质谱法独特的离子化过程及分离方式，从中获得的信息是具有化学本性、直接与结构相关的，可以用来阐述各种物质的分子结构。计算机的应用又使质谱分析法发生了飞跃的变化，使其技术更加成熟，使用更加方便。20世纪80年代以后又出现了一些新的质谱技术，如快原子轰击电离源、基质辅助激光解吸电离源、电喷雾电离源、大气压化学电离源，以及随之而来的液相色谱-质谱联用仪、感应耦合等离子体质谱仪、傅里叶变换质谱仪等。目前，质谱分析法已广泛地应用于化学、化工、材料、环境、地质、能源、药物、刑侦、生命科学等各个领域，成为许多研究室及分析实验室的标准仪器之一。

质谱仪种类很多，工作原理和应用范围也有很大的不同。按照用途可分为有机质谱、无机质谱和同位素质谱；按照工作原理分为单聚焦质谱、双聚焦质谱、四极杆质谱、飞行时间质谱和回旋共振质谱等。在以上各类质谱仪中，数量最多，用途最广的是有机质谱仪。

质谱是定性鉴定与研究分子结构的有效方法，主要特点是：

①灵敏度高，样品用量少：目前有机质谱仪的绝对灵敏度可达5 pg，有微克量级的样品即可得到分析结果。

②分析速度快：扫描1～1000 u一般仅需1秒～几秒，最快可达1/1000秒，因此可实现色谱-质谱在线联接。

③测定对象范围广：不仅可测气体、液体，凡是在室温下具有10^{-7} Pa蒸气压的固体，如低熔点金属(如锌)及高分子化合物(如多肽等)都可测定。

质谱法的用途：

①求准确的分子质量：由高分辨质谱获得分子离子峰质量数，可测出精确的相对分子质量。

②鉴定化合物：如果事先可估计出样品的结构，用同一装置、同样操作条件测定标准样品及未知样品，比较它们的图谱可进行鉴定。

③推测未知物的结构：从离子碎片获得的信息可推测分子结构。

④测定分子中 Cl、Br 等的原子数：同位素含量比较多的元素（Cl、Br 等），可通过同位素峰强度比及其分布特征推算出这些原子的数目。

7.1　质谱仪及其工作原理

7.1.1　质谱仪的工作原理

质谱仪是利用电磁学原理，使带电的样品离子按质荷比进行分离的装置。离子电离后经加速进入磁场中，其动能与加速电压及电荷 z 有关，即：

$$zeU = \frac{1}{2}mv^2 \qquad (7-1)$$

式中：z 为电荷数；e 为元电荷（$1e = 1.60\times10^{-19}$ C）；U 为加速电压；m 为离子的质量；v 为离子被加速后的运动速度。具有速度 v 的带电粒子进入质量分析器的电磁场中，根据所选择的分离方式，最终实现各种离子按 m/z 进行分离。

根据质量分析器的工作原理，可以将质谱仪分为动态仪器和静态仪器两大类。在静态仪器中采用稳定的电场或磁场，按空间位置将 m/z 不同的离子分开，如单聚焦和双聚焦质谱仪。而在动态仪器中采用变化的电磁场，按时间不同来区分 m/z 不同的离子，如飞行时间质谱仪和四极滤质器式质谱仪。

7.1.2 质谱仪的主要性能指标

1. 质量测定范围

质谱仪的质量测定范围表示质谱仪所能进行分析的样品的相对原子质量（或相对分子质量）范围，通常采用原子质量单位（unified atomic mass unit，符号 u）进行度量。原子质量单位是由 ^{12}C 来定义的，即一个处于基态的 ^{12}C 中性原子的质量的 1/12，即

$$1\text{u} = \frac{1}{12}\left(\frac{12.00000}{6.02214\times10^{23}}\right) = 1.66054\times10^{-24}\ \text{g}$$

而在非精确测量的场合，常采用原子核中所含质子和中子的总数即“质量数”来表示质量的大小，其数值等于相对质量数的整数。

一般无机质谱仪质量数测定范围在 2～250，而有机质谱仪可达数千。通过多电荷技术等方法，现代质谱仪甚至可以研究相对分子质量达几十万的生化样品。

2. 分辨率

所谓分辨率，是指质谱仪分开相邻质量数离子的能力。其一般定义是：对两个相等强度的

相邻峰，当两峰间的峰谷不大于其峰高10%时，则认为两峰已经分开，其分辨率为

$$R=\frac{m_1}{m_2-m_1}=\frac{m_1}{\Delta m} \tag{7-2}$$

式中：m_1、m_2 为质量数，且 $m_1 < m_2$ 。故两峰质量相差越小，要求仪器分辨率越大。

在实际工作中，有时很难找到相邻的且峰高相等的两个峰，同时峰谷又为峰高的10%。在这种情况下，可任选一单峰，测其峰高5%处的峰宽 $W_{0.05}$，即可当作上式中的 Δm，此时的分辨率定义为

$$R=\frac{m}{W_{0.05}} \tag{7-3}$$

质谱仪的分辨率主要受下列因素影响：

①磁式离子通道的半径或离子通道长度；

②加速器与收集器狭缝宽度或离子脉冲；

③离子源的性质。

质谱仪的分辨率决定了仪器的价格。分辨率在500左右的质谱仪可以满足一般有机分析的要求，此类仪器的质量分析器一般是四极滤质器、粒子阱等，仪器价格相对较低。若要进行准确的同位素质量及有机分子质量的测定，则需要使用分辨率大于10000的高分辨率质谱仪，这类质谱仪一般采用双聚焦磁式质量分析器。

3. 灵敏度

质谱仪的灵敏度有绝对灵敏度、相对灵敏度和分析灵敏度等几种表示方法。

绝对灵敏度是指仪器可以检测到的最小样品量；相对灵敏度是指仪器可以同时检测的大组分与小组分含量之比；分析灵敏度则是指输入仪器的样品量与仪器输出的信号之比。

7.1.3 质谱仪的基本结构

质谱仪是通过对样品电离后产生的具有不同的 m/z 的离子来进行分离分析的，包括进样系统、电离系统、质量分析系统和检测系统。为了获得离子的良好分析，避免离子损失，凡样品分子及离子存在和通过之处，必须处于真空状态。

进行质谱分析的一般过程是：通过进样系统，使微摩尔或更少的试样蒸发，并令其慢慢地进入电离室，电离室内的压力约为 10^{-3} Pa。由热灯丝流向阳极的电子流，将气态样品的原子或分子电离成正、负离子，在狭缝处，以微小的负电压将正负离子分开；此后，经几百至几千伏电压的加速，进入真空度高达 10^{-5} Pa 的质量分析器中；离子质荷比不同，其偏转角度也不同，质荷比大的偏转角度小，质荷比小的偏转角度大，从而使质量数不同的离子在此得到分离。改变粒子的速度或磁场强度，可将不同质量数的粒子依次聚焦在出射狭缝上。通过出射狭缝的离子流，将落在收集级上，这一离子流经放大后即可进行记录，并得到质谱图。质谱图上信号的强度，与到达收集极上的离子数目成正比。

1. 真空系统

质谱仪的离子产生及经过系统必须处于高真空状态（离子源真空度应达 $1.3\times10^{-4}\sim1.3\times10^{-5}$ Pa，质量分析器中应达 1.3×10^{-6} Pa）。若真空度过低，会造成离子源灯丝损坏，本底增高、副反应过多、图谱复杂化、干扰离子源的调节、加速极放电等问题。一般质谱仪都采用机械泵预抽空后，再用高效率扩散泵连续地运行以保持真空。现代质谱仪采用分子泵可获得更高的真空度。

2. 进样系统

进样系统可高效重复地将样品引入到离子源中并且不造成真空度的降低。目前常用的进样装置有三种类型:间歇式进样系统、直接探针进样及色谱进样系统。

(1)间歇式进样系统

该系统可用于气体、液体和中等蒸气压的固体样品进样,典型的结构如图7-1所示。

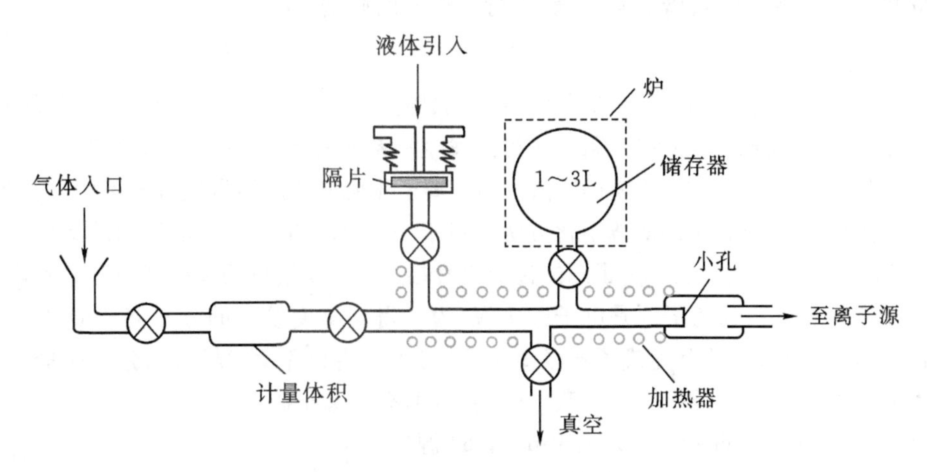

图7-1 典型的间歇式进样系统

通过可拆卸式的试样管将少量固体和液体试样引入试样储存器中,由于进样系统的低压强及储存器的加热装置,使试样保持气态。实际上试样最好在操作温度下具有1.3～0.13 Pa的蒸气压。由于进样系统的压强比离子源的压强要大,样品离子可以通过分子漏隙以分子流的形式渗透进高真空的离子源中。

(2)直接探针进样系统

直接探针进样适用于单组分、挥发性较低的固体或液体样品。对那些在间歇式进样系统的条件下无法变成气体的固体、热敏性固体及非挥发性液体试样,可直接引入到离子源中,如图7-2所示。

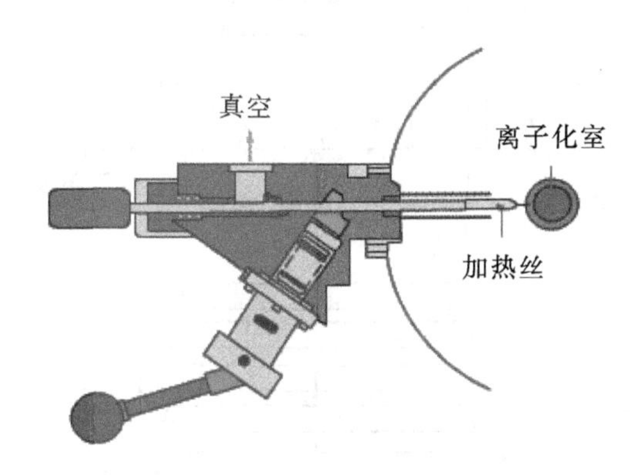

图7-2 直接探针引入进样系统

通常将试样放入小杯中,通过真空闭锁装置将其引入离子源,可以对样品杯进行冷却或加热处理。用这种技术不必使样品蒸气充满整个储存器,故可以引入样品量较小(可达1 ng)和蒸气压较低的物质。直接进样法使质谱法的应用范围迅速扩大，使许多少量且复杂的有机化合物和有机金属化合物得以进行有效的分析，如甾族化合物、糖类、双核苷酸和低摩尔质量聚合物等，都可以获得质谱。

(3)色谱进样系统

色谱进样系统利用与质谱仪联机的气相色谱仪或高效液相色谱仪将混合物分离后，通过特殊的联机“接口”将其引入离子源，依次进行各组分的质谱分析。

3. 离子源

离子源的作用是将被分析样品离子化，并使其具有一定的能量。离子源是质谱仪的心脏，可以将离子源看作是比较高级的反应器，其中样品发生一系列的特征降解反应，分解作用在很短时间(约 1 μs)内发生，所以可以快速获得质谱。由于离子化所需要的能量随分子不同差异很大，因此，对于不同的分子应选择不同的离子化方法。对于一个给定的分子，其质谱图的形状在很大程度上取决于所用的离子化方法。离子源的性能将直接影响到质谱仪的灵敏度和分辨率等。

常用于有机物电离的离子源是电子轰击源；为了得到丰度较高的分子离子峰或准分子离子峰，可采用较温和的化学电离或场解吸离子源；对于一些难挥发、强极性、分子质量大的物质或生物大分子，可采用快速原子轰击、激光电离、电喷雾等离子源。

(1)电子轰击源(Electron Impact source，EI 源)

在灯丝(阴极)与阳极间加电压后，炽热的灯丝发射的电子束穿过电离盒至阳极。两极间的电位差决定了电子的能量。进入 EI 源的试样蒸气被电子束轰击，如果轰击电子的能量大于分子的电离能，分子 M 将失去电子而发生电离，形成分子离子 M^+。

$$M + e(高速) \longrightarrow M^+ + 2e(低速)$$

若产生的分子离子带有较大的内能(转动能、振动能和电子跃迁能)，可进一步裂解成各种碎片离子(如阳离子、阴离子、中性碎片等)，这些碎片离子反映了分子结构信息。图 7-3 所示

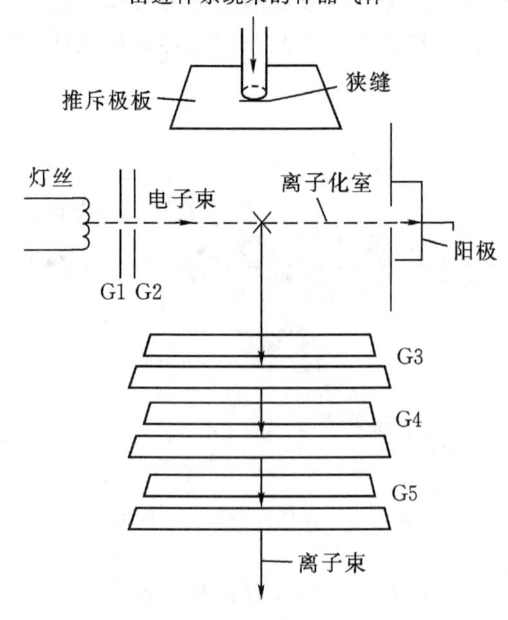

图 7-3 电子轰击源示意图

为电子轰击源的示意图，在灯丝和阳极之间加入约 70 V 电压，获得轰击能量为 70 eV 的电子束（一般分子中共价键电离能约 10 eV），与引入的气体束发生碰撞而产生离子。在推斥极作用下阳离子进入加速区被加速，并被聚集成离子流引入质量分析器，而阴离子和中性碎片等则被真空抽出系统。

EI 源的优点是：a. 重现性好。在一定能量的电子流轰击下，始终得到一样的图谱，故质谱仪谱库中的标准质谱图均是采用 EI 方式（70 eV）制作的。b. 灵敏度高，所得碎片离子多，质谱图复杂，获得有关分子结构的信息量大。c. 有丰富的碎片离子信息和成熟的离子开裂理论，有利于物质的结构分析和鉴别。

EI 源的缺点是：a. 离子化方式能量高，对分子质量较大或稳定性差的试样，常常得不到分子离子峰，故不利于确定分子质量。b. 试样需要加热气化后进行离子化，故不适合于难挥发、热不稳定化合物的分析。

（2）化学电离源（Chemical Ionization source，CI 源）

从质谱中可以获得的样品的重要信息之一是其相对分子质量。但经电子轰击产生的分子离子峰往往强度很低或根本不存在。必须采用比较温和的电离方式，其中一种方法就是化学电离法。

化学电离是利用低压样品气（约 10^{-5} Torr，1 Torr$=1.33322\times10^{2}$ Pa）和高压的反应气（1～2 Torr），在高能电子流（约500 eV）轰击下，发生离子-分子反应来完成样品离子化。常用的反应气体是甲烷、异丁烷、氨、氢、氦等。其基本过程为：在高能电子流的轰击下，反应气（如甲烷）首先被电离，生成分子离子 CH_4^+（一级离子），即

$$CH_4 + e \longrightarrow CH_4^+ \cdot + 2e$$

$$CH_4^+ \cdot \longrightarrow CH_3^+ + H \cdot$$

CH_4^+ 再与反应气 CH_4 作用，生成高度活性的反应离子 CH_5^+ 和 $C_2H_5^+$（二级离子），即

$$CH_4^+ \cdot + CH_4 \longrightarrow CH_5^+ + CH_3 \cdot$$

$$CH_3{}^+ + CH_4 \longrightarrow C_2H_5^+ + H_2$$

反应离子 CH_5^+ 再与样品分子（MH）进行离子-分子反应，使样品分子离子化，生成准分子离子（MH_2^+，M^+），即

$$CH_5^+ + MH \longrightarrow MH_2^+ + CH_4$$

$$C_2H_5^+ + MH \longrightarrow M^+ + C_2H_6$$

CI 源的优点：a. 属于软电离方式，准分子离子峰强度大，便于利用（M＋H）或（M－H）峰准确推断相对分子质量和进行定量分析。b. 易获得有关化合物官能团的信息，由于在离子化过程中新生离子所获能量不高，故分子中 C—C 键断裂的可能性较小，一般仅涉及从质子化分子中除去官能团或氢原子的开裂反应。

CI 源的缺点：a. 重现性较差，一般不能制作标准图谱。b. 样品需要加热气化后进行离子化，故不适合于难挥发、热不稳定化合物的分析。

（3）场致离子源（Field Ionization source，FI 源）

FI 源是采用强电场把冷阳极附近的样品分子的电子拉出去，形成离子。电场的两电极距离很近（$d<1$ mm），施加电压为几千伏甚至上万伏稳定直流电压，当样品的气压分子一旦与之接触，就会因极大的电位梯度而产生“隧道效应”，使分子只接收很少的能量，失去电子后的正离子飞向分析器。场致电离有两种技术：场电离和场解析。前者将气体通过电场电离；后者将

固体样品涂在发射体表面使之电离，适用于分子质量较大和热不稳定化合物电离。

(4)快原子轰击离子源(Fast Atom Bombardment ionization source, FAB源)

由电场使Xe原子电离并加速，产生快速离子，再通过快原子枪产生电荷交换得到快速原子，快原子束轰击涂在金属板上的样品，使样品离子化，并在电场作用下进入分析器。

FAB的优点：a. 在离子化过程中样品无需进行加热气化，因此适合分子质量大、难气化、热稳定性差的样品分析，例如肽类、低聚糖、天然抗生素、有机金属配合物等。b. 属于软电离方式，可通过强度较高的准分子离子峰得到化合物分子质量的信息。

FAB的缺点：a. 影响离子化效率的因素较多，图谱的重现性较差，目前还没有标准图谱库。b. 检测灵敏度低于EI源。

(5)电喷雾电离源(Electrospray Ionization source,ESI源)

电喷雾电离源主要应用于液相色谱-质谱联用仪，它既是液相色谱和质谱仪之间的接口装置，同时又是电离装置。它的主要部件是一个两层套管组成的电喷雾喷嘴，喷嘴内层是液相色谱流出物，外层是雾化气。雾化气常采用大流量的氮气，其作用是使喷出的液体分散成微滴。另外，在喷嘴的斜前方还有一个辅助气喷嘴，辅助气的作用是使微滴的溶剂快速蒸发。在微滴蒸发过程中表面电荷密度逐渐增大，当增大到某个临界值时，离子就可以从表面蒸发出来。离子产生后，借助于喷嘴与锥孔之间的电压，穿过取样孔进入分析器。

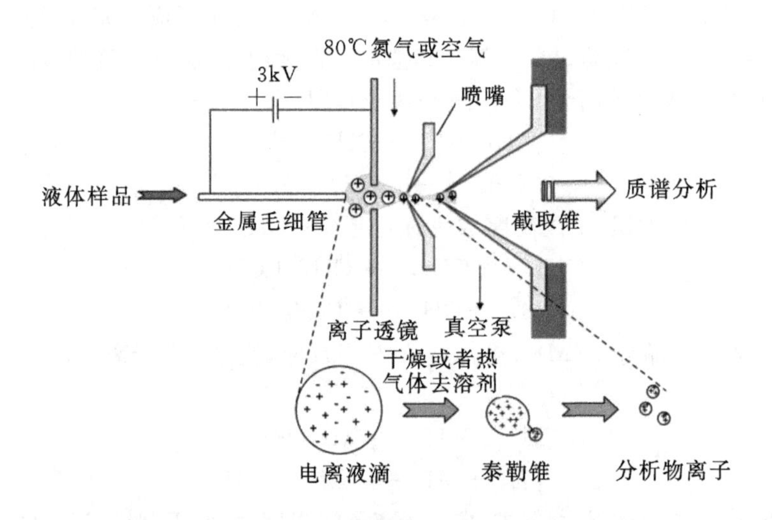

图7-4　电喷雾电离源原理图

电喷雾电离源是一种软电离方式，即便是分子质量大、稳定性差的化合物，也不会在电离过程中发生分解，它适合于分析极性强的大分子有机化合物，如蛋白质、肽、糖等。电喷雾电离源的最大特点是容易形成多电荷离子。这样，一个分子质量为10000 u的分子若带有10个电荷，则其质荷比只有1000 u，进入了一般质谱仪可以分析的范围之内。根据这一特点，目前可以采用电喷雾电离测量分子质量在300000 u以上的蛋白质。

(6)大气压化学电离源(Atmospheric Pressure Chemical Ionization source, APCI源)

大气压化学电离源的结构与电喷雾电离源大致相同，不同之处在于APCI源喷嘴的下游放置一个针状放电电极，通过放电电极的高压放电，使空气中某些中性分子电离，产生H_3O^+、N_2^+、O_2^+和O^+等离子，溶剂分子也会被电离，这些离子与分析物分子进行离子-分子反应，使分析物分子离子化，这些反应过程包括由质子转移和电荷交换产生正离子，质子脱离和电子捕获产生负离子等。

APCI 源主要用来分析中等极性的化合物。有些分析物由于结构和极性方面的原因，用 ESI 源不能产生足够强的离子，可以采用 APCI 方式增加离子产率。可以认为 APCI 是 ESI 的补充。

(7)激光解吸源(Laser Desorption source, LD 源)

激光解吸源是利用一定波长的脉冲式激光照射样品，使样品电离的一种电离方式。被分析的样品置于涂有基质的样品靶上，激光照射到样品靶上，基质分子吸收并传递激光能量，与样品分子一起蒸发到气相并使样品分子电离。激光电离源需要有合适的基质才能得到较好的离子产率。因此，这种电离源通常称为基质辅助激光解吸电离源(Matrix Assisted Laser Desorption Ionization source, MALDI 源)，MALDI 特别适合于飞行时间质谱仪(TOF)。MALDI 属于软电离技术，比较适合于分析生物大分子，如肽、蛋白质、核酸等。得到的质谱主要是分子离子、准分子离子，而碎片离子和多电荷离子较少。

4. 质量分析器

质量分析器位于离子源和检测器之间，是质谱仪中将不同质荷比的离子分离的装置。质量分析器种类较多，分离原理也不相同，目前用于有机质谱仪的质量分析器主要是磁分析器、四极杆分析器、粒子阱分析器、飞行时间分析器、回旋共振分析器等。

(1)磁分析器(magnetic analyzer)

这种分析器实际上是一个处于磁场中的真空容器，最常用的类型就是扇形磁分析器，如图 7-5 所示。离子在离子源中被加速后，具有一定的动能，飞入磁极间的弯曲区，由于磁场作用，飞行轨道发生弯曲。此时离子受的向心力和离心力同时存在，r 为离子运动半径。当两力平衡时，离子才能飞出弯曲区。

$$Bzev = \frac{mv^2}{r} \tag{7-4}$$

式中：B 为磁感应强度；ze 为总电荷；v 为运动速度；m 为质量；r 为曲率半径。整理后得

$$v = \frac{Bzer}{m} \tag{7-5}$$

将式(7-5)带入式(7-1)得

$$\frac{m}{z} = \frac{B^2 r^2 e}{2U} \tag{7-6}$$

从式(7-6)可知，在一定 B、U 条件下，不同 m/z 的离子运动半径不同。这样，由离子源产生的离子，经过分析器后可实现质量分离，如果检测器位置不变，连续改变 B 或 U 可以使不同 m/z 的离子顺序进入检测器，实现质量扫描，得到样品的质谱图。

仅用一个扇形磁场进行质量分析的质谱仪称为单聚焦质谱仪。设计良好的单聚焦质谱仪分辨率可达 5000。其结构简单，操作方便，但不能满足高分辨率分析的需求，目前只用于同位素质谱仪和气体质谱仪。单聚焦质谱仪分辨率低的主要原因在于它不能克服离子初始能量分散对分辨率造成的影响。质量相同但能量不同的离子，经过磁场后其偏转半径也不同，是以能量大小顺序分开，即磁场具有能量色散作用。

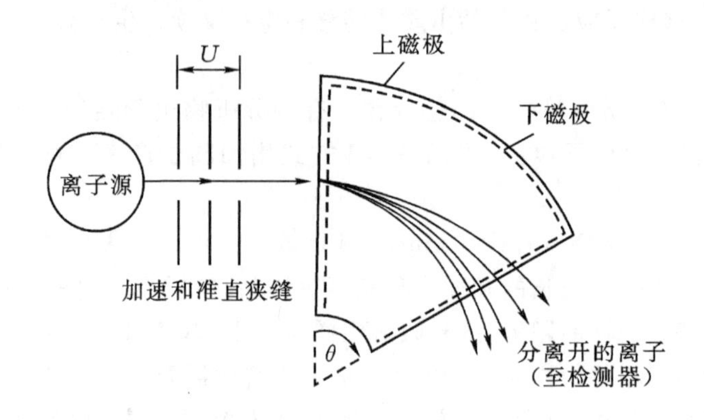

图 7-5　磁分析器原理图

为了消除离子能量分散对分辨率的影响,通常在扇形磁场前(或后)加一扇形静电场,它是一个能量分析器,不起质量分离作用。质量相同而能量不同的离子经过静电场后会彼此分开,即静电场也有能量色散作用。如果设法使磁场能量色散作用和静电场色散作用大小相等方向相反,就可以消除能量色散对分辨率的影响,只要是质量相同的离子就会聚在一起。这种由电场和磁场共同实现质量分离的分析器,同时具有方向聚焦和能量聚焦作用,称为双聚焦质量分析器。双聚焦质量分析器的优点是分辨率高,一般商品化的仪器分辨率可达 150000,质量测定准确度可达 0.03 $\mu g \cdot g^{-1}$。缺点是扫描速度慢,操作、调整比较困难,而且仪器造价也比较昂贵。

(2)四极杆质量分析器(quadrupole mass analyzer)

四极杆质量分析器又称为四极滤质器,它是由四根平行、对称放置的圆柱形电极组成,对角连接构成两组电极。两组电极间加以一定的直流电压 U 和高频电压 $V\cos\omega t$,其中 V 为电压的交流幅值,ω 为高频电压角频率,t 为时间。当离子束进入圆柱形电极所包围的空间后,将受到交、直流叠加电场的作用而波动前进。在一定的直流电压和交流电压比(U/V) 以及场半径固定的条件下,对于一定的高频电压,只有某一种(或一定范围)质荷比的离子能够通过电场区到达收集器产生信号,这种离子称共振离子。其它离子在运动过程中撞击在圆柱形电极上而被真空泵抽出系统,这些离子称非共振离子。

将交流电压的频率固定而连续改变直流电压和交流电压的大小(U/V 不变),称为电压扫描;保持电压不变而连续改变交流电的频率,称为频率扫描。利用电压扫描或频率扫描均可使不同质荷比的离子依次通过四极滤质器到达收集器,并记录、绘制质谱图。电压的变化可以是连续的,也可以是跳跃式的。所谓跳跃式扫描是只检测某些质量的离子,故称为选择离子检测(Select Ion Monitoring, SIM)。这种扫描方式灵敏度高,而且,通过选择适当的离子使干扰组分不被采集,可以消除组分间的干扰,适合于定量分析。但因为这种扫描方式得到的质谱不是全谱,因此不能进行质谱库检索和定性分析。

四极杆质量分析器的主要优点是:a. 可在较低的真空度下工作;b. 扫描速度快,有利于与色谱仪联用;c. 结构简单、体积小自动化程度高。主要缺点是:a. 分辨率低于磁分析器;b. 质量范围较窄,一般为 10～1000 u;c. 不能提供亚稳离子信息。

(3)飞行时间质量分析器(Time Of Flight analyzer,TOF)

飞行时间质量分析器的主要部件是一个离子漂移管,离子在加速电压 V 作用下得到动

能，则

$$\frac{1}{2}mv^2 = eV \tag{7-7}$$

离子以速度 v 进入自由空间(漂移区)，假定离子在漂移区飞行的时间为 T，漂移区长度为 L，则

$$T = L\ (m/2eV)^{1/2} \tag{7-8}$$

由上式可以看出，离子在漂移管中飞行的时间与离子质量的平方根成正比，即对于能量相同的离子，质量越大，到达接收器所用的时间越长；质量越小，所用时间越短。根据这一原理，可以把不同质量的离子分开。

飞行时间质量分析器的特点是质量范围宽，扫描速度快，既不需要电场，也不需要磁场，但是一直存在分辨率低这一缺点。造成分辨率低的主要原因在于离子进入漂移管前的时间分散、空间分散和能量分散。目前，利用激光脉冲电离方式，采用离子延迟引出技术和离子反射技术，可以很大程度上改善分辨率低的因素。从分辨率、重现性及质量鉴定来说，TOF 不及磁分析器等，但其快速扫描质谱的性能，使得此类分析器可以用于研究快速反应以及与 GC 联用等。并且 TOF 质谱仪的质量检测上限没有限制，故可用于一些高质量离子分析。

5. 检测器和质谱图

由离子源产生的离子经过质量分析器按质荷比分离后，形成不同强度的离子流。检测器的作用是将这些微弱的离子流信号接收并放大，然后送至显示单元及计算机处理系统，得到被分析样品的质谱图及数据。

现代质谱仪的检测器主要使用电子倍增管，也有的使用光电倍增管。由质量分析器出来的离子打到高能打拿极产生电子，电子经电子倍增管产生电信号，记录不同离子的信号即得质谱。一般电子倍增管的增益可达 10^6，放大后的信号进入宽频放大器再次放大，即可将微弱的离子信号转变为较强的电信号送入数据记录及处理系统。这些信号经计算机处理后可以得到色谱图、质谱图及其它各种信息。

质谱图的主要应用是鉴定复杂分子并阐明其结构、确定元素的同位素质量及分布等。质谱图是以质荷比(m/z)为横坐标、相对丰度(relative abundance)为纵坐标构成，一般将质谱图上最强的离子峰定为基峰，并定为相对强度 100%，其它离子峰以对基峰的相对百分值表示，如图 7－6 所示。

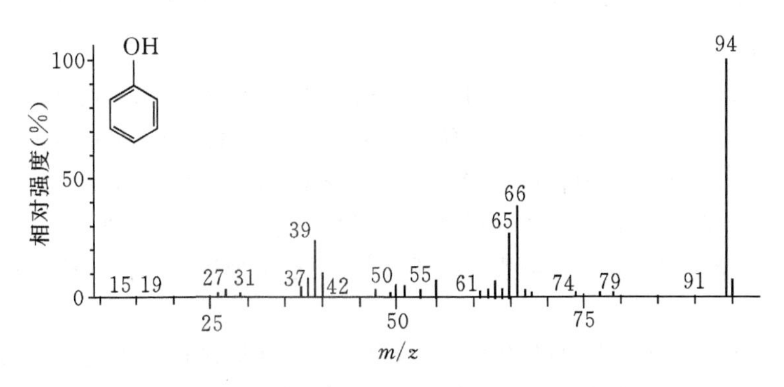

图 7－6　苯酚的质谱图

7.2 质谱解析的基础知识

7.2.1 EI质谱中的各种离子

分子在离子源中可以产生各种离子，即同一分子可以产生多种离子，其中主要出现的有分子离子、碎片离子、同位素离子、亚稳离子和重排离子等。

1. 分子离子

分子在离子源中失去一个电子形成的离子为分子离子(molecular ion)。

$$M+e \longrightarrow M^{+\cdot}+2e$$

由于分子离子是化合物失去一个电子形成的，因此，分子离子是自由基离子。通常把带有未成对电子的离子称为奇电子离子(OE)，并标以“$^{+\cdot}$”；把外层电子完全成对的离子称为偶电子离子(EE)，并标以“$^{+}$”。分子离子一定是奇电子离子。关于离子的电荷位置，一般认为有下列几种情况：如果分子中含有杂原子，则分子易失去杂原子的未成键电子而带电荷，电荷位置可表示在杂原子上，如 $CH_3CH_2O^{+}H$。如果分子中没有杂原子而有双键，则双键电子较易失去，正电荷位于双键的一个碳原子上。如果分子中既没有杂原子又没有双键，其正电荷位置一般在分支碳原子上。如果电荷位置不确定，或不需要确定电荷的位置，可在分子式的右上角标注：“$\urcorner^{+}$”，例如 $CH_3COOC_2H_5\urcorner^{+}$。

分子离子的质量对应于中性分子的质量，这对解释未知质谱十分重要。分子离子含奇数个电子，一般出现在质谱的最右侧。在质谱中，分子离子峰的强度和化合物的结构有关。环状化合物比较稳定，不易碎裂，因而分子离子峰较强；支链较易碎裂，分子离子峰就弱；有些稳定性差的化合物，经常看不到分子离子峰。分子离子峰强弱的大致顺序是：

芳环>共轭烯>烯>酮>不分支烃>醚>酯>胺>酸>醇>高分支烃

在一张纯样品的质谱图中，怎样鉴别其分子离子呢？构成分子离子有三个必要的条件(但不是充分的)：

①在质谱图中必须是最高质量的离子(同位素离子除外)。

②必须是一个奇电子离子。

③在图谱的高质量区，它是能够合理丢失中性碎片而产生重要的碎片离子。

2. 碎片离子

分子离子产生后可能具有较高的能量，将会通过进一步碎裂或重排而释放能量，碎裂后产生的离子为碎片离子(fragment ion)。一般强度最大的质谱峰对应于最稳定的碎片离子，通过对各种碎片离子相对峰高的分析，有可能获得整个分子结构的信息。但由此获得的分子拼接结构并不总是合理的，因为碎片离子获得能量(例如被电子轰击)又会进一步裂解产生更小的碎片离子，而且可能会进一步发生断裂或重排，因此要准确地进行定性分析，最好与标准图谱进行比较。

有机化合物断裂方式很多，也比较复杂，但仍有一些经验规律可以应用。如：有机化合物中，C—C键不如C—H键稳定，因此烷烃的裂解一般发生在C—C键之间，且易发生在支链上。在含有杂原子的饱和脂肪族化合物质谱中，由于杂原子的定位作用，断裂将发生在杂原子周围。烯烃多在双键旁的第二个键上断裂，丙烯型共振结构对含有双键的碎片有着明显的稳定作用。含有 C═O 的化合物通常在与其相邻的键上断裂，正电荷保留在含 C═O 的碎片上。

3. 同位素离子

大多数元素都是由具有一定自由度丰度的同位素组成的。在质谱图中，会出现含有这些同位素的离子峰。这些含有同位素的离子称为同位素离子(isotopic ion)。有机化合物一般由 C、H、O、N、S、Cl 及 Br 等元素组成，它们的同位素丰度比见表 7－1。

表 7－1　有机化合物中各元素的同位素丰度

元素	C		H		N		O		
同位素	^{12}C	^{13}C	^{1}H	^{2}H	^{14}N	^{15}N	^{16}O	^{17}O	^{18}O
丰度	100	1.08	100	0.016	100	0.38	100	0.04	0.20
元素	P	S			F	Cl		Br	
同位素	^{31}P	^{32}S	^{33}S	^{34}S	^{19}F	^{35}Cl	^{37}Cl	^{79}Br	^{81}Br
丰度	100	100	0.78	4.4	100	100	32.5	100	98

重质同位素与丰度最大的轻质同位素的峰强比用 $\frac{M+1}{M}, \frac{M+2}{M}, \cdots$ 表示。其数值由同位素丰度比及原子数目决定。由表 7－1 可见，^{12}C 和 ^{13}C 二者丰度之比为 100∶1.1，同样一个化合物生成的分子离子会有质量为 M 和 $M+1$ 的两种离子。如果化合物中含有一个碳，则 $M+1$ 离子的强度为 M 离子强度的 1.1%；如果含有两个碳，则 $M+1$ 离子的强度为 M 离子强度的2.2%。这样，根据 M 与 $M+1$ 离子强度之比，可以估计出碳原子的个数。^{34}S、^{37}Cl 及 ^{81}Br 的丰度比很大，因此含有 Cl、Br 的分子离子或碎片离子其 $M+2$ 峰强度较大，可根据 M 和 $M+2$ 两个峰强比推断分子中是否含有 S、Cl、Br 及其原子数目。举例说明如下：若分子中含有一个氯原子，离子质量 M 和 $M+2$，离子强度之比近似为 3∶1。如果含有两个氯，分子离子的质量有 M、$M+2$、$M+4$，离子强度之比为 9∶6∶1。同位素离子的强度之比，可以用二项式 $(a+b)^n$ 展开式各项之比来表示，a 与 b 为轻质及重质同位素的丰度比，n 为原子数目。

4. 亚稳离子

质量为 m_1 的离子脱离离子源后在磁场分离前的飞行过程中，由于碰撞等原因发生裂解，失去中性碎片而形成低质量离子 m_2，由于一部分能量被中性碎片带走，这种离子的能量比在离子源中产生的离子小，故在磁场中产生更大偏转，且很不稳定，在质谱中被称为亚稳离子(metastable ion)，通常用 m^* 表示。

亚稳离子的特点：峰弱，峰强仅为 m_1^+ 峰的 1%～3%；峰钝，一般可跨 2～5 个质量单位；质荷比一般不是整数。亚稳离子 m^* 与母离子 m_1^+ 及子离子 m_2^+ 的关系如下式所示

$$m^* = \frac{m_2^2}{m_1} \tag{7-9}$$

上式可以确定离子间的亲缘关系，有助于了解裂解规律，解析复杂质谱。例如：对氨基茴香醚在 m/z 94.8 及 59.2 处出现两个亚稳峰，可推测某些离子间的裂解规律。

根据式(7－9)，$\frac{108^2}{123}=94.8$，$\frac{80^2}{108}=59.2$，证明裂解过程为：m/z 123 $\xrightarrow{m^*\ 94.8}$ 108 $\xrightarrow{m^*\ 59.2}$

80，即 m/z 94.8 及 59.2 亚稳峰的存在证明 m/z 80 离子是由分子离子经两步裂解产生，而不是一步形成的。

6. 重排离子

有些离子不是由简单断裂产生的，而是发生了原子和基团的重排，这样产生的离子称为重排离子。当化合物分子中含有 C═X（X 为 O、N、S、C）基团，而且与这个基团相连的链上有 γ 氢原子，这种化合物的分子离子碎裂时，此 γ 氢原子可以转移到 X 原子上去，同时 β 键断裂。例如：

$$H-\underset{\|}{\overset{\overset{+\cdot}{O}}{C}}-CH_2-CH_2-CH_2-H \longrightarrow H-\overset{\overset{+\cdot}{O}H}{\underset{}{C}}=CH_2 + CH_2=CH_2$$

这种断裂方式是 McLafferty 在 1956 年首先发现的，因此称为 McLafferty 重排，简称麦氏重排。对于含有像羰基这样的不饱和官能团的化合物，γ 氢是通过六元环过渡态转移的。凡是具有 γ 氢的醛、酮、酯、酸及烷基苯、长链烯等，都可以发生麦氏重排。与单纯开裂不同，麦氏重排前后，重排离子电子的奇、偶性保持不变。重排裂解时若失去奇数个氮原子，则质量奇偶性发生变化，否则质量数的奇、偶性也保持不变。麦氏重排的规律性强，在质谱解析中应用广泛。

除麦氏重排外，重排的种类还有很多，经过四元环、五元环都可以发生重排。重排既可以是自由基引发的，也可以是电荷引发的（诱导断裂或 i 断裂）。例如自由基引发的重排：

$$H-CH_2-CH_2-\overset{+\cdot}{N}H-C_2H_5 \xrightarrow{\ i\ } \overset{+\cdot}{N}H_2-C_2H_5 + C_2H_4$$

7.2.2 阳离子的裂解类型

在质谱上有许多离子峰，其中有些离子峰的产生并没有规律性，所以很难预测，在结构研究上没有多大价值，但质谱中大多数离子的产生具有规律性。仔细研究一系列同类型化合物的质谱，就知道裂解类型与功能团之间有密切的关系。由此所得的经验规律在解析质谱时有很高价值。

裂解类型大体上可以分为四种：单纯裂解、重排、复杂裂解和双重重排。前两种在质谱上最为常见；后两种较复杂，本书不再介绍。

表示裂解过程和结果的符号是：鱼钩“↼”表示单个电子的转移；箭头“↓”表示两个电子的转移；含奇数个电子的离子（Odd Electron，OE）用“$^{+\cdot}$”表示；含偶数个电子的离子（Even Electron；EE）用“+”表示，阳电荷符号一般标在杂原子或 π 键上；电荷位置不清楚时，可用“$\urcorner^{+\cdot}$”及“$\urcorner^{+}$”表示。

1. 单纯开裂

一个键发生裂解称为单纯裂解。常见的化学键断裂方式有均裂、异裂和半异裂三种。

①均裂（homolytic cleavage）：在键断裂后，两个成键电子分别保留在各自的碎片上的裂

解过程。

$$\overset{\frown}{X}\overset{\frown}{-}Y \longrightarrow \dot{X} + \dot{Y}$$

②异裂或称非均裂(heterolytic cleavage):在键断裂后,两个成键电子,全部转移到一个碎片上的裂解过程。

$$X\overset{\frown}{-}Y \longrightarrow X^{+} + Y^{-}(\text{或 } Y:)$$

③半异裂(hemi-homolysis cleavage):离子化键的断裂过程,称为半异裂。

$$X + \overset{\frown}{\cdot Y} \xrightarrow{\text{半异裂}} X^{+} + Y^{-} \text{ 或 } Y + \overset{\frown}{\cdot X} \xrightarrow{\text{半异裂}} Y^{+} + X^{-}$$

2. 重排开裂

质谱中的某些离子不是由单纯开裂产生,而是通过断裂两个或两个以上化学键重新排列形成,这种裂解称为重排开裂(rearrangement cleavage)。重排开裂生成的离子称为重排离子。重排开裂一般脱去一个中性分子,同时发生重排,生成重排离子

$$ABCD^{+\cdot} \xrightarrow{\text{重排开裂}} AD^{+\cdot}(\text{重排离子}) + BC(\text{中性分子})$$

产生重排开裂的主要原因是:重排离子具有更高的稳定性;能够脱去稳定的中性分子;需要裂解的临界能较低;开裂中心在易于移动的氢附近等。重排开裂的方式很多,其中较常见的有麦氏重排(McLafferty)和逆 Diels-Alder 重排(RDA 重排)。

(1)麦氏重排

当化合物中含有不饱和 C═X 基团(X 为 O、N、S、C),且与该基团相连的键上具有 γ 氢原子时,γ 氢原子可重排(转移)到不饱和基团上(通常通过六元环过渡态),同时 β 键发生断裂,脱去一个中性分子。麦氏重排的通式如下

(γ) A　H　E　(β) B　C　D　(α)　麦氏重排　A═B　中性分子　H—E—D═C　重排离子

(2)RDA 重排

环已烯衍生物的开环反应是由 π 电子提供的游离基反应中心引发,通过两次 α 开裂,形成一个中性分子和一个离子化的丁二烯衍生物,该反应称为逆 Diels-Alder 重排(RDA 重排)。在脂环化合物、生物碱、萜类、甾体及黄酮等质谱上,经常可发现由 RDA 重排发生的碎片离子峰。例如萜类的RDA重排反应表示如下:

−e　α 开裂　α 开裂　+　丁二烯离子　中性分子

7.2.3 EI 质谱的解析

化合物的质谱包含着有关化合物的丰富信息。在很多情况下,仅依靠质谱就可以确定化

合物的相对分子质量、分子式和分子结构，而且质谱分析的样品用量极微，因此质谱法是进行有机物鉴定的有力工具。

质谱的解释是一种非常困难的事情。自从有了计算机联机检索之后，特别是质谱仪可靠性越来越好，数据库越来越大的今天，靠人工解析 EI 质谱已经越来越少。但是，作为对化合物分子断裂规律的了解，作为计算机检索结果的检验和补充手段，质谱图的人工解析还有它的作用。

1. 相对分子质量的确定

分子离子的质荷比就是化合物的相对分子质量。因此，在解析质谱时首先要确定分子离子峰。一般来说，质谱图上最右端出现的质谱峰为分子离子峰。同位素峰虽然比分子离子峰的质荷比大，但由于同位素峰与分子离子峰的峰强比有一定的关系，因而不难辨认。但有些化合物的分子离子极不稳定，其质谱上最右侧的质谱峰不一定是分子离子峰。因此在识别分子离子峰时，需掌握下述几点。

①分子离子稳定性的一般规律。分子离子稳定性与结构紧密相关。具有 π 电子系的化合物，分子离子较稳定。例如芳香族化合物和共轭多烯分子离子峰很大；脂环化合物的分子离子峰也较强；含有羟基或具有多分支的脂肪族化合物的分子离子不稳定，分子离子峰小或有时不出现。分子离子稳定性的顺序是：芳香族化合物＞共轭链烯＞脂环化合物＞直链烷烃＞硫醇＞酮＞胺＞酯＞醚＞酸＞分支烷烃＞醇。

②分子离子含奇数个电子，它的质量数符合氮规则。氮规则是指有机化合物分子中含有奇数个氮时，其相对分子质量应为奇数；含有偶数个(包括 0 个)氮时，其相对分子质量应为偶数。这是因为组成有机化合物的元素中，具有奇数价的原子具有奇数质量，具有偶数价的原子具有偶数质量，因此，形成分子之后，相对分子质量一定是偶数。而氮规则例外，氮有奇数价而具有偶数质量，因此，分子中含有奇数个氮，其相对分子质量是奇数；含有偶数个氮，其相对分子质量一定是偶数。

③分子离子峰应具有合理的质量丢失。即在比分子离子小 4～14 及 20～25 个质量单位处，不应有离子峰出现，否则就不是分子离子峰。因为一个有机化合物分子不可能丢失 4～14 氢而不断键。如果断键，失去的最小碎片应为 CH_3，它的质量是 15 个质量单位。同样，也不可能失去 20～25 个质量单位。

需要特别注意的是，有些化合物的质谱图上质荷比最大的峰是 $M-1$ 峰或 $M+1$ 峰，而无分子离子峰。例如，正庚腈的相对分子质量为 111，而在它的质谱上只能看到 m/z 110 的($M-1$) 峰，而无分子离子峰。这是因为分子离子不稳定，而 M－H 离子比较稳定的缘故。$M-1$ 峰不符合氮规则，容易区别。腈类化合物易出现这种情况，但有时也有分子离子峰，强度小于 $M-1$ 峰。

一般说来，分子离子峰的质荷比等于相对分子质量。严格说来有差别，例如：辛酮－4 ($C_8H_{16}O$)精密质荷比为 128.1202，相对分子质量为 128.2161。这是因为质荷比是由丰度最大同位素的质量计算；而相对分子质量是由原子质量计算而得，而原子质量是同位素质量的加权平均值。在相对分子质量很大时，二者可差一个质量单位。例如三油酸甘油酯，低分辨仪器测得的 m/z 为 884，而实际相对分子质量为 885.44。这些例子说明 m/z 与相对分子质量概念不同，在绝大多数情况下，m/z 与相对分子质量的整数部分相等。

2. 分子式的确定

利用一般的 EI 质谱很难确定分子式。在早期，曾经有人利用分子离子峰的同位素峰来进行分子组成式的测定。质谱图中除了分子离子峰外，还有质量为 $M+1$，$M+2$ 的同位素峰。由于不同分子的元素组成不同，不同化合物的同位素丰度也不同，Beynon 将各种化合物(包括 C、H、O 和 N 的各种组合)的 M、$M+1$、$M+2$ 的强度值编成质量与丰度表，如果知道了化合物的相对分子质量和 M、$M+1$、$M+2$ 的强度比，即可查表确定分子式。

例如，某化合物的相对分子质量为 $M=150$(丰度 100%)，$M+1$ 的丰度为 9.9%，$M+2$ 的丰度为 0.88%，求化合物的分子式。根据 Beynon 表可知，$M=150$ 化合物有 29 个，其中与所给数据相符的为 $C_9H_{10}O_2$。这种确定分子式的方法要求同位素峰的测定十分准确，而且只适用于相对分子质量较小，分子离子峰较强的化合物。

利用高分辨质谱仪可得到分子组成式。碳、氢、氧、氮的相对原子质量分别为 12.000000，1.007825，15.994914，14.003074，如果能精确测定化合物的相对分子质量，可以由计算机轻而易举地计算出所含不同元素的个数。

例如，用高分辨质谱仪测得某有机物的精密质量为 166.06299，查精密质量表，质量接近 166.06299 的有三个，其中 $C_3H_8N_3O_2$ 不服从氮规则；$C_8H_{10}N_2O_2$ 的质量与未知物相差超过 0.005%；因此，分子式可能是 $C_9H_{10}O_3$。目前傅里叶变换质谱仪、双聚焦质谱仪、飞行时间质谱仪等都能给出化合物的元素组成。

3. 分子结构的确定

质谱主要用于定性及测定分子结构，当与色谱或其它分离技术联用时，也可用于混合物的含量测定。由于质谱的复杂性、重复性不如 NMR 和 IR 等光谱，以及人们对于质谱规律掌握还有待提高，因而在结构解析中，质谱主要用于测定相对分子质量、分子式和作为光谱解析结论的佐证。对于一些较简单的化合物，单靠质谱也可确定分子结构。目前的商品质谱仪提供了大量的已知化合物质谱数据库，并能自动检索，给使用者带来极大的方便。尽管如此，对分析工作者来说，了解和掌握质谱解析的基本原理和方法仍然是必要的。

一张化合物的质谱图包含很多的信息，根据使用者的要求，可以用来确定相对分子质量、验证某种结构、确认某元素的存在，也可用来对完全未知化合物进行结构鉴定。质谱图一般的解析步骤如下：

①由质谱确认分子离子峰，求出相对分子质量，初步判断化合物类型及是否有 Cl，Br，S 等元素。

②用同位素峰强比法或精密质量法，得到化合物的组成式。

③由组成式计算化合物的不饱和度，即确定化合物中环和双键的数目。计算方法如下：

不饱和度　　$$U=\text{四价原子数}-\frac{\text{一价原子数}}{2}+\frac{\text{三价原子数}}{2}+1$$

例如，苯的不饱和度 $U=6-\frac{6}{2}+\frac{0}{2}+1=4$。

④解析某些主要质谱峰的归属及峰间关系。质谱高质量端离子峰是由分子离子失去碎片形成的。根据分子离子失去的碎片，可以确定化合物中含有哪些取代基。常见的离子失去碎片的情况见表 7-2。

表 7－2　常见离子碎片信息表

质量数	碎片情况	质量数	碎片情况
$M-15$	CH_3	$M-16$	O,NH_2
$M-17$	OH,NH_3	$M-18$	H_2O
$M-19$	F	$M-26$	C_2H_2
$M-27$	HCN,C_2H_3	$M-28$	CO,C_2H_4
$M-29$	CHO,C_2H_5	$M-30$	NO
$M-31$	CH_2OH,OCH_3	$M-32$	S,CH_3OH
$M-35$	Cl	$M-42$	CH_2CO,CH_2N_2
$M-43$	CH_3CO,C_3H_7	$M-44$	CO_2,CS_2
$M-45$	$OC_2H_5,COOH$	$M-46$	NO_2,C_2H_5OH
$M-79$	Br	$M-127$	I

研究低质量端离子峰，寻找不同化合物断裂后生成的特征离子和特征离子系列。例如，正构烷烃的特征离子系列为 m/z 15，29，43，57，71 等。

⑤通过上述各方面的研究，提出化合物的结构单元。

⑥验证所得结果。验证的方法有：将所得结构式按质谱断裂规律分解，看所得离子和所给未知物图谱是否一致；查该化合物的标准质谱图，看是否与未知图谱相同；需找标样，做标样的质谱图，与未知物图谱比较等。

7.3 解析示例

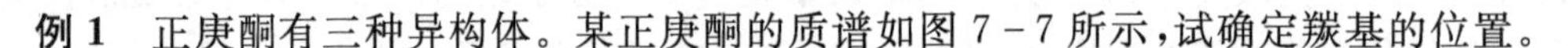

例 1　正庚酮有三种异构体。某正庚酮的质谱如图 7－7 所示，试确定羰基的位置。

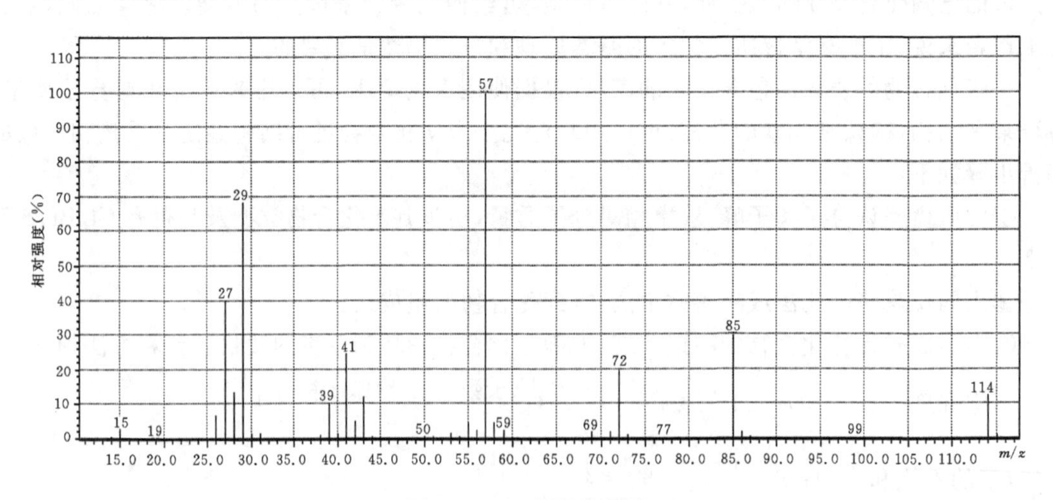

图 7－7　正庚酮质谱图

酮易发生 α 裂解，生成的离子稳定、强度很大，是鉴别羰基位置的有力证据。三种庚酮异构体的 α 裂解比较：

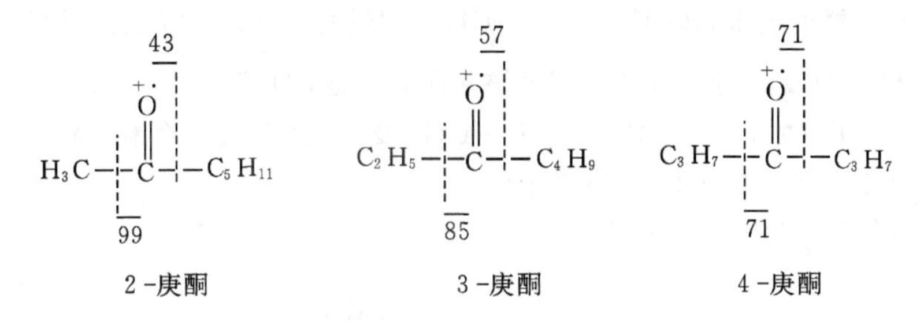

图 7 - 7 上 m/z 57 为基峰，而且有 m/z 85 峰，而无 m/z 99 及 71 峰。图上虽有 m/z 43 峰，但太弱，不是 $H_3C—\overset{+}{C}≡O$ 离子而是由 β 裂解产生的 $C_3H_7^+$ 离子。因此证明该化合物是 3 -庚酮。

例 2　一个未知物的质谱如图 7 - 8 所示，试确定其分子结构。

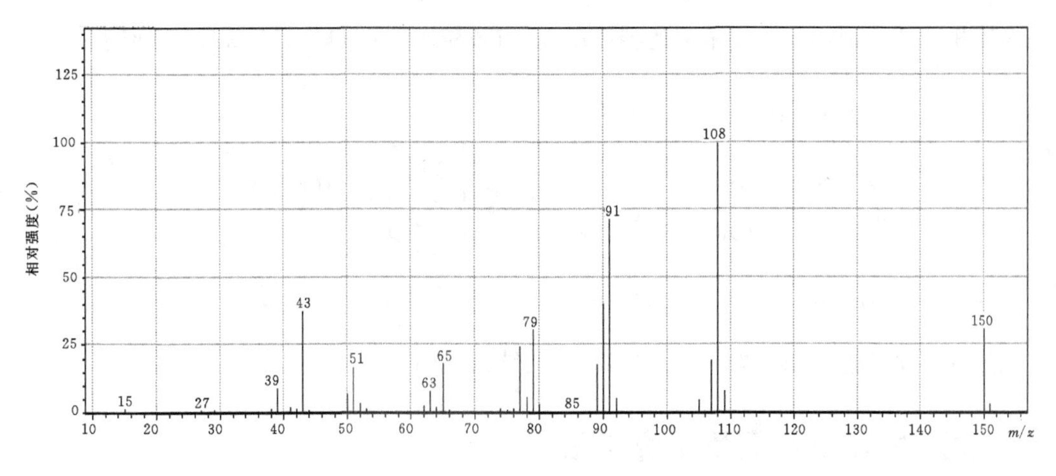

图 7 - 8　未知物质谱图

①统观质谱，分子离子峰的质量数为偶数，说明未知物不含氮或含偶数个氮。由同位素峰强比说明不含 Cl、Br 及 S。具有很强的 m/z 91，说明未知物可能具有烷基取代苯官能团。

②查 Beynon 表求分子式，质量数 150 大组。查对结果为 $C_9H_{10}O_2$。

③求不饱和度：$U=9-\frac{10}{2}+\frac{0}{2}+1=5$，说明结构中可能具有苯环。

④谱图解析：

m/z 91 $\xrightarrow{-HC≡CH}$ m/z 65

m/z 77 $\xrightarrow{-HC≡CH}$ m/z 51

上述碎片离子峰说明未知物具有 C_6H_5—CH_2— 基团。m/z 43 峰很强，而且分子式中共有 9 个碳，7 个已有归属，只余两个碳。因此该基团只能是 $CH_2C{=}O^+$ 。

⑤推测结构。由 $C_9H_{10}O_2$ 中减去 $C_6H_5 \cdot CH_2$ 及 CH_3CO 余一个氧，因而未知物的结构只能是 C_6H_5—CH_2—O—$COCH_3$（醋酸苄酯）。

⑥验证。m/z 108 为重排离子峰：

C_6H_5—CH_2—$\overset{+\cdot}{O}$—C(=O)—CH_2—H → $C_6H_5CH_2\overset{+\cdot}{O}H$ + $CH_2{=}C{=}O$

m/z 108

该重排反应为醋酸苄酯或苯酯的特征反应，而苯酯产生 $C_6H_5\overset{+\cdot}{O}H$（$m/z$ 94）离子。

$C_6H_5CH_2\overset{+\cdot}{O}H$ —(−H·，扩环)→ $C_7H_6OH^+$ —(−CO)→ $C_6H_7^+$ —(−H_2)→ $C_6H_5^+$

m/z 108　　m/z 107　　m/z 79　　m/z 77

上述各离子均能在未知物质谱上找到，证明结论正确。

7.4 质谱法应用实例及研究进展

ákos Végvári 等利用基质辅助激光解吸电离质谱成像技术（MALDI－MSI）分析乳腺癌细胞中的他莫昔芬（抗雌激素药物），对比了肿瘤细胞中他莫昔芬的水平，发现雌激素受体（ER）阳性的肿瘤细胞中药物的含量水平要高于 ER 阴性肿瘤细胞，见图 7－9。

一般情况下，ER 阴性的肿瘤细胞更容易发生增殖，具有更高的 Ki67。利用 MALDI－MSI 技术测定不同部位细胞中他莫昔芬含量并进行叠加组织成像，说明不同的肿瘤细胞具有不同的表面性质；另外，该模型也很好地说明了药物分子分布、吸收的分子机制。

现代分析科学中，原位、实时、在线、非破坏、高通量、高灵敏度、高选择性、低耗损一直是分析工作者追求的目标。在众多的分析测试方法中，质谱学方法被认为是一种同时具备高特异性和高灵敏度且得到了广泛应用的普适性方法。随着快速质谱分析技术的不断发展和改进，这一领域的研究不断深入，应用也更加广泛。目前，复杂基体样品的直接质谱分析已经成为质谱研究的主要方向之一，相关的离子化技术得到蓬勃的发展。

近年来研发出数十种新方法，有很多技术已经显示出巨大的实用价值。通过如解吸电喷雾电离技术（DESI）、实时直接分析技术（DART）等人们开展了较为深入的机理研究，对相关的电离过程有了更清楚的了解。但是，对整个领域而言，相关的理论研究还有待加强，尤其是一些新兴的技术。

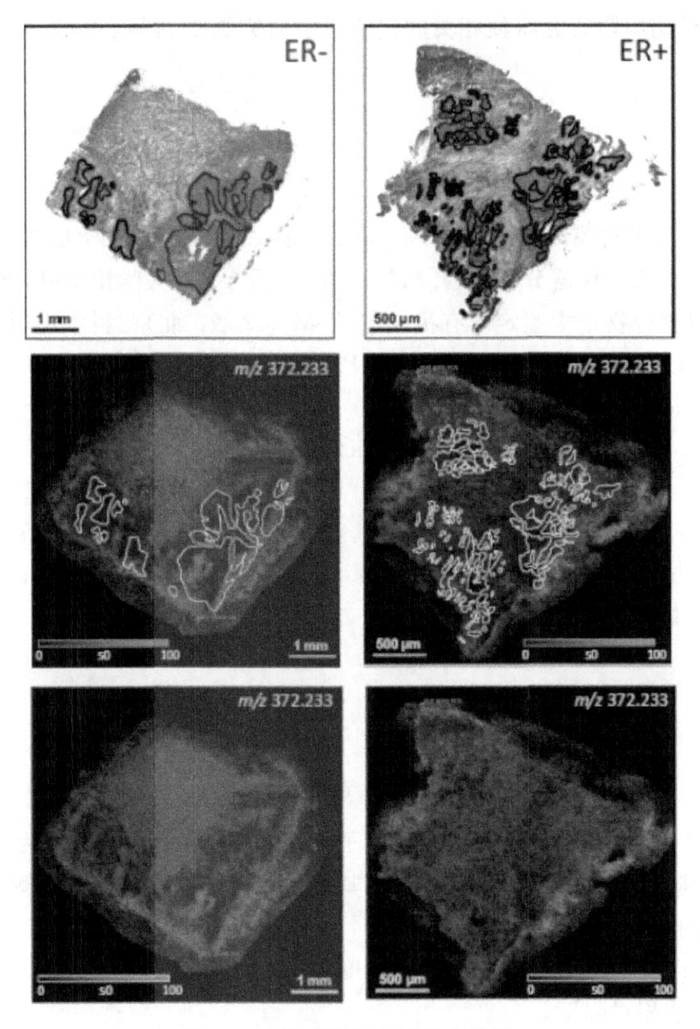

图 7－9　肿瘤组织的测定成像图

目前，在实际应用过程中，大多数技术仍需要将样品取回实验室分析，能广泛应用于现场分析的小型质谱仪很少。因此，在保持离子源的性能的前提下进行小型化和集成化也是这个领域的重要发展方向之一。小型直接离子化装置应满足各种无需样品预处理的原位、实时、在线、非破坏、高通量、高灵敏度、高选择性、低耗损的分析检测的要求，可根据前面所述的基本原理，结合各自的工作基础和领域优势，在离子化技术的工作方式、小型化设计和多功能化等方面进行改进和创新，尤其是注重关键步骤中的创新，则有望开发出全新的更加实用的新型离子化技术与装置。可以预见，新型离子化技术与小型质谱仪结合进行现场分析将成为未来发展的重要趋势，能快速地将质谱技术推广到各种野外环境的现场检测、现场诊断、流程监控、排放物检测与控制、突发事件处理，尤其在临床医学、安全检查等方面。另一方面，常压直接质谱法虽有很高的灵敏度，但在精确定量方面仍然需要有很大的改进。此外，质谱成像是一个新兴的研究热点，高分辨率质谱成像技术能从细胞和亚细胞水平上快速、连续确定生物组织上特定物质的含量、形态及其空间分布等，在生命科学中具有重要作用，特别值得关注。目前，代谢组学研究中的样品主要有尿样和血样，多用于动物代谢组学研究。因此，采用快速质谱分析方法进行生物体的活体代谢组学研究将使相关的代谢组学研究更加直接、迅速、方便，是具有前景的重要发展方向。

参考文献

[1] 刘密新，罗国安，张新荣，等. 仪器分析[M]. 2版. 北京：清华大学出版社，2002.

[2] 叶宪曾，张新祥，等. 仪器分析教程[M]. 2版. 北京：北京大学出版社，2007.

[3] 宁永成. 有机化合物结构鉴定与有机波谱学[M]. 2版. 北京：科学出版社，2000.

[4] Skoog D A, Holler F J, Nieman T A. Principles of Instrumental Analysis[M]. 5ed. Harcourt Brace and Company，1998.

[5] Chapman J R. Practical organic mass spectrometry[M]. 2nd. UK: JohnWiley & Sons, 1995.

[6] ákos Végvári, Alexander S Shavkunov, Thomas E Fehniger, et al. Localization of tamoxifen in humanbreast cancer tumors by MALDI mass spectrometry imaging[J]. Clin. Trans. Med. , 2016, 5:10.

小结

1. 基本概念

①质谱分析法：质谱分析法是利用多种离子化技术，将物质分子转化为离子，选择其中带正电荷的离子使其在电场或磁场的作用下，将其按质荷比的差异进行分离测定，从而进行物质成分和结构分析的方法。

②相对丰度：以质谱中基峰（最强峰）的高度为100%，其余峰按与基峰的比例表示的峰强度为相对丰度，又称相对强度。

③离子源：质谱仪中使被分析物质电离成离子的部分。常见的有电子轰击源EI、化学电离源CI、快原子轰击源FAB等。

④分子离子：分子通过某种电离方式，失去一个外层价电子而形成带正电荷的离子。

⑤碎片离子：当分子在离子源中获得的能量超过其离子化所需的能量时，分子中的某些化学键断裂而产生的离子。

⑥亚稳离子：离子（m_1^+）脱离离子源后，在飞行过程中发生裂解而形成的低质量离子（m_2^+），通常用m^*表示。

⑦同位素离子：质谱图中含有同位素的离子。

⑧单纯开裂：仅一个键发生开裂并脱去一个游离基，称单纯开裂。

⑨重排开裂：通过断裂两个或两个以上化学键，进行重新排列的开裂方式。重排开裂一般脱去一中性分子，同时发生重排，生成重排离子。

2. 基本原理

①质谱中的大多数离子均是根据有机物自身裂解规律形成的。由于键断裂的位置不同，同一分子离子可产生质量大小不同的碎片离子，而其相对丰度与键断裂的难易以及化合物的

结构密切相关。因此，碎片离子的峰位及相对丰度可提供分子的结构信息。

②质谱仪是基于具有不同质荷比的带有正电荷的气体分子离子在质量分离器中运动时圆周半径的不同，而实现质量数不同的离子的分离。在质量分析器中，其正离子的圆周运动半径 r 与质荷比可用下式表示

$$\frac{m}{z}=\frac{B^2r^2e}{2U}$$

式中：B 和 U 分别为磁场强度和加速电压。

③分子离子的质量数服从奇偶规律。由 C、H、O 组成的化合物，分子离子峰的质量数是偶数；由 C、H、O、N 组成的化合物，含奇数个 N，分子离子峰的质量数是奇数；含偶数个 N，分子离子峰的质量数是偶数。凡不符合这一规律者，不是分子离子。

④质谱解析的一般程序：确认分子离子峰，确定相对分子质量；根据分子离子峰的丰度，推测化合物的可能类型；根据分子离子峰与同位素峰的对比，判断分子中是否有高丰度的同位素元素，如 Cl、Br、S 等，并推测这类元素的种类及数目；由同位素峰对比法或精密质量法确定分子式，并由分子式计算不饱和度，了解双键数及环数；分析基数及主要碎片离子峰可能代表的结构单元，由此确定化合物可能含有的官能团，并参考其它光谱数据，推测出所有可能的结构式；根据标准图谱及其它所有信息，进行筛选验证，确定化合物的结构式。

思考题与习题

1. 质谱仪是由哪几部分组成的？各部分的作用是什么？
2. 质谱仪离子源有哪几种？试叙述其工作原理和应用特点。
3. 质谱仪质量分析器有哪几种？叙述其工作原理和应用特点。
4. 解释丁酸甲酯质谱中的 m/z 43，m/z 59，m/z 71 主要离子的形成途径。
5. 试计算下列化合物的 $(M+2)$ 与 M 峰之强度比（忽略 ^{13}C，^{2}H 的影响）：

(1)C_2H_5Br；(2)C_6H_5Cl；(3)$C_2H_4SO_2$。

（(1)$(M+2)/M=0.97:1$；(2)$(M+2)/M=0.32:1$；(3)$(M+2)/M=0.044:1$）

6. 某一含有卤素的碳氢化合物 $M=142$，$M+1$ 峰强度为 M 峰强度的 1.1%。请分析此化合物含有几个碳原子，可能的化学式是什么？（CH_3I）
7. 某化合物的质谱图如图 7-10 所示，请确定其相对分子质量和分子式，并说明为什么。

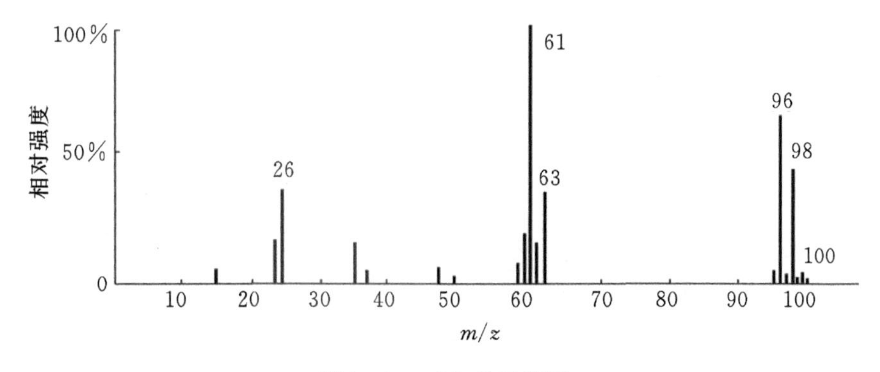

图 7-10　未知物质谱图

（1,2-二氯乙烷）

8. 某化合物分子式为$C_5H_{10}O_2$，质谱图如图7-11所示，请解释质谱图并给出化合物的结构式。

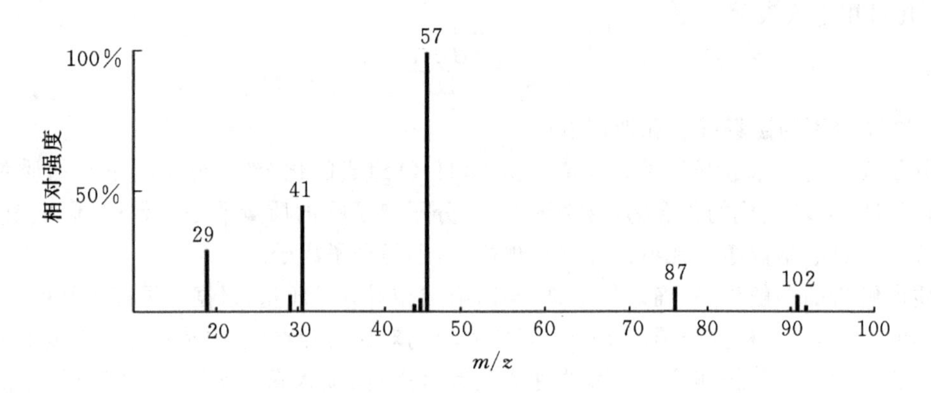

图7-11　某化合物质谱图

（$CH_3COOC_3H_7$）

第二篇　电分析化学

第 8 章　电分析化学概述

基本要求

1. 了解电分析化学方法的基本内容；
2. 了解电分析化学的基本术语；
3. 了解电分析化学的分类、特点和应用；
4. 掌握电分析化学中电极的基本概念。

随着我国人民生活水平的提高和生活压力的增大，糖尿病患者的人数呈逐年上升的趋势。早期发现糖尿病并实时监测糖尿病的发展对于患者至关重要。通过监测糖尿病患者的血糖能够直接了解机体实际的血糖水平，有助于判断病情，反映饮食控制、运动治疗和药物治疗的效果，是良好控制糖尿病的基础。目前医院和市面上常用于检测血糖的血糖仪就是基于电分析化学原理研发出的。其基本原理是当施加一定电压于经酶反应后的血液时，产生的电流会随着血液中的血糖浓度的增加而增加，通过精确测量这些微弱的电流信号，并根据电流值和血糖浓度的关系计算出相应的血糖浓度。那么，什么是电分析化学呢？电分析化学包含哪些内容以及还有哪些其它应用呢？

电分析化学是利用物质的电学和电化学性质进行表征与测量的学科，是电化学与分析化学的重要组成部分。不仅可进行物质的组成和形态分析，而且对电极过程的理论研究和生命科学、信息科学、环境科学的发展具有重要作用。电分析化学的发展具有悠久的历史，但直到 18 世纪才作为一类分析方法得到发展，其中以电解和库仑分析的最早提出为代表。19 世纪，电导分析、电位分析和高频滴定等方法得到发展，例如 1922 年极谱法的问世使电分析化学的发展进入一个崭新的阶段，测定范围也由常量拓展到痕量范围。在随后的 40 年中，各种电分析方法的提出使测定灵敏度和准确度得到进一步的提高。20 世纪 60 年代的离子选择性电极、固定化酶电极和氧电极，70 至 80 年代的电化学生物传感器、微伏安电极和化学修饰电极，以及近十多年来各种新技术和新材料特别是生命科学、信息科学与电化学方法的交叉与联用，大大扩展了电分析化学研究的测定范围，使电分析化学迅速发展成为一类快速、灵敏、简便的分析方法，具有测量精度高、自动化程度好、应用范围广的特点，可在分子和原子水平探讨电化学界面的组成和结构，实现实时、现场、活体甚至单分子监测。生命科学的发展又向电分析化学提出了新的挑战，高灵敏度和高选择性的分析方法是电分析化学研究追求的目标之一。这些挑战与目标催生了不少新型的电极体系与生长点，使电分析化学在方法和技术上得到了长足发展。

电分析化学被广泛应用于化学化工、材料科学、信息科学、生命科学等众多领域。例如，在生物分析领域，生物体内存在电化学体系，如细胞膜电位、电流通过神经的传导、血栓的形成等。利用电分析化学理论和方法研究生物学中的某些问题发展出新的电分析化学学科——生物电分析化学。它在探讨生命过程的机理和解决医学上的难题(如植入人造器官而不导致血液凝固)中意义重大。另外，电分析化学的电导滴定、极谱法和电位滴定等，在化工、医药等领域得到了广泛的应用。基于电分析化学与材料、化工、电子、机械、医学、生物等领域的密切联系，它的应用范围在不断拓展，出现一些电分析化学的新领域。

8.1 电分析化学的基本内容和发展历史

8.1.1 电分析化学的定义

电分析化学法(electroanalytical chemistry)是应用电化学的基本原理和实验技术，依据物质的电化学性质来测定物质组成及含量的分析方法。它是把测定对象构成一个化学电池的组成部分，通过直接测定电池的某些电化学参量(如电流、电位、电导、电量等)，在溶液中有电流或无电流流动的情况下，研究、确定参与反应的化学物质的量的方法。

8.1.2 电分析化学的发展历史

1. 初期阶段、方法原理的建立

电分析化学方法的建立最早始于19世纪。1801年，首先由W. Cruikshank发现了金属的电解并用于铜和银的定性分析。1834年，M. Faraday(法拉第)发表了著名的《关于电的实验研究》的论文，提出了电分析方法可用于定性分析基础的法拉第定律(Faraday law)。1889年，W. Nernst又提出了著名的能斯特方程(Nernst equation)，建立了电位和物质浓度之间的定量关系。进入20世纪，1922年，J. Heyrovsky创立了极谱学，并由志方益三于1925年制作了第一台极谱仪。1934年，D. Ilkovic进一步提出了电流与物质浓度关系的扩散电流方程。至此，基于法拉第定律、能斯特方程和扩散电流方程三大定量关系的建立，电分析化学成为独立方法的分支。

2. 近现代电分析方法

固体电子线路的出现使电分析化学方法从仪器上开始突破。1952年，为了克服充电电流的问题，G. C. Barker提出并建立了方波极谱法。1966年，S. Frant和J. Ross建立并完善了“膜电位”理论，设计了以单晶(氟化镧，LaF_3)为膜的氟离子选择性电极。之后，其它电分析方法(如催化波和溶出伏安法等)也不断发展，电分析化学方法的检测灵敏度大幅提高。

现代电分析方法在时间和空间上以“快”“小”为特点，并不断发展出新的电分析化学方法与技术，如化学修饰电极(chemically modified electrodes)、生物电化学传感器(biosensor)、光谱电化学方法(electrospectrochemistry)、超微电极(ultramicroelectrodes)、芯片电极(chip electrode)等。另外，微型计算机的应用也使电分析方法的分析速度等方面得到飞跃。

8.2 电分析化学的基本术语

8.2.1　电分析化学的基本术语

1. 电化学池

(1)定义

电化学池(electrochemical cell)简称电池，指两个(或更多)电极被至少一个电解质相所隔开的体系。

(2)电化学池的类型

电化学池包括原电池(或自发电池，galvanic cell)和电解池(electrolytic cell)两类。原电池和电解池属于两种相反的能量转换装置：原电池中电极上的反应自发进行，利用电池反应产生的化学能转变为电能，例如常见的一次电池(即不可充电的电池，如 Zn-MnO_2 电池)、二次电池(即可充电的电池，如 Pb-PbO_2 蓄电池)和燃料电池(如 H_2-O_2 电池)等。电解池由外加电源强制发生电池反应，外部供给的电能转变为电池反应产物的化学能，如电镀、电解过程和铅酸蓄电池等。

原电池是利用氧化还原反应产生电流的装置。理论上，每个能自发进行的氧化还原反应(自发的实质是不需要外界通电就可发生的氧化还原反应)都可设计成原电池。因为氧化还原反应中伴有电子的转移，在一般情况下，还原剂把电子直接转移给氧化剂，所以察觉不到电流产生。当把氧化反应和还原反应分开在两极发生时，就会有电流产生。其中，阳极发生氧化反应失去电子，使阳极区带正电，吸引盐桥中的阴离子流向阳极；阴极发生还原反应，使阴极区得到电子、带负电，吸引盐桥中的阳离子流向阴极。从整体看，电子从阳极通过外电路流向阴极，所以阳极作为负极，阴极作为正极。电解质溶液中的阳离子流向阴极，阴离子流向阳极，形成闭合回路，而电流方向是从正极流向负极。

图 8-1(a)和(b)是典型的原电池——铜锌电池的原理示意图。其中，将锌片与铜片浸入 $CuSO_4$ 和 $ZnSO_4$ 的混合溶液中，构成一种无液体接界的自发电池(图 8-1(a))；将锌片与铜片分别浸入 $ZnSO_4$ 和 $CuSO_4$ 溶液中，两溶液用盐桥(如氯化钾-琼脂凝胶)连接便构成了有液体接界的自发电池(图 8-1(b))。两电极之间用金属导线连通，在电流计上就会有电流通过。原电池中电流由自发电池中的化学反应而产生，两个电极上的化学反应分别是：

$$Zn = Zn^{2+} + 2e^- \tag{8-1}$$

$$Cu^{2+} + 2e^- = Cu \tag{8-2}$$

电池的总反应为

$$Zn + Cu^{2+} = Zn^{2+} + Cu \tag{8-3}$$

若电池与外加电源相连，当外加电源的电动势大于电池电动势时，电池接受电能而充电，电池就成为电解池，如图 8-1(c)所示。这时阳极作为正极，阴极作为负极。

(3)法拉第过程和非法拉第过程

在当反应中有电荷(如电子)在金属/溶液界面上转移时，电子转移引起氧化或还原反应发生。由于这些反应遵循法拉第电解定律

$$Q = zF\xi \tag{8-4}$$

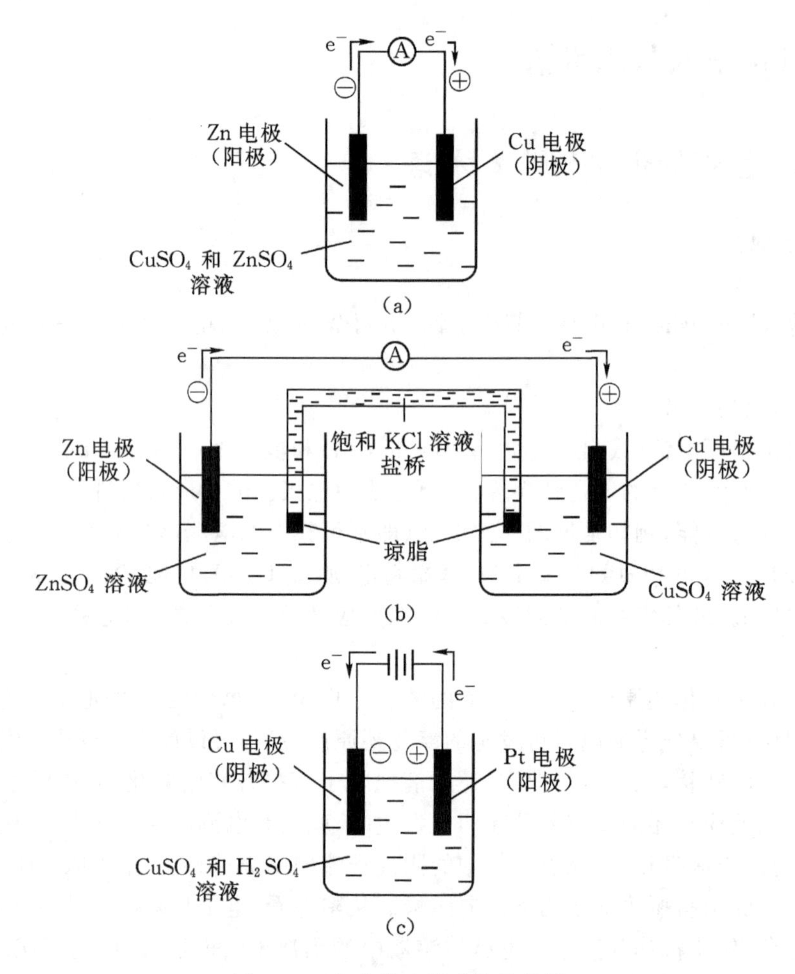

图 8-1　电化学池类型的示意图

(a) 无盐桥原电池；(b) 使用盐桥的原电池；(c) 电解池

式中：Q 为通入的电荷量；z 为得失电子数；F 为法拉第常数（96500 C · mol^{-1}）；ξ 为物质发生化学变化的物质的量，即反应进度，mol。遵循法拉第电解定律的反应称为法拉第过程(Faradaic process)，其电流称法拉第电流(Faradaic current)。

在一定条件下，由于热力学或动力学方面的原因，可能没有电荷转移反应发生，而仅发生吸附和脱附这样一类过程，电极/溶液界面的结构可以随电位或溶液组成的变化而改变，这类过程称为非法拉第过程(non-Faradaic process)。

2. 电极/溶液界面的双电层

(1)双电层(double electric layer)的结构和性质

将电极插入电解质溶液，在电极和溶液之间会有一个界面。无论是原电池还是电解池，各种电化学反应都发生在这一极薄的界面层内。对于电极和溶液界面，如图 8-2 所示，若金属电极带正电荷，这些正电荷都会排布在金属相的表面。界面的另一侧(与金属电极相邻的电解质溶液层)受到静电力的作用，液相中带负电荷的离子会趋于紧靠在电极表面，而带正电荷的离子受排斥而远离电极表面。因此，在电极和溶液界面，各自带上数量相等、符号相反的过剩电荷，形成了类似于电容器的双电层结构。

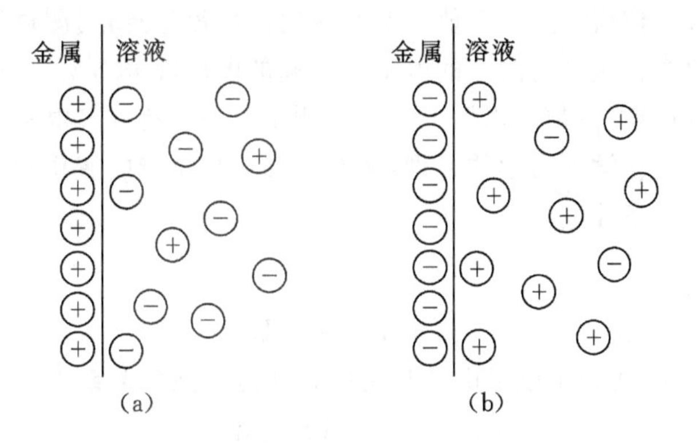

图 8-2　金属/溶液界面的双电层结构示意图
(a) 金属带正电时；(b) 金属带负电时

双电层中两电荷层之间的距离非常小，电位差在 0.1～1 V 之间，产生的电场强度却非常大。而对于一个电极反应来说，它涉及到电荷在相间的转移，在大的电场强度作用下，电极反应的速率必将受到很大的影响。基于此，电分析化学实验中通过控制电极电位可有效改变电极反应的速率和方向。因此，不难理解，改变电极材料的物理性质和化学组成可改变双电层的结构和性质，从而影响电极反应的发生。

(2)充电电流

电极表面双电层类似一个电容器，当向体系施加电扰动(如电压)时，双电层所负载的电荷会发生相应改变，从而导致电流的产生，这一部分电流称为充电电流(charging current)。如果溶液中存在可氧化还原的物质，而且这种电扰动又能引起其发生氧化还原反应，显然这时流经电回路中的电流包括两种成分，即法拉第电流与充电电流，后者属于非法拉第电流。可见，外电路中的电子在到达电极表面后，可以参加氧化还原反应形成法拉第电流，同时也因界面双电层充电而形成非法拉第电流。

电化学测定体系犹如一个相移电路(RC 电路)，假设线路电阻和电解池电阻的总和为 R ，电极/溶液界面双电层电容为 C ，向体系施加的电位阶跃的值为 E 。根据电子学知识，这时所引起的充电电流为

$$i_c = \frac{E}{R}e^{-t/(RC)} \tag{8-5}$$

由公式(8-5)可见，施加一个电位阶跃，充电电流随时间呈指数衰减，其时间常数为 RC 。正是基于该特征，脉冲技术才得以发展。

3. 电极过程的基本历程

(1)电极电位的测定

电池由两个电极组成，根据它们的电极电位，可以计算出电池的电动势。但是，目前还无法测量单个电极的电位绝对值，因此只能使另一个电极标准化，通过测量电池的电动势来获得电极电位的相对值。国际上承认并推荐的是以标准氢电极(Standard Hydrogen Electrode,

SHE)作为标准,即人为地规定下面电极的电位为零:

$$Pt|H_2(P=100\ kPa)|H^+(a=1\ mol\cdot L^{-1})$$

目前,通用的标准电极电位值都是相对值而非绝对值。应该注意,当测量的电流较大或溶液电阻较高时,一般测量值中常包含有溶液的电阻所引起的电压降 iR ,所以应当加以校正。

各种电极的标准电极电位都可以用上述方法测定。但还有许多电极的标准电极电位不便用此法测定,此时可根据化学热力学的原理,从有关反应自由能的变化中进行计算求得。

(2)标准电极电位与条件电位

对于可逆电极反应

$$O+ne^- \rightleftharpoons R \tag{8-6}$$

用能斯特(Nernst)公式表示电极电位与反应物活度之间的关系为

$$E=E^{\ominus}-\frac{RT}{nF}\ln\frac{a_R}{a_O} \tag{8-7}$$

若氧化态活度和还原态活度均为1,此时的电极电位即为标准电极电位($E^{\ominus}$)。25℃时式(8-7)可写成

$$E=E^{\ominus}-\frac{59.2}{n}\ln\frac{a_R}{a_O} \tag{8-8}$$

活度是活度系数与浓度的乘积,则式(8-7)变为

$$E=E^{\ominus}-\frac{RT}{nF}\ln\frac{\gamma_R}{\gamma_O}-\frac{RT}{nF}\ln\frac{[R]}{[O]} \tag{8-9}$$

前两项用 $E^{\ominus'}$ 表示,则式(8-9)变为

$$E=E^{\ominus'}-\frac{RT}{nF}\ln\frac{[R]}{[O]} \tag{8-10}$$

$E^{\ominus'}$ 是氧化态与还原态的浓度均为1时的电极电位,称为条件电位。条件电位随反应物质的活度系数不同而不同,它受离子强度、络合效应、水解效应和pH值等条件的影响。所以,条件电位是与溶液中各电解质成分有关的、以浓度表示的实际电位值。

(3)电极电位与电极反应的关系

通过改变电极电位来影响或改变电极反应。假如在惰性金属电极上发生式(8-6)的电极反应,则与电极电位有关。若O/R电对相应的能量为 $E_{O/R}$,当改变电极电位时,相当于改变金属电极内电子的能量,即影响电极上最高的电子占有能级,这个能级可用 E_F 表示,电子总是从这一能级移出或转入。

图8-3表示电极电位变化与电极/溶液界面电子传递的关系。体系中氧化还原反应的能级 $E_{O/R}$ 是固定的,改变电极电位将使电极上的 E_F 发生改变,也就改变了电子的能量。当电极电位向负方向移动,即 E_F 向上移动,电子的能量升高,高至一定程度时(高于 $E_{O/R}$) 电极为氧化态O提供电子,发生还原反应(见图(8-3(a)))。同理,当电极电位向正方向移动,即 E_F 向下移动,电子的能量降低,低至一定程度时(低于 $E_{O/R}$) 电解液相溶质的电子将处于比电极更高的能级,就使得电极从还原态R得到电子,发生氧化反应(见图(8-3(b))。由此可见,电极电位的变化会改变电极反应的方向。需要指出的是,电极电位也将影响电极反应的速率(或速率常数)。

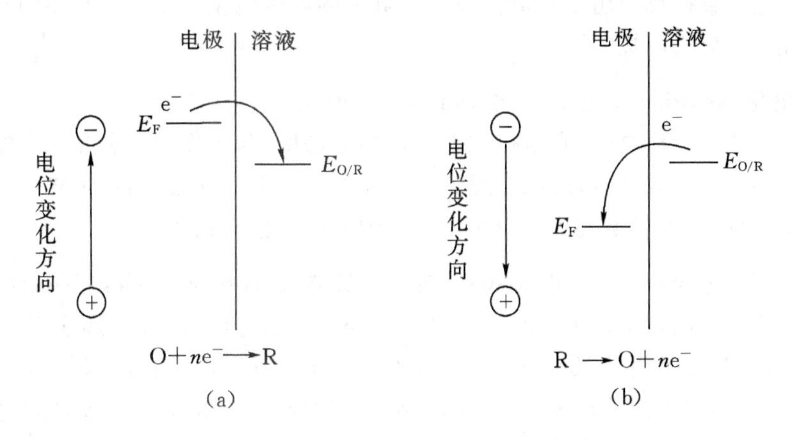

图 8-3　电极电位对界面电子传递的影响示意图
(a)电极电位由正向负方向变化；(b)电极电位由负向正方向变化

8.2.2　电极的极化

电分析化学法中把电极区进一步分为极化电极和去极化电极。插入试液中的电极的电极电位完全随外加电压改变，或电极电位改变很大而产生的电流变化很小的电极称为极化电极；反之，电极电位不随外加电压改变，或电极电位改变很小而电流变化很大的电极称为去极化电极。因此，电位分析中的饱和甘汞电极和离子选择电极为去极化电极，库仑分析法中的两工作电极均为极化电极；极谱法中的滴汞电极是极化电极，饱和甘汞电极是去极化电极。

通常，用过电位 (η) 表示极化程度，即某一电流密度下电极电位(E) 偏离平衡电位(E_{eq})的大小

$$\eta = E - E_{eq} \tag{8-11}$$

对于阴极反应，称为阴极过电位；对于阳极反应，称为阳极过电位。

8.2.3　电分析化学的电池系统

电池系统一般由工作电极、参比电极和辅助电极等构成。

1. 工作电极(working electrode)或指示电极(indicator electrode)

工作电极或指示电极是实验中要研究或考察的电极，是在电化学池中发生所期待的电化学反应、或对激励信号(如电压)能做出响应的电极。电分析中，电极上出现的电学量(如电流、电位)的改变能反映待测物浓度(或活度)的变化。一般来说，用于平衡体系或在测量过程中本体浓度不发生可察觉变化体系的电极称为指示电极(如离子选择电极)。如果有较大的电流通过电池，本体浓度发生显著改变，则相应的研究电极称为工作电极。常用的工作电极如铂电极、金电极和石墨电极等。

2. 参比电极 (reference electrode)

在测量过程中电极电位几乎不发生变化的电极称为参比电极。为了方便地研究工作电极，就要使电池的另一半标准化，通常是由一个组分恒定的电极构成参比电极，这样，测量时电

池电动势的变化就直接反映出工作电极或指示电极的电极电位的变化。常用的参比电极有饱和甘汞电极、银/氯化银电极等。

3. 辅助电极(auxiliary electrode 或 counter electrode)

辅助电极又被称为对电极,它是提供电子传导的场所,与工作电极和参比电极组成三个电极系统的电池,并与工作电极形成电流通路。辅助电极面积一般较大,通过降低电极上的电流密度,使其在测量过程中基本上不被极化。常用的辅助电极有铂片电极。

4. 三电极体系(three-electrode system)与二电极体系(two-electrodes system)

三个电极体系可消减工作电极和辅助电极(对电极)的电极电位在测试过程中发生变化的影响(克服溶液电阻引起的电压降 iR)。如图 8-4(a)所示,三电极包括工作电极(指示电极)、参比电极和辅助电极(对电极),由于测量和监控参比电极和工作电极之间电势差时有很高的输入阻抗,参比电极上几乎没有电流经过,电流在工作电极和辅助电极之间通过。因此,可以比较准确地测定相对参比电极的电位变化,对研究电极进行性能测试。其测试的是单电极的性能,而不是整个电池体系。

如果确定辅助电极的电极电位在测试过程中是不发生变化或者变化可以忽略不计时,可不必使用辅助电极,即二电极体系(如图 8-4(b)所示),用两个工作电极进行测试。

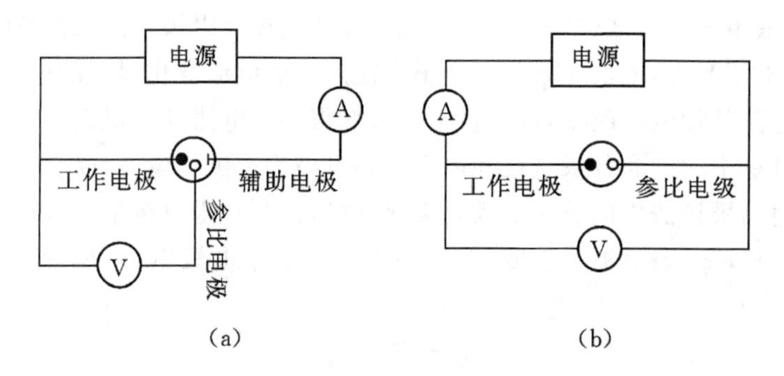

图 8-4 (a)三电极体系示意图;(b)二电极体系示意图

8.2.4 电流的性质和符号

国际纯粹与应用化学联合会(IUPAC)将阳极电流和阴极电流分别规定为在工作电极上进行纯氧化和纯还原反应所产生的电流。规定阳极电流为正值(+),阴极电流为负值(-)。

8.3 电分析化学的分类和特点

8.3.1 电分析化学的分类

表面电分析化学技术可分为静态方法和动态方法(见图 8-5)。静态方法又称稳态法,即平衡态或非极化条件下的测量方法。包括体系没有电流通过时的电位法和电位滴定法;有电流通过,但电流很小,电极表面能快速地建立起扩散平衡,如微电极体系等。

动态方法又称暂态法,即动态或极化条件下的测量方法。是当电流刚开始通过,电极体系的参量(如浓度分布、电流和电极电位等)均在不断变化时所实现的测量方法。在现代电分析化学中,为了实现快速分析,暂态测量方法得到了广泛的应用,如伏安法、计时电位法等。

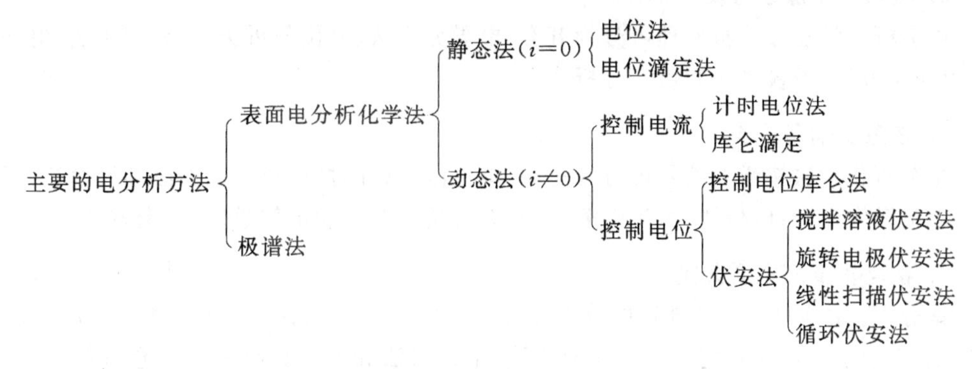

图 8-5　电分析化学的分类

电分析化学根据所测电学量、检测原理、激发信号和电极本质的不同又有如下分类方法。

1. 按所测电学量分类

根据所测的电学量的不同,一般将电分析化学方法分为以下几类。

(1)伏安法(voltammetry)和极谱法(polarography)

伏安法是指用电极电解被测物质溶液,根据所得到的电流-电压曲线来进行分析的方法。该类方法根据工作电极的不同又可分为两种:一种是用滴汞电极作为工作电极,其表面周期性地更新,称为极谱法,它是最早的电分析化学方法之一;另一类是用表面积固定的电极或者用固态电极作为工作电极,如悬汞滴电极、玻璃碳电极、铂电极等,称为伏安法。极谱法可以认为是一种特殊的伏安法。

(2)电位分析法(potentiometric analysis)

电位分析法是指将一个指示电极和一个参比电极,或者采用两个指示电极与试液组成电池,然后根据电池电动势或者指示电极电位变化来进行分析的方法。电位分析法分为电位法和电位滴定法两种。

电位法是直接根据指示电极的电位与被测定物质浓度关系来进行分析的方法。电位滴定法也是一种滴定分析方法,它根据滴定过程中指示电极电位的变化来确定终点。滴定时,在化学计量点附近,由于被测物质的浓度突变,使指示电极电位产生突跃,从而确定滴定终点。

(3)电解分析法(electrolytic analysis)和库仑分析法(Coulometry analysis)

使用外加电源电解试液,电解完成后直接称量电极上析出的被测物质的质量来进行分析的方法称为电重量法。如果将电解的方法用于物质的分离,则称为电解分离法;如果是根据电解过程中所消耗的电荷量来进行分析,则称为库仑分析法。库仑分析法又分为控制电流库仑法和控制电位库仑法。

(4)电导分析法(conductometric analysis)

根据溶液的电导性质来进行分析的方法称为电导分析法。电导分析法包括电导法和电导滴定法。

直接根据溶液的电导(或者电阻)与被测离子浓度的关系进行分析的方法称为电导法。电导法应用于水质纯度的鉴定,及生产中某些中间流程的控制以及自动分析。电导滴定法是一种滴定分析方法，它根据溶液电导的变化确定终点。

2. 按照分析原理分类

电分析化学法按分析原理可分为五类：电导分析法、电位分析法、库仑分析法、电解分析法（或电重量方法）及极谱法和伏安分析法。

3. 按激发信号分类

电分析化学法按激发信号可分为三类：电位激发（计时电流法，伏安法和极谱法，库仑分析法）、电流激发（计时电位法，恒流电解法，库仑分析法等）、滴定剂激发（滴定方法等）。

4. 按电极反应本质分类

该分类方法是 IUPAC 推荐的分类方法，包括：电导分析法（电导法和电导滴定法），电位分析法（电位法和电位滴定法），电解分析法（电重量法和电解分离法），库仑分析法（控制电位库仑分析法和控制电流的库仑分析法——库仑滴定法）及极谱法和伏安分析法（在极化的条件下研究电解、电流和电极电位的曲线——极谱图或伏安曲线）。

8.3.2 电分析化学的特点

①分析速度快。电化学分析法一般都具有快速的特点。例如，极谱分析法一次可同时测定数种元素；试样的预处理手续一般也比较简单，单扫描示波极谱在 7 秒测一个样品。

②检测线低、灵敏度高。电化学分析法适用于痕量组分的分析，如脉冲极谱、溶出伏安法和极谱催化波法等都具有非常高的灵敏度，电分析的有些方法可测定浓度低至 10^{-11} mol·L^{-1}，含量为 10^{-9} 量级的组分。

③选择性好。电化学分析法具有良好的选择性，如离子选择性电极法，这使其具有快速和易于自动化的条件。

④适于微量操作。电分析化学方法所需试样的量较少，适于进行微量检测，如超微电极，可直接刺入生物体内，测定细胞内的原生质和化学成分，用于活体分析和检测。

⑤仪器简单、价格便宜、易于自动控制。由于电化学分析法是根据所测量的电学量（电响应信号）进行分析的方法，因此易于采用电子系统进行自控，适用于工业生产流程的监测和自动控制以及环境监测等方面。另外，电化学分析法还可用于各种化学平衡常数的测定以及化学反应机理的研究。

8.4 电分析化学方法研究新进展

8.4.1 电分析方法的新进展

随着电分析化学的发展，一些新的方法和技术不断出现，如电化学生物传感器、纳米电分析化学等。同时，电分析化学方法与其它测试技术相结合，又发展出了光谱-电化学、色谱-电化学等联用技术和方法。

生物电化学传感器是一种将生物化学反应能转换成电信号的装置。通常将生物成分（如酶、抗原/抗体、植物或动物组织等）连接到电极表面，起到生物分子识别或生物化学受体的作用。通过检测生物成分本身产生或消耗其它电活性物质的电化学信号的变化得到有关生物成分的定性和定量信息。生物电化学传感器种类很多,如酶传感器、免疫传感器、微生物传感器和动植物组织传感器等,其中酶传感器和免疫传感器应用较广泛。纳米电化学研究的是材料在纳米尺寸时呈现出的特异的电化学性质。纳米电分析化学是在纳米电化学的基础上发展起来的,它已建立了一系列新的分析方法,例如纳米微粒膜电极、功能化纳米结构电极及纳米阵列电极等。

8.4.2 应用实例

1. 有机污染物含量(生化需氧量BOD)的电分析化学快速检测

生化需氧量(Biochemical Oxygen Demand,BOD)指一定期间内微生物分解一定体积水中的某些可被氧化物质(特别是有机物质)所消耗的溶解氧的数量,以毫克/升或百分率或 ppm 表示。如果进行生物氧化的时间为五天就称为五日生化需氧量(BOD_5),相应还有 BOD_{10}、BOD_{20}。由于生化需氧量间接反映了水中有机物质的相对含量,是反映水中有机污染物含量的一个重要综合指标,因此 BOD 长期以来作为一项环境监测指标被广泛使用。

用电分析化学方法中的微生物传感器快速测定水和污水中的 BOD 值是一种常用方法。微生物传感器由氧电极和微生物菌膜构成,其检测原理是当含有饱和溶解氧的样品进入流通池中与微生物传感器接触,样品中的溶解性可生化降解的有机物受到微生物菌膜中菌种的作用,消耗一定量的氧,使扩散到氧电极表面上氧的质量减少。当样品中可生化降解的有机物向菌膜扩散速度(质量)达到恒定时,扩散到氧电极表面上氧的质量也达到恒定,因此产生一个恒定电流。由于恒定电流的差值与氧的减少量存在定量关系,据此可换算出样品中生化需氧量。该测定方法适用于地表水、生活污水和不含对微生物有明显毒害作用的工业废水中生化需氧量的测定。

2. 微生物电极传感器

离析酶的价格昂贵且稳定性较差,限制了其在电化学生物传感器中的应用,从而使研究者想到直接利用活的微生物作为分子识别元件的敏感材料。这种将微生物(常用的主要是细菌和酵母菌)作为敏感材料固定在电极表面构成的电化学生物传感器称为微生物电极传感器。其工作原理大致可分为三种类型:

① 利用微生物体内含有的酶(单一酶或复合酶)系来识别分子,这种类型与酶电极类似;

② 利用微生物对有机物的同化作用,通过检测其呼吸活性(摄氧量)的提高,即通过氧电极测量体系中氧的减少间接测定有机物的浓度;

③ 通过测定电极敏感的代谢产物间接测定一些能被厌氧微生物所同化的有机物。

微生物电极传感器在发酵工业、食品检验、医疗卫生等领域都有应用。例如,在食品发酵过程中测定葡萄糖的佛鲁奥森假单胞菌电极,测定甲烷的鞭毛甲基单胞菌电极,测定抗生素头孢菌素的真菌电极等。微生物电极传感器由于价格低、使用寿命长而具有很好的应用前景。然而,它的选择性和长期稳定性等还有待进一步提高。

3. 生物样品中微量元素的测定

元素与生物体系密切相关。在目前已知的一百多种化学元素中,生命体内就含有六十多种,其中一些微量元素的测定对生命体的研究至关重要。例如,在血液分析中,铅作为一种对人体有害的元素,可引起机体内外卟啉代谢障碍,抑制血红蛋白合成过程中酶的体系。电分析化学中的阳极溶出伏安法常被用于测定血中的铅含量,其样品处理方法较为简单,取 0.05~

0.2 mL血液，用硫酸-高氯酸或高氯酸硝化后，加入适量抗坏血酸还原三价铁，用水稀释后即可测定。另外，最近还有报道采用一种金属交换剂($Cr^{3+}-Ca^{2+}-Hg^{2+}$)使铅从红细胞中释放出来，再用阳极溶出法测定。血铅的电分析化学测定方法比原子吸收法或比色法更简便快速，而且取样量少、易于推广。

4. 药物分析

电分析化学还可被应用于药物分析中。例如，药物在贮藏过程中由于温度、光照或空气氧化等影响，发生降解、分裂和自动氧化等反应变化，产生如生物碱、维生素和抗菌素等，可用电分析化学法检测。另外，电分析化学还可用于药物代谢及排泄的测定，如血液、尿和胃液中盐酸甲氨二氮䓬及其代谢物的测定。该方法中试样经二乙醚萃取后调节pH值至9，用薄层色谱法分离，残渣蒸干后溶于硫酸，可用脉冲极谱法测定，方法灵敏度为0.05～0.1 $\mu g \cdot mL^{-1}$。血浆中的儿茶酚胺、血清和尿中的重氮异胺、血和血清中的苯巴比妥、血浆和尿中的硫化酰胺和尿中的甲基多巴等均可使用电分析化学方法测定。不少药物(如维生素B_1，黄连素、延胡索乙素等)的电分析化学检测方法远较药典法快速简便。

参考文献

[1] 武汉大学．分析化学[M]．北京：高等教育出版社，2009.
[2] 鞠熀先．电分析化学与生物传感技术[M]．北京：科学出版社，2006.
[3] 安森．电化学和电分析化学[M]．北京：北京大学出版社，1983.
[4] 高小霞．电分析化学导论[M]．北京：科学出版社，1986.
[5] 蒙克．电分析化学基础[M]．北京：化学工业出版社，2012.

小结

1. 基本概念

①电分析化学法(electroanalytical chemistry)：应用电化学的基本原理和实验技术，依据物质的电化学性质来测定物质组成及含量的分析方法。

②电化学池(electrochemical cell)：简称电池，指两个(或更多)电极被至少一个电解质相所隔开的体系。

③原电池(galvanic cell)：利用氧化还原反应来产生电流的装置。

④电解池(electrolytic cell)：由外加电源强制发生电池反应，以外部供给的电能转变为电池反应产物的化学能。

⑤法拉第过程(faradaic process)：反应遵循法拉第电解定律的过程。

⑥非法拉第过程(non-Faradaic process)：由于热力学或者动力学方面的原因，可能没有电荷转移反应发生，而仅发生吸附和脱附这样一类的过程，电极/溶液界面的结构可以随电位或溶液组成的变化而改变。

⑦双电层(double electric layer)结构：在电极和溶液界面，各自带上数量相等、符号相反的过剩电荷，形成了类似于电容器的结构。

⑧充电电流(charging current)：当向体系施加电扰动时，双电层所负载的电荷发生相应变化而产生的电流。

⑨工作电极(或指示电极)(working electrode)：实验中要研究或考察的电极，是在电化学池中发生所期待的电化学反应，或对激励信号(如电压)能做出响应的电极。

⑩参比电极(reference electrode)：在测量过程中电极电位几乎不发生变化的电极。

⑪对电极(或辅助电极)(auxiliary electrode 或 counter electrode)：提供电子传导的场所，与工作电极、参比电极组成三个电极系统的电池，并与工作电极形成电流通路。

2. 基本公式

①法拉第电解定律：$Q = zF\xi$ 。

②能斯特(Nernst)公式：$E = E^{\ominus} - \dfrac{RT}{nF}\ln\dfrac{a_R}{a_O}$ 。

③过电位：$\eta = E - E_{eq}$ 。

3. 基本知识

①电化学电池中的电极系统包括工作电极、参比电极、辅助电极与对电极。

②二电极体系：当通过的电流很小时，电池一般直接由工作电极和参比电极组成。

③三电极体系：工作电极、参比电极、辅助电极(或称对电极)构成。

④电分析化学分类：伏安法和极谱法，电位分析法(包括电位法和电位滴定法)，电解分析法和库仑分析法(电解分析法包括电重量法和电分离法，库仑分析法包括控制电流和控制电位库仑分析法)，电导分析法(包括电导法和电导滴定法)。

思考题与习题

1. 电池的阳极和阴极、正极和负极是怎样定义的？阳极就是正极，阴极就是负极的说法对吗？为什么？

2. 电极有几种类型？各种类型电极的电极电位如何表示？

3. 何谓电极的极化？产生电极极化的原因有哪些？

4. 双液电池中不同电解质溶液或不同浓度的同一种电解质溶液的接界处存在液界电势，可采用加________的方法减少或消除。

5. 电池 $Zn(s)|Zn^{2+}(a_1)\|Zn^{2+}(a_2)|Zn(s)$

若 $a_1 > a_2$，则电池电动势 E ________ 0 (>，<或=)；

若 $a_1 = a_2$，则电池电动势 E ________ 0(>，<或=)。

6. 在电池 $Pt|H_2(p^{\ominus})|HCl(a_1)\|NaOH(a_2)|H_2(p^{\ominus})|Pt$ 中，阳极反应是：________，阴极反应是________________，电池反应是________________。

7. 298.15 K 时，已知 $Cu^{2+} + 2e^- \rlap{=}{=\!=} Cu$ 的标准电池电动势为 0.340 V，$Cu^+ + e^- = Cu$ 标准电池电动势为 0.522 V，则 $Cu^{2+} + e^- = Cu^+$ 的标准电池电动势为________。

8. 在一个铜板中有一个锌制铆钉，在潮湿空气中放置，________先腐蚀。

9. $Ag(s)|AgCl(s)|KCl(aq)|Cl_2(g)|Pt$ 电池电动势与氯离子活度________。(“有关”或“无关”)

10. 298 K 时，0.001 mol・kg^{-1} $MgCl_2$ 和 0.01 mol・kg^{-1} NaCl 的混合溶液的离子强度为________。

11. 常用甘汞电极的电极反应为 $Hg_2Cl_2(s)+2e^- = 2Hg(l)+2Cl^-(aq)$，若饱和甘汞电极，摩尔甘汞电极和 0.1 mol・dm^{-3}甘汞电极的电极电势相对地为 E_1、E_2、E_3，则 298 K 时，三者的相对大小为(　　)

A. $E_1 > E_2 > E_3$　　B. $E_1 < E_2 < E_3$　　C. $E_2 > E_1 > E_3$　　D. $E_3 > E_1 = E_2$

(B)

12. 一贮水铁箱上被腐蚀了一个洞，今用一金属片焊接在洞外面以堵漏，为了延长铁箱的寿命，选用哪种金属片为好？(　　)

A. 铜片　　B. 铁片　　C. 镀锡铁片　　D. 锌片　　(C)

13. 将金属插入含该金属离子的溶液中，由于金属的溶解或溶液中金属离子在金属表面上沉积，可能使金属表面带上某种电荷、产生界面电势。若已知 $E^\ominus_{(Zn^{2+}/Zn)} = -0.763$ V，则金属锌表面上所带的电荷一定是(　　)

A. 正电荷

B. 负电荷

C. 不带电荷，因为溶液始终是电中性的

D. 无法判断，可能是正电荷也可能是负电荷　　(D)

14. 在 298 K 时，测得如下电池的电动势为 1.136 V

$$Ag(s)|AgCl(s)|HCl(aq)|Cl_2(g, p^\ominus)|Pt$$

已知这时的标准还原电极电势 $E^\ominus_{(Cl_2|Cl^-)} = 1.358$ V，$E^\ominus_{(Ag^+|Ag)} = 0.799$ V。

(1)准确写出电极反应和电池反应(一个电子得失)。

(2)计算在 298 K 时该电池反应的 $\Delta_r G^\ominus_m$。

(3)求 AgCl(s)的活度积 $K^\ominus_{ap}$(298 K)。

((2)−109.6 kJ・mol^{-1};(3) 1.74×10^{-10})

15. 298 K 时，某水溶液中含有 Cd^{2+} 和 Zn^{2+}，两者质量摩尔浓度都是 0.5 mol・kg^{-1}，此溶液的 pH 值为 5。现在用 Ni(s)作阴极来电解，已知 $E_{Cd^{2+}|Cd} = -0.402$ V，$E_{Zn^{2+}|Zn} = -0.763$ V，H_2 在 Ni、Cd、Zn 上的超电势分别为 0.14 V，0.48 V 和 0.70 V。试计算：

(1)在 Ni(s)阴极上依次析出什么物质？

(2)当第二种物质析出时，第一种物质的离子的剩余质量摩尔浓度为多少？(设溶液的 pH 值在电解过程中不因第一种离子的析出而改变)

(Cd 先析出;3.04×10^{-13} mol・kg^{-1})

16. 计算 298 K 时下述电池的电动势 E：

$$Pb(s)|PbCl_2(s)|HCl\ (0.1\ mol\cdot kg^{-1})|H_2(10\ kPa)|Pt(s)$$

已知 $E_{(Pb^{2+}|Pb)} = -0.126$ V，该温度下 $PbCl_2$(s)在水中饱和溶液的浓度为 0.039 mol・kg^{-1}(用 Debye-Hückel 极限公式求活度因子后再计算电动势)。　　(0.156 V)

第 9 章 电位分析法

基本要求

1. 掌握电位分析法的理论依据；
2. 掌握膜电位的形成和其选择性原理；
3. 掌握离子选择电极的类型和性能；
4. 了解直接电位法测量溶液活度的方法；
5. 了解电位滴定法的测定原理和应用。

Ca^{2+}在维持人体生理功能中起着重要作用，许多疾病与Ca^{2+}的含量有关，如甲亢、佝偻病、骨肿瘤、骨质疏松症、肠道吸收障碍、心血管疾病、糖尿病等。临床以测定血清中的总Ca^{2+}量来反映人体Ca^{2+}代谢情况。但从Ca^{2+}的吸收、利用等实际生物学意义来说，最重要的只是其中的游离Ca^{2+}(Ionized-Calcium，ICa)部分。由于从结合Ca^{2+}中分离出 ICa 再进行测定存在一定的技术困难，多年来限制了 ICa 测定在临床上的应用。1976 年，Ross 等开拓性地提出Ca^{2+} - ISME(Ion-Selective MicroElectrode，离子选择性微电极)，并通过电位分析法测定了血清中的 ICa ，使之在临床医学上的应用得以迅速发展。Ca^{2+} - ISME 的应用为探讨疾病的发生机理及治疗提供了依据。

离子选择性电极是电位分析法中的一种指示电极，它与参比电极和测量溶液直接接触，相连导线与电位计构成一个化学电池通路，可快速、稳定、有选择性地检测溶液中的特定离子浓度，被广泛用于临床医学和预防医学中。进一步发展的离子选择性微电极更在生物医学、临床检验、药物分析、环境保护、预防医学、食品、土壤以及动植物的成分分析中被广泛应用。

9.1 电位分析法概述

电位分析法(potentiometric analysis)是通过化学电池的电流为零的一类电分析化学方法，分为电位法(potentiometry)和电位滴定法(potentiometric titration)。电位法一般使用专用的指示电极(如离子选择电极)，将被测离子的活(浓)度通过毫伏电位计显示为电位(或电动势)读数，由能斯特方程求算其活度，有时也可把电位计设计成直接显示出活度相关值(如pH)。电位滴定分析法是用电位测量装置指示滴定分析过程中被测组分的浓度变化，通过记录或绘制滴定曲线来确定滴定终点的分析方法。

电位分析法的测量体系包含两个电极、测量溶液和电位计(如图 9 - 1 所示)。其中指示电极响应被测物质活度，结果在电位计上读出。参比电极的电极电位值恒定，不随被测溶液中物质活度的变化而变化。

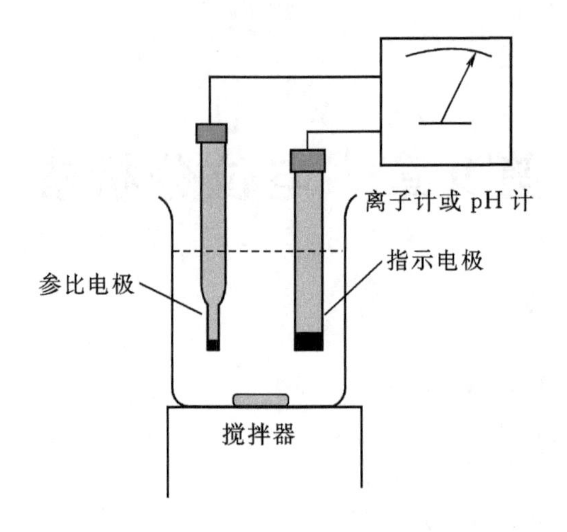

图 9-1　电位分析法测量装置示意图

理想的指示电极具有能够快速、稳定、有选择性地响应被测离子浓度(或活度)变化的能力,并且具有良好的重现性和长的使用寿命。电位分析法中使用的指示电极种类繁多,根据电极上是否发生电子交换分为在电极上发生电子交换的电极和不发生电子交换的电极(如离子选择电极)。

9.2　电位分析法中的电极

9.2.1　指示电极

电位分析法通常使用的指示电极可分为第一类电极、第二类电极、第三类电极、零类电极和膜电极等五类。下面简单介绍各类指示电极的基本原理和常用的电极种类。

1. 第一类电极

第一类电极指由金属电极与金属离子溶液组成的体系,其电极电位取决于该金属离子的活度。例如,对于金属电极 M 和金属离子 M^{n+} 溶液组成的体系,存在如下氧化还原反应

$$M^{n+}+ne^{-}\rightleftharpoons M \tag{9-1}$$

根据能斯特方程,金属电极的电极电位 E 与溶液中 M^{n+} 的活度存在如下关系:

$$E=E^{\ominus}_{M^{n+}/M}+\frac{RT}{nF}\ln a_{M^{n+}} \tag{9-2}$$

这类金属电极主要有 Ag、Cu、Zn、Cd、Pb、Hg 等电极。对这类电极的要求是在溶液里不能被介质氧化放出氢气。一般来说,条件电位大于零者都可作为第一类电极使用。

2. 第二类电极

第二类电极指金属及其难溶盐(或络离子)所组成的电极体系,它能直接反映与该金属离子生成难溶盐(或络离子)的阴离子的活度。例如,银-氯化银电极存在如下反应:

$$AgCl+e^{-}\rightleftharpoons Ag+Cl^{-} \tag{9-3}$$

根据式(9-4),其电极电位可指示溶液中的氯离子活度

$$E = E^{\ominus}_{AgCl/Ag} - \frac{RT}{F}\ln a_{Cl^-} \tag{9-4}$$

另外，由于氰根离子能与银离子生成二氰根合银络离子

$$Ag(CN)_2^- + e^- \rightleftharpoons Ag + 2CN^- \tag{9-5}$$

因此，银-氯化银电极的电极电位还可指示溶液中的氰根离子活度

$$E = E^{\ominus}_{Ag(CN)_2^-/Ag} + \frac{RT}{F}\ln\frac{a_{Ag(CN)_2^-}}{a^2_{CN^-}} \tag{9-6}$$

如果银离子浓度一定较氰根离子浓度小，可视二氰根合络离子的活度为常数，于是有

$$E = 常数 - \frac{2RT}{F}\ln a_{CN^-} \tag{9-7}$$

因为这类电极(如银-氯化银电极和甘汞(Hg/Hg_2Cl_2)电极)制作简单、使用方便，并符合参比电极的性能要求，已代替了标准氢电极被广泛用作参比电极。

3. 第三类电极

第三类电极指金属与两种具有共同银离子的难溶盐或难解离的络离子组成的电极体系。典型例子是草酸根离子与银离子、钙离子生成难溶盐体系。若两种盐的溶液是过饱和的，游离的钙离子可用银电极进行测定，原理如下。首先，银电极和该难溶盐组成体系的电极式为

$$Ag \mid Ag_2C_2O_4,\ CaC_2O_4,\ Ca^{2+} \tag{9-8}$$

由难溶盐的溶度积 $Ag_2C_2O_4$ 的溶度积为 $K_{sp(1)}$，CaC_2O_4 的溶度积为 $K_{sp(2)}$ 可推得

$$a_{Ag^+} = \left[\frac{K_{sp(1)}}{a_{C_2O_4^{2-}}}\right]^{\frac{1}{2}} \tag{9-9}$$

$$a_{C_2O_4^{2-}} = \frac{K_{sp(2)}}{a_{Ca^{2+}}} \tag{9-10}$$

$$a_{Ag^+} = \left[\frac{K_{sp(1)}}{K_{sp(2)}}a_{Ca^{2+}}\right]^{\frac{1}{2}} \tag{9-11}$$

代入银电极的能斯特方程，可得

$$E = E^{\ominus}_{Ag^+/Ag} + \frac{RT}{2F}\ln\frac{K_{sp(1)}}{K_{sp(2)}} + \frac{RT}{2F}\ln a_{Ca^{2+}} \tag{9-12}$$

进一步简化为式(9-13)，得

$$E = 常数 + \frac{RT}{2F}\ln a_{Ca^{2+}} \tag{9-13}$$

因此，通过测定银电极的电极电位可推导出溶液中的钙离子活度(或浓度)值。

另外，该类电极也被用于电位滴定中。例如，在金属离子与 EDTA 滴定反应中，Hg/Hg-EDTA电极(pM)常用作指示电极。电极式为

$$Hg \mid HgY^{2-},\ MY^{2-},\ M^{n+} \tag{9-14}$$

汞电极的电极电位为

$$E = E^{\ominus}_{Hg^{2+}/Hg} + \frac{0.059}{n}\lg\frac{K_{MY}}{K_{HgY}} + \frac{0.059}{n}\lg\frac{a_{HgY}}{a_{MY}} + \frac{0.059}{n}\lg a_{M^{n+}} \tag{9-15}$$

在滴定终点附近[HgY]/[MY]维持不变，故电极电位可进一步表示为

$$E = 常数 + \frac{0.059}{n}\lg a_{M^{n+}} \tag{9-16}$$

4. 零类电极

零类电极主要为惰性金属电极，如铂、金、碳电极等。它能指示同时存在于溶液中的氧化还原反应，作为氧化还原电对交换电子的媒介，同时又起传导电流的作用。例如，在含有铁氰化钾和亚铁氰化钾电对的溶液体系中，铂电极与 Fe^{3+}/Fe^{2+} 电对存在如下电极式

$$Pt \mid Fe^{3+}, Fe^{2+} \tag{9-17}$$

铂电极的电极电位与 Fe^{3+}/Fe^{2+} 电对的活度比存在如下关系

$$E=E^{\ominus}_{Fe^{3+}/Fe^{2+}}+\frac{RT}{F}\ln\frac{a_{Fe^{3+}}}{a_{Fe^{2+}}} \tag{9-18}$$

因此，可通过铂电极上电极电位值推导出 Fe^{3+}/Fe^{2+} 的活度值(或浓度值)。

5. 膜电极

膜电极主要指离子选择电极，由于种类比较多，在电极膜/液界上产生电位差的机理比较复杂，无简单、统一的理论解释。膜电极的统一性质是组成电极的响应膜/液界上不发生电子交换，且膜电位可以表示为

$$E=\text{常数}\pm\frac{RT}{nF}\ln a_{\text{离子}} \tag{9-19}$$

式中："+"表示正离子；"−"表示负离子；n 为离子的电荷数。因此，可通过膜电极测定的电极电位值计算出溶液中离子的活度或浓度值。

9.2.2 参比电极和盐桥

1. 参比电极

电位分析法中使用的参比电极应具有如下三个基本性质：a. 可逆性：当有电流通过(微安量级)电流方向改变时，电位基本保持不变；b. 重现性：当溶液的浓度和温度改变时，电极电位按能斯特方程响应，无滞后现象；c. 稳定性：测量中电位保持稳定，并具有长的使用寿命。通常使用的参比电极类型主要有以下几种。

(1)标准氢电极

标准氢电极(Standard Hydrogen Electrode, SHE)由 Pt 片、压强为 100 kPa (1 atm) 的 H_2 以及活度为 1 mol·L^{-1} 的 H^+ 溶液组成，是确定电极电位的基准(一级标准)电极，即所谓的理想参比电极。氢电极的结构如图 9-2 所示。

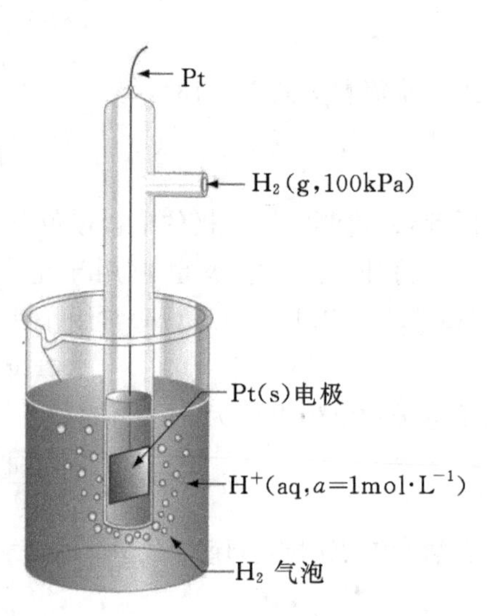

图 9-2 标准氢电极示意图

规定在任何温度下，标准氢电极的电极电位值为零，其电极反应可表示为

$$H^+(aq,\ a=1.0\ mol\cdot L^{-1})+e^- \rightleftharpoons \frac{1}{2}H_2(g,\ 100\ kPa) \tag{9-20}$$

标准氢电极的电极图解式和非标准状态时的电位方程分别为

$$Pt, H_2(100\ kPa)\mid H^+(aq,\ a=1.0\ mol\cdot L^{-1}) \tag{9-21}$$

$$E_{H^+/H}=E^{\ominus}_{H^+/H}+\frac{RT}{F}\ln\frac{a_{H^+}}{\sqrt{\frac{P_{H_2}}{100}}} \tag{9-22}$$

但是由于使用标准氢电极操作繁琐，并且使用氢气存在安全隐患，故实际工作中一般不用其作为参比电极。

(2)甘汞电极和银-氯化银电极

甘汞电极和银-氯化银电极是应用最广的两种参比电极，这两种电极都属于二级标准。甘汞电极和银-氯化银电极的结构如图 9-3 所示。在玻璃管中将铂丝浸入汞与氯化亚汞的糊状物甘汞糊中，并以氯化亚汞的氯化钾溶液作内充液即成甘汞电极。将银丝镀上一层氯化银沉淀，浸在用氯化银饱和的一定浓度的氯化钾溶液中即构成了银-氯化银电极。

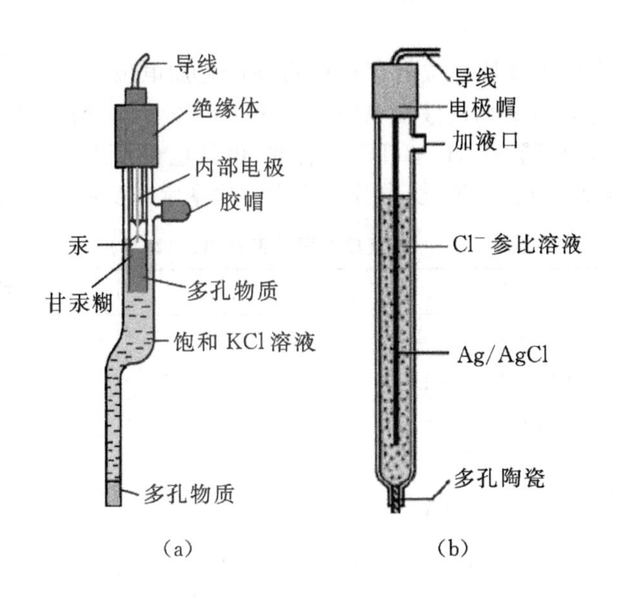

图 9-3　甘汞电极和银-氯化银电极结构示意图

(a)甘汞电极；(b)银-氯化银电极

甘汞电极的电极式为

$$Hg(l),Hg_2Cl_2(s)|KCl(x\ mol\cdot L^{-1}) \tag{9-23}$$

电极反应是

$$Hg_2Cl_2(s)+2e^-\rightleftharpoons 2Hg(l)+2Cl^- \tag{9-24}$$

由于 $Hg_2Cl_2(s)$和 $Hg(l)$是纯固体和纯液体，则 25℃时的甘汞电极电极电位可表示为

$$E_{Hg_2Cl_2/Hg}=E^{\ominus}_{Hg_2Cl_2/Hg}-0.059\lg a_{Cl^-} \tag{9-25}$$

同理，银-氯化银电极的电极电位可表示为

$$E_{Ag/AgCl}=E^{\ominus}_{Ag/AgCl}-0.059\lg a_{Cl^-} \tag{9-26}$$

常温 25℃时，氯离子浓度不同的甘汞电极和银-氯化银电极的电极电位值见表9-1。

表 9-1 甘汞电极和银-氯化银的电极电位(25℃)

电极种类	KCl 浓度	电极电位(vs. SHE)
0.1 $mol \cdot L^{-1}$甘汞电极	0.1 $mol \cdot L^{-1}$	+0.3365 V
标准甘汞电极	1.0 $mol \cdot L^{-1}$	+0.2828 V
饱和甘汞电极	饱和	+0.2438 V
0.1 $mol \cdot L^{-1}$银-氯化银电极	0.1 $mol \cdot L^{-1}$	+0.2880 V
标准银-氯化银电极	1.0 $mol \cdot L^{-1}$	+0.2223 V
饱和银-氯化银电极	饱和	+0.2000 V

2. 盐桥

电分析化学体系中由于液接电位的存在使得理论施加电位和实际施加电压之间存在差别。表 9-2 列举了一些液接界面的液接电位。从表中可以看出，两相溶液浓度差越大，液接电位越小；两相溶液浓度相同、有 H^+，OH^- 存在时，液接电位最大。这是因为二者有最快的迁移速率，引起最大的液接电位。因此，电分析化学方法中常需要使用盐桥来减小液接电位。

表 9-2 一些液接界面的液接电位(25℃)

液接界面	液接电位 E_j/mV
KCl (0.1 $mol \cdot L^{-1}$) ‖ NaCl (0.1 $mol \cdot L^{-1}$)	+6.4
KCl (3.5 $mol \cdot L^{-1}$) ‖ NaCl (0.1 $mol \cdot L^{-1}$)	+0.2
KCl (3.5 $mol \cdot L^{-1}$) ‖ NaCl (1 $mol \cdot L^{-1}$)	+1.9
KCl (0.01 $mol \cdot L^{-1}$) ‖ HCl (0.01 $mol \cdot L^{-1}$)	−26
KCl (0.1 $mol \cdot L^{-1}$) ‖ HCl (0.1 $mol \cdot L^{-1}$)	−27
KCl (3.5 $mol \cdot L^{-1}$) ‖ HCl (0.1 $mol \cdot L^{-1}$)	+3.1
KCl (0.1 $mol \cdot L^{-1}$) ‖ NaOH (0.1 $mol \cdot L^{-1}$)	+18.9
KCl (3.5 $mol \cdot L^{-1}$) ‖ NaOH (0.1 $mol \cdot L^{-1}$)	+2.1
KCl (3.5 $mol \cdot L^{-1}$) ‖ NaOH (1 $mol \cdot L^{-1}$)	+10.5

盐桥是电分析化学系统中“连接”和“隔离”不同电解质的重要装置，通常与参比电极组合在一起，主要起接通电路、消除或减小液接电位的作用。例如，甘汞电极和银-氯化银电极的盐桥是氯化钾(KCl)溶液。盐桥的使用应满足以下基本条件：

①盐桥中电解质不含被测离子；

②电解质的正负离子的迁移率应该基本平等；

③要保持盐桥内离子浓度尽可能大，以保证减小液接电位。常用作盐桥的电解质有 KCl、NH_4Cl、KNO_3 等。

9.3 离子选择电极

离子选择电极(Ion Selective Electrode，ISE)是对特定离子具有选择性响应的电极，属于电位分析法中使用最广泛的指示电极。1929 年，D. A. Mcinnes 等制成了第一个具有使用价值的玻璃膜氢离子选择电极。1966 年，M. S. Frant 和 J. W. Ross 做成了 LaF_3 单晶离子选择电极。现今已有 30 多种商品化离子选择电极广泛用于各个领域。

9.3.1　扩散电位

有两个互相接触但其浓度不同的盐酸溶液(也可以是不同的溶液)，若 c_2 大于 c_1，则盐酸由 2 向 1 扩散。由于 H^+ 的迁移速度较 Cl^- 快，造成两溶液界面上的电荷分布不均匀，溶液 1 带正电荷多而溶液 2 带负电荷多，产生电位差。带正电荷的溶液 1 对 H^+ 有静电排斥作用，而使之迁移速率变慢，对 Cl^- 有静电吸引作用而使之迁移变快，最后，H^+ 和 Cl^- 以相同的速度通过界面，达到平衡，使两溶液界面有稳定的界面电位，这一电位称为液接电位。由于它不只局限于出现在两个液体界面，也可以出现在其它两相界面之间，所以这类电位通常称扩散电位。很明显，当产生液接电位前正负离子的迁移速度就相等时，扩散电位等于零。盐桥(salt bridge，组成为 KCl 等)正是基于此原理而经常用来消除液接电位的。

这类扩散属于自由扩散，正负离子都可以扩散通过界面，没有强制性和选择性。

9.3.2　道南电位

如果一个渗透膜只允许 K^+ 扩散通过($c_2>c_1$)，而 Cl^- 不能通过，于是造成两相界面电荷分布不均匀，产生电位差，这一电位称为道南电位。

这类扩散具有强制性和选择性，道南电位的计算公式为：

$$E_D = E_1 - E_2 = \frac{RT}{nF}\ln\frac{a_{+(2)}}{a_{+(1)}} \tag{9-27}$$

n 为扩散离子的电荷数。如果是负离子扩散，则

$$E_D = E_1 - E_2 = -\frac{RT}{nF}\ln\frac{a_{-(2)}}{a_{-(1)}} \tag{9-28}$$

9.3.3　膜电位

各种类型的离子选择电极的响应机理虽各有特点，但其电位产生的基本原因都是相似的，即关键都在于膜电位，如图 9-4 所示。在敏感膜与溶液两相的界面上，由于离子扩散，产生相间电位。在膜相内部，膜内外的表面和膜本体的两个界面上尚有扩散电位产生(严格的说，膜内部的扩散电位并无明显的分界线，图中为了方便而人为画出)，其大小应该相同。

在图 9-4 中，若敏感膜仅对阳离子 M^{n+} 有选择性响应，当电极浸入含有该离子的溶液中时，在膜内外的两个界面上，均产生道南型的相间电位：

$$E_{道,外} = k_1 + \frac{RT}{nF}\ln\frac{a_{M(外)}}{a'_{M(外)}} \tag{9-29}$$

$$E_{道,内} = k_2 + \frac{RT}{nF}\ln\frac{a_{M(内)}}{a'_{M(内)}} \tag{9-30}$$

式中：a_M 为液相中的 M^{n+} 活度；a'_M 为膜相中 M^{n+} 的活度；n 为离子的电荷数。通常敏感膜的内外表面的性质可以看成是相同的，即 $k_1=k_2$，$a'_{M(外)}=a'_{M(内)}$，且 $E_{扩,外}=E_{扩,内}$，故膜电位为：

$$E_{膜} = E_{道,外} + E_{扩,外} - E_{扩,内} - E_{道,内} = \frac{RT}{nF}\ln\frac{a_{M(外)}}{a_{M(内)}} \tag{9-31}$$

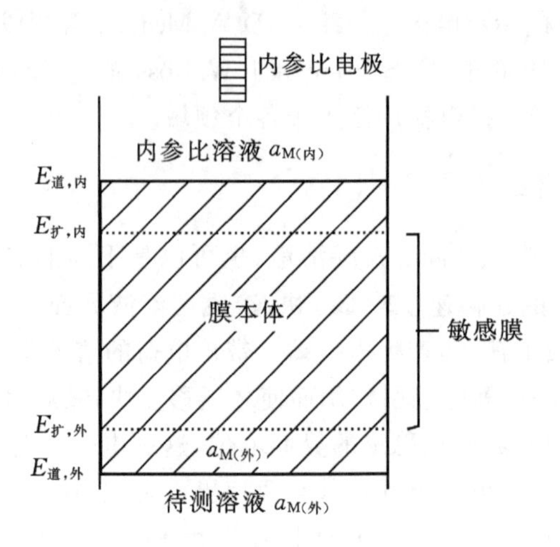

图 9-4　膜电位及离子选择电极的作用示意图

由于内参比溶液中 M^{n+} 的活度不变，为常数，所以

$$E_{膜} = C + \frac{RT}{nF}\ln a_{M(外)} \tag{9-32}$$

式中：C 为常数。可见，膜电位与溶液中 M^{n+} 活度之间的关系，符合能斯特公式。常数项为膜内界面上的相间电位，还应包括由于膜的内外两个表面不完全相同而引起的不对称电位。

9.3.4　离子选择电极的作用原理

离子选择电极的电位为内参比电极的电位与膜电位之和，如图 9-4 所示，即

$$E_{ISE} = E_{内参比} + E_{膜} \tag{9-33}$$

$E_{内参比}$ 通常为常数，因此，离子选择电极的电位可表示为

$$E_{ISE} = C' + \frac{RT}{nF}\ln a_{M(外)} \tag{9-34}$$

式中：C' 为常数项，包括内参比电极的电位、膜内的相间电位和膜内外不对称电位。

与此相似，对于阴离子 R^{n-} 有响应的敏感膜来说，由于双电层结构中电荷的符号与阳离子敏感膜的情况相反，因此相间电位的方向也相反，阴离子选择电极的电位为：

$$E_{ISE} = C' - \frac{RT}{nF}\ln a_{R(外)} \tag{9-35}$$

使用时，将离子选择性电极与外参比电极（通常是饱和甘汞电极）组成电池（复合电极则无需另外的电极），在接近零电流条件下测量电池电动势。由于在外参比电极与试液接触的膜（或盐桥）的内外两个界面上也有液接电位存在，所以在测得的电位值中还包括这一液接电位值在内。因此，在测量过程中，应设法减小或保持液接电位为稳定值，使之可并入常数项 C' 中，从而不影响测量结果。

从上述推导过程中可以看出，离子选择性电极的电位并非是由于有电子交换的氧化还原反应造成的，而是由于膜电位产生的。

9.3.5　离子选择电极的类型及其响应机理

离子选择电极的类型很多，下面简单介绍常用的几种类型。

1. 玻璃电极

玻璃电极由电极腔体(玻璃管)、内参比溶液、内参比电极和敏感玻璃膜组成,关键部分为敏感玻璃膜,如图9-5所示。最为常见的玻璃电极是对H^+响应的pH玻璃电极,另外还有对Li^+、K^+、Na^+、Ag^+响应的其它玻璃电极种类。玻璃电极又可分为单玻璃电极和复合电极两种。复合电极集指示电极和外参比电极于一体,使用起来更为方便和可靠。

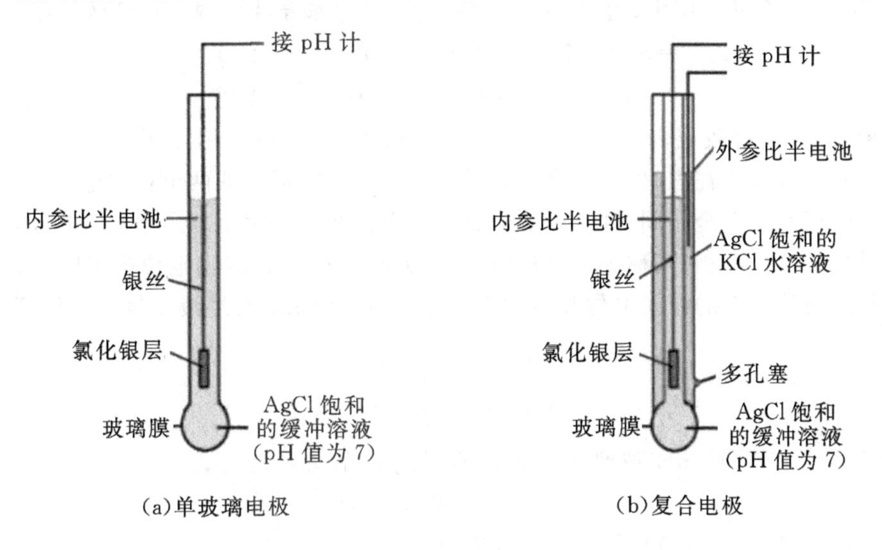

图9-5 两种常用pH玻璃电极的结构示意图

(a)单玻璃电极;(b)复合电极

根据玻璃球膜材料的特定配方不同,可做成对不同离子响应的玻璃电极。例如,常用的以考宁015玻璃做成的pH玻璃电极,其配方为:Na_2O 21.4%,CaO 6.4%,SiO_2 72.2%(摩尔分数),其pH值测量范围为1～10。下面以pH玻璃电极为例,简单介绍玻璃电极的工作原理。如图9-6所示,硅酸盐玻璃中有金属离子、氧、硅三种元素,Si—O键在空间中构成固定的带负电荷的三维网络骨架,金属离子与氧原子以离子键的形式结合,存在并活动于网络之中承担着电荷的传导(这主要是由一价的阳离子完成)。

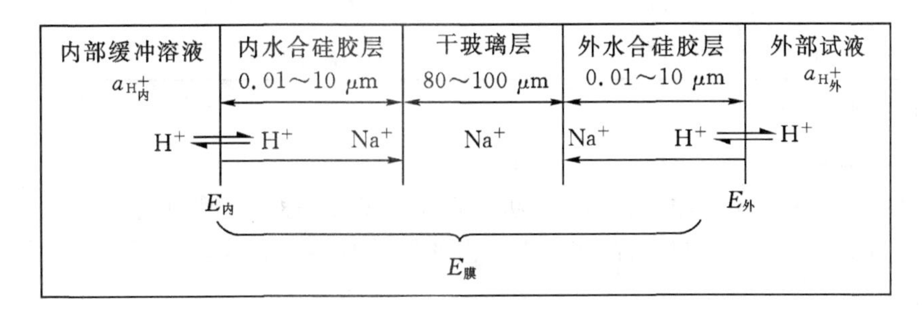

图9-6 浸泡后的玻璃膜示意图

当将玻璃电极的玻璃(glass,Gl)膜浸泡在纯水或稀酸溶液中时,由于Si—O与H^+的结合能力远大于与Na^+的结合力,因而发生了如下的离子交换反应

$$Gl^- Na^+ + H^+ \rightleftharpoons Gl^- H^+ + Na^+ \tag{9-36}$$

反应的平衡常数很大，向右反应的趋势很大，玻璃膜表面形成了水合硅胶层。因此，水中浸泡后的玻璃膜由三部分组成：膜内、外两表面的两个水合硅胶层及膜中间的干玻璃层。玻璃膜中，在干玻璃层中的电荷传导主要由钠离子承担；干玻璃层和水合硅胶层的过渡层，$Gl^- Na^+$只部分转化为$Gl^- H^+$，由于H^+在未水化的玻璃中的扩散系数小，故其电阻率比干玻璃层高1000倍左右；在水合硅胶层中，表面$\equiv SiO^- H^+$的解离平衡是决定界面电位的主要因素。

$$\underset{表面}{\equiv SiO^- H^+} + \underset{溶液}{H_2O} \rightleftharpoons \underset{表面}{\equiv SiO^-} + \underset{溶液}{H_3O^+} \tag{9-37}$$

H_3O^+在溶液与水化硅胶层表层界面上进行扩散，从而在内、外两相界面上形成双电层结构，产生两个相间电位差。在内、外两水合硅胶层与干玻璃之间形成的两个扩散电位，若干玻璃两侧的水合硅胶层性质完全相同，则其内部形成的两个扩散电位大小相同但符号相反，结果相互抵消。如果扩散电位不相等，称为不对称电位，其大小与玻璃膜的膜电位决定于内、外两个水合硅胶层与溶液界面上的相间电位和不对称电位。膜电位E_M与溶液中氢离子活度$a_{H^+_{外}}$的关系为

$$E_M = C + \frac{RT}{nF}\ln a_{H^+_{外}} \tag{9-38}$$

式中：C为常数。25 ℃时，pH玻璃电极电位E_H与pH的关系是

$$E_H = C' - 0.059pH \tag{9-39}$$

式中：C'中包括内参比电极电位以及不对称电位等。

若加入一定比例的Li_2O，可以扩大测量范围。另外，改变玻璃的某些成分，如加入一定量的Al_2O_3，可做成其它种类的阳离子电极，如表9-3所示。

表9-3 阳离子玻璃电极的玻璃膜组成

被测离子	玻璃组成(摩尔比)	近似选择性系数
Li^+	$15Li_2O-25Al_2O_3-60SiO_2$	$K_{Li^+Na^+}=0.3$，$K_{Li^+K^+}<10^{-3}$
Na^+	$11Na_2O-18Al_2O_3-71SiO_2$	$K_{Na^+K^+}=3.6\times10^{-4}$(pH=11)
		$K_{Na^+K^+}=3.3\times10^{-3}$(pH=7)
Na^+	$11Na_2O-22Al_2O_3-67SiO_2$	$K_{Na^+K^+}=10^{-5}$
K^+	$27Na_2O-5Al_2O_3-68SiO_2$	$K_{Na^+K^+}=5\times10^{-2}$
Ag^+	$11Na_2O-18Al_2O_3-71SiO_2$	$K_{Ag^+Na^+}=10^{-3}$

注：表中K为电位选择性系数。

2. 晶体膜电极

晶体膜电极分为均相和非均相晶膜电极。均相晶膜由一种化合物的单晶或几种化合物混合均匀的多晶压片而成，非均相膜由多晶中掺惰性物质经热压制成。下面介绍五类常用的晶体膜电极。

(1)氟离子单晶膜电极

氟离子单晶膜电极是最为常用的晶体膜电极。氟离子的敏感膜为LaF_3的单晶薄片。为了提高膜的电导率，在其中掺杂了二价离子Eu^{2+}和Ca^{2+}。由于二价离子的引入，使得氟化镧晶格缺陷增多，增强了膜的导电性，因此这种敏感膜的电阻一般小于2 MΩ。常用的氟离子单

晶膜电极结构如图 9－7 所示。

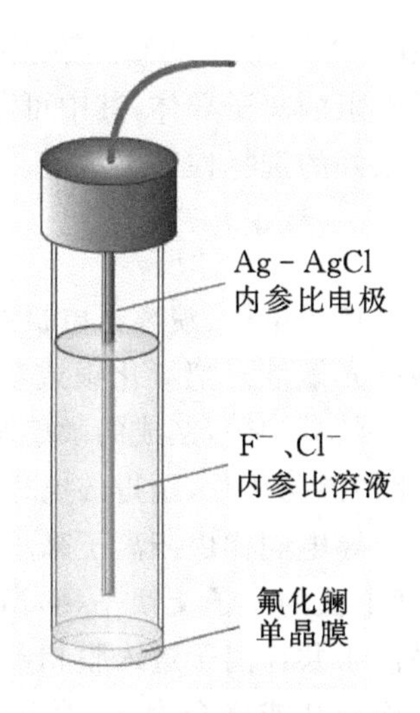

图 9－7　氟离子选择电极结构示意图

氟离子单晶膜电极的工作原理是：由于溶液中的氟离子能扩散进入膜相的缺陷空穴，而膜相中的氟离子也能进入溶液中，因而在两相界面上建立双电层结构而产生膜电位。又因为缺陷空穴的大小、形状和电荷分布，只能容纳特定的可移动的晶格离子，其它离子不能进入空穴，因此敏感膜具有针对氟离子的选择性。当氟电极插入测量溶液与甘汞电极组成电池，其电池图解式为

$$\mathrm{Ag,\ AgCl}\left|\begin{pmatrix}\alpha_{\mathrm{NaF}}=10^{-3}\ \mathrm{mol\cdot L^{-1}}\\ \alpha_{\mathrm{NaCl}}=10^{-1}\ \mathrm{mol\cdot L^{-1}}\end{pmatrix}\right|\ \mathrm{LaF_3}\ \text{含}\ \mathrm{F^-}\ \text{试液}\ \|\ \mathrm{KCl}\ (\text{饱和}),\mathrm{Hg_2Cl_2}\ |\ \mathrm{Hg} \tag{9-40}$$

其电池电动势为

$$E_{\text{电池}}=E_{\mathrm{SCE}}-E_{\mathrm{ISE_{F^-}}} \tag{9-41}$$

根据式(9－19)和式(9－35)可推得

$$E_{\text{电池}}=E_{\mathrm{SCE}}-C'+\frac{RT}{F}\ln a_{\mathrm{F^-}} \tag{9-42}$$

在 25℃时，电池电动势可表示为

$$E_{\text{电池}}=K+0.059\lg a_{\mathrm{F^-}} \tag{9-43}$$

氟电极对氟离子活度的线性响应范围为 $5\times10^{-7}\sim1\times10^{-1}\ \mathrm{mol\cdot L^{-1}}$，电极的选择性很高，唯一的干扰就是氢氧根离子，这是由于在晶体膜表面存在下列化学反应

$$\mathrm{LaF_3}(\text{固})+3\mathrm{OH^-}\rightleftharpoons \mathrm{La(OH)_3}(\text{固})+3\mathrm{F^-} \tag{9-44}$$

该反应所释放出来的氟离子将增加溶液中氟离子的含量，从而对测定产生影响。

通常，测定氟离子的最适宜 pH 范围为 5～6。如果 pH 值过低，会形成 HF 或 $\mathrm{HF_2^-}$，使游离氟离子浓度降低；pH 过高，则会产生氢氧根离子的干扰。实际工作中，通常采用柠檬酸盐缓冲溶液的酸度。柠檬酸盐还可与铁、铝等离子形成络合物，借此消除它们与氟离子发生络合反应而产生的干扰，同时可控制溶液的离子强度。

(2)硫、其它卤素离子电极

硫离子敏感膜是用硫化银粉末在 10^8 Pa 以上的高压下压制而成的,它同时也能用于测定银离子。其工作原理是:硫化银是低电阻的离子导体,其中可移动的导电离子是银离子。由于硫化银的溶度积很小,所以电极具有很好的选择性和灵敏度。该电极响应硫离子的膜电位为

$$E_{M_{S^{2-}}} = C' - \frac{RT}{2F}\ln a_{S^{2-}} \tag{9-45}$$

氯化银、溴化银及碘化银能分别作为氯离子电极、溴离子电极及碘离子电极的敏感膜。氯化银和溴化银均有较高的电阻,并有较强的光敏性。把氯化银或溴化银晶体和硫化银研匀后一起压制,使氯化银或溴化银分散在硫化银的骨架中,制成的敏感膜能克服上述缺陷。同样,用铜、铅或镉等重金属离子的硫化物与硫化银混匀压片,制得的电极对这些二价阳离子有敏感响应。响应过程受溶度积平衡关系控制,膜内导电同样由阳离子来承担。

由于晶体表面不存在类似于玻璃电极的离子交换平衡,所以电极在使用前不需要浸泡活化。对晶体膜电极的干扰,主要不是由于共存离子进入膜相参与响应,而是由于晶体表面的化学反应,即共存离子与晶格离子形成难溶盐或络合物,从而改变了膜表面的性质。所以,电极的选择性与构成膜的物质的溶度积及共存离子和晶格形成难溶物的溶度积的相对大小等因素有关,电极的检出限取决于膜物质的溶解度。

(3)流动载体电极

流动载体电极亦称为液膜电极,与玻璃电极不同,其中可与被测离子发生作用的活性物质即载体可在膜相中流动。若载体带有电荷,称为带电荷的流动载体电极;若载体不带电荷,则称为中性载体电极。

这类电极以浸有载体(常用的有机溶剂有二羧酸的二元酯、磷酸酯、硝基芳香族化合物等)的支持体为敏感膜。电极的结构如图 9-8 所示,膜经疏水处理,惰性微孔膜用垂熔玻璃、素烧陶瓷或高分子材料(聚四氟乙烯、聚偏氟乙烯)制成,膜上分布直径小于 1 μm 的微孔,孔与孔之间彼此连通。为了克服液膜稳定性差等缺点,常用 PVC(聚氯乙烯)膜取代有机溶剂。

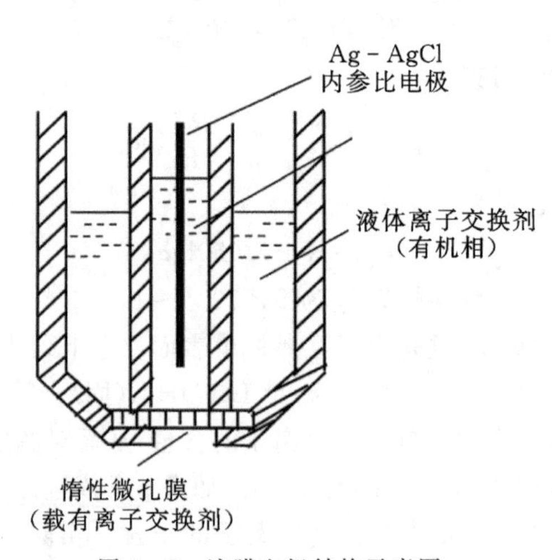

图 9-8 液膜电极结构示意图

常用的钙离子电极是一种带负电荷的流动载体电极,用二癸基磷酸根 $(RO)_2PO_2^-$ 作为载体。此试剂与钙离子作用生成二癸基磷酸钙 $[(RO)_2PO_2]_2Ca$。当其溶于癸醇或苯基膦酸二

辛酯等有机溶剂中，即得离子缔合型的液态活性物质，以此可制得对钙离子有响应的液态敏感膜。液膜电极的响应符合能斯特方程，对钙离子电极膜电位可表示为

$$E_{Ca^{2+}} = C' + \frac{RT}{2F}\ln a_{Ca^{2+}} \tag{9-46}$$

对带电荷的流动载体电极来说，载体与响应离子生成的缔合物越稳定，响应离子在有机溶剂中的淌度越大，选择性就越好。电极的灵敏度则取决于活性物质在有机相和水相中的分配系数，分配系数越大，灵敏度越高。

中性载体是一种电中性的、具有空腔结构的大分子化合物，只对具有适当电荷和原子半径（大小与空腔适合）的离子进行配合。络合物能溶于有机相形成液膜，使之成为待测离子能够相迁移的通道。只要选择的载体合适，制作工艺精湛，可使电极具有很高的选择性。例如，缬氨霉素可作为钾离子的中性载体，能在 1 万倍 Na^+ 浓度存在下测定 K^+。抗生素、杯芳烃衍生物、冠醚等都可以作为中性载体，共同特点是具有稳定构型，有吸引阳离子的极性键位（空腔），并被亲脂性的外壳环绕。可将离子载体掺入 PVC 制成电极膜，一个典型的例子是二甲基二苯并 30 -冠醚- 10 与 K^+ 的络合物中性载体钾电极。

(4)气敏电极

气敏电极是一种气体传感器，能用于测定溶液或其它介质中某种气体的含量，因而有人称之为气敏探针(gas-sensing probe)。气敏电极的主要部件为微多孔性气体渗透膜，它是由醋酸纤维、聚四氟乙烯、聚偏氟乙烯等材料组成，具有疏水性，但能透过气体。常用的气敏电极能分别对 CO_2、NH_3、NO_2、SO_2、H_2S、HCN、HF、HAc、Cl_2 等进行测量。气敏电极还可用于测定试液中的有关离子，如 NH_4^+、CO_3^{2-}，主要借助于改变试液的酸碱性使它们以 NH_3、CO_2 的形式逸出，然后进行测定。

(5)生物电极

生物电极(bioelectrode)是一种将生物化学与电化学分析原理结合而制成的电极。自从 1962 年 L. C. Clark 提出酶电极之后，经过 50 多年来的不断发展，生物电极类型大大增加，已经成为一个庞大的体系。这里仅简单介绍酶电极(enzyme electrode)、离子敏感场效应晶体管(Ion Sensitive Field-Effect Transistor，ISFET)电极和组织电极三种。

①酶电极。将生物酶涂布在电极的敏感膜上，通过酶促作用，使待测物质产生能在该电极上响应的离子或其它物质，来间接测定该物质的方法称为酶电极法。例如，葡萄糖氧化酶能催化葡萄糖的氧化反应

$$C_6H_{12}O_6 + O_2 + H_2O \longrightarrow C_6H_{12}O_7 + 2H_2O_2 \tag{9-47}$$

可采用氧电极检测试液中氧含量的变化，间接测定葡萄糖的含量，也可以将反应产物 H_2O_2 与定量的 I^- 在 Mo(Ⅵ)的催化下反应

$$H_2O_2 + 2I^- + 2H^+ \longrightarrow I_2 + 2H_2O \tag{9-48}$$

用碘离子电极检测碘离子的变化量，推算出葡萄糖的含量。

由于酶的作用具有很高的选择性，所以酶电极的选择性是相当高的。例如，一些酶电极能分别对葡萄糖、脲、胆固醇、L -谷氨酸以及 L -赖氨酸等生物分子进行检测。

②离子敏感场效应晶体管。场效应晶体管电极是一种微电子敏感元件及制造技术与离子选择电极制作及测量方法相结合的高技术电分析方法。它既具有离子选择电极对敏感离子响应的特性，又保留了场效应晶体管的性能，是一种有发展潜力的电极方法。场效应晶体管电极

材料强度高，可以用于直接测量硬度较高或者需要穿刺的样品，如奶酪、肉类等。例如，牲畜屠宰后，肌肉中的碳水化合物产生消化作用，造成乳酸和磷酸在肌肉中积累，引起 pH 值下降；其后因腐败微生物繁殖，肌肉被分解造成氨积累，又促使 pH 值上升。因此，借助于 pH 值测定可评价食品变质的程度。

③组织电极。以动植物组织薄片材料作为敏感膜固定在电极上的器件称为组织电极，是酶电极的衍生电极。它利用动植物组织中的天然酶作反应催化剂。与酶电极比较，组织电极具有如下优点：a. 酶电极活性较离析酶高；b. 酶的稳定性增大；c. 材料易于获得。例如，将新鲜猪肾组织切片与氨气敏电极组成一个用于测定谷氨酰胺的组织膜电极，由于猪肾中含有谷氨酰胺水解酶，它可以催化试样中谷氨酰胺的水解反应，生成的氨立即在耦合的氨气敏电极上产生响应，因而使用测定脑脊液中谷氨酰胺含量的组织电极在临床分析中具有重要的意义。

9.3.6 离子选择电极的性能参数

1. 能斯特响应斜率、线性范围与检出限

以离子选择电极的电位或电池的电动势对响应离子活度的对数作图，所得的曲线称为校准曲线(见图 9－9)。校准曲线的直线部分所对应的离子活度范围称为离子选择电极响应的线性范围，该直线的斜率为电极的实际响应斜率(能斯特响应斜率)S，理论斜率为 59.2/n mV。S 也称为级差。当离子活度很低时，曲线自然弯曲。横轴直线与曲线的交点的横坐标为活度，即为检出限。

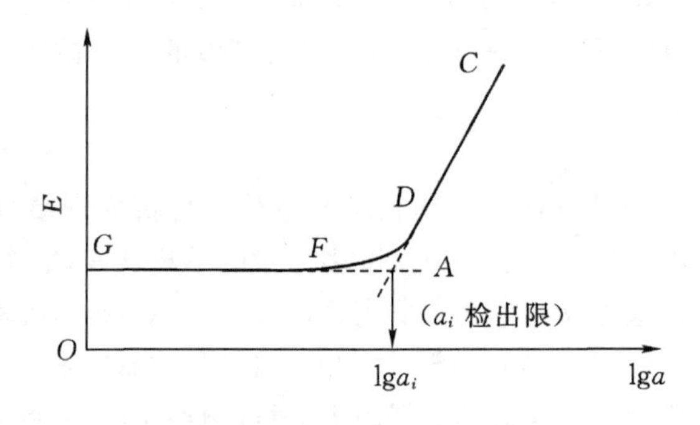

图 9－9 电极的校准曲线

2. 电位选择性系数

在同一敏感膜上，可以有很多种离子同时进行不同程度的响应，因此膜电极的响应并没有绝对的转移性，而只是相对的选择性。电极对各种离子的选择性，可用电位选择性系数来表示。

当有共存离子时，膜电位与响应离子 A^{z+} 及共存离子 B^{z+} 的活度之间的关系由尼科尔斯(Nicolsky)方程表示

$$E_M = 常数 + \frac{RT}{nF}\ln(a_A + K_{A,B}^{pot} a_B^{z_A/z_B}) \qquad (9-49)$$

式中：$K_{A,B}^{pot}$ 为电位选择性系数，它表征了共存离子对响应离子的干扰程度。当有多种干扰离子 B^{z+}，C^{z+}，…存在时，上式可以写为

$$E_M = 常数 + \frac{RT}{nF}\ln(a_A + K_{A,B}^{pot} a_B^{z_A/z_B} + K_{A,C}^{pot} a_C^{z_A/z_C} + \cdots) \tag{9-50}$$

从式中可以看出，电位选择性系数越小，则电极对 A^{z+} 的选择性越高。如果 $K_{A,B}^{pot}$ 为 10^{-2}，表示电极对 A^{z+} 的敏感性为 B^{z+} 的 100 倍。由干扰引起的误差计算公式为

$$误差\% = \frac{K_{A,B}^{pot} a^{z_A/z_B}}{a_A \times 100\%} \tag{9-51}$$

必须指出，电位选择性系数仅表示某一离子选择电极对各种不同离子的响应能力，它随被测离子浓度及溶液条件的不同而异，并不是一个热力学常数，其数值可从手册里查到，也可用 IUPAC 建议的试验方法进行测定。

混合溶液法测定离子选择性系数是 IUPAC 建议的方法，是在被测离子与干扰离子共存时，求出选择性系数。它包括固定干扰法和固定主响应离子法。固定干扰法中，先配制一系列固定活度的干扰离子 B^{z+} 和不同活度的主响应离子 A^{z+} 的标准混合溶液；再分别测定其电位值；然后将电位值 E 对 $\lg a_A$ 作图。从图 9 - 10 可见，在校准曲线的斜线部分（$a_A > a_B$，不考虑 B 离子的干扰）的响应方程为 $E_1 = k^A + S\lg a_A$；在水平部分（即 $a_A < a_B$），电位值完全由干扰离子决定，则 $E_2 = k^B + S'\lg K_{A,B}^{pot} a_B$。假定 $k^A = k^B$，$S = S'$，在两条直线交点的 M 处，$E_1 = E_2$，假定 A^{z+}、B^{z+} 都为一价离子，由上式则得

$$K_{A,B}^{pot} = \frac{a_A}{a_B} \tag{9-52}$$

式中：a_A 为交点 M 处对应的活度。对不同价态的离子，$K_{A,B}^{pot}$ 的通式为

$$K_{A,B}^{pot} = \frac{a_A}{a^{z_A/z_B}} \tag{9-53}$$

采用固定主响应离子法时，先配制一系列含固定活度的主响离子 A^{z+} 和不同活度的干扰离子 B^{z+} 的标准混合溶液；再分别测定电位值；然后将电位值 E 对 $\lg a_B$ 作图。从图中求得 a_B，同样可算出 $K_{A,B}^{pot}$。这种方法可确定离子选择电极的适合的 pH 值范围。

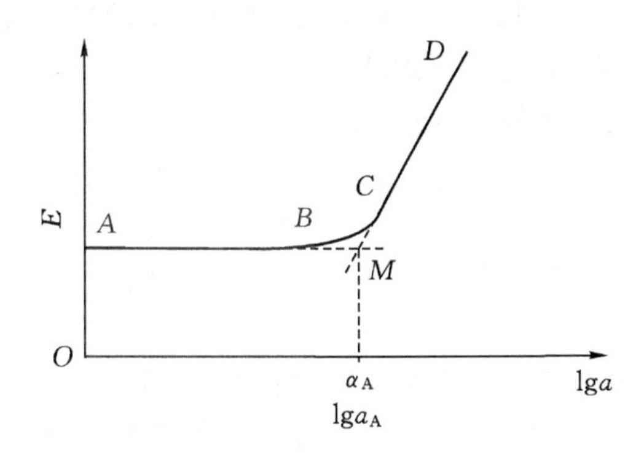

图 9 - 10　固定干扰法

3. 响应时间和温度系数

膜电位的产生是由于响应离子在敏感膜表面扩散及建立双电层的结果。电极达到这一平衡的速度，可用响应时间来表示，它取决于敏感膜的结构性质。一般来说，晶体膜的响应时间短，而流动载体膜的响应因涉及表面的化学反应过程而达到平衡慢。此外，响应时间与响应离子的扩散速率、浓度、共存离子的种类、溶液温度等因素有关。很明显，扩散速率快，则响应时

间短；响应离子浓度低，达到平衡就慢；溶液温度高，响应速率就加快。响应时间快时以毫秒为单位，慢时甚至需数十分钟。在实际工作中，通常采用搅拌试液的方法来加快扩散速率，缩短响应时间。

IUPAC 将响应时间定义为静态响应时间。从离子选择电极与参比电极同时与试液接触算起，至电池电动势达到稳定值（变化在 1 mV 以内）时为止，在此期间所经过的时间，称为实际响应时间。

9.4 电位分析法中的定量分析方法

本节主要以 pH 电极为例介绍电位分析法在定量分析中的应用和常用的定量分析方法。

9.4.1 pH 测定原理与方法

1. pH 的实用定义

当使用玻璃电极测量溶液的 pH 时，使其与饱和甘汞参比电极组成电池。电池图解式为

(一)Ag，AgCl | 内参比液 | 玻璃膜 | 试液 ‖ KCl（饱和） | Hg_2Cl_2，Hg(＋)

电池电动势 $E_{电池}$ 为

$$E_{电池} = E_{SCE} - E_{H} \tag{9-54}$$

将(9－39)代入(9－54)，室温(25℃)下，有

$$E_{电池} = E_{SCE} - C' + 0.059pH \tag{9-55}$$

合并 E_{SCE} 和 C' 为常数 K，则

$$E_{电池} = K + 0.059pH \tag{9-56}$$

常数项 K 包括内参比电极电位、膜内相间电位和不对称电位，测量时还包括外参比电极电位与液接电位。这些物理量中有些无法准确测量，且经常发生变化。此外，溶液里存在的所有电解质都会影响被测离子的活度。因此，通常不能由测得的电动势直接计算溶液的 pH，而必须与标准溶液同时进行测量相比较才能得到结果。

当用该电池测量 pH 标准溶液和未知溶液时，将两电动势方程相减有

$$pH_x = pH_s + \frac{(E_x - E_s)F}{RT\ln 10} \tag{9-57}$$

式中：x 代表未知溶液；s 代表标准溶液。该式为 pH 的实用定义。

2. pH 标准溶液的配制

式(9－57)中的 pH_s 是已知的，它是怎样确定的呢？IUPAC1998 年建议用标准法，即采用 BSI(英国标准协会)标准，规定 0.05 mol·kg^{-1} 邻苯二甲酸氢钾水溶液在 15℃ 的 pH＝4.000。在不同温度(t)时溶液的 pH 按下式计算

$$pH_s = 4.000 + \frac{1}{2}\left(\frac{t-15}{100}\right)^2, \quad 0 < t < 55\ ℃ \tag{9-58}$$

$$pH_s = 4.000 + \frac{1}{2}\left(\frac{t-15}{100}\right)^2 - (t-55)/100, \quad 55 < t < 95\ ℃ \tag{9-59}$$

这一标准被一部分国家接受，另一些国家仍然使用多种标准法。我国制定的七种 pH 基准缓冲溶液的 pH_s 见表 9－4。

表 9-4　我国建立的七种 pH 基准缓冲溶液的 pH_s

温度/℃	七种标准溶液的 pH_s						
	0.05mol·kg^{-1} 四草酸氢钾	饱和酒石酸氢钾	0.05mol·kg^{-1} 邻苯二甲酸氢钾	0.025mol·kg^{-1} 混合磷酸盐	0.008695 mol·kg^{-1} 磷酸二氢钾 0.03043 mol·kg^{-1} 磷酸二氢钠	0.01 mol·kg^{-1} 硼砂	饱和氢氧化钠
0	1.668		4.006	6.981	7.515	9.458	13.416
5	1.669		3.999	6.949	7.490	9.391	13.210
10	1.671		3.996	6.921	7.467	9.330	13.011
15	1.673		3.996	6.898	7.445	9.276	12.820
20	1.676		3.998	6.879	7.426	9.226	12.637
25	1.680	3.599	4.003	6.864	7.409	9.182	12.460
30	1.684	3.551	4.010	6.852	7.395	9.142	12.292
35	1.688	3.547	4.019	6.844	7.386	9.105	12.130
37				6.839	7.383		
40	1.694	3.547	4.029	6.838	7.380	9.072	11.975
45	1.700	3.550	4.042	6.834	7.379	9.042	11.828
50	1.706	3.555	4.055	6.833	7.383	9.015	11.697

制定 pH 标准溶液的方法严谨，工作量大，可按照下述步骤进行。

(1)建立无液接电池，测量电池有关数据

$$\mathrm{Pt}|\mathrm{H_2(g)}|\mathrm{pH}\ 标准缓冲溶液\ a_{H^+},\mathrm{Cl^-}(a_{Cl^-})|\mathrm{AgCl},\ \mathrm{Ag} \tag{9-60}$$

该电池电动势为

$$E_{电}=(E^{\ominus}_{Ag/AgCl}-\frac{2.303RT}{F}\lg\frac{a_{Cl^-}}{c^{\ominus}})-[E^{\ominus}_{H^+/H_2}-\frac{2.303RT}{F}\lg\frac{(P_{H_2}/P^{\ominus})^{1/2}}{a_{H^+}/c^{\ominus}}]$$

$$=E^{\ominus}_{Ag/AgCl}-E^{\ominus}_{H^+/H_2}-\frac{2.303RT}{F}\lg\frac{\frac{a_{H^+}}{c^{\ominus}}\cdot\frac{a_{Cl^-}}{c^{\ominus}}}{(P_{H_2}/P^{\ominus})^{1/2}} \tag{9-61}$$

电池反应为

$$\mathrm{AgCl}+\frac{1}{2}\mathrm{H_2}\rightleftharpoons\mathrm{Ag}+\mathrm{Cl^-}+\mathrm{H^+} \tag{9-62}$$

当 $P_{H_2}=100$ kPa 时，

$$E_{电}=E^{\ominus}_{Ag/AgCl}-\frac{2.303RT}{F}\lg\left(\frac{a_{H^+}}{c^{\ominus}}\cdot\frac{a_{Cl^-}}{c^{\ominus}}\right) \tag{9-63}$$

重排方程为：

$$-\lg(a_{H^+}\gamma_{Cl^-})=\frac{(E_{电}-E^{\ominus}_{Ag/AgCl})F}{2.303RT}+\lg m_{Cl^-} \tag{9-64}$$

式(9－64)中：γ_{Cl^-}，m_{Cl^-} 分别为氯离子活度系数和质量摩尔浓度；$P^{\ominus}$ 为 100 kPa；$c^{\ominus}$ 为 1 mol·L^{-1}。配制一系列氯离子 m_{Cl^-} 测定，可得一系列相对应的 $-\lg(a_{H^+}\gamma_{Cl^-})$。

(2)最小二乘法外推计算

用最小二乘法处理上述试验得到的数据，外推在 $m_{Cl^-}=0$ 时的 $-\lg(a_{H^+}\gamma_{Cl^-})^0$，则有：

$$pH_s=-\lg a_{H^+}=-\lg(a_{H^+}\gamma_{Cl^-})^0+\lg\gamma^0_{Cl^-} \tag{9-65}$$

式中：$\lg\gamma^0_{Cl^-}$ 无法用实验测定，只有用德拜-休克尔公式计算该活度系数。

(3)理论公式计算 $\gamma^0_{Cl^-}$

德拜-休克尔公式为

$$\lg\gamma=-\frac{A\sqrt{I}}{1+Ba\sqrt{I}} \tag{9-66}$$

由于 A，B，a 都是常数，$\gamma^0_{Cl^-}$ 与溶液此时的离子强度有关，可计算得到。代入式(9－65)，可求出 pH_s。

3. pH 测定中的影响因素

(1)能斯特响应斜率

从表观上看能斯特响应斜率仅是温度的函数，温度恒定即为常数。实际工作中，电极的实际响应斜率与理论能斯特响应斜率无固定关系，上述 pH 实用定义式(9－57)并未考虑这一问题。仪器的响应斜率是按理论值设计的，如果电极的实际响应斜率与测量仪器的有差别，测量的 pH 就会产生误差。例如，仪器设计能斯特响应斜率 60 mV，电极能斯特响应斜率 55 mV，用 $pH_s=3$ 标准溶液定位，测量 pH＝5 的溶液，测得的 pH＝4.83，误差是 0.17。解决这一问题要用双 pH_s 标准校准，使仪器斜率与电极的相同，即可克服由此引起的误差。

(2)常数 K 的问题

推导实用定义式(9－57)时，我们设 K 为常数而消除掉，不出现在公式中。实际上，K 中包括的液接电位 E_j 随测量条件变化，不易控制。K 仅是相对的常数。通常液接电位 E_j 引起的 pH 值误差为 0.01～0.02，碱性的试液可达 0.05。

(3)钠差和酸差

①钠差。用普通玻璃电极测定 pH 较高的溶液时，电极电位与溶液 pH 之间将偏离线性关系，测得的 pH 值比实际数值低，这种现象称“钠差”。其产生原因是：在强碱性溶液中氢离子浓度很低，溶液中大量钠离子的存在使钠离子进入玻璃电极的硅酸晶格的倾向增加。这样，相界电位差的产生除了决定于硅胶层和溶液中的氢离子浓度(活度)外，还增加了钠离子在两相中扩散而产生的相界电位。

②酸差。当测量 pH 小于 1 的强酸或无机盐浓度大的水溶液时，测得的 pH 偏高，称为酸差。引起酸差的原因是：酸度大的溶液使活度小于 1，而不再是常数。

9.4.2 常用的定量分析方法

电位分析法主要使用的定量分析方法包括直接比较法、校准曲线法、标准加入法等。

1. 直接比较法

直接比较法主要用于以活度的负对数 $-\lg a_A$ 来表示结果的测定，类似 pH 的测定。对试液组分稳定、不复杂的试样，使用此法比较适合，如检测电厂水汽中的钠离子浓度。测量仪器

通常以 pa_A 作为标度而直接读出。测量时，先用一两个标准溶液采用标准曲线法校正仪器，然后测量试液，即可直接读取试液的 pa_A。

2. 校准曲线法

校准曲线法适用于成批量试样的分析。测量时需要在标准系列溶液和试液中加入总离子强度调节缓冲液(TISAB)或离子强度调节液(ISA)。这些溶液主要起三方面的作用：首先，保持试液与标准溶液有相同的总离子强度及活度系数；其次，缓冲液可以控制溶液的 pH；最后，混合溶液含有配合剂，可以掩蔽干扰离子。测量时，先配制一系列含被测组分的标准溶液，分别测出电位值，绘制出与被测组分对数浓度的关系曲线；再测出未知样品的电位值，从曲线上查出对数浓度，算出未知样品的浓度。

3. 标准加入法

标准加入法又称添加法或增量法，由于加入前后试液的性质(组成、活度系数、pH、干扰离子、温度、……)基本不变，所以准确度较高。标准加入法比较适合用于组成较复杂以及非成批试样的分析。标准加入法分为一次标准加入法和连续标准加入法两种。

(1)一次标准加入法

一次标准加入法是指向被测溶液中只加一次标准溶液。采用此法时，先测定体积为 V_x、浓度为 c_x 的试样溶液的电位值 E_x；然后再向此试样溶液中加入体积为 V_s、浓度为 c_s 的被测离子的标准溶液，测得电位值 E_1。对一价阳离子，若离子强度一定，按响应方程关系，E_1 与 E_x 可表示为

$$E_x = K + S\lg c_x \tag{9-67}$$

$$E_1 = K' + S\lg \frac{c_s V_s + c_x V_x}{(V_x + V_s)} \tag{9-68}$$

因此，两次测定的电位值的差为

$$\Delta E = E_1 - E_x = S\lg \frac{c_s V_s + c_x V_x}{c_x (V_x + V_s)} \tag{9-69}$$

整理后取反对数得

$$10^{\Delta E/S} = \frac{c_s V_s + c_x V_x}{c_x (V_x + V_s)} \tag{9-70}$$

因此有

$$c_x = \frac{c_s V_s}{(V_x + V_s)\, 10^{\Delta E/S} - V_x} \tag{9-71}$$

若 V_x 远大于 V_s，则

$$c_x = \frac{c_s V_s}{V_x (10^{\Delta E/S} - 1)} = \Delta c (10^{\Delta E/S} - 1)^{-1} \tag{9-72}$$

式(9-72)为一次标准加入法公式，式中 $\Delta c = \dfrac{V_s c_s}{V_x}$。

如果采用试样加入法，即向一定体积的标准溶液里加入一次一定体积的试样溶液，可推得公式如下

$$c_x = c_s \frac{V_s + V_x}{V_x} \left(10^{\Delta E/S} - \frac{V_s}{V_x + V_s}\right) \tag{9-73}$$

上述式中：S 为电极的实际响应斜率，可从标准曲线的斜率求出，也可使用最小二乘法算出。

(2)连续标准加入法

连续标准加入法是在测量过程中连续多次向一杯测量溶液中加入标准溶液，根据一系列的 E 值对相应的 V_s 值作图来求得结果的方法。该法的准确度较一次标准加入法高。连续标准加入法的基本原理是：将式(9－68)整理，得到

$$(V_s + V_x)\ 10^{E/s} = (c_s V_s + c_x V_x)\ 10^{K'/S} \tag{9-74}$$

以 E 对 V_s 作图得一直线，直线与横坐标相交时，即有 $(V_x+V_s)10^{E/S}=0$，方程的另一边是 $c_s V_s + c_x V_x = 0$。由此式试样中的被测物含量为

$$c_x = -\frac{c_s V_s}{V_x} \tag{9-75}$$

9.5 电位滴定法

电位滴定法是通过测量滴定过程中指示电极电位的变化来确定终点的容量分析方法。在容量分析中，化学计量点的实质就是溶液中某种离子浓度的突跃变化。例如，酸碱滴定中，化学计量点是溶液中 H^+ 离子浓度的突跃变化；络合滴定和沉淀滴定中，化学计量点是溶液中金属离子浓度的突跃变化；氧化还原滴定中，化学计量点是溶液中氧化剂或还原剂浓度的突跃变化。显然，若在溶液中插入一个合适的指示电极，化学计量点时，溶液中某种离子浓度发生突跃变化，必然引起指示电极电位发生突跃变化。因此，可通过测量指示电极电位的变化来确定终点。

电位滴定法和电位法一样，以指示电极、参比电极及试液组成测量电池(见图 9－11)。所不同的是电位滴定法要加滴定剂于测量电池溶液里。电位法依据能斯特方程来确定被测定物质的量，而电位滴定法则不依赖。电位滴定法与普通滴定方法不同，依赖于物质相互反应量的关系。并且，相对于经典指示剂滴定法，电位滴定法的电位变化代替了经典滴定法由指示剂的颜色变化确定终点，这使其测量的准确度和精度都有了相当大的改善，大大拓展了应用范围。例如，对有色和浑浊溶液的分析，指示剂法比较困难，电位滴定法却不受限制。电位滴定法化

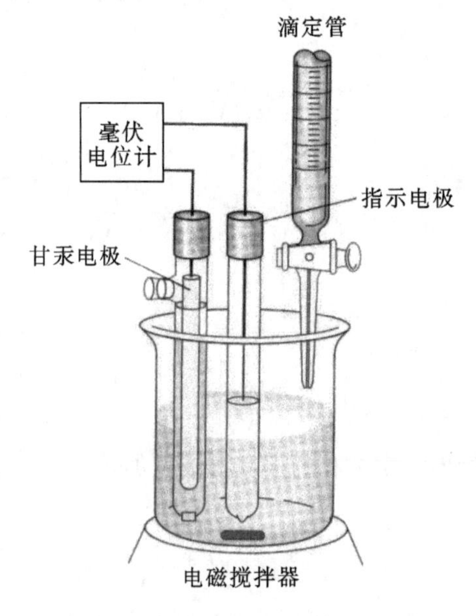

图 9－11　电位滴定池装置示意图

学计量点和终点位置重合，不存在终点误差。

将测得的电池电动势 $E_{电池}$(或指示电极的电位 E)对滴定体积 V 作图，即可得图 9-12(a)的滴定曲线。一般来说，曲线突跃范围的中点即为化学计量点。如果突跃范围太小，变化不明显，可作一级微分滴定。图 9-12(b)即 $\Delta E/\Delta V$ 对 V 的曲线，其上的极大值对应滴定终点。也可作二级微分，即绘 $\Delta^2 E/\Delta^2 V$ 对 V 的曲线图，如图 9-12(c)所示，图中 $\Delta^2 E/\Delta^2 V$ 等于零的点即滴定终点。

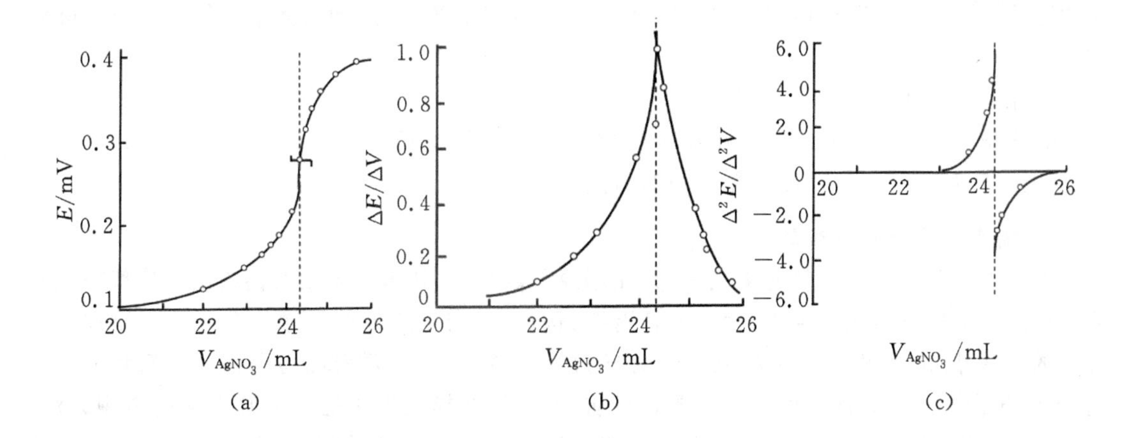

图 9-12　用 0.1 mol·L^{-1} $AgNO_3$ 滴定 2.433 mmol·L^{-1} Cl^- 的电位滴定曲线

另外，除了人工电位滴定，目前也出现自动电位滴定法。自动电位滴定法的滴定终点是由预设的终点电动势来确定。需事先滴定标准溶液，根据滴定曲线的化学计量点电动势值来设定被测离子未知试样终点电动势值。一台自动电位滴定仪可以完成如下工作：

①自动控制滴定终点，当达到终点时，自动关闭滴定装置，显示滴定剂用量，给出测定结果；

②能自动记录滴定曲线，经自动运算后显示终点滴定剂的体积及结果，并能存储滴定曲线数据提供调用；

③记录的数据具有通用性，容易传输到普通计算机上用软件工具处理。

9.6　电位分析法新进展

9.6.1　新进展

电位分析法是电分析化学方法的重要分支，是以在电路的电流接近于零的条件下测定电池的电动势或电极电位为基础的电分析化学方法。电位法和电位滴定法的原理虽有不同，但在各自的适用范围内都具有重要的意义。电位分析法灵敏度及准确度都很高，所需设备简单，适用面广，特别是现代仪器分析与计算机联用，实现了分析工作的自动化。目前，电位分析方法已成为化工产业、卫生医疗和科学研究广泛应用的一种重要分析手段。

9.6.2 应用实例

1. 血液的 pH 测定

血中氢离子(H^+)浓度维持一定水平对细胞功能的正常运行起到了非常重要的作用，而 pH 是容易测定的生理上的 H^+ 浓度，已广泛应用于临床检测指标。美国制定了测定血液 pH 的一级标准溶液，它是由 0.00869 mol·kg^{-1} KH_2PO_4 和 0.0304 mol·kg^{-1} K_2HPO_4 组成的缓冲溶液，同时使用离子选择性电极来检测血液中的 H^+ 浓度，进而得到 pH 值。进行实际测量时需要注意以下几点：

①保持测量条件与生物体温一致。

②防止测量时血液吸入或逸出 CO_2，要在隔离空气下进行。

③血液容易黏污电极，需要用专门的清洁方法。

2. 测定牙膏中的游离氟

氟是人体所必需的微量元素之一，其在形成骨骼组织、牙齿釉质以及钙磷的代谢等方面有重要作用。氟缺乏可出现龋齿、生长发育迟缓、贫血、骨密度降低等问题。在牙膏中添加氟是防龋的有效措施，但摄入过量的氟化物会导致慢性氟中毒，主要表现为斑釉牙或氟骨症。因此，检测牙膏中氟化物的浓度十分重要。目前，氟离子选择电极法是测定游离氟的常用方法，工作原理是当氟离子选择电极与含氟的待测水样接触时，原电池的电动势随溶液中氟离子浓度的变化而改变。

参考文献

[1] 黄德培. 离子选择电极的原理及应用[M]. 北京:新时代出版社，1982.

[2] 高小霞. 电分析化学导论[M]. 北京:科学出版社，1986.

[3] 李克安. 分析化学教程[M]. 北京:北京大学出版社，2005.

[4] Bard A J, Faulkner L R. 电化学方法:原理和应用[M]. 邵元华，等，译. 2 版. 北京:化学工业出版社，2005.

[5] 武汉大学化学系. 分析化学 [M]. 北京:高等教育出版社，2007.

小结

1. 基本概念

①电位分析法(potentiometric analysis):通过化学电池的电流为零的一类电分析化学方法，分为电位法和电位滴定法。

②电位法(potentiometry):使用专用的指示电极(如离子选择电极)，将被测离子的活(浓)度通过毫伏电位计显示为电位(或电动势)读数，由能斯特方程求算其活度的方法。

③电位滴定法(potentiometric titration):通过测量滴定过程中指示电极电位的变化来确定终点的容量分析方法。

④标准氢电极(Standard Hydrogen Electrode，SHE):由 Pt 片、压强为 100 kPa (1 atm)的

H_2 以及活度为 1 mol·L^{-1} 的 H^+ 溶液组成，是确定电极电位的基准电极。

⑤离子选择电极(Ion-Selective Electrode，ISE)：对特定离子具有选择性响应的电极。

⑥膜电位：膜内扩散电位和膜与电解质溶液形成的内外界面的界面电位的代数和。

⑦扩散电位：在两种不同离子或离子相同而活度不同的液/液界面或固体内部，由于离子扩散速度的不同造成的电位差。

⑧钠差：用普通玻璃电极测定 pH 较高的溶液时，电极电位与溶液 pH 值之间将偏离线性关系，测得的 pH 值比实际数值偏低的现象。

⑨酸差：当测量 pH 小于 1 的强酸或无机盐浓度大的水溶液，测得的 pH 偏高的现象。

2. 基本公式

(1)指示电极

第一类电极：$E=E^{\ominus}_{M^{n+}/M}+\frac{RT}{nF}\lg a_{M^{n+}}$

第二类电极：$E=常数-\frac{RT}{nF}\ln a_{R^{n-}}$

第三类电极：$E=常数+\frac{RT}{nF}\lg a_{M^{n+}}$

零类电极：$E=E^{\ominus}_{Fe^{3+}/Fe^{2+}}+\frac{RT}{F}\ln\frac{a_{Fe^{3+}}}{a_{Fe^{2+}}}$

离子选择电极：$E=常数\pm\frac{RT}{nF}\ln a_{离子}$

(2)参比电极

甘汞电极和银-氯化银电极：$E_{Ag/AgCl}=E^{\ominus}_{Ag/AgCl}-\frac{RT}{F}\lg a_{Cl^-}$ (25℃)

(3)离子选择电极

膜电位：$E_{膜}=C+\frac{RT}{nF}\ln a_{M(外)}$

(4)pH 的实用定义

$$pH_x=pH_s+\frac{(E_x-E_s)F}{RT\ln 10}$$

3. 基本知识

①电位分析法常使用的指示电极：第一类电极、第二类电极、第三类电极、零类电极和膜电极。常用的参比电极：银-氯化银电极、饱和甘汞电极等。常用作盐桥的电解质：KCl、NH_4Cl、KNO_3 等。

②常见的离子选择性电极：玻璃电极(如 pH 电极)、晶体膜电极(如氟离子单晶膜电极)。

③离子选择电极的性能参数：能斯特响应斜率、线性范围与检出限，电位选择性系数，响应时间和温度系数。

④电位分析法常使用的定量分析方法：直接比较法、校准曲线法、标准加入法。

⑤电位分析法的依据：由电池电动势的大小可以确定待测溶液的活度(常用浓度代替)。

对于氧化还原体系 $Ox+ne^-\rightleftharpoons Red$：$E=E^{\ominus}_{Ox/Red}+\frac{0.059}{n}\lg\frac{a_{Ox}}{a_{Red}}$；

对于金属电极：$E=E^{\ominus}_{M^{n+}/M}+\frac{RT}{nF}\ln a_{M^{n+}}$；

原电池的电动势：$E_{电池}=E_{+}-E_{-}+E_{液接}$。

思考题与习题

1. 电位分析法的依据是什么？
2. 何为指示电极和参比电极？举例说明其作用。
3. 简述 pH 玻璃电极的工作原理。
4. 为什么离子选择性电极对欲测离子具有选择性？如何评价这种选择性？
5. 试比较直接电位法和电位滴定法的特点。为什么一般说后者较准确？
6. 电位滴定法的基本原理是什么？有哪些确定终点的方法？
7. 列举电位分析法所涉及的指示电极。
8. pH 玻璃电极产生的不对称电位来源于（　）

(A)内外玻璃膜表面特性不同

(B)内外溶液中 H^+ 浓度不同

(C)内外溶液的 H^+ 活度系数不同

(D)内外参比电极不一样　　(A)

9. 在实际测定溶液 pH 时，都用标准缓冲溶液来校正电极，目的是消除（　）

(A)不对称电位　　(B) 液接电位

(C)不对称电位和液接电位　　(D) 温度影响　　(C)

10. 用 pH 玻璃电极测定 pH 约为 12 的碱性试液，测得 pH 比实际值（　）

(A)大　(B) 小　(C) 两者相等　(D) 难以确定　　(B)

11. 卤化银粉末压片膜制成的电极对卤素离子能产生膜电位是由于（　）

(A)卤素离子进入压片膜的晶格缺陷而形成双电层

(B)卤素离子在压片膜表面进行离子交换和扩散而形成双电层

(C) Ag^+ 进入压片膜中晶格缺陷而形成双电层

(D) Ag^+ 的还原而传递电子形成双电层　　(C)

12. 用银离子选择电极作指示电极，电位滴定测定牛奶中氯离子含量时，如以饱和甘汞电极作为参比电极，双盐桥应选用的溶液为（　）

(A)KNO_3　(B)KCl　(C)KBr　(D)KI　　(A)

13. 用 $AgBr-Ag_2S$ 混晶膜制成的离子选择性电极，一般用作测定__________，其膜电位公式为__________。　　(Br^-；$E_m=k-S\lg a_{H^+}$)

14. 在 1 mol L^{-1} H_2SO_4 介质中，以 Pt 为指示电极，用 0.1000 mol·L^{-1} Ce^{4+} 的标准溶液滴定 25.00 mL Fe^{2+}，当滴定完成 50% 时，Pt 电极的电位为______。

(1.06 V (vs. SHE))

15. Br^- 离子选择电极有 Cl^- 离子干扰时，选择系数可写作：________。($K^{Pot}_{i,j}$，K^{Pot}_{Br,Cl^-})

16. 离子选择电极电位测量的误差与浓度间关系可用式__________表示，电位滴定法测定浓度的误差比标准曲线法________。(相对误差$=\Delta c/c\times100\%=4Z\Delta E$；小)

17. 用 0.1 $mol \cdot L^{-1}$ 硝酸银溶液电位滴定 0.005 $mol \cdot L^{-1}$ 碘化钾溶液，以全固态晶体膜碘电极为指示电极，饱和甘汞电极为参比电极。碘电极的响应斜率为 60.0 mV，$E_{AgI/Ag} = -0.152$ V，AgI 的 $K_{sp} = 9.3 \times 10^{-17}$，$E_{SCE} = +0.224$ V。计算滴定开始时和计量点时的电池电动势，并标明电极的正负。　(0.085 V)

18. 在 25℃时，下列电池的电动势为 −0.372 V

$$Ag \mid AgAc(s) \mid Cu(Ac)_2(0.1\ mol/L) \mid Cu$$

(1)写出电极反应和电池反应；

(2)计算乙酸银的溶度积。　(1.9×10^{-3})

19. 含 4.00 mmol M^{2+} 的溶液用 X^- 来滴定。滴定反应为 $M^{2+} + X^- = MX^+$。在计量点时，电池 $Hg \mid Hg_2Cl_2(s), KCl(饱和) \parallel M^{2+} \mid M$ 的电动势为 0.030 V。已知半电池反应 $M^{2+} + 2e^- \longrightarrow M$ 的标准电位 $E^{\ominus} = 0.480$ V，饱和甘汞电极的电位为 0.246 V，计量点时溶液体积为 100 mL，试计算配合物 MX 的稳定常数。　(2.50×10^{12})

第 10 章　伏安法

基本要求

1. 掌握伏安法、伏安图的基本定义；
2. 掌握电流-电压曲线；
3. 掌握线扫伏安法、循环伏安法和溶出伏安法的基本原理；
4. 了解线扫伏安法、循环伏安法和溶出伏安法的应用。

有机生物体虽然十分复杂，但从宏观到微观水平，大多包含固态-液态或电解质溶液的非均相系统，生物体系中的生物反应（如酶催化反应）和电化学反应间有很大的相似性，而且不少生物活性物质也具有电化学活性，可用电分析化学方法进行检测。电分析化学方法灵敏度高、选择性好、仪器设备简单。因此，当今的生物化学、医学和生命科学中越来越多地采用该方法。例如，电分析化学方法已被用于生物体中微量元素及有机化合物的测定，如核酸、辅酶、蛋白质、氨基酸、激素、叶绿素等的测定以及临床上某些疾病的诊断等。

电分析化学在医学和生物化学方面的应用主要包括两种方法：电位法和伏安法。电位法在第 9 章已介绍，这一章主要介绍伏安法。伏安法主要观察在不同外加电压条件下电极反应过程中电流-电压变化的情况，特点是灵敏度高、分辨率好、凡具有电活性的物质都能测定。极谱法属于伏安分析法的特例，两者的差别主要在于工作电极的不同。近些年，随着各类固态电极的发展以及极谱法中滴汞电极的电极表面积变得可控，伏安法已成为最主要的电分析化学方法。

10.1　伏安法的基本原理

10.1.1　伏安法的定义

伏安法（voltammetry）是以小面积的工作电极与参比电极组成电解池，将分析物质的稀溶液置于电解池中进行电解，根据所得电流-电压曲线（伏安图）来进行定性、定量分析的方法。伏安法实质上是使用微加工的电极（如铂丝）进行微尺度的电解。

10.1.2　伏安法的三电极系统

伏安法常采用由工作电极、参比电极和辅助电极组成的三电极系统（见图 10－1）。参比电极常采用银/氯化银电极或饱和甘汞电极（SCE），辅助电极一般为铂丝（或铂片）。电源电压（$U_{外}$）经过电流计加在工作电极和辅助电极上。使用伏安法测量时，电解池中由电化学反应而产生的电流仅流经工作电极和辅助电极，电流大小由电流计测量。工作电极与参比电极组成另外一个回路，此回路中阻抗甚高，所以实际上没有明显的电流通过，从而保证了参比电极的稳定性，可以实时显示电解过程中工作电极相对于参比电极的电位(E_W)。由于参比电极的电位恒定不变，又基本上无电流通过，因此工作电极上的电位不会受工作电极与辅助电极间的电压降 iR 降的影响，这就使在高阻非水介质中和极稀水溶液中进行伏安研究成为可能。

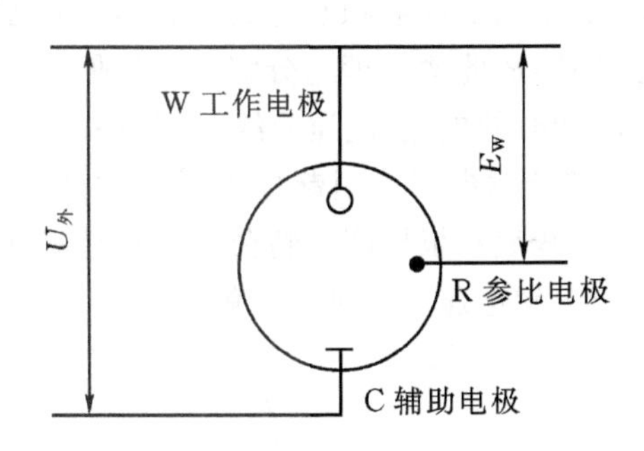

图 10－1 三电极系统的电路示意图

10.1.3　分解电压和极化

1. 分解电压

伏安法所用电解装置如图 10－2 所示。在电解质溶液中插入两个铂片电极，与外电源相连并充分搅拌，当直流电通过溶液时，电极与溶液界面发生有电子得失的氧化或还原反应，引起溶液中物质的分解，这种现象称为电解(electrolysis)。

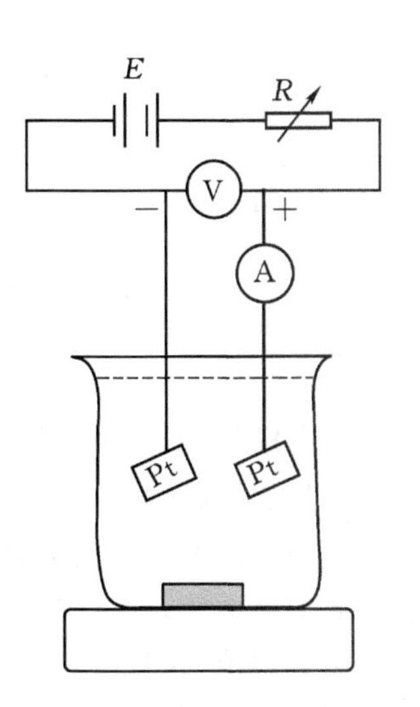

图 10－2　伏安法采用的电解装置示意图

例如，电解 0.5 mol · L^{-1} H_2SO_4 溶液中 0.100 mol · L^{-1}的 $CuSO_4$ 时，外加电压从零开始增加。起初外加电压较小时不能引起电极反应，几乎没有电流或只有很小的电流流过，逐渐增加外加电压到一定数值，电流突然急剧上升，同时两个电极上明显有氧化还原反应发生。此时阴极发生还原反应

$$Cu^{2+} + 2e^- \longrightarrow Cu \qquad E^\ominus = 0.337\ V \tag{10-1}$$

阳极上则发生氧化反应

$$2H_2O \longrightarrow O_2 + 4H^+ + 4e^- \qquad E^\ominus = 1.229\ V \tag{10-2}$$

阴极和阳极的电位值可根据能斯特公式进行计算

$$E_{Cu} = E^\ominus + \frac{0.059}{2}\lg[Cu^{2+}] = 0.337 + \frac{0.059}{2}\lg 0.10 = 0.308\ V \tag{10-3}$$

$$E_{O_2} = E^\ominus + \frac{0.059}{4}\lg\frac{P_{O_2}}{P^\ominus}[H^+]^4 = 1.229 + \frac{0.059}{4}\lg\frac{21278.25}{P^\ominus}\times 1 = 1.219\ V \tag{10-4}$$

式中：P_{O_2}按大气中氧的分压计算，约为 21278.25 Pa (0.21 atm)。

电解使阴极铂电极上镀上了一层金属铜，而阳极铂电极上则逸出了氧气。此时铜电极和氧电极构成原电池，其电动势 E 为

$$E = E_{阴} - E_{阳} = 0.308 - 1.219 = -0.911\ \text{V} \tag{10-5}$$

由此可见，在电解时产生了一个极性与电解池相反的原电池，它将阻止电解作用的进行，其电动势称为“反电动势”。因此，要使电解反应顺利进行，首先必须克服该反电动势。电解时，理论分解电压的值是它的反电动势，故此例中理论分解电压的值为 0.911 V。

图 10-3 为电解铜离子溶液时的电流-电压曲线。图中 B 点是电流明显增加时的转折点，对应的电压为分解电压(U_d)，即分解电压是引起电解质电解的最低外加电压，它只能由实验测得，故称为实际分解电压。虚线表示根据能斯特公式进行计算所得的曲线，其转折点称为理论分解电压。通常情况下实际分解电压大于理论分解电压。

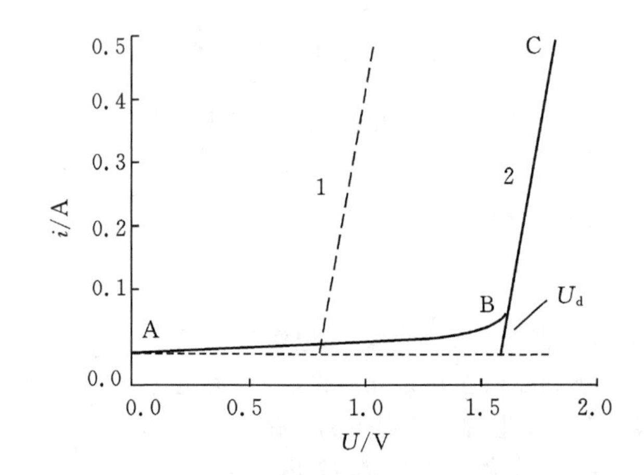

图 10-3 电解铜溶液时的电压-电流曲线
1—计算所得曲线；2—实验所得曲线

随着电解的进行，由于被还原，电极附近的离子耗尽，将会在电极表面和溶液之间产生浓度梯度。只要所施加的电位足够小，溶液中的离子可以足够迅速地扩散到电极表面，以维持电解电流。但随着电压的增加，电流也随之增加，将产生更大的浓度梯度，离子必须以更快的速率扩散以维持电流。浓度梯度和扩散速率正比于溶液中的离子浓度。在稀溶液中，如果扩散速率达到最大值，并且所有离子的被还原速度和它们扩散到电极表面的速率一样，那么电压最终会达到最大值，此时的电流称为极限电流(limiting current，i_l)，且进一步增加电压，不会导致电流增加。

2. 极化

当通过电池的电流较大时，电极电位偏离按能斯特公式的计算值的现象统称为极化(polarization)。产生极化的原因是电池中有较大的电流通过，使电极处于非平衡状态所致。极化是一个电极现象，电池中的一个或两个电极都可以产生极化。极化的结果使阴极电位更负，阳极电位更正。极化的程度与电极的大小和形状、电解质溶液的组成、搅拌情况、温度、电流密度、电池反应中反应物和生成物的物理状态以及电极的成分等有关。极化通常分为浓差

极化和电化学极化两类。

(1)浓差极化

电极处于平衡状态时电解质在溶液中均匀分布。当溶液中有电流流过时,电解反应开始进行。以阴极为例,阳离子(如 Cu^{2+})在阴极还原成Cu,使电极表面附近溶液 Cu^{2+} 减少,电极表面 Cu^{2+} 浓度低于本体溶液。如果溶液本体中的 Cu^{2+} 通过扩散到达阴极表面的速度比 Cu^{2+} 还原析出Cu的速度慢得多,由于电极表面 Cu^{2+} 浓度不断降低,阴极电位将偏离原来平衡电位值而发生极化。这种由于电解时电极表面浓度的差异而引起的极化现象称为浓差极化。浓差极化越大,电极电位的偏离也越严重。

(2)电化学极化

电化学极化是由于电极反应的速率变化而引起的。电极上发生的反应并非如反应式那样一步完成,而是经过若干中间步骤,其中某一步的反应速率最慢,活化能最高,成为反应的控制步骤。为使反应持续进行,必须额外多加一定电压克服反应的活化能垒。这种由于电极反应速率的迟缓所引起的极化作用称为电化学极化。

10.2 伏安曲线

10.2.1 电极表面的传质过程

当电流通过电化学池时,电极和溶液界面发生了电荷转换过程,消耗了反应物,生成了反应产物。欲维持通过的电流值,反应物从溶液本体向电极表面方向传递,产物则从电极表面向溶液方向传递,这种物质在液相中的传递称为传质过程(mass transfer process)。在电极表面附近一般有三种传质方式:对流、电迁移和扩散。

1. 对流

对流指溶液中的粒子随着液体的流动而一起运动。它包括液体各部分之间因浓度差或温度差引起的自然对流和因机械搅拌方式引起的强制对流。

2. 电迁移

电迁移是在静电场的作用下,带正、负电荷的离子分别向负、正电极移动的现象。

3. 扩散

扩散指溶液中物质粒子在浓度梯度的作用下,自高浓度区向低浓度区方向发生的移动现象。即使溶液在静止状态,也会发生这种传递现象。

由上述三种传质方式使电活性物质(发生电极反应的物质)到达电极并发生氧化还原反应产生的电流,分别称为对流电流(convection current)、迁移电流(migration current)和扩散电流(diffusion current)。

电分析化学中,为了得到电流和浓度间的简单函数关系,要求电极表面上的迁移电流分量和对流电流分量均为零,得到纯扩散传质产生的电解电流,因此主要采取以下措施。

①迁移电流可采取加入一些在研究电位范围内不发生电化学反应的惰性盐(支持电解质)来消除,其浓度至少是分析物的100倍,常用的支持电解质为钾盐或四丁基铵盐等。因为它们的离子浓度高,承担迁移电流的份额大,使低浓度的被分析物质对迁移电流的相对贡献大大减

少，选择合适的支持电解质可使欲测物质的迁移数趋于零。同时，在加入支持电解质后，溶液的电阻和电压降(iR)可忽略不计。

②电解的溶液静置(不搅拌)可以消除对流的影响。

在这些条件下，所获得电流即为扩散电流。

10.2.2 电位阶跃法

电位阶跃法是伏安法中最基本的电化学测试技术。它是将电极电位强制性地施加在工作电极上，测量电流随时间或电位的变化规律。这类技术通常适用于电活性物质的传递方式仅为扩散传递过程的情况，而且假定在电化学反应中，电活性物质的浓度基本不变。

例如，假设电极表面发生如下的电化学反应

$$\mathrm{O} + ne^- \Longrightarrow \mathrm{R} \tag{10-6}$$

对于式(10-6)所表示的电活性物质的还原反应，当施加在工作电极上的电位从不发生电极反应时的 E_1，向负方向阶跃达到极限扩散电流的电位 E_2，如图 10-4(a)所示，使还原反应的速率足够快，以至于电极表面上的反应物 O 立即转化为 R，即电极表面 O 的浓度趋近于零。在电位 E_1 时，由于没有电极反应发生，反应物 O 在溶液中和在电极表面的浓度是相同的。当电位从 E_1 阶跃到 E_2，反应物 O 迅速还原，并造成了电极表面和溶液间的浓度梯度，因此反应物 O 不断地向电极表面扩散，而扩散到电极表面的反应物又立即被还原。随着电极反应的进行，反应物不断地向电极表面扩散，使得电极表面和溶液间的浓度梯度向本体溶液方向发展，其浓度分布随时间的变化曲线如图 10-4(b)所示。随着时间的推移，电流会衰减，呈现出如图 10-4(c)所示的变化曲线。

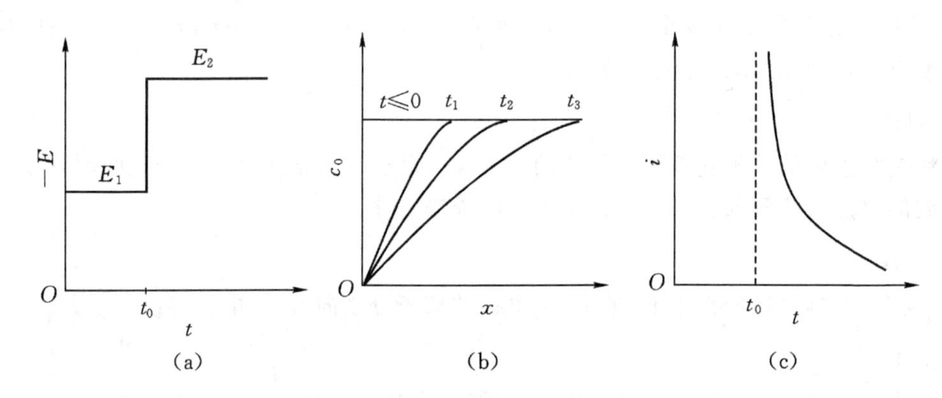

图 10-4 单电位跃阶及电流响应

(a)单电位阶跃波形；(b)浓度分布随时间的变化曲线；(c)电流随时间的变化曲线

电位阶跃的实验装置主要由三电极系统和一个控制电位阶跃的恒电位器组成。电位阶跃的选择通常是从电化学反应发生前的某一电位改变到电化学反应发生后的另一电位，观察由此引起的电流随时间变化的规律。由于该方法获得的是电流-时间($i-t$)关系曲线，因此通常称为计时电流法。

10.2.3　伏安曲线

以上介绍的仅是阶跃到较负电位的单电位阶跃，电极表面的反应物浓差很快就衰减到一个接近于零的值。如果将上述单电位阶跃分为多次阶跃来完成，即在电化学反应的不同阶段进行一系列的电位阶跃(如图 10－5(a)所示)，将会发生什么样的情况呢?

在每个单电位阶跃实验之间都保持相同的初始条件。E_1 是阶跃前的初始电位，选定在无还原反应发生的区域；E_2 是阶跃到反应物刚开始还原的电位；E_3 和 E_4 是阶跃到已还原但不足以使电极表面反应物浓度为零的电位；E_5 和 E_6 是跃阶到反应物传递控制区域内的电位。不难得到，在 E_2 电位处有极少法拉第电流；而在 E_5 和 E_6 电位处的电流行为与上述单电位阶跃情形相同，反应物表面浓度降到了零，即达到了完全浓差极化，这时本体溶液中的反应物将尽可能快地向电极表面扩散，电流的大小完全受此扩散速率所控制。在这种极限扩散条件下，电位增加不会影响电流的大小，即扩散电流达到了一个极限值，该极限值称为极限扩散电流。

若在每次阶跃后的某一相同时刻 τ 记录电流(如图 10－5(b)所示)，将这些电流与对应的阶跃电位作图，得到如图 10－5(c)所示的电流-电位关系曲线，称作伏安曲线。

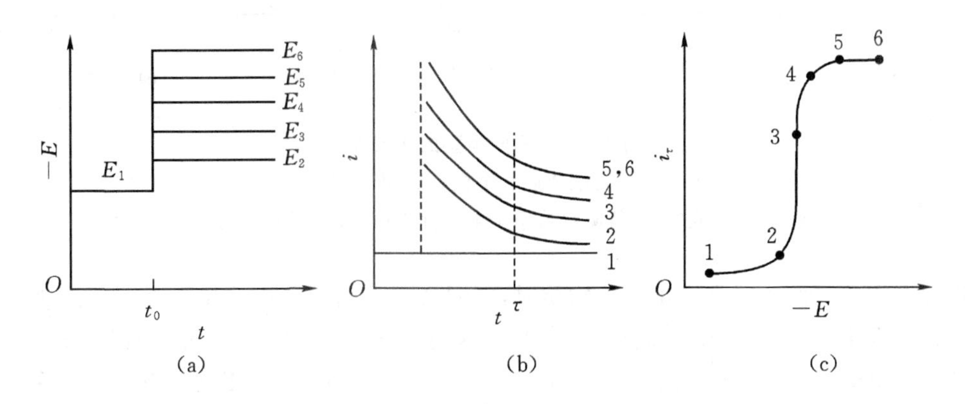

图 10－5　连续电位跃阶与伏安曲线

(a)多次电位阶跃波形；(b)对应各次电位阶跃的电流与时间的关系曲线；(c)由多次电位阶跃所获得的电流与电位关系曲线

一个典型伏安曲线如图 10－6 所示。溶液搅拌或电极旋转时，会得到如图 10－6(a)所示 S 形曲线；也就是说，一旦建立，极限电流将保持恒定。这是因为待测物一直持续地通过物质传输作用(搅拌)扩散至电极表面附近，这就导致待测物扩散穿过的浓度梯度的厚度(或者称为扩散层)一直很小并且恒定。但是，如果电极未搅拌或在静止的溶液中，扩散层将经过一段时间扩散到更远的溶液，导致极限电流随时间指数降低，同时在记录曲线上出现“峰”，如图 10－6(b)所示的曲线。

尽管产生电解所需的分解电势会随浓度产生微小变化，但半极限电流对应的电势与浓度无关，这就是所谓的半波电位($E_{1/2}$，half-wave potential)。这是一个与氧化还原电对标准电位或表观电位有关的常数，故伏安法可用作还原性或氧化性物质的定性工具。电势依赖于电流大小的电极被称为极化电极。如果电极面积小，并达到极限电流，则电极被认为是去极化。因此，在微电极上被还原或氧化的物质被称为去极化剂，上述氧化还原过程被称作在去极化的条件下发生。如果去极化剂在工作电极上被还原，在电势比分解电势更负时记录的电流称为阴极电流。如果去极化剂被氧化，在电势比分解电势更正时记录的电流称为阳极电流。

在一定的电势下，电活性物质可降低到一个较低的氧化态，当电位下降到一个更低的值时，进一步被降低到更低的氧化态。例如，在氨溶液中的二价铜在石墨电极上被还原，在 −0.2 V(以饱和甘汞电极作参比电极)形成稳定的 Cu(I)氨配合物，然后在 −0.5 V 还原成金属，每一步都是单电子还原过程。在这种情况下，将记录到两个连续的伏安波，如图 10-6(c)所示。波的相对高度正比于氧化还原反应中所涉及的电子个数，在这种情况下，两个波具有相等的高度。

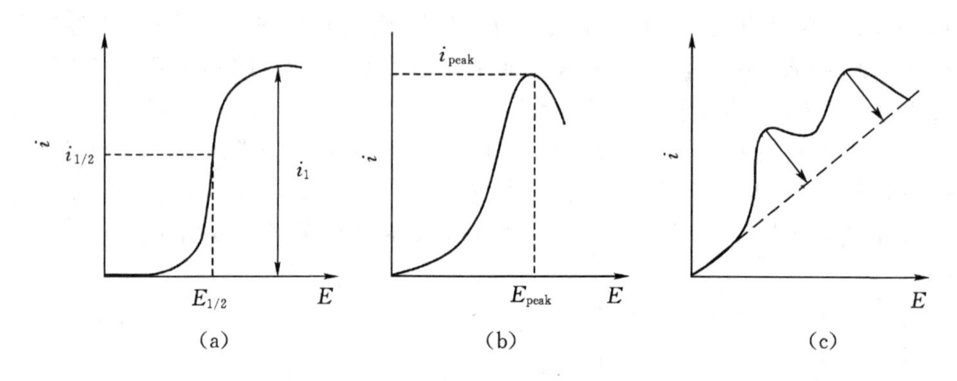

图 10-6　不同类型的伏安曲线

(a) 搅拌溶液或旋转电极；(b) 不搅拌溶液；

(c) 逐步还原(或氧化)待测物或两个电活性物质的混合物(未搅拌的溶液)

当溶液中存在两个或多个电活化物质时，它们会在不同的电势下被还原，那么类似的逐步还原过程会发生。例如，当电势低于 −0.4 V(相对于饱和甘汞电极)时，铅被还原 ($Pb^{2+} + 2e^- \longrightarrow Pb$)，当电势低于 −0.6 V 时，镉被还原 ($Cd^{2+} + 2e^- \longrightarrow Cd$)。因此在含有这两种物质的混合物溶液中，在石墨电极上将出现 2 个伏安波，一个是铅波，位于 −0.4 V，紧接着镉波在 −0.6 V。相对高度正比于两种物质的浓度以及它们还原或氧化的相对的电子转移数。

电活性物质的混合物可以通过其逐步伏安波来区分。在连续的氧化还原步骤之间，$E_{1/2}$ 间的差值应大于 0.2 V，才能有良好的分辨率。如果 $E_{1/2}$ 值相等，则仅得一个组分波，其高度为各个波的加合。如果高浓度主要组分先于待测物被还原(或在阳极扫描时被氧化)，其响应可能掩盖后继波，甚至可能不能达到极限电流。在这种情况下，大多数干扰物质需要在分析之前去除。

10.3　线性扫描伏安法

10.3.1　线性扫描伏安法的基本原理

线性扫描伏安法(Linear Sweep Voltammetry，LSV)也称线性电位扫描计时电流法(linear potential sweep chronoamperometry)，它是将线性电位扫描施加于电解池的工作电极和参比电极之间。工作电极是可极化的微电极，如滴汞电极、静汞电极或其它固体电极(如铂、金或碳(石墨)等)。而辅助电极和参比电极则具有相对大的表面积，是不可极化的。常规电极扫描速率为 10 mV · s^{-1}～1000 V · s^{-1}，可单次或多次扫描。其工作电极上的电位(相对于参比电极)随时间线性变化。如图 10 - 7(a)所示，电位与时间的关系为

$$E_t = E_i - vt \quad (10-7)$$

式中：E_i 为起始扫描的电位，V；v 为电位扫描速率，V · s^{-1}；t 为扫描时间，s。

若电解池中有一种电活性物质，则其电流响应如图 10 - 7(b)所示。从开始扫描至电极上出现电化学反应的电位以前，电流没有明显变化；扫描至发生电化学反应电位后，电流开始上升，上升至极大点后电流下降。其伏安曲线呈峰形。在单扫伏安法中峰电流 i_p 和峰电位 E_p 是人们最感兴趣的两个参数。峰电流值应相对于背景来测量。

对于可逆波，兰德雷斯-塞夫契克(Randles-Sevcik)推导出峰电流与被测物质浓度和扫描速度等的关系，即兰德雷斯-塞夫契克方程(Randles-Sevcik equation)如下

$$i_p = 2.69 \times 10^5 n^{3/2} A D^{1/2} v^{1/2} c \quad (10-8)$$

式中：A 为电极面积，cm^2；D 为扩散系数，$cm^2 \cdot s^{-1}$；c 为被测物质的物质的量浓度，mol · L^{-1}；i_p 为峰电流，A；v 为电位扫描速率，v · s^{-1}。

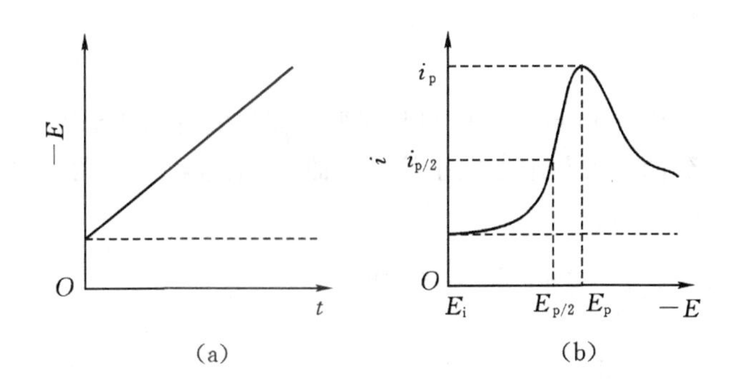

图 10 - 7　线性扫描伏安法原理图

(a)工作电极电极电位的变化；(b)有去极剂反应时的极化反应

10.3.2　线性扫描伏安法的应用

1. 定量分析

根据兰德雷斯-塞夫契克方程，在一定的底液(电解池内的溶液体系)中对一定的电活性物质来说，n 和 D 是一定的，只要在实验中保持 A 及 v 一定，则 i_p 与 c 成正比，即可通过得到的被测物质的峰电流值计算出其含量。一般，可逆过程线性扫描伏安法的检出限为 10^{-6} mol · L^{-1}。

2. 吸附研究

从式 10 - 8 可见，i_p 与 $v^{1/2}$ 成正比，这是反应物不吸附、电流仅受扩散速率控制时的情况。如反应物在电极表面有吸附，则曲线偏离直线往上翘(如图 10 - 8 中 B 区所示)。因此，对于对称的线性扫描吸附波，可以通过线性扫

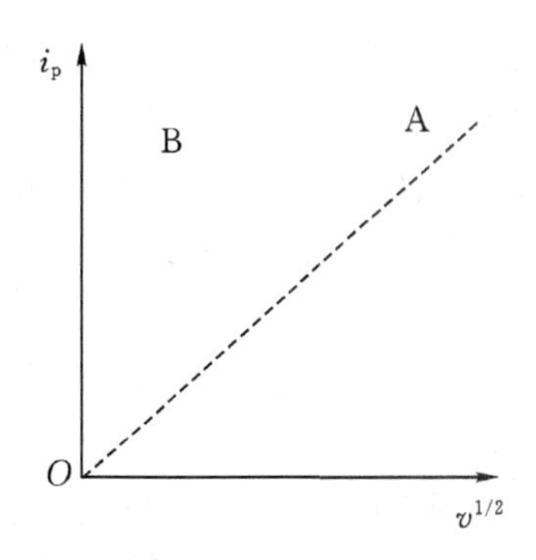

图 10 - 8　反应物吸附的检出

A—无反应吸附；B—反应物吸附

描伏安法求得其吸附量、确定其吸附模式并求得吸附因子和吸附系数。

3. 电极反应机理研究

由能斯特方程可以导出峰电位 E_p 和半峰电位 $E_{p/2}$ 与直流极谱半波电位 $E_{1/2}$ 的关系(25℃)为

$$E_p - E_{1/2} = -1.109RT/nF = -28.5/n\ \text{mV} \qquad (10-9)$$

有些情况下由于氧化或还原峰的变宽,峰电位可能不易确定,用 $E_{1/2}$ 处的半峰电位更方便

$$E_{p/2} - E_{1/2} = -1.109RT/nF = 28.0\ \text{mV} \qquad (10-10)$$

注意:$E_{1/2}$ 位于 E_p 与 $E_{p/2}$ 之间。对于能斯特可逆波,一个有用的判据是

$$|E_p - E_{p/2}| = 2.2RT/nF = 56.5/n\ \text{mV} \qquad (10-11)$$

即对于受扩散控制的可逆电极反应,其线性扫描伏安图具有下列特点:$i_p \propto c$;$i_p \propto v^{1/2}$;E_p 与 v 无关;由实验测得 E_p,$E_{p/2}$ 和 $E_{1/2}$ 后,利用式(10-9)、(10-10)、(10-11) 可求得 n 值。由式(10-11) 可见,若 $|E_p - E_{p/2}| > 57$ mV,则可判断电极反应可能是准可逆或不可逆波反应。

10.4 循环伏安法

循环伏安法(Cyclic Voltammetry, CV)是将循环变化的电压加于工作电极和参比电极之间,记录工作电极上得到的电流与施加电压的关系曲线,也常称为三角波线性电位扫描方法,是最常用的电化学分析技术之一。

10.4.1 循环伏安法的基本原理

1. 基本原理和循环伏安图

常规的循环伏安法采用三电极系统,工作电极(Working Electrode,WE)相对于参比电极(Reference Electrode,RE)的电位在设定的电位区间内随时间进行循环线性扫描,WE 相对于 RE 的电位由电化学仪器控制和测量。因为 RE 上流过的电流总是接近于零,所以 RE 的电位几乎不变,因此 RE 是 WE 电位测控过程中的稳定参比。若忽略流过 RE 上的微弱电流,则实验体系的电解电流全部流过由 WE 和对电极(Counter Electrode,CE)组成的串联回路。WE 和 CE 间的电位差可能很大,以保证能成功地施加所设定的 WE 电位(相对于 RE),即当工作电极被施加的扫描电压激发时,其上将产生响应电流,以电流(纵坐标)对电位(横坐标)作图,所得的图形称为循环伏安图。循环伏安图可以获得溶液中或固定在电极表面的组分的氧化和还原信息,电极溶液界面上电子转移(电极反应)的热力学和动力学信息和电极反应所伴随的溶液中或电极表面组分的化学反应的热力学和动力学信息。

如图 10-9 所示,循环伏安法的电位扫描从起始电位 E_i 开始,线性扫描到换向电位 E_τ 后再扫描到起始电位。其电位-时间曲线如同一个三角形,故又称循环伏安扫描为三角波电位扫描。

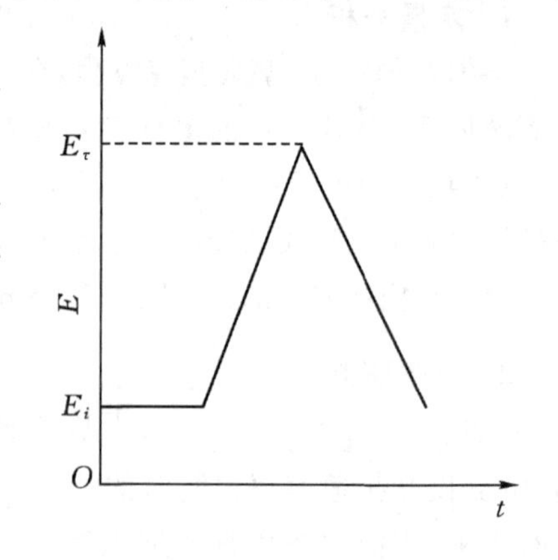

图 10-9 三角波电位扫描线

对于可逆的电化学反应，当电位从正方向向负方向线性扫描时，溶液中的氧化态物质O在电极上还原生成还原态物质R

$$O + ne^- \longrightarrow R \tag{10-12}$$

当电位逆向扫描时，R则在电极上氧化为O

$$R \longrightarrow O + ne^- \tag{10-13}$$

其电流-电位曲线如图所示10-10所示。图中曲线呈现出一个还原氧化全过程，是一个循环曲线，故称为循环伏安图(Cyclic Voltammogram，CV)。图的上半部是还原波，称为阴极支，其电流和电位分别称为阴极峰电流(i_{pc})和阴极峰电位(E_{pc})；下半部为氧化波，称为阳极支，其电流和电位分别称为阳极峰电流(i_{pa})和阳极峰电位(E_{pa})。

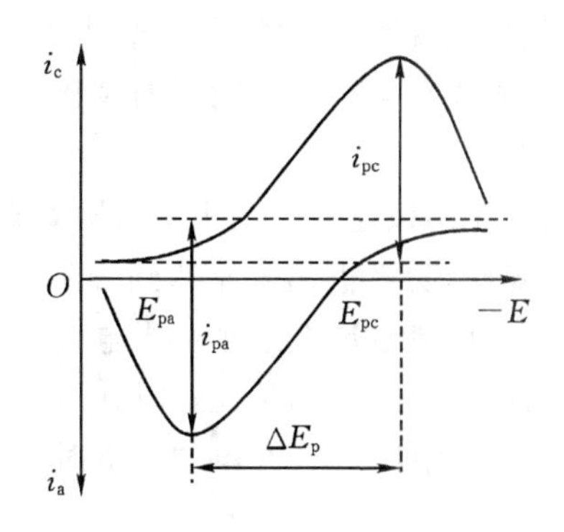

图10-10 循环伏安法的电流-电位扫描曲线

循环伏安法是一种控制电位的电位反向扫描技术，只需要做1个循环伏安实验，就既可对溶液中或电极表面组分电对的氧化反应进行测试和研究，又可测试和研究其还原反应。循环伏安法也可以进行多达100圈以上的反复多圈电位扫描。多圈电位扫描的循环伏安实验常用于电化学合成导电高分子。

2. 循环伏安图中的几个重要参数

循环伏安图中可得到的几个重要参数是：阳极峰电流(i_{pa})、阴极峰电流(i_{pc})、阳极峰电位(E_{pa})、阴极峰电位(E_{pc})。可逆体系氧化还原电对的式量电位E'_o与E_{pa}和E_{pc}的关系可表示为：

$$E'_o = (E_{pa} + E_{pc})/2 \tag{10-14}$$

而两峰之间的电位差为

$$E_p = E_{pa} - E_{pc} \geqslant 0.056/n \text{ V} \tag{10-15}$$

由上一节知，对可逆体系的正向峰电流，由Randles-Savcik方程可表示为

$$i_p = 2.69 \times 10^5 n^{3/2} A D^{1/2} v^{1/2} c \tag{10-16}$$

式中：i_p为峰电流，A。在可逆电极反应过程中，

$$i_{pa} / i_{pc} \approx 1 \tag{10-17}$$

对一个简单的电极反应过程，公式(10-15)和(10-17)是判断电极反应是否是可逆体系的重要依据。并且根据公式(10-16)，i_p与$v^{1/2}$和c都呈线性关系，这对研究电极反应过程具有重要意义。

以铁氰化钾离子$[Fe(CN)_6]^{3-}$/亚铁氰化钾离子$[Fe(CN)_6]^{4-}$的循环伏安实验为例，$Fe(CN)_6]^{3-}$/$[Fe(CN)_6]^{4-}$氧化还原电对的标准电极电位为

$$[Fe(CN)_6]^{3-} + e^- = [Fe(CN)_6]^{4-} \qquad E^\ominus = 0.36 \text{ V(vs. NHE)} \tag{10-18}$$

电极电位与电极表面活度的能斯特方程式为

$$E = E^{\ominus'} + RT/F\ln(c_{Ox}/c_{Red}) \tag{10-19}$$

由图10-11(a)可见，扫描电位从起始电位(−0.1 V)开始沿正电位的方向变化(如箭头所指方向)，当电位至$[Fe(CN)_6]^{4-}$可氧化时，即析出电位，将产生阳极电流。其电极反应为

$$Fe^{II}(CN)_6^{4-} - e^- = Fe^{III}(CN)_6^{3-} \tag{10-20}$$

在析出电位后，随着电位的变正，阳极电流迅速增加，直至电极表面的 $Fe(CN)_6^{4-}$ 浓度趋近零，电流达到峰值。然后电流迅速衰减，这是因为电极表面附近溶液中的 $Fe(CN)_6^{4-}$ 几乎全部电解，转变为 $Fe(CN)_6^{3-}$ 而耗尽，即所谓的贫乏效应。当电压扫描至 0.5 V 处，虽然已经开始转向阴极极化扫描，但这时的电极电位仍为正，扩散至电极表面的$[Fe(CN)_6]^{4-}$仍在不断还原，故仍呈现阳极电流，而不是阴极电流。当电极电位继续负向变化至$[Fe(CN)_6]^{3-}$的析出电位时，聚集在电极表面附近的氧化产物$[Fe(CN)_6]^{3-}$被还原，其反应为

$$Fe^{III}(CN)_6^{3-} + e^- \longrightarrow Fe^{II}(CN)_6^{4-} \tag{10-21}$$

这时产生阴极电流。阴极电流随着扫描电位的负移迅速增加，当电极表面的 $Fe(CN)_6^{3-}$ 浓度趋于零时，阴极极化电流达到峰值。随着扫描电位继续负移，电极表面附近的 $Fe(CN)_6^{3-}$ 耗尽，阴极电流衰减至最小。当电位扫至－0.1 V 时，完成第一次循环，获得了循环伏安图。

简而言之，在电位变正时，$[Fe(CN)_6]^{4-}$在电极上氧化产生阳极电流来指示电极表面附近其浓度变化的信息；在电位变负时，产生的 $Fe(CN)_6^{3-}$ 重新还原产生阴极电流而指示其是否存在和变化。

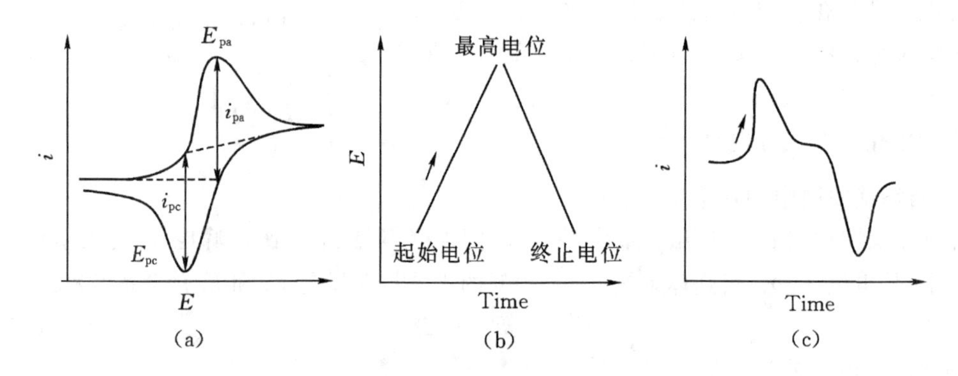

图 10－11　3 mmol・L^{-1} $K_4Fe(CN)_6$＋0.5 mol・L^{-1} KNO_3 水溶液中金电极上的循环伏安图、电位-时间曲线和电流-时间曲线

(a)循环伏安图；(b)电位-时间曲线；(c)电流-时间曲线

10.4.2 循环伏安法的应用

循环伏安法在研究电化学反应的性质、机理和电极过程动力参数等方面有着广泛的应用。分析循环伏安实验所得到的电流-电位曲线(循环伏安图)可获得溶液中或固定在电极表面的组分的氧化和还原信息、电极溶液界面上电子转移(电极反应)的热力学和动力学信息，以及电极反应所伴随的溶液中或电极表面组分的化学反应的热力学和动力学信息。下面对电极过程的可逆性判断和电极反应机理两方面的应用进行介绍。

1. 电极过程的可逆性判断

对于电极反应速率很快、符合能斯特方程的反应，即通常所说的可逆过程，其循环伏安图的峰电流和峰电位值满足公式(10－17)和公式(10－22)。

$$\Delta E_p = E_{pa} - E_{pc} = 2.2RT/nF = 56.5/n\ \text{mV} \tag{10-22}$$

如图10－12曲线1所示，可逆过程的循环伏安图是上下较对称的曲线。实际实验中ΔE_p值与环扫的换向电位E_τ有关：当换向电位较E_{pc}负100/n mV以上时，ΔE_p为59/n mV。一般来说，其数值在55/n mV至65/n mV之间。

对于电极反应速率很慢、不符合能斯特方程的反应，即不可逆过程，其情形就大不一样。如图10－12曲线3所示，反扫时不出现阳极峰，且电位扫描速率增加时，E_{pc}明显变负。另外，图10－12曲线2为准可逆过程，其极化曲线形状与可逆程度有关。一般来说，峰电位随电位扫描速率的增加而变化，阴极峰电位负向增大，阳极峰电位正向增大，ΔE_p增大（>59/n mV）；此外i_{pa}/i_{pc}可大于、等于或小于1，但均与$v^{1/2}$成正比，因为峰电流仍是由扩散速率所控制。

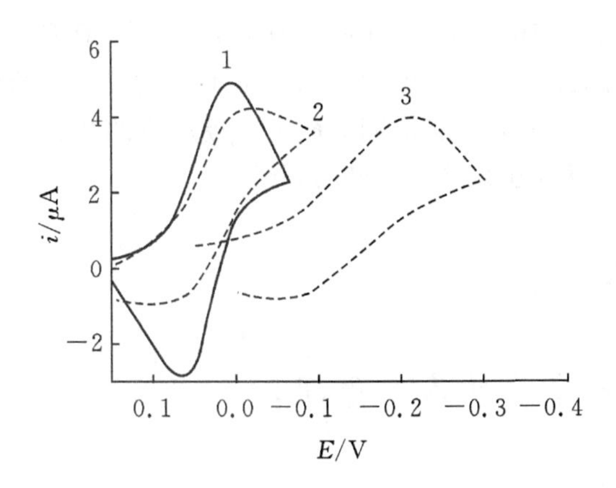

图10－12 不同电极过程的循环伏安图

1—可逆过程；2—准可逆过程；3—不可逆过程

2. 电极反应机理判断

下面以无机化合物一氯五氨合钌络离子为例介绍循环伏安法在电极反应机理判断方面的应用。图10－13为一氯五氨合钌络离子（$[Ru(NH_3)_5Cl]^{2+}$）的循环伏安图。其电极反应为

$$[Ru(NH_3)_5Cl]^{2+} + e^- \rightleftharpoons [Ru(NH_3)_5Cl]^+ \qquad (10-23)$$

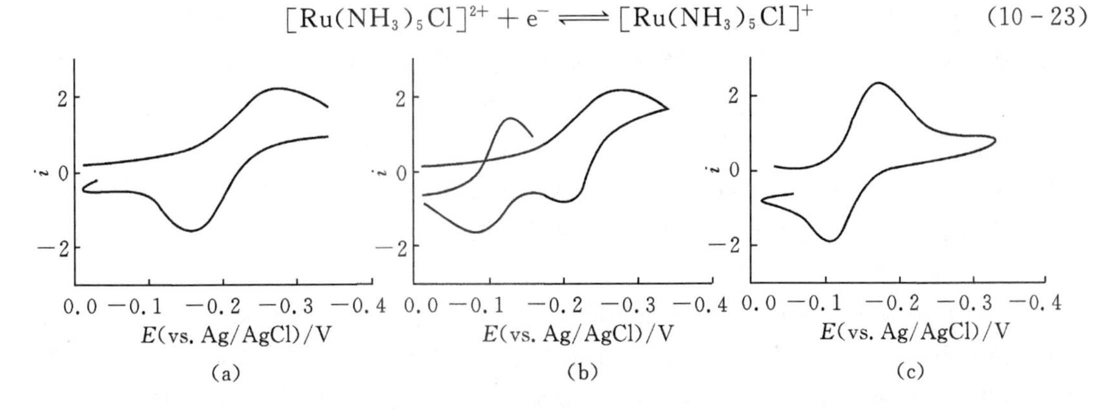

图10－13 一氯五氨合钌络离子$[Ru(NH_3)_5Cl]^{2+}$的循环伏安图

(a)10^{-3} mol·L^{-1} $[Ru(NH_3)_5Cl]^{2+}$，循环扫描时间100 ms；(b)溶液同(a)，循环扫描时间为500 ms；(c)10^{-3} mol·L^{-1} $[Ru(NH_3)_5H_2O]^{3+}$，循环扫描时间100 ms；支持电解质均为0.171 mol·L^{-1}甲苯磺酸，实验温度25℃

从图 10－13(a)可见，在扫描速率较高的情况下，只出现一个阴极波和一个阳极波。阴极波为$[Ru(NH_3)_5Cl]^{2+}$的还原，阳极波为$[Ru(NH_3)_5Cl]^{+}$的氧化。从图 10－13(b)可见，在扫速较慢的情况下，除原来的一对阴、阳极峰外，在正的电位处出现一对新的氧化还原峰。这是因为当扫速较慢时，反应产物$[Ru(NH_3)_5Cl]^{+}$生成水合络离子，反应式为

$$[Ru(NH_3)_5Cl]^{+} + H_2O \xrightarrow{k} [Ru(NH_3)_5H_2O]^{2+} + Cl^{-} \tag{10-24}$$

由于有较长的时间，使得这一化学反应得以进行，所以在电极表面溶液中形成较多的水合络离子，能在较正的电位处发生电极反应，出现阴极峰和阳极峰，反应式为

$$[Ru(NH_3)_5H_2O]^{3+} + e^{-} \rightleftharpoons [Ru(NH_3)_5H_2O]^{2+} \tag{10-25}$$

式中：k 为反应速率常数。图 10－13(c)为$[Ru(NH_3)_5H_2O]^{3+}$溶液的循环伏安图。它证实了图 10－13(b)中较正电位处的峰是水合钌离子还原及其产物氧化的结果。

可见，利用循环伏安法可获得电极表面物质及电极反应的相关信息，可对有机物、金属化合物及生物物质等的氧化还原机理作出准确的判断。

10.5 溶出伏安法

10.5.1 溶出伏安法的基本原理

1. 溶出伏安法的定义

溶出伏安法(stripping voltammetry)是将待测物质预先用适当的方式富集在电极(如滴汞电极)上，再用线性电位扫描或用示差脉冲伏安法在电位扫描的过程中将其溶解，根据溶出过程中得到的电流-电位曲线来进行分析的方法。

2. 溶出伏安法常用的工作电极

溶出伏安法的工作电极对测定起决定性作用，因此电极的选择和制备十分重要。在一般情况下，溶出伏安法使用二电极体系，由极化的工作电极和不极化的辅助电极组成。常用的辅助电极有饱和甘汞电极、银/氯化银电极和汞池电极等。但随着工作电极表面氧化态的浓度不断减小而还原态浓度不断增加，常常能使后放电离子还原或氢离子放电，从而严重干扰测定，影响分析结果。因此，目前大多采用由工作电极、对电极和参比电极组成的具有快速扫描功能的三电极体系。对电极常用铂片电极，工作电极电位以参比电极为基准，通过不断改变外线路电阻使工作电极电位维持恒定，这样就能避免后放电物质的干扰，且溶出峰的峰形比较对称。溶出伏安法常用的工作电极有汞电极和固体电极两大类。

(1)汞电极

汞电极是最为常用的溶出伏安法使用的工作电极，包括悬汞电极和汞膜电极两种。悬汞电极是使一汞滴悬挂在电极的表面，测定过程中表面积基本恒定。汞膜电极是以玻璃电极作为基质，在其表面镀一层汞。由于汞膜很薄，被富集生成汞齐的金属原子不会向内扩散，因此能经较长时间的电极富集而不会影响结果。由于汞膜电极具有电富集效率高的特点，常被用作溶出伏安法的工作电极。凡能在汞膜电极上发生可逆氧化还原反应的分析物或可在电极表面形成一种能再溶出的不溶物的分析物都可以用溶出伏安法来测定。

(2)固体电极

当溶出伏安法在较正电位进行时,因汞要氧化而溶解,所以不能使用汞电极,此时必须采用固体电极。固体电极的种类较多,按其材料可分为贵金属电极(如铂、金、银)和碳质电极。

3. 溶出伏安法的基本过程

溶出伏安法的实验操作主要分为预电解和溶出两步。

(1)预电解

预电解是用控制电位的电解法将待测组分富集到电极上。为了提高富集效率,溶液应充分搅拌,富集时间一般为 2～15 分钟。富集后停止搅拌,让溶液静置 30 s(称为休止期),使沉积物在电极上均匀分布,为下一步溶出做准备。

(2)溶出

溶出是用各种伏安法在短时间内(10～160 s)将富集在电极上的待测物质迅速溶解,使其返回到溶液中去的过程,是富集过程的逆过程。溶出峰电流的大小与被测物质的浓度成正比。由此可见,溶出伏安法是一种把恒电位电解与伏安法相结合,在同一电极上进行的电分析化学方法。

溶出伏安法按照溶出时工作电极是发生氧化反应还是还原反应,可分为阳极溶出和阴极溶出。前者电解富集时,工作电极为阴极,溶出时则作为阳极;后者则相反。

4. 溶出伏安法的定量基础

若溶出过程采用的是线性扫描方法,则溶出峰电流与被测物质浓度的关系为

$$i_p = -Kc_0 \tag{10-26}$$

这就是溶出伏安法的定量分析基础。

滴汞电极表面积 A 及体积 V 与峰电位有如下关系

$$i_p = KnA/V \tag{10-27}$$

式中:n 为试液中被测物质总量;K 为常数。所以,当汞滴的表面积与体积的比值较大时,也就是汞滴的半径较小时,灵敏度较高。实验中,每个汞滴只能使用一次,所以每次测量时能否获得同样大小的汞滴,是保证结果重现性的关键。对于汞膜电极来说,其 A/V 比值会较悬汞电极大得多,所以灵敏度高,可达 10^{-11} mol·L^{-1},电解富集的时间也大为缩短。

10.5.2 常用的溶出伏安法

根据工作电极上发生反应的不同,溶出伏安法又可以分为以下几类。

1. 阳极溶出伏安法

阳极溶出伏安法(anodic stripping voltammetry)是将被测金属离子(M^{z+})在阴极(工作电极)上还原为金属,如阴极为汞电极,则形成汞齐。在反向扫描时,阴极变为阳极,金属在阳极上被氧化为金属离子而溶出,此时产生氧化电流。

以悬汞电极阳极溶出伏安法为例,在预电解富集阶段需要计算的是控制电位电解条件下的汞齐浓度,同时需考虑溶液的搅拌速度,或电极的旋转速度。为了使汞滴中汞齐的浓度均匀,在溶出前常常停止搅拌一段时间(称平衡时间)。预电解富集阶段的理论基于控制电位电解的理论,溶出过程的法拉第电解电流可依据相应的伏安法计算,此时电活性物质的本体浓度为汞滴中的汞齐浓度。

由于在搅拌条件下,传质过程十分复杂,控制电位电极的严格理论描述极为困难。然而,

实际应用多采用工作曲线法或标准添加法，不必准确知道电解富集的金属绝对量。溶出过程的电流，依赖于所采用的伏安法和电极的类型。例如在 1.5 mol·L^{-1}盐酸溶液中在悬汞电极上测定痕量铜、铅、镉。先将悬汞电极电位控制在−0.8 V 处一定时间，溶液中一部分 Cu^{2+}、Pb^{2+}、Cd^{2+} 在电极上还原生成汞齐。电解完毕后，静置 30 s，将悬汞电极的电位线性地由负向正快速变化，这时先后得到镉、铅、铜分别被氧化而产生的峰电流(如图 10-14 所示)。

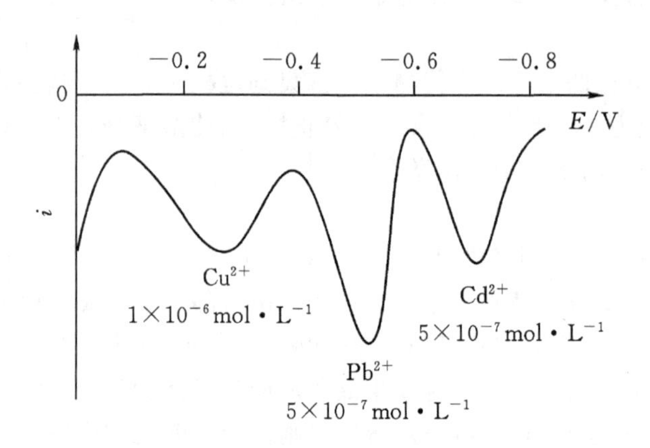

图 10-14　阳极溶出伏安曲线

采用阳极溶出伏安法时，对于试样和标准溶液，其各自电解富集时间、电解的电位、静置时间及扫描速率等实验条件必须彼此相同。用阳极溶出伏安法进行定量分析，校准曲线法和标准加入法都可以使用。

2. 阴极溶出伏安法

工作电极上发生还原反应的称为阴极溶出伏安法(cathodic stripping voltammetry)。阴极溶出伏安法虽然也包含电解富集和溶出两个过程，但在原理上恰恰相反，富集过程是被测物质的氧化沉积，溶出过程是沉积物的还原。

阴极溶出伏安法的富集过程通常有两种情况。一种是被测阴离子与阳离子(电极材料被氧化的产物)生成难溶化合物而富集。例如阴离子(X^-)在汞或银电极上的阴极溶出伏安法：

富集：$Hg \longrightarrow Hg^{2+} + 2e^-$　(10-28)

$Hg^{2+} + 2X^- \longrightarrow HgX_2 \downarrow$　(10-29)

溶出：$HgX_2 \downarrow + 2e^- \longrightarrow Hg + 2X^-$　(10-30)

第二种是被测离子在电极上氧化后与溶液中某种试剂在电极表面生成难溶化合物而富集。例如，Tl^+ 在 pH=8.5 的介质中和石墨碳电极上的阴极溶出伏安法：

富集：$Tl^+ \longrightarrow Tl^{3+} + 2e^-$　(10-31)

$Tl^{3+} + 3OH^- \longrightarrow Tl(OH)_3 \downarrow$　(10-32)

溶出：$Tl(OH)_3 \downarrow + 2e^- \longrightarrow Tl^{3+} + 3OH^-$　(10-33)

许多生物物质或药物(如嘧啶类衍生物等)能够与 Hg^{2+} 生成难溶化合物，因此能用阴极溶出伏安法测定，并且具有很高的测定灵敏度。

3. 吸附溶出伏安法

吸附溶出伏安法类似于阳极或阴极溶出伏安法，所不同的是其富集过程是通过非电解过程即吸附来完成的，而且被测物质可以是开路富集，也可以是控制工作电极电位来富集，而被测物质的价态不发生变化。但吸附溶出过程与上述溶出伏安法一样，即借助电位扫描使电极表面富集的物质氧化或还原溶出，根据其溶出峰电流-电位曲线进行定量分析。某些生物分子、药物或有机化合物，如血红素、多巴胺、尿酸和可卡因等，在汞电极上具有强烈的吸附性，它们从溶液相向电极表面吸附传递并不断地富集在电极上，使电极表面上被测物质浓度远远大于本体溶液中的浓度。在溶出过程中，使用快速的电位扫描速率（大于 100 $mV \cdot s^{-1}$），富集的物质会迅速地氧化或还原溶出，故能获得较大的溶出电流而提高灵敏度。

10.5.3　溶出伏安法的特点和应用

溶出伏安法的主要特点是：

①具有较高的灵敏度，一般可达 $10^{-7} \sim 10^{-11}$ $mol \cdot L^{-1}$。可用于微量分析和超微量分析；

②分析速度快，一般在数分钟内完成一次测定；

③试样用量少，试样少至 0.1～1 mL 就可以进行测定，如血样一般仅需 1 滴，头发只需几根；

④仪器简单价廉。

溶出伏安法除用于测定金属离子外，还可测定一些阴离子如氟、溴、碘、硫等，它们能与汞生成难溶化合物，可用阴极溶出法进行测定。对于析出电位很正或很负的一些金属离子，如镁、钙、铝和稀土离子等，溶出伏安法一般难以直接测定，但是这些离子能跟某些配位体形成吸附性很强的络合物而在汞电极上吸附富集，从而在溶出过程中通过配位体的还原而间接测定。

10.6　伏安法新进展

10.6.1　新进展

随着电分析化学的发展，一些新的方法和技术不断出现。超微电极是指电极一维尺寸在纳米至微米数量级的电极。该电极比扩散层的厚度小，这将增强与流动无关的质量传输，提高信噪比，并且可以在高电阻媒介（如非水溶剂中）进行电化学测量。在静止溶液中记录得到 S 形电流-电压曲线，而不是峰形曲线（因为与扩散层无关）。超微电极产生的电流为几纳安甚至更小，灵敏度高，几乎是无损伤测试，可以应用于生物活体及单细胞分析。

超微电极按其形状不同，可分为超微盘电极、环电极、球电极和组合式电极。经常使用的电极材料包括铂、金、碳纤维。制作过程是将这些材料的细丝封入玻璃毛细管中，然后抛光以露出盘形端面而制成。图 10 - 15 所示为一种超微电极的结构。组合式电极由许多超微电极组合起来，构成微电极簇，既有超微电极的特征，总的电流又比较大。

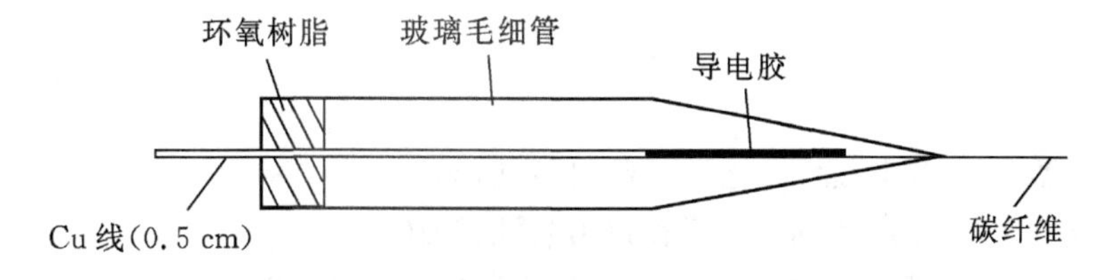

图 10 - 15　一种碳纤维超微电极

10.6.2 应用实例

1. 酶传感器

以将氧作为电子受体的酶传感器为例。这类酶传感器是由 Clark 型氧电极来制备的，用透气膜将酶包裹固定在氧电极表面。葡萄糖传感器通常使用葡萄糖氧化酶（GOD），该传感器对葡萄糖具有选择性响应，其检测原理为

$$葡萄糖 + O_2 + H_2O \xrightarrow{GOD} 葡萄糖酸 + H_2O_2 \tag{10-34}$$

氧被催化还原为过氧化氢，葡萄糖被转化为葡萄糖酸。由于酶附近的氧被消耗，到达氧电极上的氧的量减少，导致还原电流降低。氧还原电流降低的量与待测溶液中的葡萄糖的浓度成正比。

与以上的检测方式相似，也可以通过测定酶反应所生成的过氧化氢来对葡萄糖定量分析。这种酶传感器是在铂电极表面涂覆上 GOD 制成，测定时，溶液中的葡萄糖在含有酶的膜表面被氧化，生成的过氧化氢向膜内渗透扩散，到达铂阳极上发生电化学氧化反应：

$$H_2O_2 \longrightarrow 2H^+ + O_2 + 2e^- \tag{10-35}$$

其响应电流与溶液中葡萄糖浓度成正比。这种检测原理适用于制备各种以氧为辅助底物的酶传感器。

2. 超微电极阵列

神经细胞（神经元）之间的通信是通过所谓的神经递质分子的释放和接受来完成的，生物胺如多巴胺就是一个典型的例子。许多神经递质分子是电活性的，可以用电化学检测。为了绘制生长的特别近的神经细胞（其神经元为“点燃”，即释放信号分子）的分布情况，需要使用单独分离的电极。最初用来进行此电生理研究的电极阵列是极细的线束。通过光刻技术可以在电极上绘制几乎任何形状的图案，制作紧密排列、单独间隔且可寻址的电极，这一举措革命性地改变了上述研究。电极通常刻蚀在氧化铟锡玻璃（ITO）上，以便通过倒置显微镜同时观察到。将以不同材料（几乎所有贵金属以不同组合方式均被用过）制作的电极紧密排列的这一能力也可应用于其它领域。在紧密排列的电极阵列中，可逆氧化还原反应体系的分析物在一个电极上氧化后，其氧化形式又会在另一个电极上还原，如此往复信号将被显著放大。紧密排列的微电极阵列还提高了溶出伏安法技术的分析能力。例如在阳极溶出伏安法中，首先将工作电极电位设定于一个比较大的还原电位，伴随样品溶液的搅拌，溶液中在此电位下可以被还原的金属离子都会沉积并富集在电极表面。金属沉积后，电极电位缓慢降至阳极值。最易被氧化的金属先从电极上溶出，然后下一个最易氧化金属溶出等等。阳极溶出伏安法中，电流峰值处电势表征特定金属的特性，电流峰值的幅度与存在的金属的浓度有关。超微阵列使这种技术非常灵敏且便于携带。

参考文献

[1] 田丹碧. 仪器分析[M]. 北京：化学工业出版社，2015.
[2] 曾泳淮. 分析化学[M]. 北京：高等教育出版社，2010.
[3] 邹红梅，伊冬梅. 仪器分析[M]. 北京：宁夏人民出版社，2007.
[4] 武汉大学. 分析化学[M]. 北京：高等教育出版社，2007.

小结

1. 基本概念

①伏安法(voltammetry):伏安法是以小面积的工作电极与参比电极组成电解池,将分析物质的稀溶液置于电解池中进行电解,根据所得电流-电压曲线(伏安图)来进行定性定量分析的方法。

②电解(electrolysis):在电解质溶液中插入两电极,与外电源相连并充分搅拌,当直流电通过溶液时,电极与溶液界面发生有电子得失的氧化或还原反应,引起溶液中物质的分解的现象。

③分解电压(U_d):引起电解质电解的最低外加电压。

④极限电流(limiting current):稀溶液中,如果扩散速率达到最大值,并且所有离子的被还原速度和它们扩散到电极表面的速率一样,电压最终会达到最大值,此时的电流称为极限电流。

⑤极化(polarization):当通过电池的电流较大时,电极电位偏离能斯特公式的计算值的现象。

⑥浓差极化:电解时电极表面浓度的差异引起的极化现象。

⑦电化学极化:电极反应速率的迟缓所引起的极化作用。

⑧传质过程(mass transport processes):欲维持通过的电流值,反应物从溶液本体向电极表面方向传递,产物从电极表面向溶液方向传递,这种物质在液相中的传递称为传质过程。

⑨半波电位(half-wave potential):尽管产生电解所需的分解电势会随浓度产生微小变化,但半极限电流所对应的电势与浓度无关,这就是所谓的半波电位。

⑩线性扫描伏安法(Linear Sweep Voltammetry,LSV):将线性电位扫描施加于电解池的工作电极和参比电极之间的电分析方法。

⑪循环伏安法(Cyclic Voltammetry, CV):将循环变化的电压加于工作电极和参比电极之间,记录工作电极上得到的电流与施加电压的关系曲线的电分析方法。

⑫溶出伏安法(stripping voltammetry):将待测物质预先用适当的方式富集在电极(如滴汞电极)上,然后用线性电位扫描或用示差脉冲伏安法在电位扫描的过程中将其溶解下来,根据溶出过程中得到的电流-电位曲线来进行分析的方法。

2. 基本公式

①兰德雷斯-塞夫契克公式(Randles-Sevcik equation): $i_p = 2.69 \times 10^5 n^{3/2} A D^{1/2} v^{1/2} c$ 。

②可逆过程的循环伏安图中:

峰电流和峰电位值符合: $\Delta E_p = E_{pa} - E_{pc} = 2.2RT/nF = 56.5/n\ \text{mV}$ 。

峰电流比值符合: $i_{pa} / i_{pc} \approx 1$ 。

③滴汞电极表面积 A 及体积 V 与峰电位符合: $i_p = KnA/V$ 。

④溶出伏安法的定量分析基础: $i_p = -Kc_0$ 。

3. 基本原理

①线性扫描伏安法原理:在电极上施加一个线性变化的电压(即电极电位是随外加电压线

性变化),记录工作电极上的电解电流的方法。可逆电极反应的峰电流符合:$i_p=2.69\times 10^5 n^{3/2}AD^{1/2}v^{1/2}c$(式中 A 为电极面积,cm^2;D 为扩散系数,$cm^2\cdot s^{-1}$;c 为被测物质的物质的量浓度,$mol\cdot L^{-1}$;i_p 为峰电流,A)。

②循环伏安法原理:循环伏安法的原理与线性扫描伏安法相同,只是比线性扫描伏安法多了一个回归,所以称为循环伏安法。电流-电位曲线的上半部是还原波,称为阴极支,其电流和电位分别称为阴极峰电流(i_{pc})和阴极峰电位(E_{pc});下半部为氧化波,称为阳极支,其电流和电位分别称为阳极峰电流(i_{pa})和阳极峰电位(E_{pa})。对于可逆电极反应,峰电流之比的绝对值约为 1,峰电位之差约为 60 mV。

③溶出伏安法:实验操作主要分为预电解和溶出两步。溶出峰电流与被测物质浓度的关系(溶出伏安法的定量分析基础):$i_p=-Kc_0$。

④滴汞电极表面积 A 及体积 V 与峰电位符合:$i_p=KnA/V$。

思考题与习题

1. 何为分解电压?极化的定义是什么?产生极化的原因是什么?
2. 产生浓差极化的条件是什么?
3. 什么是极化电极?什么是去极化电极?
4. 何为半波电位?
5. 在极谱分析中,常加入大量支持电解质,何为支持电解质?其作用是什么?
6. 在稀溶液中,当达到极限电流区域后,继续增加外加电压,是否还引起电流的变化?
7. 伏安分析法的基础是什么?
8. 如何应用循环伏安法判别可逆、准可逆和不可逆电极过程?
9. 溶出伏安法灵敏度高的原因何在?
10. 溶出伏安法常用的工作电极有哪些?
11. 在 0.1 $mol\cdot L^{-1}$ 氢氧化钠溶液中,用阴极溶出伏安法测定 S^{2-},以悬汞电极为工作电极,在 -0.4 V 时电解富集,然后溶出。

①分别写出富集和溶出时的电极反应式。

②画出它的溶出伏安图。

第三篇　分离分析

第11章　色谱分析法概论

基本要求

1. 了解色谱法基本原理；
2. 掌握理解色谱法的常用术语；
3. 掌握色谱法的基本理论；
4. 掌握色谱的基本类型及分离机制。

色谱法是一种从混合物中分离组分的重要方法之一，能够分离物理化学性能差别很小的化合物。当混合物各组分化学或物理性质十分接近，很难或根本无法使用其它分离技术进行分离分析时，色谱技术显示出其优越性。色谱技术最初仅作为一种分离手段，直到20世纪50年代，人们才开始把这种分离手段与检测系统联系起来，使其成为在化工、制药、环境、食品安全等领域中广泛应用的物质分离分析的重要手段。色谱法除了用于一般的定性、定量分析外，在其它方面也得到越来越多的应用，如测定物质的物理性质数据、分离混合物、制备纯物质、自动控制生产过程等。另一方面，色谱法虽然具有很多优点，但也非完美无缺，只有与其它方法相互配合才能发挥更好的作用。

11.1　概述

11.1.1　色谱分析法的发展

色谱分析法(chromatography)，简称色谱法，是一种物理或物理化学分离分析方法。色谱法对科学的进步和生产的发展都有重要作用，历史上曾有两次诺贝尔化学奖直接与色谱研究相关。1948年瑞典科学家Tiselins因电泳和吸附分析的研究而获奖。英国的Martin和Synge在1940年提出液液分配色谱法(liquid-liquid partition chromatography)，即固定相是吸附在硅胶上的水，流动相是某种有机溶剂。1941年Martin和Synge提出用气体代替液体做流动相的可能性，11年后James和Martin发表了从理论到实践比较完整的气液色谱方法(gas-liquid chromatography)，因而获得了1952年的诺贝尔化学奖。

色谱法创始于20世纪初，1903年俄国植物学家Tswett在波兰华沙大学研究植物叶子的组成时，将碳酸钙放在竖立的玻璃管中，从顶端注入植物色素的石油醚浸取液，然后用石油醚由上而下冲洗，于是在管内的碳酸钙上形成三种颜色的6个色带。当时Tswett把这种色带叫作“色谱”（chromatographie，Tswett于1906年发表在德国植物学杂志上用此名，英译名为chromatography），在该方法中把玻璃管叫作“色谱柱”，管内填充物称为“固定相”，冲洗剂称为“流动相”。其后，色谱法不仅用于有色物质的分离，而且大量用于无色物质的分离，但至今仍沿用色谱法的名称。

在Tswett提出色谱概念后的20多年里没有人关注这一伟大的发明。此后，德国的Kuhn等利用该方法分离了60多种色素。Martin等于1940年提出液液分配色谱，后来发展了比较完整的气液色谱法。在此基础上，1957年Golay开创了开管柱气相色谱法，即毛细管柱气相色谱法（capillary column chromatography）。1956年Van Deemter等发展了描述色谱过程的速率理论，1965年Giddings总结和扩展了前人的色谱理论，为色谱的发展奠定了理论基础。另一方面，早在1944年Consden等就发展了纸色谱，1949年Macllean等在氧化铝中加入淀粉粘合剂制作薄层色谱法（Thin Layer Chromatography，TLC）得以实际应用。在20世纪60年代末把高压泵和化学键合固定相用于液相色谱，出现了高效液相色谱（High-Performance Liquid Chromatography，HPLC）。80年代由Jorgenson等集前人经验又发展起来的毛细管电泳（Capillary Electrophoresis，CE）在90年代得到广泛的发展和应用。到了21世纪，色谱科学在生命科学等前沿科学领域发挥着不可替代的重要作用。

11.1.2 色谱法的特点和优点

色谱法是先将混合物中各组分分离，然后逐个定性或定量分析的分析方法，是分析复杂混合物最有力的手段。色谱法具有超高的分离能力，其分离效率远远高于其它分离技术（如蒸馏、萃取、离心等方法）。另外，它具有分析速度快、灵敏度高、样品用量少、易于自动化、应用范围广等优点。

色谱分析法除了具有以上优点，也有对所分析对象的鉴别能力较差的缺点。色谱一般靠保留值进行定性分析。但在一定的色谱条件下，一个保留值对应多个化合物，所以色谱法要和其它方法配合才能发挥更大的作用。例如，为了分离和鉴定有机混合物，常常把色谱的高效分离能力和光谱的灵敏的鉴定能力结合在一起，发展出各种色谱联用技术，如气相色谱-质谱联用、高效液相色谱-质谱联用技术等。

11.1.3 色谱法的定义与分类

目前色谱法已发展成为包括许多分支的分离分析科学，可从不同的角度对其分类。

1. 按流动相和固定相的分子聚集状态分类

在色谱法中，流动相可以是气体、液体和超临界流体，这些方法相应称为气相色谱法（Gas Chromatography，GC）、液相色谱法（Liquid Chromatography，LC）和超临界流体色谱法（Supercritical Fluid Chromatography，SFC）。根据固定相是固体吸附剂还是固定液（附着在惰性载体上的一薄层有机化合物液体），气相色谱可分为气固色谱（GSC）和气液色谱（GLC）。同理，液相色谱亦可分为液固色谱（LSC）和液液色谱（LLC）。随着色谱的发展，通过化学反应将固定液键合到惰性载体，这种化学键合固定相的色谱又称化学键合相色谱（Chemically Bonded Phase Chromatography，CBPC）。

2. 按操作形式分类

色谱法按操作形式可分为柱色谱法(column chromatography)、平面色谱法(plane chromatography)和毛细管电泳法(Capillary Electrophoresis,CE)等。柱色谱法是将固定相装于柱管内构成色谱柱。其按色谱柱的粗细又分为填充柱色谱法、毛细管柱色谱法及微填充柱色谱法等类型。平面色谱法是色谱过程在固定相构成的平面状层内进行的色谱法,又可分为纸色谱法、薄层色谱法及薄膜色谱法等。毛细管电泳法及电色谱法的分离过程是在毛细管内进行的。

3. 按色谱过程的分离机制分类

利用组分在固定相上吸附能力强弱的不同而得以分离的方法,称为吸附色谱法(adsorption chromatography);利用组分在固定相中溶解度不同而达到分离的方法,称为分配色谱法(partition chromatography);利用组分在离子交换剂(固定相)上亲和力大小的不同而达到分离的方法,称为离子交换色谱法(ion exchange chromatography);利用大小不同的分子在多孔固定相中的选择渗透而达到分离的方法,称为空间排阻色谱法(steric exclusion chromatography)。此外,还有利用不同组分与固定相(固定化分子)的高专属性亲和力进行分离的技术,称为亲和色谱法(affinity chromatography)。

综上所述,色谱法的分类总结如图 11-1 所示。

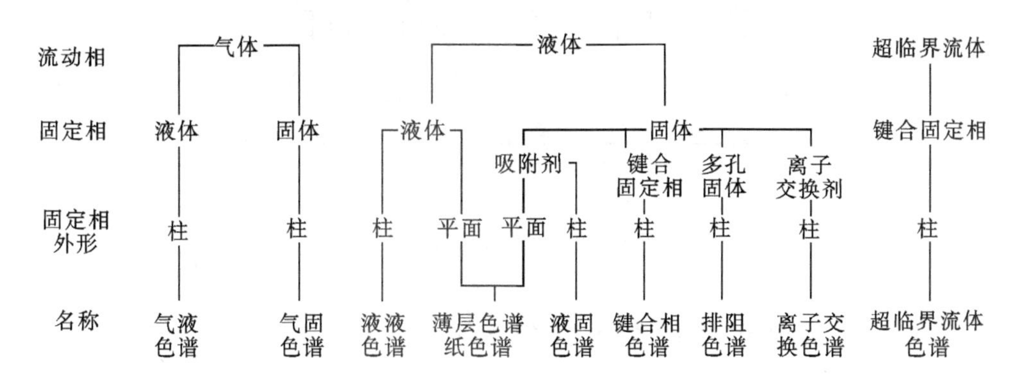

图 11-1　色谱法分类

11.2　色谱法基本原理和常用术语

11.2.1　色谱分离的本质

色谱操作的基本条件是必须具备相对运动的两相,其中一相固定不动(即固定相,stationary phase),另一相是携带试样向前移动的流动体(即流动相,mobile phase)。混合物试样中的组分随流动相经过固定相时,与固定相发生相互作用。由于各组分结构和性质的不同,与固定相作用的类型、强度也不同,结果在固定相上滞留时间的长短不同,或被流动相携带移动的速度不等,即产生差速迁移,因而被分离。

色谱过程是组分的分子在流动相和固定相间多次"分配"的过程。图 11-2 表示吸附柱色谱法的色谱过程。把含有A、B两个组分的试样加到色谱柱的顶端，A、B均被吸附到吸附剂(固定相)上，然后用适当的流动相洗脱。当流动相流过时，已被吸附在固定相上的两种组分又溶解于流动相中而解吸，并随着流动相向前移行，已解吸的组分遇到新的吸附剂颗粒又再次被吸附。如此，在色谱柱上发生反复多次的吸附—解吸(或称分配)的过程。由于两种组分的结构和理化性质存在着微小差异，因此在吸附剂表面的吸附能力也存在微小的差异。经过反复多次的重复，使微小的差异积累起来，其结果就使吸附能力较弱的A先从色谱柱中流出，吸附能力较强的B后流出色谱柱，从而使两组分得到分离。

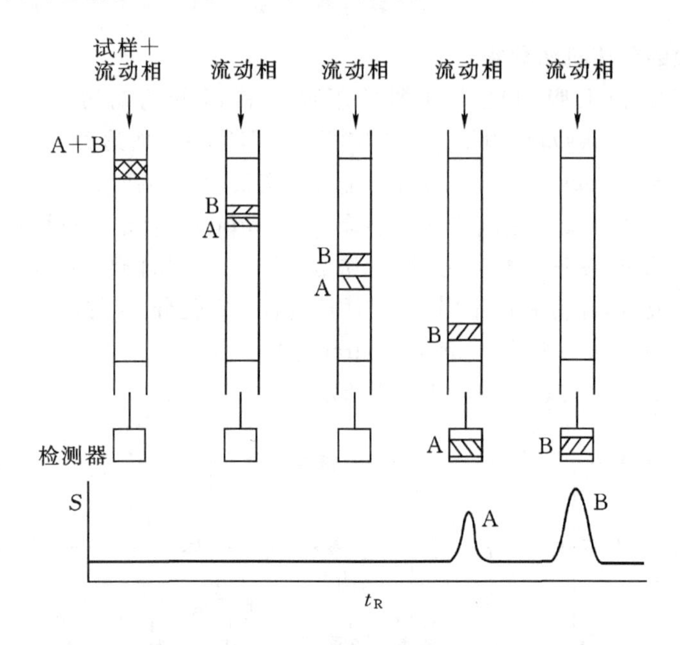

图 11-2　色谱过程示意图

11.2.2　色谱流出曲线和有关概念

1. 色谱流出曲线和色谱峰

(1)色谱流出曲线

色谱流出曲线是由检测器输出的电信号强度对时间作图所绘制的曲线，又称色谱图。

(2)基线

基线是在操作条件下，色谱柱后仅有纯流动相进入检测器时的流出曲线。稳定的基线应该是一条水平直线。

(3)色谱峰

色谱峰是流出曲线上的突起部分。正常色谱峰为对称形正态分布曲线，曲线有最高点，以此点的横坐标为中心，曲线对称地向两侧快速、单调下降，可以用高斯正态分布函数表示：

$$c=\frac{c_0}{\sigma\sqrt{2\pi}}\exp\left[-\frac{1}{2}\left(\frac{t-t_R}{\sigma}\right)^2\right] \tag{11-1}$$

式中，c为不同时间t时某物质在柱出口处的浓度；c_0为进样浓度；t_R为对应于浓度峰值的保留时间；σ为标准差。

不正常色谱峰有两种：拖尾峰和前延峰。拖尾峰前沿陡峭，后沿平缓；前延峰前沿平缓，后沿陡峭。色谱峰的对称与否可用对称因子 f_s 来衡量(见图 11－3)：

$$f_s = W_{0.05h}/2A = (A+B)/2A \tag{11-2}$$

式中，$W_{0.05h}$ 为 0.05 倍色谱峰高处的色谱峰宽；A、B 分别为在该处色谱峰前沿与后沿和色谱峰顶点到基线的垂线之间的距离。对称因子在 0.95～1.05 之间的色谱峰为对称峰；小于0.95 者为前延峰；大于 1.05 为拖尾峰。

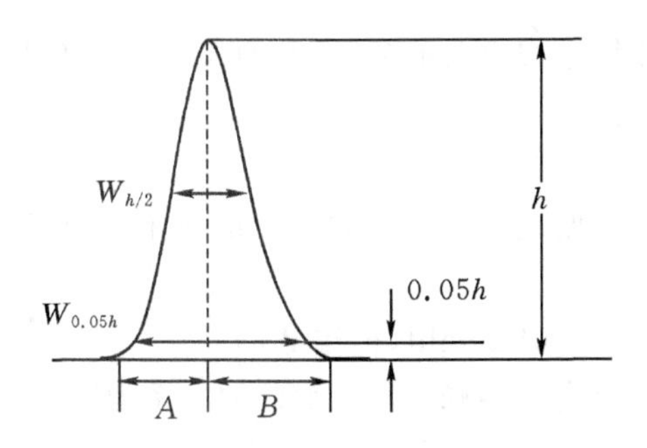

图 11－3　对称因子计算示意图

2. 保留值

(1)保留时间(retention time，记作 t_R)

保留时间指从进样到某组分在柱后出现浓度极大时的时间间隔，即从进样开始到某个组分的色谱峰顶点的时间间隔。

(2)死时间(dead time，记作 t_0)

死时间指分配系数为零的组分，即不被固定相吸附或溶解组分的保留时间。

(3)死体积(dead volume，记作 V_0)

死体积指色谱柱中不被固定相占据的空间及进样系统管道和检测系统的总体积，等于死时间乘以载气流速。

(4)调整保留时间(adjusted retention time，记作 t_R')

调整保留时间指某组分由于溶解(或被吸附)于固定相，比不溶解(或不被吸附)的组分在柱中多停留的时间，即保留时间减去死时间。

(5)保留体积(retention volume，记作 V_R)

保留体积指从进样开始到某个组分在柱后出现浓度极大时，所需通过色谱柱的流动相体积，一般可用保留时间乘流动相流速求得。

(6)调整保留体积(adjusted retention volume，记作 V_R')

调整保留体积指保留体积减去死体积后的体积。

(7)相对保留值(relative retention，记作 r)

相对保留值指在一定色谱条件下被测化合物和标准化合物调整保留时间之比，也是色谱系统选择性指标。

$$r = \frac{t_{R_2}'}{t_{R_1}'} = \frac{V_{R_2}'}{V_{R_1}'} \tag{11-3}$$

3. 色谱峰高和峰面积

(1)峰高(h)

峰高指组分在柱后出现浓度极大时的检测信号,即色谱峰顶至基线的距离。

(2)峰面积(A)

峰面积指色谱曲线与基线间包围的面积。

4. 色谱峰区域宽度

区域宽度是色谱流出曲线中很重要的参数,它的大小反映色谱柱或所选色谱条件的好坏。区域宽度有以下三种表示方法。

(1)标准偏差(σ)

标准偏差指正态色谱流出曲线上两拐点间距离的一半。对于正常峰,σ 为 0.607 倍峰高处的峰宽的一半。

(2)半峰宽(peak width at half height,记作 $W_{1/2}$)

半峰宽指峰高一半处的峰宽。半峰宽与标准差的关系为

$$W_{1/2} = 2.355\sigma \tag{11-4}$$

(3)峰宽(peak width,记作 W)

峰宽指通过色谱峰两侧拐点作切线在基线所截得的距离。峰宽和标准偏差或半峰宽的关系为

$$W = 4\sigma \text{ 或 } W = 1.699W_{1/2} \tag{11-5}$$

5. 分离度

为了真实反映组分在色谱柱中的分离情况,引入一个总分离效能指标,即分离度(R),又称分辨率。分离度是相邻两组分色谱峰保留时间之差与两色谱峰峰宽均值之比,如式(11-6)和图 11-4 所示。

$$R = \frac{t_{R2} - t_{R1}}{(W_1 + W_2)/2} = \frac{2(t_{R2} - t_{R1})}{W_1 + W_2} \tag{11-6}$$

式中,t_{R1}、t_{R2} 分别为组分 1、2 的保留时间;W_1、W_2 分别为 1、2 色谱峰的峰宽。

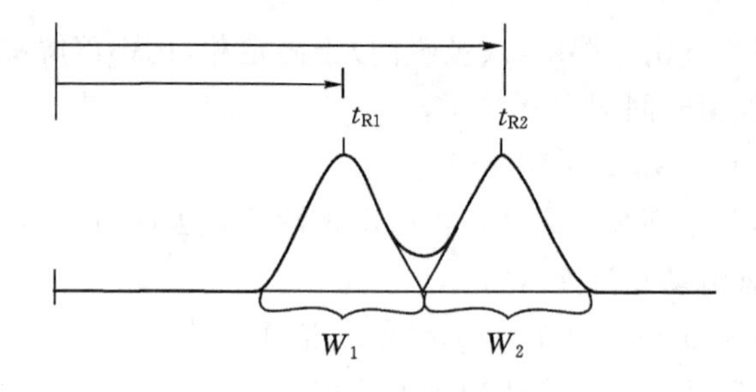

图 11-4 分离度计算示意图

设色谱峰为正常峰,且 $W_1 \approx W_2 = 4\sigma$。若 $R = 1$,则两峰峰基略有重叠,裸露峰面积为 95.4%($t_R \pm 2\sigma$)。若 $R = 1.5$,则两峰完全分开,裸露峰面积达 99.7%($t_R \pm 3\sigma$)。在作定量分析时,为了能获得较好的精密度与准确度,应使 $R \geqslant 1.5$。

11.2.3　分配系数与色谱分离

如前所述，色谱分离是基于试样组分在固定相和流动相之间反复多次的分配过程。这种分配过程常用分配系数和容量因子来描述。

1. 分配系数和容量因子

(1)分配系数(partition coefficient，记作 K)

分配系数指在一定温度和压力下，达到分配平衡时，组分在固定相(s)与流动相(m)中的浓度(c)之比。其表达式为

$$K = \frac{c_s}{c_m} \tag{11-7}$$

分配系数仅与组分、固定相和流动相的性质及温度有关。在一定条件(固定相、流动相、温度)下，分配系数是组分的特征常数。

(2)容量因子(capacity factor，记作 k)

容量因子指在一定温度和压力下，达到分配平衡时，组分在固定相和流动相中的质量之比。其表达式为

$$k = \frac{m_s}{m_m} \tag{11-8}$$

容量因子又称为质量分配系数或分配比。容量因子不仅与温度和压力有关，而且还与固定相和流动相的体积有关：

$$k = \frac{m_s}{m_m} = \frac{c_s V_s}{c_m V_m} \tag{11-9}$$

式中，V_m 为色谱柱中流动相的体积，近似等于死体积 V_0；V_s 为柱中固定相的体积，在各种不同类型的色谱法中有不同的含义。

分配系数和容量因子的关系：

$$k = K\frac{V_s}{V_m} \tag{11-10}$$

2. 分配系数和容量因子与保留时间的关系

设流动相的线速度为 u，组分的速度为 v，将二者之比称为保留比：

$$R' = \frac{v}{u} \tag{11-11}$$

在定距展开如柱色谱中，$v = L/t_R$，$u = L/t_0$，因此

$$R' = \frac{t_0}{t_R} \tag{11-12}$$

死时间 t_0 近似于组分在流动相中的时间 t_m。而溶质分子只有出现在流动相中时才能随流动相前移，故保留比与溶质分子在流动相中的分数有关：

$$R' = \frac{t_m}{t_m + t_s} = \frac{N_m}{N_m + N_s} = \frac{c_m V_m}{c_m V_m + c_s V_s} \tag{11-13}$$

所以

$$R' = \frac{1}{1+k} \text{ 或 } \frac{1}{R'} = 1 + k$$

$$t_R = t_0(1+k) \text{ 或 } t_R = t_0(1+K\frac{V_s}{V_m}) \tag{11-14}$$

式(11-14)叫色谱过程方程，是色谱法最基本的公式之一，表示保留时间与分配系数的关系。由此式可见，在色谱柱(或薄层板)一定时，即 V_s 与 V_m 一定时，如果流速、温度也一定，则 t_0 一定。这样 t_R 仅取决于分配系数 K，K 大的组分保留时间长。

容量因子可通过实验测得。容量因子表示由于组分与固定相的作用，组分在色谱柱中多停留的时间与死时间的比值，k 大则保留时间长。

$$k = \frac{t_R - t_0}{t_0} = \frac{t_R'}{t_0} \tag{11-15}$$

3. 分配系数和容量因子与选择因子 (α) 的关系

对 A、B 两组分的选择因子，用下式表示：

$$\alpha = \frac{t_{R,B}'}{t_{R,A}'} = \frac{k_B}{k_A} = \frac{K_B}{K_A} \tag{11-16}$$

式(11-16)表明，通过选择因子可把实验测量值 k 与热力学性质的分配系数 K 直接联系起来，对固定相的选择具有实际意义。

4. 色谱分离的前提

设组分 A 与 B 的混合物通过色谱柱。若两者能被分离，则它们的迁移速度必须不同，即保留时间不等。由式(11-14)得

$$t_{R,A} = t_0(1+K_A\frac{V_s}{V_m}) \tag{11-17}$$

$$t_{R,B} = t_0(1+K_B\frac{V_s}{V_m}) \tag{11-18}$$

两式相减得

$$\Delta t_R = t_{R,A} - t_{R,B} = t_0(K_A - K_B)\frac{V_s}{V_m} \tag{11-19}$$

由此式可见，若使 $\Delta t_R \neq 0$，必须使 $K_A \neq K_B$，即分配系数不等是分离的前提。同理，容量因子不等是色谱分离的前提。

11.3 色谱法基本理论

11.3.1 塔板理论

塔板理论始于 Martin 和 Synge 提出的塔板模型，是从相平衡观点出发提出色谱法分配过程的热力学理论。塔板理论把色谱柱比作一个精馏塔，沿用精馏塔中塔板的概念来描述组分在两相间的分配行为。其认为在每个塔板的间隔间，试样组分在两相中达到分配平衡，经过多次的分配平衡后，分配系数小的组分先流出色谱柱。同时，塔板理论还引入塔板数作为衡量柱效的指标。该理论假定：

①在色谱柱内一小段长度 H 内，组分可以在两相中瞬间达到分配平衡，这一小段柱长称为理论塔板高度 H；

②流动相进入色谱柱不是连续的，而是间歇式的，每次进入的流动相为一个塔板体积；

③试样和新鲜流动相都加在第 0 号塔板上,且试样的纵向扩散可以忽略;

④分配系数在所有塔板上是常数,与组分在某一塔板上的量无关。

1. 质量分配和转移

为简单起见,设色谱柱由 5 块塔板 ($n = 5$, n 为柱子的塔板数) 组成,并以 r 表示塔板编号 ($r = 0, 1, 2, \cdots, n-1$)。某组分 B 的分配比 $k_B = 0.5$。将单位质量的 B 加到第 0 号塔板上,组分在固定相和流动相间进行分配。由于 $k_B = 0.5$,即在 0 号塔板内 $m_s/m_m = 0.333/0.667$,当一个塔板体积的新流动相进入第 0 号塔板时,就将原 0 号塔板内的 m_m(0.667) 带入第 1 号塔板,而原 0 号塔板内的 m_s(0.333) 仍留在第 0 号塔板内,组分在第 0 号塔板内和第 1 号塔板内重新分配。进入 N 次流动相,即经过 N 次转移后,在各塔板内组分的质量分布符合二项式$(m_s + m_m)^N$ 的展开式。如 $N = 3, k = 0.5$ 时,$m_s = 0.333, m_m = 0.667$,展开式为

$$(0.333+0.667)^3 = 0.037+0.222+0.444+0.296$$

所计算出的四项数分别对应第 0、1、2 和 3 号塔板中的溶质分数。转移 N 次后,第 r 号塔板中的质量${}^N m_r$ 可由下式求出:

$$ {}^N m_r = \frac{N!}{r!(N-r)!} \cdot m_s^{N-r} \cdot m_m^r \tag{11-20}$$

例如,$N=3, r=3$ 时,即转移 3 次后第 3 号塔板的溶质分数为

$$ {}^3 m_3 = \frac{3!}{3!(3-3)!} \times 0.333^{3-3} \times 0.667^3 = 0.296$$

按上述分配过程,随着进入流动相体积的增加(N 增加),组分分布在塔板内的质量如表 11-1 所示。由表中数据可见,对于 5 个塔板组成的色谱柱,在 5 个塔板体积的流动相进入后,组分就开始流出色谱柱,进入检测器产生信号。而且,当 $N=6$ 和 $N=7$ 时,柱出口产生 B 的浓度有最大点,即组分的保留体积为 6~7 个塔板体积。

表 11-1 两组分 A($k_A=1$)、B($k_B=0.5$)在 $n=5$ 的色谱柱内的分布

N \ r	0		1		2		3		4		柱出口	
	A	B	A	B	A	B	A	B	A	B	A	B
0	1	1	0	0	0	0	0	0	0	0	0	0
1	0.5	0.333	0.5	0.667	0	0	0	0	0	0	0	0
2	0.25	0.111	0.5	0.444	0.25	0.445	0	0	0	0	0	0
3	0.125	0.037	0.375	0.222	0.375	0.444	0.125	0.296	0	0	0	0
4	0.063	0.012	0.250	0.099	0.375	0.269	0.250	0.395	0.063	0.198	0	0
5	0.032	0.004	0.157	0.041	0.313	0.164	0.313	0.329	0.157	0.329	0.032	0.132
6	0.016	0.001	0.095	0.016	0.235	0.082	0.313	0.219	0.235	0.329	0.079	0.219
7	0.008	0	0.056	0.006	0.165	0.038	0.274	0.128	0.274	0.256	0.118	0.219
8	0.004	0	0.032	0.002	0.111	0.017	0.220	0.068	0.274	0.170	0.137	0.170
9	0.002	0	0.018	0	0.072	0.007	0.166	0.033	0.247	0.102	0.137	0.114
10	0.001	0	0.010	0	0.045	0.002	0.094	0.016	0.207	0.056	0.124	0.068

如果加到第 0 号塔板上的是单位质量的 B 和单位质量的 A 的混合物,则考察两者的分离情况。设 $k_A=1$,按上述方法处理,所得 A 的质量分布也列于表 11-1 中。由表中数据可见,

A 在 $N=8$ 和 $N=9$ 时，柱出口处达到浓度最大点，即其保留体积为 8～9 个塔板体积。由此可见，仅经过 5 个塔板数，两组分便开始分离，k 值较小的组分 B 先出现浓度极大值。

上述仅分析了 5 块塔板的分离结果。事实上，一根色谱柱的塔板数为 10^3～10^6，因此组分有微小的分配系数差别，即能获得良好的分离效果。

2. 流出曲线方程

根据表 11－1 的数据，将组分 A 在柱出口处的质量分数对 N 作图，得图 11－5 所示的流出曲线。该曲线呈不对称的峰形，符合二项式分布曲线。这是由于柱子的塔板数太少的缘故。当塔板数大于 50 时，就可以得到对称的峰形曲线。可用正态分布方程式来讨论组分流出色谱柱的浓度变化[1]：

$$c=\frac{c_0 T}{\sqrt{2\pi}\sigma}\exp\left[-\frac{(t-t_R)^2}{2\sigma^2}\right] \tag{11-21}$$

此式称为色谱流出曲线方程式。式中，c 为任意时间 t 时的浓度；σ 为标准偏差；c_0 为峰面积（可用 A 表示）。当 $t=t_R$ 时，c 有最大值，用 c_{max} 表示，上式变为

$$c_{max}=\frac{c_0}{\sigma\sqrt{2\pi}} \tag{11-22}$$

c_{max} 即流出曲线的峰高，也可用 h 表示。将 h 及 $W_{1/2}=2.355\sigma$ 代入式(11－22)，得峰面积 c_0 或 A：

$$A=1.065W_{1/2}h \tag{11-23}$$

经推导得

$$c=c_{max}e^{-\frac{(t-t_R)^2}{2\sigma^2}} \tag{11-24}$$

此式为流出曲线方程式的常用形式。由此式可知，无论 $t>t_R$ 或 $t<t_R$ 时，浓度 c 恒小于 c_{max}。c 随时间 t 向峰两侧对称下降，下降速率取决于 σ，σ 越小，峰越锐。

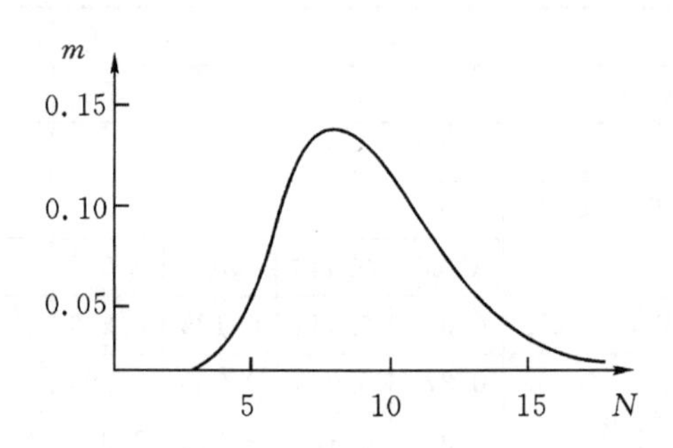

图 11－5　$k=1$ 的组分从 $n=5$ 柱中的流出曲线

3. 理论塔板高度和理论塔板数

根据流出曲线方程，可以导出理论塔板数与标准偏差、峰宽、半峰宽和保留时间的关系：

$$n=(t_R/\sigma)^2 \tag{11-25}$$

或

$$n=16(t_R/W)^2=5.54(t_R/W_{1/2})^2 \tag{11-26}$$

理论塔板高度为

$$H = L/n \tag{11-27}$$

由式(11－26)和式(11－27)可见，色谱峰越窄，塔板数n越多，理论塔板高度H就越小，柱效越高，因而理论塔板高度(H)和理论塔板数(n)都是柱效指标。由于死时间t_0包括在t_R中，而实际死时间不参与柱内的分配，所以计算出来n值尽管很大，H很小，但与实际柱效相差甚远。因此用t_R'代替t_R计算塔板数，则称为有效理论塔板数(n_{eff})，求得的塔板高度为有效理论塔板高度(H_{eff})。

塔板理论用热力学观点形象地描述了溶质在色谱柱中的分配平衡和分离过程，导出流出曲线的数学模型，并成功地解释了流出曲线的形状及浓度极大值的位置，还提出了计算和评价柱效的参数。但由于它的某些基本假设并不完全符合柱内实际发生的分离过程，如纵向扩散是不能忽略的，它也没有考虑各种动力学因素对色谱柱内传质过程的影响，因此它不能解释造成谱带扩张的原因和影响塔板高的各种因素，也不能说明为什么不同流速下可以测得不同的理论塔板数，这就限制了它的应用。

例 11－1　在柱长 2 m，5%阿皮松柱，柱温 100 ℃，记录纸速为 2.0 cm/min 的实验条件下，测定苯的保留时间为 1.50 min，半峰宽为 0.1 cm。求理论塔板高度和每米理论塔板数。

解：$n = 5.54\left(\dfrac{1.50}{0.10/2.0}\right)^2 = 2.4 \times 10^3$

$$H = \frac{2000}{2.4 \times 10^3} = 0.83\ (\text{mm})$$

每米理论塔板数为 $2.4\times10^3/2=1.2\times10^3\ (\text{m}^{-1})$

11.3.2　速率理论

塔板理论在解释流出曲线的形状、组分的分离及评价柱效等方面是成功的，但它没有考虑各种动力学因素对色谱柱内传质过程的影响。因此，塔板理论无法解释柱效与流动相流速的关系，不能说明有哪些主要因素影响柱效。

1956 年荷兰学者 Van Deemter 等在研究气液色谱时，提出了色谱过程动力学理论——速率理论。他们吸收了塔板理论中板高的概念，并充分考虑组分在两相间的扩散和传质过程，从而在动力学基础上较好地解释了色谱峰展宽及影响塔板高度的各种因素。该理论模型对气相、液相色谱都适用。速率理论的简化方程式(即 Van Deemter 方程式)：

$$H = A + B/u + Cu \tag{11-28}$$

式中，H为塔板高度；A、B、C为三个常数，分别代表涡流扩散项系数、纵向扩散项系数和传质阻力项系数；u为流动相的线速度，可由柱长和死时间求得。

1. 影响塔板高度的动力学因素

(1)涡流扩散项

涡流扩散也称为多径扩散。如图 11－6 所示，在填充色谱柱中，由于填料粒径大小不等，填充不均匀，使同一个组分的分子经过多个不同长度的途径流出色谱柱。一些分子沿较短的路径运行，较快通过色谱柱；另一些分子沿较长的路径运行，发生滞后，结果使色谱峰展宽。色谱峰变宽的程度由下式决定：

$$A = 2\lambda d_p \tag{11-29}$$

式中，λ 为填充不规则因子；d_p 为填充颗粒的平均直径。为了减少涡流扩散，提高柱效，使用细而均匀的颗粒，并且填充均匀是十分必要的。对于空心毛细管柱不存在涡流扩散，因此 $A = 0$。

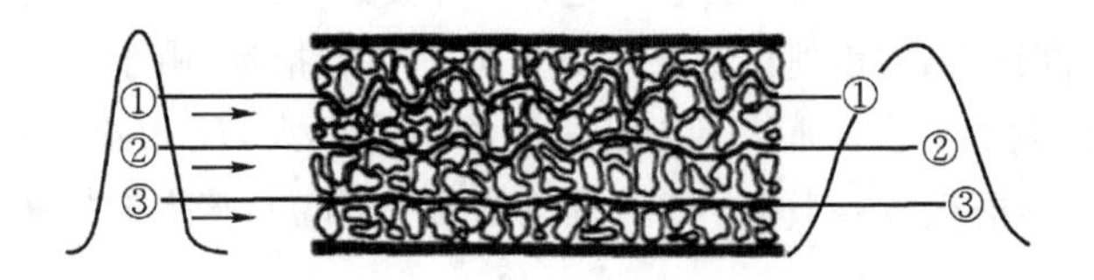

图 11-6　涡流扩散产生的峰展宽

(2)纵向扩散项

纵向扩散是由浓度梯度造成的。组分进入色谱柱时，其浓度分布呈“塞子”状。如图11-7所示，组分随着流动相向前推进，由于存在浓度梯度，“塞子”必然自发地向前和向后扩散，造成谱带展宽。

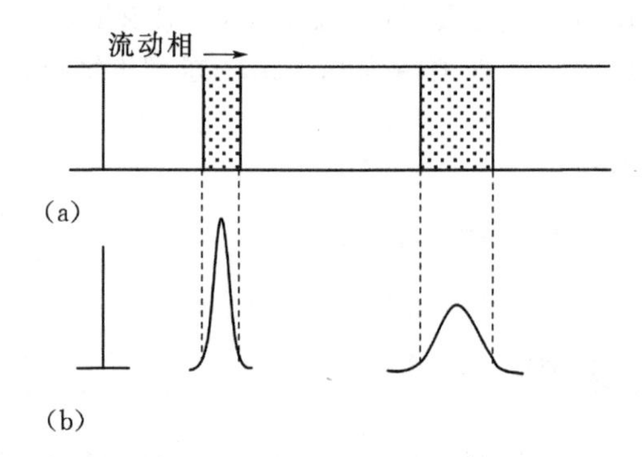

图 11-7　纵向扩散产生的峰展宽

(a)柱内谱带的构型；(b)相应的色谱峰

常数 B 称为纵向扩散系数或分子扩散系数，其由下式决定：

$$B = 2\gamma D_m \tag{11-30}$$

式中，γ 为与填充物有关的因子，是柱内扩散路径弯曲的程度，也称弯曲因子，反映固定相颗粒对分子扩散的阻碍；D_m 为组分在流动相的扩散系数。

分子扩散项与组分在流动相中的扩散系数 D_m 呈正比，而 D_m 与流动相及组分性质有关。相对分子质量大的组分 D_m 小，D_m 反比于流动相相对分子质量的平方根，所以采用相对分子质量较大的流动相可使 B 项降低。D_m 随柱温增高而增加，但反比于柱压。另外，纵向扩散与组分在色谱柱内的停留时间有关，流动相流速小，组分停留时间长，纵向扩散就大。因此，为降低纵向扩散影响，要加大流动相流速。对于液相色谱，组分在流动相中的纵向扩散可以忽略。

(3)传质阻力项

组分被流动相带入色谱柱后，在两相界面进入固定相，并扩散至固定相深部，进而达到动态分配“平衡”。当纯的或含有低于“平衡”浓度的流动相到来时，固定相中该组分的分子将回到两相界面逸出，而被流动相带走(转移)。这种溶解、扩散、转移的过程称为传质过程。影响此过程进行的阻力称为传质阻抗，用传质阻力系数描述。由于传质阻抗的存在，组分不能在两相瞬间达到平衡，即色谱柱总是在非平衡状态下工作，结果使有些分子随流动相较快(比平衡状态下的分子)向前移动，而另一些分子则滞后，从而引起峰展宽。传质阻抗既存在于固定相中，也存在于流动相中，分别称为固定相传质阻力 C_su 和流动相传质阻力 C_mu，这些将在气相色谱和高效液相色谱中具体讨论。

2. 流动相线速度对塔板高度的影响

(1) LC 和 GC 的 $H-u$ 图

对于一定长度的柱子，理论塔板数越大，板高越小，则柱效越高。但究竟如何控制线速度才能得到较小的板高?

根据 Van Deemter 公式分别作 LC 和 GC 的 $H-u$ 图(见图 11-8)。由图 11-8 不难看出，两者的 $H-u$ 图十分相似，对应某一流速都有一个板高的极小值，这个极小值对应柱效的最高点。LC 的板高极小值比 GC 的极小值小一个数量级以上，这说明液相色谱的柱效比气相色谱高得多。LC 的板高最低点相应流速比 GC 的流速亦小一个数量级，说明对于 LC 来说，为了取得良好的柱效，流速不一定很高。

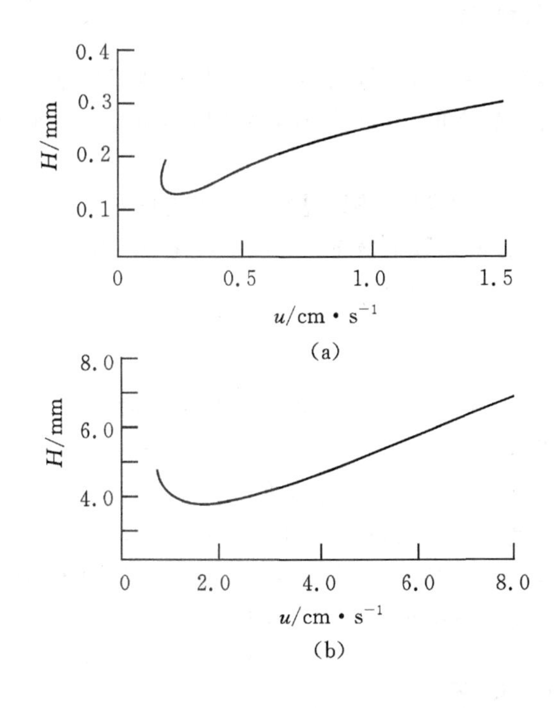

图 11-8　LC(a)和 GC(b)的 $H-u$ 图

(2) 流动相线速度对塔板高度的影响

流动相线速度对 H 的影响如图 11-9 所示，即在较低线速度时，纵向扩散项起主要作用，线速度升高，塔板高度降低，柱效升高；在较高线速度时，传质阻力起主要作用，线速度升高，塔板高度增高，柱效降低。因此，对应某一流速，塔板高度有一极小值，这一流速称为最佳流速。

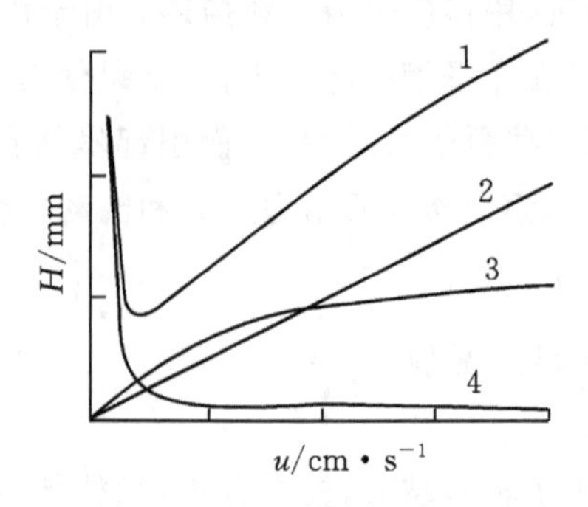

图 11-9　流速与纵向扩散和传质阻力项的关系

1—$H-u$ 关系曲线；2—固定相传质阻力项($C_s u$)；

3—流动相传质阻力项($C_m u$)；4—纵向扩散项(B/u)

11.4　色谱基本类型及其分离机制

11.4.1　分配色谱法

分配色谱法是利用被分配组分在固定项或流动相的溶解度差别而实现分离的色谱法。其固定相是涂渍在惰性载体颗粒上的一薄层液体，因此称固定液。气液色谱法和液液色谱法均属于分配色谱法范围。

组分在固定相和流动相之间发生吸附、脱附和再吸附的过程。色谱分离是基于组分在两相中的分配情况不同，可用分配系数来描述。分配系数是在一定温度和压力下，组分在固定相和流动相中的平衡浓度之比，用 K 表示：

$$K = \frac{c_s}{c_m} \tag{11-31}$$

式中，c_s 为组分在固定相中的浓度；c_m 为组分在流动相中的浓度。

分配系数具有热力学意义。在气相色谱中，K 取决于组分及固定相的热力学性质，并随柱温、柱压而变化。同一条件下，如两组分的 K 值相同，则色谱峰重合。分配系数小的组分因每次分配后在气相中的浓度较大，因而较早流出色谱柱。液液分配色谱法与气液分配色谱法相比，相同之处在于分离的顺序均取决于分配系数，分配系数大的组分保留值大。不同之处在于液相色谱中流动相的种类对分配系数有较大的影响。

11.4.2　吸附色谱法

吸附色谱法利用被分离组分对固定相表面吸附中心吸附能力的差别而实现分离。其固定相为固体吸附剂，气固色谱法和液固色谱法均属吸附色谱法。

吸附过程是试样中组分的分子与流动相分子争夺吸附剂表面活性中心的过程，即为竞争吸附过程。当流动相通过吸附剂(固定相)时，流动相分子被吸附剂表面的活性中心所吸附。当组分分子被流动相带过固定相时，与活性中心发生作用，流动相中组分的分子 X_m 就与吸附表面的 n 个流动相分子 Y_a 相置换，组分的分子被吸附，以 X_a 表示。流动相分子回到流动相内部，以 Y_m 表示。发生如下竞争吸附平衡：

$$X_m + nY_a \rightleftharpoons X_a + nY_m \tag{11-32}$$

吸附过程达到平衡时，符合质量作用定律：

$$K_a = \frac{[X_a][Y_m]^n}{[X_m][Y_a]^n} \tag{11-33}$$

式中，K_a 为吸附平衡常数。K_a 大的组分，吸附剂对它的吸附力强，保留值就大。因为流动相的量很大，$[Y_m]^n/[Y_a]^n$ 近似于常数，而且吸附只发生于吸附剂表面，所以吸附系数可写成

$$K_a = \frac{[X_a]}{[X_m]} = \frac{X_a/S_a}{X_m/V_m} \tag{11-34}$$

式中，S_a 为吸附剂的表面积；V_m 为流动相的体积。吸附系数与吸附剂的活性、组分的性质和流动相的性质有关。在柱色谱中，保留时间与吸附系数和色谱柱中吸附剂的表面积的关系为

$$t_R = t_0\left(1 + K_a \frac{S_a}{V_m}\right) \tag{11-35}$$

11.5　基本色谱分离方程式

定义的分离度 R 并没有反映影响分离度的各种因素。实际上，分离度受柱效(n)、选择因子(α) 和容量因子(k) 三个参数的控制。对于难分离物质，由于其分配系数差别小，可合理地假设 $k_1 \approx k_2 = k, W_1 \approx W_2 = W$。由式(11-26)得

$$\frac{1}{W} = \frac{\sqrt{n}}{4}\frac{1}{t_R} \tag{11-36}$$

将式(11-36)及式(11-14)代入式(11-6)，整理得

$$R = \frac{\sqrt{n}}{4}\left(\frac{\alpha - 1}{\alpha}\right)\left(\frac{k}{1+k}\right) \tag{11-37}$$

式(11-37)即为基本色谱分离方程式。

在实际应用中，往往用 n_{eff} 代替 n，可得

$$n = \left(\frac{1+k}{k}\right)^2 n_{eff} \tag{11-38}$$

则可得基本色谱分离方程式的又一表达式

$$R = \frac{\sqrt{n_{eff}}}{4}\left(\frac{\alpha - 1}{\alpha}\right) \tag{11-39}$$

1. 分离度与柱效的关系

由式(11-39)可知，具有一定相对保留值 α 的一对物质，分离度直接和有效塔板数有关，说明有效塔板数能正确地代表柱效能。由式(11-37)可知，被分离物质的 α 确定后，分离度将取决于 n，这时对于一定理论塔板高的柱子，分离度的平方与柱长呈正比，即

$$\left(\frac{R_1}{R_2}\right)^2 = \frac{n_1}{n_2} = \frac{L_1}{L_2} \tag{11-40}$$

上式说明，用较长的柱可以提高分离度，但延长了分析时间。因此提高分离度的最好方法是制备性能优良的柱子，通过降低板高，以提高分离度。

2. 分离度与选择因子的关系

由基本色谱方程式，当 $\alpha = 1.0$ 时，$R = 0$。这时，无论怎样提高柱效也无法使两组分分离。显然，α 越大，选择性越好。研究证明，α 的微小变化就能引起分离度的显著改变。一般通过改变固定相和流动相的性质和组成，或降低柱温，可有效增大 α 值。

3. 分离度与容量因子的关系

如果设 $Q = (\sqrt{n}/4)(\alpha - 1)/\alpha$，则式(11-37)可写为

$$R = Q\frac{k}{1+k} \tag{11-41}$$

由图 11-10 可看出，当 $k>10$ 时，随容量因子的增大，分离度的增长很小；一般取 k 值为 2～10 最佳。对于气相色谱，通过提高温度可选择合适的 k 值以改变分离度。而对于液相色谱，只要改变流动相的组成就能有效地控制 k 值。

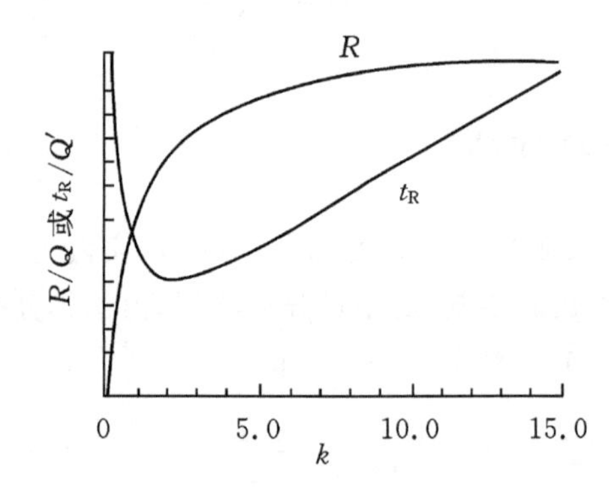

图 11-10　容量因子与分离度、保留时间的关系曲线

4. 分离度与分析时间的关系

式(11-42)表示了分析时间与分离度及其它因素的关系。

$$t_R = \frac{16R^2H}{u}\left(\frac{\alpha}{\alpha-1}\right)^2\frac{(1+k)^3}{k^2} \tag{11-42}$$

5. 基本方程式的应用

例 11-2　在一个 3 m 长的色谱柱中分离两个样品，组分 1、2 的保留时间分别为 14 min 和 17 min，死时间为 1 min，组分 2 的峰宽为 1 min，计算：

①两组分的调整保留时间；

②用组分 2 计算色谱柱的有效塔板数 n_{eff} 及有效塔板高度 H_{eff}；

③两组分的容量因子；

④它们的分配系数比及分离度；

⑤欲使两组分的分离度为 1.5，所需要的最短柱长。

解：①$t_{R,1}' = 14.0 - 1.0 = 13\ (\text{min})$　$t_{R,2}' = 17.0 - 1.0 = 16\ (\text{min})$

②$n_{eff} = 16\left(\frac{t_{R,2}'}{W}\right)^2 = 16\times\left(\frac{16}{1}\right)^2 = 4096$　$H_{eff} = \frac{L}{n_{eff}} = \frac{3000\ (\text{mm})}{4096} \approx 0.73\ (\text{mm})$

③$k_1 = \frac{t_{R,1}'}{t_0} = \frac{13.0}{1} = 13.0$　$k_2 = \frac{t_{R,2}'}{t_0} = \frac{16.0}{1} = 16.0$

④$\alpha=\frac{K_2}{K_1}=\frac{R_2}{R_1}=\frac{16.0}{13.0}\approx1.2$

$$R=\frac{\sqrt{n}}{4}\left(\frac{\alpha-1}{\alpha}\right)\left(\frac{k}{1+k}\right)=\frac{\sqrt{n}}{4}\cdot\frac{t_{R,2}-t_{R,1}}{t_{R,2}}$$

式中　$n=16\left(\frac{t_R}{W}\right)^2=16\times\left(\frac{17}{1}\right)^2=4624$

所以　$R=\frac{\sqrt{4624}}{4}\times\frac{17-14}{17}\approx3.0$

⑤$\frac{R_1}{R_2}=\frac{\sqrt{L_1}}{\sqrt{L_2}}$,所以 $\frac{3}{1.5}=\frac{\sqrt{3}}{\sqrt{L_2}}$

$L_2\approx0.75$ (m)

例 11－3　已知一根 1 m 长的色谱柱的有效塔板数为 1600,组分 A 在该柱上的调整保留时间为 100 s。求 A 峰的半峰宽及有效塔板高度。

解:由 $n_{eff}=5.54\left(\frac{t_R'}{W_{1/2}}\right)^2$ 可得 $W_{1/2}=5.9$ (s)。

$$H_{eff}=\frac{L}{n_{eff}}=\frac{1000\ (mm)}{1600}\approx0.63\ (mm)$$

参考文献

[1] 周申范.色谱峰的流出曲线方程[J].华东工学院学报,1988,46:166-171.
[2] 傅若农.色谱分析概论[M].北京:化学工业出版社,2000.
[3] 刘密新,罗国安,张新荣,等.仪器分析[M].2 版.北京:清华大学出版社,2002.
[4] 叶宪曾,张新祥,等.仪器分析教程[M].2 版.北京:北京大学出版社,2007.

小结

色谱是一个建立在吸附、分配、离子交换、亲和力和分子尺寸等基础上的分离过程。要分离的组分分配在两相中,其中相对静止的一相称为固定相,而另一种相对运动的相称为流动相。利用被分离样品与两相的吸附能力、分配系数、离子交换能力、亲和力和分子大小等性质的微小差异,经过连续多次的质量交换,使原来各组分存在的微小性质差异产生很大的分离效果,从而达到分离、分析各组分的目的。

1. 基本概念

①标准偏差(σ):正态色谱流出曲线上两拐点间距离的一半。对于正常峰,σ 为 0.607 倍峰高处的峰宽的一半。

②分离度(R):相邻两组分色谱峰保留时间之差与两色谱峰峰宽均值之比。

③分配系数(K):在一定温度和压力下达到分配平衡时,组分在固定相与流动相中的浓度之比。

④容量因子(k):在一定温度和压力下达到分配平衡时,组分在固定相和流动相中的质量之比。

⑤涡流扩散：在填充色谱柱中，由于填料粒径大小不等，填充不均匀，同一组分的分子经过多个不同长度的途径流出色谱柱，使色谱峰展宽的现象。

⑥纵向扩散：由于浓度梯度的存在，组分将向区带前、后扩散，造成区带展宽的现象。

⑦传质阻抗：组分在溶解、扩散、转移的传质过程中所受到的阻力称为传质阻抗。

2. 基本理论

(1)塔板理论

塔板理论把色谱柱看作一个蒸馏塔，借用蒸馏塔中“塔板”的概念来描述组分在两相间的分配行为。理论塔板数可作为评价柱效能高低的一种量度。流出曲线方程：

$$c = \frac{c_0 T}{\sqrt{2\pi}\sigma}\exp\left[-\frac{(t-t_R)^2}{2\sigma^2}\right]$$

式中，c 为任意时间 t 时的浓度；σ 为标准偏差；c_0 为峰面积(可用 A 表示)。

理论塔板数：

$$n = 16(t_R/W)^2 = 5.54(t_R/W_{1/2})^2$$

理论塔板高度：

$$H = L/n$$

式中，L 为色谱柱长。

(2)速率理论

速率理论提出，色谱峰受涡流扩散、纵向扩散、传质阻力等因素控制，从动力学基础上较好地解释了影响塔板高的各种因素，对选择合适的操作条件具有指导意义。根据三个扩散过程对理论塔板高度 H 的影响，导出速率理论方程式或称为 Van Deemter 方程式：

$$H = A + B/u + Cu$$

式中，H 为塔板高度；A、B、C 为三个常数，分别代表涡流扩散项系数、纵向扩散项系数和传质阻力项系数；u 为流动相的线速度，

思考题与习题

1. 色谱法作为分析法最大的特点是什么？

2. 衡量色谱柱柱效的指标是什么？衡量色谱柱选择性的指标是什么？

3. 试述塔板理论和速率理论的要点。

4. 当下列参数改变时：柱长缩短，固定相改变，流动相流速增加，相比减少，是否会引起分配系数的改变，为什么？

5. 欲使两种组分完全分离，必须符合哪些要求？这些要求与哪些因素有关？

6. 试述色谱分离基本方程式的含义，它对色谱分离有什么指导意义？

7. 有 a、b、c、d 四组分，它们的分配系数分别为 136、78、25 和 69，试说明它们流出色谱柱的顺序如何，为什么？

8. 在一根有效塔板数为 9025 的色谱柱上，测得异辛烷和正辛烷的调整保留时间分别为 810 s 和 825 s，则该柱分离上述两组分的分离度为多少？ (0.43)

9. 用 3 m 长的柱子分离 A、B 和 C 三个组分，A 是不被保留组分，它们的保留时间分别为 1.0 min、16.4 min 和 17.0 min，C 组分的峰底宽为 1.0 min。求该柱的分离度。 (0.6)

10. 组分 A 和 B 在某毛细管柱上的保留时间分别为 12.5 min 和 12.8 min，理论塔板数对 A 和 B 均为 4300，问：

(1)组分 A 和 B 能分离到什么程度？

(2)假如 A 和 B 的保留时间不变，而分离度要求达到 1.5，则需多少塔板数？

(0.39，63609)

第12章　经典液相色谱法

基本要求

1. 掌握薄层色谱、纸色谱与柱色谱分离的基本原理；
2. 掌握比移值的定义及意义；
3. 掌握吸附色谱中固定相与流动相的选择原则；
4. 熟悉薄层色谱、柱色谱的操作步骤；
5. 了解影响分离效果的因素；
6. 掌握薄层色谱法定性、定量方法。

液相色谱法就是用液体作为流动相的色谱法。1903年俄国化学家M. C. 茨维特首先将液相色谱法用于分离叶绿素。根据固定相的不同，液相色谱分为液固色谱、液液色谱和键合相色谱。应用最广的是以硅胶为填料的液固色谱和以微硅胶为基质的键合相色谱。根据固定相的形式，液相色谱法可分为柱色谱法和平面色谱法（纸色谱法和薄层色谱法）；按吸附力又可分为吸附色谱、分配色谱、离子交换色谱和凝胶渗透色谱。近年来，在液相柱色谱系统中加上高压液流系统，使流动相在高压下快速流动，以提高分离效果，因此出现了高效液相色谱法。

平面色谱法(plane chromatography)是指将固定相铺敷在玻璃、塑料、金属薄膜等载体表面上（或用纸作为载体）进行色谱分离的方法。该方法所用设备简单，分析速度快，分离效率高，结果直观。根据所用载体的不同，平面色谱法分为薄层色谱法（吸附色谱法）和纸色谱法（分配色谱法）。纸色谱法出现于20世纪40年代，主要用于生化和医药中的微量分析。但色谱纸的机械强度较差，传质阻力大，费时较长。20世纪60年代，薄层色谱法得到快速发展和普及，80年代出现了仪器化薄层色谱法，用涂布器、自动点样仪等代替手工操作，再配以薄层扫描仪，使原本只用来定性和半定量的薄层色谱法的应用范围得到拓展，其定量分析结果的重现性和准确度大大提高，成为一种有价值的分离分析方法。

柱色谱法(column chromatography)是在一根玻璃管或金属管中进行的色谱技术，将吸附剂填充到管中（即色谱柱）。使用吸附色谱柱分离混合物的方法称为吸附柱色谱法。这种方法可以用来分离大多数有机化合物，尤其适合于复杂的天然产物的分离。分离容量从几毫克到百毫克级，所以适用于分离和精制较大量的样品。

12.1　平面色谱法概述

12.1.1　平面色谱法的分类及原理

1. 纸色谱法 (paper chromatography)

纸色谱法的固定相一般为纸纤维上吸附的水分，流动相为与水互不相溶的有机溶剂。它是根据被分离混合组分在水和有机溶剂中的溶解能力不同，在色谱纸上产生差速迁移而得到分离的方法。

2. 薄层色谱法（Thin Layer Chromatography，TLC）

薄层色谱法是把固定相均匀地涂布在玻璃板、塑料板或铝箔上形成厚薄均匀的薄层，在此薄层上进行混合组分分离的色谱法。按照薄层色谱法分离机制的不同，薄层色谱法又可分为吸附薄层色谱法、分配薄层色谱法和分子排阻薄层色谱法。

3. 薄层电泳法（thin-layer electrophoresis）

薄层电泳法是带电荷的被分离物质（蛋白质、核苷酸、多肽、糖类等）在纸、醋酸纤维素、琼脂糖凝胶或聚丙烯酰胺凝胶等惰性支持体上，以不同速度向其电荷相反的电极方向泳动，产生差速迁移而得以分离的方法。薄层电泳法属于平面色谱范围，但由于电泳的驱动力、仪器设备及测定对象与薄层色谱法及纸色谱法有较大差别，本章不作介绍。

12.1.2 平面色谱法的技术参数

1. 定性参数——比移值（retardation factor，记作 R_f）

比移值是在一定条件下，溶质移动距离与流动相移动距离之比。R_f 是平面色谱法中用来表征平面色谱图上斑点位置的基本参数，也是平面色谱法用于定性的基本参数。

$$R_f = \frac{h}{h_0} \tag{12-1}$$

式中，h 为原点至斑点中心的距离；h_0 为原点至溶剂前沿的距离（见图 12-1）。在实际工作中，R_f值适宜范围是 0.2～0.8，最佳范围是 0.3～0.5。

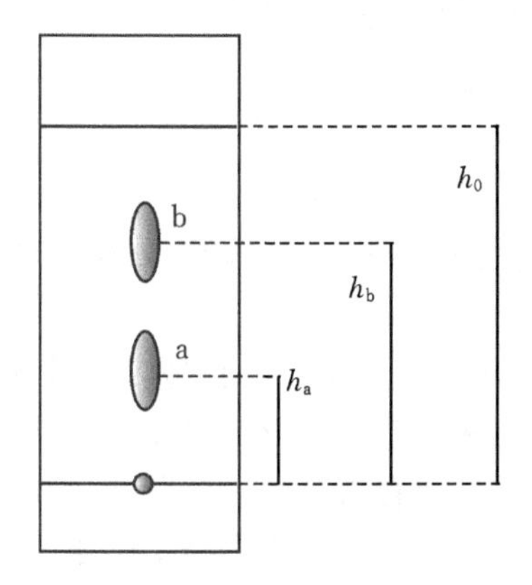

图 12-1　平面色谱示意图

R_f 受待分离组分的结构、极性，固定相和流动相的极性，展开缸内的蒸气饱和度及温度、湿度等诸多因素的影响。

2. 分离参数

（1）分离度（resolution，记作 R）

分离度是两相邻斑点中心距离与两斑点平均宽度的比值，是平面色谱法的重要分离参数，即

$$R=\frac{2(L_2-L_1)}{W_1+W_2}=\frac{2d}{W_1+W_2} \tag{12-2}$$

式中，L_2、L_1分别为原点至两斑点中心的距离；d为两斑点中心间的距离，W_1、W_2为两斑点的宽度；在薄层扫描图上，d为两色谱峰顶间距离，W_1、W_2分别为两色谱峰宽。在平面色谱法中，$R>1$较适宜。

(2)分离数(separation number，记作SN)

分离数是在相邻两斑点分离度为1.177时，在$R_f=0$和$R_f=1$两组分斑点之间所能容纳的色谱斑点数。分离数也是平面色谱法的重要分离参数和面效的评价参数。在一定分离度下，分离数SN越大，平面的容量越大。一般薄层板的SN在10左右，高效薄层板可达20。

12.2 薄层色谱法

薄层色谱法(Thin Layer Chromatography，TLC)是平面色谱法中应用最广泛的方法之一。它是将载体(固定相)涂布于玻璃板、塑料板或铝箔上形成均匀薄层，活化后将试样与对照品溶液点在同一薄板的一端，在密闭的容器中用适当的溶剂展开，通过比较展开后的样品斑点与对照品斑点的比移值，对样品进行定性鉴别和含量测定。薄层色谱法具有以下特点：灵敏度高，几微克、甚至几十纳克的组分也能检出；分析时间短，一般只需十至几十分钟；分析容量大，一块薄层板可以同时分析多个试样；设备简单，操作方便。因此薄层色谱法是分析实验室广泛应用的分离分析技术。

根据薄层色谱法的分离机制，它可分为吸附薄层色谱法、分配薄层色谱法和分子排阻薄层色谱法。此外，还有胶束薄层色谱法等。根据分离效能，薄层色谱法又可分为经典薄层色谱法和高效薄层色谱法。本节主要讨论吸附薄层色谱法。

12.2.1 薄层板的制备

1. 吸附剂

吸附薄层色谱法的固定相称为吸附剂，包括硅胶、氧化铝和聚酰胺等。

(1)硅胶

硅胶是吸附薄层色谱中最常用的固定相。硅胶是多孔性无定形粉末，其表面带有硅醇基呈弱酸性，通过硅醇基吸附中心与极性基团形成氢键而表现其吸附性能，根据不同组分的极性基团与硅醇基形成氢键的能力不同，混合组分被一一分离。硅胶表面由于存在硅醇基，其pH值约为5，所以适合酸性和中性物质的分离，如有机酸、酚类、醛类等。碱性物质与硅胶发生酸碱反应，展开时被严重吸附、斑点拖尾，甚至于停留在原点不随流动相展开。

薄层色谱常用硅胶有硅胶H、硅胶G、硅胶GF_{254}等。硅胶H为不含粘合剂的硅胶，铺成硬板时需另加粘合剂。硅胶G是硅胶和煅石膏混合而成的。硅胶GF_{254}含煅石膏，另含有一种无机荧光剂，即锰激活的硅酸锌($Zn_2SiO_4 \cdot Mn$)，在254 nm光照下呈强烈黄绿色荧光背景，适用于样品中没有紫外吸收组分斑点的观察定位。

(2)氧化铝

氧化铝是由氢氧化铝在400～500 ℃灼烧而成，分为中性(pH 7.5)、碱性(pH 9.0)和酸性(pH 4.0)三种。一般碱性氧化铝用来分离中性或碱性化合物，如生物碱、脂溶性维生素等；中性氧化铝适用于酸性及对碱不稳定的化合物的分离;酸性氧化铝可用于酸性化合物的分离。

(3)聚酰胺

聚酰胺是由酰胺聚合而成的高分子化合物,常用的是聚己内酰胺。聚己内酰胺为白色多孔的非晶型粉末,不溶于水和一般有机溶剂,易溶于浓矿酸、酚及甲酸。聚酰胺分子内的酰胺基可与化合物质子给体形成氢键而对该类化合物产生吸附。聚酰胺可用于酚、酸、硝基、醌类等化合物的分离。

2. 薄层板的制备

薄层板分为加粘合剂的硬板和不加粘合剂的软板两种。软板制备简便,但表面松散,很易吹散、脱落,现已不常用。下面介绍硬板的制备方法。

(1)薄层板的选择

薄层板应选择表面光滑、平整、洁净、厚度一致的玻璃板、塑料板或铝箔。薄层板大小可根据实验需要选择不同规格。

(2)薄层板的涂布

将固定相、粘合剂和水按一定比例混合,研磨制成均匀且无气泡的固定相匀浆,手工或利用自动涂布器涂布在准备好的玻璃板上,使整板涂布均匀,一般厚度以 250 μm 为宜。薄层厚度及均匀性直接影响试样分离效果和 R_f 值的重复性。

常用的粘合剂有羧甲基纤维素钠(CMC-Na)和煅石膏($CaSO_4 \cdot 2H_2O$)。用浓度为 0.2%～1.0%的 CMC-Na 溶液为粘合剂制成的薄层板称为硅胶-CMC 板。这种板机械强度好,CMC-Na 的浓度越高薄层硬度越大,但在使用强腐蚀性显色试剂时,要掌握好显色温度和时间,以免 CMC-Na 炭化而影响检测。用煅石膏为粘合剂制成的薄层板称为硅胶-G 板。其优点是能使用腐蚀性的显色剂;缺点为薄层的硬度不够,易脱落,且不利于无机物质的分离。

在分离酸性或碱性化合物时,可制备酸性或碱性薄层来改善分离效果。如在硅胶中加入碱或碱性缓冲液制成碱性薄层板,可分离生物碱等碱性化合物。

(3)薄层板的活化

涂铺的薄层板自然晾干后,在 105～110 ℃活化 0.5～1 h,除去游离的水分,取出冷却至室温,存放在干燥器中备用。用聚酰胺吸附剂铺成的薄层板则需要保存在有一定湿度的空气中。

12.2.2　展开剂的选择

薄层色谱条件是依据被分离物质的性质(如溶解度、酸碱性、极性)、吸附剂以及展开剂三种因素而定的。上述三种因素中,前两种相对固定,而展开剂的种类则千变万化,不仅可应用不同极性的单一溶剂作为展开剂,更多的是应用二元、三元甚至多元的混合溶剂作为展开剂。薄层分离是被分离组分、吸附剂和展开剂共同作用的结果。因此,找到与样品及吸附剂相匹配的展开剂,对分离效果至关重要。

溶剂强度是指单一溶剂或混合溶剂洗脱某种溶质的能力。在正相色谱中,它随溶剂极性的增加而增大,在反相色谱中则相反。展开剂溶剂强度在建立色谱条件时是必须了解的至关重要的因素,溶剂强度大的溶剂洗脱能力强。

溶剂强度可将洗脱顺序的概念定量化。如把溶剂的洗脱能力看作是溶剂的一种物理性质,则洗脱能力强的溶剂称为强溶剂。在吸附薄层上往往先用单一的低极性溶剂展开,然后再按照溶剂洗脱顺序依次更换极性较大的溶剂进行实验。用单一溶剂不能分离时,可用两种以上的多元展开剂，并不断地改变多元展开剂的组成和比例，因为每种溶剂在展开过程中都有其一定的作用。例如：

①展开剂中比例较大的溶剂极性相对较小，起溶解物质和基本分离的作用，称为底剂；

②展开剂中比例较小的溶剂，极性较大，对被分离物质有较强的洗脱力，帮助化合物在薄层上移动，可以增大 R_f 值，但不能提高分辨率，可称为极性调节剂；

③展开剂中加入少量酸、碱，可抑制某些酸、碱性物质或其盐类的解离而产生斑点拖尾，称之为拖尾抑制剂；

④展开剂中加入丙酮等中等极性溶剂，可促使不相混合的溶剂混溶，并可以降低展开剂的黏度，加快展速。

薄层色谱法中常用的溶剂按极性由强到弱的顺序是：水＞酸＞吡啶＞甲醇＞乙醇＞正丙醇＞丙酮＞乙酸乙酯＞乙醚＞氯仿＞二氯甲烷＞甲苯＞苯＞三氯乙烷＞四氯化碳＞环己烷＞石油醚。

在薄层色谱中，通常根据被分离组分的极性，首先用单一溶剂展开，由分离效果进一步考虑改变展开剂的极性或选择混合展开剂。例如，某物质用氯仿展开时，R_f 值太小，甚至停留在原点，可选择另一种极性更强的展开剂或加入一定比例的极性溶剂，如乙醇、丙酮等。如果 R_f 值较大，斑点在前沿附近，应选择另一种极性更弱的展开剂或加入一定比例极性小的溶剂，如环己烷、石油醚等。为了寻找合适的展开剂，往往需要多次实验，有时需要两种以上溶剂的混合展开剂。对酸性或碱性组分的分离，常加入少量的酸或碱以提高分离效果。

在实际工作中，经常借助个人经验或查阅文献来找到较合适的展开剂。比如点滴实验法，操作非常简单，但很实用。将待分离物质的溶液间隔地点在薄层板上，待溶剂挥干后，用吸满不同展开剂的毛细管点到样品点的中心，展开溶剂借助毛细作用，从圆心向外扩展，结果呈现出不同扩散度的圆心色谱，通过比较不同展开剂对样品的展开程度即可找到最合适的展开剂。

12.2.3 点样与展开

1. 点样(spotting)

点样是薄层色谱分离的重要步骤。由于水不易挥发除去，斑点易扩散，影响分离效果，因此避免使用水溶液。一般选择乙醇、甲醇等易挥发性有机溶剂配制浓度为 0.01%～0.1% 的样品溶液。点样工具一般采用点样毛细管或微量注射器，点样量一般以几微升为宜，点样原点应尽可能小。多次点样时，需待第一次点样溶剂挥发后再进行二次点样，以免斑点扩散。若进行薄层定量或薄层制备时，点样量可多至几百微升。点样形状可以是点状，也可以是带状。而原点直径的一致、点样间距的精确是保证定量精确度的关键。

2. 展开(developing)

展开过程在层析缸中进行(见图 12-2)。将薄层板置于盛有展开剂的层析缸内预饱和 15～30 min，此时薄板不与展开剂直接接触。待缸内展开剂蒸气、薄层、缸内大气达到动态平衡时，再将薄层板浸入展开剂中展开。注意展开剂浸没薄板下端的高度不得超过点样线。展开剂借助毛细管作用向上展开，待展开剂前沿到达薄层板顶端时，将薄层板取出，标记溶剂前沿。

展开时有时会出现边缘效应，影响分离效果。边缘效应是同一组分在同一板上处于边缘斑

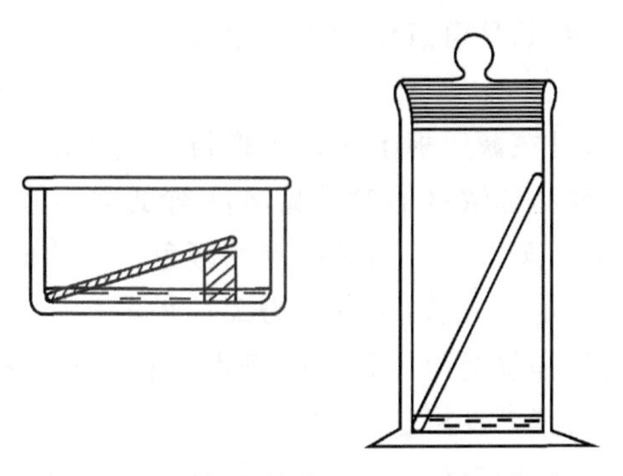

图 12-2　薄层色谱的展开过程示意图

点的 R_f 比处于中心的 R_f 值大的现象。产生边缘效应的原因是由于展开剂的蒸发速度从薄层中央到两边缘逐渐增加，即处于边缘的溶剂挥发速度较快，致使相同条件下的同一组分在边缘的迁移距离大于在中心的迁移距离。因此，在展开之前，可采取预饱和避免边缘效应的产生。

薄层展开常用上行法（展开剂从下向上展开），还有下行法（展开剂从上向下展开）、径向展开（展开剂由原点径向展开）、多次展开（同一展开剂重复多次展开）、双向展开（展开一次后转 90°用另一展开剂展开）。另外，选用自动多次展开仪可通过程序控制多次展开。

12.2.4　定性与定量分析

1. 斑点的确定

对薄层分离后的组分进行定性、定量分析时，首先必须对薄层板上的斑点进行准确定位。斑点位置确定的方法有：日光下直接观察；紫外灯光(254 nm 或 365 nm)下观察；显色剂显色后观察。

薄层色谱常用的通用型显色剂有碘、硫酸溶液和荧光黄溶液等。碘蒸气对许多有机化合物都可显色，如生物碱、氨基酸衍生物、肽类、脂类、皂苷类等。碘蒸气的显色反应是可逆的，在空气中随着碘的升华挥发，组分斑点可恢复到原来状态。10％硫酸乙醇溶液可以使大多数有机化合物产生红色、棕色、紫色等有色斑点，甚至出现荧光。0.05％荧光黄甲醇溶液是芳香族与杂环化合物的通用显色剂。

2. 定性分析

在一定色谱条件下，某一组分的 R_f 值是一定值，因此可基于 R_f 值对物质进行定性分析。但影响绝对比移值 R_f 的因素很多，如吸附剂的种类和活度、展开剂的种类和极性、薄层厚度、展开距离、色谱容器内溶剂蒸气的饱和程度、温度等，因此只与文献中记载的 R_f 值比较，进行组分定性时困难较大。常用的方法是将试样与对照品在同一块薄层板上展开，必要时可经过多种展开系统，以斑点的 R_f 值及颜色为考察指标，对样品与对照品进行对比分析，从而确定组分为何种物质。

3. 定量分析

(1)洗脱法

试样经薄层色谱分离后，将待分析组分的斑点仔细切割，用适当的溶剂使其溶解，弃去硅胶等载体杂质，选用分光光度法、高效液相色谱法等方法进行含量测定。斑点在切割前需预先定位，若采用显色剂定位，可在试样两边同时点上待测组分的对照品作为定位标记，展开后只对两边对照品喷洒显色剂，由对照品斑点位置来确定未显色的试样待测斑点的位置。

(2)直接定量法

试样经薄层色谱分离后，可在薄层板上对斑点进行直接测定。主要采取以下两种方法。

①目视比较法。将一系列已知浓度的对照品溶液与试样溶液点在同一薄层板上，展开并显色后，以目视法直接比较试样斑点与对照品斑点的颜色深度或面积大小，得出被测组分的近似含量。目视比较法是一种半定量方法，精密度为±10%。

②薄层扫描法。用薄层扫描仪对薄层板上的斑点进行扫描，通过组分斑点对光的吸收度大小进行定量分析。该方法的精密度可达±5%。

综上所述，薄层色谱法是一类对混合样品进行快速分离分析的简便方法，广泛用于中药、中成药有效成分的鉴别和含量测定，及各种天然和合成有机物的分离鉴定，有时也用于小量物质的精制。另外，在生产上常用于反应终点的判断和反应过程的监控等。

12.3 纸色谱法

12.3.1 基本原理

纸色谱法(paper chromatography)是以纸为载体的平面色谱法。纸色谱过程可以看成是溶质在固定相和流动相之间连续萃取的过程，依据溶质在两相间分配系数的不同而达到分离的目的。所以纸色谱法属于分配色谱(见图12-3)。

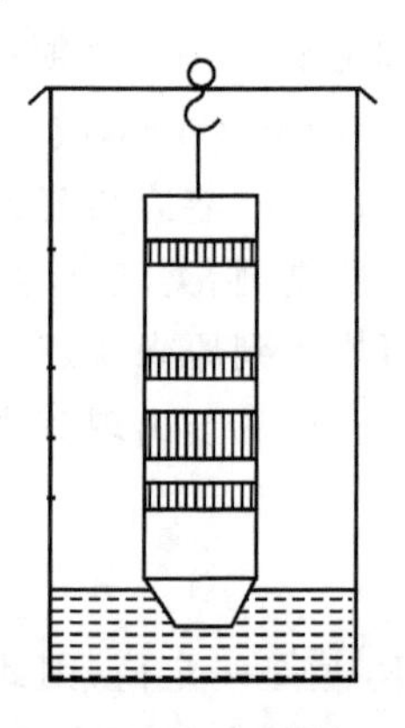

图12-3 纸色谱分离过程示意图

纸色谱中化合物在两相中的分配系数与化合物的分子结构、流动相种类和极性有关。纸色谱属于正相分配色谱。当化合物一定时，流动相极性越大，化合物分配系数越小，R_f 值越大，反之亦然。当流动相一定时，化合物的极性越大或亲水性越强，分配系数越大，R_f 值越小，反之亦然。

12.3.2 分离条件的选择

1. 色谱纸

①要求滤纸质地均匀，平整无折痕，有一定的机械强度。

②纸纤维的松紧适宜，过于疏松易使斑点扩散，过于紧密则流速太慢。

③纸质要纯，无明显的荧光斑点。

④对 R_f 值相差较小的化合物，选用慢速滤纸；R_f 值相差较大的化合物，选用快速滤纸。

⑤进行制备或定量分析时，可选用载样量大的厚纸；进行定性分析时一般可选用薄纸。常用的国产滤纸有新华滤纸，进口滤纸有 Whatman 滤纸。

2. 固定相

滤纸纤维有较强的吸湿性，通常含 20%～25%的水分，其中有 6%～7%的水以氢键缔合的形式与纤维素上的羟基结合在一起，在一般条件下较难脱去。所以纸色谱法实际上是以吸附在纤维素上的水作固定相，纸纤维只起到一个惰性载体的作用。有时为了适应某些特殊要求，可对滤纸进行特殊处理。如分离具有酸碱性的物质时，为了维持滤纸相对稳定的酸碱性，可将滤纸在一定 pH 缓冲溶液中浸渍处理后使用。又如分离弱极性物质时，为了增加其在固定相中的溶解度，获得理想的 R_f 值，并使组分分离，可将滤纸在一定浓度的甲酰胺、二甲基甲酰胺、丙二醇溶液中浸渍，以降低固定相的极性。

3. 展开剂

展开剂的选择需要充分考虑待分离物质在两相中的溶解度和展开剂的极性。在流动相中溶解度较大的物质迁移速度快，具有较大的 R_f 值。对极性物质，增加展开剂中极性溶剂的比例，可以增大 R_f 值。

纸色谱法最常用的展开剂是含水的有机溶剂，如水饱和的正丁醇、正戊醇、酚等。为了防止弱酸、弱碱的离解，也可加入少量的酸或碱，如甲酸、醋酸、吡啶等。采用正丁醇-醋酸-水(4∶1∶5)体系时，先将各组分在分液漏斗中充分混合振摇，待分层后，取有机层作为展开剂使用。

纸色谱的操作步骤与薄层色谱相似，有点样、展开、显色、定性定量分析等几个步骤，具体方法可参照薄层色谱。但应注意在纸色谱中不可使用腐蚀性的显色剂(如硫酸)显色。定量分析可用剪洗法，即将色谱斑点剪下，经溶剂浸泡、洗脱后，用比色法或分光光度法测定。

12.4　柱色谱法概述

柱色谱法(column chromatography)是在一根玻璃管或金属管中进行的色谱技术，将固定相填充到管(及色谱柱)中，运用适当极性的流动相从上往下淋洗，各组分在固定相和流动相之间反复相互作用，最终达到分离的目的(见图 12-4)。柱色谱可用来分离大多数有机化合物，尤其适合于复杂天然产物的分离。分离容量从几毫克到百毫克级，因此适用于分离和精制较大量的样品。

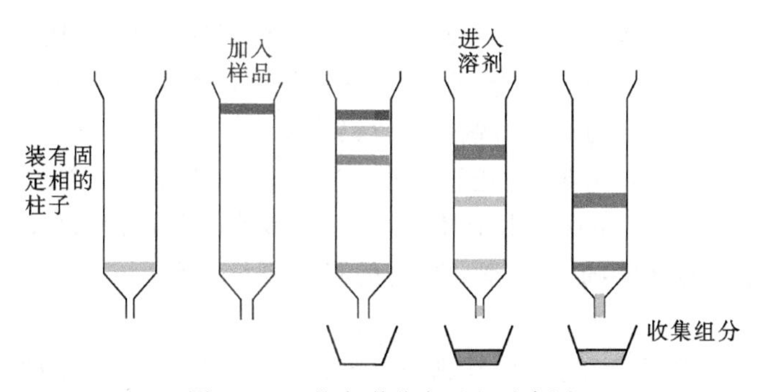

图 12-4　柱色谱分离过程示意图

根据分离机制的不同，柱色谱法分为吸附柱色谱法和分配柱色谱法。本节主要讨论吸附柱色谱法。

12.4.1 吸附柱色谱法

吸附柱色谱中，吸附剂是固定相，洗脱剂是流动相，相当于薄层色谱中的展开剂。吸附剂的基本原理与吸附薄层色谱相同，也是基于各组分与吸附剂间存在的吸附强弱差异，通过在柱色谱上反复进行吸附、解吸、再吸附、再解吸的过程而完成的。所不同的是，在进行柱色谱的过程中，混合样品一般是加在色谱柱的顶端，流动相从柱顶端流经色谱柱，并不断地从柱中流出。由于混合样中的各组分与吸附剂的吸附作用强弱不同，因此各组分随流动相在柱中的移动速度也不同，最终导致各组分按顺序从色谱柱中流出。如果分步接收流出的洗脱液，便可达到混合物分离的目的。一般与吸附剂作用较弱的成分先流出，与吸附剂作用较强的成分后流出。

12.4.2 吸附剂与洗脱剂

根据待分离组分的结构和性质选择合适的吸附剂和洗脱剂是分离成败的关键。

1. 吸附剂的要求

合适的吸附剂一般应满足下列几个基本要求：

①对样品组分和洗脱剂不会发生任何化学反应，在洗脱剂中也不会溶解；

②对待分离组分能够进行可逆的吸附，同时具有足够的吸附力，使组分在固定相与流动相之间能最快地达到平衡；

③颗粒形状均匀、大小适当，以保证洗脱剂能够以一定的流速（一般为 $1.5\ mL \cdot min^{-1}$）通过色谱柱；

④材料易得，价格便宜而且是无色的，便于观察。

可用于吸附剂的物质有氧化铝、硅胶、聚酰胺、硅酸镁、滑石粉、氧化钙（镁）、淀粉、纤维素、蔗糖和活性炭等。

2. 几种常见吸附剂

(1)氧化铝

市售层析用氧化铝有碱性、中性和酸性三种类型。

①碱性氧化铝（pH 9～10）：适用于碱性物质（如胺、生物碱）和对酸敏感的样品（如缩醛、糖苷等），也适用于烃类、甾体化合物等中性物质的分离。但这种吸附剂能引起被吸附的醛、酮的缩合，以及酯和内酯的水解、醇羟基的脱水、乙酰糖的去乙酰化、维生素 A 和 K 等的破坏等不良副反应。所以，这些化合物不宜用碱性氧化铝分离。

②酸性氧化铝（pH 3.5～4.5）：适用于酸性物质如有机酸、氨基酸等的分离。

③中性氧化铝（pH 7～7.5）：适用于醛、酮、醌、苷和硝基化合物，以及在碱性介质中不稳定的物质如酯、内酯等的分离，也可用来分离弱的有机酸和碱等。

(2)硅胶

硅胶是硅酸的部分脱水后的产物，其成分是 $SiO_2 \cdot xH_2O$，又叫缩水硅酸。柱色谱用硅胶一般不含粘合剂。

(3)聚酰胺

聚酰胺是聚己内酰胺的简称，色谱用聚酰胺是一种白色多孔性非晶形粉末，不溶于水和一般有机溶剂，易溶于浓无机酸、酚、甲酸及热的乙酸、甲酰胺和二甲基甲酰胺中。聚酰胺分子表面的酰胺基和末端胺基可以和酚类、酸类、醌类、硝基化合物等形成强度不等的氢键，因此可分离上述化合物，也可分离含羟基、氨基、亚氨基的化合物及腈和醛等类化合物。

(4)硅酸镁

中性硅酸镁的吸附特性介于氧化铝和硅胶之间，主要用于分离甾体化合物和某些糖类衍生物。为了得到中性硅酸镁，用前先用稀盐酸，然后用醋酸洗涤，最后用甲醇和蒸馏水彻底洗涤至中性。

3. 吸附剂和洗脱剂的选择

样品在色谱柱中的移动速度和分离效果取决于吸附剂对样品各组分的吸附能力大小和洗脱剂对各组分的解吸能力大小。因此，吸附剂的选择和洗脱剂的选择常常需要统筹考虑。首先，根据待分离物质的分子结构和性质，结合各种吸附剂的特性，初步选择一种吸附剂，然后根据吸附剂和待分离物质之间的吸附力大小，选择出认为适宜的洗脱剂。最后，采用薄层色谱法进行实验。根据实验结果，再进一步决定是调节吸附剂的活性，还是更换吸附剂的种类，或是改变洗脱剂的极性，直到确定出合适的吸附剂和洗脱剂为止。

物质与吸附剂之间的吸附能力大小既与吸附剂的活性有关，又与物质的分子极性有关。分子极性越强，吸附能力越大，分子中所含极性基团越多，极性基团越大，其吸附能力也就越强。具有下列极性基团的化合物，其吸附能力依次递增：

$—Cl, —Br, —I < —C{=}C— < —OCH_3 < —CO_2R < —CO— < —CHO < —SH < —NH_2 < —OH < —COOH$

12.4.3　操作方法

1. 装柱

色谱柱的大小规格由待分离样品的量和吸附难易程度来决定。一般柱管的直径为 0.5～10 cm，长度为直径的 10～40 倍。填充吸附剂的量约为样品重量的 20～50 倍。柱体高度应占柱管高度的 3/4，柱子过细长或过粗短都不好。装柱前，柱子应干净、干燥，并垂直固定在铁架台上，将少量洗脱剂注入柱内，取一小团玻璃毛或脱脂棉用溶剂润湿后塞入管中，用一长玻璃棒轻轻送到底部，适当捣压赶出棉团中的气泡，但不能压得太紧，以免阻碍溶剂畅流(如管子带有筛板，则可省略该步操作)。再在上面加入一层约 0.5 cm 厚的洁净细砂，从对称方向轻轻叩击柱管，使砂面平整。

常用的装柱方法有干装法和湿装法两种。

(1)干装法

在柱内装入 2/3 溶剂，在管口上放一漏斗，打开活塞，让溶剂慢慢地滴入锥形瓶中，接着把干吸附剂经漏斗以细流状倾泻到管柱内，同时用套在玻璃棒(或铅笔等)上的橡皮塞轻轻敲击管柱，使吸附剂均匀地向下沉降到底部。填充完毕后，用滴管吸取少量溶剂把粘附在管壁上的吸附剂颗粒冲入柱内，继续敲击管子直到柱体不再下沉为止。柱面上再加盖一薄层洁净细砂，把柱面上液层高度降至 0.1～1 cm，再把收集的溶剂反复循环通过柱体几次，便可得到沉降得较紧密的柱体。

(2)湿装法

该方法与干装法类似,所不同的是装柱前吸附剂需要预先用溶剂调成淤浆状,在倒入淤浆时,应尽可能连续均匀地一次完成。如果柱子较大,应事先将吸附剂泡在一定量的溶剂中,并充分搅拌后过夜(排除气泡)然后再装。

无论是干装法还是湿装法,装好的色谱柱应是充填均匀,松紧适宜一致,没有气泡和裂缝,否则会造成洗脱剂流动不规则而形成“沟流”,引起色谱带变形,影响分离效果。

2. 加样

将干燥待分离固体样品称重后,溶解于极性尽可能小的溶剂中使之成为浓溶液,将柱内液面降到与柱面相齐时关闭柱子,用滴管小心沿色谱柱管壁均匀地加到柱顶上。加完后,用少量溶剂把容器和滴管冲洗净并全部加到柱内,再用溶剂把粘附在管壁上的样品溶液淋洗下去。慢慢打开活塞,调整液面和柱面相平为止,关好活塞。如果样品是液体,可直接加样。

3. 洗脱与检测

(1)洗脱

将选好的洗脱剂沿柱管内壁缓慢地加入柱内,直到充满为止(任何时候都不要冲起柱面覆盖物)。打开活塞,让洗脱剂慢慢流经柱体,洗脱开始。在洗脱过程中,注意随时添加洗脱剂以保持液面的高度恒定,特别应注意不可使柱面暴露于空气中。在进行大柱洗脱时,可在柱顶上架一个装有洗脱剂的带盖塞的分液漏斗或倒置的长颈烧瓶,让漏斗颈口浸入柱内液面下,这样便可以自动加液。如果采用梯度溶剂分段洗脱,则应从极性最小的洗脱剂开始,依次增加极性,并记录每种溶剂的体积和柱子内滞留的溶剂体积,直到最后一个成分流出为止。洗脱的速度也是影响柱色谱分离效果的一个重要因素。大柱一般调节在每小时流出的毫升数等于柱内吸附剂的克数,中小型柱一般以 1～5 滴/秒的速度为宜。

(2)洗脱液的收集

有色物质按色带分段收集,两色带之间要另收集,可能两组分有重叠。对无色物质的收集一般采用分等份连续收集,每份流出液的体积毫升数等于吸附剂的克数。若洗脱剂的极性较强,或者各成分结构很相似时,每份收集量要少一些,具体数量的确定要通过薄层色谱检测,视分离情况而定。现在,多数用分步接收器自动控制接收。

(3)检测

洗脱完毕,采用薄层色谱法对各收集液进行鉴定,把含相同组分的收集液合并,除去溶剂,便得到各组分的较纯样品。

12.5 薄层色谱法最新研究进展

薄层色谱法除上述 R_f 值、显色特性及原位光谱扫描图可提供被分离物质的定性信息外,与其他分离分析技术的联用有利于进一步提供被分离物质定性鉴别的特征性图谱或数据。

1. 薄层色谱与高效液相色谱法/气相色谱法联用

综合各种色谱手段的高分离特性,可对石油、尘埃、大气、药物等体系中的极微量组分进行定性定量分析,效果满意。

2. 薄层色谱法与光谱法联用

薄层色谱法是快速、简便的分离方法，分离后的组分可用光谱法进行鉴定。薄层扫描法是薄层与光谱在线联用的方法。此外，将斑点从薄层上刮下后再与各种光谱联用，对组分进行定性或定量也是常用的分析方法。如薄层色谱与原子吸收光谱联用，对工业废水中金属离子的分离、鉴定和测定；薄层色谱与红外光谱联用，将薄层色谱分离后的斑点转移到溴化钾上，压成微型溴化钾片，直接测定红外光谱图，能提供丰富的结构信息，是定性的有力手段，也可以用于定量。

3. 薄层色谱与质谱联用

相比较 TLC 或 HPTLC 与其他的联用技术，质谱可提供更丰富的组成和结构信息，适于定性分析。将质谱与 TLC 结合起来可发挥两种方法各自的特点。多数质谱与 TLC 的联用是离线的，斑点要用适当的溶剂洗脱，蒸去溶剂，引入离子源进行分析。20 世纪 80 年代发展起来的新的电离技术快原子轰击质谱，可以不必洗脱，在 TLC 上直接测定，极大地减少了结构确证的工作量。

4. 薄层色谱与核磁共振谱联用

核磁共振与红外光谱、质谱比较，其灵敏度相对较低，但它所能提供的原子水平上的结构信息是其他方法所无法比拟的。样品经薄层色谱分离后，可直接进行核磁共振分析。

12.6　应用实例

1. 薄层色谱法的应用

薄层色谱法在药品中目标组分的检查和杂质限量检查方面应用广泛。

(1)杂质对照品比较法

分别配制一定浓度的试样溶液和规定限定浓度的杂质对照品溶液，在同一薄层板上展开，试样中杂质斑点颜色不得比杂质对照品斑点颜色深。

(2)主成分自身对照法

配制一定浓度的供试品溶液，然后将其稀释一定倍数得到另一低浓度溶液作为对照溶液，将试样溶液和对照溶液在同一薄层板上展开，试样溶液中杂质斑点颜色不得比对照溶液主斑点颜色深。

例 12－1　硫酸长春碱的杂质检查[4]。取硫酸长春碱用甲醇制成 10 $mg \cdot mL^{-1}$ 的溶液，作为供试品溶液；精密量取适量，用甲醇稀释成 0.20 $mg \cdot mL^{-1}$ 的溶液作为对照溶液。吸取上述两种溶液各 5 μL，分别在同一 GF_{254} 薄层板上点样，用石油醚(沸程 30～60 ℃)-氯仿-丙酮-二乙胺(12∶6∶1∶1)为展开剂，展开，晾干。在紫外灯光 254 nm 下检测。供试品溶液如显杂质斑点，不得超过 2 个，其颜色与对照溶液的主斑点比较，不得更深。

2. 高效薄层色谱法的应用

高效薄层色谱法(High Performance Thin Layer Chromatography, HPTLC)是在现代色谱理论指导下，以经典 TLC 为基础发展起来的一种新型薄层色谱技术。与经典 TLC 相比，HPTLC 具有分离效率高、分析速度快、检测灵敏度高等特点(见表 12－1)。

表 12-1 TLC 与 HPTLC 的比较

参数	TLC	HPTLC
板尺寸/cm	20×20	10×10
颗粒直径/μm	10～40	5,10
颗粒分布	宽	窄
点样量/μL	1～5	0.1～0.2
原点直径/mm	3～6	1～1.5
展开后斑点直径/mm	6～15	2～5
有效塔板数	>600	>5000
有效板高/μm	～30	～12
分离数	10	20
点样数	10	18～36
展开距离/cm	10～15	3～6
展开时间/min	30～200	3～20
精密度 RSD/%	±10	±5
最小检测量:吸收/ng	1～5	0.1～0.5
荧光/pg	50～100	5～10

(1)高效薄层板

高效薄层板是由颗粒直径小且均匀的固定相,采用喷雾技术制成的高度均匀的薄板,一般为商品预制板,常用的有硅胶、氧化铝、纤维素和化学键合相薄层板。商品预制板厚度均匀,使用方便,适用于定量测定。由于高效薄层板使用了颗粒直径小、分布窄且均匀的吸附剂,使展开过程的流动相流速慢,容易达到平衡,传质阻抗较小,得到的斑点小、圆而整齐,从而使HPTLC 具有分离度好、灵敏度高、分析时间短等特点。

(2)点样

高效薄层色谱展距短,要实现高的分离效率必须使展开后的斑点很小。为此,要求点样直径必须小。但点样直径太小易造成样品局部过浓,反而产生拖尾,分离效率降低。所以点样时应尽可能采用浓溶液一次点样。高效薄层色谱法采用的点样器有铂-铱合金点样毛细管、微量注射器或专用点样仪器。

(3)展开

高效薄层色谱法的展开可采用与经典薄层色谱法相同的展开方式。目前已生产出专用的高效薄层色谱展开槽,能严格控制分离条件,从而获得重现性较好的分离结果。

(4)定量分析

高效薄层色谱法均采用薄层扫描仪进行定量分析。由于高效薄层板的吸附剂颗粒小,涂铺均匀,因此进行薄层扫描时基线稳定,板间误差较小,重现性较好。由于点样量小,得到的斑点小、均匀而整齐,因此扫描得到的标准曲线线性较好,准确度较高。

参考文献

[1] 李发美. 分析化学[M]. 7 版. 北京：人民卫生出版社，2011.
[2] 武汉大学. 分析化学[M]. 4 版. 北京：高等教育出版社，2000.
[3] 顾国耀，祁玉成. 分析化学[M]. 北京：人民卫生出版社，2010.
[4] 罗卓雅. 中国药典 2015 年版[M]. 北京：中国医药科技出版社，2015.

小结

1. 基本概念

①薄层色谱法：把固定相均匀地涂布在玻璃板、塑料板或铝箔上形成厚薄均匀的薄层，在此薄层上进行混合组分分离的色谱法。

②比移值(R_f)：在一定条件下，溶质移动距离与流动相移动距离之比。R_f 是平面色谱法中用来表征平面色谱图上斑点位置的基本参数，也是平面色谱法用于定性的基本参数。在实际工作中，R_f 值适宜范围是 0.2～0.8，最佳范围是 0.3～0.5。

③分离度(R)：两相邻斑点中心距离与两斑点平均宽度的比值，是平面色谱法的重要分离参数。

④纸色谱法：以纸为载体的平面色谱法。纸色谱过程可以看成是溶质在固定相和流动相之间连续萃取的过程，依据溶质在两相间分配系数的不同而达到分离的目的。所以纸色谱法属于分配色谱。

2. 基本公式

比移值 R_f 的计算：

$$R_f=\frac{h}{h_0}$$

3. 基本理论

①薄层色谱中展开剂的选择流程：在薄层色谱中，通常根据被分离组分的极性，首先用单一溶剂展开，由分离效果进一步考虑改变展开剂的极性或选择混合展开剂。例如，某物质用氯仿展开时，R_f 值太小，甚至停留在原点，可选择另一种极性更强的展开剂或加入一定比例的极性溶剂，如乙醇、丙酮等。如果 R_f 值较大，斑点在前沿附近，应选择另一种极性更弱的展开剂或加入一定比例极性小的溶剂，如环已烷、石油醚等。为了寻找合适的展开剂，往往需要多次实验，有时需要两种以上溶剂的混合展开剂。对酸性或碱性组分的分离，常加入少量的酸或碱以提高分离效果。

②样品的定位：对薄层分离后的组分进行定性、定量分析，首先必须对薄层板上的斑点进行准确定位。斑点位置确定的方法有：日光下直接观察；紫外灯光(254 nm 或 365 nm)下观察；显色剂显色后观察。

③纸色谱法实际上是以吸附在纤维素上的水作固定相，纸纤维只起到一个惰性载体的作用。

④柱色谱中吸附剂和洗脱剂的选择常常需要统筹考虑。首先，根据待分离物质的分子结构和性质，结合各种吸附剂的特性，初步选择一种吸附剂。然后根据吸附剂和待分离物质之间的吸附力大小，选择出认为适宜的洗脱剂。最后，采用薄层色谱法进行实验。根据实验结果，再进一步决定是调节吸附剂的活性，还是更换吸附剂的种类，或是改变洗脱剂的极性，直到确定出合适的吸附剂和洗脱剂为止。

思考题与习题

1. 名词解释：平面色谱法、薄层色谱法、纸色谱法、比移值、边缘效应。

2. 薄板有哪些类型？硅胶 G、硅胶 H、硅胶 GF_{254} 有什么区别？

3. 薄层色谱的显色方法有哪些？

4. 在薄层色谱中，以硅胶为固定相，氯仿为流动相时，试样中某些组分 R_f 值太大。若改为氯仿-甲醇（2∶1）时，则试样中各组分的 R_f 值会变大，还是变小？为什么？

5. 某物质在硅胶薄层板 A 上，以苯-甲醇（1∶3）为展开剂的 R_f 值为 0.50。在硅胶板 B 上，用相同的展开剂，R_f 值为 0.40。问 A、B 两种板，哪一种板的活度大？

6. 在一定的薄层色谱条件下，已知 A、B、C 三组分的分配系数顺序分别为 $K_A<K_B<K_C$，三组分在相同条件下的 R_f 值顺序如何？

7. 试推测下列化合物在硅胶薄层板上，以石油醚-苯（4∶1）为流动相展开时的 R_f 值次序，并说明理由。

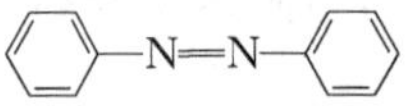

偶氮苯 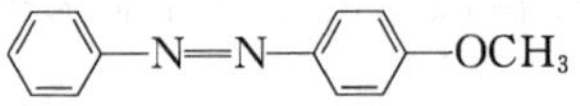　　对甲氧基偶氮苯

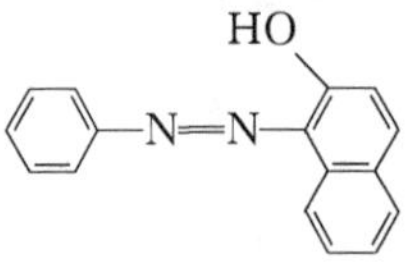

苏丹黄 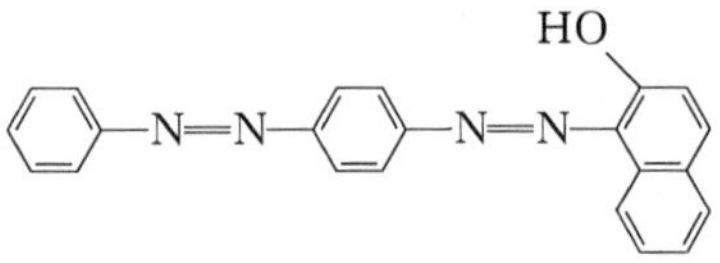　　苏丹红

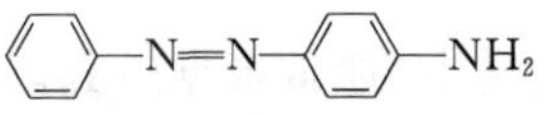

对氨基偶氮苯 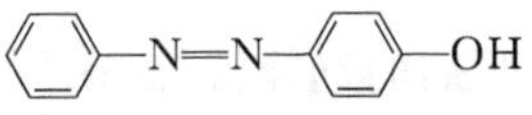　　对羟基偶氮苯

8. 化合物 A 在薄层板上从原点迁移 7.6 cm，溶剂前沿距原点 16.2 cm。

（1）计算化合物 A 的 R_f 值。

（2）在相同的薄层系统中，溶剂前沿距原点 14.3 cm，化合物 A 的斑点在此薄层板上何处？（0.47，6.72 cm）

9. 在某分配薄层色谱中，流动相、固定相和载体的体积比为 $V_m : V_s : V_g = 0.33 : 0.10 : 0.57$，若溶质在固定相和流动相中的分配系数为 0.50，计算它的 R_f 值和 k。（0.87，0.15）

10. 在一定的薄层色谱条件下，当溶剂的移动速度为 $0.15\ cm \cdot min^{-1}$ 时，测得 A、B 组分的 R_f 值分别为 0.47 和 0.64。计算 A 和 B 组分的移动速度。

（0.070 cm/min，0.096 cm/min）

11. 在薄层板上分离 A、B 两组分的混合物，当原点至溶剂前沿距离为 16.0 cm 时，A、B 两斑点质量重心至原点的距离分别为 6.9 cm 和 5.6 cm，斑点直径分别为 0.83 cm 和 0.57 cm。求两组分的分离度及 R_f 值。（1.85，0.43，0.35）

12. 今有两种性质相似的组分 A 和 B，共存于同一溶液中。用纸色谱分离时，它们的比移值分别为 0.45、0.63。欲使分离后两斑点中心间的距离为 2 cm，问滤纸条应为多长？

（L_0＝11 cm，滤纸条长 13 cm）

第 13 章　气相色谱法

基本要求

1. 掌握气相色谱法的特点；
2. 掌握速率理论方程中各项参数的含义；
3. 掌握常用热导检测器与氢火焰离子化检测器的检测原理与特点；
4. 熟悉气相色谱仪器的组成及分析过程；
5. 掌握气相色谱分离条件的选择方法，定性、定量方法及适用范围。

色谱法(chromatography)是用来分离、分析多组分混合物质的有效方法，是各种分离技术(如蒸馏、精密分馏、萃取、升华、重结晶等)中效率最高和应用最广的一种方法，已成为天然产物、石油化工、医药化工、环境科学、生命科学、能源科学、有机和无机新型材料等各个领域中不可缺少的重要工具。用气体作为流动相的色谱法称为气相色谱法(Gas Chromatography，GC)。根据固定相的状态不同，又可将其分为气固色谱和气液色谱。气固色谱是用多孔性固体为固定相，分离的主要对象是一些永久性的气体和低沸点的化合物。但由于气固色谱可供选择的固定相种类甚少，分离的对象不多，且色谱峰容易产生拖尾，因此实际应用较少。气相色谱多用高沸点的有机化合物涂渍在惰性载体上作为固定相，一般只要在 450 ℃以下有 1.5～10 kPa 的蒸汽压且热稳定性好的有机及无机化合物都可用气液色谱分离。由于在气液色谱中可供选择的固定液种类很多，容易得到好的选择性，所以气液色谱具有广泛的实用价值。

13.1　气相色谱仪

13.1.1　气相色谱仪工作过程

气相色谱仪的组成部分和用于分离分析样品的基本过程如图 13－1 所示。载气由高压钢瓶供出，经减压阀减压后，进入载气净化管以除去载气中的水分和杂质。试样经进样器注入，经气化室气化成气体，由载气携带进入色谱柱，将各组分分离后依次进入检测器，然后放空。检测器通过测量电桥将各组分的变化转换成电信号，由记录器记录下来，在记录纸上获得一组曲线(色谱图)，色谱峰的高度或面积大小即为相应组分在样品中的含量。

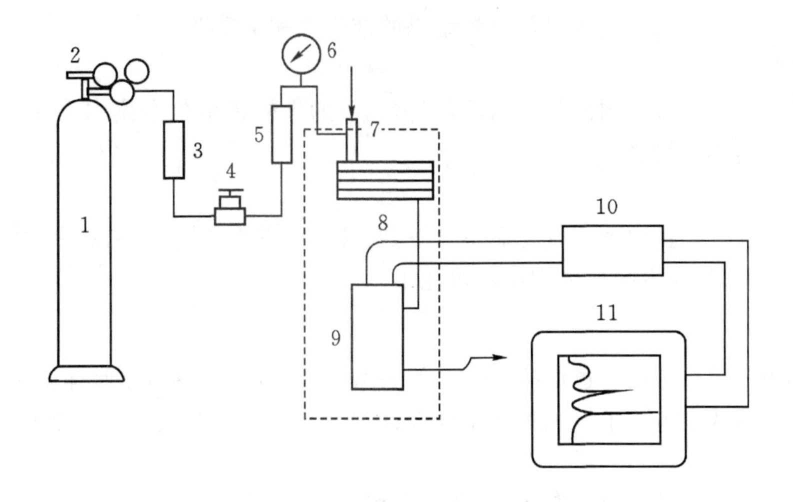

图 13－1　气相色谱分析流程示意图

1—载气钢瓶；2—减压阀；3—净化干燥管；4—针型阀；5—流量计；
6—压力表；7—进样口；8—色谱柱；9—检测器；10—放大器；11—记录器

13.1.2　气相色谱仪的组成

气相色谱仪由五大系统组成：载气系统、进样系统、分离系统、控温系统以及检测和记录系统（见图 13－2）。

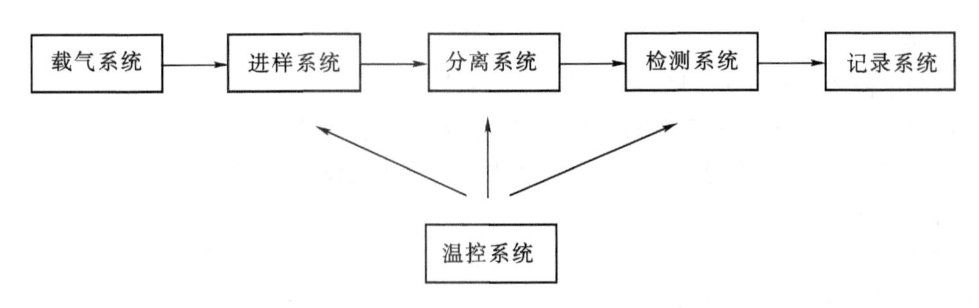

图 13－2　气相色谱仪的组成单元

1. 载气系统

气相色谱仪具有一个让载气连续运行、管路密闭的载气系统。通过该系统可获得纯净的、流速稳定的载气。载气系统的气密性、载气流速的稳定性以及测量流量的准确性对色谱结果均有很大的影响，因此必须注意控制。

常用的载气有氮气和氢气，也有用氦气、氩气和空气的。载气使用前需净化，经过装有活性炭或分子筛的净化器以除去载气中的水、氧等不利的杂质。流速的调节和稳定通过减压阀、稳压阀和针形阀串联使用后达到。一般载气的流速变化小于 1％。

2. 进样系统

进样系统包括进样器和气化室两部分。进样系统的作用是将液体或固体试样在进入色谱柱之前瞬间气化，然后快速定量地转入到色谱柱中。进样的大小、进样时间的长短、试样的气化速度等都会影响色谱的分离效果及分析结果的准确性和重现性。

(1)进样器

液体样品的进样一般采用微量注射器,气体样品的进样常用色谱仪本身配置的推拉式六通阀或旋转式六通阀定量进样。

(2)气化室

为了让样品在气化室中瞬间气化而不分解,要求气化室热容量大、无催化效应。为了尽量减少柱前谱峰变宽,气化室的死体积应尽可能小。

3. 分离系统

分离系统由色谱柱组成。色谱柱的分离效果除了与柱长、柱径和柱形有关外,还与所选用的固定相和柱填料的制备技术以及操作条件等许多因素有关。色谱柱主要有两类:填充柱和毛细管柱。

填充柱由不锈钢或玻璃材料制成,内装固定相,一般内径为 2 ~ 4 mm,长 1 ~ 3 m。填充柱的形状有 U 型和螺旋型两种,目前填充柱已很少使用。

毛细管柱又叫空心柱,分为涂壁、多孔层和涂载体空心柱。空心毛细管柱材质为玻璃或石英,内径一般为 0.2 ~ 0.5 mm,长度 30 ~ 300 m,呈螺旋型,是毛细管色谱仪的关键部件。它可分为填充型和开管型两大类。

(1)填充型

填充型分为填充毛细管柱(先在玻璃管内松散地装入载体拉成毛细管,再涂固定液)和微型填充柱(与一般填充柱相同,只是粒径小,载体颗粒在几十到几百微米)。目前填充毛细管柱已使用不多。

(2)开管型

按其固定液的涂渍方法不同,可分为:

①涂壁开管柱:将内壁经预处理再把固定液涂在毛细管内壁上。

②多孔层开管柱:在管壁上涂一层多孔性吸附剂固体微粒,不再涂固定液。它实际是一种气固色谱开管柱。

③载体涂渍开管柱:为了增大开管柱内固定液的涂渍量,先在毛细管内壁涂一层载体,如硅藻土载体,在此载体上再涂固定液。

④交联型开管柱:采用交联引发剂,在高温处理下把固定液交联到毛细管内壁上。目前大部分的毛细管属于此类型。

⑤ 键合型开管柱:将固定液用化学键合的方法键合到涂敷硅胶的柱表面或经表面处理的毛细管内壁上,由于固定液是化学键合的,大大提高了热稳定性。

毛细管柱具有以下显著特点:渗透性好(载气流动阻力小),可使用长的色谱柱,总柱效高;柱容量小,所需样品量小;相比率(β)大,有利于提高柱效并实现快速分析。所以毛细管柱目前被广泛应用在各种样品的气相色谱分析过程中。

4. 温度控制系统

温度直接影响色谱柱的选择分离、检测器的灵敏度和稳定性。控制温度主要针对色谱柱炉、气化室、检测室的温度。色谱柱的温度控制方式有恒温和程序升温两种。对于沸点范围很宽的混合物一般采用程序升温法进行。程序升温是在一个分析周期内柱温随时间由低温向高温作线性或非线性变化，以达到用最短时间获得最佳分离的目的。

5. 检测和放大记录系统

(1)检测系统

检测器是一种将载气里被分离组分的量转变为可测量的信号(一般是电信号)的装置。根据检测原理的不同，气相色谱检测器可分为浓度型和质量型两类。

浓度型检测器测量的是载气中组分浓度的瞬间变化，即检测器的响应值正比于组分的浓度，如热导检测器、电子捕获检测器。

质量型检测器测量的是载气中所携带的样品进入检测器的速度变化，即检测器的响应信号正比于单位时间内组分进入检测器的质量，如氢火焰离子化检测器和火焰光度检测器。

一个优良的检测器应具有以下几个性能指标：灵敏度高，检出限低，死体积小，响应迅速，线性范围宽和稳定性好。通用性检测器要求适用范围广；选择性检测器要求选择性好。几种常见的检测器及其特点简述如下。

①热导池检测器(Thermal Conductivity Detector，TCD)。热导池检测器是根据各种物质和载气的导热系数不同，采用热敏元件进行检测的检测器。它是一种结构简单，性能稳定，线性范围宽，对无机、有机物质均有响应，灵敏度适中的检测器，在气相色谱中广泛应用。

桥路电流、载气、热敏元件的电阻值、电阻温度系数、池体温度等因素影响热导池的灵敏度。通常载气与样品的导热系数相差越大，灵敏度越高。由于被测组分的导热系数一般都比较小，故应选用导热系数高的载气。常用载气的导热系数大小顺序为 $H_2>He>N_2$。因此在使用热导池检测器时，为了提高灵敏度一般选用 H_2 为载气。

②氢火焰离子化检测器(Flame Ionization Detector，FID)。氢火焰离子化检测器是以氢气和空气燃烧的火焰作为能源，利用含碳化合物在火焰中燃烧产生离子，在外加的电场作用下，使离子形成离子流，根据离子流产生的电信号强度检测被色谱柱分离出的组分的检测器。它具有结构简单、灵敏度高、死体积小、响应快、稳定性好的特点，是目前常用的检测器之一。但应注意，FID 仅对含碳有机化合物有响应，对某些物质如永久性气体、水、一氧化碳、二氧化碳、氮的氧化物、硫化氢等不产生信号或者信号很弱。

③电子捕获检测器(Electrical Capture Detector，ECD)。电子捕获检测器是基于载气(如 N_2)在放射源发射 β 射线下发生电离产生电子，产生的电子被电负性组分捕获，产生中性化合物使基流降低，出现负电流信号，通过检测该电流信号进行检测的检测器。电子捕获检测器只对具有电负性的物质，如含有卤素、硫、磷、氮的物质有响应，且电负性越强，检测器灵敏度越高。在应用上仅次于热导池和氢火焰的检测器。

电子捕获检测器是一个具有高灵敏度和高选择性的检测器，常用来分析痕量的具有电负性元素的组分，如食品、农副产品的农药残留量，大气、水中的痕量污染物等。同时，ECD 是浓度型检测器，其线性范围较窄。因此，在定量分析时应特别注意。

④火焰光度检测器(Flame Photometric Detector，FPD)。火焰光度检测器又叫硫磷检测器，它是一种对含硫、磷的有机化合物具有高选择性和高灵敏度的检测器。硫、磷化合物在富氢火焰中燃烧时生成化学发光物质，并能发射出特征频率的光，记录这些特征光谱，即可检测硫、磷化合物。检测器主要由火焰喷嘴、滤光片、光电倍增管等构成。

(2)记录系统

记录系统是一种能自动记录由检测器输出的电信号的装置。

13.2 气相色谱固定相及其选择

13.2.1 固定液

气相色谱固定相可分为液体固定相和固体固定相两类。液体固定相是将固定液均匀涂渍在载体表面制备而成的。

1. 固定液的特点

固定液一般为高沸点的有机物,能作固定相的有机物必须具备下列条件。

①热稳定性好:在操作温度下,不发生聚合、分解或交联等现象,且有较低的蒸汽压,以免固定液流失。通常,固定液有一个"最高使用温度"。

②化学稳定性好:固定液与样品或载气不能发生不可逆的化学反应。

③固定液的黏度和凝固点低,以便在载体表面能均匀分布。

④各组分必须在固定液中有一定的溶解度,否则样品会迅速通过柱子,难以使组分分离。

2. 固定液和组分分子间的作用力

固定液为什么能牢固地附着在载体表面上,而不为流动相所带走?为什么样品中各组分通过色谱柱的时间不同?这些问题都涉及到分子间的作用力。前者取决于载体分子与固体分子间作用力的大小;后者则与组分、固定液分子相互作用力的不同有关。

分子间的作用力是一种极弱的吸引力,主要包括静电力、诱导力、色散力和氢键力等。如在极性固定液柱上分离极性样品时,分子间的作用力主要是静电力。被分离组分的极性越大,与固定液间的相互作用力就越强,因而该组分在柱内滞留的时间就越长。又如存在于极性分子与非极性分子之间的诱导力。由于在极性分子永久偶极矩电场的作用下,非极性分子也会极化产生诱导偶极矩,它们之间的作用力叫诱导力。极性分子的极性越大,非极性分子越容易被极化,则诱导力就越大。当样品具有非极性分子和可极化的组分时,可用极性固定液的诱导效应分离。例如苯(B. P. 80.1 ℃)和环已烷(B. P. 80.8 ℃)沸点接近,偶极矩为零,均为非极性分子,若用非极性固定液很难使其分离。但苯比环已烷容易极化,故采用极性固定液,就能使苯产生诱导偶极矩,而在环已烷之后流出。固定液的极性越强,两者分离得越远。

3. 固定液的分类

目前用于气相色谱的固定液有数百种,一般按其化学结构类型和极性进行分类,以下总结出一些规律供选用固定液时参考。

①按固定液的化学结构分类:把具有相同官能团的固定液排在一起,然后按官能团的类型不同分类,便于按组分与固定液"结构相似"原则选择固定液时参考。

②按固定液的相对极性分类:极性是固定液重要的分离特性,按相对极性分类是一种简便而常用的方法。

4. 固定液的选择

在选择固定液时,一般按"相似相溶"的规律选择,因为分子间的作用力越强,选择性越高,分离效果越好。实际应用中根据实际情况从以下几方面考虑。

①非极性试样一般选用非极性固定液。非极性固定液对样品的保留作用主要靠色散力。分离时，试样中各组分基本上按沸点从低到高的顺序流出色谱柱。若样品中含有同沸点的烃类和非烃类化合物，则极性化合物先流出。

②中等极性的试样应首先选用中等极性固定液。此时组分与固定液分子之间的作用力主要为诱导力和色散力，分离时组分基本上按沸点从低到高的顺序流出色谱柱。但对于同沸点的极性和非极性物，由于此时诱导力起主要作用，使极性化合物与固定液的作用力加强，所以非极性组分先流出。

③强极性的试样应选用强极性固定液。此时组分与固定液分子之间的作用主要靠静电力，组分一般按极性从小到大的顺序流出。对极性和非极性的样品，非极性组分先流出。

④具有酸性或碱性的极性试样，可选用带有酸性或碱性基团的高分子多孔微球。组分一般按相对分子质量大小顺序分离。此外，还可选用极性强的固定液，并加入少量的酸性或碱性添加剂，以减小谱峰的拖尾。

⑤能形成氢键的试样，应选用氢键型固定液，如腈醚和多元醇固定液等。各组分将按形成氢键的能力大小顺序分离。

⑥对于复杂组分，可选用两种或两种以上的混合液配合使用，增加分离效果。

13.2.2　载体

载体是固定液的支持骨架，使固定液能在其表面上形成一层薄而匀的液膜。载体应有如下的特点：①具有多孔性，比表面积大；②化学惰性且具有较好的浸润性；③热稳定性好；④具有一定的机械强度，固定相在制备和填充过程中不易粉碎。

1. 载体的种类及性能

载体可分成硅藻土和非硅藻土两类。硅藻土类载体是天然硅藻土经煅烧等处理后而获得的具有一定粒度的多孔性颗粒。按其制造方法的不同，分为红色载体和白色载体两种。红色载体因含少量氧化铁颗粒而呈红色，机械强度大，孔径小，比表面积大，表面吸附性较强，有一定的催化活性，适用于涂渍高含量固定液，分离非极性化合物。白色载体是天然硅藻土在煅烧时加入少量碳酸钠之类的助熔剂，使氧化铁转化为白色的铁硅酸钠。白色载体的比表面积小，孔径大，催化活性小，适用于涂渍低含量固定液，分离极性化合物。

2. 硅藻土载体的预处理

普通硅藻土载体的表面并非完全惰性，而是具有硅醇基（Si—OH），并有少量的金属氧化物。因此，它的表面上既有吸附活性，又有催化活性。如果涂渍的固定液量较低，则不能将其吸附中心和催化中心完全遮盖。用这种固定相分析样品将会造成色谱峰的拖尾。另外，用于分析萜烯和含氮杂环化合物等化学性质活泼的试样时，有可能发生化学反应和不可逆吸附。

因此，在涂渍固定液前应对载体进行预处理，使其表面钝化。常用的预处理方法有：①酸洗（除去碱性基团）；②碱洗（除去酸性基团）；③硅烷化（消除氢键结合力）；④釉化（表面玻璃化、堵微孔）。

13.2.3　固体吸附剂

用气相色谱分析永久性气体及气态烃时，常采用固体吸附剂作固定相。在固体吸附剂上，永久性气体和气态烃的吸附热差别较大，因此可得到满意的分离效果。

1. 常用的固体吸附剂

常用的固体吸附剂主要有强极性的硅胶、弱极性的氧化铝、非极性的活性炭和特殊作用的分子筛等。

2. 人工合成的固定相

作为有机固定相的高分子多孔微球是人工合成的多孔共聚物，它既是载体又起固定相的作用，可在活化后直接用于分离，也可作为载体在其表面涂渍固定液后再使用。由于是人工合成的，可控制其孔径的大小及表面性质。如圆柱形颗粒容易填充均匀，数据重现性好。在无液膜存在时，没有“流失”问题，有利于大幅度程序升温。这类高分子多孔微球特别适用于有机物中痕量水的分析，也可用于多元醇、脂肪酸、腈类和胺类的分析。

13.3 气相色谱分离条件的选择

气相色谱中，除了要选择合适的固定液之外，还要选择分离时的最佳条件，以提高柱效能，增大分离度，满足分离的需要。

13.3.1 载气及其线速的选择

根据范氏速率理论方程式(Van Deemter 方程的数学简化式)

$$H = A + B/u + Cu \tag{13-1}$$

最佳线速和最小板高可以通过式(13-1)进行微分后求得。当 u 值较小时，分子扩散项 B/u 将成为影响色谱峰扩张的主要因素，此时宜采用相对分子质量较大的载气(N_2、Ar)，以使组分在载气中有较小的扩散系数。另一方面，当 u 较大时，传质阻力项 Cu 将是主要控制因素，此时宜采用相对分子质量较小，具有较大扩散系数的载气(H_2、He)，以改善气相传质。当然，还须考虑与所用的检测器相适应。

13.3.2 柱长与内径的选择

由于分离度正比于柱长的平方根，所以增加柱长对分离是有利的。但增加柱长会使各组分的保留时间增加，延长分析时间。因此，在满足一定分离度的条件下，应尽可能使用较短的柱子。增加色谱柱的内径可以增加分离的样品量，但由于纵向扩散路径的增加，会使柱效降低。

13.3.3 柱温的选择

柱温是一个重要的色谱操作参数，它直接影响分离效能和分析速度。柱温不能高于固定液的最高使用温度，否则会造成固定液大量挥发流失。某些固定液有最低操作温度。一般操作温度至少必须高于固定液的熔点，以使其有效地发挥作用。降低柱温可使色谱柱的选择性增大，但升高柱温可以缩短分析时间，并且可以改善气相和液相的传质速率，有利于提高效能。所以这两种情况均需考虑。在实际工作中，一般根据试样的沸点选择柱温、固定液用量及载体的种类。对于宽沸程混合物，一般采用程序升温法进行。

13.3.4 载体的选择

由范氏速率理论方程式可知，载体的粒度直接影响涡流扩散和气相传质阻力，间接地影响液相传质阻力。随着载体粒度的减小，柱效将明显提高。但粒度过细，阻力将明显增加，使柱压降增大，对操作带来不便。因此，一般根据柱径选择载体的粒度，保持载体的直径约为柱内径的1/25～1/20为宜。

13.3.5 进样时间与进样量

进样速度必须很快。因为当进样时间太长时，试样原始宽度将变大，色谱峰半峰宽随之变宽，有时甚至使峰变形。一般地，进样时间应在1 s以内。

色谱柱有效分离试样量，随柱内径、柱长及固定液用量不同而异。柱内径大，固定液用量高，可适当增加试样量。但进样量过大，会造成色谱柱超负荷，柱效急剧下降，峰形变宽，保留时间改变。理论上允许的最大进样量是使下降的塔板数不超过10%。总之，最大允许的进样量应控制在使峰面积和峰高与进样量呈线性关系的范围内。

13.4 气相色谱分析方法

从色谱图(见图13-3)可以看到，色谱峰是组分在色谱柱运行的结果，是判断组分是什么物质及其含量的依据。色谱法即是依据色谱峰的移动速度和大小来获得组分的定性、定量分析结果的分离分析方法。

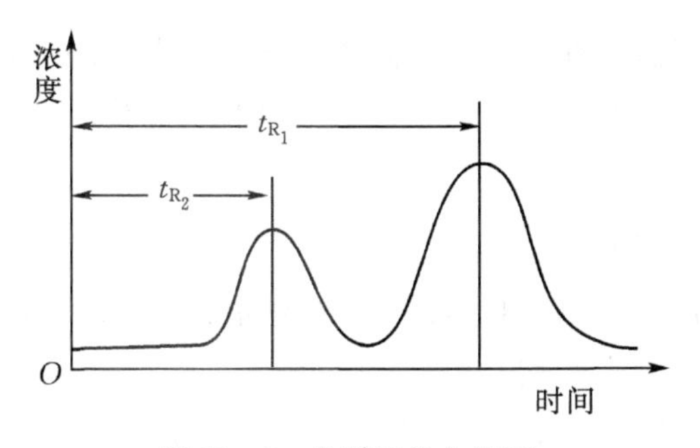

图13-3 色谱流出曲线图

13.4.1 定性分析

在给定条件下，组分在色谱柱内移动速度的调整保留时间是判断组分是何物质的指标，即某组分在给定条件下的调整保留时间(t_R')值为某一数值。为了尽量减少载气流速、柱长、固定液用量等操作条件的改变对t_R'值作为定性分析指标的影响，可进一步用组分相对保留值α或组分的保留指数来定性分析。计算组分i在给定柱温和固定相条件下的保留指数I_i的公式为

$$I_i = 100n + 100 \cdot \frac{\lg t_{R_i}' - \lg t_{R_n}'}{\lg t_{R_{n+1}}' - \lg t_{R_n}'} \tag{13-2}$$

式中，n与$n+1$是紧靠在组分i前后流出的正构烷烃的碳原子数；t_R'是这两个正构烷烃的调整保留时间。

将样品进行色谱分析后，按同样的实验条件用纯物质做实验，或者查阅文献，把两者所得的定性指标（α值、t_R'值或I值）进行比较。如果样品和纯物质都有定性指标数值一致的色谱峰，则此样品中有此物质。

但是，由于只能说相同物质具有相同保留值的色谱峰，而不能说相同保留值的色谱峰都是一种物质，为了更好地对色谱峰进行定性分析，还常采用其他手段来直接定性。例如采用气相色谱和质谱或光谱联用，使用选择性的色谱检测器，用化学试剂检测和利用化学反应等。

13.4.2 定量分析

色谱峰的大小由峰的高度或峰的面积确定。新型色谱仪都有积分仪或微处理机给出精确的色谱峰高或面积。但应该注意，组分进入检测器产生的相应的色谱信号大小（峰高或峰面积）随所用检测器类别和载气的不同而异，有时甚至受到物质浓度和仪器结构的影响。所以须将所得的色谱信号予以校正，才能与组分的量一致，即需要使用下式校正组分的重量：

$$W = f' \cdot A \tag{13-3}$$

式中，f'为该组分的定量校正因子。依式(13-3)从色谱峰面积（或峰高）可得到相应组分的重量，进一步用下述方法之一计算出组分i在样品中的含量W_i。具体可采取如下三种方法。

1. 归一化法

将组分的色谱峰面积乘以各自的定量校正因子，然后按下式计算：

$$W_i(\%) = \frac{A_i f'_i}{\sum A_i f'_i} \cdot 100 \tag{13-4}$$

此法的优点是方法简便，进样量与载气流速的影响不大。缺点是样品中的组分必须在色谱图中都能给出各自的峰面积，还必须知道各组分的校正因子。

2. 内标法

向样品中加入称为内标物的某物质后，进行色谱分析，然后用它对组分进行定量分析。例如，称取样品W_m g，将内标物W_φ g加入其中，进行色谱分析后，得到欲测定的组分与内标物的色谱峰面积分别为A_i和A_φ，则可导出

$$W_i(\%) = \frac{W_\varphi}{W_m} \cdot \frac{A_i f_i'}{A_\varphi f_\varphi'} \cdot 100 \tag{13-5}$$

此方法没有归一化法的缺点，不足之处是要求准确称取样品和内标物的重量，选择合适的内标物。

3. 外标法

在进样量、色谱仪器和操作等分析条件严格固定不变的情况下，先用组分含量不同的纯样等量进样进行色谱分析，含量与色谱峰面积的关系用下式进行计算：

$$W_i(\%) = A_i k_i' \cdot 100 \tag{13-6}$$

式中，k_i'是组分i单位峰面积百分含量校正值。此法适用于工厂控制分析，特别是气体分析。缺点是难以做到进样量固定和操作条件稳定。

13.5　气相色谱-质谱联用技术

气相色谱是一种以气体为流动相的柱色谱分离分析方法。作为分离和分析有机化合物的有效方法，气相色谱法特别适合进行定量分析。但由于其主要采用对比未知组分的保留时间与相同条件下标准物质的保留时间的方法来定性，使得当处理复杂的样品时，气相色谱法很难给出准确可靠的鉴定结果。质谱法的基本原理是将样品分子置于高真空的离子源中，使其受到高速电子流或强电场等作用失去外层电子而生成分子离子，或化学键断裂生成各种碎片离子，经加速电场的作用形成离子束，进入质量分析器，再利用电场和磁场使其发生色散、聚焦，获得质谱图。根据质谱图提供的信息可进行样品分子的定性、定量分析，复杂化合物的结构分析，同位素比的测定及固体表面的结构和组成等分析。

鉴于气相色谱在物质分离和质谱在定性、定量检测方面的各自优势，1957 年 J. C. Holmes 和 F. A. Morrell 首次实现了气相色谱和质谱联用，即气相色谱-质谱联用仪（Gas Chromatography - Mass Spectrometer, GC - MS）。该仪器是分析仪器中较早实现联用技术的仪器，并成为分析复杂混合物最为有效的手段之一，应用领域不断扩大，在代谢组学、蛋白组学、药物、环境、食品分析等领域发挥着越来越重要的作用。

13.5.1　气质联用仪技术原理

GC - MS 系统有气相色谱和质谱两部分。气相色谱使用毛细管柱，其关键参数是柱的尺寸以及固定相性质。当试样流经柱子时，根据各组分化学性质的差异而得到分离。分子被柱子所保留，然后在不同时间流出色谱柱。流出柱子的分子被下游的质谱分析器俘获，经过离子化、加速、偏向，最终将离子化的分子断裂成离子化碎片，并通过其质荷比进行测定。

气质联用仪将气相色谱和质谱通过接口连接起来，气相色谱将复杂混合物分离成单组分后进入质谱进行分析检测。联合使用的质谱最常见的是四级杆质谱仪，其他相对普遍的是离子阱质谱仪。另外，扇形磁场质谱仪在气质联用中也有使用。但这些特别仪器价格昂贵、体积庞大，不适用于高通量服务的实验室。

1. 进样方式和离子化方式

GC - MS 要求样品最好是液态，如果是固态样品必须溶解。由微量注射器将样品注入色谱进样器，经色谱分离后进入离子源。有些 GC - MS 联用仪具有直接进样方式，将样品放入小的玻璃坩埚中，靠直接进样杆将样品送入离子源，加热气化后，由电子离子源电离。直接进样方式主要适用于分析高沸点的纯样品。

GC - MS 所用的离子源主要是电子电离源。对于热稳定性差的样品，可以采用化学电离源。采用双聚焦质量分析器的 GC - MS 联用仪，还用快原子轰击电离方式。

2. GC - MS 的质谱扫描方式

下面以 GC - MS 最常用的四级杆质谱仪为例，说明 GC - MS 的质谱扫描方式。扫描方式分为全程扫描模式（scan）和选择离子模式（Select Ion Monitoring, SIM）两种。scan 模式是连续改变 V_{rf}，使不同质荷比的离子顺序通过分析器到达检测器。用这种扫描方式得到的质谱是标准质谱，可进行图库检索。一般质谱分析大多采用这种扫描方式。

SIM 模式是对选定的离子进行跳跃式扫描，仅监测特定物质相关的峰。这种方法是根据在特定的保留时间，一组离子是一个特定化合物的特征的假设。它是一种快速、有效的分析方法，特别是分析者预知样品的某些信息或仅仅是寻找几种特定的物质时，这种方法的优点更为突出。采用这种扫描方式可提高检测灵敏度，其原因解释如下：假设全程扫描质荷比（m/z）从 1 amu到 500 amu 所需时间为 1 s，那么每个质量扫过的时间为 1/500 s；如果采用 SIM 模式，假定只扫 5 个特征离子，那么每个离子扫过的时间则为 1/5 s，是正常扫描时间的 100 倍。离子的产生是连续的，扫描时间长，则接收到的离子多，即灵敏度高。利用 SIM 模式不仅灵敏度高，而且选择性好。在很多干扰离子存在时，利用 scan 模式可能得到的信号很小，噪音很大。但用 SIM 扫描模式只选择特征离子，噪音会变得很小，信噪比大大提高。在对复杂体系中某一微量成分进行定量分析时，常采用选择离子扫描方式。

13.5.2 气质联用中的主要技术问题

气相色谱和质谱联用技术中主要解决以下两个技术问题。

1. 仪器接口

接口技术中要解决的首要问题是气相色谱仪的大气压工作条件和质谱仪的真空工作条件的联接和匹配。气相色谱的入口端压力高于大气压。在高于大气压的状态下，样品混合物的气态分子在载气的带动下，因在流动相和固定相上的分配系数不同而产生分离，通常色谱柱的出口端为大气压力。接口要把气相色谱柱流出物中的载气尽可能多地除去，保留或浓缩待测物，使近似大气压的气流转变成适合离子化装置的粗真空，并协调色谱仪和质谱仪的工作流量。

GC－MS 联用仪的接口是解决气相色谱和质谱联用的关键组件。理想的接口能除去全部载气，但却能把待测物毫无损失地从气相色谱仪传输到质谱仪。实际工作中用传输产率 Y、浓缩系数 N、延时 t 和峰展宽系数 H 来评价接口性能（见表 13－1）。

表 13－1 接口性能评价参数及意义

评价参数	计算方法	物理意义
传输产率 Y	$Y=(q_{MS}/q_{GC})100\%$	待测样品的传输能力与灵敏度成正比
浓缩系数 N	$N=(Q_{GC}/Q_{MS})Y$	消除载气和样品浓缩的能力
延时 t	$T=t_{MS}-t_{GC}$	质谱检测器上的出峰时间延迟
峰展宽系数 H	$H=W_{MS}/W_{GC}$	气质联用仪峰宽和气相色谱峰宽比值

在气质联用技术的发展过程中，出现过许多接口方式。如分子流式分离器，利用分子量小、流量大、容易除去的原理，分离载气和样品；有机薄膜分离器，利用对有机气体选择性溶解，使无机气体载气和样品分离；钯-银管分离器，利用钯-银管对氢的选择反应传输而达到分离的目的等。但是这些分离器总体性能都不理想，目前常见的接口如表 13－2 所示。

表 13－2 常见 GC－MS 接口性能及适用性

接口方式	Y/%	N	t/s	H	分离原理	适用性
直接导入型	100	1	0	1	无分离	小孔径毛细管柱
开口分流型	～30	1	1	1～2	无分离	毛细管柱
喷射式分离器	～50	100	1	1～2	喷射分离	填充柱/毛细管柱

(1)直接导入型接口

这种接口方式是迄今为止最常用的一种技术。该接口是一金属毛细管，将毛细管柱慢慢插入该金属毛细管，直至有1～2 mm的色谱柱伸出。此时，载气和待测物一起从气相色谱柱流出立即进入离子源的作用场。载气是惰性气体不发生电离，待测物却会形成带电粒子，在电场作用下加速向质量分析器运动，载气由于不受电场影响而被真空泵抽走。接口的实际作用是支撑插入端毛细管，使其准确定位。另一个作用是保持温度，使色谱柱流出物始终不产生冷凝。这种接口的载气限于氦气和氢气。一般使用这种接口，气相色谱的气流速在0.7～1.0 mL·min^{-1}。当气相色谱气流速高于2 mL·min^{-1}时，质谱仪的检测灵敏度会下降，因为色谱柱的最大流速受质谱仪真空泵流量的限制。该接口最高工作温度和最高柱温相近。该接口组件结构简单，容易维护，传输率达100%。这种联接方法一般都使质谱仪接口靠近气相色谱仪的侧面。

(2)开口分流型接口

色谱柱洗脱物的一部分被送入质谱仪，这样的接口称为分流型接口。在多种分流型接口中以开口分流型接口最为常用。

气相色谱柱的一段插入接口内套管，其出口正对着另一毛细管，该毛细管称为限流毛细管。限流毛细管承受将近0.1 MPa的压降，与质谱仪的真空泵相匹配，把色谱柱洗脱物的一部分定量地引入质谱仪的离子源。内套管用来固定色谱柱的毛细管和限流毛细管，并使这两根毛细管的出口和入口对准。内套管置于一个外套管中，外套管充满氦气。当色谱柱的流量大于质谱仪的工作流量时，过多的色谱柱流出物和载气随氦气流出接口；当色谱柱的流量小于质谱仪的工作流量时，外套管中的氦气提供补充。因此，更换色谱柱时不影响质谱仪工作，质谱仪也不影响色谱仪的分离性能。这种接口结构也很简单，但色谱仪流量较大时，分流比较大，产率较低，不适用于填充柱的条件。

(3)喷射式分离器接口

常用的喷射式分子分离器接口的工作原理，是根据气体在喷射过程中分子都以超音速的速度运动，不同质量的分子具有不同的动量。动量大的分子易保持沿喷射方向运动，动量小的易于偏离喷射方向，被真空泵抽走。分子量较小的载气在喷射过程中偏离接收口，分子量较大的待测物得到浓缩后进入接收口。喷射式分子分离器具有体积小、热解和记忆效应较小、待测物在分离器中停流时间短等优点。

喷射式分离器的浓缩系数与待测物分子量成正比。产率与氦气流量有关，氦气流量在某一范围能得到最佳产率，该参数需优化。一般工作温度较高，产率较高。这种接口适用于各种流量的气相色谱柱，从填充柱到大孔径毛细管柱，主要缺点是对易挥发的化合物传输率不够高。

2. 扫描速度

和气相色谱仪联接的质谱仪，由于气相色谱峰很窄，有的仅有几秒钟时间，一个完整的色谱峰通常需要至少6个以上数据点。这样就要求质谱仪有较高的扫描速度，才能在很短的时间内完成多次全质量范围的质量扫描。另一方面，要求质谱仪能很快地在不同的质量数之间来回切换，以满足选择离子检测的需要。

13.5.3 GC-MS的主要信息

GC-MS主要分析得到三方面的信息：样品的总离子色谱图、样品中每个组分的质谱图、每个质谱图的检索结果。高分辨GC-MS仪器还可给出精确质量和组成式。

1. 总离子色谱图

在一般 GC－MS 分析中，样品连续进入离子源并被连续电离。分析器每扫描一次，检测器就得到一个完整的质谱并送入计算机存储。色谱柱流出的每一个组分，其浓度随时间变化，每次扫描得到的质谱的强度也随时间变化，计算机就得到这个组分不同浓度下的多个质谱。同时，可以把每个质谱的所有离子相加得到总离子强度，并由计算机显示随时间变化的总离子强度，这就是样品总离子色谱图。图中每个峰表示样品的一个组分，峰面积和该组分的含量成正比。横坐标是出峰时间，纵坐标是峰高。由 GC－MS 得到的总离子色谱图与一般色谱仪得到的色谱图基本上是一样的。其差别在于，总离子色谱图所用的检测器是质谱仪，除具有色谱信息外，还具有质谱信息，由每一个色谱峰都可以得到相应组分的质谱。

2. 质谱图

由总离子色谱图可以得到任何一个组分的质谱图。一般情况下，为了提高信噪比，通常由色谱峰峰顶处得到相应质谱图。但如果两个色谱峰相互干扰，应尽量选择不发生干扰的位置得到质谱，或通过扣本底消除其他组分的影响。

3. 库检索

得到质谱图后可以通过计算机检索对未知化合物进行定性。检索结果可以给出多个可能的化合物，并以匹配度大小顺序排列出这些化合物的名称、分子式、分子量和结构式等。使用者可以根据检索结果和其他信息，对未知物进行定性分析。目前的 GC－MS 联用仪有几种数据库，应用最为广泛的有 NIST 库和 Willey 库。此外，还有毒品库、农药库等专用谱库。

例 13－1 Jae Kwak 等利用 GC－MS 测定了人尿液中的挥发性有机物。样品采用固相微萃取技术萃取挥发性有机物，再注入气相色谱。色谱柱为 Stabilwax column（30 m × 0.32 mm× 1.0 μm），采用程序升温，接口温度 230 ℃，质谱仪采用 70 eV 电离，所得质谱图用 NIST11 图库检索鉴定化合物。总离子色谱图如图 13－4 所示。结果表明，随着放置时间的增长，挥发性

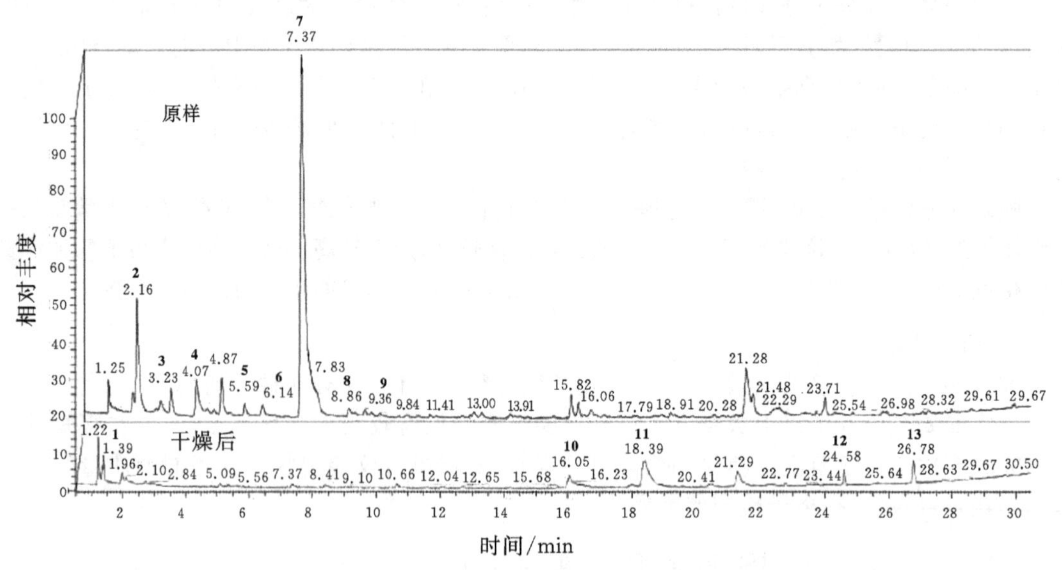

图 13－4 从尿液中萃取的挥发性有机物的总离子色谱图

1—三甲胺；2—丙酮；3—乙醇；4—2－戊酮；5—3－己酮；6—3－庚酮；7—4－庚酮；8—2－庚酮；9—3－甲基－2－庚酮；10—乙酸；11—丙二醇；12—二甲砜；13—泛内酯

物质逐渐减小，而水溶性小分子脂肪酸等浓度在增加。

13.6　气相色谱法最新研究进展

随着物理学和电子技术的发展，气相色谱法出现更大的发展空间。例如出现耐高温的极性高效开管柱和选择性好、灵敏度高的检测器，色谱定性和定量分析规律的研究，微处理机进一步的应用，生物学、医学、环境保护等方面新的分析方法，这些都是很活跃的研究课题。另外，运用高速单片微机应用、最新色谱数据处理技术、总线技术、TCP/IP 模块应用、集成的电子信息技术结合成熟的气相色谱检测技术、优化气路技术而设计制造的智能网络化气相色谱仪的研究，也将是今后发展的方向。

1. 仪器方面的最新进展

①自动化程度进一步提高，特别是 EPC（电子程序压力流量控制系统）已作为基本配置在许多厂家的气相色谱仪上安装，为色谱条件的再现、优化和自动化提供了更可靠完善的支持。

②出现与应用结合更紧密的专用色谱仪，如天然气分析仪。

③色谱仪器上的许多功能得到进一步开发和改进，如大体积进样、高灵敏度检测器、高速采样技术等。

④色谱工作站功能增强，GC 的远程操作有望成为现实。

2. 色谱柱的最新进展

①新的高选择性固定液不断得到应用，如手性固定液。

②细内径毛细管色谱柱应用更为广泛，大大提高了分析速度。

③耐高温毛细管色谱柱扩展了 GC 的应用范围。

13.7　应用实例

只要在气相色谱仪允许的条件下可以气化而不分解的物质，都可以用气相色谱法测定。对部分热不稳定物质或难以气化的物质，通过化学衍生化的方法，仍可用气相色谱法分析。其在石油化工、医药卫生、环境监测、生物化学等领域都得到了广泛的应用。

气相色谱法的优点包括：

①分离效率高，分析速度快。例如，可将汽油样品在 2 h 内分离出 200 多个色谱峰，一般的样品分析可在 20 min 内完成。

②样品用量少，检测灵敏度高。例如，气体样品用量为 1 mL，液体样品用量为 0.1 μL，固体样品用量为几微克。用适当的检测器能检测出含量在百万分之十几至十亿分之几的杂质。

③选择性好。可分离、分析恒沸混合物，沸点相近的物质，某些同位素，顺式与反式异构体，邻、间、对位异构体，旋光异构体等。

④应用范围广。虽然主要用于分析各种气体和易挥发的有机物质，但在一定的条件下，也可以分析高沸点物质和固体样品。应用的主要领域有石油工业、环境保护、临床化学、药物学、食品工业等。

但同时，气相色谱法也具有一些缺点。例如，在对组分直接进行定性分析时，必须用已知物或已知数据与相应的色谱峰进行对比，或与其他方法（如质谱、光谱）联用，才能获得直接肯定的结果。在定量分析时，常需要用已知物纯样品对检测后输出的信号进行校正。

例 13-2 汽油中含氧化合物（醇类和醚类）含量的气相色谱分析。汽油中各种醚的含量范围从 0.1%～20%。各种醇的含量范围从 0.1%～12.0%。

色谱条件：GC1690 气相色谱仪（含分流/不分流进样口，双 FID 检测及监控，带自动反吹及复位的十通切换阀）；TCEP 微填充预柱、甲基硅酮石英毛细管分析柱（30 m×0.53 mm×5.0 μm）；流动相为高纯氮气、高纯氢气、纯净干燥空气；醇、醚定性标样，醇、醚校正标样，内标 1,2-二甲氧基乙烷(DME)，系统分析切割标样。

醇、醚全组分标准样品分析色谱图如图 13-5 所示。

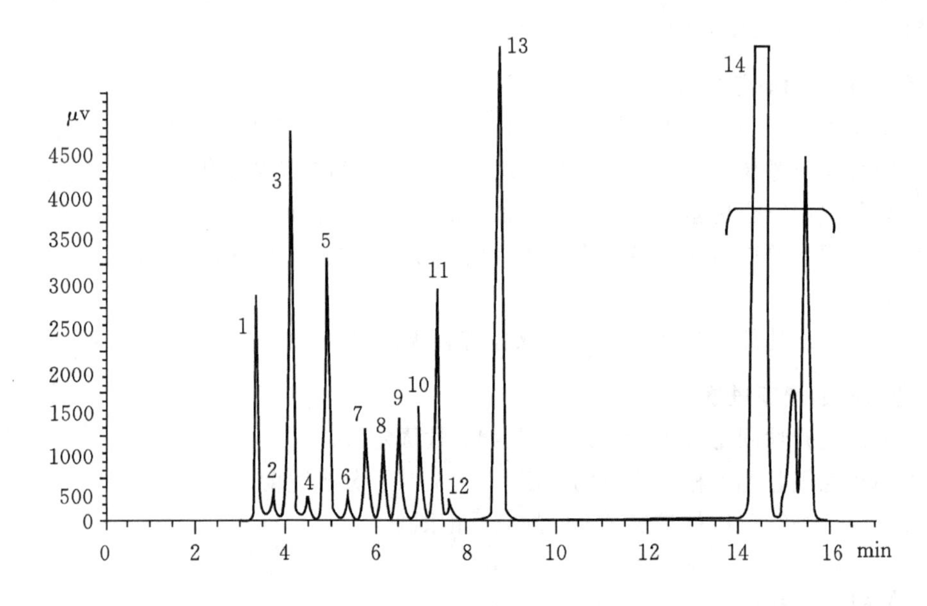

图 13-5　醇、醚全组分标准样品分析色谱图

1—甲醇；2—乙醇；3—异丙醇；4—叔丁醇；5—正丙醇；6—甲基叔丁基醚；7—仲丁醇；8—二异丙醚；9—异丁醇；10—叔戊醇；11—乙二醇二甲基醚；12—正丁醇；13—叔戊基甲醚；14—重烃

参考文献

[1] 李发美. 分析化学[M]. 7 版. 北京：人民卫生出版社，2011.
[2] 武汉大学. 分析化学[M]. 4 版. 北京：高等教育出版社，2000.
[3] 顾国耀，祁玉成. 分析化学[M]. 北京：人民卫生出版社，2010.

小结

1. 基本概念

①气相色谱法：用气体作为流动相的色谱法称为气相色谱法。

②气相色谱仪的组成：载气系统、进样系统、分离系统、控温系统以及检测和记录系统。

③热导池检测器(TCD)：一种结构简单，性能稳定，线性范围宽，对无机、有机物质都有响

应，灵敏度适中的检测器。热导池检测器是根据各种物质和载气的导热系数不同，采用热敏元件进行检测的。常用载气的导热系数大小顺序为 H_2>He >N_2。因此在使用热导池检测器时，为了提高灵敏度，一般选用 H_2 为载气。

④氢火焰离子化检测器(FID)：具有结构简单，灵敏度高，死体积小，响应快，稳定性好的特点，是目前常用的检测器之一。FID 以氢气和空气燃烧的火焰作为能源，利用含碳化合物在火焰中燃烧产生离子，在外加的电场作用下使离子形成离子流，根据离子流产生的电信号强度检测被色谱柱分离出的组分。

2. 基本理论

①Van Deemter 方程的表示及各参数的意义：

$$H=A+B/u+Cu$$

最佳线速和最小板高可以通过上式进行微分后求得。当 u 值较小时，分子扩散项 B/u 将成为影响色谱峰扩张的主要因素，此时宜采用相对分子质量较大的载气(N_2、Ar)，以使组分在载气中有较小的扩散系数。另一方面，当 u 较大时，传质阻力项 Cu 将是主要控制因素，此时宜采用相对分子质量较小，具有较大扩散系数的载气(H_2、He)，以改善气相传质。

②气相色谱定量分析方法：归一化法和内标法。

思考题与习题

1. 用热导池检测器时，为什么常用 H_2 和 He 作载气而不常用 N_2 作载气？
2. 气相色谱定量的依据是什么？为什么要引入定量校正因子？有哪些主要的定量方法，各适用于什么情况？
3. 在气相色谱检测器中通用型检测器是(　　)。
   A. 氢火焰离子化检测器　　B. 热导池检测器
   C. 示差折光检测器　　D. 火焰光度检测器　　(B)
4. 在气相色谱分析中为了测定下面的组分，宜选用哪种检测器，为什么？
   (1)蔬菜中含氯农药残留量；
   (2)测定有机溶剂中微量水；
   (3)痕量苯和二甲苯的异构体；
   (4)啤酒中微量硫化物。
5. 在气液色谱中，色谱柱的使用上限温度取决于(　　)。
   A. 样品中沸点最高组分的沸点　　B. 样品中各组分沸点的平均值
   C. 固定液的沸点　　D. 固定液的最高使用温度　　(D)
6. 在气相色谱分析中，色谱流出曲线的宽度与色谱过程的(　　)无关。
   A. 热力学因素　　B. 色谱柱长度
   C. 动力学因素　　D. 热力学和动力学因素　　(A)
7. 在一定的柱温下，(　　)不会使比保留体积(V_g)发生改变。
   A. 改变检测器性质　　B. 改变固定液种类
   C. 改变固定液用量　　D. 增加载气流速　　(A)

8. 使用热导池检测器时，应选用(　　)作载气，其效果最好。

A. H_2　　B. He　　C. Ar　　D. N_2　　(A)

9. 检测器的“线性”范围是指(　　)。

A. 标准曲线是直线部分的范围

B. 检测器响应呈线性时最大和最小进样量之比

C. 检测器响应呈线性时最大和最小进样量之差

D. 最大允许进样量与最小检测量之差　　(B)

10. 一般气相色谱法适用于(　　)。

A. 任何气体的测定

B. 任何有机和无机化合物的分离、测定

C. 无腐蚀性气体和在气化温度下可以气化的液体的分离与测定

D. 任何无腐蚀性气体和易挥发的液体、固体的分离与鉴定　　(C)

11. 下列气相色谱仪的检测器中,属于质量型检测器的是(　　)。

A. 热导池和氢焰离子化检测器　　B. 火焰光度和氢焰离子化检测器

C. 热导池和电子捕获检测器　　D. 火焰光度和电子捕获检测器　　(B)

12. 当载气流速远小于最佳流速时，为了提高柱效，合适的载气为(　　)。

A. 摩尔质量大的气体　　B. 摩尔质量小的气体

C. 中等摩尔质量的气体　　D. 任何气体均可　　(A)

第 14 章　高效液相色谱法

基本要求

1. 掌握高效液相色谱法的基本理论；
2. 掌握高效液相色谱仪的组成部件及工作原理；
3. 掌握高效液相色谱法的主要类型及分离原理；
4. 了解高效液相色谱联用技术；
5. 了解毛细管电泳分离机理及基本应用。

高效液相色谱法(High Performance Liquid Chromatography，HPLC)是以经典的液相色谱为基础，引用气相色谱理论，在技术上以高压下的液体为流动相的色谱方法。它的出现不过三十多年的时间，但这种分离技术的发展十分迅猛。与气相色谱相比，高效液相色谱更适宜于分离分析高沸点、热稳定性差、有生理活性及相对分子量比较大的物质，因而被广泛应用于核酸、肽类、内酯、稠环芳烃、高聚物、药物、人体代谢产物、表面活性剂、抗氧化剂、杀虫剂等物质的分析中。进一步与试样预处理技术相结合，高效液相色谱法可达到高分辨率和高灵敏度，使分离和同时测定性质上十分相近的物质成为可能。另外，随着固定相的发展，高效液相色谱法有可能在充分保持生化物质活性的条件下完成其分离。再者，高效液相色谱与结构仪器的联用受到普遍重视。如 HPLC－MS 作为生化分析的一个有力工具，已被用于分子水平上对蛋白质、多肽、核酸的分子量的确认，氨基酸和碱基对的序列测定及翻译后的修饰工作等。

14.1　概　述

20 世纪 60 年代初气相色谱高速发展，但由于它对高分子量、热稳定性差、极性强的物质不适用(据统计，已知化合物中能直接进行气相色谱分析的约占 15%，加上制成衍生物的化合物也不过 20%左右)，人们把注意力转向液相色谱的研究。早期的液相色谱都是在直径 1～5 cm，长 50～500 cm 的玻璃柱中进行的。为了保证有一定的柱流速，填充的固定相颗粒直径多为 150～200 μm 范围内，流速很低(小于 1 $mL \cdot min^{-1}$)，分析时间较长。为了提高流速，人们试图通过增加压力以缩短分析时间，但结果发现柱塔板高度 H 也相应增加了，分析柱效率下降。经过大量实践，人们认识到减小填充物的粒径是最有效的增加柱效的方法。在此背景下，人们在经典的液体柱色谱法基础上，采用高压泵、高效固定相和高灵敏度检测器，引入气相色谱理论后发展起来的柱色谱技术就是高效液相色谱法。高效液相色谱法具有色谱柱可反复使用、流动相可选择范围宽、流出组分容易收集、分离效率高、分析速度快、灵敏度高、操作自动化和应用范围广等优点，现已成为色谱法中应用最广的一类方法。

14.1.1 高效液相色谱法与经典液相色谱法

经典液相色谱法的缺点是柱效低，分离时间长，难以解决复杂混合物的分离。由速率理论可知，要提高柱效就要把固定相的颗粒度减小，同时加快传质速率，要缩短时间就要把流动相的速度加快。在把经典液相色谱法向高效液相色谱法改造的过程中，就是针对这三个关键问题展开的。

比起经典液相色谱法，高效液相色谱法的最大优点在于高速、高效、高灵敏度、高自动化。高速是指分析速度上比经典液相色谱法快数百倍。由于经典色谱是重力加料，流出速度极慢，而高效液相色谱法采用高压输液设备，流速可达每分钟几十毫升。例如，对氨基酸的分离，用经典色谱法，柱长约 170 cm，柱径 0.9 cm，流动相速度 30 $mL \cdot h^{-1}$，需要 20 多个小时才能分离 20 种氨基酸。而高效液相色谱法只需 1 h。高效是由于高效液相色谱法应用了颗粒极细、规则均匀的固定相，传质阻力小，分离效率很高。因此，在经典液相色谱法中难分离的物质，一般在高效液相色谱法中能得到满意的结果。高灵敏度是由于高效液相色谱法采用高灵敏度检测器。例如，紫外检测器的最小检出限可达 10^{-9} g，而荧光检测器则可达 10^{-11} g。

14.1.2 高效液相色谱法与气相色谱法

高效液相色谱法与气相色谱法相比，具有以下三方面的优势。

①气相色谱法的分析对象只限于气体和沸点较低的化合物，约占有机化合物的 20%。对于占有机物 80%的那些高沸点、热稳定性差、摩尔质量大的物质，目前主要采用高效液相色谱法进行分离分析。

②气相色谱法采用的流动相是惰性气体，它对组分没有亲和力，仅起载运的作用。高效液相色谱法中，流动相对组分有一定的亲和力，并参与固定相对组分作用的竞争，而且可选用不同极性的液体，选择余地大。因此，流动相对分离起很大作用，相当于增加了控制和改进分离条件的参数，这为选择最佳分离条件提供了极大方便。

③气相色谱法一般在较高温度下进行，而高效液相色谱法一般在室温条件下工作。

总之，高效液相色谱法是吸收了气相色谱法和经典液相色谱法的优点，并用现代手段加以改进，因此得到迅猛发展。目前，高效液相色谱法已被广泛应用于生物和医药领域中，尤其在具有重大意义的大分子的分离与分析上发挥着重要的作用。

14.2 高效液相色谱法的基本理论

高效液相色谱法和气相色谱法的基本概念(如保留值、分配系数、分配比、分离度等)和理论基础(如塔板理论、速率理论等)都基本一致。在气相色谱法中应用的表达色谱分离过程的基本关系式，绝大多数也适用于高效液相色谱法。二者不同之处由流动相采用液体和气体的性质差异所引起。液体是不可压缩的，其扩散系数只有气体的万分之一至十万分之一，黏度是气体的一百倍，而密度为气体的一千倍。这些差异对液体色谱的扩散和传质影响很大。

14.2.1 液相色谱的速率方程

Giddings 等在 Van Deemter 方程基础上提出了液相色谱速率方程：

$$H=H_e+H_d+H_s+H_m+H_{sm} \qquad (14-1)$$

式中，H 为塔板高度；H_e、H_d、H_s、H_m、H_{sm} 分别为涡流扩散项、纵向扩散项、固定相传质阻力项、流动相传质阻力项和静态流动相传质阻力项。

1. 涡流扩散项(H_e)

与气相色谱中的涡流扩散项相同，$H_e = 2\lambda d_p$。为了降低涡流扩散项，可采用减小粒度(d_p)和提高柱内填料均匀性的方法。目前高效液相色谱多采用 2～5 μm 的球形固定相。

2. 纵向扩散项(H_d)

试样中组分在流动相带动下流经色谱柱时，由组分分子本身运动引起纵向扩散导致的色谱峰展宽称为纵向扩散，可用下式表示：

$$H_d=\frac{C_d D_m}{u} \qquad (14-2)$$

式中，C_d 为一常数；D_m 为组分分子在流动相中的扩散系数；u 为流动相线速度。D_m 与流动相的黏度成反比，与温度成正比。液相色谱的流动相为液体，黏度比气体大得多，且在常温下进行操作，所以组分在液体中的扩散系数 D_m 比气体中的 D_g 要小 4～5 个数量级。因此液相色谱的纵向扩散项对色谱峰展宽的影响可以忽略。

3. 固定相传质阻力项(H_s)

组分分子由流动相进入固定液进行传质交换的传质阻力表示为：

$$H_s=\frac{C_s' d_f^2}{D_s}u \qquad (14-3)$$

式中，C_s' 是与容量因子 k 有关的系数；d_f 为固定液的液膜厚度；D_s 为组分在固定液内的扩散系数。由式(14-3)可见，其与气相色谱中的液相传质项含义一致。因此，要减小固定相传质引起的峰展宽，可通过改变传质过程，加快分子在固定相的解吸来解决。如现代高效液相色谱法常使用的化学键合相色谱柱，“固定液”只是在惰性载体表面很薄的一层，这时传质阻力项可忽略不计。对于吸附、排阻和离子交换色谱法，可使用小的颗粒填料来改进。

4. 流动相传质阻力项(H_m)

当流动相流过色谱柱的填充颗粒形成流路时，靠近填充物颗粒的流动相流动要慢一些，而流路中部的流动相流动得快。因此，流路中心流动相中的组分分子还未来得及扩散进入流动相和固定相界面，就被流动相带走。所以，这些分子总是比靠近填料颗粒与固定相达到分配平衡的分子移动得更快些，致使峰展宽。

5. 静态流动相传质阻力项(H_{sm})

由于固定相填料的多孔性，微粒小孔内所含流动相处于停滞不动的状态，这样分子在停滞区内停留时间较长，由此引起的峰展宽表示为

$$H_{sm}=\frac{C_{sm}' d_p^2}{D_m}u \qquad (14-4)$$

式中，C_{sm}' 为与颗粒中被流动相所占据部分的分数及容量因子有关的常数。

综上所述，经过简化后高效液相色谱的速率方程为

$$H=A+\frac{B}{u}+Cu \qquad (14-5)$$

此式与气相色谱速率方程在形式上是一致的。但因其纵向扩散项可忽略不计，影响柱效的主要因素是传质项，所以要提高高效液相色谱的效率，得到较小的 H 值，应该从液相色谱的流动相、色谱柱及流速等因素综合考虑。一般来说，色谱柱中填料颗粒较小、填充均匀时，H 较小；流动相黏度较低、流速较低和柱温较高时，H 较小。

14.2.2 峰展宽的柱外效应

除去柱内色谱峰的展宽，在柱外仍存在着引起色谱峰展宽的因素，称之为峰展宽的柱外效应或柱外峰展宽。

1. 柱前峰展宽

柱前峰展宽包括由进样及进样器到色谱柱连接管引起的峰展宽。如今高效液相色谱法的进样方式大多是将试样注入到进样器的液流中。进样器的死体积、进样时液流扰动而引起的扩散及由进样器到色谱柱连接管的死体积，均会引起色谱峰的展宽和不对称。

2. 柱后峰展宽

柱后峰展宽主要由检测器流通池体积、连接管等引起。

柱外峰展宽在液相色谱中的影响要比在气相色谱中更为显著。为了减少其不利影响，应当尽可能减小柱外死空间。

14.3 高效液相色谱仪

高效液相色谱仪的工作流程如图 14－1 所示，主要分为四部分：高压输液系统、进样系统、分离系统和检测系统。此外，还配有辅助装置，如自动进样、柱温箱及数据处理等。

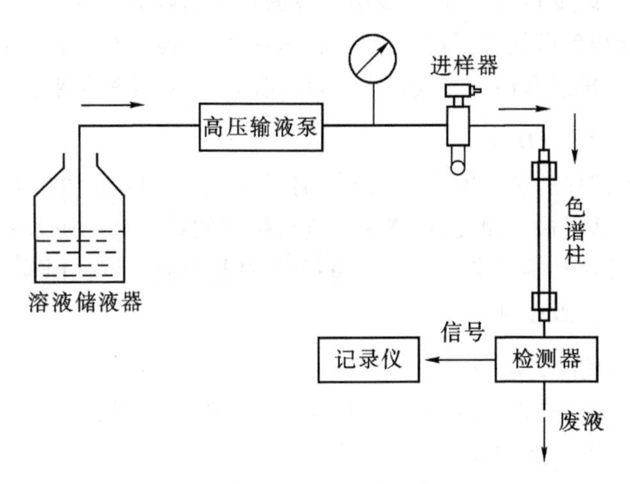

图 14－1　高效液相色谱仪工作流程图

14.3.1 高压输液系统

高压输液系统一般由溶剂储液器、高压输液泵、梯度洗脱装置、压力脉动阻力器等组成。

1. 溶剂储液器

溶剂储液器是 1～2 L 的玻璃瓶，配有溶剂过滤器(Ni 合金)，其孔径约 2 mm，可防止颗粒物进入泵内。

2. 脱气装置

溶剂通过脱气机的脱气膜，相对分子量较小的气体透过膜从溶剂中除去，可有效减小测定基线的噪音。

3. 高压输液泵

高效液相色谱利用高压泵输送流动相通过整个色谱系统。由于高压液相色谱所用的固定相颗粒极细，因此对流动相阻力很大。为使流动相较快流动，达到高效分离，必须有很高的柱前压力。高压泵应具备较高的输出压力，输出流量精度要高，并具有较大的调节范围。流量需要稳定，因为它不仅影响柱效，而且直接影响到峰面积的重现性、定量分析的精密度、保留值和分辨能力。

常用的输液泵分为恒流泵和恒压泵两种。恒压泵类似于风箱，可迅速获得高压，适用于柱的匀浆填充。但因泵腔体积大，在往复推动时会引起脉动，且输出流量随色谱系统阻力变化而变化，现已较少使用。恒流泵的特点是在一定操作条件下，输出流量保持恒定而与色谱柱引起的阻力变化无关，有机械注射式和机械往复式两种。

4. 梯度洗脱装置

梯度洗脱是使流动相中含有两种或两种以上不同极性的试剂，在梯度洗脱过程连续或间接改变流动相的组成，以调节它的极性，使每个流出的组分都有合适的容量因子，并使样品中所有的组分可在最短的分析时间内获得圆满的选择性分离的洗脱技术。梯度洗脱技术可以提高柱效、缩短分析时间，并可改善检测器的灵敏度。当样品中第一个组分容量因子值和最后一个峰容量因子的值相差几十倍至上百倍时，使用梯度洗脱的效果特别好。此技术相似于气相色谱中使用的程序升温技术，现已在高效液相色谱法中获得广泛应用。

可采用低压梯度和高压梯度两种方式操作，在分离过程中逐渐改变流动相的组成。如果只有一个泵，可采用低压混合设计(将两种或以上的溶剂按一定比例混合，再由高压泵输出)。如果有两个或以上泵，可调节各自的流量，在高压下混合。

14.3.2　进样系统

与 GC 相比，HPLC 柱要短得多，因此由于柱本身所产生的峰形展宽相对要小些。HPLC 的展宽多因一些柱外因素引起。进样方式对柱效和重现性有很大影响。好的进样装置应满足：样品被“浓缩”瞬时注入到色谱柱柱头中心，重现性好，可在高压下操作，使用方便。常用的进样装置包括以下两种。

1. 隔膜注射进样

这种进样方式与气相色谱类似。它是在色谱柱顶端装入耐压弹性隔膜，进样时用微量注射器刺穿隔膜将试样注入色谱柱。其优点是装置简单、价廉、死体积小。缺点是允许进样量小、重复性差，且只能在低压或停流状态使用。

2. 高压进样阀

目前多采用六通阀进样，其结构和工作原理与气相色谱中所用六通阀完全相同，如图 14－2 所示。六通进样阀可直接向压力系统内进样而不必停止流动相的流动。当六通阀处于进样位置时，样品用注射器注入定量管。转至进柱位置时，定量管中样品被流动相带入色谱柱。由于进样由定量管的体积严格控制，因此进样准确、重复性好，适于定量分析。如有大量样品需作常规分析，则可采用自动进样器实现全自动控制。

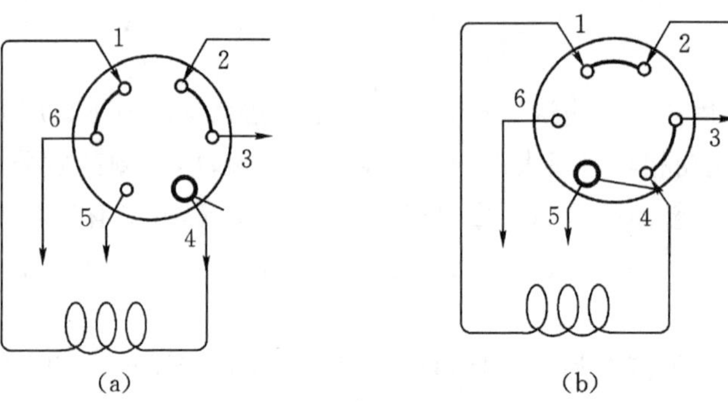

图 14－2　六通进样阀

(a)进样；(b)进柱

1,4—定量管；2—泵；3—色谱柱；5,6—排液口

14.3.3　色谱柱

高效液相色谱柱可按其分离模式，也可按其分离的规模进行分类。大致可分为正相、反相、离子交换、疏水作用、体积排阻、亲和及手性等类型(见表 14－1)。

表 14－1　常用液相色谱柱分类表

柱类型	分离原理	适用对象
反相	依据溶质疏水性的不同所产生的溶质在流动相与固定相之间分配系数的差异而分离	大多数有机化合物；生物大、小分子，如多肽、蛋白质、核酸、糖缀合物；样品一般应溶于水相体系中
正相	依据溶质极性的不同所产生的在吸附剂上吸附性强弱的差异而分离	中、弱至非极性化合物；样品一般应溶于有机溶剂中
离子交换	依据溶质所带电荷的不同及溶质与离子交换剂库仑作用力的差异而分离	离子型化合物或可解离化合物；样品一般应溶于不同 pH 值及离子强度的水溶液中
体积排阻	依据分子尺寸及形状的不同所引起的溶质在多孔填料体系中滞留时间的差异而分离	可溶于有机溶剂或水溶液中的任何非交联型化合物
疏水作用	依据溶质的弱疏水性及疏水性对盐浓度的依赖性而使溶质得以分离	具弱疏水性且其疏水性随盐浓度而改变的水溶性生物大分子
亲和	依据溶质与填料上的配基之间的弱相作用力即非成键作用力所导致的分子识别现象而分离	多肽、蛋白质、核酸、糖缀合物等生物分子及可与生物分子产生亲和相互作用的小分子
手性	手性化合物与配基间的手性识别	手性拆分

色谱柱是高效液相色谱的心脏部件，它包括柱管与固定相两部分。柱管材料有玻璃、不锈钢、铝、铜及内衬光滑的聚合材料等。因压力的需求，柱管通常为不锈钢。色谱柱按规格可分为分析型和制备型两类。分析型柱可分为常量柱（内径 2～4.6 mm，柱长 10～30 cm）、半微量柱（内径 1～1.5 mm，柱长 10～20 cm）、毛细管柱（内径 0.05～1 mm，柱长 3～10 cm）。制备柱内径较大，可达 25 mm 以上。

色谱柱的柱效主要取决于填料的性能和装柱技术。液相色谱柱的装柱技术通常分为干法、半干法和湿法三类。干法适用于颗粒直径大于 20 μm 的填料。半干法适用于颗粒直径在 10～20 μm 或大于 20 μm 的荷电颗粒。湿法也称匀浆法，适用于直径小于 20 μm 的填料，常用等比重匀浆法。即选择大于填料密度和小于填料密度的两种溶剂，通过适当配比制成与填料密度相同的混合溶剂，再将填料加入混合溶剂中，在超声波下处理成稳定的匀浆。用高压泵将顶替液打入匀浆罐，把匀浆顶入色谱柱中，可制成均匀、紧密填充的高效柱。

装填好的色谱柱要进行色谱柱评价，测定柱效、色谱峰对称性和柱渗透性，以确定色谱柱装填的质量。实际上，峰对称性可用作判断柱性能的标准，可用不对称因子来定量地表示。装填理想的色谱柱，不对称因子应该在 0.90～1.10。

14.3.4　检测器

检测器是高效液相色谱仪中的三大关键部件之一，主要用于检测经色谱柱分离后的组分浓度的变化，并由色谱工作站采集信号来进行定性、定量分析。一个理想的液相色谱检测器应具备以下特征：灵敏度高；对所有的溶质都有快速响应；响应对流动相流量和温度变化都不敏感；不引起柱外谱带扩展；线性范围宽；使用的范围广。

在液相色谱中，有两种基本类型的检测器。一类是溶质性检测器，它仅对被分离组分的物理或化学特性有响应，属于这类检测器的有紫外、荧光、电化学检测器等；另一类是总体检测器，它对试样和洗脱液总的物理或化学性质有响应，属于这类检测器的有示差折光、电导检测器及蒸发光散射检测器等。

1. 紫外-可见检测器和光电二极管阵列检测器(Ultraviolet-Visible Detector, UVD)

紫外-可见吸收检测器是高效液相色谱中使用最广泛的一种检测器，它适用于对紫外光（或可见光）有吸收的样品检测，可分为固定波长型和可调波长型两类。固定波长紫外检测常采用汞灯提供固定波长 254 nm 或 280 nm 的紫外光。为减少死体积，流通池的体积很小，仅为 5～10 μL，光路 5～10 mm。这种检测器结构紧密、造价低、操作维修方便、灵敏度高，适于梯度洗脱。另外，也有可变波长紫外检测器，采用氘灯作光源，波长在 190～600 nm 范围内连续调节。由于可选择的波长范围很大，既提高了检测器的选择性，又可停留扫描功能，可绘出组分的光吸收谱图，进行吸收波长的选择。

二极管阵列检测器即光电二极管阵列检测器（Photo-Diode Array Detector，PDAD），是由光源发出的紫外或可见光通过检测池，所得组分特征吸收的全部波长经光栅分光、聚焦到阵列上同时被检测（见图 14-3）。计算机快速采集数据，便得到三维色谱——光谱图，即每一个峰的在线紫外光谱图。通常 PDAD 采用 2048 个或更多的光电二极管组成阵列，对应于波长范围 190～800 nm。三维时间-色谱-光谱图包含大量信息，不但可根据色谱保留规律和光谱特征吸收曲线综合进行定性分析，还可根据每个色谱峰的多点实时吸收光谱图，用化学计量学方法来判断色谱峰的纯度及分离状况。

紫外检测器的灵敏度高，主要用于具有π-π或 p-π共轭结构的化合物，对温度和流速不敏感，可用于梯度洗脱，结构简单，属浓度型检测器，精密度及线性范围较好。其缺点是不适用于对紫外光无吸收的样品，流动相选择有一定的限制。

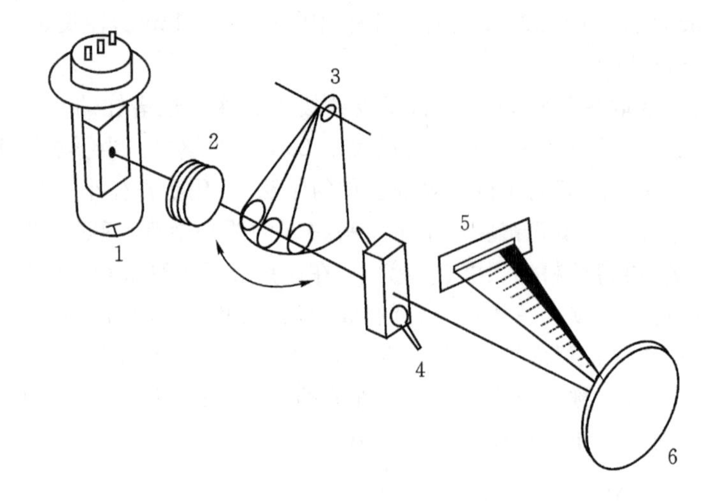

图 14－3　二极管阵列检测器示意图

1—氘灯；2—消色差透镜；3—斩光器；4—流通池；5—光电二极管阵列；6—全息光栅

2. 荧光检测器(Fluorescence Detector, FD)

荧光检测器是利用某些溶质在受紫外光激发后能发射可见光(荧光)的性质来进行检测的检测器，是目前各种检测器中灵敏度最高的检测器之一。许多有机化合物具有天然荧光活性，其中带有芳香基团的化合物具有的荧光活性很强。对不产生荧光的物质，可使其与荧光试剂反应，制成可发生荧光的衍生物再进行测定。在一定条件下，荧光强度与物质浓度呈正比。

荧光检测器是一种选择性很强的检测器，它适合于稠环芳烃、甾族化合物、酶、氨基酸、维生素、色素、蛋白质等荧光物质的测定，灵敏度高，比紫外检测器高 2～3 个数量级，检出限可达 10^{-13}～10^{-12} g · mL^{-1}，也可用于梯度洗脱。其缺点是线性范围较窄。造成非线性的主要原因有：①当样品浓度较高时，产生非线性响应；②滤光效应，由于进入吸收池光路上的激发光随光程的增加不断地被吸收，造成实际强度减弱，荧光响应线性下降。

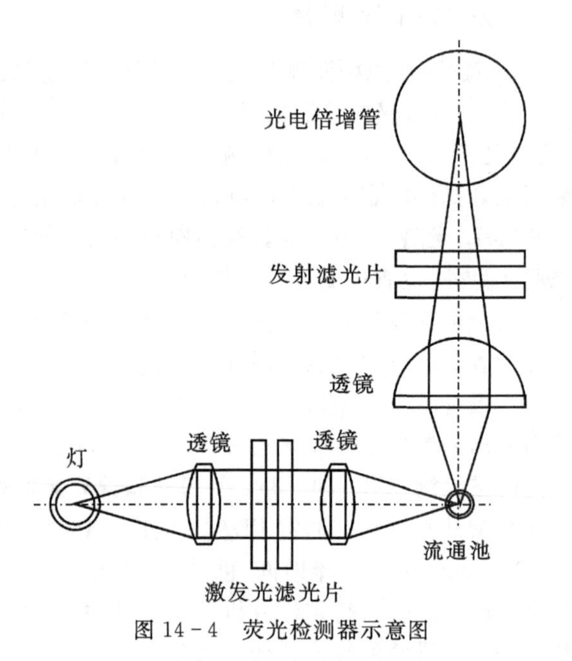

图 14－4　荧光检测器示意图

图 14－4 是荧光检测器的结构示意图。由卤钨灯发出的光通过激发光滤光片聚集在流通池上，与激发光成 90°方向发射的荧光由一个半球面透镜收集，通过发射滤光片聚集到光电倍增管上进行检测。测定中不

能使用可熄灭、抑制或吸收荧光的溶剂作流动相。

3. 示差折光检测器(Differential Refractive Index Detector,DRID)

示差折光检测器是浓度型检测器,用两束相同角度的光照射溶剂相及样品和溶剂相,二者对光的折射率不同,其中一束光(通常是通过样品+溶剂相)因为发生偏转造成两束光的强度差发生变化。将此示差信号放大并记录,该信号代表样品的浓度。其检测原理如图 14-5 所示。

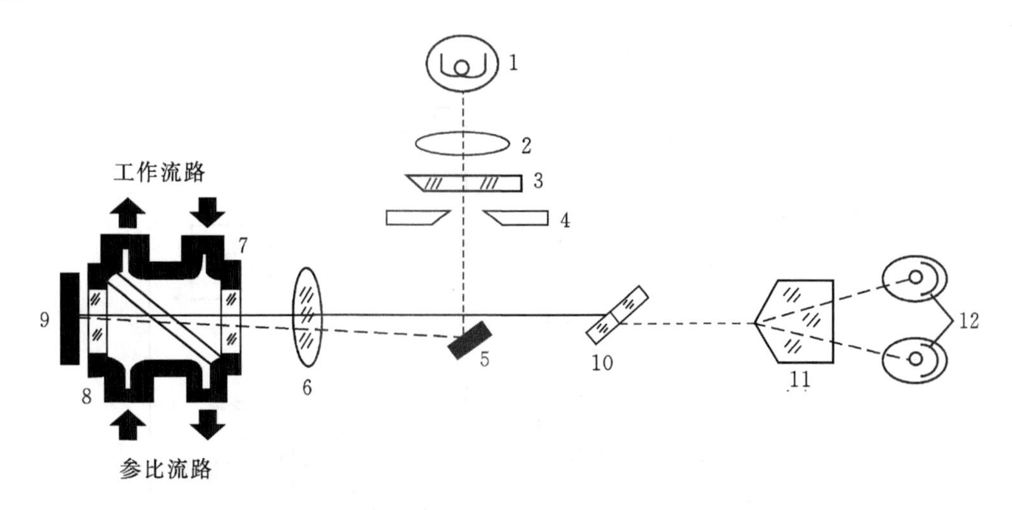

图 14-5　偏转式示差折光检测器光路图

1—钨丝灯;2—透镜;3—滤光片;4—遮光板;5—反射镜;6—透镜;7—工作池;
8—参比池;9—平面反射镜;10—平面细调透镜;11—棱镜;12—光电管

几乎所有物质都有各自不同的折光率。因此,该检测器是一种通用型检测器,灵敏度为 10^{-7} g·L^{-1}。但其对温度变化敏感,使用时温度变化要保持在 $\pm 10^{-4}$℃范围内。另外,此检测器对流动相组成变化很敏感,不能用于梯度淋洗。由于该检测器灵敏度较低,也不宜用于痕量分析。

4. 电化学检测器(Electrochemical Detector,ED)

常用电化学检测器包括四种类型:介电型(permitivity)、电导型(conductivity)、电位型(potentiometry)和安培型(amperometry)。

①介电型检测器:基于流动池中样品浓度的变化导致介电常数变化,通过测量两电极之间电容介质的介电常数变化测得样品浓度的一种电化学检测器。

②电导型检测器:基于物质在某些介质中电离后所产生的电导变化来测定电离物质含量的一种检测器,也是使用较多的一种电化学检测器,主要用于离子型化合物浓度的测定。

③电位型检测器:测定电流为零时电极之间的电位差值的一种检测器,应用较少。

④安培检测器:在特定的外界电位下,测定随样品浓度不同电极之间电流变化量的检测器。安培检测器的使用非常普遍,灵敏度也很高,可达 $10^{-9}\sim10^{-8}$ g·mL^{-1},但所测定的样品必须是能进行氧化还原反应的化合物。

5. 化学发光检测器(Chemiluminescence Detector,CLD)

化学发光检测器的结构如图 14-6 所示。流出色谱柱的流动相与发光试剂混合,产生化学发光反应,在检测池内用光电倍增管检测与组分浓度成正比的发光强度,记录得色谱图。化学发光检测器不需要光源,结构简单,灵敏度高,最小检测量可达 pg 级。可用的化学发光试剂有很多种,如鲁米诺、荧光素酶、TCPO、DNOP 等。使用化学发光检测器需要注意输送化学发光试剂的流量恒定和色谱柱流出的流动相混合均匀。

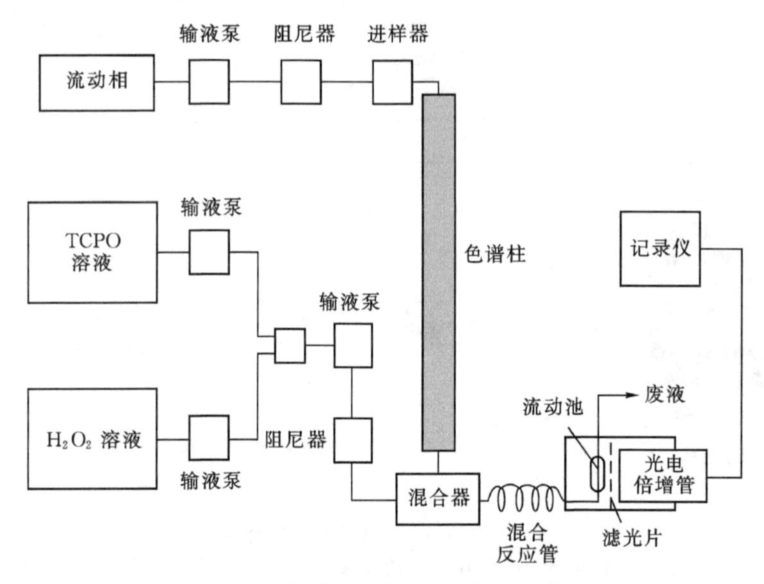

图 14-6 化学发光检测器的检测示意图

6. 蒸发光散射检测器(Evaporative Light Scattering Detector,ELSD)

蒸发光散射检测器的结构如图 14-7 所示。被分离的物质随流动相流出色谱柱进入雾化室,在雾化气体作用下,样品组分生成气溶胶。在雾化室和漂移加热管中溶剂逐步蒸发、沉降,液滴自废液口除去。在漂移管末端,只含溶质的微小颗粒在强光照射下产生光散射,用光电倍

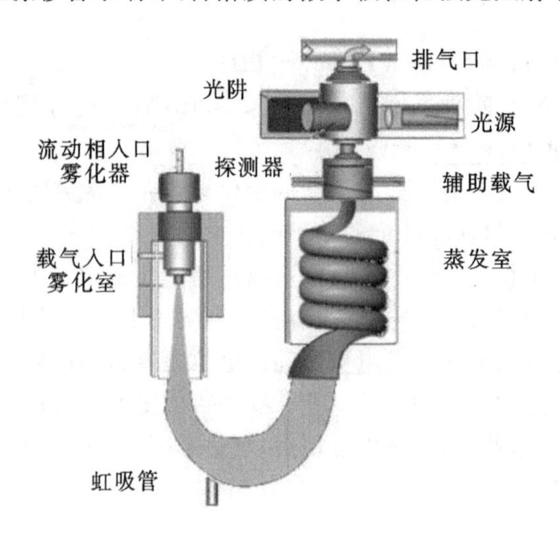

图 14-7 蒸发光散射检测器示意图

增管检测到的散射光与组分的量成正比。

ELSD 是一种通用型质量检测器，对所有固体物质均有几乎相等的响应，检测限一般为 8～10 ng，可用于挥发性低于流动相的任何样品组分，但对有紫外吸收的样品组分的检测灵敏度较低。ELSD 可用于梯度洗脱，特别适用于无紫外吸收的样品，主要用于糖类、高级脂肪酸、磷脂、维生素、甾类等化合物。

7. 附属系统

附属系统包括脱气、梯度淋洗、恒温、自动进样、馏分收集和数据处理等装置。其中梯度淋洗装置是高效液相色谱仪中极为重要的附属装置。所谓梯度淋洗，是指在分离过程中使流动相的组成随时间改变而改变。通过连续改变色谱柱中流动相的极性、离子强度或 pH 值等因素，使被测组分的相对保留值得以改变，提高分离效率。梯度淋洗对于一些组分复杂及容量因子值范围很宽的样品分离尤为重要。

图 14－8 是中药葛根的 14 种成分进行的分离条件的优化。对比单线性梯度和混合梯度下的分离效率，梯度淋洗的优点是显而易见的。它可改进复杂样品的分离，改善峰形，减少拖尾并缩短分析时间。另外，由于组分全部流出柱子，可保持柱性能长期良好。

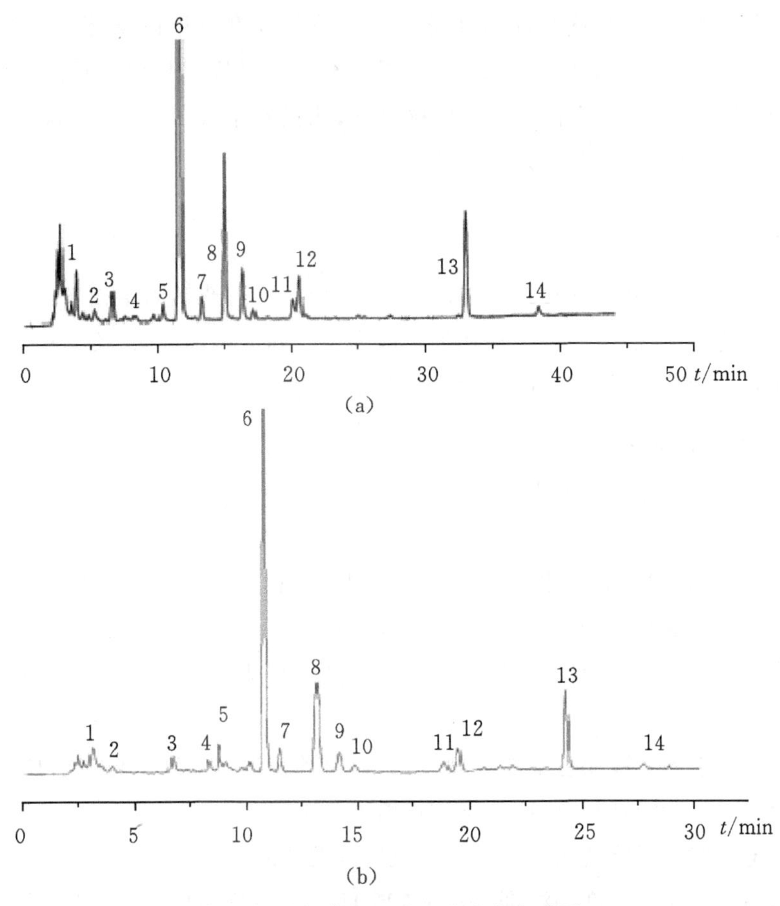

图 14－8 粉葛提取液组分分离色谱图

(a)线性梯度；(b) 混合梯度

14.4 高效液相色谱的固定相和流动相

14.4.1 固定相

色谱柱是高效液相色谱的心脏，其中固定相及填充技术是保证色谱柱高柱效和高分离度的关键。高效液相色谱通常按照固定相载体或固定液的不同来分类。

按承受压力的能力，HPLC 固定相可分为刚性固体和硬胶两大类。刚性固体以二氧化硅为基质，耐压为 7.0×10^{8}～1.0×10^{9} Pa，可制成直径、形状、孔隙度不同的颗粒，主要用于吸附、分配和键合色谱。例如在二氧化硅表面键合各种官能团就是键合固定相，该固定相可扩大应用范围，是目前使用最广泛的一种固定相。硬胶由聚苯乙烯与二乙烯苯基交联而成，耐压上限为 3.5×10^{8} Pa，主要用于离子交换和尺寸排阻色谱。

固定相按孔隙深度分类，可分为表面多孔型和全多孔型。表面多孔型固定相以实心玻璃珠为基体，在基体表面覆盖一层多孔活性材料，如硅胶、氧化铝、离子交换剂、分子筛、聚酰胺等。这类固定相颗粒较大，渗透性好，装柱容易。多孔层厚度小且孔浅，相对死体积小，出峰快速，柱效亦高；但交换容量小，适于常规分离分析。全多孔型固定相由直径为 10 nm 的硅胶或氧化铝微粒凝聚而成。这类固定相由于颗粒很细，孔仍然很浅，传质速率快，易实现高效、高速，特别适合复杂混合物的分离及痕量分析。

14.4.2 流动相

气相色谱中，流动相载气起输送样品的作用，主要是通过选择固定相来提高选择性和改善分离效果。液相色谱中，固定相和流动相均可改变。当固定相选定时，流动相对分离的影响有时比固定相还要大，而且可供选用的流动相的范围也宽。

1. 流动相的一般要求

理想的流动相溶剂应具有如下特性。

①溶剂对于待测样品具有一定的极性和良好的选择性。

②使用紫外检测器时，溶剂截止波长要小于测量波长。溶剂的紫外截止波长指当小于截止波长的辐射通过溶剂时，溶剂对此辐射产生强烈吸收。此时溶剂被看作是光学不透明的，它严重干扰组分的吸收测定。使用折光率检测器，溶剂的折光率要与待测物的折光率有较大的差别。

③高纯度。由于高效液相色谱的灵敏度高，对流动相溶剂的纯度也要求高，不纯的溶剂会引起基线不稳或产生杂峰，同时可使截止波长增加。

④化学稳定性好。不能选用与样品发生反应或聚合的溶剂。

⑤适宜的黏度。较高黏度的溶剂，势必增高 HPLC 的流动压力，不利于分离。常用的溶剂有甲醇、乙腈等。但黏度过低的溶剂也不宜采用，如戊烷、乙醚等，它们易在色谱柱或检测器中形成气泡，影响分离。

⑥使用安全，毒性低，对环境友好。

2. 流动相对分离度的影响

分离度的影响因素可用色谱分离基本方程式说明：

$$R=\underset{(a)}{\frac{n}{4}}\quad\underset{(b)}{\frac{\alpha-1}{\alpha}}\quad\underset{(c)}{\frac{k}{1+k}}\tag{14-6}$$

其中，(a)为柱效项，影响色谱峰的宽度，主要由色谱柱的性能所决定；(b)为柱选择性项，影响色谱峰间距离；(c)为容量因子项，影响组分的保留时间。提高分离度有效的途径是通过改变 α 和 k 值来改善 R 值。流动相的种类和配比、pH 值及添加剂均影响溶质的 k 值和 α 值。一般样品组分的 k 值在 1～10 范围内。k 值过大，不但分析时间延长，而且使峰形平坦，影响分离度和检测灵敏度。大多数分离工作可在选定样品 k 值处于 1～5 的流动相后，再经柱效最佳化完成。但当两个或多个色谱峰严重重叠时，须通过改变 α 值，即流动相的选择性来解决。

14.5　高效液相色谱法的主要类型

根据分离机制不同，高效液相色谱法可分为分配色谱法、吸附色谱法、离子交换色谱法、尺寸排阻色谱法和亲和色谱法等。

14.5.1　分配色谱法(partition chromatography)

1. 分离原理

在分配色谱中，流动相和固定相均为液体，作为固定相的液体涂在惰性载体上。其分离原理基本与液液萃取相同，根据物质在两种互不相溶的液体中溶解度的不同，具有不同的分配系数。色谱柱中，随着流动相的移动，这种分配平衡反复多次进行，造成各组分的差速迁移，提高了分离效率，从而实现各种复杂组分的分离。

2. 流动相

分配色谱分析中，为防止固定相的流失，对流动相的一个基本要求是与固定液尽量不互溶，或者说二者的极性相差越大越好。因此，根据流动相与固定相极性的差别程度，可将液液分配色谱分为正相分配色谱和反相分配色谱。如果流动相的极性小于固定相的极性，称为正相分配色谱，适用于极性化合物的分离，其流出顺序是极性小的先流出，极性大的后流出。如果流动相的极性大于固定相的极性，称为反相分配色谱，适用于非极性化合物的分离，其流出顺序与正相色谱恰好相反。

3. 固定相

在液液分配色谱中流动相也参与选择竞争，所以对固定相的选择较简单，只需使用不同极性的固定液即可解决分离问题。常用的几种固定液，极性由高到低为：β,β'-氧二丙腈(ODPN)、聚乙二醇(PEM)、三甲撑二醇(TMG)、十八烷(C_{18})、角鲨烷(SQ)。

为了更好地解决固定液在载体上流失的问题，产生了化学键合固定相，它替代了固定相的机械涂渍，对液相色谱的迅速发展起着重大推动作用。化学键合固定相是将各种不同有机基团通过化学反应键合到载体表面的一种方法，是目前应用最为广泛的一种固定相。据统计，约有 3/4 以上的分离问题是在化学键合固定相上进行的。

采用化学键合固定相的液相色谱称为化学键合相色谱法（Chemically Bonded Phase Chromatography，CBPC），简称键合相色谱法。化学键合固定相是通过化学反应将有机分子键合在载体表面所形成的柱填充剂，具有稳定、流失小、适于梯度淋洗等特点，特别适用于分离容量因子 k 值范围宽的样品。这种固定相分离机理既不是简单的吸附，也不是单一的液液分配，而是二者兼而有之。由于键合到载体表面的官能团可以是各种极性的，因此它适用于各种复杂样品的分离。

按固定液与载体（硅胶表面≡Si—OH 基团）相结合的化学键类型可分为硅氧碳键型（≡Si—O—C）、硅氧硅碳键型（≡Si—O—Si—C）、硅氮键型（≡Si—N）和硅碳键型（≡Si—C）四种类型。≡Si—O—C键型是硅胶与醇类反应产物，因易发生水解或与酯发生交换反应而损坏，现已淘汰。≡Si—C键型是硅胶与卤代烃反应的产物，虽稳定性好，但制备困难。≡Si—N键型是硅胶与胺类反应的产物，稳定性比≡Si—O—C键型好，但不如≡Si—O—Si—C键型。≡Si—O—Si—C键型稳定性好，制备容易，是目前应用最广的键合相。化学键合固定相又分为正相键合相色谱法和反相键合相色谱法。

(1)正相键合相色谱法

正相键合相色谱法以极性有机基团（如 CN、NH_2、双羟基等）键合在硅胶表面作为固定相，而以非极性或极性小的溶剂（如烃类）中加入适量的极性溶剂（如氯仿、醇、乙腈等）为流动相，用来分离极性化合物。此时，组分的分配比随其极性的增加而增大，但随流动相极性的增加而降低。这种色谱方法主要用于分离异构体、极性不同的化合物，特别适用于分离不同类型的化合物。

(2) 反相键合相色谱法

反相键合相色谱法采用极性较小的键合固定相（如 $C_{18}H_{37}$、苯基等），流动相采用极性较强的溶剂（如甲醇-水、乙腈-水、水和无机盐的缓冲溶液等）。它既可以分离多环芳烃这样的低极性化合物，也可以分离极性化合物，具有柱效高、能获得无拖尾色谱峰的优点。

关于反相键合相色谱法的分离机理，可用所谓疏溶剂作用理论来解释。这种理论是把非极性烷基键合相看作一层键合在硅胶表面上的十八烷基的“分子毛”，这种“分子毛”有较强的疏水特性。当用极性溶剂作为流动相来分离含有极性官能团的有机化合物时，一方面分子中的非极性部分与固定相表面上的疏水烷基产生缔合作用，使它保留在固定相中；另一方面，被分离物的极性部分受到极性流动相的作用，促使它离开固定相，并减小其保留作用。显然，两种作用力之差决定了被测分子在色谱中的保留行为。

高效液相色谱领域中，反相键合相色谱法也称为反相高效液相色谱法（RP－HPLC），它已成为通用型液相色谱法被广泛应用于极性、非极性和离子型化合物的分离。据统计，约 85％以上的色谱工作是在反相高效液相色谱法中进行的。

14.5.2　液-固吸附色谱法(Liquid Solid Adsorption Chromatography, LSAC)

1. 分离原理

液-固吸附色谱法是以固体吸附剂作为固定相(吸附剂通常是多孔的固体颗粒物质),利用被分离组分对固定相表面吸附中心吸附能力的差别而实现分离的色谱方法。吸附过程是试样中组分的分子(X)与流动相分子(Y)争夺吸附剂表面活性中心的过程。即试样分子被流动相带入柱内时,只要它们在固定相有一定的保留,就会取代数目相当的已被吸附的流动相溶剂分子,从而形成竞争吸附。当组分分子被流动相带过固定相时,它们与活性中心发生作用,流动相中组分的分子 X_m 就与吸附在吸附表面的 n 个流动相分子 Y_a 相置换,组分的分子被吸附,以 X_a 表示,流动相分子回至流动相内部,以 Y_m 表示。发生如下竞争吸附平衡:

$$X_m + nY_a \rightleftharpoons X_a + nY_m$$

吸附平衡常数称为吸附系数(K_a),可近似用下式表示:

$$K_a = \frac{[X_a][Y_m]^n}{[X_m][Y_a]^n} \tag{14-7}$$

因为流动相的量很大,所以$[Y_m]^n/[Y_a]^n$近似于常数,而且吸附只发生于吸附剂表面,所以吸附系数可写成

$$K_a = \frac{[X_a]}{[X_m]} = \frac{X_a/S_a}{X_m/V_m} \tag{14-8}$$

式中,S_a为吸附剂的表面积;V_m 为流动相的体积。吸附系数与吸附剂的活性、组分的性质和流动相的性质有关。

组分在色谱柱的保留时间与吸附系数和色谱柱中吸附剂表面积的关系为:

$$t_R = t_o\left(1 + K_a\frac{S_a}{V_m}\right) \tag{14-9}$$

2. 固定相

吸附色谱所用固定相大多是一些吸附活性强弱不等的吸附剂,如硅胶、氧化铝、聚酰胺等。由于硅胶具有线性容量较高、机械性能好、不产生溶胀、与大多数试样不发生化学反应等优点,故应用最多。

在高效液相色谱法中,表面多孔型和全多孔型都可作吸附色谱中的固定相。它们具有填料均匀、粒度小、孔穴浅的优点,能极大地提高柱效。但表面多孔型由于试样容量较小,目前使用最广泛的还是全多孔型微粒填料。

3. 流动相

一般把吸附色谱中的流动相称作洗脱剂。在吸附色谱中,对极性大的试样,往往采用极性强的洗脱剂;对极性弱的试样,宜用极性弱的洗脱剂。

14.5.3　离子交换色谱法(Ion Exchange Chromatography, IEC)

1. 离子交换原理

离子交换色谱法是利用离子交换原理和液相色谱技术的结合来测定溶液中阳离子和阴离

子的一种分离分析方法。它不仅适用于无机离子混合物的分离，亦可用于有机物的分离，如氨基酸、核酸、蛋白质等生物大分子。

离子交换色谱是利用不同待测离子对固定相亲和力的差别来实现分离的。以阳离子交换色谱为例说明其分离原理。固定相采用离子交换树脂，树脂表面的负离子(如 RSO_3^-)为不可交换离子，其正离子为可交换离子(H^+)。当流动相携带组分的正离子(如 Na^+)出现时，与 H^+ 发生交换反应。当树脂上所有可交换的 H^+ 均被交换后，树脂失去活性。此时，若用稀酸溶液对树脂进行处理，Na^+ 就被高浓度的 H^+ 置换(洗脱)下来，树脂的交换能力又被恢复，这一过程称为树脂的再生。交换与再生过程可用下式表示：

$$RSO_3^- H^+ + Na^+ \underset{\text{再生}}{\overset{\text{交换}}{\rightleftharpoons}} RNR_3^- Cl^+ OH \qquad (14-10)$$

离子交换过程可用通式表示：

$$R—B + A \rightleftharpoons R—A + B$$

交换反应达到平衡时，以浓度表示的平衡常数为：

$$K_{A/B} = \frac{[R—A][B]}{[R—B][A]} \qquad (14-11)$$

$K_{A/B}$ 也称为离子交换反应的选择性系数。[R—B]和[R—A]分别为 A、B 在树脂相中的浓度，[A]、[B]为它们在流动相中的浓度。选择性系数与分配系数的关系为：

$$K_{A/B} = \frac{[R—A]/[A]}{[R—B]/[B]} = \frac{K_A}{K_B} \qquad (14-12)$$

选择性系数 $K_{A/B}$ 是衡量离子对树脂亲和能力相对大小的度量，$K_{A/B}$ 越大，说明 A 的交换能力大，越易保留。一般来说，离子电荷越大，水合离子半径越小，$K_{A/B}$ 就越大。

对于典型的磺酸型阳离子交换树脂，一价离子的 $K_{A/B}$ 按以下顺序：

$Cs^+ > Rb^+ > K^+ > NH_4{}^+ > Na^+ > H^+ > Li^+$

二价离子的顺序为：

$Ba^{2+} > Pb^{2+} > Sr^{2+} > Ca^{2+} > Cd^{2+} > Cu^{2+}, Zn^{2+} > Mg^{2+}$

对于季铵型强碱性阴离子交换树脂，各阴离子的选择性顺序为：

$ClO_4^- > I^- > HSO_4^- > SCN^- > NO_3{}^- > Br^- > NO_2{}^- > CN^- > Cl^- > BrO_3^- > OH^- > HCO_3^- > H_2PO_4^- > IO_3^- > CH_3COO^- > F^-$

2. 固定相

作为固定相的离子交换剂，有阳离子和阴离子之分，其基质大致有三大类，即合成树脂(聚苯乙烯)、纤维素和硅胶。根据功能基的解离度大小，还有强弱之分(见表 14-2)。

表 14-2　离子交换剂分类表

	类型	官能团
阳离子交换剂	强阳离子交换剂	$—SO_3^{2-}$
	弱阳离子交换剂	$—CO_2^-$
阴离子交换剂	强阴离子交换剂	$—NR_3^+$
	弱阴离子交换剂	$—NH_3^+$

根据固定相制备方法还可分为如下几种。

(1)多孔型离子交换树脂

多孔型离子交换树脂主要是聚苯乙烯和二乙烯苯基的交联聚合物,分为微孔型和大孔型,直径约为 5～20 μm。由于交换基团多,它具有高的交换容量,对温度的稳定性也较好。其主要缺点是在水或有机溶剂中易发生膨胀,造成传质速率慢,柱效低,难以实现快速分离。

(2)表面多孔型离子交换树脂

表面多孔型离子交换树脂是在固体惰性核上覆盖一层微球硅胶,再在上面涂一层很薄的离子交换树脂。该类型交换树脂传质速度快,具有较高的柱效,能实现快速分离,克服了多孔型离子交换树脂的不足。但是由于表层离子交换树脂量有限,交换容量低,柱子容易超负荷。

(3)离子交换键合固定相

离子交换键合固定相利用化学反应将离子交换基团键合到惰性载体表面。载体可以是薄壳玻珠,也可以是多孔硅胶微粒。后者是一种优良的离子交换固定相,它的优点是机械性能稳定,可使用小粒度固定相和高的柱压来实现快速分离。

3. 流动相

离子交换色谱流动相为有一定 pH 值和离子强度的盐类缓冲溶液。通过改变 pH 值、缓冲剂类型、离子强度,以及加入有机试剂和配位剂等条件来控制分配比,改变交换剂的选择性,进而影响样品待测物的分离。

pH 值影响酸或碱的离解平衡,控制组分中离子形式所占的分数。当组分以分子形式存在时,不被保留;离子分数越高,保留值越大。常用的有柠檬酸盐、磷酸盐、甲酸盐、乙酸盐和氨水等。

离子强度对保留值的影响比 pH 值更大。组分保留值受流动相中盐类总浓度控制。增加外加阴离子或阳离子将增加它们对—R^+或—R^-的竞争能力,使组分保留值减小。通过加入不同种类的盐,可影响柱的选择性,因为不同物质对交换剂的亲和能力不同。

有机溶剂的加入通常减小组分的保留值。其极性越小,保留值越小。常用的有机溶剂有甲醇、乙醇、乙腈和二氧杂环已烷等。

14.5.4　离子色谱法(Ion Chromatography,IC)

离子色谱法是由离子交换色谱法派生出来的一种分离方法。离子交换色谱法对无机离子的分析和应用受到限制,如被测离子大多不能用紫外检测器检测,而用电导检测器,因强电解质流动相的高背景电导信号,使得被测离子的电导信号淹没而无法检测。为解决此问题,1975 年 Small 等人提出在离子交换柱之后,再串接一根抑制柱。该柱装填与分离柱电荷完全相反的离子交换树脂。通过分离柱后的样品再经过抑制柱,使具有高背景电导的流动相转变为低背景电导的流动相,从而可用电导检测器检测各种离子的含量。这种色谱技术称为离子色谱法。

离子色谱法可用于无机离子和有机化合物的分析,现已能分析涉及周期表中大多数元素的数百种离子型化合物,但主要还是用于无机离子的分析。若样品为阳离子,用无机酸作流动相,抑制柱为高容量的强碱性阴离子交换剂。当试样经阳离子交换剂分离柱后,随流动相进入抑制柱,在抑制柱中发生两个重要反应:

$$R^+—OH^- + H^+Cl^-(\text{流动相}) \longrightarrow R^+—Cl^- + H_2O \qquad (14-13)$$

$$R^+—OH^- + M^+Cl^-(\text{待测物}) \longrightarrow M^+OH^- + R^+—Cl^- \qquad (14-14)$$

可见，不仅大量酸转化为低电导的水，而且待测离子转化为具有更大淌度(指溶质在单位时间间隔内和单位电场上移动的距离)的碱。

该法的不足之处在于抑制柱要定期再生，谱峰在经过抑制柱后会展宽，降低分离度。因此Fritz等人提出使用电导率极低的溶液，例如 $1\times10^{-4}\sim5\times10^{-4}$ mol·L^{-1}苯甲酸盐或邻苯二甲酸盐的稀溶液作流动相，称为非抑制型离子色谱或单柱离子色谱。

14.5.5 尺寸排阻色谱法(Size Exclusion Chromatography，SEC)

尺寸排阻色谱法又称凝胶色谱法(gel chromatography)，主要用于较大分子的分离。与其他液相色谱方法原理不同，它不具有吸附、分配和离子交换作用机理，而是基于待测物分子尺寸和形状的不同来实现分离。

SEC被广泛地应用于大分子物质相对分子质量的分布，其特点是：

①保留时间是分子尺寸的函数，有可能提供分子结构的某些信息；

②保留时间短，谱峰窄，易检测，可采用灵敏度较低的检测器；

③固定相与分子间作用力极弱，由于柱子保留分子能力弱，因此柱寿命长；

④不能分辨分子大小相近的化合物，相对分子质量差别必须大于10%才能得以分离。

1. 分离原理

排阻色谱法是一种溶质与固定相或流动相之间无相互作用的分离方式。柱填料有不同的孔径和孔网络，溶质分子按照它们的动力学体积，即大小和形状，或者保留，或者排除。因此，固定相能有效地按分子量大小分离。

样品通过柱时，溶质分子能够被柱填料的孔径分类。大分子不能进入孔，穿过柱填料的相对开阔区，以与流动相流速相同的速度洗脱出柱；小分子扩散进入柱填料的孔，最后流出色谱柱。介于大分子和小分子之间的中等分子，只能进入一些较大的孔，而不渗入另外的一些小孔，其结果是推迟向下流动，在介于大分子和小分子之间的时间流出色谱柱。用多孔柱填料填装的排阻色谱柱，是一种可改变通道长度的柱。对于比柱填料的孔径大的溶质分子来说，它是短柱；但对于比填料孔径小的溶质分子来说，它是长柱。

2. 固定相

排阻色谱的固定相一般为凝胶，可分为软性、半刚性和刚性凝胶三类。凝胶是指大量液体(一般是水)的柔软而富于弹性的物质，它是一种经过交联而具有立体网状结构的多聚体。表14-3为常用固定相材料。

表14-3 常用排阻色谱固定相分类表

类型	材料	型号	特点	流动相
软性凝胶	葡萄糖凝胶 聚苯乙烯	Sephadax Bio-head-S	溶胀、 小分子分离	水 有机溶剂
半刚性凝胶	聚苯乙烯 聚乙酸酯	Styragel Emgel(OR)	溶胀较小、 流速较小	有机溶剂 有机溶剂
刚性凝胶	玻璃珠 多孔硅胶	CPG-10 Porasil	刚性大、 高流速分离	有机溶剂和水 有机溶剂和水

(1)软性凝胶

软性凝胶(如葡萄糖凝胶和琼脂糖凝胶)具有较小的交联结构,其微孔能吸入大量的溶剂,并能溶胀,溶胀后的体积胀大许多倍。它们适用于以水溶性溶剂作流动相,一般用于相对分子质量小的物质的分析,不适宜用于高效液相色谱中。

(2)半刚性凝胶

半刚性凝胶(如高交联度的聚苯乙烯)比软性凝胶稍耐压,溶胀性不如软性凝胶,常以有机溶剂作流动相。当用于 HPLC 时,流速不宜过大。

(3)刚性凝胶

刚性凝胶(如多孔硅胶、多孔玻璃等)既可用水溶性溶剂又可用有机溶剂作流动相,可在较高压强和较高流速下使用。

3. 流动相

排阻色谱流动相通常必须满足以下条件:

①选择的流动相应能对样品有充分的溶解能力,黏度小,且能与检测器相匹配;

②选择的流动相应与柱填料相匹配,如对苯乙烯-二乙烯基苯聚合物柱填料,应选择非极性流动相,而对多孔硅胶柱填料,应选极性强的流动相,而且 pH 值应为 2～7.5;

③为了消除分离过程中的非排阻效应,针对不同的柱填料,流动相中应加一定量的盐以保持一定的离子强度,此外还应选择与柱填料的作用较样品强的溶剂为流动相。

14.5.6　亲和色谱法(Affinity Chromatography,AC)

亲和色谱法是利用生物大分子和固定相表面存在某种特异性亲和力进行选择性分离的一种色谱方法。通常在载体的表面先键合一种具有一般反应性能的所谓间隔臂(如环氧、联氨等),随后连接上配基,如酶、抗原或激素等。当含有复杂混合试样的流动相流经这种经固定化的配基时,其中具有亲和力特性的生物大分子与配基相互作用而被保留,无此作用的被洗出;随后,改变流动相 pH 值或组成,再将被保留的大分子组分以纯品的形式洗脱出来。

许多生物大分子化合物具有这种亲和特性。例如,酶与底物、抗原与抗体、激素与受体、RNA 与和它互补的 DNA 等。当含有亲和物的复杂混合试样随流动相经过固定相时,亲和物与配基先结合,而与其他组分分离。此时,其他组分先流出色谱柱,然后通过改变流动相的 pH 值和组成,以降低亲和物与配基的结合力,将保留在柱上的大分子以纯品形态洗脱下来。

亲和色谱法也可以认为是一种选择性过滤,它选择性强,纯化效率高,往往可以进一步获得纯品,是当前解决生物大分子分离和分析的重要手段。

14.6　液相色谱的应用及进展

液相色谱法是分析化学中发展最快、应用最广的分析方法。特别是 HPLC 已在生命科学、材料科学、环境科学和各行业成为必不可少的手段。随着现代科学技术的发展,出现越来越复杂的分析对象,分析要求也越来越高。HPLC 能很快地分离多种组分,再结合其他结构测定手段的在线联用,可实现已知化合物的在线检测和未知化合物的定性分析。面对复杂体系的分离分析任务,液相色谱在不断地发展,也是分析复杂体系最有力的技术和方法。

14.6.1 高效液相色谱分离条件的优化

对复杂体系的分离分析，高效液相色谱分离应满足以下三个条件：一是样品中所有的组分都能被检出或者被检出的组分（峰）数目尽可能得多；二是样品中各组分间都能达到满意的分离度；三是分析时间尽可能得短。目前许多仪器性能参数和色谱柱参数均能较好地加以控制，故分离条件的优化主要集中在流动相组成、浓度、pH 值和添加剂等方面。分离条件优化是色谱研究领域最活跃的课题之一，已提出各种理论和技术，这里先介绍一些基本的分离条件优化方法。

1. 优化指标

优化指标（或称为评价函数或目标函数）是在优化过程中评价色谱分离质量的指标。最基本的指标是分离度、选择性等。在此基础上，又提出了各种色谱响应函数（Chromatography Response Function，CRF）。现在应用较广的 CRF 则包括出峰的数目、各个峰的分离度、分析时间的限制等多方面因素。总体来说，所提出的各种 CRF 仍存在一些缺陷，还需要进一步探索。

2. 最优化方法

确定了优化指标后，HPLC 发展了多种优化方法，包括对流动相系统选择优化和结合仪器操作的总体优化，也可按抑制样品和未知样品采用不同的优化方法。目前常用的有单纯形法、窗口图形法、重叠分辨率图法和三角形法等。

3. 液相色谱专家系统

随着计算机技术和信息科学在色谱技术中的广泛应用，将色谱专家所拥有的大量色谱领域的专门知识，结合人工智能技术发展了各种色谱专家系统。所谓专家系统，是能模拟某个领域内专家的思维过程，并解决只有人类专家才能解决的问题的智能计算机程序系统。目前色谱专家系统能推荐最佳的柱系统，包括分离模式、固定相、流动相、添加剂、柱长、粒度和流速等条件，还有色谱定性等内容。

14.6.2 二维色谱和联用技术

二维色谱在两种色谱之间，采用柱切换技术（即通过多通道切换阀来改变色谱柱与色谱柱之间的连接和溶剂流向）实现将一根色谱柱上未分开的组分在另一根柱上用不同分离原理加以完全分离，尤其适合于复杂体系的分离。将 HPLC 与光谱或波谱技术联用是解决复杂体系样品最有力的手段。现在最常用、最有效的是 HPLC - MS 联用。已发展的还有 HPLC - FTIR，CE - MS 和 HPLC - NMR 等。最新 HPLC - NMR 已有商品仪器，但仍需进一步改进。各种仪器联用为复杂体系样品中未知组分的在线解析提供了可能。

14.7 二维液相色谱(2D - LC)

全二维气相色谱是最先商品化的多维分离技术，在石油样品的分离、天然药物中有效成分的分离研究等方面已表现出明显的优势。与其他色谱分离技术相比，多维液相色谱因其高分辨率及快速自动化等特点，具有更广阔的应用前景，已成为复杂样品研究的重要工具。多维液相色谱实现的关键技术是样品在两种分离模式之间的转换。接口与控制技术是束缚该项技术应用的瓶颈。

14.7.1　二维液相色谱原理

二维液相色谱是将分离机理不同而又相互独立的两支色谱柱串联起来构成的分离系统。样品经过第一维的色谱柱进入接口，通过浓缩、捕集或切割后被切换进入第二维色谱柱和检测器中。二维液相色谱通常采用两种不同的分离机理分析样品，即利用样品的不同特性把复杂混合物分成单一组分，这些特性包括分子尺寸、等电点、亲水性、电荷、特殊分子间作用等。在一维分离系统中不能完全分离的组分，可能在二维系统中更好地分离，使得分离能力、分辨率得到极大提高。完全正交的二维液相色谱的峰容量是两种一维分离模式单独运行时峰容量的乘积。假如两种分离系统都有 100 的峰容量，那么良好的二维系统理论上可产生 10000 的峰容量。

第一维使用一根色谱柱，也可以是多根分离模式相同的色谱柱串联。第二维使用一根色谱柱，也可以是多根相同或不同的色谱柱并联。根据不同的分离目的，正相色谱、反相色谱、离子交换色谱、体积排阻色谱、亲和色谱等分离模式皆可以组合。

二维液相色谱可以分为离线(off-line)和在线(on-line)两大类。在离线模式中，依次收集第一维的馏分，随后再分别进入第二维进行后续分离。离线模式操作简单，每一维分离条件可独立优化。必要时，收集的第一维馏分可进行浓缩等处理后再进入第二维进行后续分离。离线模式在蛋白质组学和聚合物分析等领域得到了广泛的应用。但离线模式的第一维馏分在转移过程中容易损失、污染，重复性差。随着自动馏分收集器和样品富集浓缩技术的发展，离线模式也得到了很大程度的改善和提高。

在线模式是将第一维馏分中感兴趣的部分直接切入第二维进行分离，或者利用特殊的接口交替收集第一维的馏分，并按一定的频率进入第二维进行分离。与离线模式相比，在线模式具有分析速度快、自动化程度高、重复性好等优点。但在线模式必须要考虑两维溶剂的兼容性、第二维的最大进样量和分离速度。同时，在线模式也存在着设备复杂、两维之间需要特殊接口等缺点。

根据第一维馏分是否全部转移到第二维，二维液相色谱可分为中心切割(heart-cutting)模式二维液相色谱(LC－LC)和全二维液相色谱(LC×LC)[5]。中心切割模式只是将第一维馏分中感兴趣的部分切割进入第二维进行二维分离，这是解决一维分离中峰重叠的有效方法[6]。但为了准确地转移组分，需要在第一维分离中用标准物进行实验，确定切割时间窗口。另外，中心切割模式不能得到样品的全部信息，不适合对未知样品进行分离分析。全二维液相色谱是将第一维的馏分全部或以相同的比例依次切割进入第二维进行分离分析，非常适合复杂样品的分析和对未知组分进行分离分析[7]。

组合两种不同的分离模式构建二维液相色谱系统，需要考虑以下几个方面。

①两维流动相是否兼容。两维流动相不兼容时，色谱峰会展宽、变形，对最后的检测造成严重干扰。如果两维流动相黏度差别较大，还会产生所谓的黏性指迹(viscous fingering)现象，流动相流动不稳，影响分离。

②第一维切割馏分的转移体积。第一维切割馏分的转移体积不能大于第二维色谱柱的最大进样体积。如果第一维馏分的切割体积较大，可以在第一维柱后进行分流，但这会降低二维液相色谱系统的灵敏度。

③样品的稀释和重新聚焦。经过第一维分离后，洗脱产物会被第一维流动相稀释。同时，洗脱产物在接口中会发生扩散，谱带展宽。在第二维色谱柱上，第一维的流动相必须比第二维

的流动相洗脱强度弱，否则第一维洗脱产物不能在第二维柱头聚焦。

④第二维的分离速度。对于全二维液相色谱，第二维的分离速度必须足够快。第二维的进样频率越高，整个系统的选择性和峰容量越高。

14.7.2 二维液相色谱切换技术

将一维分离的样品组分有效地转移到第二维柱系统中的过程是在切换接口中完成的，可根据需要使用不同的接口形式。根据一维洗脱产物的转移方式可分为直接转移和间接转移。直接转移模式通用性差，选择性和峰容量不高，其应用仅限于强阳离子交换色谱和反相液相色谱联用[8]。所以，绝大部分的二维液相色谱系统是采用间接转移模式来实现两维分离间的转换。间接转移模式是通过一个特殊接口将第一维和第二维色谱柱连接，接口收集第一维的洗脱产物，并将其转移到第二维。因此，接口是二维液相色谱系统的核心，接口的设计直接决定了二维液相色谱系统的分离能力。目前，已经发展出了多种接口，每种接口都有各自的特点。

1. 样品环接口(loop interface)

样品环接口通常由两个相同体积的样品环和多通切换阀组成。一个样品环收集存储第一维洗脱产物的同时，另一个样品环中存储的第一维洗脱产物转移到第二维中进行分离，两个样品环交替存储第一维洗脱产物并转移到第二维中。样品环的体积由第一维的流量和第二维的分离时间决定。样品环接口结构简单，操作方便，通用性强，是二维液相色谱中应用最为广泛的一种接口。

但样品环接口具有的缺点是：两维之间存在样品环增加了系统的死体积；第一维的流动相会对第二维的分离造成影响；第二维的进样体积限制了样品环的体积和第一维的流量；稀释效应会降低系统的灵敏度。

2. 捕集柱接口(packed loop interface)

捕集柱接口通常是由两个相同的捕集柱和多通切换阀组成，捕集柱的作用是在两维间形成溶质“重新聚焦”。捕集柱在第一维流动相洗脱条件下对样品的保留能力比第一维强，在第二维流动相洗脱条件下易于洗脱。当第一维洗脱产物流经捕集柱时，溶质在捕集柱头被富集浓缩。切换阀后，第二维溶剂将经过捕集柱富集浓缩的组分反冲进入第二维色谱柱进一步分离。捕集柱接口克服了样品环接口的缺点，但是对捕集柱的填料、两维的流动相有所限制。

3. 平行柱接口(interface with parallel second dimension columns)

使用第二维的分析柱取代捕集柱接口中的捕集柱即为平行柱接口。平行柱接口是将第一维的洗脱产物直接转移到第二维分析柱的柱头，在第二维柱头实现样品的富集浓缩。平行柱接口的优点是两维之间没有死体积，没有稀释效应。其缺点是两维流动相必须兼容，样品在第二维柱头能够重新聚焦。在平行柱接口中，第二维通常使用相同的色谱柱，其对样品的保留行为必须严格相同，也可以使用不同的色谱柱。

4. 停流接口(stop-flow interface)

停流接口是使用一个多通切换阀连接两维色谱柱。第一维洗脱产物直接转移到第二维色谱柱柱头。随后，第一维停流，转动阀，进行第二维分离。第二维分离结束后，再进行下一循环，直至所有组分均经过二维分离。停流接口的优点是第二维分离时间没有限制，可以获得很高的分辨率和峰容量，两维之间没有死体积。其缺点是分离时间长，第一维的停流可能会造成峰展宽、变形。而且两维流动相必须兼容，样品在第二维柱头能够重新聚焦。

14.7.3　二维液相色谱的发展与展望

20 世纪 90 年代以来，二维液相色谱获得了飞速的发展，已经在蛋白质、聚合物、药物分离等领域获得了广泛的应用，显示了极大的优势。与一维色谱相比，二维色谱的分辨率和峰容量有了极大的提高，可以在较短时间内获得丰富的样品信息。然而，二维液相色谱技术还存在许多不足，不能作为一种常规的分析技术。

二维液相色谱采用柱结合模式，柱间切换接口的设计对样品的分离效果及整个系统的性能都有很大影响，因此设计和优化切换模式是二维液相色谱研究的重点。不同分离模式之间的匹配组合，与质谱的联用和自动化分析等也是二维液相色谱研究的重要内容和方向。芯片上的多维色谱分离顺应分析仪器的微型化趋势，在生物样品分离分析中显示出极大的优势。随着色谱联用技术的不断发展完善，二维液相色谱在蛋白质组学研究、制药及临床等领域必将起到更大的作用。

14.8　液相色谱-质谱联用仪

对于热稳定性差或不易气化的样品，进行 GC－MS 分析存在一定的困难，必须改用液相色谱-质谱联用仪(Liquid Chromatography－Mass Spectrometer，LC－MS)分析。据统计，已知化合物中约 80%的化合物是亲水性强、挥发性低的有机物及热不稳定化合物和生物大分子，只能依靠液相色谱，所以 LC－MS 技术的研究始于 20 世纪 70 年代。与 GC－MS 技术不同的是，LC－MS 经历了一个更长的实践、研究过程，直到 20 世纪 90 年代才出现了被广泛接受的商品接口及成套仪器。

按照联用要求，LC－MS 的在线使用必须有一个起“接口”作用的装置，可以说液质技术发展就是接口技术的发展。而这个接口要解决三个主要问题：一是真空的匹配，质谱的工作真空度一般要求为 10^{-5} Pa，要与一般在常压下工作的液质接口相匹配并维持足够的真空，其方法只能是增大真空泵的抽速，维持一个必要的动态高真空；二是要从流动相中提供足够的离子供质谱分析；三是去除流动相中的杂质对质谱可能造成的污染。

LC－MS 除了可以分析 GC－MS 所不能分析的强极性、难挥发、热不稳定性的化合物，还具有如下优点：

①分析范围广，质谱几乎可以检测所有的化合物，比较容易地解决了分析热不稳定化合物的难题；

②分离能力强，即使被分析混合物在色谱上没有完全分离开，但通过质谱的特征离子质量色谱图也能分别给出它们各自的色谱图来进行定性定量；

③定性分析结果可靠，可以同时给出每一个组分的分子量和丰富的结构信息；

④检测限低，质谱具备高灵敏度，通过选择离子检测方式(SIM)，其检测能力可以提高一个数量级以上；

⑤分析时间快，LC－MS 使用的液相色谱柱为窄径柱，缩短了分析时间，提高了分离效果；

⑥自动化程度高。

近年来，LC－MS 在技术及应用方面取得了很大进展，在环境、医药研究等领域的应用越来越广泛，发挥着越来越重要的作用。

14.8.1 LC－MS接口装置

LC－MS技术在发展过程中曾出现多种接口，这些接口都有自己的开发、完善过程，都有各自的长处和缺点，有的最终形成了被广泛接受的商品，有的则仅在某些领域、在有限的范围内被使用。由于在接口技术的发展中，新的接口往往是在老接口的基础上改进发展起来的，因而在技术上存在着内在的联系。

1. 直接液体导入接口

最初的直接液体导入接口出现于20世纪70年代，但这种技术始终停留在实验室使用阶段，没有真正形成商品化仪器。该接口是在真空泵的承载范围内，以细小的液流直接导入质谱。实际操作中，LC的柱后流出物经分流，在负压的驱动下经喷射作用进入脱溶剂室，形成细小的液滴并在加热作用下脱去溶剂。脱溶剂的同时没有离子产生，其离子化过程出现在离子源内，是被分析物分子和溶剂作用的结果，因此它应归于化学电离一类技术。其碎片依然是靠电子电离源的电子轰击产生。

2. 移动带技术

移动带技术早在20世纪70年代中期就已经有了最初的设计。所谓移动带是在LC柱后增加了一个移动速度可调整的流出物的传送带，柱后流出物滴落在传送带上，经红外线加热除去大部分溶剂后进入真空室。在真空中溶剂被进一步脱去，同时出现分析物分子的挥发。离子化是以电子电离源或化学电离源进行，有的仪器也曾使用快原子轰击电离源。由于使用了电子电离源，用移动带技术可以得到与GC－MS相同的质谱图，这样就可使用多年研究积累的电子电离质谱数据库进行检索。移动带技术分离溶剂和被分析物是基于二者沸点上的差别，从这个意义上讲，它可以被用于大部分有机化合物的质谱分析，但沸点很高，在源内真空下仍无法显著挥发的化合物则无法分析。

3. 热喷雾接口

出现于20世纪80年代中期的热喷雾接口是一个能够与液相色谱在线联机使用的“软”离子化接口，得到了比较广泛的应用。热喷雾接口设计中喷雾探针取代了直接进样杆的位置，流动相经过喷雾探针时被加热到低于流动相完全蒸发点5～10 ℃的温度。体积膨胀后以超声速喷出探针形成由微小的液滴、粒子和蒸气组成的雾状混合物。按照离子蒸发理论及气相分子离子反应理论的解释，被分析物分子在此条件下可以生成一定份额的离子进入质谱系统以供检出。

4. 粒子束接口

粒子束接口是20世纪80年代出现的另一种应用比较广泛的LC－MS接口，又称为动量分离器(momentum separator)。在粒子束接口操作中，流动相及分析物被喷雾成气溶胶，脱去溶剂后在动量分离器内产生动量分离，而后经一根加热的转移管进入质谱。在此过程中分析物形成直径为微米或小于微米级的中性粒子或粒子集合体。由喷嘴喷出的溶剂和分析物可以获得超声膨胀并迅速降低为亚声速。由于溶剂和分析物的分子质量有较大的区别，二者之间会出现动量差；动量较大的分析物进入动量分离器，动量较小的溶剂和喷射气体则被抽气泵抽走。动量分离器一般由两个反向安置的锥形分离器构成，可以反复进行上述过程，以保证分离效率。

5. 快原子轰击

用加速的中性原子(快原子)撞击以甘油(底物)调和后涂在金属表面的有机化合物(靶面),而导致这些有机化合物电离的方法称之为快原子轰击(FAB)。FAB 是在最初用于无机化合物表面分析的离子轰击源的基础上发展起来的,是 20 世纪 80 年代中发展的一种新型电离源,是一种“软”离子化技术。

6. 基质辅助激光解吸离子化

基质辅助激光解吸(MALDI)离子化技术首创于 1988 年,是在 1975 年首次应用的激光解吸(LD)离子化技术的基础上发展起来的,目前已经得到了广泛的应用。其工作原理是将进样杆推入接口,在激光的照射和数万伏高电压的作用下,肉桂酸将质子传递给样品分子使之离子化,经高电场的“抽取”和“排斥”作用直接进入真空。

7. 电喷雾电离

20 世纪 80 年代,大气压电离源用作 LC 和 MS 联用的接口装置和电离装置之后,使得 LC-MS 联用技术提高了一大步。目前,几乎所有的 LC-MS 联用仪都使用大气压电离源作为接口装置和离子源。大气压电离源包括电喷雾电离源(Electrospray Ionization,ESI)和大气压化学电离源(Atmospheric Pressure Chemical Ionization,APCI)两种,其中 ESI 应用最为广泛。

ESI 过程大致可以分为液滴的形成、去溶剂化、气相离子的形成三个阶段。从色谱柱流出的样品溶液通过雾化器进入喷雾室,这时雾化气体通过围绕喷雾针的同轴套管进入喷雾室。由于雾化气体强剪切力及喷雾室上筛网电极与端板上的强电压(2～6 kV),将样品溶液拉出,并将其碎裂成小液滴。随着小液滴的分散,由于静电引力的作用,一种极性的离子倾向于移到液滴表面,结果样品被载运并分散成带电荷的更微小液滴。液滴的形成及电喷雾过程如图 14-9所示。如果有液滴进入真空系统时,会引起噪声,因此雾化器要以“正交”的方式喷雾进入真空的入口,以避免这种影响。

进入喷雾室内的液滴,由于加热的干燥气——氮气的逆流使溶剂不断蒸发,液滴的直径随之变小,并形成一个“突出”使表面电荷密度增加。当达到极限时,电荷间的库仑排斥力足以抵消液滴表面的张力,液滴发生爆裂,即库仑爆炸,产生了更细小的带电液滴。随着溶剂的继续蒸发,重复这一过程。当液滴表面的电场强度达到 108 $V \cdot cm^{-3}$时,裸离子从液滴表面发射出来,即转变为气体离子。

ESI 接口在不同的设计中一般都有两到三个不同的真空区,由附加的机械泵抽气形成。第一个真空区的真空度为 200～400 Pa(2～3 Torr),第二个约为 20～40 Pa(0.1～0.2 Torr)。这两个区域与喷雾室的常压及质谱离子源的真空形成真空梯度,并保证稳定的离子传输。接口中设有两路氮气,一路为不加热的喷雾气,另一路为加热的干燥气,有时也因不同的输气方式称为气帘(curtain gas)或浴气(bath gas)。其作用是使液滴进一步分散以加速溶剂的蒸发,形成气帘阻挡中性分子进入玻璃毛细管,有利于被分析物离子与溶剂的分离,减少由于溶剂快速蒸发和气溶胶快速扩散所促进的分子—离子聚合作用。

电喷雾应用范围广,可分析的物质包括合成有机化合物、药物及其代谢产物、天然产物、违禁药物、蛋白质、糖类、核苷酸与 DNA、类脂、聚合物、无机物及金属有机化合物、富勒烯、表面活性剂甚至是自组装膜与胶束等。以电喷雾为电离源的质谱还可兼容多种样品引入方式,如液相色谱、毛细管电泳、超临界色谱、凝胶色谱及其他进样方式。随着技术进步和理论研究的深入,电喷雾技术将在化学、材料科学、新药研发及生命科学等领域发挥越来越重要的作用。

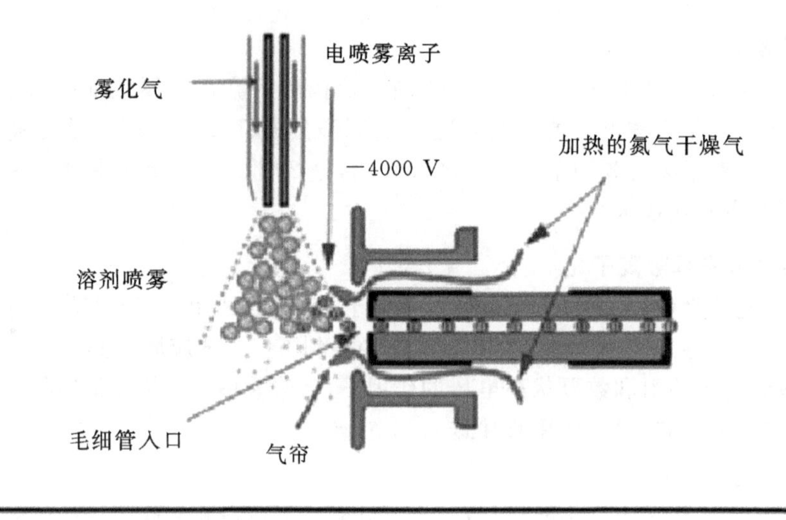

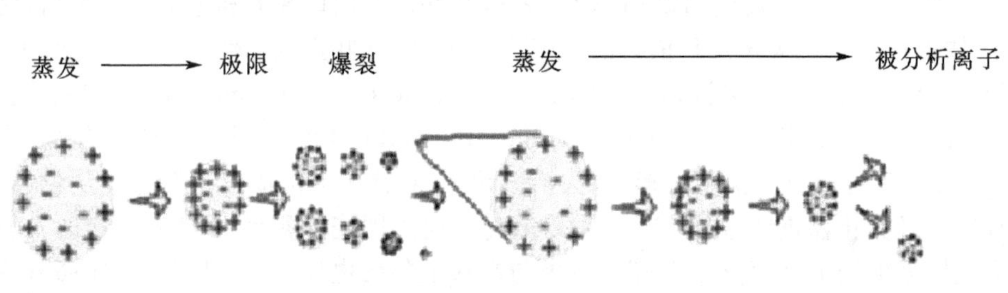

图 14－9　液滴的形成过程及电喷雾过程

14.8.2　LC－MS 联用仪得到的信息

LC－MS 得到的信息与 GC－MS 的类似。由 LC 分离的样品经电喷雾电离之后进入分析器。随着分析器的质量扫描得到一个个质谱并存入计算机，由计算机处理后可以得到总离子色谱图、质量色谱图、质谱图等。一般情况下，质谱图只有分子量信息。如果使用串联质谱仪，还可得到子离子谱、母离子谱和中性丢失谱等。由于 ESI 源只产生准分子离子，因此质谱图比较简单。根据样品的不同，质谱采集时可以采正离子、负离子或同时采集正、负离子，因此得到的质谱图可以有正离子谱和负离子谱。这种质谱过于简单，没有结构信息。为了克服这一缺点，在 LC－MS 中 MS 部分最好采用串联质谱仪。

14.9　高效毛细管电泳技术

毛细管电泳（Capillary Electrophoresis，CE）又叫高效毛细管电泳（High Performance Capillary Electrophoresis，HPCE），是一类以毛细管为分离通道、以高压直流电场为驱动力的新型液相分离分析技术。它迅速发展于 20 世纪 80 年代中后期。1981 年 Jorgenson 和 Lukacs 首先提出在 75 μm 内径毛细管柱内用高电压进行分离，创立了现代毛细管电泳[9]。1984 年 Terabe 等建立了胶束毛细管电动力学色谱[10]。1987 年 Hjertén 建立了毛细管等电聚焦[11]，Cohen 和 Karger 提出了毛细管凝胶电泳[12]。1988～1989 年出现了第一批毛细管电泳商品仪器。毛细管电泳实际上包含电泳、色谱及其交叉内容，是分析科学中继高效液相色谱之后的又一重大发展，它使分析科学得以从微升水平进入纳升水平，并使单细胞分析甚至单分子分析成为可能。短短几年内，由于 HPCE 符合了以生物工程为代表的生命科学各领域中对多肽、蛋白质（包括酶、抗体）、核苷酸乃至脱氧核糖核酸（DNA）的分离分析要求，因而得到了迅速的发展。

HPCE 和高效液相色谱法（HPLC）相比，其相同处在于都是高效分离技术，仪器操作均可自动化，且二者均有多种不同分离模式。二者之间的差异在于：HPCE 用迁移时间取代 HPLC 中的保留时间，HPCE 的分析时间通常不超过 30 min，比 HPLC 速度快；对 HPCE 而言，从理论上推得其理论塔板高度和溶质的扩散系数成正比，对扩散系数小的生物大分子而言，其柱效就要比 HPLC 高得多；HPCE 所需样品为纳升级，最低可达 270 fL，流动相用量也只需几毫升，而 HPLC 所需样品为微升级，流动相则需几百毫升乃至更多；但 HPCE 仅能实现微量制备，而 HPLC 可作常量制备。

HPCE 和普通电泳相比，由于其采用高电场，因此分离速度要快得多；检测器则除了未能和原子吸收及红外光谱连接以外，其他类型检测器均已和 HPCE 实现了连接检测；一般电泳定量精度差，而 HPCE 和 HPLC 相近；HPCE 操作自动化程度比普通电泳要高得多。总之，HPCE 的优点可概括为：

①高灵敏度，常用紫外检测器的检测限可达 10^{-15}～10^{-13} mol，激光诱导荧光检测器则达 10^{-21}～10^{-19} mol；

②高分辨率，其每米理论塔板数为几十万，高者可达几百万乃至千万，而 HPLC 一般为几千到几万；

③高速度，最快可在 60 s 内完成，例如在 250 s 内分离 10 种蛋白质，1.7 min 内分离 19 种阳离子，3 min 内分离 30 种阴离子；

④样品少，只需纳升级的进样量；

⑤成本低，只需少量（几毫升）流动相和价格低廉的毛细管。

以上优点以及分离生物大分子的能力，使 HPCE 成为近年来发展最迅速的分离分析方法之一。当然 HPCE 还是一种正在发展中的技术，有些理论研究和实际应用正在进行与开发。

14.9.1　毛细管电泳的基本原理

毛细管电泳统指以高压电场为驱动力，以毛细管为分离通道，依据样品中各组分之间淌度和分配行为上的差异而实现分离的一类液相分离技术。其仪器结构包括一个高压电源、一根毛细管、一个检测器及两个供毛细管两端插入而又可与电源相连的缓冲液贮瓶，如图 14-10 所示。在电解质溶液中，带电粒子在电场作用下，以不同的速度向其所带电荷相反方向迁移的现象叫电泳。

CE 所用的石英毛细管柱，在 pH>3 的情况下，就会发生明显的解离，使毛细管的内壁带有负电荷，于是溶液中的正离子就会聚集在表面形成双电层。在高压场的作用下，组成扩散层的阳离子被吸引而向负极移动，由于它们是溶剂化的，故将拖动毛细管中的溶液整体向负极流动，这便形成了电渗流（Electroosmotic Flow，EOF）。粒子在毛细管内电解质中的迁移速度等于电泳和电渗流两种速度的矢量和。正离子的运动方向和电渗流一致，故最先流出；中性粒子的电泳流速度为“零”，故其迁移速度相当于电渗流速度；负离子的运动方向和电渗流方向相反，但因电渗流速度一般都大于电泳流速度，故它将在中性粒子之后流出，从而因各种粒子迁

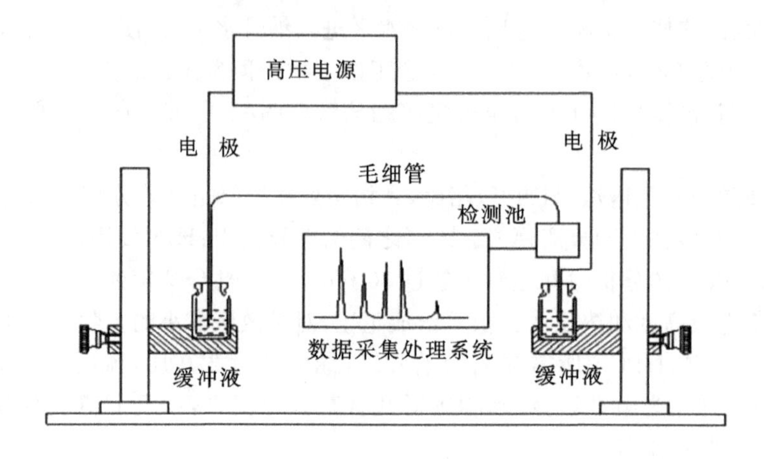

图 14－10　毛细管电泳仪示意图

移速度不同而实现分离。

电渗是 CE 中推动流体前进的驱动力，它的一个重要优点是具有平面流型，它使整个流体像一个塞子一样以均匀速度向前运动，整个流型呈近似扁平型的“塞式流”。所以管内各处的流速近似相等，使径向扩散对谱带扩展的影响极小，如图 14－11 所示。与此形成鲜明对比的是在 HPLC 法中却显示抛物线流型，其中心处速度是平均速度的两倍，导致溶质区带本身扩张，引起柱效下降。电渗流呈平流是毛细管电泳能获得高分辨率的重要原因。

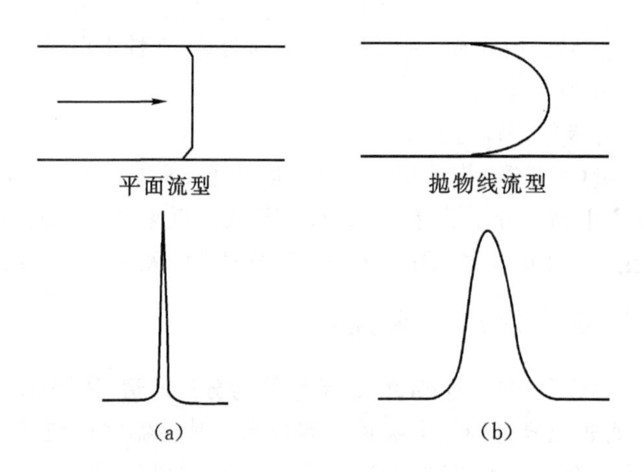

图 14－11　不同驱动力的流型

(a)电渗流驱动；(b)高压泵驱动

14.9.2　毛细管电泳分离的基本参数

1. 迁移时间

CE 中的分析参数可用色谱中类似的参数来表示，迁移时间定义为某一物质从进样口迁移到检测点所用的时间。由下式可知，当电泳系统电压保持不变时，离子的迁移时间随柱长的缩短而下降：

$$t=\frac{L_{ef}}{v_{ap}}=\frac{L_{ef}}{\mu_{ap}E}=\frac{L_{ef}L}{\mu_{ap}U}=\frac{L_{ef}L}{(\mu_{ef}+\mu_{EOF})U} \tag{14-15}$$

式中，L_{ef}为有效柱长；L 为毛细管总长；E 为电场强度；U 为外加电压；v_{ap}为表观迁移速率；μ_{ap}为表观淌度；μ_{ef}为电泳的有效淌度；μ_{EOF}为电渗流淌度。

2. 毛细管电泳柱效率

在 CE 中，仍可沿用色谱中的塔板和速率理论来描述分离过程。按色谱理论中的 Giddings 方程，毛细管电泳柱效率的理论塔板数 n 定义为：

$$n=(L_{ef}/\sigma)^2 \tag{14-16}$$

式中，L_{ef}为毛细管有效长度；σ 为电泳峰标准差，即 0.607 倍峰高处峰宽的一半。

与色谱分离过程相比，毛细管电泳中纵向扩散是引起峰加宽的唯一因素，则

$$\sigma^2=2Dt \tag{14-17}$$

$$H=\frac{L_{ef}}{n}=\frac{\sigma^2}{L_{ef}}=\frac{2D}{v_{EOF}} \tag{14-18}$$

式中，D 为纵向分子扩散系数；v_{EOF}为电渗流速率。实验表明，纵向分子扩散确实是影响区带电泳分离柱效的主要因素。另外，通过增加电泳电压、提高电场强度以提高电泳速率，从而提高柱效。与一般色谱一样，毛细管电泳的 n 也可由电泳图直接求得，即

$$n=5.54(t_R/W_{1/2})^2 \tag{14-19}$$

3. 分离度

CE 中的分离度与一般色谱一样，也可用 R 来表示。按照色谱理论 Giddings 方程，组分 1、2 的分离度等于两峰中心之间的距离与两峰峰底宽度平均值之比，即

$$R_s=\Delta L/W=\Delta L/4\sigma \tag{14-20}$$

式中，ΔL 为两峰中心之间的距离；W 为两峰峰底宽的平均值；σ 为两峰的标准差平均值。

14.9.3　毛细管电泳分离的因素

理论分析表明，增加速度是减少谱带展宽、提高效率的重要途径，增加电场强度可以提高速度。但高场强导致电流增加，引起毛细管中电解质产生焦耳热（自热）。自热将使流体在径向产生抛物线型温度分布，即管轴中心温度要比近壁处温度高。因溶液黏度随温度升高呈指数下降，温度梯度使介质黏度在径向产生梯度，从而影响溶质迁移速度，使管轴中心的溶质分子要比近管壁的分子迁移得更快，造成谱带展宽，柱效下降。

一般来说温度每提高 1℃，将使淌度增加 2%。此外，温度改变使溶液 pH 值、黏度等发生变化，进一步导致电渗流、溶质分子的电荷分布（包括蛋白质的结构）、离子强度等改变，造成淌度改变、重复性变差、柱效下降等现象。降低缓冲液浓度可降低电流强度，使温差变化减小。高离子强度缓冲液可阻止蛋白质吸附于管壁，并可产生柱上浓度聚焦效应，防止峰扩张，改善峰形。减小管径在一定程度上缓解了由高电场引起的热量积聚，但细管径使进样量减少，造成进样、检测等技术上的困难。因此，加快散热是减小自热引起的温差的重要途径。液体的导热系数要比空气高 100 倍。现在有的采用液体冷却方式的毛细管电泳仪可使用离子强度高达 0.5 $mol \cdot kg^{-1}$的缓冲液进行分离，或使用 200 μm 直径的毛细管进行微量制备，仍能达到良好的分离效果和重现性。

14.9.4 毛细管电泳的分离模式

1. 毛细管区带电泳(Capillary Zone Electrophoresis,CZE)

毛细管区带电泳是毛细管电泳最基本的一种分离模式,基于样品组分的净电荷与其质量比(荷质比)间的差异进行分离。根据色谱理论关系式可知,CZE 的理论塔板数 n 和扩散系数 D 呈反比。因此,对于扩散系数小的生物大分子而言,CZE 的柱效就要比 HPLC 高很多。CZE 比 HPLC 具有更高的分离能力,主要源于两个因素:一是在进样端和检测时均没有像 HPLC 那样的死体积存在;二是 CZE 用电渗作为推动流体前进的驱动力,整个流型呈扁平的塞式流,使溶质区带在毛细管内原则上不会扩散。

在 CZE 中,影响分离的因素主要有缓冲液的类型、离子强度、浓度和 pH 值、添加剂、分析电压、温度等。在 CE 中,随着电泳的进行,两电极附近电泳介质离子浓度不断变化,从而影响电解质的酸度,而酸度的变化会影响电渗流的大小,从而明显地影响溶质迁移时间的重复性。为了保持电泳介质酸度的稳定,CE 必须在缓冲液中进行。CE 中常用来构成缓冲溶液的物质及其 pKa 如表 14-4 所示。

表 14-4 CE 中常用的缓冲液及其 pKa

缓冲液	pKa
磷酸盐	2.12(pKa$_1$),7.21(pKa$_2$),12.32(pKa$_3$)
柠檬酸盐	3.06(pKa$_1$),4.74(pKa$_2$),5.4(pKa$_3$)
甲酸盐	3.75
乙酸盐	4.75
硼酸盐	9.24
三(羟甲基)氨基甲烷	8.30

缓冲液的 pH 值主要影响电渗流的大小和被分析物的解离情况,因而影响被分析物的淌度,从而改变 CE 的分离选择性。所以缓冲液的 pH 值是 CZE 分析中最重要的操作参数之一。Terabe 研究认为,CE 分离的最合适 pH 值可按下式计算:

$$pH = pK - \lg 2 \quad (14-21)$$

式中,K 为被分离化合物的解离常数。

2. 胶束电动毛细管色谱(Micellar Electrokinetic Capillary Chromatography,MECC)

胶束电动毛细管色谱是把一些离子型表面活性剂(如十二烷基硫酸钠,SDS)加到缓冲液中,当其浓度超过临界浓度后就形成有一疏水内核、外部带负电的胶束。虽然胶束带负电,但一般情况下电渗流的速度仍大于胶束的迁移速度,故胶束将以较低速度向阴极移动。溶质在水相和胶束相(准固定相)之间产生分配,中性粒子因其本身疏水性不同,在二相中的分配就有差异,疏水性强的胶束结合牢,流出时间长,最终按中性粒子疏水性的不同得以分离。MECC 使 CE 能用于中性物质的分离,拓宽了 CE 的应用范围,是对 CE 极大的贡献。

3. 毛细管凝胶电泳(Capillary Gel Electrophoresis,CGE)

毛细管凝胶电泳是将板上的凝胶移到毛细管中作支持物进行的电泳。凝胶具有多孔性,起类似分子筛的作用，溶质按分子大小逐一分离。凝胶黏度大，可减少溶质的扩散，所得峰形尖锐，能达到 CE 中最高的柱效。常用聚丙烯酰胺在毛细管内交联制成凝胶柱，可分离、测定蛋白质和 DNA 的分子量或碱基数，但其制备麻烦，使用寿命短。如采用黏度低的线性聚合物如甲基纤维素代替聚丙烯酰胺，可形成无凝胶但有筛分作用的无胶筛分（non-gel sieving）介质。它能避免空泡形成，比凝胶柱制备简单，寿命长，但分离能力比凝胶柱略差。CGE 和无胶筛分正在发展成第二代 DNA 序列测定仪，将在人类基因组织计划中起重要作用。

4. 毛细管等电聚焦（Capillary Isoelectric Focusing，CIEF）

毛细管等电聚焦将普通等电聚焦电泳转移到毛细管内进行。通过管壁涂层使电渗流减到最小，以防蛋白质吸附及破坏稳定的聚焦区带，再将样品与两性电解质混合进样，两端贮瓶分别为酸和碱。加高压（6～8 kV）3～5 min 后，毛细管内部建立 pH 梯度，蛋白质在毛细管中向各自等电点聚焦，形成明显的区带。最后改变检测器末端贮瓶内的 pH 值，使聚焦的蛋白质依次通过检测器而得以确认。

5. 毛细管等速电泳（Capillary Isotachophoresis，CITP）

毛细管等速电泳是一种较早的模式，采用两种不同的缓冲液：一种是先导电解质，其淌度高于任何样品分子，充满整个毛细管；另一种是尾随电解质，淌度低于任何样品组分，置于进口端储液器中。进样后再加上分离电压，夹在两电解质中间的样品各组分按其电泳淌度不同实现分离。常用于分离离子型物质，目前应用不多。

6. 毛细管电色谱（Capillary Electrochromatography，CEC）

毛细管电色谱是将 HPLC 中众多的固定相微粒填充到毛细管中，以样品与固定相之间的相互作用为分离机制，以电渗流为流动相驱动力的色谱过程，虽柱效有所下降，但增加了选择性[13]。

14.9.5　毛细管电泳的应用与发展前景

1. 毛细管电泳的应用

毛细管电泳除了具有效率更高、速度更快、样品和试剂耗量更少、应用面同样广泛等优点外，其仪器结构也比高效液相色谱简单。CE 只需高压直流电源、进样装置、毛细管和检测器。前三个部件均易实现，困难之处在于检测器。特别是光学类检测器，由于毛细管电泳溶质区带超小体积的特性导致光程太短，而且圆柱形毛细管作为光学表面也不够理想，因此对检测器灵敏度要求相当高。

当然在 CE 中也有利于检测的因素，如在 HPLC 中，因稀释之故，溶质到达检测器的浓度一般是其进样端原始浓度的 1%。但在 CE 中，经优化实验条件后，可使溶质区带到达检测器时的浓度和在进样端开始分离前的浓度相同。而且 CE 中还可采用堆积等技术使样品达到柱上浓缩效果，使初始进样体积浓缩为原体积的 1%～10%，这对检测十分有利。因此从检测灵敏度的角度来说，HPLC 具有良好的浓度灵敏度，而 CE 提供了很好的质量灵敏度。总之，检测仍是 CE 中的关键问题，有关研究的报道很多，发展也很快。迄今为止，除了原子吸收光谱、电感耦合等离子体发射光谱（ICP）及红外光谱未用于 CE 外，其他检测手段如紫外、荧光、电化学、质谱、激光等类型检测器均已用于 CE。

毛细管电泳是一种在分析化学、生物化学、药物化学、食品化学、环境化学及医学和法医学中十分重要的分离分析技术，具有十分广阔的发展前景。具体讲，它可应用于无机和有机化合物、氨基酸、肽、蛋白质、核酸、异构体、药物、临床、法庭物证分析等。

2. 毛细管电泳的发展方向

(1)高速 DNA 测序

高速 DNA 测序因人类基因工程的提出而引起人们的注意，毛细管电泳主要是毛细管凝胶电泳，对核苷酸及其聚合物有极高的分辨率，在 60 min 内分离 400～500 个碱基并不困难。

(2)肽和蛋白分析

CE 已广泛用作最有效的纯度检测手段，它可检测出多肽链上单个氨基酸的差异。尤其是肽谱用 CE－MS 联用分析，可推断蛋白的分子结构。用 CE 进行蛋白本身反应及与小分子相互作用的研究是研究热点，如蛋白结合或降解反应、酶动力学、抗体-抗原结合动力学、受体-配体反应动力学等。

(3)药物分析和临床检测

目前 CE 在药物和临床研究领域已成为不可缺少的有力手段，CE 已用于几百种药物和制剂的成分分析、相关杂质检测、纯度检查、无机离子含量检查及定性鉴别等。CE 在临床化学中除进行分子生物学测定外，也广泛用于疾病临床诊断、临床蛋白分析、临床药物检测和药物代谢研究。

(4)单细胞、单分子检测

单细胞、单分子检测对生命科学和化学有巨大潜在意义。已报道对单个肾上腺细胞、红细胞、白血病细胞、淋巴细胞、嗜铬细胞和胚胎细胞等的检测均取得成功。单细胞检测或许会对细胞水平的病理学及了解生命过程提供一种活体检测手段。

(5)毛细管电泳芯片

毛细管电泳芯片的基本思路是将各种通道、电极槽、检测池等刻蚀在同一玻璃片内，采用不断电进样，可在数十秒内完成分离[14]。如测 DNA 序列的芯片在 3 cm 距离内，只加 20 $V \cdot cm^{-1}$的电压，就可在 13 min 内测定 400 bp 的序列，分离度大于 0.5，柱效高于 3000 万理论塔板。将 PCR 与毛细管电泳芯片集成在一起的芯片已成功，还有将芯片和 MS 联用，极大地扩展了毛细管电泳芯片的前景。

21 世纪是生命科学大发展的世纪，完成人类基因组计划后，后基因时代的基因组学和蛋白组学将快速发展，功能基因的分离、检测，功能蛋白的分离、测定对 CE 提出了更高的期望。CE 是正在发展的研究领域，有很多理论和实际问题有待解决，更需其他领域的研究人员来扩大其应用范围。CE 的成长将为生命科学、材料科学、环境科学提供又一强有力的研究手段，CE 也在不断解决难题的过程中得到发展。

14.10 分析实例

实例 1

Giulio Nannetti 等[15]利用反相液相色谱紫外检测器，测定了病人血液中的西米普韦(SMV)的含量，SMV 用于治疗丙型肝炎以及基因 1 型 HCV 肝硬化。血液样品利用固相萃取进行处理，色谱所用色谱柱为 RP－C_{18}色谱柱，流动相为乙腈-磷酸缓冲液(70∶30)，流速 1 $mL \cdot min^{-1}$，检测波长 225 nm。含量测定用标准曲线浓度范围 0.05～20 μg・mL^{-1}(R:0.997～0.999),3 倍信噪比浓度为 0.02 μg・mL^{-1}。研究者测定了 HCV 感染病人治疗后血液中 SMV 的含量,色谱图如图 14－12 所示。病人服用西米普韦、索非布韦及三唑核苷时,测定 SMV 浓度为 3.56 μg・mL^{-1};服用西米普韦和索非布韦时,测定 SMV 浓度为 2.59 μg・mL^{-1}。

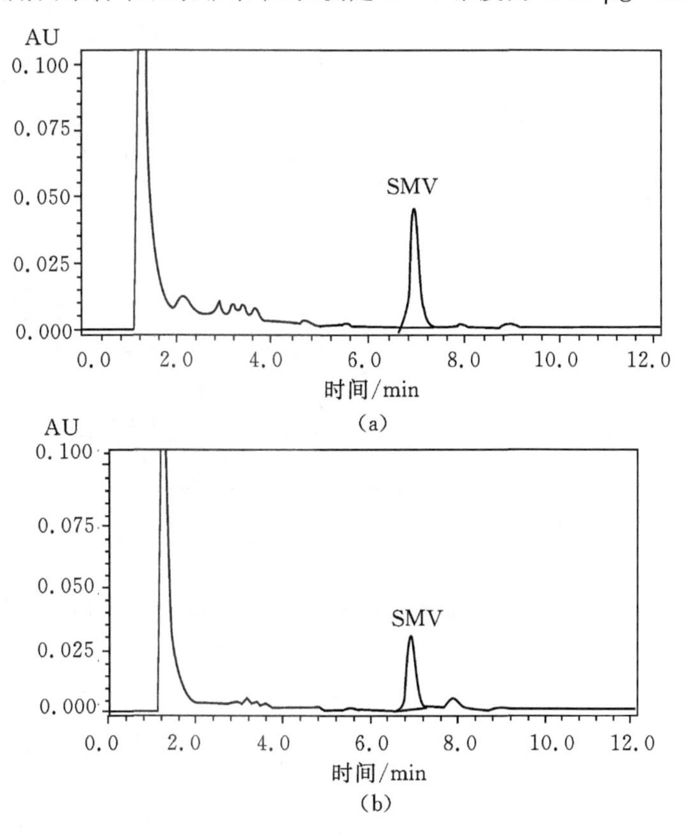

图 14－12　HCV 病人血液样品中的西米普韦色谱图

(a)西米普韦、索非布韦及三唑核苷联合使用;(b)西米普韦和索非布韦联合使用

实例 2

Ariane Wohlfarth 等利用 LC－MS/MS 测定了人尿液中 9 种合成大麻成分及其 20 种代谢成分[16]。研究者对样品的处理及液相色谱条件和质谱条件进行了选择和优化,利用质谱图库进行比对,确定了各种违禁品及代谢产物。作者采用增强全扫描模式进行采集,大大增加了检测灵敏度,各物质检测限可达 0.5～10 ng・mL^{-1}。该方法处理简单、快速、定量准确,可以作为常规检测方法被广泛使用。其总离子色谱图如图 14－13 所示。

实例 3

Wojciech Kubicki 等[17]利用玻璃电泳芯片在 2 min 内分离了含有 20～500 bp DNA 片段,芯片示意图如图 14－14 所示。该芯片包含有交叉注射口、25 mm 分离通道、Y 型双通道提取器及流体存储器(约 36 μL),并采用灵敏度很高的荧光检测。实验结果表明该方法理论塔板数约为每米 450000,分离结果如图 14－15 所示,说明该方法可作为 DNA 片段分离及提取的一种有效手段。

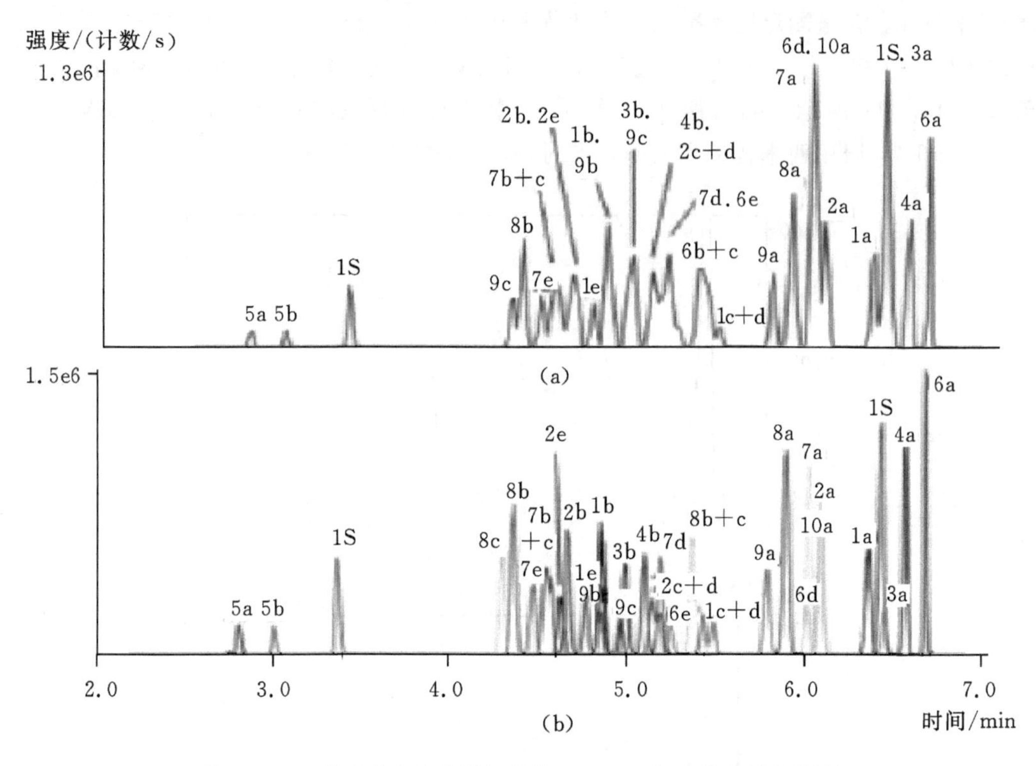

图 14-13　合成大麻及代谢组分的 LC-MS/MS 总离子色谱图

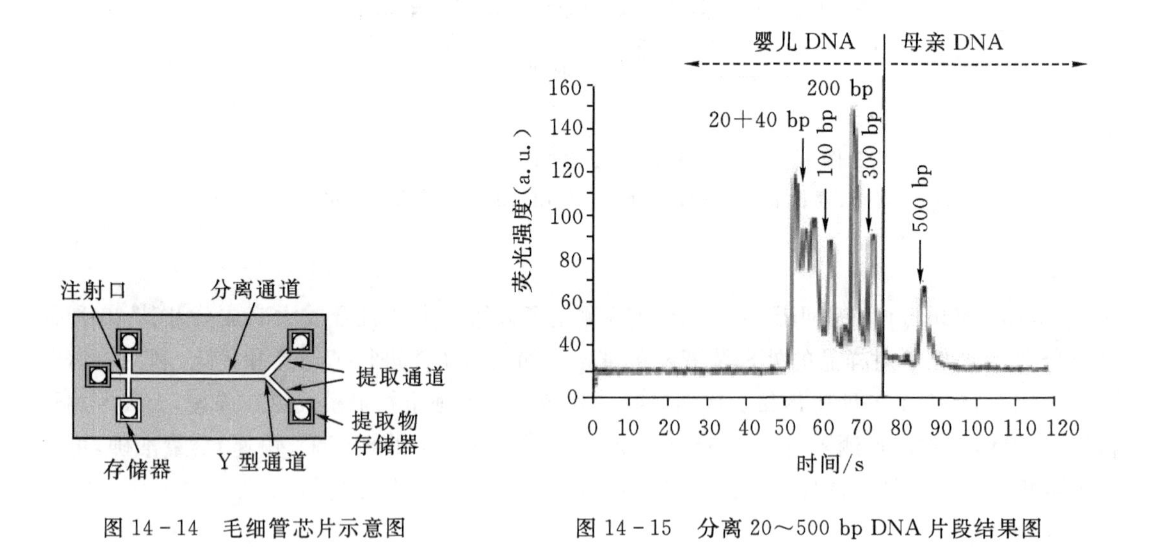

图 14-14　毛细管芯片示意图

图 14-15　分离 20～500 bp DNA 片段结果图

参考文献

[1] 于世林. 高效液相色谱方法及应用[M]. 北京:化学工业出版社,2000.

[2] 陈立仁,蒋生祥,刘霞,等. 高效液相色谱基础与实践[M]. 北京:科学出版社,2001.

[3] 叶宪曾,张新祥. 仪器分析教程[M]. 2 版. 北京:北京大学出版社,2007.
[4] 刘密新,罗国安,张新荣,等. 仪器分析[M]. 2 版. 北京：清华大学出版社,2002.
[5] JANDERA P. Column selectivity for two-dimensional liquid chromatography [J]. Journal of Separation Science, 2006, 29(12): 1763 - 1783.
[6] BLUMBERG L, KLEE M S. A critical look at the definition of multidimensional separations[J]. Journal of Chromatography A, 2010, 1217(1):99 - 103.
[7] STOLL D R, LI X, WANG X, et al. Fast, comprehensive two-dimensional liquid chromatography[J]. Journal of Chromatography A, 2007, 1168(1 - 2):3 - 43.
[8] EVANS C R, JORGENSON J W. Multidimensional LC - LC and LC - CE for high - resolution separations of biological molecules[J]. Analytical & Bioanalytical Chemistry, 2004, 378(8):1952 - 1961.
[9] JORGENSON J W, LUKACS D A. High - resolution separations based on electrophoresis and electroosmosis[J]. Journal of Chromatography A, 1981, 218(20):209 - 216.
[10] TERABE S, OTSUKA K, ICHIKAWA K, et al. Electrokinetic separations with micellar solutions and open - tubular capillaries[J]. Analytical Chemistry, 1984, 56(1): 111 - 113.
[11] HJERTEN S, LIAO J L, YAO K. Theoretical and experimental study of high - performance electrophoretic mobilization of isoelectrically focused protein zones[J]. Journal of Chromatography A, 1987,387(2):127 - 138.
[12] COHEN A S, KARGER B L. High-performance sodium dodecyl sulfate polyacrylamide gel capillary electrophoresis of peptides and proteins[J]. Journal of Chromatography A, 1987, 397(1):409 - 417.
[13] KNOX J H. Thermal effects and band spreading in capillary electro-separation[J]. Chromatographia, 1988, 26(1):329 - 337.
[14] MANZ A, FETTINGER J C, VERPOORTE E, et al. Micromachining of monocrystalline silicon and glass for chemical analysis systems: A look into next century's technology or just a fashionable craze[J]. Trac Trends in Analytical Chemistry, 1991, 10(5): 144 - 149.
[15] NANNETTI G, PAGNI S,PARISI S G, et al. Development of a sample HPLC - UV method for the determination of the hepatitis C virus inhibitor simeprevir in human plasma[J]. Journal of Pharmaceutical & Biomedical Analysis, 2016, 121: 197 - 203.
[16] WOHLFARTH A,SCHEIDWEILER K B,CHEN X H, et al. Qualitative confirmation of 9 synthetic cannabinoids and 20 metabolites in human urine using LC - MS/MS and library search[J]. Analytical Chemistry, 2013, 85(7): 3730 - 3738.
[17] KUBICKI W, WALCZAK R. Preliminary studies on cell-free fetal DNA separation and extraction in glass lab-on-a-chip for capillary gel electrophoresis[J]. Procedia Engineering, 2012, 47: 1315 - 1318.

小结

以液体为流动相的色谱法称为液相色谱法。与气相色谱相比,液相色谱不受样品挥发性和热稳定性的限制,特别适合分离生物大分子、离子型化合物、不稳定的天然产物、种类繁多的其他高分子及不稳定化合物。

1. 高效液相色谱速率理论

液相色谱速率方程:

$$H=H_e+H_d+H_s+H_m+H_{sm}$$

式中,H 为塔板高度;H_e、H_d、H_s、H_m、H_{sm} 分别为涡流扩散项、纵向扩散项、固定相传质阻力项、流动相传质阻力项和静态流动相传质阻力项。

经过简化后高效液相色谱的速率方程为:

$$H=A+\frac{B}{u}+Cu$$

要提高高效液相色谱的效率,得到较小的 H 值,应该从液相色谱的流动相、色谱柱及流速等因素综合考虑。一般来说,色谱柱中填料颗粒较小、填充均匀时,H 较小;流动相黏度较低、流速较低和柱温较高时,H 较小。

2. 高效液相色谱仪

高效液相色谱仪主要分为四个部分:高压输液系统、进样系统、分离系统和检测系统。此外,还配有辅助装置,如自动进样、柱温箱及数据处理等。

高压输液泵是高效液相色谱仪的关键部件之一,按其工作原理分为恒流泵和恒压泵两大类。

常用的高效液相色谱检测器主要有紫外吸收检测器、示差折光检测器、荧光检测器和电化学检测器。

高效液相色谱固定相是一种颗粒小而均匀,并有一定机械强度的多孔性物质。

3. 高效液相色谱的类型

高效液相色谱固定相或色谱填料的性质和结构的差异导致分离机理不同,从而构成各种色谱类型,主要有吸附色谱、分配色谱、离子交换色谱、离子色谱、尺寸排阻色谱和亲和色谱等。各种不同类型色谱体系的分离原理、固定相、流动相及应用领域不尽相同。

4. 二维液相色谱

二维液相色谱是将分离机理不同而又相互独立的两支色谱柱串联起来构成的分离系统。样品经过第一维的色谱柱进入接口,通过浓缩、捕集或切割后被切换进入第二维色谱柱及检测器中。二维液相色谱通常采用两种不同的分离机理分析样品,即利用样品的不同特性把复杂混合物分成单一组分,这些特性包括分子尺寸、等电点、亲水性、电荷、特殊分子间作用等。

5. 液相色谱-质谱联用仪

液质联用又叫液相色谱-质谱联用技术,它以液相色谱作为分离系统,质谱为检测系统。样品在质谱部分和流动相分离,被离子化后,经质谱的质量分析器将离子碎片按质量数分开,经检测器得到质谱图。液质联用体现了色谱和质谱优势的互补，将色谱对复杂样品的高分离能力，与 MS 所具有的高选择性、高灵敏度及能够提供相对分子质量与结构信息的优点结合起来，在药物分析、食品分析和环境分析等许多领域得到了广泛的应用。

液质联用仪的关键就是接口技术，主要的接口包括直接液体导入接口、移动带技术、热喷雾接口、粒子束接口、快原子轰击、基质辅助激光解吸离子化和电喷雾电离。

6. 高效毛细管电泳技术

高效毛细管电泳技术是一类以毛细管为分离通道、以高压直流电场为驱动力的新型液相分离分析技术，实际上包含电泳、色谱及其交叉内容，是分析科学中继高效液相色谱之后的又一重大发展。它使分析科学得以从微升水平进入纳升水平，并使单细胞分析乃至单分子分析成为可能。

毛细管电泳根据分离模式的不同可以归结出多种不同类型。毛细管电泳的多种分离模式，给样品分离提供了不同的选择机会，这对复杂样品的分离分析是非常重要的。其分离模式包括毛细管区带电泳、胶束电动毛细管色谱、毛细管凝胶电泳、毛细管等电聚焦、毛细管等速电泳和毛细管电色谱等。

思考题与习题

1. 从分离原理、仪器构造及应用范围上简要比较气相色谱、高效液相色谱的异同点。
2. 高效液相色谱中影响色谱峰展宽的因素有哪些？如何提高柱效？
3. 试比较高效液相色谱各种主要类型的保留机理和特点。如何选择分离类型？
4. 什么是正相色谱、反相色谱、化学键合相色谱？在应用上各有什么特点？
5. 试比较高效液相色谱各种检测器的测定原理和优缺点。
6. 试比较各种类型高效液相色谱法的固定相和流动相及其特点。
7. 指出下列物质在正相色谱和反相色谱中的洗脱顺序：

(1)正己烷、正己醇、苯；

(2)乙酸乙酯、乙醚、硝基丁烷。

8. 在硅胶柱上，用甲苯为流动相时，某溶质的保留时间为 28 min。若改用四氯化碳或三氯甲烷为流动相，试指出哪一种溶剂能减少该溶质的保留时间。
9. 用 ODS 柱分析一有机酸混合物样品，以某一比例甲醇-水为流动相时，样品容量因子较小。若想使容量因子适当增大，较好的办法是什么？
10. 二维液相色谱的接口技术有哪些？
11. 液相色谱-质谱联用仪中为什么要有连接装置？目前有哪几种连接方式？
12. 液相色谱与质谱联用后有什么突出特点？
13. 毛细管电泳有什么特点？
14. 毛细管电泳与高效液相色谱在分离上有哪些差异？
15. 试比较在毛细管电泳中，各分离模式的特点。
16. 毛细管电泳最重要的应用领域是什么？

第四篇　表面分析

第15章　X射线光电子能谱法

基本要求

1. 了解表面分析的概念及其获得的信息；
2. 了解X射线光电子能谱法的特点；
3. 掌握光电子能谱和化学位移的概念；
4. 掌握X射线光电子能谱法的定性定量原理；
5. 学会使用X射线光电子能谱法。

随着科学技术的迅速发展，固体表面与界面的表征已成为现代分析化学的重要任务。固体表面是指固体与真空、气体、液体之间的边界层，在固体表面或界面处只有几个原子层的厚度。固体表面有着不同于内部体相的特殊组成和结构，有着内部体相所不具备的特殊的物理化学性质。许多物理化学过程，如催化、腐蚀、氧化、钝化、吸附、扩散等，往往都是首先从表面开始的。因此，对固体表面的性质、组成和结构的分析与表征有其特殊性和重要性。

表面分析(surface analysis)是研究固体表面的形貌、化学组成、原子结构、原子态、电子态等信息的一类技术。各种表面分析技术有着类似的基本原理，均可以看作是利用激发源提供的一次束(电子、光子、离子、原子、强电场、热等)与固体表面发生相互作用，产生出包含样品信息、可供检测的二次束(电子、光子、离子、原子、强电场、热等)；最后通过对产生的二次束的检测，实现对样品表面的分析。通过表面分析，可以获得三方面的信息：一是表面化学状态，包括元素种类、含量、化学价态以及化学成键等；二是表面结构，从宏观的表面形貌、物相分布以及元素分布等直到微观的表面原子空间排列，包括原子在空间的平衡位置和振动结构；三是表面电子态，涉及表面的电子云分布和能级结构。

表面分析方法种类繁多。表15-1给出了表面分析中常用的一次束、二次束的类型以及所能获得的分析信息。在表面分析这一部分，我们将主要介绍其中的X射线光电子能谱、紫外光电子能谱、俄歇电子能谱和X射线衍射光谱这四种目前比较常用的表面分析技术。至于其他表面分析方法，读者可参阅有关专著或文献。

表 15-1　常用的表面分析技术

分析技术	一次束	二次束	获得的分析信息
X 射线光电子能谱	X 射线	电子	化合物成分、结构
紫外光电子能谱	紫外光	电子	化合物成分、结构
俄歇电子能谱	电子	电子	化学组成
X 射线衍射光谱	X 射线	X 射线衍射线	化合物成分、结构
电子能量损失谱	电子	电子	化学结构、结合吸附物
电子微探针	电子	X 射线	化学成分
二次离子质谱	离子	离子	化合物成分、结构
离子散射光谱	离子	离子	化学组成、原子结构
激光微探针质谱	光子	离子	化合物成分、结构
表面等离子体共振	光子	光子	化学结构、表面薄膜浓度
偏振光椭圆率测量	光子	光子	薄膜厚度

15.1　概述

1895 年，德国物理学家伦琴在进行阴极射线实验时发现了一种不可见的射线。由于当时不知道它的性能和本质，故称 X 射线，也称伦琴射线。X 射线是原子中的电子在能量相差悬殊的两个能级之间跃迁而产生的。X 射线的波长极短，约在 0.001～100 nm 范围内，介于紫外线和 γ 射线之间。X 射线具有很强的穿透能力，能透过许多不透明的物质。X 射线最初被用于医学成像诊断和 X 射线结晶学。1914 年，英国物理学家亨利·莫塞莱发现了特征 X 射线的波长与原子序数之间的定量关系，创立了莫塞莱方程。在此基础上，最终发展成为各种 X 射线光谱分析方法，如 X 射线荧光光谱法、X 射线光电子能谱法以及 X 射线衍射分析法。在这一章，我们将对 X 射线光电子能谱法加以讨论学习。在随后的第 18 章，将介绍有关 X 射线衍射分析法的内容。

X 射线光电子能谱法(X-ray Photoelectron Spectroscopy, XPS)，也被称为作用于化学分析的电子能谱(Electron Spectroscopy for Chemical Analysis, ESCA)，是指以 X 射线为激发源，通过对光电离过程发射出光电子的能量及其相关特征的测量而建立起来的一种分析技术。通过 X 射线光电子能谱法，能够获取原子内壳层及价带中各占据轨道电子结合能和电离能的精确数值，从而得到固体样品表面所含的元素种类、化学组成以及有关的电子结构等重要信息。

X 射线光电子能谱法的研究起源于 20 世纪中叶。瑞典皇家科学院院士、乌普萨拉大学物理研究所所长 Siegbahn 教授是 X 射线光电子能谱法研究的先驱者。1954 年，他成功研制出世界上第一台光电子能谱仪。通过这台光电子能谱仪，他对元素周期表中各种原子的内层电子结合能进行了精确的测定。商品化的 X 射线光电子能谱仪出现于 20 世纪 60 年代末，超高真空 X 射线光电子能谱仪则出现于 1972 年。由于 Siegbahn 教授在光电子能谱法研究中作出了杰出贡献，为此他荣获了 1981 年的诺贝尔物理学奖。

此后，X 射线光电子能谱法在表面科学研究获得了广泛的应用，被广泛应用于各种金属、合金、半导体、无机物、有机物、薄膜等固体样品的研究之中，以测量获得固体样品中的元素组成、化学价态等重要的电子结构信息。

作为一种现代表面分析技术，X 射线光电子能谱法具有如下特点。

①应用范围广。可以分析除 H 和 He 以外的所有元素，对所有元素的灵敏度具有相同的数量级。

②可获得样品的“原子指纹”。可以直接测量价层电子及内层电子轨道能级，提供有关化学键方面的信息。相邻元素同种能级的谱线相隔较远，相互干扰较少，元素定性的标识性强。

③灵敏度高，样品用量少。样品分析的深度约 2 nm，样品量可少至 10^{-8} g，绝对灵敏度可达 10^{-18} g。

④既可用作定性分析，又可用作定量分析。可测定出元素的种类及该元素的化学结合状态和价态，又可测定出该元素的相对浓度，以及该元素不同化学结合状态和价态的相对浓度。

15.2 基本原理

15.2.1 光电子能谱法

X 射线光电子能谱法是光电子能谱法的一种。光电子能谱法的共同点是采用激发源，包括单色光源(如 X 射线、紫外光)和粒子(如高能量电子、离子、原子等)去照射样品，使原子或分子的内层电子或价电子受激，发生电离并逸出物体表面而发射出来。这些被激发出来的电子称为光电子。通过测量光电子的能量，以光电子动能为横坐标，以不同动能光电子的相对强度(脉冲数/s)为纵坐标即得光电子能谱图，从中可以获得样品的有关信息。

根据激发源和发射电子能量分布的不同，光电子能谱法可以分为不同的方法。如 X 射线光电子能谱法是以 X 射线为激发源，紫外光电子能谱法是以紫外光为激发源，而俄歇(Auger)电子能谱法则是基于样品内层电子电离时产生的激发态在去激发过程中产生的俄歇电子发射。

表 15－2 列出了 X 射线光电子能谱法、紫外光电子能谱法、俄歇电子能谱法所采用的激发源及应用。

表 15－2 三种光电子能谱法所采用的激发源及应用

名称及简写	激发源	应用
X 射线光电子能谱法 (X-ray Photoelectron Spectroscopy, XPS)	Mg K_α(1254 eV) Al K_α(1487 eV) Cu K_α(8048 eV) Ti K_α(4511 eV)	可测定气体、液体、固体物质的内层电子结合能及其相关的化学位移
(真空)紫外光电子能谱法 (Ultraviolet Photoelectron Spectroscopy, UPS)	HeⅠ(21.22 eV) HeⅡ(40.8 eV) Y M_ζ(132.3 eV) Zr M_ζ(154.1 eV)	测定的是气体分子的价电子或固体的价带电子结合能，可得到离子的振动结构、自旋分裂、Jahn-Teller 分裂和多重分裂等方面的信息
俄歇电子能谱法 (Auger Electron Spectroscopy, AES)	电子枪，X 射线	测定的是内层空穴非辐射跃迁发射的俄歇电子，可用于元素和状态分析

15.2.2　X 射线光电子能谱的产生

X 射线光电子能谱是以 X 射线作为激发源的电子能谱技术。众所周知，原子由原子核和核外电子组成。电子在核外沿一定的轨道绕核运动，并具有确定的电子结合能(binding energy，记作 E_b)。当一束 X 射线照射到某一固体样品表面上并与之发生相互作用时，如果 X 射线的能量($h\nu$)高于某一轨道上的电子结合能(E_b)，便可激发出某一轨道上的电子，使原子或分子发生电离，激发出的电子获得一定的动能(kinetic energy，记作 E_k)而脱离原子或分子成为自由电子，原子或分子在失去电子后变成离子(M^+)。这一激发过程可表示如下：

$$M + h\nu \longrightarrow M^{*+} + e^- \tag{15-1}$$

式中，M 代表原子或分子；M^{*+}代表原子或分子离子；e^- 代表光电子。

根据能量守恒定律，这一光电子所获得的动能 E_k应为 X 射线的能量($h\nu$)和某一轨道上的电子结合能(E_b)之差：

$$E_k = h\nu - E_b \tag{15-2}$$

这就是著名的爱因斯坦光电方程，它是光电子能谱分析的基础。

在原子或分子中，处于较低能级上的电子具有较高的电子结合能，那么激发出这个电子所耗费的能量就越多，所激发出的光电子具有的动能就越低，反之亦然。由于电子的能级呈量子化分布，如果采用相同能量的 X 射线进行激发，所获得的光电子也应具有相应的动能分布。通过能量分析器将具有不同动能的光电子区分开来，经检测、放大、记录，便可得到不同动能的光电子数[photoelectron number，记作 $n(E)$]。以单位时间内发射的光电子数[$n(E)$]为纵坐标，以电子结合能(E_b)或光电子动能(E_k)为横坐标，绘制出的谱图即光电子能谱图。图 15-1 为 Ag 片 X 射线光电子能谱图。在 X 射线光电子能谱图中，以被激发电子所在能级来标示光电子。每个元素的原子都有 1～2 个最强特征峰。以 Mg K_α 为激发源所得 Ag 片的 X 射线的光电子能谱中，Ag $3d_{3/2,5/2}$是最强的峰，彼此间距约为 6 eV。

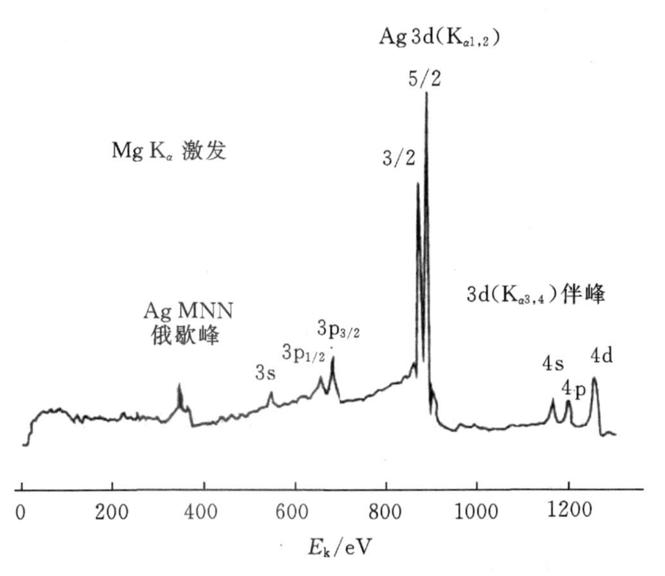

图 15-1　Ag 片的 X 射线光电子能谱(以 Mg K_α 为激发源)

每一种原子或分子都具有特定的电子能级分布，从而具有其特定的光电子能谱。因此，在实际分析中，只要测得样品的电子结合能，就可判定出被测元素的种类和该元素的化学结合态及价态。这是 X 射线光电子能谱法定性的依据。

15.2.3 电子结合能

电子结合能(binding energy，记作 E_b)是指某一种原子或分子在光电离前后状态的能量差。如果原子或分子光电离前的能级为 E_1，光电离后所处的能级为 E_2，则电子结合能(E_b)可简单表示为

$$E_b = E_2 - E_1 \tag{15-3}$$

按照原子电子结合能的定义，电子结合能是指将特定能级上的电子转移到固体费米(Fermi)能级或转移到自由原子或分子真空能级所需消耗的能量。气态样品一般可近似地视为自由原子或分子，电子不受原子核吸引，因此选用真空能级为参比能级。由于固体样品的真空能级与表面状况有关，容易发生改变，因此选用费米能级为参比能级。费米能级为0 K时，固体能带中充满电子的最高能级。电子由内层能级跃迁到费米能级所消耗的能量就是电子结合能，电子由费米能级进入真空成为自由电子所需的能量为功函数(用 Φ 表示)，剩余的能量则成为自由电子的动能，有

$$h\nu = E_b + \Phi + E_k \tag{15-4}$$

式(15-4)是计算固体样品中原子内层电子结合能的基本公式。式中，功函数(Φ)可通过测定已知结合能的样品所得到的能谱图来确定。对于同一台 X 射线光电子能谱仪而言，功函数(Φ)是一个定值，约为 3～4 eV，与样品无关。对于给定的 X 射线，其能量是已知的，而自由电子的动能可通过能谱仪测定获得，因此可计算得到固体样品电子的结合能。各种原子、分子轨道的电子结合能是一定的，据此可鉴别各种原子或分子，即进行定性分析。各元素的电子结合能的数值如表 15-3 所示。

表 15-3 各元素的电子结合能(E_B/eV)

	$1s_{1/2}$	$2s_{1/2}$	$2p_{1/2}$	$2p_{3/2}$	$3s_{1/2}$	$3p_{1/2}$	$3p_{3/2}$	$3d_{3/2}$	$3d_{5/2}$	$4s_{1/2}$	$4p_{1/2}$	$4p_{3/2}$	$4d_{3/2}$	$4d_{5/2}$	$4f_{5/2}$	$4f_{7/2}$
	K	L_I	L_{II}	L_{III}	M_I	M_{II}	M_{III}	M_{IV}	M_V	N_I	N_{II}	N_{III}	N_{IV}	N_V	N_{VI}	N_{VII}
^{1}H	14															
^{2}He	25															
^{3}Li	55															
^{4}Be	111															
^{5}B	188															
^{6}C	284			7												
^{7}N	399			9												
^{8}O	532	24		7												
^{9}F	686	31		9												
^{10}Ne	867	45		18												
^{11}Na	1072	63		21	1											
^{12}Mg	1305	89		52	2											

续表 15 - 3

	$1s_{1/2}$	$2s_{1/2}$	$2p_{1/2}$	$2p_{3/2}$	$3s_{1/2}$	$3p_{1/2}$	$3p_{3/2}$	$3d_{3/2}$	$3d_{5/2}$	$4s_{1/2}$	$4p_{1/2}$	$4p_{3/2}$	$4d_{3/2}$	$4d_{5/2}$	$4f_{5/2}$	$4f_{7/2}$
	K	L_{I}	L_{II}	L_{III}	M_{I}	M_{II}	M_{III}	M_{IV}	M_{V}	N_{I}	N_{II}	N_{III}	N_{IV}	N_{V}	N_{VI}	N_{VII}
^{13}Al	1560	118	74	73	1											
^{14}Si	1839	149	100	99	8		3									
^{15}P	2149	189	136	135	16		10									
^{16}S	2472	229	165	164	16		8									
^{17}Cl	2823	270	202	200	18		7									
^{18}Ar	3203	320	247	245	25		12									
^{19}K	3608	377	297	294	34		18									
^{20}Ca	4038	438	350	347	44		26		5							
^{21}Sc	4493	500	407	402	54		32		7							
^{22}Ti	4965	564	461	455	59		34		3							
^{23}V	5465	628	520	513	66		38		2							
^{24}Cr	5989	695	584	575	74		63		2							
^{25}Mn	6539	769	652	641	84		49		4							
^{26}Fe	7114	846	723	710	95		56		6							
^{27}Co	7709	926	794	779	101		60		3							
^{28}Ni	8333	1008	872	855	112		68		4							
^{29}Cu	8979	1096	951	931	120		74		2							
^{30}Zn	9659	1194	1044	1021	137		87		9							
^{31}Ga	10367	1298	1143	1116	158	107	103		18			1				
^{32}Ge	11104	1413	1249	1217	181	129	122		29			3				
^{33}As	11867	1527	1359	1323	204	147	141		41			3				
^{34}Se	12658	1654	1476	1436	232	168	162		57			6				
^{35}Br	13474	1782	1596	1550	257	189	182	70	69	27		5				
^{36}Kr	14326	1921	1727	1675	289	223	214	89		24		11				
^{37}Rb	15200	2065	1864	1805	322	248	239	112	111	30	15	14				
^{38}Sr	16105	2216	2007	1940	358	280	269	135	133	38		20				
^{39}Y	17039	2373	2115	2080	395	313	301	160	158	46		26	3			
^{40}Zr	17998	3532	2307	2223	431	345	331	183	180	52		29	3			
^{41}Nb	18986	2698	2465	2371	469	379	363	208	205	58		34	4			
^{42}Mo	20000	2866	2625	2520	505	410	393	230	227	62		35	2			
^{43}Tc	21044	3043	2793	2677	544	445	425	257	253	68		39	2			
^{44}Ru	22117	3224	2967	2838	585	483	461	284	279	75		43	2			
^{45}Rh	23220	3412	3146	3004	627	521	496	312	307	81		48	3			
^{46}Pd	24350	3605	3331	3173	670	559	531	340	335	86		51	1			
^{47}Ag	25514	3806	3524	3351	717	602	571	373	367	95	62	56	3			

15.2.4 化学位移

元素所处的化学环境不同，其结合能也会有微小的差别，这种由化学环境不同引起的结合能的微小差别称为化学位移。化学位移在光电子能谱图上可以看到。由化学位移的大小可以确定元素所处的状态。若某元素失去电子成为阳离子后，其结合能会增加；相反，若得到的电子成为阴离子，其结合能则会降低。因此，利用化学位移值可以确定元素的化合价和存在形式。

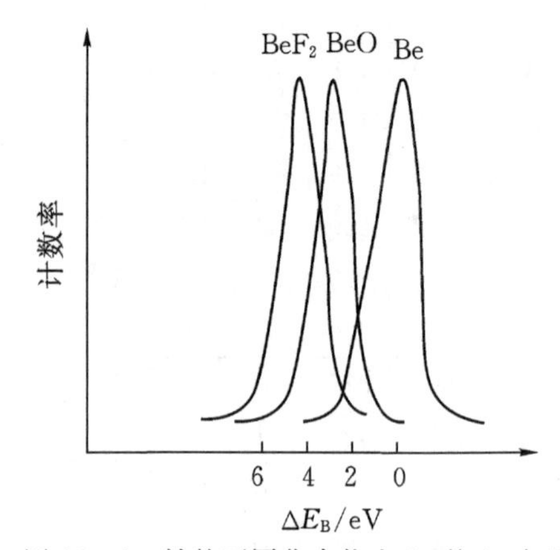

图 15－2 铍的不同化合物中 Be 的 1s 电子光电子谱线的化学位移

图 15－2 为铍的不同化合物的化学位移。由图 15－2 可以看出，当 Be 被氧化成 BeO 后，其结合能增加了 2.9 eV。这说明内层电子结合能随氧化态增高而增加，化学位移变大。这是由于元素氧化态的改变引起价电子层密度的改变，从而改变价电子层对内层电子的屏蔽效应，导致内层电子结合能的改变。

化学位移还与电负性有关。如图 15－2 所示，Be 在 BeF_2 和 BeO 中虽然具有相同的氧化数(2＋)，但是 Be 在 BeF_2 中比在 BeO 中具有更高的化学位移。这是由于氟具有比氧更高的电负性，在 BeF_2 中由氟引起的结合能变化比在 BeO 中由氧引起的变化大。又如在三氟乙酸乙酯分子中，由于 F、O、C、H 四个元素的电负性依次减少，导致 4 个碳原子所处的化学环境不同，在三氟乙酸乙酯中 C 1s 的 X 射线光电子能谱中出现了 4 个位移值不同的 C 1s 峰，4 个碳原子的位移值依次降低，如图 15－3 所示。图 15－3 中从左至右的谱峰与结构中碳原子有一一对应关系。

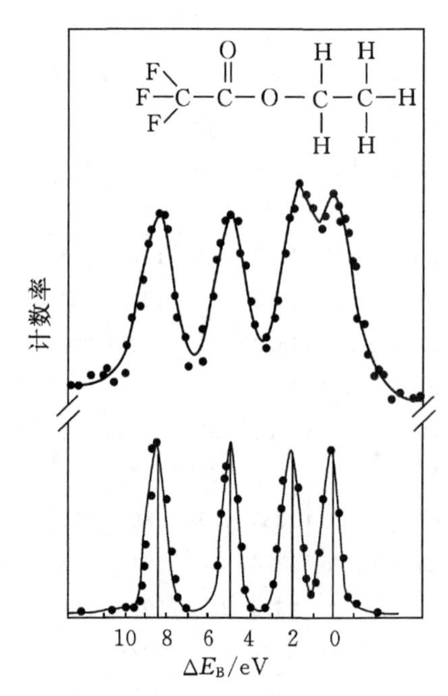

图 15－3 三氟乙酸乙酯分子中 C 1s 的 X 射线光电子能谱图

15.3 X 射线光电子能谱仪

X 射线光电子能谱仪由激发源、样品室、电子能量分析器、检测器、真空系统及数据记录系统等组成。

15.3.1 激发源

X 射线管是 X 射线光电子能谱仪最常用的激发源。由 X 射线管产生的射线称为初级 X

射线。X 射线管由一个热阴极(钨丝)和金属靶材料(Cu、Fe、Cr、Mo 等重金属)制成的阳极组成,如图 15-4 所示。管内抽真空至 1.3×10^{-4} Pa。阴极灯丝受热后发射出热电子,热电子在高压电场的作用下高速冲向阳极靶,并与阳极靶相撞。在此过程中,高能电子激发阳极靶发射出 X 射线。但该激发过程效率不高,只有不到 1%左右的能量转化为 X 射线,其余大部分转化为热能(金属靶需要通入水或油进行冷却)。

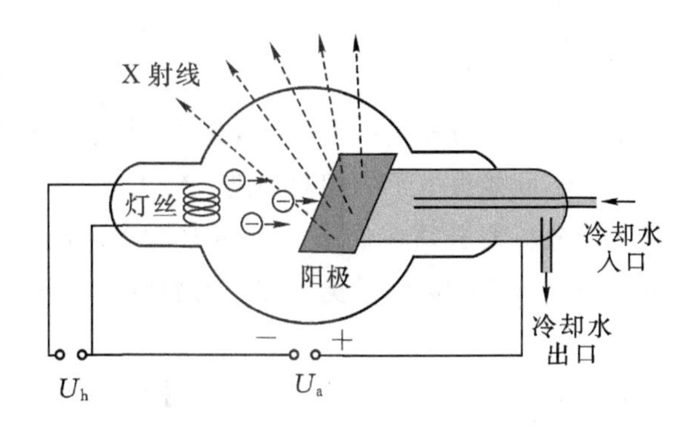

图 15-4　X 射线管结构示意图

高能电子与阳极靶碰撞时的能量损失是一个随机过程,得到的是一个具有各种波长的 X 射线谱。X 射线谱可分为连续光谱和特征光谱两类。当 X 射线管所加的管电压较低时,只有连续光源产生。此时高能电子撞击金属靶时受到靶材料原子核的作用而突然减速,导致电子周围的磁场发生急剧变化。电子的动能部分转化为 X 射线,产生具有一定波长的电磁波。这种高能电子急剧减速时所发出的连续电磁辐射又称为韧致辐射。当 X 射线管所加的管电压超过了靶材或阳极物质的某一临界值时,高速运动的电子的动能足以激发靶原子的内部壳层的电子,使靶原子内部电子发生能级跃迁。在发生内部能级跃迁的同时,辐射出具有一定频率或能量的特征谱线。这些特征谱线将会叠加在连续光谱之上。由于特征谱线来源于靶原子内部电子的能级跃迁,对于特定的阳极靶,将具有固定的波长。X 射线光电子能谱仪通常用 Al 或 Mg 靶作为 X 射线源,其能量分别为 1486.6 eV 和 1253.6 eV,用以激发元素各壳层电子。表 15-4 列举了常用的 X 光电子能谱光源。

表 15-4　常用 X 射线激发源的能量

X 射线激发源	E/eV	X 射线激发源	E/eV	X 射线激发源	E/eV
Mg K_α	1253.6	Ag K_α	22162.9	Mo K_α	17479.8
Al K_α	1486.6	Cu K_α	8040.0	He 2 ^1S	20.61
Na K_α	1041.0	Cr K_α	5415.0	2 ^3S	19.81

15.3.2　样品室

在样品室内要完成对样品的激发。某些操作,如样品的加热、冷却、蒸镀和刻蚀等,也需要在样品室内进行。常用的进样方式是将样品附在探头或进样杆上,再将它们插到样品室内。这种进样方式需要在恢复大气条件下更换样品,所需工作时间较长,但换样过程中污染的可能性较少。另一种进样方式是采用真空闭锁或插入闭锁。这种进样方式是在将样品导入到样品室内时,样品室仍旧保持真空状态,避免了进样过程中重复放气—抽真空的操作,换样速度较快。这种进样方式通常用于常规分析。

对于固体样品,一般可直接进行分析。对于粉末样品,则需要采用压片法将其制成薄片或用黏胶带把样品固定在样品台上。

15.3.3 电子能量分析器

电子能量分析器是测量电子能量分布的一种装置,是X射线光电子能谱仪的核心部件。其作用是探测样品发射出来的不同能量电子的相对强度。绝大多数商品化仪器都采用静电场式能量分析器。整个电子能量分析器必须在低于 1.33×10^{-3} Pa 高真空条件下工作,并必须用导磁率高的金属材料屏蔽外界杂散磁场的干扰。常用的静电场式分析器有半球形分析器和筒镜分析器两种。

半球形分析器由两个同心半球面组成。在分析器的外球面施加负电位,内球面施加正电位。通过改变分析器内、外两球面间的电位差,可以使不同能量的电子依次通过分析器,被探测器捕获检测。这种能量分析器的分辨率较高,但分析速度受到限制。

筒镜分析器由两个同轴圆筒组成,空心内筒的圆周上有入口狭缝和出口狭缝。对分析器的外筒施加负电压,内筒接地,内外筒之间有一个轴对称的静电场。筒镜分析器的灵敏度比较高,但分辨率较低。

15.3.4 检测器

具有合适动能的电子经电子能量分析器后进入检测器而被捕获。捕获到的光电子流极弱,仅约 $10^{-13}\sim10^{-19}$ A,因此需要对光电子流加以放大才能检出。电子倍增管为大多数X射线光电子能谱仪所采用的检测器。利用串级碰撞放大作用,这种检测器的放大倍数可达 10^{8} 倍,最后在电子倍增管的末端形成一个脉冲信号输出。

15.3.5 真空系统

真空系统是X射线光电子能谱仪非常重要的一个组成部分。X射线光电子能谱仪的光源、样品室、电子能量分析器和检测器都必须在高真空条件下工作。一般要求检测体系的真空度为 1.33×10^{-6} Pa。为了达到这么高的真空度,X射线光电子能谱仪的真空系统由机械泵、分子涡轮泵、离子溅射泵和钛升华泵等多级泵系统构成。

15.4 X射线光电子能谱法的应用

15.4.1 元素定性分析

由于每个元素都有其特征的能级分布和特征的电子结合能,因而在X射线光电子能谱图中会出现其对应的特征谱线。因此,可以利用这些特征谱线在X射线光电子能谱图中出现的位置来鉴定元素。使用 Al 或 Mg 的 K_α 源进行激发，可对元素周期表中除 H 和 He 以外的所有元素进行鉴定。用 Mg K_α 线照射月球土壤的 X 射线光电子能谱图如图 15-5 所示，可以清晰鉴别月球土壤中的主要成分。

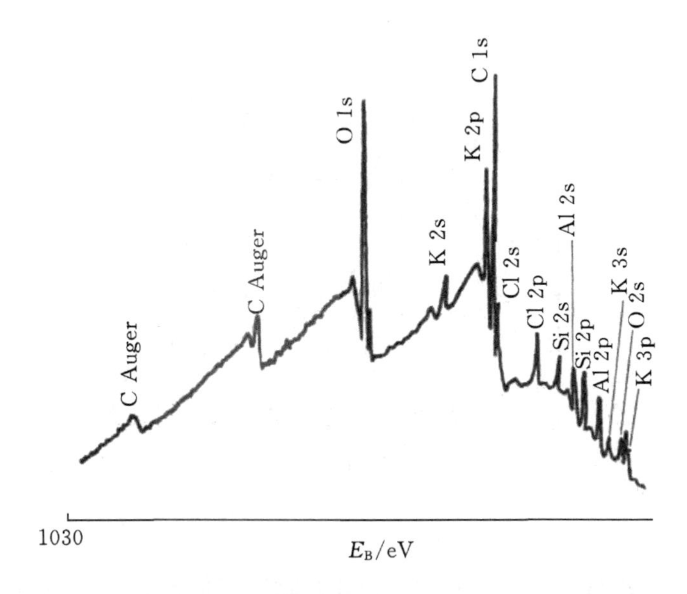

图 15-5　用 Mg K_α 线照射月球土壤的 X 射线光电子能谱图

15.4.2　元素定量分析

X 射线光电子能谱定量分析的依据是光电子谱线的强度(光电子峰的面积)反映了原子的含量或相对浓度。对于固体样品，单位时间内发射的光电子数目 I 可以表示为

$$I = n\phi\sigma\varepsilon\eta ATl \tag{15-5}$$

式中，n 为单位体积内某原子的数目；ϕ 为入射 X 射线的通量；σ 为原子光截面积的大小；ε 为仪器的角度效率因子；η 为产生光电子的效率；A 为获取光电子的面积；T 为检测光电子的效率；l 为光电子在样品中的平均自由程。

对于给定的体系，式(15-5)后 6 项均为常数，称为原子灵敏度因子 S ($S = \sigma\varepsilon\eta ATl$)。各元素的原子灵敏度因子 S 可通过实验方法测得。在实际分析中，通常采用与标准样品相对照的方法来对元素进行定量分析，其分析精度可达 1%～2%。

15.4.3　氧化态和化合物结构鉴定研究

元素内层电子的结合能会受到其所处化学环境的影响，这会使得元素的电子结合能发生化学位移。利用化学位移值可以确定元素的化合价和存在形式，也可以用来鉴定化合物结构。

图 15-6 是用 X 射线光电子能谱法研究纯铅样品在空气中的氧化过程。X 射线光电子能谱图表明，铅蒸气在不同温度和不同时间间隔下氧化，有中间产物 PbO 生成。

图 15-7 是三种有机化合物 1,2,4,5-四甲酸苯、1,2-二甲酸苯和苯甲酸钠的 C 1s X 射线光电子能谱图。这三种有机化合物分子结构中均有两种碳原子：苯环上的碳和羧基上的碳。

由于氧的电负性比氢和碳大,因此羧基上碳周围的电子密度比苯环上碳周围的电子密度低,所以羧基上的碳 1s 电子结合能比苯环上的碳 1s 电子结合能大。这两种碳在能谱图上有两条分开的峰,且峰的强度之比符合这三种有机化合物中羧基上的碳和苯环上的碳的比例。

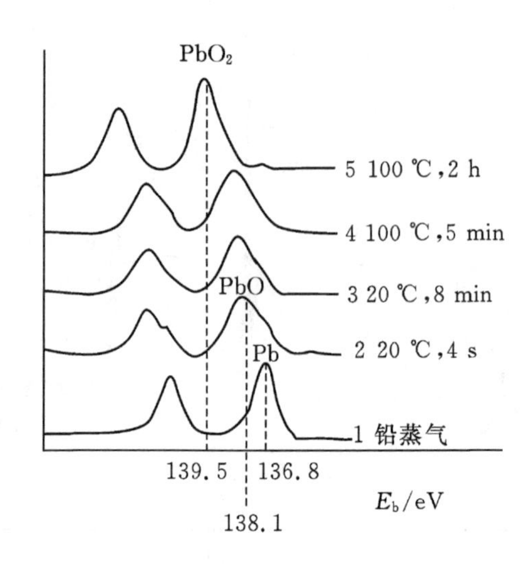

图 15-6 纯铅样品在空气中氧化过程的 X 射线光电子能谱图(以 Mg K_α 为激发源)

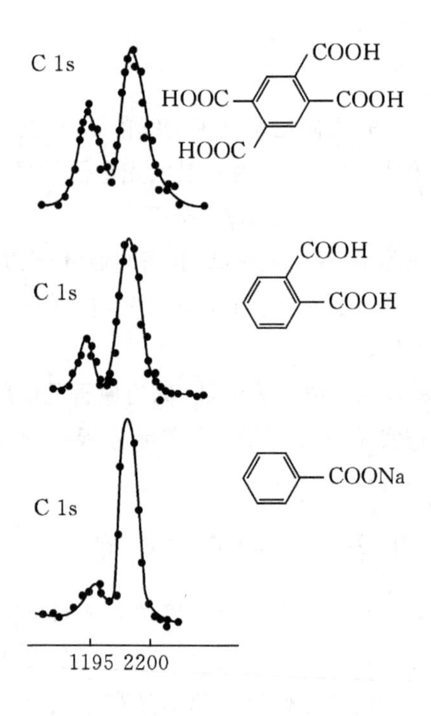

图 15-7 1,2,4,5-四甲酸苯、1,2-二甲酸苯和苯甲酸钠的 C 1s X 射线光电子能谱图

参考文献

[1] 屠一峰,严吉林,龙玉梅,等. 现代仪器分析[M]. 北京:科学出版社,2011.
[2] 李克安. 分析化学教程[M]. 北京:北京大学出版社,2011.

小结

基本概念

①表面分析:研究固体表面的形貌、化学组成、原子结构、原子态、电子态等信息的一类分析技术。

②X 射线光电子能谱法:指以 X 射线为激发源,通过对光电离过程发射出光电子的能量及其相关特征的测量而建立起来的一种分析技术。

③电子结合能:指某一种原子或分子在光电离前后状态的能量差。

④化学位移:元素所处的化学环境不同,其结合能也会有微小的差别,这种由化学环境不同引起的结合能的微小差别称为化学位移。

思考题与习题

1. 什么是 X 射线光电子能谱法? 简述它在分析化学中的应用。
2. 什么是电子结合能? 它在表面分析中有什么用处?
3. X 射线光电子能谱法的定性依据是什么?
4. 试比较 X 射线光电子能谱法、紫外光电子能谱法与 Auger 电子能谱法的异同点。
5. 什么是化学位移? 它有什么用处?

第16章　紫外光电子能谱法

基本要求

1. 掌握紫外光电子能谱分析的基本原理；
2. 了解紫外光电子能谱仪的组成和紫外光源的类型；
3. 了解紫外光电子能谱的分析应用。

紫外光电子能谱法是近二十多年来发展起来的一门新的表面分析技术，它在研究原子、分子、固体以及表面/界面的电子结构方面具有独特的功能。由紫外光电子能谱测定的实验数据，通过对紫外光电子能谱图的分析，可以获得分子轨道的能级、类型以及状态密度等信息。紫外光电子能谱在量子力学、固体物理、表面科学与材料科学等领域有着广泛的应用。

16.1　概述

光电子能谱技术自20世纪60年代后迅速发展起来，并成为研究固体材料表面最重要和最有效的分析技术之一。光电子能谱技术包含两个主要方法：X射线光电子能谱（X-ray Photoelectron Spectroscopy，XPS）和紫外光电子能谱（Ultraviolet Photoelectron Spectroscopy，UPS）。X射线光电子能谱由Siegbahn等人创立，常用Al K_α 或Mg K_α 作为激发源，属于软X射线能量范围。X射线光电子能谱可用来测量内层轨道电子的结合能。由于这些内层电子的能量具有高度特征性，因此可用作定性分析，获取元素的指纹信息。此外，元素的电子结合能因受所处环境的影响而产生"化学位移"，"化学位移"可以反映出化学态的信息。紫外光电子能谱由Tunner等人发展起来，常用He灯作为激发源，属于真空紫外能量范围。紫外光电子能谱可在高能量分辨率（10～20 MeV）水平上探测价层电子能级的亚结构和分子振动能级的精细结构，是研究价电子结构的有效方法。两种技术获取的信息既有相似的部分，也有其独特之处。在固体材料表面研究中，两者互为补充。

与X射线光电子能谱相比，紫外线的能量比较低，它只能用于研究原子和分子的价电子及固体的价带，不能深入原子的内层区域。但由于紫外线的单色性好，因此紫外光电子能谱的能量分辨率要比X射线光电子能谱高。

紫外光电子能谱最初主要用来研究气体分子。近年来，它越来越多地被用于研究固体表面，用于固体表面测量时要求有更高的真空度。

16.2　紫外光电子能谱法

16.2.1　基本原理

紫外光电子能谱法是指通过测量紫外光照射样品表面时所激发的光电子的能量分布，来确定分子能级有关信息的谱学方法。紫外光电子能谱法测量的基本原理与 X 射线光电子能谱法相同，都是基于 Einstein 光电方程。对于自由分子和原子，Einstein 光电方程可表示为

$$E_k = h\nu - E_b - \Phi \tag{16-1}$$

式中，E_k为光电过程中发射的光电子的动能；$h\nu$ 为入射光子的能量；E_b为内层或价层束缚电子的结合能；Φ 为能谱仪的逸出功(已知值，通常在 4 eV 左右)。其中入射光子能量 $h\nu$ 是已知的，光电过程中发射的光电子的动能 E_k是可以通过测量获得的。因此，可以通过计算获得电子的结合能 E_b。

但是由于紫外光电子能谱所用激发源的能量远远小于 X 射线，因此能被紫外光激发的电子仅来自于非常浅的样品表面(约 10 Å)，反映的是原子费米能级附近的电子即价电子相互作用的信息。

在 X 射线光电子能谱中，气体分子中原子的内层电子被激发出来后留下的离子存在着振动和转动激发态。但是由于内层电子的结合能比离子的振动能和转动能要大得多，加之 X 射线的自然宽度比紫外线要大得多，所以 X 射线光电子能谱通常不能分辨出振动的精细结构，更无法分辨出转动的精细结构。用 X 射线和电子激发只有在特殊情况下才能产生可观察的振动结构。目前，紫外光电子能谱法是各种电子能谱法中研究振动结构的唯一有效手段。

用于紫外光电子能谱的理想激发源应能产生单色的辐射线，且具有一定的强度，常采用惰性气体放电灯(如 He 共振灯)。He 共振灯在超高真空环境下(约 10^{-8} mbar)通过直流放电或微波放电使惰性气体电离，产生带有特征性的橘色等离子体，主要包括 He Ⅰ共振线(波长为 584 Å，光子能量为21.22 eV)和 He Ⅱ 共振线(波长为 304 Å，光子能量为 40.8 eV)，如图 16-1所示。其中，He Ⅰ线的单色性好(自然线宽约 5 MeV)，强度高，连续本底低，是目前常用的激发源。

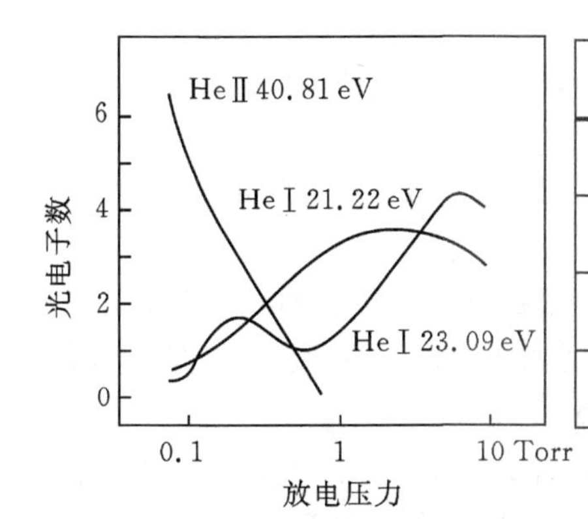

辐射线	光子能量/eV	相对强度(%)
He Ⅰ α	21.22	97.7
He Ⅰ β	23.09	1.9
He Ⅰ γ	23.74	0.4
He Ⅰ δ	24.04	0.2

图 16-1　用于紫外光电子能谱的 He 共振线光子能量及强度

原子中的内层电子受到核电荷的库仑引力和核外其他电子的屏蔽作用，任何外层价电子分布的变化都会影响内层电子的屏蔽作用。当外层电子密度减少时，屏蔽作用减弱，内层电子的结合能增加；反之，结合能将减少。在光电子能谱图上可以看到谱峰的位移，称为电子结合能位移。由于原子处于不同的化学环境而引起的结合能位移称为化学位移。最初，高分辨的紫外光电子能谱仪主要用来测量气态分子的电离电位，研究分子轨道的键合性质，以及定性鉴定化合物种类。后来紫外光电子能谱越来越多地应用于固体表面研究。固体的物理和化学性质与它们的能带结构密切相关，固体中的价电子结构较分子材料中单个原子或分子的价电子结构要复杂得多。目前，紫外光电子能谱是研究固体能带结构最主要的技术手段之一。在研究固体表面时，由于固体的价电子能级被离域或成键分子轨道的电子所占有，从价层能级发射的光电子谱线相互紧靠，价电子能级的亚结构、分子振动能级的精细结构等叠加成带状结构，因此得到的光电子能量分布并不直接代表价带电子的态度，而应包括未占有态结构的贡献，即受电子跃迁的终态效应的影响，如自旋—轨道耦合、离子的离解作用、Jahn - Teller 效应、交换分裂和多重分裂等。

16.2.2 紫外光电子能谱图

气态分子的紫外光电子能谱主要与分子轨道的电离能以及分子轨道的振动状态有关。研究固体表面时，得到的紫外光电子能量分布并不直接代表电子状态密度。但通过简化的模型进行计算后，可以解释紫外光电子能量分布与电子状态密度之间的关系。

由于气态分子的轨道较复杂，化合物种类繁多，所以气态分子的紫外光电子能谱的解释要比 X 射线光电子能谱的解释困难得多。紫外光电子能谱谱带的位置、形状和相对强度包含了各种信息，如何使它们与被测化合物的成键特征、结构等相关联是关键问题。紫外光电子能谱的解释是基于分子轨道理论，这些理论涉及到复杂的量子化学计算。紫外光电子能谱的解释也可采用简化的方法，通常是在研究一系列已知化合物的基础上对紫外光电子能谱图进行某种概括。紫外光电子能谱解释的简化方法通常是基于下列假设：

①某些分子轨道被定域在分子中的一个原子或原子团上，例如在 HCl 中可以认为能谱的一个峰是由氯 3p 孤对电子轨道的电离作用产生的；

②在原子团 R—X 中，若 X 有一个孤对电子轨道，该轨道的电离能将随着 R 变得更大，电负性增加，反之亦然；

③对称性相同和能量接近的定域轨道可以相互作用形成两个新的分子轨道；

④峰强度近似地正比于轨道简并度等。

基于这些假设，人们可以推测紫外光电子能谱图中谱带的数目，确定特定原子、双键和原子团的存在，使用的方法和红外光谱的解释有些类似。

紫外光电子能谱解释的简化方法的具体步骤如下：根据谱带的位置和形状识别能谱中的峰；推测电子接受或赠与原子或原子团的影响；找出轨道的相互作用(劈裂)。根据以上步骤并考虑峰强度和峰的重叠等因素，对能谱图作出合理解释。

紫外光电子能谱图大致有六种典型的谱带形状，如图 16 - 2 所示。如光电子来自非键或弱键轨道，分子离子的核间距离与中性分子的几乎相同，绝热电离能和垂直电离能一致，这时能谱图上出现一个尖锐的对称峰。在峰的低动能端还会存在一个或两个小峰，它们对应于 v

=1、v=2 等可能的跃迁[见图 16－2(a)]。若光电子从成键或反键轨道发射出来，绝热电离能和垂直电离能不一致，垂直电离能具有最大的跃迁概率，因此谱带中相应的峰最强，其他的峰较弱[见图 16－2(b)、(c)]。从非常强的成键或反键轨道发生的电离作用往往呈现缺乏精细结构的宽谱带[见图 16－2(d)]。缺乏精细结构的原因是振动峰的能量间距过小、振动能级的自然宽度太大或发生了离子的离解等，导致了振动峰的加宽。有时振动精细结构叠加在离子离解造成的连续谱上[见图 16－2(e)]。分子被电离以后生成的离子的振动类型不止一种，谱带呈现一种复杂的组合带[见图 16－2(f)]。

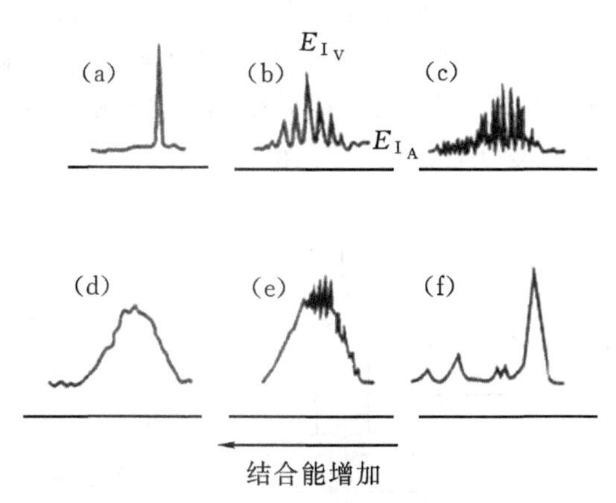

图 16－2　紫外光电子能谱中典型的谱带形状

16.3　紫外光电子能谱仪

与 X 射线光电子能谱仪相似，紫外光电子能谱仪也是用来分析光电子能量分布的，主要包括以下几个组成部分：紫外光源、电子能量分析器、真空系统、检测器等。二者的区别在于紫外光电子能谱仪的激发源是真空紫外线，而 X 射线光电子能谱仪是 X 射线管。图 16－3 为电子能谱仪的结构示意图。通过更换不同的激发源，可获得不同的功能。

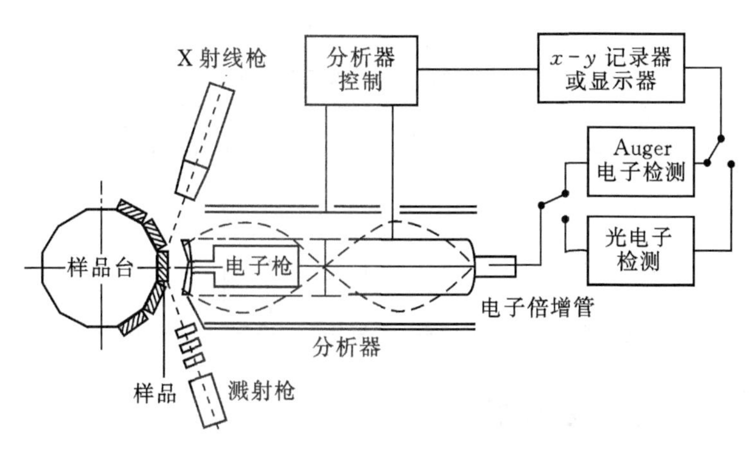

图 16－3　电子能谱仪结构示意图

16.3.1 紫外光源

紫外光电子能谱的激发源常用稀有气体放电灯，最常用的是氦的共振线如 He Ⅰ、He Ⅱ。图 16-4 为氦气体放电灯的结构示意图。用针阀调节灯内纯氦压力大约为 0.1 Torr 时，用直流放电或微波放电可以使灯内惰性气体电离。这时灯内产生特征的发光等离子体，并发射出氦的共振线。He Ⅰ线来源于激发态 He 1s2p(^{1}p)向基态 1s(^{1}s)的跃迁，光子能量为 21.22 eV。He Ⅰ线的连续本底低，单色性好，分辨率高，自然宽度仅约 5 MeV，是目前最广泛的紫外能谱辐射线，可用于分析样品外壳层轨道结构、能带结构、空态分布和表面态，以及离子的振动结构、自旋分裂等方面的信息。但 He Ⅰ线的能量偏低，不能用于激发能大于 21.22 eV 的分子轨道价电子。除了 He 之外，其他一些稀有气体如氖、氩、氙及氪也可以作为放电物质，用于光电子的激发。常用的紫外光源及其能量列于表 16-1 中。

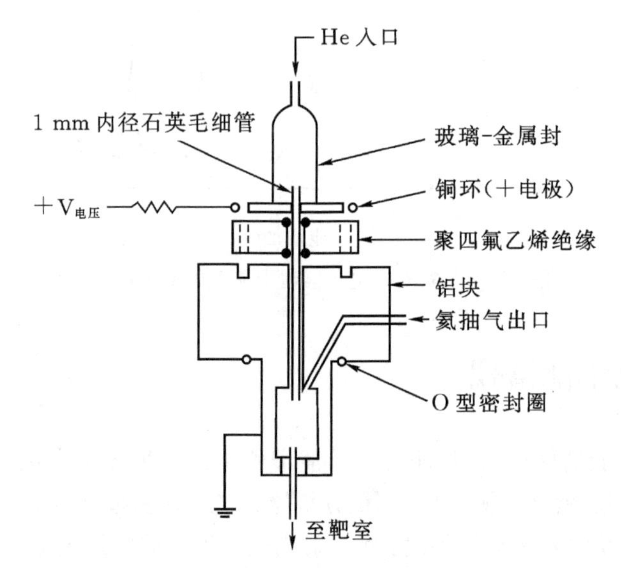

图 16-4 氦气体放电灯的结构示意图

表 16-1 常用的紫外光源及其能量

真空紫外线光源	E/eV	真空紫外线光源	E/eV	真空紫外线光源	E/eV
He(Ⅰ)	21.1	Ne(Ⅰ)	16.65	Xe(Ⅰ)	9.55
			16.83		8.42
He(Ⅱ)	40.8	Ar(Ⅰ)	11.62	Kr(Ⅰ)	10.02
			11.83		10.63

16.3.2 电子能量分析器

电子能量分析器的作用是探测样品发射出来的不同能量电子的相对强度。它必须在高真空条件下工作，即压力要低于 10^{-3} Pa，以尽量减少电子与分析器中残余气体分子碰撞的概率。

电子能量分析器分为磁场式分析器和静电式分析器，而静电式分析器又可分为半球型电子能量分析器和筒镜式电子能量分析器。

16.3.3　检测器

由于被激发的电子产生的光电流十分小，一般情况下在 10^{-9}～10^{-3} A 范围之内，这样微弱的信号很难检测。因此，常采用电子倍增管作为检测器。

16.3.4　真空系统

光源、样品室、电子能量分析器、检测器都必须在高真空条件下工作，且真空度应在10^{-3} Pa以下。电子能谱仪的真空系统有两个基本功能。其一，使样品室和分析器保持一定的真空度，以便使样品发射出来的电子的平均自由程相对于能谱仪的内部尺寸足够大，以减少电子在运动过程中同残留气体分子发生碰撞而损失信号强度。其二，降低活性残余气体的分压。在记录能谱图所必需的时间内，残留气体会吸附到样品表面上，甚至有可能和样品发生化学反应，从而影响电子从样品表面上发射并产生外来干扰谱线。

16.4　紫外光电子能谱法的应用

紫外光电子能谱目前主要应用于催化、金属腐蚀、粘合、电极过程和半导体材料与器件等领域，用于获得固体表面的组成、形貌、结构、化学状态、电子结构和表面键合等信息。由于紫外光电子能谱的光源能量较低，线宽较窄（约为 0.01 eV），只能使原子的外层价电子、价带电子电离，并可分辨出分子的振动能级。它被用来研究气体样品的价电子和精细结构，以及固体样品表面的原子、电子结构。

16.4.1　定性分析

与红外光谱相似，紫外光电子能谱也具有分子“指纹”性质。这种技术在鉴定反应产物，给出取代作用和配位作用的程度和性质，以及预测分子内的活性中心等方面是很有用的。

16.4.2　测量电离能

分子轨道能量的大小和顺序对于解释分子结构、研究化学反应是极其重要的。在量子化学方面，紫外光电子能谱对于分子轨道能量的测量已经成为各种分子轨道理论计算的有力验证依据。用紫外光电子能谱能精确地测量低于激发光子能量的电离能。紫外光子的能量减去光电子的动能便得到被测物质的电离能。对于气态样品来说，测得的电离能相应于分子轨道的能量。

16.4.3　研究化学键

研究谱图中各种谱带的形状可以得到有关分子轨道成键性质的某些信息。例如前面已提到，出现尖锐的电子峰则表明有非键电子存在，带有振动精细结构的比较宽的峰则表明可能有 π 键存在等。

16.4.4　固体表面吸附作用

紫外光电子能谱也被应用于研究表面吸附和表面能态等。在研究表面吸附时，除了要了解吸附物质的性质以外，还需要了解吸附物质与表面是否发生相互作用以及相互作用的程度，例如属于化学吸附还是物理吸附。

参考文献

[1]　BRIGGS D. X射线与紫外光电子能谱[M]. 北京：北京大学出版社，1984.
[2]　潘承璜，赵良仲. 电子能谱基础[M]. 北京：科学出版社，1981.
[3]　黄惠忠，等. 论表面分析及其在材料研究中的应用[M]. 北京：科学技术文献出版社，2002.

小结

1. 基本概念

①紫外光电子能谱法：指通过测量紫外光照射样品分子时所激发的光电子的能量分布，来确定分子能级有关信息的谱学方法。

②化学位移。原子中的内层电子受核电荷的库仑引力和核外其他电子的屏蔽作用，任何外层价电子分布的变化都会影响内层电子屏蔽作用。当外层电子密度减少时，屏蔽作用减弱，内层电子的结合能增加；反之，结合能将减少。在光电子谱图上可以看到谱峰的位移，称为电子结合能位移。由于原子处于不同的化学环境而引起的结合能位移为化学位移。

2. 基本理论

①紫外光电子能谱是研究振动结构的有效手段。

②用紫外光电子能谱研究表面吸附时，必须把吸附分子的谱与自由分子的谱加以比较。

③用紫外光电子能谱可测量低于激发光子能量的电离能。紫外光子的能量减去光电子的动能便得到被测物质的电离能。

思考题与习题

1. 分析紫外光电子能谱法与X射线电子能谱法的异同点。

2. 根据所学知识，讨论为什么目前在各种电子能谱法中，只有紫外光电子能谱法才是研究振动结构的有效手段。

第 17 章　俄歇电子能谱法

基本要求

1. 掌握俄歇电子能谱法的原理；
2. 了解俄歇电子能谱分析方法及其应用。

俄歇电子能谱法（Auger Electron Spectroscopy，AES）是以具有一定能量的电子束（或 X 射线）去激发样品，通过测量激发过程中产生的俄歇电子的能量分布而建立的一种表面分析方法。这种表面分析方法因基于俄歇效应而得名。这种二次电子产生于受激发原子的外层电子，跃迁至较低能级所释放出的能量被其他外层电子吸收而使后者逃逸离开原子内层，这一连串事件称为俄歇效应，而逃逸出来的电子称为俄歇电子。俄歇效应是法国科学家 Pierre Auger 在 1922 年完成大学学习后，在准备光电效应论文实验时首先发现，并于 1923 年提出的。在俄歇效应被发现 30 年后的 1953 年，Lander 首次使用电子束激发的俄歇电子能谱研究了俄歇效应用于表面分析的可能性，创立了俄歇电子能谱学。

俄歇电子来自 20 Å 以内样品浅层表面，仅给出样品浅层表面的信息。俄歇电子的能量由相关能级决定，与原子激发状态的形成原因无关，具有指纹特征。俄歇电子能谱的峰数目和位置反映了原子的能级特征，故可以用来进行定性分析。俄歇电子能谱的峰强度正比于被激发原子的数目，故可以用来进行定量分析。大多数元素和一些化合物的俄歇电子能量可以从手册中查到。目前，俄歇电子能谱法是一种研究原子和固体表面的有力工具，被用于如基础物理（原子、分子碰撞过程）或应用表面科学的研究之中。

17.1　基本原理

17.1.1　俄歇电子的产生

原子的内层电子受到 X 射线或电子束的激发而逃逸出去，在内层产生一个空穴，在此过程中同时产生激发态离子。处于激发态的离子不稳定，会自发地通过弛豫跃迁到能量较低的状态。存在两种互相竞争的去激发过程。在第一种去激发过程中，发射出 X 射线荧光。在第二种去激发过程中，较外层的一个电子跃迁至内层空穴内并释放出能量，释放出的能量传递给同一层或更高层的另一个电子，并使之克服结合能而向外发射，最终使得原子呈双电离态。这一过程即俄歇过程，向外发射的电子即俄歇电子。

如图 17 - 1 所示，若用 X 射线或电子束去冲击处于基态的原子，激发使内层电子发生电离，原子中一个 K 层电子被击出后，留下一个 K 层空穴。此时，L 层一个电子填入 K 层空穴中，释放出的能量被另一个 L 层电子获得，并使其发射出来。这样一个 K 层空穴被两个 L 层空位所代替，即俄歇电子的发射过程。这一过程被称为俄歇效应，跃出的电子被称为俄歇电子。

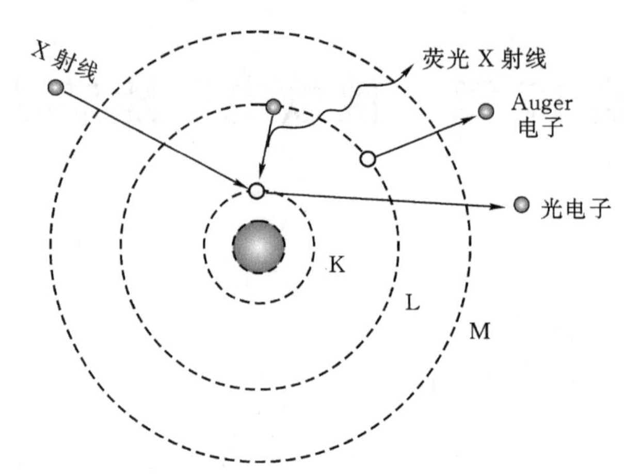

图 17-1　俄歇电子产生过程示意图

俄歇过程是一个受激离子的无辐射重新组合过程，受电离壳层中的空穴及其周围电子云相互作用的静电效应的控制，没有严格的选择定则。俄歇电子的发射通常有 3 个能级参与，至少涉及 2 个能级。因此，对于只有 K 层电子的氢原子和氦原子不能产生俄歇电子，铍是检出俄歇电子的最轻元素。

俄歇电子用原子中出现空穴的能级符号次序表示。由于俄歇电子的产生涉及始态和终态 3 个空穴，故俄歇电子峰一般用 3 个电子轨道符号表示。例如，图 17-1 的俄歇电子可标记为 KLL。

根据初态空穴所在的主壳层能级的不同，俄歇过程可分为不同的系列，如 K 系列、L 系列、M 系列等。同一系列中又可按参与过程的电子所在主壳层的不同分为不同的群，如 K 系列包含 KLL、KLM、KMM 等俄歇电子群。每一群又由间隔很近的若干条谱线组成，如 KLL 群包括 KL_IL_I、KL_IL_{II}、KL_IL_{III}、$KL_{II}L_{II}$、$KL_{II}L_{III}$ 等谱线。俄歇电子谱由多组间隔很近的多个峰组成。

在所有俄歇电子谱线中 K 系列最简单，L、M 系列的谱线要复杂得多。这是因为产生原始空穴的能级有较多的子壳层，即原子初态在 L 和 M 系列俄歇跃迁发生之前可有其他俄歇跃迁发生，使原子变成多重电离。发射俄歇电子后原子处于双重电离状态，俄歇电子的能量与原子的终态有关，而终态能量又取决于终态两个空穴的能级位置和它们间的偶合形式。一个俄歇电子群所包含的谱线条数取决于两个终态空穴可以构成多少不同的能量状态。如 KLL 俄歇电子群 L-S 耦合有 5 条谱线，j-j 耦合有 6 条谱线，中间耦合有 9 条谱线出现。

17.1.2　俄歇电子的能量

俄歇电子的能量是俄歇电子能谱中识别元素的依据。了解俄歇电子的能量对解析俄歇电子能谱是非常重要的。

根据俄歇过程，对于原子序数为 Z 的 KL_IL_{II} 俄歇电子的能量可按下式计算：

$$E_{KL_IL_{II}} = E_K - E_{L_I} - E_{L_{II}} \tag{17-1}$$

考虑到仪器的功函数和俄歇过程中电离态的变化，与单重电离原子相比，双重电离原子的电子结合能要比单重电离原子增加一些。由此，固体物质的 KL_IL_{II} 俄歇电子能量应为

$$E_{KL_IL_{II}} = E_K - E_{L_I} - (E_{L_{II}} + \Delta) - \Phi \tag{17-2}$$

式中，Φ 为仪器功函数；Δ 为有效核电荷补偿数，Δ 值一般在 1/2～1/3 eV 之间。

对于原子序数为 Z 的 WXY 俄歇电子的能量可按以下通式计算：

$$E_{WXY}=E_W-E_X-(E_Y+\Delta)-\Phi \tag{17-3}$$

式中，E_W-E_X 是 X 轨道电子填充 W 轨道空穴时释放出的能量；$(E_Y+\Delta)$ 是 Y 轨道电子电离时所需要的能量。

可根据 Z 和 $Z+1$ 原子的 Y 轨道电子单重电离能（由 X 射线和光电子能量表查得）估算出 E_{WXY}。只要测得俄歇电子的能量，对照俄歇电子能量表，就可确定样品表面的成分。

通常可以从标准手册和数据库直接查到有关元素的俄歇电子能量，不需要进行复杂的理论计算。

俄歇电子的能量只与电子在物质中所处的能级（有关轨道的电子结合能）及仪器的功函数 Φ 有关，与激发源的能量无关。因此，要在俄歇电子能谱中识别俄歇电子峰，可变换 X 射线源的能量。变换 X 射线源的能量时，X 射线特征发射峰会发生移动，而俄歇电子峰的位置不发生变化，以此加以区别。

17.1.3　俄歇电子的产额

如前所述，存在发射 X 射线荧光和发射俄歇电子两种去激发过程。二者互相关联又相互竞争。对于 K 型跃迁，设发射 X 射线荧光和发射俄歇电子的产额分别为 P_{KX} 和 P_{KA}，则有

$$P_{KX}+P_{KA}=1 \tag{17-4}$$

考虑到屏蔽和相对论效应，对初态空穴在 K 能级的电离原子，有如下计算公式：

$$\left[\frac{1-P_{KA}}{P_{KA}}\right]^n=A+BZ+CZ^3 \tag{17-5}$$

式中，$n=1/4$，$A=-6.4\times10^{-2}$，$B=3.40\times10^{-2}$，$C=-1.03\times10^{-6}$。

由上式可计算出发射俄歇电子的产额 P_{KA} 和发射 X 射线荧光的产额 P_{KX} 随原子序数 Z 的变化关系曲线，如图 17－2 所示。由图 17－2 可见，随着原子序数 Z 的增加，X 射线荧光产额 P_{KX} 增加，而俄歇电子产额 P_{KA} 下降。当原子序数小于 19，P_{KA} 在 90％以上；直到原子序数 $Z=33$，P_{KX} 才增加到与 P_{KA} 相当。因而俄歇电子能谱法更适合于轻元素（$Z\leqslant32$）的分析。

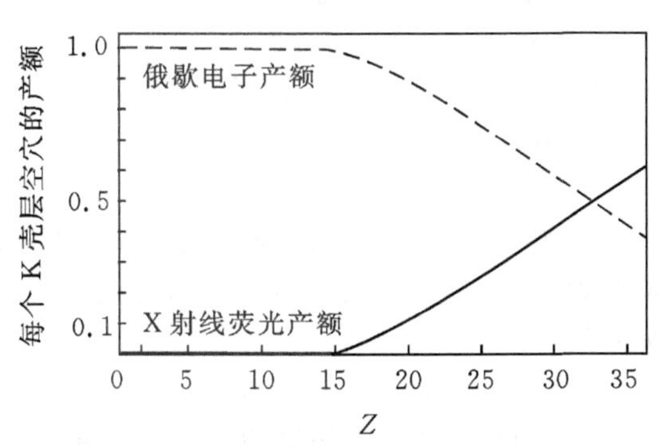

图 17－2　俄歇电子产额与原子序数之间的关系图

俄歇电子产额与原子序数 Z 和空穴位置（K、L、M 等）有关。对 $Z<15$ 的元素采用 K 系俄歇电子峰进行分析，此时 $P_{KX}<5\%$。对重元素，一般 KLL 跃迁弱而 LMM、MNN 等跃迁比较强。当 $15<Z\leqslant41$，采用 L 系俄歇电子峰进行分析，此时荧光过程发生的产额近似为零。当 Z 再增加时，依此类推，采用其他系列俄歇电子峰进行分析。如 K 系列，对于原子序数 Z 在 3

(Li)和13(Al)之间;L系列,对于原子序数Z在11(Na)和35(Br)之间;M系列,对于原子序数Z在19(K)和70(Yb)之间;N系列,对于原子序数Z在39(Y)和94(Pu)之间。在进行实际分析时,随着原子序数Z的增加,依次选用KLL、LMM、MNN等系列。发射X射线荧光产额可近似为零,去激发过程可近似认为仅有俄歇过程。

17.1.4 俄歇电子峰的强度

俄歇电子峰的强度是俄歇电子能谱进行元素定量分析的基础。俄歇电子峰的强度I_A主要受电离截面Q_i和俄歇电子产额P_{KA}决定,它们之间的关系可表示为

$$I_A \propto Q_i P_{KA} \tag{17-6}$$

电离截面Q_i与被束缚电子的能量(E_i)和入射电子束的能量(E_P)有关。若$E_P<E_i$,则电离不能发生,此时俄歇电子产额等于0;若E_P过大,则入射电子束与原子间相互作用的时间过短,也不利于俄歇电子的产生。一般说来,$E_P/E_i \approx 3$较为合适,此时可以获得较大的俄歇电子峰强度。

在实验中,采用较小的入射角可以增加检测体积。一般来说,最佳的入射角约是10°～30°。另外,采用能量分布的微分法可以增加俄歇电子信号与本底信号的区分度。在微分曲线上本底信号变化平坦,而俄歇电子信号能更清楚地显示出来。

俄歇电子在固体中激发过程较复杂,影响俄歇电子峰强度的因素比较多。目前还难以用俄歇电子能谱进行绝对的定量分析。为此,常采用灵敏度因子法,即以各种元素相对灵敏度因子为参考来进行半定量分析。

17.1.5 俄歇电子能谱

俄歇电子的能量具有特征性,可用于定性分析。俄歇电子的能量只与发生俄歇过程的原子所处能级状态有关,而与激发源的能量无关。对于原子序数为3～14的元素,最显著的Auger峰是由KLL跃迁形成的;而对于原子序数为14～40的元素,则是由LMM跃迁形成的。图17-3是碳原子的俄歇电子能谱。对于$N(E)$-E图,碳的俄歇电子峰比较小;而对于$\mathrm{d}N(E)/\mathrm{d}E$图,曲线上碳的俄歇电子峰十分尖锐,易于识别。通常把$\mathrm{d}N(E)/\mathrm{d}E$峰的最大负子能谱振幅处作为俄歇电子峰的能量。

原子化学环境的改变会引起俄歇电子能谱的变化。俄歇电子能谱中出现的化学效应主要有电荷转移、价电子谱及等离子激发三类。

(1)电荷转移

原子发生电荷转移(如价态变化)时会引起内壳层能级移动,其结果导致俄歇电子峰产生化学位移。实验中测得的俄歇电子峰位移可以从小于1 eV到20 eV以上。化学位移可用来鉴别不同化学环境的同种原子。

(2)价电子谱

价电子谱直接反映了价电子的变化。价电子谱的变化不仅有能量的位移,而且有新的化学键(或带结构)形成时电子重排,这些都造成了能谱图形状的改变。

(3)等离子激发

不同的化学环境造成不同的等离子激发,从而损失能量,其结果会造成一群附加等离子伴峰。例如,在纯镁的谱中低能端出现一群小峰,而氧化镁谱中却没有观察到这类结构。根据化学环境所提供的信息,可以对表面物质的状态进行分析。

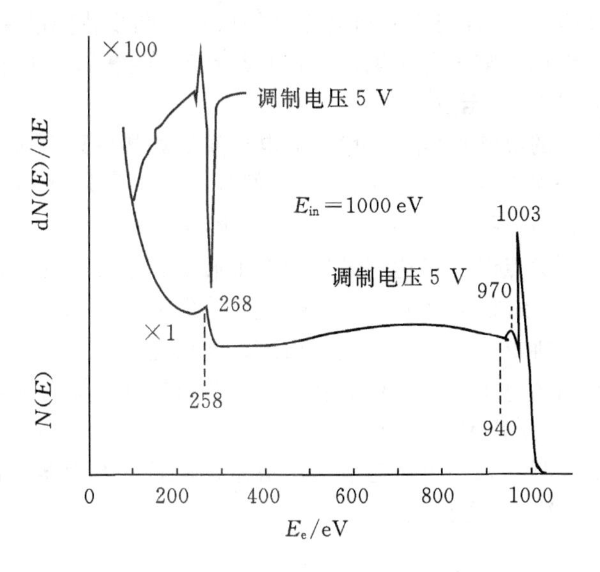

图 17－3　碳原子的俄歇电子能谱

17.2　俄歇电子能谱仪

如图 17－4 所示，俄歇电子能谱仪与 X 射线光电子能谱仪相类似，主要由电子源（枪）、电子能量分析器、电子检测器、真空系统以及数据处理系统等组成。

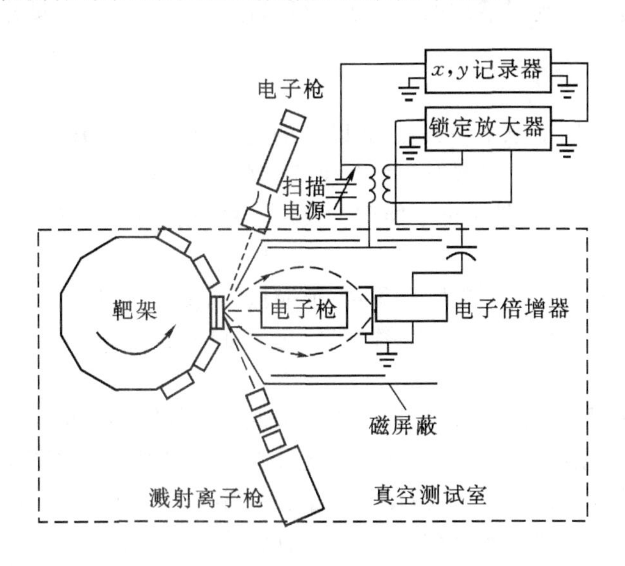

图 17－4　俄歇电子能谱仪结构示意图

与电子能量分析器同轴的电子源（枪）对样品表面进行扫描，以得到样品元素的俄歇电子能谱。为了对元素的俄歇电子信号按能量进行扫描，在电子能量分析器上施加直流扫描电压。通过锁定放大器，对电子能量分析器产生的低振幅的声频交流俄歇电子信号进行耦合调制。通过耦合调制，直流信号被电容阻断。在电子能量分析器的外部放置一电子枪，使电子枪发射的电子束以较小的角度轰击，这样可以获得高强度的信号。同步或间歇使用溅射离子枪，可以获得样品的深度纵断面组成。整个分析测试过程必须在高真空系统中进行，否则溅射得到的新表面又会被残余气体覆盖，甚至发生发应。

俄歇电子能谱仪常用的电子源（电子枪）有热电离发射和场发射两种类型。热电离发射是基于在高温下金属中电子能量的玻耳兹曼分布，小部分电子获得足够的能量克服功函数而逃逸出来。典型的热灯丝材料包括 W、W(Ir)或 LaB_6。场发射枪使用大电场梯度通过隧道效应发射电子。发射材料做成尖点形状以达到最好的电子通量和束径。在此两种类型中都使用静电透镜来操纵电子束发射、校准、聚焦和扫描（偏转板）。经典的 W 灯丝可达到 1 μm 的最小束径，LaB_6 和场发射枪可得到 20 nm 直径的最小束斑。但束能必须达到 20～30 keV。

俄歇电子能谱仪常用的电子能量分析器有半球形分析器和筒镜分析器两种。他们的工作原理已在前面详细讨论过，此处不再讨论。

俄歇电子能谱仪的检测器采用单通道电子倍增器或多通道检测器。有关他们的工作原理也已在前面详细讨论过，这里不再讨论。

17.3 俄歇电子能谱法的应用

俄歇电子能谱法应用面很广，适用于除 H 和 He 外的所有元素，适用于任何固体。俄歇电子能谱法主要被应用于表面和界面的元素和相位分析。由于俄歇电子能谱法的探测深度浅（0.5～10 nm），横向信息分辨率高，它既可以进行点分析和高分辨的横向分布分析，也可以进行薄膜和表面的深度分布分析。俄歇电子能谱法的分析速度比 X 射线光电子能谱法更快，有可能跟踪某些快的变化。利用俄歇电子能谱法可以进行定性分析、定量分析和表面分析。

17.3.1 定性分析

俄歇电子能谱法适用于原子序数在 33 以下的轻元素（H 和 He 除外）的定性分析。将实验测到的俄歇电子峰的能量和已经测得的各种元素的各类俄歇跃迁的能量加以对照，就可以确定元素种类。多数情况下，俄歇电子能谱主要用于检测表面的元素组成或化学组成，多用于薄膜材料的分析。

俄歇电子能谱具有五个有用的特征量：特征能量、强度、峰位移、谱线宽和线型。由这五方面特征可获得如下表面性质：化学组成、覆盖度、化学键中的电荷转移、电子态密度和表面键中的电子能级等。

由于弛豫和极化对空穴的屏蔽，初态和终态价电子在俄歇电子能谱和 X 射线光电子能谱中的分布是不同的，俄歇电子能谱和 X 射线光电子能谱中的化学位移都可解释为初态效应和弛豫的混合效应。由于外原子弛豫，俄歇电子能谱化学位移的范围比 X 射线光电子能谱大。但俄歇电子能谱的化学位移比较复杂，较难给出直观解释。

利于俄歇电子能谱进行定性分析的一般步骤包括：

①辨认主要强峰，利用标准手册中的俄歇电子能量图把可能的元素减少到二三种，这样与标准谱图对比进行主要俄歇电子峰的正确识别，同时应考虑到由于化学成键，俄歇电子峰位常会有几个到十几个电子伏的位移；

②主要组分确认后，利用标准谱图标记其所有的峰；

③尚未标记的峰应为次要组分的俄歇电子峰，按照前两个步骤进行。

17.3.2　定量分析

俄歇电子峰的强度正比于被激发原子的数目。根据测得的俄歇电子峰的强度可以对元素在样品中的含量进行确定。但由于影响俄歇电子峰强度的因素较多，实验上常采用相对灵敏度因子法。以纯 Ag 标样的主峰(351 eV 的 MNN 峰)作为标准，在相同条件下测量纯 i 元素的标样和纯 Ag 标样，测得 $I_{i,\mathrm{WXY}}^{std}$ 和 $I_{\mathrm{Ag,MNN}}^{std}$：

$$S_i = \frac{I_{i,\mathrm{WXY}}^{std}}{I_{\mathrm{Ag,MNN}}^{std}} \tag{17-7}$$

S_i称为 i 元素的相对灵敏度因子。相对灵敏度因子是通过纯元素的比较测得的，与试样无关。相对灵敏度因子可通过数据库和手册查阅获得。利用相对灵敏度因子 S_i 便可测出任何试样表面 i 元素的百分含量。

$$C_i = \frac{I_{i,\mathrm{WXY}}/S_i}{\sum_{i=1}^{n}(I_{i,\mathrm{WXY}}/S_i)} \tag{17-8}$$

由此，只要测出样品表面各元素的俄歇电子峰强度，由上式即可算出各元素的表面原子百分浓度。因相对灵敏度因子法不需要标样而被广泛使用，但其精度不高，误差有时达 30%以上，因而它是一种半定量分析方法。

17.3.3　表面分析

俄歇电子能谱法可用来进行表面不同深度的组成分析。图 17-5 为镀有镍铬合金膜的硅板的俄歇电子能谱图。在用离子束刻蚀表面前，氧原子的俄歇电子峰最大，这说明氧原子的含量最大，如图 17-5(a)所示。当用离子束刻蚀除去 10 nm 表面层后，此时氧原子的俄歇电子峰几乎消失，说明离子束刻蚀后，表面氧原子几乎消失；同时镍和铬的俄歇电子峰变得很强，说明镍和铬含量增加，如图 17-5(b)所示。当进一步用离子束刻蚀除去 20 nm 表面层，镍和铬的俄歇电子峰变得很弱，说明镍和铬含量大大减少；此时硅的俄歇电子峰变得十分明显，说明表面硅原子含量增加，如图17-5(c)所示。

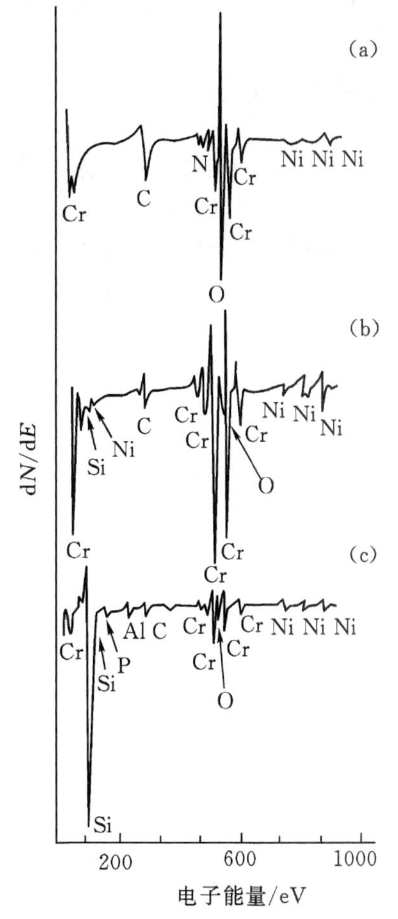

图 17-5　镀有镍铬合金膜(15 nm)的硅板的俄歇电子能谱图

参考文献

[1] 周玉. 材料分析方法[M]. 北京：机械工业出版社，2009.

[2] 李克安. 分析化学教程[M]. 北京：北京大学出版社，2011.

[3] 方惠群，于俊生，史坚. 仪器分析[M]. 北京：科学出版社，2003.

小结

1. 基本概念

①俄歇效应:原子发射的一个电子导致另一个或多个电子(俄歇电子)被发射出来而非辐射 X 射线(不能用光电效应解释),使原子、分子成为高阶离子的物理现象,是伴随一个电子能量降低的同时,另一个(或多个)电子能量增高的跃迁过程。

②化学位移:原子的价电子带状态变化引起原子能级的位移。

2. 基本理论

①峰形状的变化。价电子带态密度变化引起与价电子带有关的俄歇峰形状的变化。如果俄歇过程涉及价带,由于价带有一定宽度,会造成俄歇峰的变宽和复杂,与价带的态密度有关。

②俄歇电子的能量是靶物质所特有的,与入射电子束的能量无关。大多数元素和一些化合物的俄歇电子能量可以从手册中查到。

③俄歇电子只能从 20 Å 以内的表层深度中逃逸出来,因而带有表层物质的信息,即对表面成分非常敏感。正因如此,俄歇电子特别适用于作表面化学成分分析。

思考题与习题

1. 俄歇电子能谱的基本原理是什么?俄歇电子的能量主要与哪些因素有关?

2. 俄歇电子能谱有何突出优点?它可给出哪些表面的物理和化学信息?

3. 用俄歇电子能谱法分析 304 不锈钢表面,测得 Fe、Cr 和 Ni 的 LMM 俄歇峰的相对强度分别为 10.1、4.7 和 1.5,已知其相应的相对灵敏度因子分别为 0.2、0.29 和 0.27。试求表面上 Fe、Cr 和 Ni 的百分含量。 (Fe 70%,Cr 22%,Ni 8%)

第 18 章　X 射线衍射分析法

基本要求

1. 掌握 X 射线衍射分析法的基本原理；
2. 了解 X 射线衍射仪的类型及其工作原理；
3. 熟悉常用 X 射线衍射分析方法及主要用途。

1912 年，德国物理学家劳厄在用 X 射线照射 $CuSO_4$ 晶体时，发现了 X 射线在晶体中的衍射现象。随后在用 X 射线照射闪锌矿（立方 ZnS）时，得到了明锐的 X 射线衍射图，证明了 X 射线的波动性和晶体中原子排列的周期性，推导出劳厄晶体衍射公式。同年，劳伦斯·布拉格将 X 射线在晶体中的衍射看作是 X 射线在晶格平面的反射，成功地对劳厄实验现象进行了解释，阐明了 X 射线晶体衍射的形成原因，提出了表示晶体衍射关系的布拉格方程。布拉格方程是 X 射线衍射分析的最基本的公式。1913 年，劳伦斯·布拉格之父亨利·布拉格设计出世界上第一台 X 射线分光计，发现了特征 X 射线，成功地测定了 NaCl 的晶体结构，开辟了用 X 射线研究晶体结构的途径。由于劳厄和布拉格父子在 X 射线衍射方面的重大发现，他们相继在 1914 年和 1915 年获得诺贝尔物理学奖。

当具有一定波长的 X 射线照射到晶体物质上时，因在晶体结构内遇到规则排列的原子或离子而产生不同程度的衍射现象。产生的衍射图谱与物质的组成、晶型、分子内成键方式、分子的构型及构象等密切相关，反映了物质内部原子或离子在内部空间上的分布状况。X 射线衍射分析法（X-ray Diffraction，XRD）目前已成为研究物质的物相和晶体结构的重要分析技术，具有无损、无污染等特点，应用范围遍及化学、材料科学、生命科学等众多领域。本章主要从基本原理、仪器结构、分析方法以及实际应用等方面对 X 射线衍射分析法进行介绍。

18.1　基本原理

18.1.1　X 射线衍射

晶体（crystal）是有明确衍射图案的固体。晶体中原子或分子按一定规律在三维空间内重复地排列形成周期性的列阵——空间点阵。这种周期性规律是晶体结构中最基本的特征。一般说来，晶体的点阵周期与 X 射线的波长属于同一个数量级。当一束能量较小、波长较大的 X 射线照射到某一晶体表面上时，与原子中束缚较紧的电子相遇并发生弹性碰撞，迫使电子随入射 X 射线电磁场而发生周期性振动，形成新的电磁波波源，发射出相干散射波。发射出的相干散射波与 X 射线频率和相位相同，只是方向发生改变。原子散射 X 射线的能力与它的核外电子数有关。原子序数越大，相干散射作用越大，原子散射 X 射线的能力越强。这种相干散射现象是X射线在晶体中产生衍射现象的基础。

当振动位于同一平面内的两个相干散射波沿同一方向传播时，就会相互干涉。若它们之间的相位差恰好是波长的整数倍，则在这一方向上强度获得增强，否则被削弱，甚至完全抵消。这种由于大量原子相干散射波的相互干涉、相互叠加而产生的最大强度加强的X光束称为X射线的衍射线。

如图18-1所示，当一束波长为λ的X射线以某个角度θ照射到某一晶体晶面上时，将在每一个空间点阵处产生一系列相干散射波，从而发生干涉现象。假如相邻两个晶面间的晶面间距为d，当相邻两个晶面的散射线间的光程差$2d\sin\theta$是入射X射线波长λ的整数倍时，即$2d\sin\theta=n\lambda$（n为整数），强度得以加强。

$$n\lambda=2d\sin\theta \tag{18-1}$$

这就是著名的布拉格衍射方程式。式中，θ称为半衍射角，即入射X射线与晶面间的夹角；n为衍射级数，当$n=0,1,2,\cdots$时，分别称为0级、1级、2级……衍射线；d为晶面间距。晶面间距为物质的特有参数，对一个物质若能测定晶面间距d及与其相对应衍射线的相对强度，则能对该物质进行鉴定。如果衍射级数不清楚，均以$n=1$求晶面间距d。

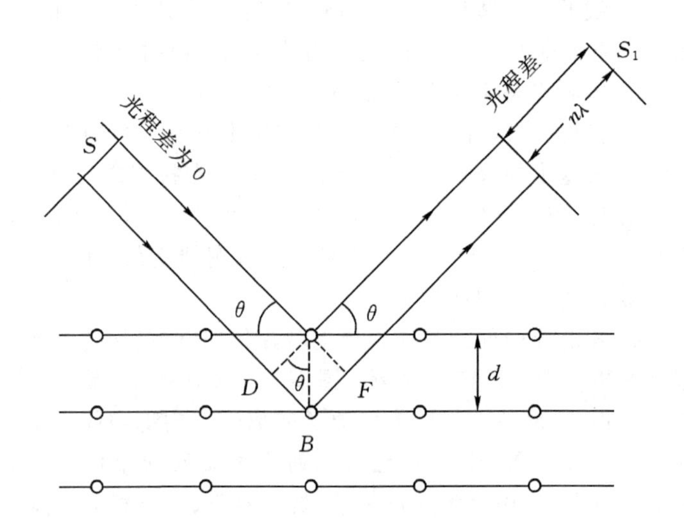

图18-1　晶体产生X射线衍射的条件

布拉格衍射方程式要成立，必须满足两个前提。

①入射线、衍射线和衍射晶面的法线必须在同一个平面上。

②由于$\sin\theta\leqslant1$，所以$n/2d\leqslant1$。当$n=1$时，波长λ与晶面间距d必须满足关系$\lambda\leqslant2d$。

在实际应用中，入射X射线的波长λ可用已知的X射线衍射角测定，进而求得晶面间距d。将测得的衍射X射线强度和计算出的晶面间距与已知的数据进行对照，即可确定未知晶体的物质结构，此为定性分析。通过对X射线衍射强度的比较，可进行定量分析。

18.1.2　X射线衍射的强度

布拉格衍射方程式解决了X射线的衍射方向问题，但它只是发生X射线衍射的必要条件。X射线衍射强度与衍射角之间的关系曲线称为晶体的衍射花样。通过分析晶体的衍射花样，可以获得有关晶体类型、晶体取向等结构信息。能否产生衍射花样取决于X射线衍射的强度。当 X 射线衍射强度为零或很小时，将不会产生衍射花样。以 X 射线作用的对象由小到大，即从电子→原子→单细胞→单晶体→多晶体分别加以讨论，就可推导出 X 射线作用于一般多晶体的相对强度计算公式。详细的推导过程和有关计算公式在这里不作叙述。X 射线衍射强度取决于晶胞中原子的排列方式和原子的种类，受到结构因子、温度因子、多重因子、角因子、吸收因子等的影响。

18.2　X 射线衍射分析仪

X 射线衍射仪是 X 射线衍射分析的专用仪器。X 射线衍射仪主要由 X 射线发生器、测角仪、辐射探测器以及控制和记录系统组成，主要有粉末衍射仪和单晶衍射仪两类。

18.2.1　粉末衍射仪

X 射线粉末衍射仪的结构如图 18-2 所示。粉末衍射仪适用于多晶样品，通常需要首先将样品制成很细的粉末，将粉末样品压缩后置于金属样品架(P)上。来自 X 射线管(R)的辐射 K_α 投射到曲面晶体单色器(M)上，从而将 X 射线聚焦于入射狭缝(F)上。通过调节该曲面晶体单色器(M)使 X 射线满足布拉格方程式发生的条件，产生更强的反射。金属样品架(P)围绕垂直于样品架平面的轴进行旋转以增加晶粒受 X 射线照射方向的随机性。为了防止入射与衍射 X 射线束在衍射仪内部的离散，使它们通过 Soller 狭缝(S)。Soller 狭缝由一系列很薄的平行金属板组成。这样衍射 X 射线就能有效地聚焦于出射狭缝(D)上而被检测器(C)捕获。

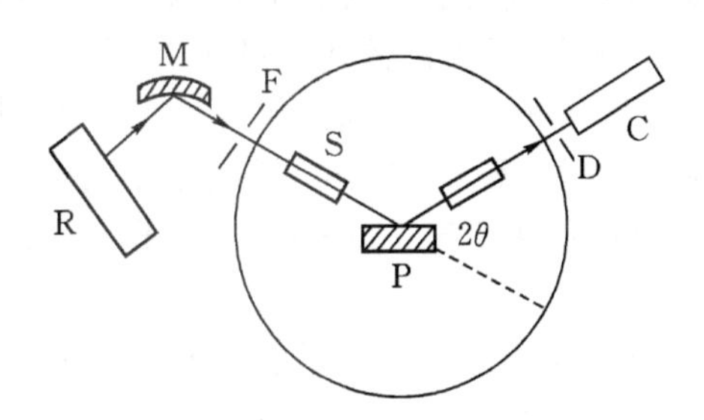

图 18-2　X 射线粉末衍射仪的结构示意图

形成的衍射图采用闪烁检测器记录。这种检测器通常适用于扫描速率 ω，即检测器旋转速率不超过 2°/min 的粉末衍射仪。若要缩短分析时间，可采用位敏检测器。位敏检测器可在 1～2 min 内记录给出衍射图。粉末衍射仪可以直接记录获得高质量、衍射角范围很宽的衍射数据，衍射数据的吸收校正也相对简单。但粉末衍射仪只能提供一维图像。

18.2.2　四圆衍射仪

X 射线四圆衍射仪克服了粉末衍射仪只能提供一维图像的不足，它能够从单晶样品中获得布拉格衍射强度的三维数据。X 射线四圆衍射仪的结构如图 18-3 所示。由 X 射线管发射出的 X 射线，经晶体单色器后，投射到被分析的单晶样品上。被分析的单晶样品尺寸一般为 0.1～0.6 mm，被固定于一根细玻璃纤维上，并安装于测角计的顶端，从而进行定位，对准 X 射线束。若被分析的单晶样品在空气中不稳定，则需将它装在薄壁玻璃毛细管中。晶体的定向由 ϕ、χ、ω 三个圆的运动轨迹决定，检测器的运动轨迹则构成第四个圆。入射的 X 射线（处于

x 轴)与接收衍射线的检测器轴处于同一平面内,χ 圆与此平面相垂直,而 ϕ 圆位于 χ 圆上。ω 圆的轴同时垂直于 χ 圆与入射 X 射线,ω 圆的旋转带动了 χ 圆。x 轴与衍射线的夹角为 2θ。测角仪固定于 ϕ 轴上,ϕ 轴随 χ 圆旋转。ω 圆的旋转又使 ϕ 轴和 x 轴两者作为一个整体随之转动。在实际操作时,始终保持 ϕ、χ、ω 三个圆的这种运动方式,其目的是使所研究的晶体样品能定向在布拉格反射线的衍射位置上。

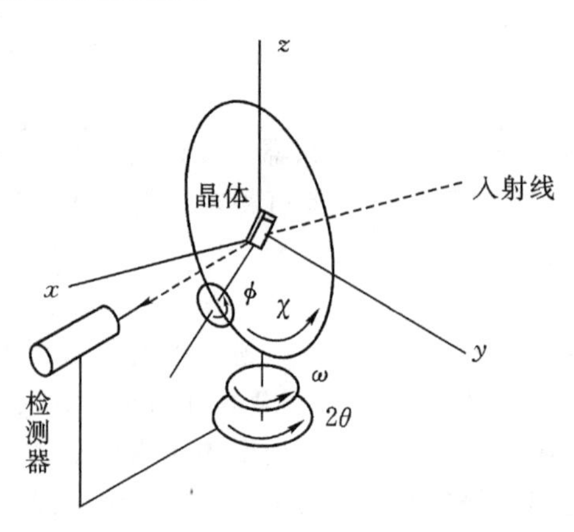

图 18-3　X 射线四圆衍射仪的结构示意图

在四圆衍射仪中,检测器仍采用闪烁检测器。它可以旋转 2θ,以截获衍射的 X 射线。闪烁检测器具有价廉、稳定性好等优点,最大计数速率可达 10^5 脉冲数/s。成像板区域检测器是另一个可供选择的检测器。掺杂有 EuFBr 的成像板可以存储 X 射线潜像。当再以 He-Ne 激光照射到成像板区域检测器上时,就会发射出与所存储到的 X 射线光子数目成比例的辐射。由于收集数据速度加快,可以使用少至 100 ng 的晶体样品。成像板区域检测器的计数速率要比一般检测器高。

在收集衍射强度数据时,通过仪器笛卡尔坐标系与四个圆的角度关系,计算出每个衍射点的 ϕ、ω、χ、2θ 值,最后使四个圆都达到准确位置,开始逐点收集数据。四圆衍射仪由计算机控制,对晶体定向、晶胞参数以及衍射强度的测定都实现了自动化,从而可以获得非常精确的晶体衍射数据。

四圆衍射仪不但可以测定出晶胞大小、形状以及衍射强度,还可以从获得的结构振幅和相角,借助于电子密度函数计算出晶体的电子密度图,进一步通过对电子密度图的解释,修正模拟的分子模型,最终得到晶胞中每个原子的坐标。

18.3　X 射线衍射方法

X 射线衍射方法有单晶衍射法和多晶衍射法。

18.3.1　单晶衍射法

单晶 X 射线衍射分析的基本方法有劳埃法与转晶体法。

1. 劳埃法

在劳埃法中，以光源发出的连续 X 射线照射静置于样品台上的单晶样品，用平板底片记录产生的衍射线以获得衍射花样。根据底片位置的不同，劳埃法又可分为透射劳埃法和背射劳埃法。其中，背射劳埃法不受样品厚度和吸收的限制，是较常用的方法。劳埃法的衍射花样由若干个劳埃斑组成，每一个劳埃斑对应于晶面的 $1\sim n$ 级衍射，各个劳埃斑的分布构成一条晶带曲线。

2. 转晶体法

在转晶体法中，以单一波长的 X 射线照射转动的单晶样品，用以样品转动轴为轴线的圆柱形底片记录产生的衍射线，在底片上形成分立的衍射斑。转晶体法可以准确测定晶体的衍射方向和衍射强度，适用于未知晶体的结构分析。转晶体法也可用于分析对称性较低的晶体(如正交、单斜、三斜等晶系晶体)的结构，但应用相对较少。

18.3.2　多晶衍射法

多晶 X 射线衍射分析的基本方法有照相法与衍射仪法。

1. 照相法

在照相法中，以光源发出的特征 X 射线照射多晶样品，用底片记录衍射花样。根据样品与底片相对位置的不同，照相法又可进一步分为德拜法、聚焦法和针孔法，其中德拜法应用最为普遍。

(1)德拜法

德拜法以一束准直的特征 X 射线照射到小块粉末样品上，用卷成圆柱状并与样品同轴安装的窄条底片记录衍射信息，获得的衍射花样是一些衍射弧。德拜法具有装置和技术简单、所用试样量少(0.1 mg)、可以获得包含试样产生的全部衍射线的优点。

(2)聚焦法

聚焦法的底片与样品处于同一圆周上，以具有较大发散度的单色 X 射线照射样品上较大区域。由于同一圆周上的同弧圆周角相等，使得多晶样品中的等同晶面的衍射线在底片上聚焦成一点或一条线。聚焦法的优点是曝光时间短、分辨率高(约为德拜法的 2 倍)。但在小 θ 范围内，衍射线条较少且宽，不适于分析未知样品。

(3)针孔法

针孔法以三个针孔准直的单色 X 射线为光源，照射到平板样品上。根据底片不同的位置，针孔法又分为穿透针孔法和背射针孔法。针孔法得到的衍射花样是衍射线的整个圆环，适于研究晶粒大小、晶体完整性、宏观残余应力及多晶试样中的择优取向等。但这种方法只能记录很少的几个衍射环，不适于其他应用。

2. 衍射仪法

衍射仪法以特征 X 射线照射多晶体样品，以辐射探测器记录衍射信息。X 射线衍射仪的成像原理与聚焦法相同，但记录方式及获得的衍射花样不同。衍射仪采用具有一定发散度的入射线，用“同一圆周上的同弧圆周角相等”的原理聚焦，不同的是其聚焦圆半径随 2θ 的变化而变化。衍射仪法以其方便、快捷、准确和可以自动进行数据处理等特点在许多领域中取代了照相法，现在已成为晶体结构分析等的主要方法。

18.4 X 射线衍射分析的应用

18.4.1 样品制备

用于 X 射线衍射分析的样品可以是金属、非金属、有机、无机材料。粉末样品一般要求在 3 g 左右，不应少于 5 mg；粒度应小于 40 μm。粒度过大，衍射强度低，峰形不好，分辨率低。对于块状、板状和圆柱状金属样品，则要求磨出一个面积不小于 10 mm×10 mm 的平面。若面积太小，可以将几块粘贴在一起。片状和圆柱状样品存在着严重的择优取向，会造成衍射强度异常。测试时，应合理选择响应的方向平面。在测量金属样品的微观应力（晶格畸变）时，则要求制备成金相样品，并进行抛光处理，消除表面的应变层。

18.4.2 物相分析

当 X 射线照射到某晶体样品时，利用 X 射线衍射仪测定和记录所产生的晶体衍射方向（θ 角）和衍射线的强度（I 值）。以 I 值为纵坐标，以 2θ 角为横坐标，作图即得 X 射线衍射图。根据所产生的衍射效应，可对晶体物质的物相进行分析。物相分析包括定性分析和定量分析两种。

1. 定性分析

物相定性分析是通过对照实测衍射谱线与标准卡片数据，来确定未知试样中的物相类别。每种物质都具有其特定的晶体结构（点阵类型、晶胞形状与大小、结构基元等），因而具有其特征的 X 射线衍射花样（衍射线位置与强度）。多相物质的衍射花样则由其各组成相的衍射花样叠加而成。物质特征的 X 射线衍射花样就是分析物质相组成的"指纹脚印"。

(1)标准卡片

标准卡片由国际性机构"粉末衍射标准联合委员会（The Joint Committee on Powder Diffraction Standard, JCPDS）负责搜集、校订和编辑整理出版。标准卡片被称为粉末衍射卡（The Powder Diffraction File，简称 PDF 卡或 JCPDS 卡）。图 18－4 为标准粉末衍射卡卡片示意图。

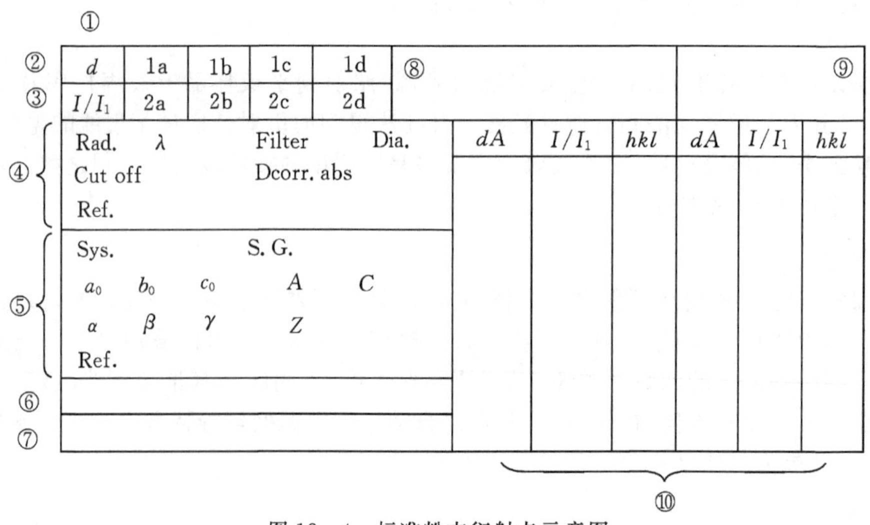

图 18－4 标准粉末衍射卡示意图

标准卡片按内容可以分为 10 个区。

①卡片序号。

②1a、1b、1c 为低角区($2\theta < 90°$)三根最强线的 d 值,1d 为试样的最大面间距。

③2a、2b、2c、2d 为上述各条线所对应的相对强度(I/I_1),一般以最强线强度作为 100%。

④测样时的实验条件。其中 Rad. 为辐射种类,如 Cu K_α 等;λ 为辐射波长,单位为埃;Filter 为滤波片名称。

⑤物质的晶体学数据。其中 Sys. 为晶系;S. G. 为三维空间群符号;a_0、b_0、c_0 为晶胞在三个轴上的长度;$A=a_0/b_0$,$C=c_0/b_0$ 为轴比;α、β、γ 为晶胞轴间夹角;Z 为单位晶胞内化学式单位的数目。

⑥物质的光学及其他物理性质数据。

⑦试样来源、制备方式、化学分析实验等数据。

⑧物质的化学式及英文名称。

⑨物质的矿物学名称或普遍名称。本栏中标有五角星号表明卡片数据高度可靠;若标有"O"则表明卡片数据可靠程度较低;无标号表明数据可靠程度一般。

⑩晶面间距、相对强度及衍射指数。

(2)定性分析的步骤

物相定性分析一般包含四个基本步骤。

①制备待分析物质样品,用衍射仪获得样品衍射花样。

②确定各衍射线 d 值及相对强度 I/I_1 值(I_1 为最强线强度)。

③检索 PDF 卡片。PDF 卡片检索主要有光盘卡片库检索和计算机自动检索两种方式。光盘卡片库检索是指通过一定的检索程序,按给定的检索窗口条件对光盘卡片库进行检索(如 PCPDF Win 程序)。计算机自动检索是指利用 X 射线衍射仪配备的自动检索软件,如 MDI Jade、EVA 软件,通过图形对比方式进行物相分析。

④核对 PDF 卡片与物相判定。将衍射花样全部 $d-I/I_1$ 值与检索到的 PDF 卡片一一进行核对,若全部吻合,则卡片所示物相即为待分析物相。检索和核对 PDF 卡片时以 d 值为主要依据,以 I/I_1 值为参考依据。

2. 定量分析

物相定量分析是基于待测相的衍射强度与其含量成正比,是在已知物相类别的情况下,通过测量这些物相的积分衍射强度来测定它们的含量。但是由于影响衍射强度的因素很多,大多数物相定量方法都是建立在强度比的基础上。物相定量分析方法有内标法、外标法、增量法、无标样法和全谱拟合法等。其中常用的是内标法,衍射强度的测量采用积分强度或峰高法,有利于消除基体效应及其他因素的影响。

18.4.3　点阵常数测定

点阵常数是晶体物质的基本结构参数之一。点阵常数在研究固态相变、确定固溶体类型、测定固溶体溶解度曲线、测定热膨胀系数、测定晶体中的杂质、确定化学物的化学计量比等方面都得到了应用。

点阵常数的测定是通过X射线衍射线位置(θ)的测定而获得的。对于立方晶系,点阵常数α可按下式计算:

$$\alpha=d\sqrt{H^2+K^2+L^2}=\frac{\lambda\sqrt{H^2+K^2+L^2}}{2\sin\theta} \tag{18-2}$$

点阵常数测定中的精确度涉及两个独立的问题,即波长(λ)的精度和布拉格角(θ)的测量精度。波长λ是可以精确测定的,有效数字可达7位,能满足一般测定工作的要求。因此,点阵常数α的精确度主要取决于布拉格角(θ)的测定精度。当$\Delta\theta$一定时,晶面间距(d)测量的精度随布拉格角(θ)的增加而增加。布拉格角(θ)越大,测得的晶面间距(d)精度越高,测得的点阵常数值越精确。因此,点阵常数测定时应选择接近于90°的衍射线进行测量。但实际能利用的衍射线,其布拉格角(θ)与90°总是有一定距离的。此时,一般采用图解外推法和最小二乘法来消除误差。点阵常数测定的精确度极限在1×10^{-5}附近。

18.4.4 晶粒大小测定

多晶材料的晶粒尺寸是影响其物理、化学等性能的一个重要因素。用X射线衍射法测量晶粒尺寸是基于衍射线剖面宽度随晶粒尺寸减小而增宽这一实验现象。1918年,Scherrer从理论上推导出晶粒平均尺寸(D)与衍射线宽化程度的关系式,即Scherrer公式:

$$D=\frac{K\lambda}{\beta\cos\theta} \tag{18-3}$$

式中,θ为掠射角,或称Bragg角;λ为特征X射线的衍射波长;β为衍射线的本征增宽度,即纯粹由晶粒大小引起的衍射线宽化程度;K为晶粒形状因子,亦称Scherrer常数。

本征增宽度β可用半宽度$\beta_{1/2}$表示,定义为强度分布曲线最大峰值高度一半处的宽度(这种宽度是常用的),亦可定义为积分宽度β_i(用强度分布曲线下的面积除以最大峰值高度表示)。

Scherrer常数K与晶体形状(球状、针状、棒状等)反射晶面的衍射指数,以及β和D的定义有关。当β用半宽度$\beta_{1/2}$,D用晶面法线方向的晶粒平均尺度时,K值取0.89。

影响衍射峰宽度的因素很多,如光源、平板试样、轴向发散、吸收、接收狭缝和非准直性、入射X射线的非单色性等。当晶体的尺寸和形状基本一致时,上式计算结果比较可靠。但一般粉末试样的晶体大小都有一定的分布,Scherrer方程需要修正,否则只能得到近似的结果。

18.4.5 结晶度测定

结晶度是影响材料性能的重要参数。在一些情况下,物质结晶相和非晶相的衍射图谱往往会重叠。结晶度主要是根据结晶相衍射图谱面积与非晶相图谱面积之比测定的。在测定时必须把晶相、非晶相及背景不相干散射分离开来。基本公式为

$$X_c=\frac{I_c}{I_c+KI_a} \tag{18-4}$$

式中,X_c为结晶度;I_c为晶相散射强度;I_a为非晶相散射强度;K为单位质量样品中晶相与非晶相散射系数之比。

主要的分峰法有几何分峰法、函数分峰法等。

18.4.6　单晶取向和多晶织构测定

单晶取向的测定就是找出晶体样品中晶体学取向与样品外坐标系的位向关系。X 衍射法既可以精确地测定单晶定向，还能得到晶体内部微观结构的信息。一般采用劳埃法测定单晶定向。其根据是底片上劳埃斑点转换的极射赤面投影与样品外坐标轴的极射赤面投影之间的位置关系。透射劳埃法只适用于厚度小且吸收系数小的样品。背射劳埃法就无需特别制备样品，样品厚度大小等也不受限制，因而多用此方法。

多晶材料中晶粒取向沿一定方位偏聚的现象称为织构。常见的织构有丝织构和板织构两种类型。为了反映织构的概貌和确定织构指数，常采用极图、反极图和三维取向函数三种方法描述织构。对于丝织构，只要求出其丝轴指数，就可知道其极图形式。照相法和衍射仪法是可用的方法。板织构的极点分布比较复杂，需要两个指数来表示，多采用衍射仪进行测定。

18.4.7　微观应力的测定

X 射线测定微观应力以衍射花样特征的变化作为应变的量度。微观应力是指由于形变、相变、多相物质的膨胀等因素引起的存在于材料内各晶粒之间或晶粒之中的微区应力。微观应力在各晶粒间甚至一个晶粒内各部分间彼此不同，产生的不均匀应变表现为某些区域晶面间距增加、某些区域晶面间距减少，结果使衍射线向不同方向位移，使其衍射线漫散宽化。当一束 X 射线入射到具有微观应力的样品上时，由于微观区域应力取向不同，各晶粒的晶面间距产生了不同的应变，即在某些晶粒中晶面间距扩张，而在另一些晶粒中晶面间距压缩，结果使其衍射线并不像宏观内应力所影响的那样单一地向某一方向位移，而是在各方向上都平均地做了一些位移，总的效应是导致衍射线漫散宽化。材料的微观残余应力是引起衍射线线形宽化的主要原因。衍射线的半高宽即衍射线最大强度一半处的宽度，是描述微观残余应力的基本参数。

参考文献

[1] 陈智栋，刘亚. 材料仪器分析[M]. 北京：北京石化出版社，2016.

[2] 何锡文. 近代分析化学教程[M]. 北京：高等教育出版社，2005.

[3] 方惠群，于俊生，史坚. 仪器分析[M]. 北京：科学出版社，2003.

小结

基本公式

①布拉格衍射方程式：$n\lambda = 2d\sin\theta$

②点阵常数 α：$\alpha = d\sqrt{H^2+K^2+L^2} = \frac{\lambda\sqrt{H^2+K^2+L^2}}{2\sin\theta}$

③Scherrer 公式：$D = \frac{K\lambda}{\beta\cos\theta}$

思考题与习题

1. 什么是布拉格衍射方程式？布拉格衍射方程式成立需要满足哪些条件？它对 X 射线分析有何指导意义？

2. X 射线衍射方法有哪几种类型？

3. 如何用 X 射线衍射分析进行物相定性分析？

4. 采用 X 射线衍射分析法如何测定点阵常数、晶粒尺寸和结晶度？

第五篇 其它分析简介

第19章 其它分析简介

基本要求

1. 掌握三种热分析法的基本原理，了解它们的异同点；
2. 熟悉有机元素分析的基本步骤；
3. 掌握流动注射分析法的基本原理；
4. 了解显微成像技术的基本原理以及各自的优缺点。

19.1 热分析

19.1.1 概述

一种物质或一种混合物在加热过程中，会发生诸如溶解、沸腾、分解或反应等各种物理或化学变化。这些物理或化学变化将会引起物质的基本性质如成分以及各组成成分含量的改变。人们把在特定控温程序下，检测样品加热过程中产生的各种物理、化学变化的方法称为热分析法（Thermal Analysis，TA）。1977年，国际热分析协会（International Confederation for Thermal Analysis，ICTA）在日本京都召开的第七次会议上，给热分析下了如下定义："热分析是在程序控制温度下，测量物质的物理性质与温度依赖关系的一类技术。"2005版中国药典中对热分析的定义则为："热分析法是指在程序控制温度下，精确记录待测物质理化性质与温度的关系，研究其在受热过程中所发生的晶型转化、熔融、蒸发、脱水等物理变化或热分解、氧化等化学以及伴随发生的温度、能量或重量改变的方法。"

通过热分析技术，人们能快速准确地测定物质的晶型转变、熔融、升华、吸附、脱水、分解等变化。这使得热分析成为无机、有机及高分子材料的物理及化学性能测试的重要技术手段。热分析技术已经渗透到材料化学、石油化工、食品安全、家具建材等各个领域。表19-1列出了可以用热分析方法进行测量的材料类型和性质。

表 19-1 可以用热分析方法进行测量的材料类型和性质

	样品类型						
	化学品	高分子材料	爆炸物	土壤	塑料	编织品	金属
鉴定	√	√	√	√	√	√	√
定量构成	√	√	√	√	√	√	
相图	√	√	√		√		√
热稳定性	√	√	√		√	√	
聚合度	√	√			√	√	
催化性能	√						√
反应性	√	√			√	√	√
热化学常数	√	√	√		√	√	

根据测量物理参数的不同，热分析被分为多种方法。最常用的热分析方法有热重法、导数热重法、差热分析、差示扫描量热法、热机械分析和动态热机械分析等。此外还有逸出气体分析、热膨胀法、热光学法、热电学法、热磁学法等。测量的物理参数有质量、温度、尺寸或体积，以及声学、光学、电学和磁学性质。常用的热分析方法及其测量的物理参数列于表 19-2 中。其中热重法、差热分析、差示扫描量热法这三者构成了热分析的三大支柱，占到热分析总应用的 75%以上。随后，将着重对这三种热分析方法一一进行介绍。

表 19-2 热分析方法分类测量的物理参数

热分析方法	英文	简称	测量的物理参数
热重法	Thermogravimetry	TG	质量
差热分析	Differential Thermal Analysis	DTA	温度
差示扫描量热法	Differential Scanning Calorimetry	DSC	焓
导数热重法	Derivative Thermogravimetry	DTG	质量
热机械分析	Thermomechanical Analysis	TMA	形变
动态热机械分析	Dynamic Mechanical Analysis	DMA	模量或力学损耗
逸出气体分析	Evolved Gas Analysis	EGA	质量
热膨胀法	Thermodilatometry		尺寸
热光学法	Thermophotometry		光学性质
热电学法	Thermoelectrometry		电学性质
热磁学法	Thermomagnetometry		磁化率

19.1.2 热重法

热重法是指在程序控温下，测量物质的质量随温度（或时间）变化的一种热分析技术。热失重是最早发现的一种热现象。1786 年，英国人 Edgwood 在加热陶瓷黏土时观察到，当陶瓷黏土加热到达暗红色时，陶瓷黏土有明显的失重现象，而在暗红色前后的失重都极小。1915 年，日本东北大学本多光太郎在分析天平的基础上发明了第一台热天平，创建了热重法。

1. 热重分析仪器

热重分析仪器主要包括温度控制与测量以及质量测定两个部分。温度控制与测量由加热炉和温度测量热电偶组成。根据工作需要可以选用适应于不同温度范围的热电偶。如何保证加热炉、样品及热电偶三者温度的一致性或相关性是这一部分需要特别注意的问题。质量测定则由微天平来完成。早期使用如图 19－1 所示的 Chevanard 天平进行称量测定。在这种称量装置中，样品在加热炉里以设定的升温速度加热，天平随时记录质量变化。

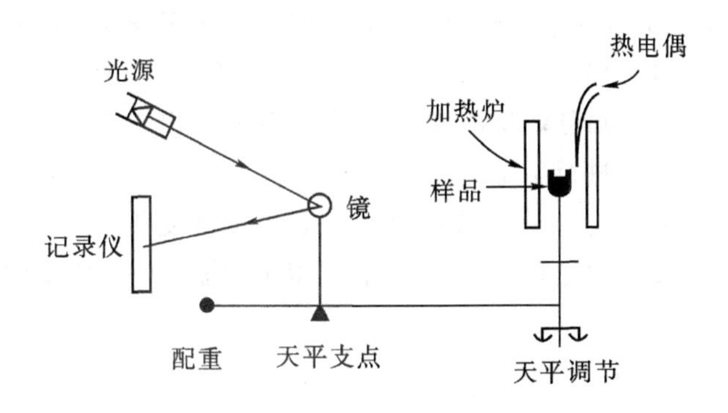

图 19－1　Chevanard 天平

另一种直接称量方式的热重分析仪器如图 19－2 所示。在这种热重分析仪器中，通过弹簧秤、自平衡秤及 Cahn 电子天平等进行测量，利用石英弹簧上的指针可以直接读出质量变化。

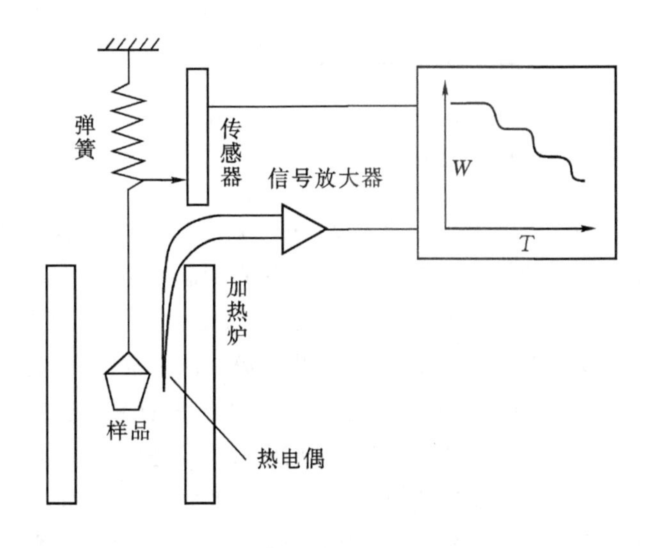

图 19－2　直接称量方式的热重分析仪器

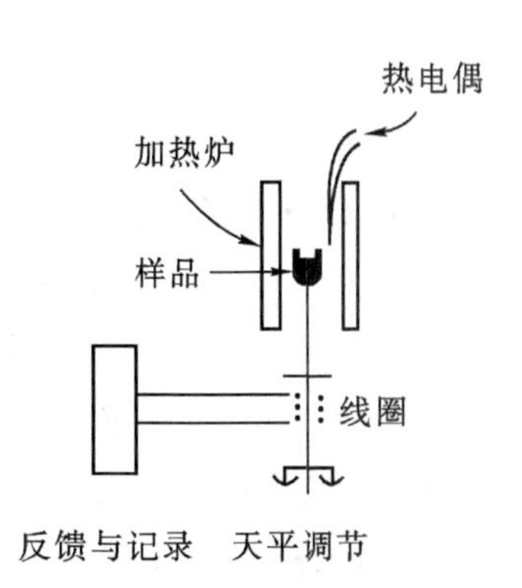

图 19－3　零点补偿测量天平

零点补偿测量是另一种称量方法。如图 19－3 所示，在测量过程中，随着样品称量质量的变化，补偿线圈中电流产生相应变化以保证样品杯始终处在加热炉中一个指定的区域。这样能有效地保持加热炉温度与样品温度具有良好的相关性。

2. 热重曲线

通过热重分析仪器获得的质量随温度变化的图谱称为热重曲线，也称热重图。热重曲线以质量为纵坐标(从上向下表示质量减少)，以温度(或时间)为横坐标[自左至右表示温度(或时间)增加]。当被测物质在加热过程中升华、气化、分解出气体或失去结晶水时，被测的物质质量就会发生变化。这时热重图就不是直线而是有所下降。从热重曲线中可以获知一些非常有用的信息，如样品在什么温度下发生分解或其他反应，样品在什么温度下呈不稳定状态，气体逸出的温度及变化范围，并且根据失重量可以计算失去了多少物质。对于已知体系，可以通过指定反应产生的失重计算出样品中某种成分的纯度。在空气、氧气气氛下进行燃烧失重研究，可以获得原料煤的热值、最佳燃烧温度、残渣等信息。利用失重量及失重温度的不同，可以对无机物、矿石、高分子材料进行鉴定。

草酸钙沉淀($CaC_2O_4 \cdot H_2O$)在干燥时随着加热温度的变化会发生不同的分解过程。精确测定草酸钙沉淀在温度变化过程中的质量，就获得了如图 19－4 所示的热重曲线。

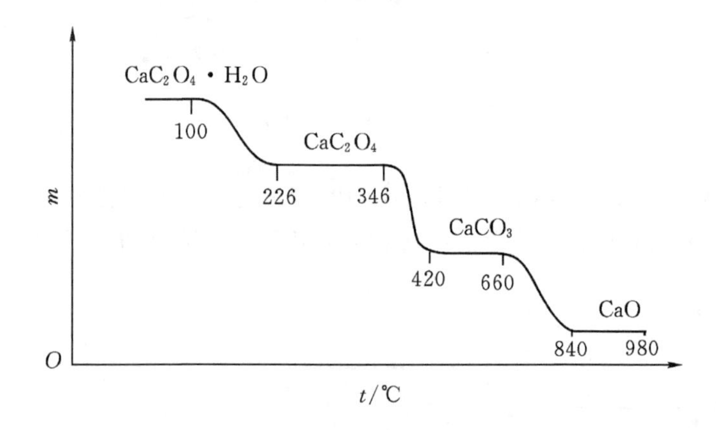

图 19－4　$CaC_2O_4 \cdot H_2O$ 热重图

从草酸钙沉淀的热重图可以看出，温度在 25～100 ℃，曲线为一平台，对应于化合物的原始组成 $CaC_2O_4 \cdot H_2O$。温度在 100～226 ℃出现第一次失重，失重量占试样总质量的 12.5%，对应于原始组分 $CaC_2O_4 \cdot H_2O$ 失去结晶水变成 CaC_2O_4 的分解过程。温度在 226～346 ℃，曲线出现第二个平台，对应于化合物 CaC_2O_4。温度在 346～420 ℃出现第二次失重，失重量占试样总质量的 19.3%，对应于 CaC_2O_4 发生热分解失去 CO_2 生成 $CaCO_3$ 的分解过程。温度在 420～660 ℃，曲线出现第三个平台，对应于化合物 $CaCO_3$。温度在 660～840 ℃出现第三次失重，失重量占试样总质量的 30.3%，对应于 $CaCO_3$ 发生热分解失去 CO_2 生成 CaO 的分解过程。温度在 840～980 ℃，曲线出现第四个平台，对应于分解的最终产物 CaO。通过准确控制干燥、温度，就可以获得比较好的结晶结果。

利用热重曲线还可以进行无机物、矿石、高分子材料的鉴定。许多包装材料都采用各种高聚物，图 19－5 是在相同实验条件下测得的聚氯乙烯(PVC)、聚甲基丙烯酸甲酯(PMMA)、高聚乙烯(HPPE)、聚四氟乙烯(PTFE)和芳香聚四酰亚胺(PI)五种高聚物的热重曲线。通过热重曲线，不仅能获得这五种高聚物分解温度的信息，还可以比较它们的相对热稳定性。在五种高聚物中，聚氯乙烯(PVC)的热稳定性最差，而聚四氟乙烯(PTFE)在温度高达 550 ℃时仍可稳定存在。实际使用时，可根据使用环境选择合适的包装材料。

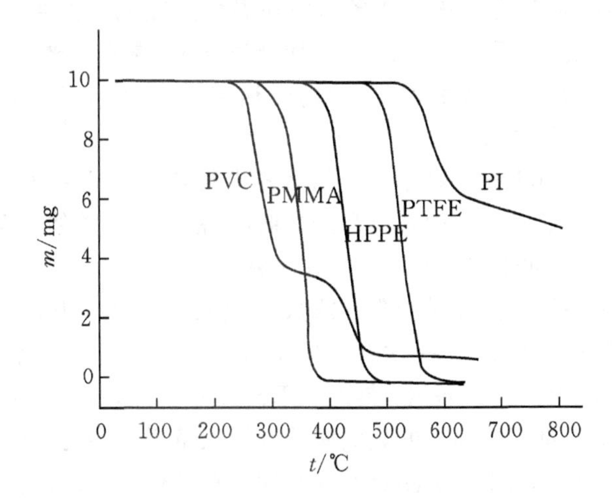

图 19－5　五种高聚物的热重曲线

3. 热重分析测量的影响因素

在进行热重分析测量时，应注意以下几个方面的影响因素。

(1)试样量、试样粒度和试样皿

试样的用量和粒度对热重曲线有很大的影响。大的试样用量不仅对试样的吸热或放热过程有较大的影响，而且阻碍了逸出气体的扩散，影响到热传递过程，从而使得分解过程中的热重曲线平台不明显。在热重分析中，在满足仪器灵敏度的情况下，应尽可能使用小的试样量，一般以 2～5 mg 为宜。

试样粒度也对热重曲线有较大的影响。试样粒度影响了热传递和气体产物的扩散过程。粒度越小，反应速率越快，热重曲线上反应区间变窄；粒度太大，则得不到好的热重曲线。

试样皿的材质要求耐高温，且是化学惰性的，即不得与试样、中间产物、最终产物以及反应气氛发生化学反应，也不得对任何反应有催化作用。常用的试样皿有铂金、陶瓷、石英、玻璃、铝等。实验时，应根据具体样品情况加以选择。

(2)升温速率

升温速率太快，会造成热重曲线的分辨率降低，有可能丢失某些中间产物的信息。例如，对某些含水化合物缓慢加热时会检出分步失水的一些中间产物。此外，升温速率太快，会产生严重的温度滞后现象，结果导致起始温度和终止温度均偏高。如聚苯乙烯在 N_2 气氛中分解，分解程度为失重 10%时，若用 1 ℃/min 的升温速度，测定温度为 357 ℃；若改用 5 ℃/min 的升温速度，测定温度为 394 ℃，两者相差了 37 ℃。

(3)气氛

气氛的改变对热重曲线有着显著的影响。例如在空气气氛中，聚苯乙烯在 150～180 ℃会有明显的增重现象，这是聚苯乙烯氧化的结果；在 N_2 气氛中，则没有这种现象。

19.1.3 差热分析

失重并不是始终伴随着温度变化。许多物质在温度变化时会产生一系列吸热或放热过程，但质量并不一定发生变化，而只是放出热量，如金属熔融、高分子材料的结晶变化等。差热分析就是测量被测样品在温度变化过程中产生的吸热和放热，及与不会发生任何变化的参比物间的温度差异来进行分析的方法。

1887年，法国人 Le Chatelier 对黏土类矿物试样进行热性能研究实验。他采用热电偶测量温度的方法，获得一系列黏土试样的加热和冷却曲线，根据这些曲线去鉴定矿物试样。在实验过程中，他以高纯度物质（如水、硫、硒、金等）作为标准物质来标定温度。为了提高仪器的灵敏度，以便观察黏土在某一特定温度时的吸热或放热现象，Le Chatelier 分别测定试样温度和参比物温度，利用差示法读得数据，第一次获得最原始的差热曲线。为此，Le Chatelier 被人们公认为差热分析技术的创始人。1899年，英国人 Roberts－Austen 对 Le Chatelier 差示法的测量方式进行了改进，将两对反向串联的热电偶分别插入试样和参比物中，对试样和参比物在同一炉中同时加热或冷却，大大提高了测定的灵敏度和重复性，正式发明了差热分析技术。

差热分析仪器主要包括加热炉、测定样品和参比物温度的热电偶及相应控制电路，典型的差热分析仪器如图19－6所示。

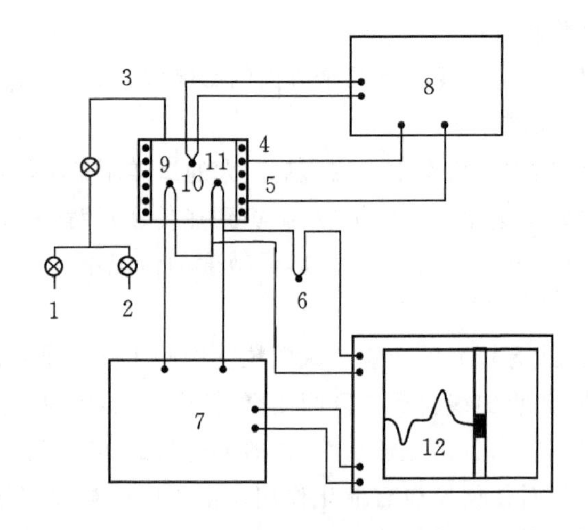

图19－6　典型的差热分析仪器结构示意图

1—气体；2—真空；3—炉体气氛控制；4—电炉；5—底座；6—冷端校正；7—直流放大器；8—程序温度控制器；9—试样热电偶；10—参比热电偶；11—升温速率检测热电偶；12—记录仪

在差热分析仪器中，三组热电偶分别与加热块、样品池及参比池联用以检测温度变化过程中三部分的温度，样品池与参比池电偶组成差分电路，可以准确地进行温差检测。在程序控温下，整个加热过程同时对样品池和参比池进行加热。在温度变化过程中，若样品池与参比池温度一样，则没有任何信号输出。而当样品发生物理或化学变化时，如碳酸钙分解时，将产生CO_2，会从坩埚和样品中吸收热量，样品池的温度就会比参比池低，这时在样品池与参比池热电偶组成的回路中就产生出一个温差信号。以此信号为纵轴，以加热温度为横轴，可以获得一个差热分析图谱，如图19－7所示。

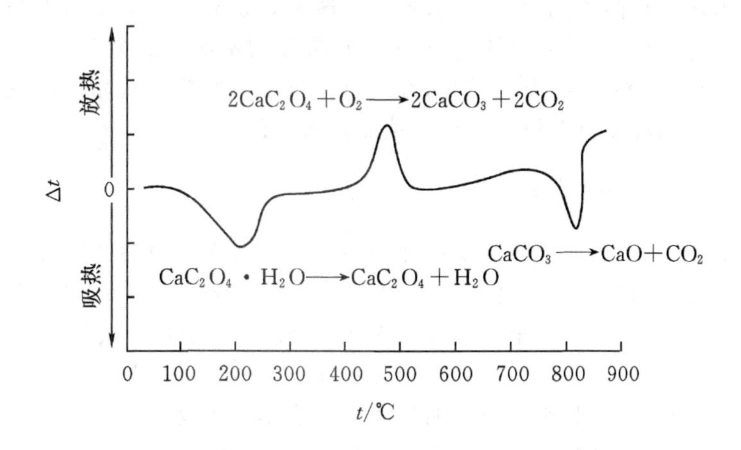

图 19－7　氧气氛中 8 ℃/min 升温时草酸钙的差热分析图

若样品在升温过程中因相变或失重产生热量，即伴随一个放热反应，样品池则会比参比池温度高，出现一个正的温差信号（正峰）。通过检测放热或吸热过程的温度变化，可以有效地揭示出体系中物质存在的形式或变化。表 19－3 归纳了不同体系吸热和放热的原因。

表 19－3　差热分析中引起吸热和放热的物理和化学因素

物理因素	吸热	放热	化学因素	吸热	放热
结晶转变	√	√	吸附		√
熔融	√		析出	√	
气化	√		脱水	√	
升华	√		分解	√	√
吸附		√	氧化度降低		√
脱附	√		气体中氧化		√
吸收	√		气体中还原	√	
			氧化还原反应	√	√
			固相反应	√	√

将未知物与已知物的差热分析曲线进行比对，可以对未知物进行定性。通过在曲线突变时吸收或放出的热量大小可以对未知物进行定量。利用差热分析曲线还可以研究材料的类型和物理与化学现象。图 19－8 为非晶形和晶形两种高聚物的差热分析曲线。如图 19－8(a)所示，

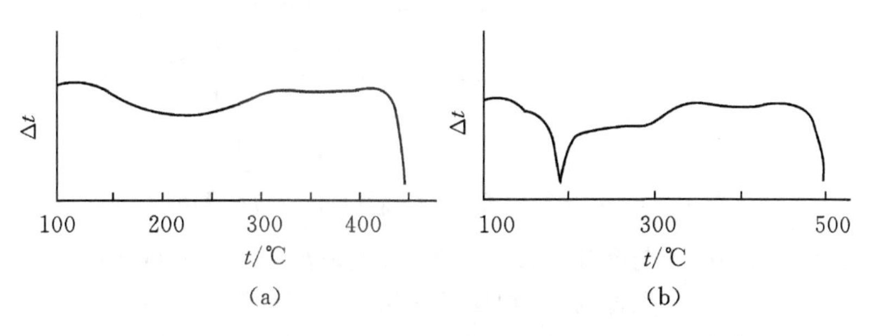

图 19－8　非晶形(a)和晶形(b)两种高聚物的差热分析曲线

非晶形高聚物的差热分析曲线无明显突变，直至高聚物开始分解。由于高聚物在加热时发生软化也需要吸热，差热分析曲线非直线，呈现非晶形样品的特征。如图 19－8(b)所示，晶形高聚物的差热分析曲线在 180 ℃时开始熔化，在曲线上出现一突变。从晶形高聚物在差热分析曲线中发生晶体熔化的温度范围可以获得有关晶体的信息。

19.1.4 差示扫描量热法

与差热分析类似，差示扫描量热法是另外一种可以测量样品与参比物在升(降)温过程中温度差异的方法。差示扫描量热法是 1964 年美国人 Watson 和 O'Neill 在差热分析技术的基础上发明的，根据这个技术生产出来的仪器称为功率补偿式差示扫描量热仪。

如图 19－9 所示，加热电偶按预定的程序同步加热试样和参比物。所谓扫描是指整个过程中，仪器以非常短的间隔不断比较两个测量池的温差，这个温差反馈至控制系统调节两个池上的加热功率，以保证两个池温平衡。一般用导热性比较好的铝或其他金属筒盛装试样，并与加热元件和温度传感器接触。一般试样盘可装载 1～100 mg 样品进行分析。差示扫描量热法在试样和参比物容器下装有两组补偿加热丝，当试样在加热过程中由于热效应与参比物之间出现温差时，通过差热放大电路和差热补偿放大器，使流入补偿电热丝的电流发生变化。当试样吸热时，补偿放大器使试样一边的电流立即增大；反之，当试样放热时则使参比物一边的电流增大，直到两边热量平衡，温差为零。换句话说，为维持试样和参比物温度相等所需电热补偿的热功率，相当于试样热量的变化，在记录仪上以热流率为纵坐标，以温度或时间为横坐标记录下来就得到差示扫描量热曲线。

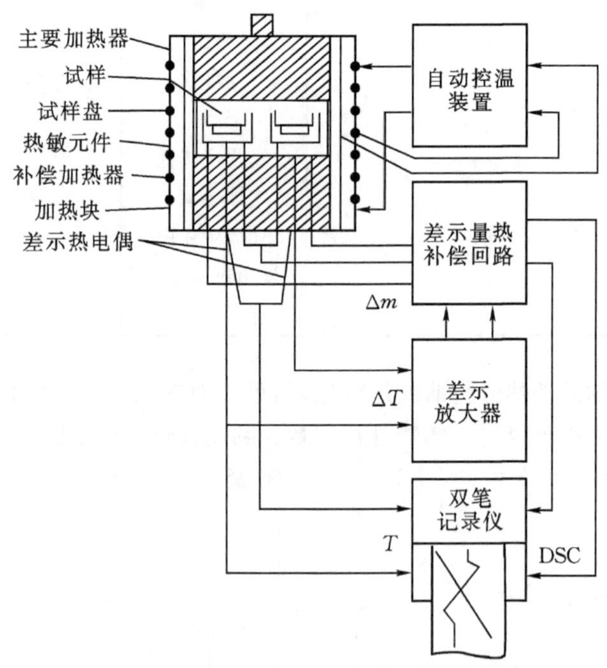

图 19－9　功率补偿式差示扫描量热仪结构示意图

差示扫描量热法保持试样与参比物高度一致，有效地消除热容和热导率差异带来的影响，可以获得精度较好的热测量。因此，差示扫描量热法可以用来测定比热、反应热、转变热等热效应，还可以用来测定试样纯度、反应速率、结晶速率、高聚物结晶度等。

在比热容的测定中，通常以蓝宝石为标准物质，可从手册上查到不同温度下蓝宝石的比热容。测定试样比热容的方法为：首先测定空试样盘的扫描曲线；然后在相同条件下使用同一个试样盘分别测定蓝宝石和试样，获得如图 19－10 所示的差示扫描量热曲线。在某一温度下，求得试样和蓝宝石扣除空白值后的曲线纵坐标的变化率 y_1 和 y_2，将 y_1 和 y_2 代入下式，即可求得未知试样的比热容：

$$\frac{y_1}{y_2}=\frac{m_1 cp_1}{m_2 cp_2} \tag{19-1}$$

式中，cp_1 和 m_1 分别为试样的比热容和质量；cp_2 和 m_2 分别为蓝宝石的比热容和质量。

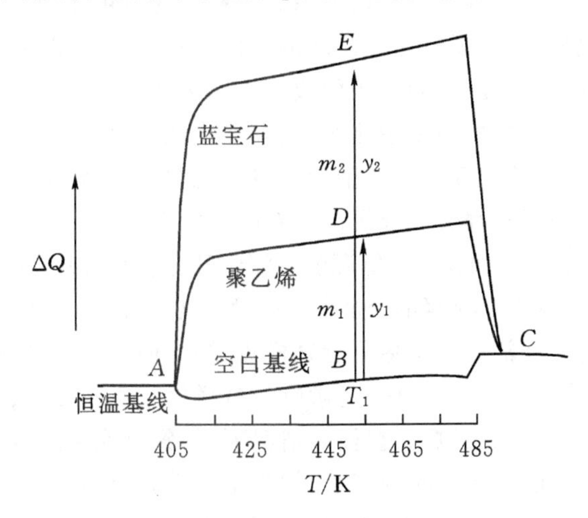

图 19－10　比热容测定熔融聚苯乙烯的差示扫描量热曲线

玻璃化转化温度 T_g 是材料的一个重要特性。材料的许多特性都在玻璃化转化温度附近发生急剧的变化。在发生玻璃化转化时，差示扫描量热曲线基线向吸热方向移动，如图19－11 所示，把发生玻璃化转化前后的基线延长，在两线间的垂直距离的一半（$\Delta J/2$，ΔJ 称为阶差）处可以找到 C 点。在 C 点作切线，并使之与前基线延长线相交于 B 点，则 B 点可以作为玻璃化转化温度 T_g，也有选择 C 点或 D 点作为玻璃化转化温度 T_g 的。

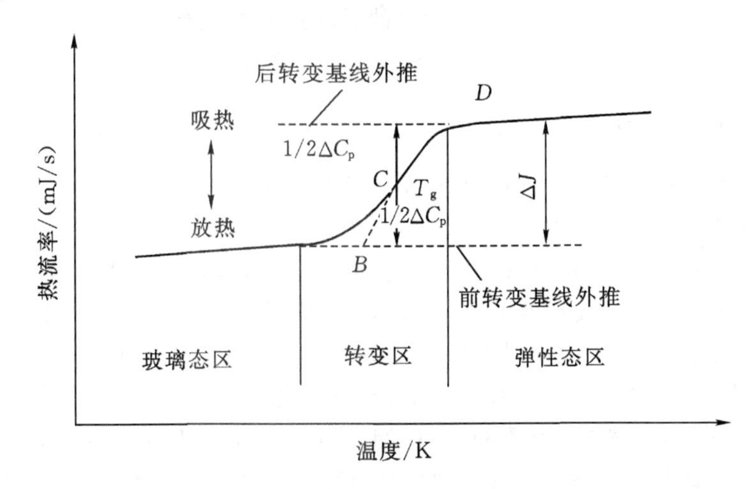

图 19－11　玻璃化转变的差示扫描量热曲线

19.1.5 热分析实验技术

一般来说，在热分析中，峰面积与试样量呈正比。为了保证测量的重现性和可靠性，一般使用数毫克（3～5 mg）粉末状固体试样。试样量过大，易使相邻峰重叠；试样量过小，则灵敏度不够。

热分析常涉及化学反应过程，粒度大小会影响反应表面积大小，对结果会有一定影响。热分析都尽量使用小颗粒状试样。

当分析过程涉及试样与气氛反应时，试样填装形式十分重要。而在热变化过程中涉及成分释放时也会产生影响，需要在装样时予以考虑。装样时应尽可能使试样均匀、密实地分布于试样皿内，以提高传热效率，减少试样与器皿间的热阻。一般使用的铝皿，分成盖与皿两个部分。试样放在其中，用专用卷边压制器冲压而成。差热分析常采用经高温焙烧的α- Al_2O_3 作参比物，而差示扫描量热法分析可不用参比物，只在参比池内放一空皿即可。

差热分析观察的是试样随温度变化产生的与参比物的温度差异，凡是能影响温度差异的产生、测量和反馈等过程的因素都会对分析结果有明显影响。

升温速率会影响峰的位置和面积。峰值温度会随着升温速率的升高而升高，但峰面积会稍变小。同时，升温速率过高，会影响相邻峰的分辨率。一般建议使用 5～10 ℃/min 的升温速率。

玻璃、陶瓷及金属是三种常见的差热分析试样盘材料，而差示扫描量热法则使用铝皿装试样。材料的形状与导热性能对结果会有一定影响。试样处于不同形态也会造成结果不一样。

气体性质对测定有着显著的影响。在很多情况下，气氛可能通过直接参与热反应、带走反应产物等形式影响热平衡过程，通过改变气氛，如将空气改成惰性气体时，结果会有非常大的差异。例如 He 热导率高，但检测灵敏度低，约为 N_2 中的 40%。因此，在 He 中测定热量时，需要先用标准物重新进行标定核准。在空气中测定时，可能发生氧化作用，要引起注意。

19.2 有机元素分析

有机化合物的组成元素主要是 C、H、N、O 和 S，另外还可能含有卤素、P 或金属等元素。要确定一个未知有机化合物的分子结构，除了要知道其相对分子质量之外，还需要测定其元素组成，以便推断其分子式。有机元素分析的目的是测定有机化合物的元素组成。本节所讨论的有机元素分析主要是测定 C、H、N、O 和 S 等元素的仪器及方法。

19.2.1 CH 分析仪

20 世纪初，奥地利的 Fritz Pregl 等开发了测定元素 C、H、N 的技术原理，并因此荣获 1923 年的诺贝尔化学奖。这一技术原理包括三个基本过程：一是在 1000～1800 ℃高温氧气流中快速燃烧分解精确称重的样品；二是吸附分离 C、H、N 元素的燃烧产物（CO_2、H_2O、N_2 和 NO_x）；三是用微天平称量吸收管燃烧前后的质量，计算元素组成。图 19－12 为 Fritz Pregl 提出的第一台同时测定 C 和 H 的仪器原理示意图。将样品置于铂池中，以 $CuO/PbCrO_4$ 为氧化过程的载体，在恒定氧气流中，于 750 ℃进行催化氧化（在 190 ℃温度下采用 PbO_2）。所得的燃烧产物 H_2O 和 CO_2 被提前称重的、填有 $Mg(ClO_4)_2$ 和 NaOH 的吸收管选择性吸附。根据燃烧反应前后 $Mg(ClO_4)_2$ 和 NaOH 吸收管质量的增加量可计算得到 H_2O 和 CO_2 的量，并进一步获得 C 和 H 的含量。

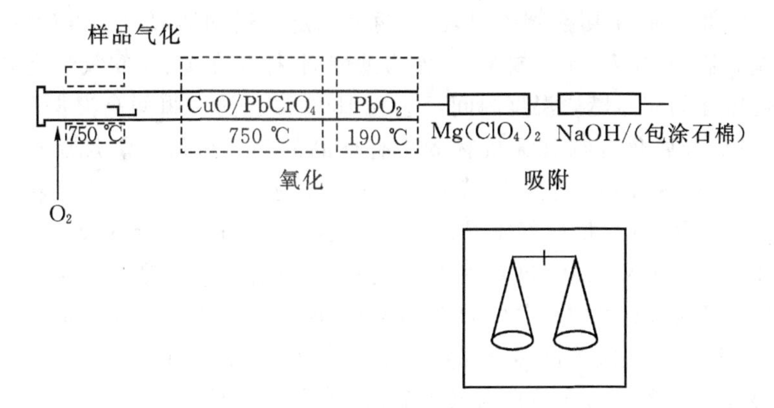

图 19－12　Fritz Pregl 提出的第一台同时测定 C 和 H 的仪器示意图

19.2.2　CHNS＋O 分析仪

后来，人们在这一技术基础上进行了一些改进，如加入燃烧催化剂加速反应，采用气相色谱技术分离燃烧产物，采用热导技术测定气体产物，发展为能同时测定 C、H、N、S 和 O 元素的现代分析仪器。图 19－13 为 E. Pella 提出的 CHNS＋O 自动分析仪原理示意图。仪器由两个分析通道组成，一个通道用一套燃烧系统测定 C、H、N 和 S，测定 O 时需要更换至另一个分析通道和另一套燃烧系统。

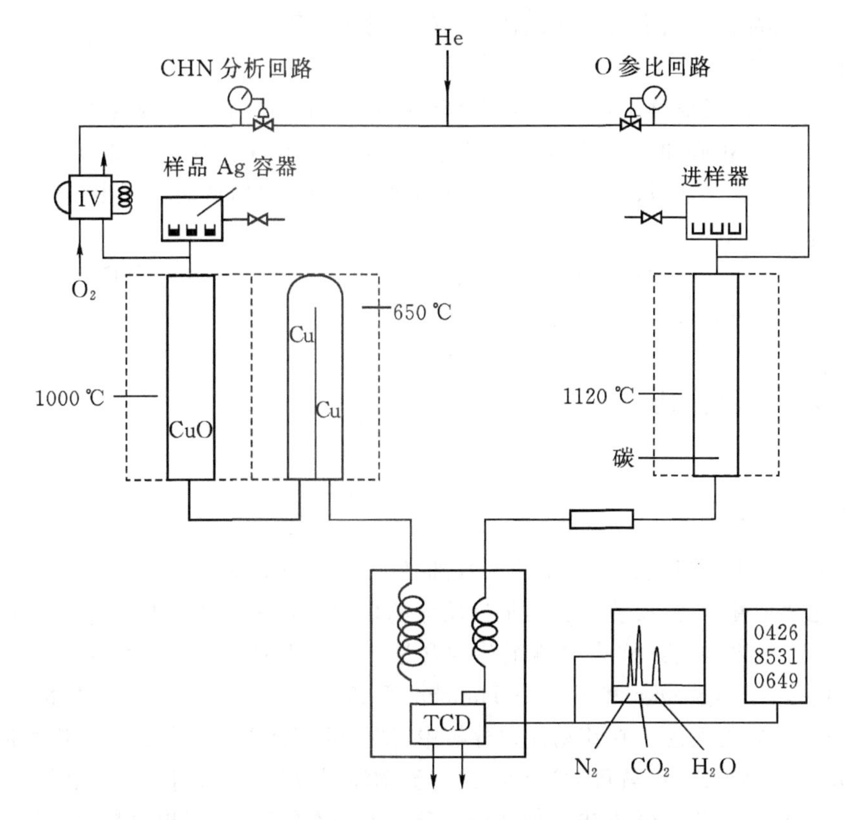

图 19－13　Pella 提出的 CHNS＋O 自动分析仪示意图

测定C、H、N和S时，由切换阀关闭氦气，两个测定通道均通氧气。准确称取1 mg左右的样品置于锡制容器中，加入CuO或WO_3作为助燃剂，样品在1000 ℃氧气流中迅速燃烧，强烈的放热反应使得样品实际燃烧温度瞬间可达到1800 ℃。这一瞬间高温保证了包括含卤素的有机化合物、有机金属化合物和无机物等所有样品的完全分解。燃烧所产生的气体包括CO_2、H_2O、NO_x和(或)SO_3被氧载气携带进入装有Cu的还原室。在还原室中，Cu将NO_x还原为N_2，将SO_3还原为SO_2。反应气体混合物最后流经填充有Poropak QS固定相的气相色谱填充柱，从而实现分离，以N_2、CO_2、H_2O和SO_2的顺序依次流出，被热导池检测器捕获并检测，根据得到的色谱图，便可以计算样品中C、H、N、S元素的组成。一次分析所需时间通常为10 min。

测定O元素时，由切换阀控制两个测定通道均通氦气。样品由O测定通道进入装有碳的裂解室。控制温度在1120 ℃，样品在氦气中裂解/燃烧产生CO、N_2、H_2、CH_4以及一些酸性气体。混合气体在流经镀镍的碳还原剂和碱性洗涤器时，酸性气体被除去。剩余气体进入装有分子筛固定相的气相色谱填充柱，从而将CO与其他气体分开。从所测得的CO含量和样品质量，就可计算出O元素的含量。一次分析所需时间通常为5 min。

19.2.3 总碳和总有机碳分析仪

总有机碳(Total Organic Carbon, TOC)通常作为评价水体有机物污染程度的重要依据，因此常常需要测定地表水、废水和海水中的总有机碳。同时，对于土壤和钢铁样品，常常需要测定其中的总碳(Total Carbon, TC)。测定总碳和总有机碳的仪器为总碳和总有机碳分析仪，其测定原理是首先将样品在高温下燃烧，将C转化为CO_2。然后用红外光谱仪测定CO_2的量，进而计算样品的总碳和总有机碳值。具体程序有以下两步。

(1)总碳值测定

在900 ℃高温的反应器中，通有含恒定氧气的氮气，样品中所有可被氧化的成分全部转化为稳定的氧化物，无机碳和有机碳均变为CO_2。载气氮气携带产生的CO_2经过过滤器，以除去腐蚀性物质和干扰杂质，最后由红外光谱仪测定CO_2的含量，从而计算出总碳值。

(2)总有机碳值测定

样品需首先溶于一定浓度的酸溶液中，以使样品中的无机碳转化为CO_2而被氮气带走。随后依照上述方法测定样品中的总有机碳值。

19.3 流动注射分析

19.3.1 概述

经典分析化学方法建立在化学平衡的基础之上，其特点是要将被测物与试剂均匀地混合，待反应达到化学平衡状态(反应完全)，根据反应的化学计量关系以及反应过程中试剂的消耗量或产物的生成量来确定试样中被测组分的含量。为了克服经典分析化学方法的缺点和不足，丹麦技术大学J. Ruzicka和E. H. Hansen于1974年提出了流动注射分析(Flow Injection Analysis，FIA)的概念。在流动注射分析中，试样溶液被直接注入到一个连续流动的试剂载流中，反应不需完全进行，就可以进行检测。流动注射分析的提出使分析化学方法发生了根本性的变革，颠覆了分析化学方法必须在稳态条件下操作的观念，提出分析化学的测量可在非平衡的动态条件下进行。在流动注射分析中，样品和试剂的混合是以高度控制的方式，且在非常精确、可以重现的条件下进行的。

与经典分析化学方法相比，流动注射分析具有分析速度快(进样每小时可达 100～300 次)、精密度高(相对标准偏差≤1%)、试样用量少(每次测定仅需 25～100 μL 溶液)、易与各种检测技术联用、易于自动化等特点。

19.3.2　基本原理

下面以 Cl^- 的测定为例来说明流动注射分析的基本原理。该法是基于 Cl^- 和 $Hg(SCN)_2$ 反应释放出 SCN^-，后者再与 Fe^{3+} 反应生成深红色的硫氰酸铁络合物，通过测定生成的硫氰酸铁络合物的吸光度就可确定试样中 Cl^- 的含量。

图 19-14 是测定 Cl^- 的流动注射体系的流路图。将一定体积的 Cl^- 样品溶液($5\sim75\ \mu g\cdot mL^{-1}\ Cl^-$)通过进样阀注射到一个密闭的连续流动的载流 $Hg(SCN)_2$ 和 Fe^{3+} 混合液中，就形成了矩形试样塞。在泵的驱动下，载流推动试样塞通过管道向前移动，在移动中试样塞和载流之间就会发生扩散和区带展宽。

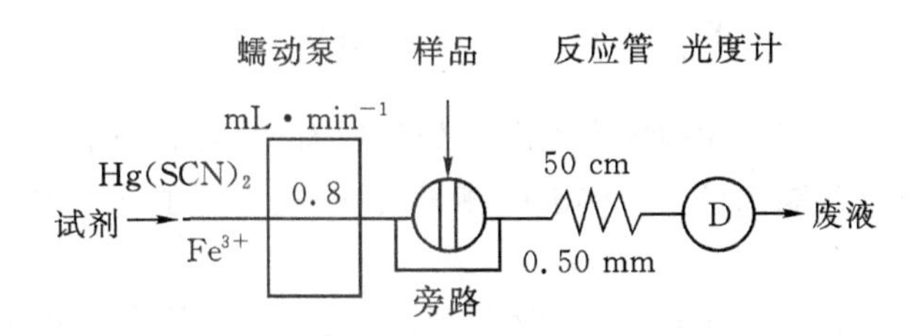

图 19-14　测定 Cl^- 的流动注射体系的流路图

如图 19-15 所示，由层流产生的对流作用使液流中心贴近管壁部分移动得较快，形成了抛物线形的前沿。区带展宽也是扩散作用的结果，存在着径向和轴向两类扩散。径向扩散是与液体流动方向垂直的扩散，轴向扩散则是与液体流动方向平行的扩散。径向扩散是样品区带分散的主要原因。流动注射分析通常是在对流和径向扩散共存的情况下进行的，形成对称的状态。在通过管道向前移动过程中，试样溶液中的 Cl^- 与载流中的 $Hg(SCN)_2$ 发生反应使

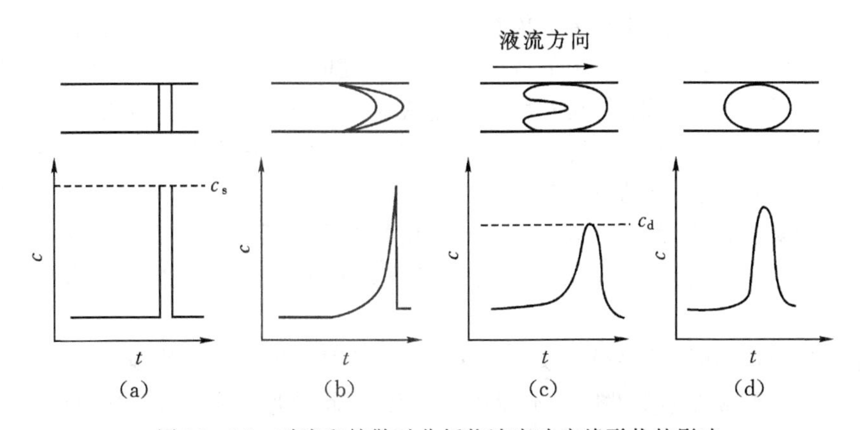

图 19-15　对流和扩散对分析物浓度响应峰形状的影响

(a)试样塞无分散；(b)对流扩散为主；(c)对流扩散和径向扩散相当；(d)径向扩散为主

SCN^-释放出来,并与Fe^{3+}反应生成红色配合物。当生成的红色配合物在通过流通池时,检测器连续检测并记录液流在 480 nm 处的吸光度 A,就得到如图 19-16 所示光度扫描曲线。

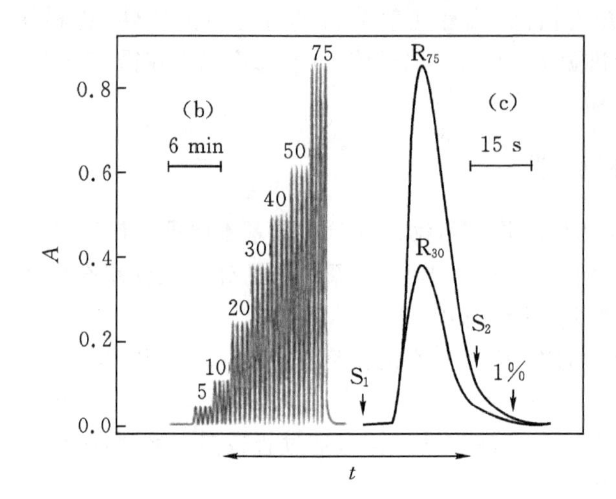

图 19-16 流动注射光度扫描曲线

在流动注射体系中,以完全相同的方法顺序处理所有的样品,不需要达到化学平衡(稳态条件,流路中的任何一点都能像稳态一样准确测量)。一般用峰值作为分析信号,可以获得较高的灵敏度。

在流动注射分析中,为了定量描述试样带与载流之间的分散混合程度,引入了分散系数(dispersion coefficient,记作 D)。分散系数 D 定义为在产生分析读数的那个流体单元,样品的物质浓度在分散前后的比值,即

$$D=C_0/C \tag{19-2}$$

式中,C_0为注入样品中分析物的浓度;C 为检测器中分析物的浓度。

分散系数描述了试样的稀释程度,表明了试样与载流中试剂混合的比例关系。值得注意的是,分散系数的定义仅考虑了分散的物理过程,而未考虑化学反应。测定一个给定的流动注射体系分散系数的最简单方法是将一定体积的染料溶液注入到无色载流中,连续检测分散的染料区带的吸光度值,并与用未稀释的染料充满吸收池时获得的信号进行比较。一般来说,分散系数大致可分为三种情况,即有限的($D=1\sim3$)、中度的($D=3\sim10$)、高度的($D>10$)。

分散系数主要受样品体积、管道长度和载流流速这三种彼此相关和可控变量的影响。样品体积越大,样品与载液无明确混合,即没有发生样品稀释,分散系数越趋向于 1;管道长度越长,试样塞在管道中扩散混合的时间越长,分散系数越大;载流流速增大会引起对流扩散的增强和留存时间的减少,这两种因素对分散度的作用效果是相反的。由于载流流速增加引起分散系数的增加值远小于因留存时间缩短引起分散系数的减小值,所以载流流速增加时分散系数值下降。

设计流动注射体系时,需要根据实验目的,综合考虑各种因素的影响,以确定最佳流路。如只需要测定试样溶液的本身性质而不涉及化学反应,此时要求试样区带尽可能集中,则采用低分散系数系统($D=1\sim2$);如试样溶液只有与某一种或几种试剂进行反应转变为另一种物质才可以进行检测,则采用中分散系数($D=2\sim10$);如需要稀释高浓度试样溶液至测量范围内或需

要进行流动注射滴定时，则采用高分散系统($D>10$)。如分散系数$D<1$，则意味着检测到的样品浓度高于注入的样品浓度，此时发生了在线预浓缩，例如通过离子交换柱或经过共沉淀。

19.3.3　仪器组成部件

流动注射分析仪一般由流体驱动单元、进样阀、反应管道和检测器组成。

蠕动泵是流动注射体系中最常见的流体驱动单元。其作用是将载流抽吸到管道中，并以恒定的速度推动载流在管道中流动。蠕动泵一般都有 8～10 个排列成圆圈的滚轮，如图19－17所示。泵管被夹于压盖与滚轮之间。滚轮在转动时使泵管两个挤压点之间形成负压，将载流抽吸至管道内流动。载流的流速受滚轮的转速和泵管的内径两个因素影响。通过调节滚轮的转速或泵管的内径可以获得所需要的载流流速。蠕动泵可以同时推动多道液流，特别适于应用多种试剂但又不能预先混合的情况。蠕动泵的稳定性对分析结果的重现性十分重要。

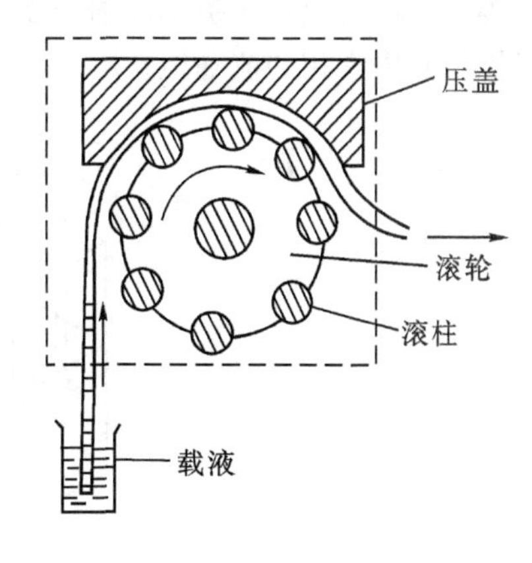

图 19－17　蠕动泵示意图

进样阀的作用是将一定体积的试样溶液注入载流中使之形成试样塞。流动注射分析有注射器注入和进样阀注入两种进样方式，后一种方式最为常用。进样阀亦称采样阀或注射阀，类似于高效液相色谱仪中所用的旋转式六通阀(见图 19－18)。进样阀由转子和旁路管组成，转子上固定有定量试样体积的采样环。当采样环处于采样位置时，旁路管可供液流流过且不受扰动。当采样环处于注入位置时，载流就将采样环中的试样溶液带出采样环。注入样品的体积可以用具有适当长度和内径的外部环管计量。这种“塞式”注入的进样方式对载流流动干扰很小，采样和注入过程均可精确重现。

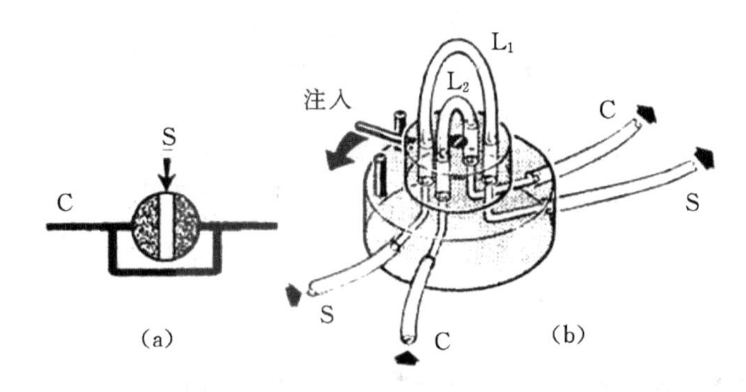

图 19－18　旋转式六通阀工作示意图
C—载流；S—试样；L—管路

流动注射分析所用的反应管道除担负输送流体的作用，还具有反应器的功能。通常采用聚乙烯管和聚四氟乙烯管，内径一般为 0.5～0.8 mm。反应管道有直线型和盘管型。盘管型反应管道有利于增大径向扩散，减小轴向扩散，减弱试样塞增宽的程度，从而获得更对称的峰和较高的灵敏度。流路系统中的各组合部件采用标准连接器和流路组件连接。在管道连接处可以产生“径向效应”,使试样与试剂有效地混合,从而提高进样频率和分析灵敏度。

流动注射分析中的检测器采用流通池,试样带在流经流通池的瞬间进行动态检测。在流通池内要避免死角,以避免试样残余液滞留于死角区影响重现性,或截留气泡而干扰测定。流动注射分析使用的检测技术非常广泛,现有分析仪器的检测器,如各类光学检测器、电化学检测器等几乎都可以用作流动注射分析的检测器。图 19-19 和图 19-20 为分光光度法和离子选择性检测中常用的流通池。

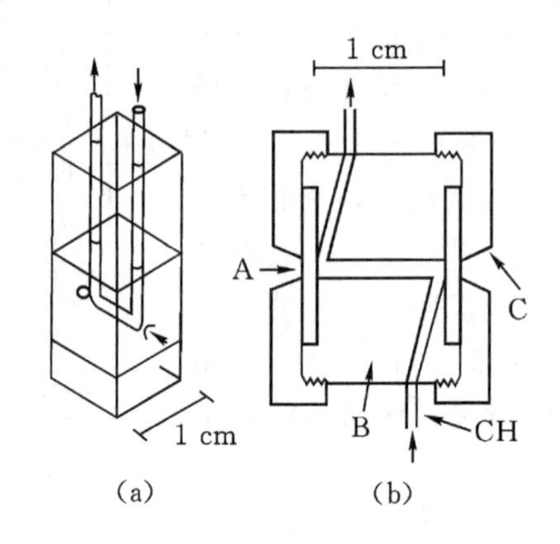

图 19-19　流动注射分光光度法中的流通池

(a) Hellma 池;(b) Z 型池

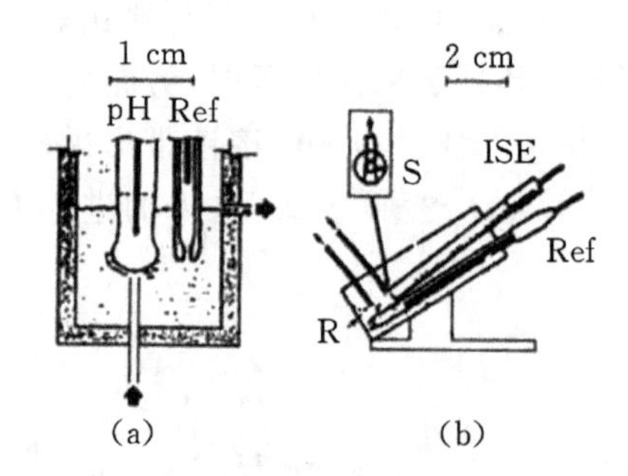

图 19-20　流动注射离子选择性电极检测中的流通池

(a)射流壁式结构流通池;(b)梯流壁式结构流通池

19.3.4　分析技术及应用

1. 低分散流动注射分析系统的应用——用于重复和精确的样品传送

低分散流动注射分析系统主要应用于分析检测系统的快速重现进样,如火焰原子吸收光谱、原子发射光谱和电感耦合等离子体光谱。利用该技术,可以精确而重复地将给定的试样溶液传送到检测器,从而保证每一个测量循环过程中所有的条件严格保持一致。与传统的样品溶液吸入法相比,流动注射分析技术可以提高进样频率,进样速率可达 300 样 · h^{-1}。流动注射分析技术的另一个优点是高的清洗/进样比,这可以大大减少或消除由高浓度盐造成的燃烧器堵塞的情况。

低分散流动注射分析系统也常被用于电化学检测器中，如离子选择性电极。离子选择电极一般需要相当长的时间（1 min 或更长）才能达到稳态平衡条件，读数时间难以严格确定。采用低分散流动注射分析系统，可以在远未达到稳态平衡时测定，也就是说在稳态平衡建立前就已经被测定了。应用流动注射分析体系，测定 pH、pCa 或 pNO_3 时仅需很小体积的样品（约 25 μL）和很短的测量时间（约 10 s），血清 pH 的测量可达 240 样 · h^{-1}。

一般说来，要获得低分散流动注射分析系统，应尽可能通过减少注入口与检测器间的距离、降低泵速以及增加样品体积来实现。

2. 中度分散流动注射分析系统的应用——流动注射转换技术和多相转换技术

流动注射转换技术是指借助适当的样品预处理、试剂生成或基体改性，通过动力学控制的化学反应使不能被检测的物质转化成可被检测的成分的过程。因为需要时间将试样与载流以及试剂溶液混合生成某些产物，大多数流动注射分析步骤是在中度分散下进行的。这些产物需要能够吸收辐射、产生荧光或提供其他可以检测的响应。

前面所述的 Cl^- 检测就是一个很好的中度分散的应用实例。在这类流动注射分析系统中，分散应当足够充分，以使样品和试剂充分混合发生反应，但又不能过度分散，以免造成待测物不必要的稀释，使得检测灵敏度降低。

对于氧化还原过程中产生的“瞬态”试剂[如 Mn(III)、Ag(Ⅱ)、Cr(Ⅱ)或 V(Ⅱ)]，由于其本身固有的不稳定性，在通常的分析条件下是不能对其进行检测的，但在流动注射体系中可以提供保护性环境形成并应用这些试剂。

在流动注射分析系统中，可以通过多相转换技术提高分析测定的选择性。例如把气体扩散、渗析、溶剂萃取、离子交换或固定化酶等操作与管线步骤结合，以便将样品成分转变成可检测的物质。

化学和生物发光是特别引人注意的检测方法，具有潜在的高选择性和宽的动态范围。化学和生物发光与流动注射分析技术的结合革新了生物和化学发光作为分析化学检测方法的应用。图 19-21 是应用化学发光和固定化葡萄糖氧化酶测定葡萄糖的例子。葡萄糖样品溶液经注射阀注入缓冲液载流，进入固定化酶反应器。在固定化酶反应器中，葡萄糖与葡萄糖氧化酶作用生成过氧化氢，生成的过氧化氢接着与鲁米诺和六氰高铁(Ⅲ)酸盐混合，产生化学发光。

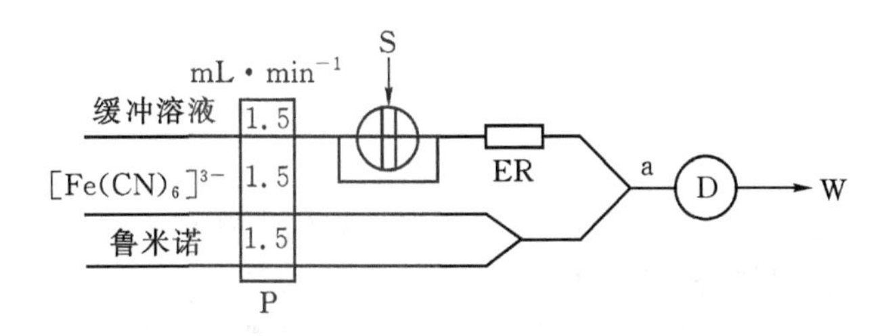

图 19-21　基于固定化葡萄糖氧化酶流动注射化学发光测定葡萄糖

ER—装有固定化葡萄糖氧化酶的反应器

3. 高度分散流动注射分析系统的应用——流动注射滴定

流动注射滴定是高度分散流动注射分析系统应用的一个很好的实例。将待滴定的样品溶液注入滴定剂载流中，在混合室混合反应并高度分散。例如以 1×10^{-3} mol · L^{-1} NaOH 溶液滴定0.007～0.1 mol·L^{-1} HCl溶液，在滴定剂液流中含有指示剂溴百里酚蓝，以分光光度计检测指示剂溴百里酚蓝的颜色变化，半高峰处的峰宽与被滴定物质浓度呈正比。这类滴定可以60样·h^{-1}的速度进行。所采用的流路示意图和记录的滴定曲线如图19-22所示。

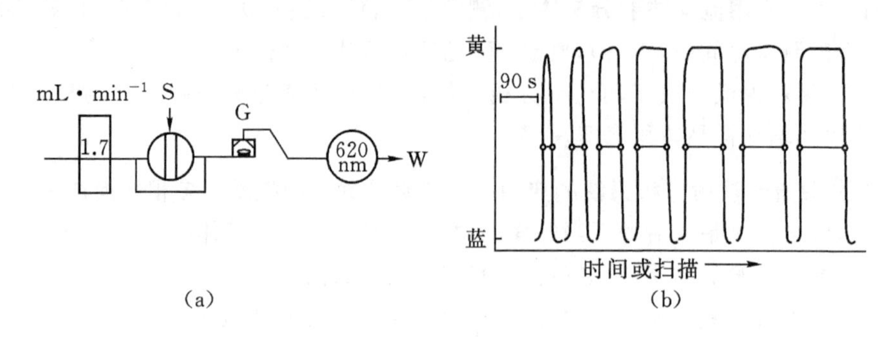

图19-22 NaOH滴定HCl的流动注射滴定流路示意图和记录的滴定曲线
(b)中从左至右HCl浓度依次为0.007、0.01、0.02、0.04、0.06、0.08、0.10 mol·L^{-1}

4. 流动注射在线预富集

在线预富集也是分析检测中一项重要的手段。预富集后流入检测器的样品浓度可能比注入样品的浓度大得多，此时$D<1$。在流动注射在线预富集中，较大体积的试样溶液被注入流路，通过微型填充反应器时将待测组分保留在那里，最后用少量洗脱剂将反应器中的待测组分洗脱下来并流经检测器。

5. 流动注射停-流技术

在流动注射停-流技术中，泵在某一确切时刻停止，载流停止运动，试样带停止分散(除可忽略的分子扩散)，此时D将与时间无关。在泵停止时间内，分散基本不变而反应趋向完全。采用流动注射停-流技术有两个目的：一是通过延长保留时间增加反应产物的量，以提高灵敏度；二是测定反应速率，并以此测定待测物的浓度。

19.4 显微成像技术

19.4.1 概述

随着现代科学技术的发展，人们越来越深刻地认识到微观世界的巨大诱惑力和对科技发展的重要意义。传统的、仅能提供诸如密度、熔点、含量、折光率、浓度等单个数据的物理或化学测试已不能满足现代科学技术发展的需求。现代分析科学技术逐步向信息多维化和空间微型化的方向发展。作为兼备这两个方面特性于一身的方法，显微成像技术应运而生，并在过去一个多世纪得到蓬勃发展。

光学显微镜是人们认识微观世界最初的科学工具。原始的光学显微镜是一个高倍率的放大镜。法布尔在1625年提出显微镜microscope这一名词，并一直沿用至今。从19世纪后期至20世纪60年代，许多类型的光学显微镜，如偏光显微镜、暗视场显微镜、相差显微镜、干涉显微镜、荧光显微镜、倒置显微镜等相继问世并得以发展应用。20世纪80年代后期出现了共聚焦激光显微镜，结合图像处理，可以直接观察活细胞的立体图，成为光学显微镜发展的里程碑。全反射显微镜和受激发射损耗显微镜也是最近发展起来的显微镜技术。

光学显微镜以可见光（波长 400～760 nm）作为信息载体，通过玻璃或树脂透镜折射聚焦成像，分辨极限约在 0.2 μm 左右。由于光学显微镜的放大能力有限，它只能够在微米尺度上观察和分析物质的内部世界。电子技术的发展和电子显微镜的出现，为人类观察和研究纳米世界提供了可能性。电子显微镜可以分为透射电子显微镜、扫描电子显微镜以及扫描电子探针显微镜等。

透射电子显微镜采用透过薄膜样品的电子束成像来显示样品内部的组织形态和结构。在观察样品微观组织形态的同时，还可以对所观察的区域进行晶体结构鉴定。其分别率可达 0.1 nm。

扫描电子显微镜是利用电子束在样品表面扫描激发出来代表表面特征的信号来成像的，常用于观察表面形貌。目前场发射式扫描电子显微镜的分辨率可达 0.6 nm（加速电压30 kV）或 2.2 nm（加速电压 1 kV）。

扫描电子探针显微镜利用聚焦的电子束打在样品的微观区域，激发出该区域样品的特征 X 射线，分析其 X 射线的波长和强度来确定样品微观区域的化学成分，可以实现表面形貌、微区成分与结构的同步分析。

这里主要从基本原理、装置、分析应用对光学显微成像技术、透射电子显微成像技术、扫描电子显微成像技术以及扫描探针显微成像技术进行简单介绍。

19.4.2　光学显微成像技术

人眼是人类自然进化形成的一种视觉成像器官，能清晰看清视场区域对应的双眼视角约为横向 35°和纵向 20°。观察视角最小可达 1°，一般将 2°作为人眼的平均目视分辨率。当观察视角小于 1°，裸眼已不具备观察条件，必须借助放大装置。光学显微镜是典型的视角放大装置。

1. 光学显微成像原理

光在同一介质中沿直线传播。当光从一种介质传播到另一种介质中时，由于光在不同介质中的传播速度不同，在两种介质的界面处，光的传播方向会发生改变，这就是光的折射现象。光的折射是光学透镜成像的基础。基于光的折射现象，利用特殊加工的光学元件，可以实现光传播方向的改变以及光的汇聚和发散等。透镜是光学显微放大成像系统的主要光学部件。透镜分为凸透镜和凹透镜两大类。光通过凸透镜后成倒立实像，通过凹透镜后则成正立虚像。光学显微成像原理如图 19－23 所示，物体 AB 位于物镜前方，在物镜的焦距与两倍物镜的焦距之间，经物镜后形成一个倒立放大的实像 $A'B'$。$A'B'$ 位于目镜的物方焦点或很靠近的位置上，经目镜再次放大为虚像 $A''B''$。若 $A'B'$ 严格位于物方焦点上，则虚像 $A''B''$ 的位置可以在无限远处，即在任何位置上均可观察到清晰的图像。

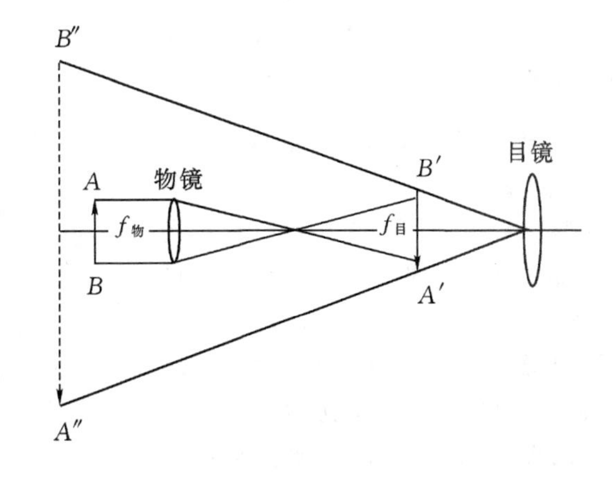

图 19－23　光学显微成像原理图

2. 光学显微成像系统的主要技术指标

光学显微成像系统的技术指标主要有数值孔径、分辨率和放大率。

(1)数值孔径

数值孔径(numerical aperture,记作 NA)是物镜的主要技术参数,是判断其性能高低的重要指标。

$$NA = n\sin(u/2) \qquad (19-3)$$

式中,n 是物镜前透镜与被检物体之间介质(称为物方介质)的折射率;u 是孔径角,即物镜光轴上的物体点与物镜前透镜的有效直径所形成的角度。

孔径角越大,进入物镜的光通量就越大。孔径角与物镜的有效直径成正比,与焦点的距离成反比。显微镜在观察时,孔径角是无法增大的,要想增大 NA 值,唯一的办法是增大介质的折射率。

(2)分辨率

显微镜的分辨率是指能被显微镜清晰区分的两个物点的最小间距,是决定显微镜放大倍数的决定因素。光学透镜的分辨率可按下式计算:

$$r_d = 0.61\lambda/NA \qquad (19-4)$$

式中,r_d 为最小分辨距离;λ 为照明光源的波长;NA 为物镜的数值孔径。

从式(19-4)可见,显微镜的分辨率由物镜的 NA 值和照明光源的波长 λ 两个因素共同决定。物镜的 NA 值越大,照明光源的波长 λ 越短,则 r_d 值越小,显微镜的分辨率就越高。

通常情况下,光学透镜的孔径角 u 最大可达 140°～150°,物方介质的折射率 n 值可达到 1.5或更高些,照明光源的波长 λ 范围为 400～760 nm,则可以计算出光学显微镜能够分辨出物体的最小间距为 200 nm,此为光学显微镜的分辨率极限。

(3)放大率

放大率是光学显微镜的重要参数。由于经过物镜和目镜两次放大,显微镜总的放大率 Γ 是目镜放大率 β 与目镜放大率 Γ_1 的乘积,即

$$\Gamma = \beta\Gamma_1 \qquad (19-5)$$

通过调换不同放大率的物镜和目镜,能够方便地改变显微镜总的放大率。但由于存在分辨率极限,放大率并不是越高越好,而是存在一个最佳的放大倍数。一般可参照 $500NA < \Gamma < 1000NA$ 确定显微镜最佳的放大倍数即有效放大率。

3. 光学显微成像系统的构造

光学显微镜主要包括光学系统和机械装置系统,如图 19-24 所示。光学系统是显微镜的核心,包括物镜、目镜、聚光镜和光源等。机械装置系统主要由镜座、镜臂、载物台、镜筒和调节装置等组成。物镜是光学显微镜最重要的部件,其作用是对被观察物体第一次成像,决定了显微镜的分辨率。

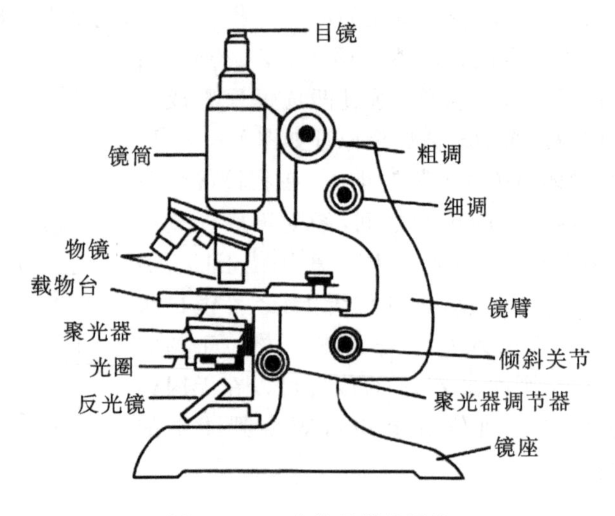

图 19-24　光学显微镜结构

目镜是一个放大镜，其作用是把物镜所放大的实像再次放大，并把物像映入观察者眼中或其他成像设备上。聚光镜可提供足够的光并适当改变光源性质，将光聚焦于被检物体上，以得到最好的照明效果。光源按照明方式分为透射式照明和落射式照明两大类。透射式照明适用于透明或半透明的被检物体，而落射式照明则适用于非透明的被检物体，光源来自于上方，又称反射式照明。

4. 光学显微成像技术的分类及应用

光学显微镜有多种分类方法，按图像是否有立体感可分为立体视觉和非立体视觉光学显微镜，按光学原理可分为偏光、相衬和微分干涉对比光学显微镜等，按光学类型可分为普通光、紫外光、红外光、荧光和激光光学显微镜等，按接收器类型可分为目视、数码光学显微镜等。下面对几种光学显微成像技术的应用作一简单介绍。

金相显微镜是用于观察金属和矿物等不透明体金相组织的。金相显微镜以反射光照明，光束从物镜方向射到被观察物体表面，被物体表面反射后再次返回物镜成像。

偏光显微镜将普通光改变为偏振光。其主要用于研究各向异性的材料，凡具有双折射性的物质在偏光显微镜下都能分辨清楚。双折射性是晶体材料的基本特性。偏光显微镜被广泛用于矿物、化学、材料等领域。

相衬显微镜的发明是光学显微镜发展过程中的重要成就。当光通过无色透明的生物标本时，人眼在明场观察时很难观察到标本。相衬显微镜有效地利用光的干涉现象，利用被检物体的光程差进行观察，将人眼不易分辨的相位差转变为容易分辨的振幅差。这样，即使对于无色透明物质，也清晰可见，常被用于活体细胞的观察。

光学倒置显微镜将物镜、聚光镜和光源的位置颠倒过来，是为了适应生物学、医学等领域的需要而发展起来的。被检的生物样品需放置于培养皿中，这就要求显微镜的物镜和聚光镜的工作距离要长，才能直接对培养皿中被检的生物样品进行显微观察和研究。

荧光显微镜利用短波长的光照射用荧光分子染色过的被检物体，其被激发后产生长波长的荧光。荧光显微镜结构原理如图 19－25 所示。荧光显微镜以汞灯或氙灯作为光源，光源产生的紫外光进入显微镜后被反射到被检物体上，产生荧光。产生的荧光通过分色镜和阻挡滤

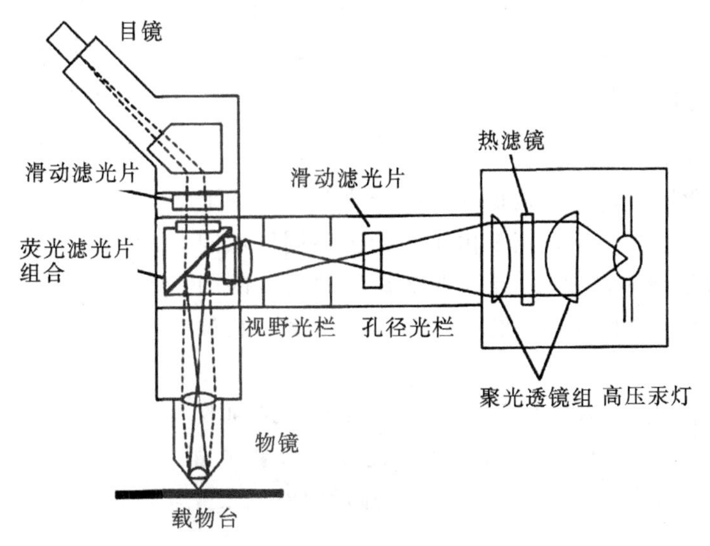

图 19－25　荧光显微镜结构原理图

镜以消除荧光以外波长的光，荧光到达物镜形成图像。新型的荧光显微镜多为倒置式，光源来自于被检物体的上方。荧光显微镜常用的荧光分子及对应的激发、发射波长如表 19－4 所示。荧光显微镜在生物学、细胞学、肿瘤学、免疫学和遗传学等研究中有着非常广泛的应用，主要用于生物样品的观察，可实现对细胞结构或组分的定性、定位、半定量研究。

表 19－4　常用的荧光分子及对应的激发、发射波长

荧光分子	DAPI	AMCA	Hoechst 33258	FITC	吖啶橙	吖啶黄	Cy3	ARITC	碘化丙啶
激发波长	372	350	365	490	490	470	552	541	530
发射波长	456	450	465	520	590	550	565	572	615

激光共聚焦显微镜是结合激光束的扫描功能和数字技术所形成的一种光学显微技术。激光共聚焦显微镜采用扫描激发荧光的方式，对单点上的荧光进行检测还原后显微图像。激光共聚焦显微镜具有更高的分辨率，能实现多重荧光的同时观察并可形成清晰的三维图像。激光共聚焦显微镜在生命科学研究中的应用非常广泛，如用于研究细胞结构、细胞骨架、细胞膜结构、细胞器的结构和分布以及细胞凋亡等，也可用于分析酶、核酸、受体的含量和分布，还可用于活检样本的快速诊断、肿瘤诊断、自身免疫性疾病的诊断等。

19.4.3　透射电子显微成像技术

为了突破光学显微镜的分辨极限，人们想到以电子束作为光源，并于 20 世纪 30 年代发明了第一台透射电子显微镜。

1. 透射电子显微成像原理

透射电子显微镜在成像原理上与光学显微镜类似，不同之处在于透射电子显微镜用电子束作为光源，用电磁场作透镜聚焦照明束，使放大倍数最高可达近百万倍。其成像示意图如图 19－26 所示，基本过程如下：阴极发射电子→阳极加速→聚光镜会聚→作用于样品→物镜放大→中间镜放大→投影镜放大→荧光屏成像→照相记录。

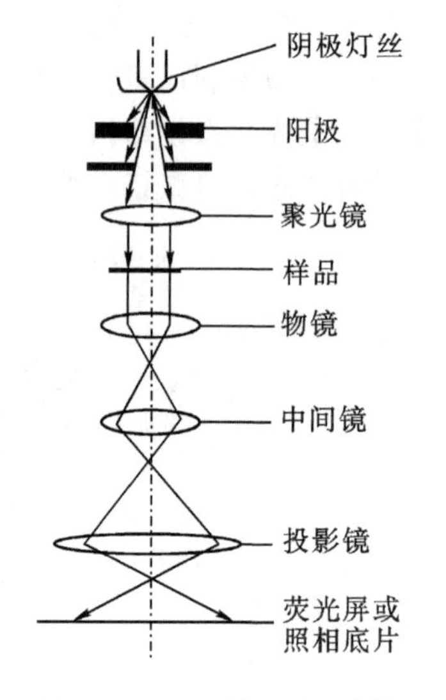

图 19－26　透射电子显微镜的成像示意图

2. 透射电子显微镜的像衬度

透射电子显微镜的像衬度是指透射电子显微镜图像上不同区域间明暗程度的差别。正是由于图像上不同区域间存在明暗程度的差别即衬度，才得以观察到各种具体的图像。主要有三种类型的像衬度：散射衬度、衍射衬度和相位衬度。

电子束沿一定方向进入样品后，与样品发生作用从而改变方向，这一现象称为散射。由于散射现象而导致的像衬度即散射衬度。原子序数越大，样品越厚，图像显示较黑；反之，原子序数越小，样品越薄，图像显示较亮。

对于晶体样品，由于晶体结构、晶体取向不同，使得样品表面有不同的衍射效果，从而在样品表面形成一个随位置而异的衍射振幅分布，这样就形成了衍射衬度。衍射衬度可用来研究晶体缺陷。

对于极薄样品，如样品厚度小于 100 nm，其衍射波振幅极小，非弹性散射可忽略不计，所以没有衬度。要想产生衬度，就必须引入一个附加相位，使其透射波与样品产生的衍射波处于相同或相反的相位位置。这时，透射波与衍射波相干涉而导致振幅增加或减少，从而产生相位衬度。

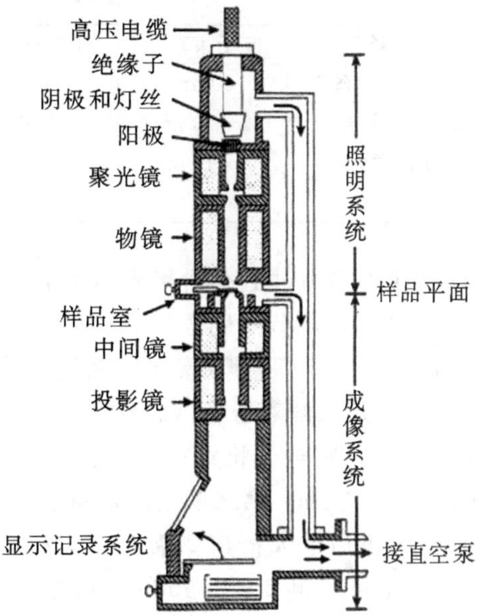

图 19－27　透射电子显微镜结构示意图

3. 透射电子显微镜的结构

透射电子显微镜主要由电子照明系统、电磁透镜系统、成像系统等构成。透射电子显微镜的典型结构如图 19－27 所示。

(1)电子照明系统

电子照明系统的主要作用是提供亮度高、相干性好、稳定的照明电子束。透射电子显微镜中产生电子束的装置被称为电子枪，能发射出所需的电子。透射电子显微镜中使用的电子枪有两类：一类是热电子源，即在加热时产生电子，如钨丝和六硼化镧晶体；另一类为场发射源，即在强电场下产生电子。图 19－28 和图 19－29 分别为热发射电子枪和场发射电子枪的原理图。

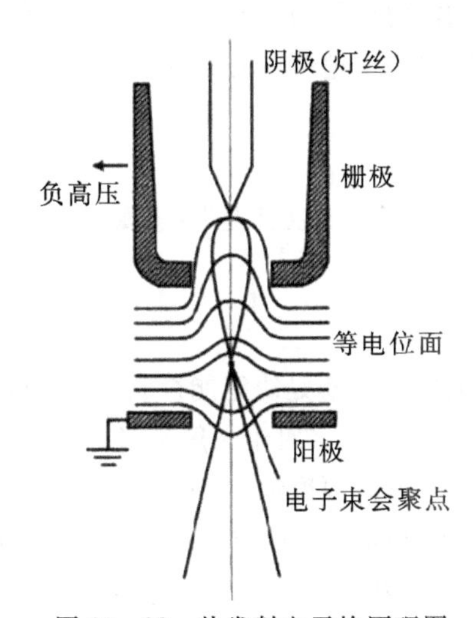

图 19－28　热发射电子枪原理图

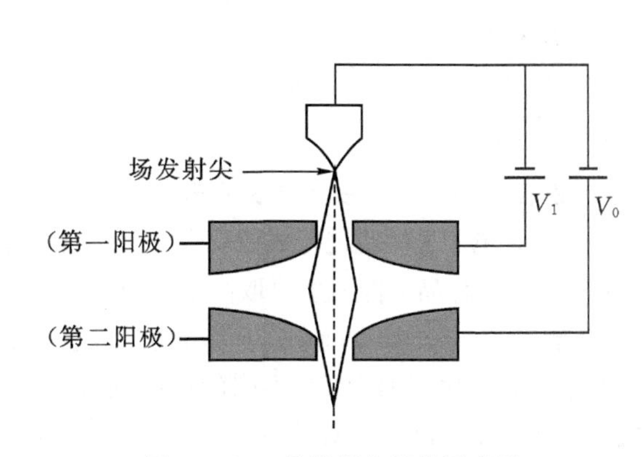

图 19－29　场发射电子枪原理图

针对不同样品，电子枪发射出的电子可以选择不同的阳极加速电压(金属、陶瓷多采用 120 kV、200 kV，生物样品多采用 80～100 kV)。由于电子束穿透样品能力很弱，所观察的样品必须很薄，其厚度与样品成分、阳极加速电压有关，一般小于 200 nm。几种电子枪的性能如表 19－5 所示。

表 19-5　几种电子枪的性能比较

电子枪类型	电子束直径	能量分散度	总束流	真空度	寿命
发夹型热钨丝	30 μm	3 eV	100 μA	1.33×10^{-2} Pa	50 h
LaB_6 热阴极	5～10 nm	1 eV	50 μA	2.66×10^{-4} Pa	100 h
场发射枪	5～10 nm	0.3 eV	50 μA	1.33×10^{-4} Pa	1000 h
				1.33×10^{-6} Pa	>2000 h

电子照明系统中还包含聚光镜系统。聚光镜用来会聚电子枪发射出的电子束，以最小的损失照明样品，调节照明强度、孔径角和束斑大小。一般采用双聚光镜系统。第一聚光镜是强激磁透镜，束斑缩小率为 10～50 倍，将电子枪第一交叉点束斑缩小为 1～5 μm。第二聚光镜是弱激磁透镜，调焦后放大倍数 2 倍左右，在样品平面上可获得 2～10 μm的照明电子束斑。

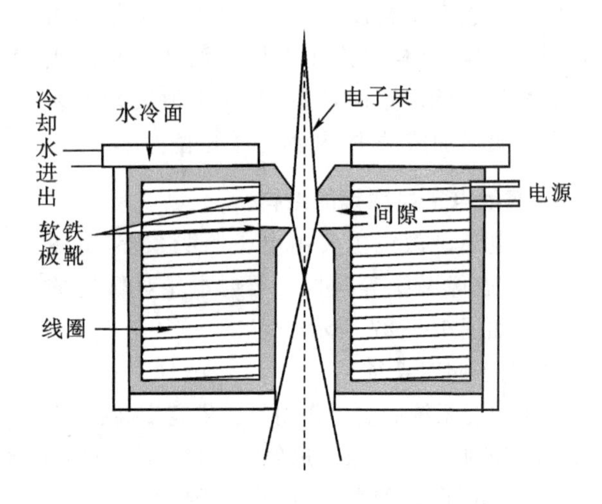

图 19-30　电磁透镜的典型结构示意图

(2)电磁透镜系统

电磁透镜系统是透射电子显微镜的核心部件，其主要作用是依靠电磁透镜的汇聚作用实现电子束的聚焦与放大。图 19-30 为电磁透镜的典型结构示意图。

能使电子束聚焦的装置被称为电子透镜。静电场与磁场均能对电子束起到聚焦作用，但后者综合效果优于前者。磁透镜通过调节电磁线圈的激磁电流可以很方便地调节磁场强度，从而调节透镜焦距和放大倍数。

(3)成像系统

透射电子显微镜的成像系统由物镜、中间镜和投影镜组成，其主要功能是将显微图像或衍射花样投影到荧屏上。

4. 透射电子显微成像的样品制备

在用透射电子显微镜进行成像观察时，将样品制备成适合观察的形态是决定能否成功的关键。电子束穿透固体样品的能力主要取决于加速电压、原子序数和样品厚度。对于一般透射电子显微镜，样品厚度约为 50～100 nm；对于高分辨透射电子显微镜，则要求样品厚度约为 15 nm。

对于不同类型的样品，有不同的样品制备方法。对于粉末样品，常采用支持膜法。如果样品粒度大于 100 nm，则需要先用研钵对样品进行研磨，使其粒度小于 100 nm。随后将粉末样品溶于无水乙醇中，采用超声方法使样品充分分散。最后将样品滴加到支持网上，通常为 Cu 网，或用支持网捞起即可。对于块状材料样品，通常采用晶体薄膜法。通过减薄手段制成对电子束透明的薄膜样品。其主要步骤可概括为“一切二磨三减薄”。对于不能直接观测的样品，如在透射电子显微镜中易起变化的样品或难以制成薄膜的样品，需采用复型法。即采用对电子束透明的薄膜，如碳、塑料、氧化物薄膜，把样品表面或断口的形貌复制下来，然后对这个复制膜进行透射电子显微镜观察与分析。

19.4.4　扫描电子显微成像技术

以电子束作为照明使得透射电子显微镜的放大倍数较光学显微镜提高了近千倍，但透射电子显微镜在使用上仍然存在着严重的限制，如透射电子显微镜主要用于观察材料的外形轮廓，对其表面形貌的表达不够充分。为了更好地解决这一问题，人们发明了扫描电子显微镜。扫描电子显微镜具有放大倍数范围大，在 20～30 万倍范围内连续可调；景深大，成像具有立体感，可直接观察各种试样凹凸不平表面的细微结构；样品室空间大且样品制备简单等特点。目前，扫描电子显微镜可实现对试样的表面形貌、微区成分、相结构等方面的同步分析。

1. 扫描电子显微成像原理

不同于透射电子显微镜利用电磁透镜放大成像，扫描电子显微镜利用一束极细的电子束在样品表面逐点扫描，激发出某种可观测的信号。这些信号经检测器接收、放大后再还原为亮度信号，呈现出与电子束同步的扫描图像。这些可观测的信号可以是二次电子、背散射电子或吸收电子。基于所产生信号的不同可形成多种成像方式，表 19－6 归纳了扫描电子显微成像方式及其应用。

表 19－6　扫描电子显微成像方式及其应用

信号	显微成像方式及简写	应用
二次电子	Secondary Electron Image, SEI	表面形貌
背散射电子	Backscattered Electron Image, BEI	原子序数对比
X 射线	Energy Dispersive Spectrum, EDS	元素分析
X 射线	Wavelength Dispersive Spectrum, WDS	高解析元素分析
衍射电子及前向散射电子	Electron Backscatter Diffraction Pattern, EBDP	颗粒取向
阴极发光	Cathodoluminescence,CL	半导体及绝缘体缺陷或杂质

虽然扫描电子显微镜的放大倍数在 20～30 万倍范围内连续可调，但放大倍数并不是越大越好，而是由分辨率制约的。目前，钨灯丝热发射扫描电子显微镜分辨率可达 3～6 nm，场发射扫描电子显微镜分辨率可达 1 nm。

景深是决定扫描电子显微镜性能的一个重要参数。景深大的图像立体感强。长工作距离、小物镜光阑、低放大倍数可以获得景深大的图像。一般情况下，扫描电子显微镜的景深比透射电子显微镜的景深大 10 倍，比光学显微镜的景深大 100 倍。

2. 扫描电子显微镜的结构

扫描电子显微镜主要由电子照明和光学系统、信号检测和处理系统、图像显示和记录系统以及真空系统等组成，其基本结构如图 19－31 所示。

扫描电子显微镜的电子照明和光学系统与透射电子显微镜类似，不同的是：

①扫描电子显微镜的加速电压比透射电子显微镜的要低。

②扫描电子显微镜中的电磁透镜作用是将电子束斑聚焦缩小，由开始的 50 μm 左右聚焦缩小到数个纳米的细小斑点。如采用钨灯丝阴极材料，电子束斑经聚焦后可缩小到 6 nm；采用 LaB_6 阴极材料，电子束斑直径还可进一步缩小。

③扫描电子显微镜的末级电磁透镜上装有扫描线圈。它能使电子束发生偏转，并在样品表面进行有规则的扫描。扫描有光栅扫描和角光栅扫描两种方式。表面形貌分析时采用光栅扫描方式，电子通道花样分析时采用角光栅扫描方式。角光栅扫描方式一般应用很少。

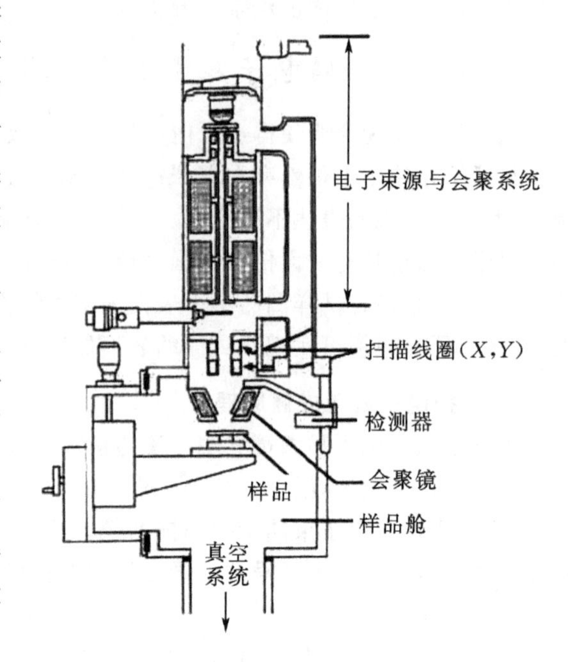

图 19－31　扫描电子显微镜结构示意图

信号检测和处理系统的作用是检测捕获、放大转换电子束与样品发生作用所产生的物理信号，形成调制图像和其他可以分析的信号。不同的物理信号需要有不同的检测器进行检测。二次电子、背散射电子、透射电子采用电子检测器来检测，而X射线则采用X射线检测器来检测。所采用的电子检测器通常为闪烁式计数器，而X射线检测器一般采用分光晶体或Si(Li)探头。

图像显示和记录系统的主要作用是将检测、放大并输出的调制信号转换为图像信号，用于观察或照相记录。

真空系统的主要作用是提高灯丝的使用寿命，防止极间放电和样品在观察中污染，保证电子光学系统的正常工作。镜筒内的真空度一般要求在 $1.33\times10^{-3}\sim1.33\times10^{-2}$ Pa。

3. 扫描电子显微成像的应用

能用扫描电子显微镜观察的样品范围很宽，可以是自然面、断口、块状、粉末等。对于导电样品，一般只需用导电胶粘贴在样品支架上即可送入样品舱进行观察；对于不导电样品，则需要蒸镀一层 20 nm 的金或碳导电膜。样品不能有挥发或爆碎现象，以免污染真空舱体。对于含水分样品和挥发性液体，则需事先干燥。以高电压观察时，须确定待测物能够承受高速电子的撞击，不会有融化变形、蒸发或爆裂发生。

材料及其制品的尺寸大小、形貌、孔隙大小和团聚程度等决定了其性能。利用扫描电子显微成像技术可以清楚直观地观察和记录这些微观特征，是观察分析样品结构最方便可行的有效方法。

纳米材料的一切独特性依赖于纳米材料的尺寸和形貌。确切地测定纳米材料的尺寸和形貌无疑对纳米材料的研究及应用非常重要。高分辨扫描电子显微成像在纳米材料的形貌观察和尺寸检测方面具有简便、可操作性强等特点。

生物样品大多数含有水分且比较柔软，在利用扫描电子显微成像技术进行观察扫描前要对样品进行相应的处理，包括清洗、干燥、导电处理等。常用的清洗方法有：用等渗的生理盐水或缓冲液清洗；用5%的苏打水清洗；用超声振荡或酶消化的方法进行处理。

扫描电子显微成像观察样品时在高真空条件下进行。因此，样品在观察之前必须干燥。常用的干燥方法有空气干燥法、临界点干燥法和冷冻干燥法三种。

生物样品经过脱水、干燥处理后，其表面不带电，导电性能差。在用扫描电子显微成像观察时，会产生充电和放电现象，影响观察结果。因此，在观察以前需对样品进行导电处理。常用的导电处理方法有金属镀膜法和组织导电法两种。

19.4.5　扫描探针显微成像技术

由于受分辨率限制，无论是光学显微镜还是电子显微镜都不足以分辨出表面原子。扫描隧道显微镜的出现使人类第一次能够实时地观察单个原子在物质表面的排列状态和与表面电子行为有关的物理、化学性质。继扫描隧道显微镜出现以后，人们又陆续发展了一系列工作原理相类似的新型显微技术，如原子力显微镜、横向力显微镜等。人们将这类基于探针的对被测样品进行扫描成像的显微镜统称为扫描探针显微镜。表 19－7 列出了扫描探针显微镜的基本类型和作用机制。

表 19－7　扫描探针显微镜的基本类型和作用机制

名称	检测信号	分辨率
扫描隧道显微镜	探针—样品间的隧道电流	0.1 nm(原子级分辨率)
原子力显微镜	探针—样品间的原子作用力	0.1 nm(原子级分辨率)
横向力显微镜	探针—样品间的相对运动横向作用力	0.1 nm(原子级分辨率)
磁力显微镜	磁性探针—样品间的磁力	10 nm
静电力显微镜	带电荷探针—带电样品间的静电力	1 nm
静场光学显微镜	光探针接收到样品近场的光辐射	100 nm

扫描探针显微镜作为新型的显微成像技术具有以下优点：

①极高的分辨率，可分辨出单个原子，这是一般显微镜甚至电子显微镜所无法达到的；

②可实时地获得样品表面真实的高分辨三维图像；

③可以观察单个原子层的局部表面结构，也就是说，扫描探针显微镜真正看到了原子；

④宽松的使用环境，既可以在真空条件中工作，又可以在大气环境中工作，甚至在溶液中也能使用。

扫描探针显微镜与电子显微镜、场离子显微镜在分辨率、工作环境、检测深度等方面的比较如表 19－8 所示。

表 19－8　扫描探针显微镜与其他显微镜的性能指标比较

显微镜	分辨率	检测深度	工作环境	工作温度	对样品的破坏程度
扫描探针显微镜	原子级(0.1 nm)	100 μm 量级	真空、大气、溶液	室温或低温	无
透射电子显微镜	点分辨(0.3～0.5 nm) 晶格分辨(0.1～0.2 nm)	一般小于 100 nm	高真空	室温	小
扫描电子显微镜	1～5 nm	1 μm (10000 倍时)	高真空	室温	小
场离子显微镜	原子级	原子厚度	超高真空	30～80 K	有

1. 扫描隧道显微成像技术

(1)扫描隧道显微镜的工作原理

扫描隧道显微镜的工作原理是基于量子力学中的隧道效应。按照量子力学原理,粒子可以穿过比它能量更高的势垒,这个现象被称为隧道效应。在扫描隧道显微镜中,原子线度的极细探针和被研究的物质表面被作为两个电极。当两个电极之间的距离小于1 nm时,针尖与样品上相近原子的电子云重叠,在外加电场的作用下,电子会因隧道效应现象而穿过两个电极之间的势垒流向另一电极,在此过程中将产生隧道电流。

(2)扫描隧道显微技术的测量方式

扫描隧道显微技术的测量方式有两种:恒电流法和恒高度法。对于表面起伏较大的样品,常采用恒电流法。通过电子反馈线路控制隧道电流的恒定,采用压电陶瓷材料控制针尖在样品表面的扫描。探针在垂直于样品方向上的高低变化就反映出了样品表面的起伏程度。对于表面起伏较小的样品,宜采用恒高度法,即在控制针尖高度恒定的条件下进行扫描,通过记录隧道电流的变化得到表面形态的信息。

(3)扫描隧道显微镜的结构

扫描隧道显微镜结构如图19-32所示,主要由探测针尖和压电驱动器、三维扫描控制器、减振系统和电子学控制系统四部分构成。

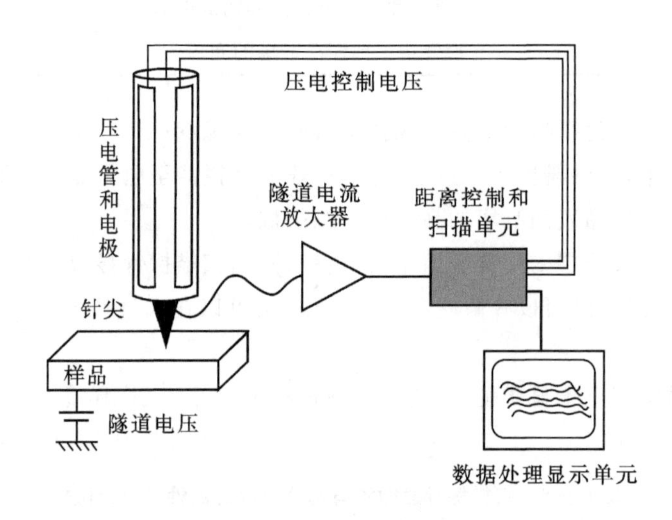

图19-32 扫描隧道显微镜结构示意图

①探测针尖和压电驱动器。探测针尖通常由W或Pt-Ir合金制作,并安装于压电驱动器前端。压电驱动器包含三个相互垂直的压电传感器。在施加电压的条件下,压电传感器膨胀或收缩,带动针尖在极小的范围内移动。

②三维扫描控制器。三维扫描控制器的核心部件是压电陶瓷材料。目前普遍使用的是多晶陶瓷材料,如钛酸锆酸铅和钛酸钡等。三维扫描控制器主要有三脚架型、单管型和十字架配合单管型等几种。

③减振系统。扫描隧道显微镜通常采用金属板或大理石底座和橡胶垫叠加的方式,其作用是降低大幅度冲击振动所产生的影响。对探测部分一般采用弹簧悬吊方式,金属弹簧的弹

性系数小，共振频率较小。在测量时，探测部分通常处于金属罩内，可屏蔽外界的电磁扰动、空气振动等干扰信号。

④电子学控制系统。扫描隧道显微镜采用计算机控制步进电机的驱动，使探针逼近样品，进入隧道区，随后不断采集隧道电流信号。

(4)针尖的处理及制备

隧道针尖的结构是扫描隧道显微技术成败的关键。针尖的大小、形状和化学同一性影响着扫描隧道显微技术的图像分辨率、图像的形状以及测定的电子态。针尖表面若覆盖氧化层或吸附杂质，会造成隧道电流不稳和噪声大。因此，每次测定前，需要对针尖进行处理。一般采用化学法清洗，去除表面的氧化层及杂质，保证针尖具有良好的导电性。

针尖制备的方法目前主要有机械成型法和电化学腐蚀法等。在机械成型法中，一般取 2 cm长 Pt－Ir 合金丝作为针尖材料。所有材料和工具用丙酮清洗干净。用针尖剪刀在探针一端 2 mm 处以 30°～40°夹角快速剪下，使尖端基本成三角形即可使用。用小镊子弯折探针另一端 5 mm 处呈 45°，将此端插入探针头导管内，使针尖露出探针头导管 4～6 mm。在电化学腐蚀法中，以钨丝为阳极，以铜丝为阴极，在2 mol・L^{-1} NaOH 电解液中进行直流电解。在电解过程中，阳极产生的 WO_4^{2-} 会包裹在钨丝下端，防止钨丝进一步氧化。当腐蚀到一定程度时，钨丝下端会因重力作用而被拉断，形成针尖结构。此时需立即切断电源。

2. 原子力显微成像技术

原子力显微镜是基于原子之间的相互作用，依靠测量探针和样品表面的作用力来成像的。平衡态下的原子间距为 2～3 Å。当原子之间的间距大于这个距离时，表现为相互吸引作用；当原子之间的间距小于这个距离时，表现为相互排斥作用。原子之间相互作用的方式和作用程度的大小完全取决于原子之间的间距。由于原子间的作用力是普遍存在的，因此原子力显微镜不仅可以对导体进行检测，也可以对不具有导电性的生物组织、生物材料和聚合物材料等绝缘体进行探测。

激光检测原子力显微镜是原子力显微镜中最常采用的方式，其基本结构如图 19－33 所示，主要由力检测、位置检测、反馈系统三部分构成。

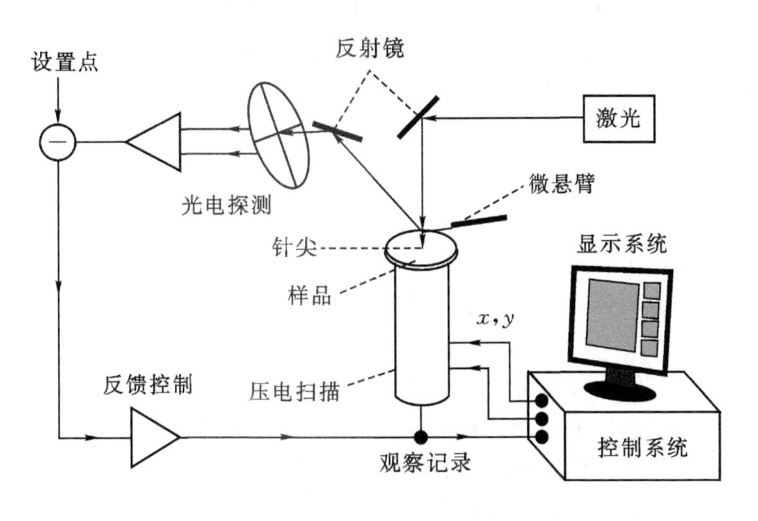

图 19－33　原子力显微镜结构示意图

在原子力显微镜中,所检测的力是原子与原子之间的范德华力,通过微悬臂来检测原子之间力的变化。原子力显微镜的微悬臂和探针一般采用半导体光刻、腐蚀的方法制造。当探针扫描样品时,与样品和探针距离有关的相互作用力作用在针尖上,使微悬臂发生形变。样品的移动是通过底座的压电陶瓷扫描器来实现的。

位置检测方式是依靠激光光斑位置检测器将偏移量记录下来并转换成电信号,以供控制器作信号处理。反馈系统的作用就是通过由探针得到的探针—样品相互作用强度来改变加在样品扫描器垂直方向的电压,调节探针和被测样品间的距离,反过来控制探针—样品相互作用的强度,实现反馈控制。

原子力显微镜利用排斥力或吸引力发展出接触式和非接触式两种主要的操作模式,又发展了轻敲式和侧向式的测定模式。

利用原子斥力的变化而产生表面轮廓为接触式原子力显微镜。在接触式模式中,针尖始终与样品接触进行扫描。通常情况下,接触式模式都可以产生稳定的、分辨率高的图像。但接触式模式不适合研究生物大分子、低弹性模量的样品以及容易变形和移动的样品。

利用原子吸引力的变化而产生表面轮廓为非接触式原子力显微镜。在非接触式模式中,针尖在样品表面上方振动,而不与样品接触。探测器检测的是范德华力和静电力等长程作用力。非接触式的图像分辨力比接触式要低,实验操作相对较难。

在轻敲式原子力显微镜中,微悬臂在恒定驱动力作用下以近似共振频率振动,针尖与样品表面以间歇式轻轻接触。轻敲式的图像分辨率与接触式相当。由于接触时间非常短,针尖与样品的相互作用力很小,对样品的破坏几乎消失,特别适用于生物大分子、聚合物等软组织的成像研究。同时,该模式可在大气和液体环境中进行,使其可用于生物活体样品的原位观察和检测。

参考文献

[1] 李克安. 分析化学教程[M]. 北京:北京大学出版社,2013.
[2] 屠一峰,严吉林,龙玉梅,等. 现代仪器分析[M]. 北京:科学出版社, 2011.
[3] 陈智栋,刘亚. 材料仪器分析[M]. 北京:中国石化出版社,2016.
[4] 方惠群,于俊生,史坚. 仪器分析[M]. 北京:科学出版社,2003.
[5] 武汉大学化学系. 分析化学[M]. 北京:高等教育出版社,2007.

思考题与习题

1. 热重分析主要应用的是材料的哪些性质?

2. 用差热分析法分析样品,可以得到哪些信息?其中哪些信息是热重分析法所无法得到的?

3. 简述差热分析仪给出差热分析曲线的基本原理。

4. 简述差示扫描量热法的原理。相对于差热分析,它的优越性在哪里?

5. 试比较三种热分析方法的优缺点。

6. 有机元素分析对确定有机化合物的结构有什么意义?

7. 为什么不能在同一个测定通道同时测定 C、H、N、S、O 这 5 种元素?

8. 测定 TC 和 TOC 时用什么方法检测 CO_2 的含量?

9. 什么是流动注射分析?流动注射分析有何特点?

10. 为什么流动注射分析可以在物理和化学非平衡状态下进行精确的分析测定?

11. 流动注射分析仪器有哪些主要部件?各部件的功能是什么?

12. 如何定义流动注射分析中的分散系数 D,对于给定的 FIA 体系如何测定分散系数 D?实际工作中如何选择不同分散系数 D 的流动注射分析系统?

13. 在流动注射分析中,停-流技术的目的是什么?

14. 简述光学显微镜的成像原理。光学显微镜有哪些类型?

15. 光学显微镜的技术指标有哪些?

16. 简述透射电子显微镜的工作原理。

17. 透射电子显微镜仪器有哪些主要部件?各部件的功能是什么?

18. 简述扫描电子显微镜的工作原理。

19. 扫描电子显微镜仪器有哪些主要部件?各部件的功能是什么?

20. 透射电子显微镜和扫描电子显微镜在样品制备中应注意什么?

21. 简述扫描隧道显微镜的工作原理。

22. 常用的扫描探针显微技术有哪些?

23. 比较不同显微成像技术在原理上的异同点及其优缺点。